KB064025

바다인문학연구총서 010

동아시아 해역의 이주와 사회

이 저서는 2018년 대한민국 교육부와 한국연구재단의 지원을 받아 수행된 연구임(NRF-2018S1A6A3A01081098).

동아시아 해역의 이주와 사회

초판 1쇄 인쇄 2023년 5월 22일
초판 1쇄 발행 2023년 5월 29일

편저자 권경선, 구지영, 김윤환
발행인 윤관백
발행처 선인

등 록 제5-77호(1998.11.4)
주 소 서울시 양천구 남부순환로 48길 1(신월동 163-1) 1층
전 화 02)718-6252/6257
팩 스 02)718-6253
E-mail sunin72@chol.com

정가 49,000원
ISBN 979-11-6068-815-3 93450

바다인문학연구총서 010

동아시아 해역의 이주와 사회

권경선, 구지영, 김윤환 편저

발간사

한국해양대학교 국제해양문제연구소는 2018년부터 2025년까지 한국연구재단의 지원을 받아 인문한국플러스(HK⁺)사업을 수행하고 있다. 그 연구 아젠다가 '바다인문학'이다. 바다인문학은 국제해양문제연구소가 지난 10년간 수행한 인문한국지원사업의 아젠다인 '해항도시 문화교섭연구'를 계승 · 심화시킨 것으로, 그것의 개요를 간단히 소개하면 다음과 같다.

먼저 바다인문학은 바다와 인간의 관계를 연구한다. 이때의 '바다'는 인간의 의도와 관계없이 작동하는 자체의 운동과 법칙을 보여주는 물리적 바다이다. 이런 맥락에서 바다인문학은 바다의 물리적 운동인 해문(海文)과 인간의 활동인 인문(人文)의 관계에 주목한다. 포유류인 인간은 주로 육지를 근거지로 살아왔기 때문에 바다가 인간의 삶에 미친 영향에 대해 오래 동안 그다지 관심을 갖지 않고 살아왔다. 그러나 최근의 천문 · 우주학, 지구학, 지질학, 해양학, 기후학, 생물학 등의 연구 성과는 '바다의 무늬'(海文)와 '인간의 무늬'(人文)가 서로 영향을 주고받으며 전개되어 왔다는 것을 보여준다.

바다의 물리적 운동이 인류의 사회경제와 문화에 지대한 영향력을 행사해 왔던 것은 태곳적부터다. 반면 인류가 바다의 물리적 운동을 과학적으로 이해하고 심지어 바다에 영향을 주기 시작한 것은 최근의 일이다. 해문과 인문의 관계는 지구상에 존재하는 생명의 근원으로서의 바다, 지구를 둘러싼 바다와 해양지각의 운동, 태평양진동과 북대서양진동과 같은 바다의 지구기후에 대한 영향, 바닷길을 이용한 사람 · 상품 · 문화의 교류와 종(種)의 교환, 바다 공간을 둘러싼 담론 생산과 경쟁, 컨테이너화와 글로벌 소싱으로 상징되는 바다를 매개로 한 지구화, 바다와 인간의 관계 역전과 같은 현상을 통해 역동적으로 전개되어 왔다.

이와 같은 바다와 인간의 관계를 배경으로, 국제해양문제연구소는 크게 두 범주의 집단연구 주제를 기획하고 있다. 인문한국플러스사업 1단계(2018-2021) 기간 중에 '해역 속의 인간과 바다의 관계론적 조우'를, 2단계(2021-2025) 기간 중에 바다와 인간의 관계에서 발생하는 현안해결을 통한 '해역공동체의 형성과 발전 방안'을 연구결과로 생산할 예정이다. 바다인문학의 학문방법론은 학문 간의 상호소통을 단절시켰던 근대 프로젝트의 폐단을 극복하기 위해 전통적인 학제적 연구 전통을 복원한다. 바다인문학에서 '바다'는 물리적 실체로서의 바다라는 의미 이외에 다른 학문 특히 해문과 관련된 연구 성과를 '받아들이다'는 수식어의 의미로, 바다인문학의 연구방법론은 학제적 · 범학적 연구를 지향한다.

우리의 전통 학문방법론은 천지인(天地人) 3재 사상에서 알 수 있듯이, 인문의 원리가 천문과 지문의 원리와 조화된다고 보았다. 천도(天道), 지도(地道) 그리고 인도(人道)의 상호관계성의 강조는 자연세계와 인간세계의 원리와 학문 간의 학제적 연구와 고찰을 중시하였다. 그런데 동서양을 막론하고 전통적 학문방법론은 바다의 원리인 해문이나 해도(海道)와 인문과의 관계는 간과해 왔다.

지구의 70% 이상이 바다로 둘러싸여 있는데도 말이다. 바다인문학은 천지의 원리뿐만 아니라 바다의 원리를 포함한 천지해인(天地海人)의 원리와 학문적 성과가 상호 소통하며 전개되는 것이 해문과 인문의 관계를 연구하는 학문의 방법론이 되어야 한다고 제안한다. 바다인문학은 전통적 학문 방법론에서 주목하지 않았던 바다와 관련된 학문적 성과를 인문과 결합한다는 점에서 단순한 학제적 연구 전통의 복원을 넘어서는 것으로 전적으로 참신하다.

마지막으로 '바다인문학'은 인문학의 상대적 약점으로 지적되어 온 사회와의 유리에 대응하여 사회의 요구에 좀 더 빠르게 반응한다. 바다인문학은 기존의 연구 성과를 바탕으로 바다와 인간의 관계에서 발생하는 현안에 대한 해법을 제시하는 '문제해결형 인문학'을 지향한다. 국제해양문제연구소가 주목하는 바다와 인간의 관계에서 출현하는 현안은 해양 분쟁의 역사와 전망, 구항재개발 비교연구, 중국의 일대일로와 한국의 북방 및 신남방정책, 표류와 난민, 선원도(船員道)와 해기사도(海技士道), 해항도시 문화유산의 활용 비교연구, 인류세(人類世, Anthropocene) 등이다.

이상에서 간략하게 소개하였듯이 '바다인문학: 문제해결형 인문학'은 바다의 물리적 운동과 관련된 학문들과 인간과 관련된 학문들의 학제적 · 범학적 연구를 지향하면서 바다와 인간의 관계를 둘러싼 현안에 대해 해법을 모색한다. 이런 이유로 바다인문학 연구총서는 크게 두 유형으로 출간될 것이다. 하나는 1단계 및 2단계의 집단연구 성과의 출간이며, 나머지 하나는 바다와 인간의 관계에서 발생하는 현안을 다루는 연구 성과의 출간이다. 우리는 이 총서들이 상호연관성을 가지면서 '바다인문학: 문제해결형 인문학' 연구의 완성도를 높여가길 기대한다. 연구 · 집필자들께 감사와 부탁의 말씀을 동시에 드린다.

국제해양문제연구소장

정 문 수

이주, 근현대 동아시아 사회와 관계를 보는 창

시대와 사회를 읽는 방법으로서 이주

이주(移住) 연구가 활발하다. 오늘날 이주는 넓게는 거대한 '현상'에서 좁게는 특정 개인이나 집단이 중심이 되는 '사건'으로 인식되며 다양한 학문 영역에서 다루어지고 있다. 그에 반해 이주와 대칭적 위치에 있는 것으로 보이는 정주(定住)는 하나의 전문적인 연구 주제로 다루어지지는 않는 듯하다. 그 이유에는 여러 가지가 있겠지만 근본적인 이유로는 정주가 당연한 삶의 방식으로 받아들여지고 있기 때문일 것이다. 즉, 인간과 사회를 다루는 다양한 학문은 정주를 '기본값'으로 두고 연구 대상과 주제를 개발해왔고, 이주는 이 기본값을 벗어나는 특수한 현상이나 상태로서 연구 대상화했다고도 볼 수 있을 것이다.

그러나 주지하는 바와 같이 이주는 정주가 보편적인 생활방식의 하나로 자리 잡기 전부터 존재한 삶의 기본 방식이며, 어떤 개인이나 집단에게는 여전히 주된 삶의 방식이기도 하다. 그럼에도 불구하고 이주가 특수한 상태로 인식되는 이유는, 역사 시대의 이주가 주로 정주자의 시각에서 일반적이지 않은 상태로 기록되어왔고, 특히 근현대에 들어서는 이주와 관련된 갈등과 변화들이 다양한 층위와 규모에서 문제시되었기 때문일 것이다. 다시 말해 이주는 시대를 막론하고 개인, 사회, 국가, 세계에 영향력을 발휘하며 변화를 가져온 계기이자 힘이었기에 역설적으로 학문적 논의의 대상이 되었다고 할 수 있다. 그러한 의미에서 이주는 어떤 시대와 사회 그리고 그것의 변화를 바라보는 하나의 방법이 될 수 있다.

이주를 통해 우리가 사는 동아시아 사회를 고민한다면 어디서부터 어떻게 접근하여 무엇을 보아야 할까. 이주는 설핏 이주 주체인 개인이나 가족 또는 특정 집단의 행위이자 그 결과물로 보인다. 하지만 이주는 그것을 추동하는 시대와 사회의 다양한 요인과 맥락들, 이주의 시작에서 정착, 때로는 귀환을 포함하여 재이주로 이어지는 복잡다단한 과정과 변수들, 이주의 다양한 영향력과 그로 인한 변화들이 복합적으로 얽혀 있는 산물이자 체계이다. 따라서 이주는 단순히 이주 주체만이 아니라 이주자가 떠나온 사회(기원지 또는 송출지 사회)와 옮겨간 사회(목적지 또는 수용지 사회) 모두가 당사자가 된다. 이주가 이루어지는 각기 다른 사회를 광범한 당사자로 두었을 때, 이주의 성립 전제는 이주 주체의 행위가 서로 다른 사회에 걸쳐 있음을 확인할 수 있는 기준, 즉 기원지 사회와 목적지 사회를 구분 짓는 어떠한 '경계'가 된다. 사회를 특정 기준에 따라 구분 짓는 방법은 다양하지만, 지금의 동아시아 사회를 구분 지을 수 있는 단순명료한 경계는 지역의 보편적 체제이자 국제정치의 기본단위로서 '국민국가'일 것이다.

국가를 경계-단위로 바라본 지금의 동아시아는 역내 국가 간 교류가 재개되고 활성화한 1990년대 이래 가장 복잡하고 민감한 상황에 있는 듯하다. 주지하는 바와 같이, 1990년대 냉전 붕괴 후의 한중수교, 일본 정부의 과거사 사죄, 역내 국가 간 상호 문화개방 등은 2000년대 민간 영역의 화해 무드와 교류 활성화로 이어졌다. 그러나 2008년 글로벌 금융위기를 계기로 세계 정치경제의 근저에서 작동하던 미국과 중국의 밀월 관계가 갈등 관계로 가시화하고, 세계적인 저성장 흐름 속에서 국제분업체제가 흔들리면서 '화해와 교류의 시대'를 지탱하던 하부 기반에 균열이 생기기 시작했다. 이러한 변화 속에서 2010년대 동아시아에서는 (비록 2018년 남북정상회담과 같이 새로운 국면으로의 전환을 기대하게 하는 잠깐의 움직임도 있었으나) 영유권 문제, 안보 문제, 과거사 문제가 각국 정부 간의 갈등 요소로 부각하며 정치경제 영역의 대응으로 이어지고, 민간 수준에서의 부정적 상호 인식은 반감에서 '혐오'로 심화했다. 2020년부터 이어진 코로나19(COVID-19) 팬데믹 국면이 이러한 갈등을 더욱 격화하는 계기가 된 것은 물론이다.

단, 지금의 동아시아 사회에서 국가 단위의 대립과 갈등이 부각되더라도 이것이 과거로의 회귀를 의미하는 것은 아니다. 동아시아 역내 국가들은 국가 간 무역 수지 등의 변화에도 불구하고 서로가 여전히 가장 중요한 경제 파트너이며, 민간 영역에서는 온오프라인에서의 문화 소비와 교류가 더욱 늘어나고 코로나19의 '종식' 후 다양한 목적의 상호 방문이 재개되는 등, 지난 수십 년간의 경험 위에서 새롭고 복잡한 관계와 양상이 전개되고 있다.

일견 모순적으로 보이는 동아시아 역내 국가 간의 상황은, 국가 주권이 강하게 작용하는 국민국가 체제와 국가를 넘어서는 연결성이 어느 때보다 강화된 현금의 동아시아 사회를 반영하고 있다. 이처럼 국가라는 '경계'가 강하게 작용하는 가운데, '경계'를 넘는 힘과 행위가 활성화하며 발생하는 복잡한 현상과 문제들이 가장 뚜렷하게 나타나는 영역이 바로 이주이다. 이주가 어떠한 경계를 넘어 이동하여 살아가는 행위라고 한다면, 국민국가 체제하의 이주는 국가의 경계를 넘는 초국가적(超國家的) 행위이자, 동시에 국가 경계의 제약을 강하게 받는 매우 국가적인 행위이다.

이주의 초국가성은 이주의 범위를 불문하고 확인할 수 있다. 국제이주는 최소 두 개 이상의 국가에 걸쳐 이루어지며 이주의 기원국과 목적국 나아가 광역의 지역권이나 글로벌 사회에 영향을 미친다. 국내이주 역시 이주 요인이나 영향력이 반드시 일국에 국한되는 것은 아니다. 예를 들어 초국적 기업이나 공장의 유치, 수출 주력 제조업의 발전과 같은 글로벌 경제의 직간접적 영향은 일국 내 젊은 인구의 농촌 이탈과 도시 집중으로 이어지고, 그 결과 농촌 남성의 국제결혼과 외국인 여성의 결혼 이주, 외국인 노동자의 농촌 이주 등 글로벌 연쇄 이주를 추동하기도 한다.

이러한 이주의 초국가성은 이주 과정의 관리, 관련 문제의 해결에서도 초국가적 수준의 대응을 요구한다. 특히 이주를 둘러싼 마찰과 갈등들, 예를 들어 이주의 통제 과정에서 발생하는 국가 간 마찰이나 인권 관련 문제들, 외국인 혐오와 포퓰리즘, 사람의 이동과 감염병의 확산, '기후 난민' 논쟁에 이르는 글로벌 이슈의 면면에 얽혀 있는 이주 이슈들은 이주에 대한 '글로벌 거버넌스'의 필요성을 부각하고 있다. 실제 국제연합(UN)을 비롯한 국제기구와 유럽연합(EU) 등 지역공동체에서는 이주와 개발, 인권 등을 둘러싼 글로벌 어젠다를 도출하고 관련 협약을 마련하는 등 실질적 제도를 운용하고 있기도 하다.

그러나 이와 같은 글로벌 거버넌스의 가동에도 불구하고 이주 관련 이슈는 양적, 질적으로 심화, 확장되고 있다. 글로벌 차원의 관여가 문제 해결에 큰 영향력을 발휘하지 못하는 이유로는 이주의 양적, 질적 확대를 비롯한 여러 가지를 들 수 있겠지만, 무엇보다 국민국가 체제하에서의 이주는 국가의 관여와 통제에서 완전히 벗어날 수 없다는 속성을 간과해서는 안될 것이다. 이주는 그것이 이주 주체이든 혹은 이주를 추동하는 어떠한 힘이든 결국 국경을 넘어야 한다는 점에서 국가의 제약을 받는다. 내외국인의 출입국과 외국인의 국내 체류 및 정착, 국적이나 시민권의 부여와 관련된 일국의 법과 정책은 다른 국가나 세력이 관여할 수 없는 해당 국가

고유의 영역이며, 이러한 국가의 '절대적' 영역을 넘나드는 이주의 활성화는 역설적으로 주권에 대한 각국 정부와 구성원의 인식을 강화하여 민감한 반응을 끌어내기도 한다.

현재 동아시아 사회에서 보이는 이주 관련 현상과 문제들 역시 국가성과 초국가성의 길항적 작용에서 발로하는 면이 강하다. '국가'는 제도적으로 명시되는 요소뿐 아니라 오랜 기간의 경험과 사고 속에 형성된 구성원의 인식과 의식을 포함한다. 동아시아 역내 국가 구성원 상호 간의 인식은 물론, 한국의 '조선족' 주민, 일본의 '자이니치(在日)' 주민과 같이 오랜 기간 공존해온 이주자에 대한 포용과 배제는 근현대의 역사적 경험에서 축적된 상호 관계와 인식에서 기인한다. 이 책은 오늘날 동아시아 사회에서 진행되고 있는 이주 관련 현상(現狀)의 맥락을 확인하고 논쟁과 갈등의 해결 방향을 찾아가기 위한 기초 작업으로서 근현대 동아시아 사회와 이주의 관계를 짚어보고자 한다.

근현대 동아시아 사회와 이주, 다양하게 읽기

| 시간의 흐름을 따라 읽기: 이 책의 구성 |

이주를 바라보는 방법은 다양하다. 이주는 그것이 이루어지는 시공간, 이주에 관여하는 당사자, 이주가 진행되는 과정 등 관찰이 가능한 현상적 측면과 이주를 추동하는 요인과 이주의 영향력 등 이주 현상의 이면에 작용하는 맥락적 측면을 중심으로 확인할 수 있다. 이 책에는 근현대 동아시아의 이주를 현상과 맥락, 그리고 이주와 연계되는 이슈 등을 중심으로 고찰한 16편의 글이 실려있다. 각기 다른 주제와 방법으로 쓰인 16편의 글들은 이주를 통해 근현대 동아시아 사회를 바라보고 이해하는 다양한 시각과 방법을 제시한다. 다양한 주제의 글을 엮어내는 방법에는 여러 가지가 있겠지만, 이 책은 근현대의 시간 축을 중심으로 글들을 묶고 엮어 시대 간의 연결과 단절, 관계와 변화를 읽어내고자 했다.

제1부 | 근대 동아시아의 이주와 사회
: 이민과 식민의 시대, 동아시아 사회의 확장

근대 동아시아 사회와 이주를 다룬 1부는 제국주의와 자본주의의 확장과 심화, 그로 인한 사회경제구조의 변화가 만들어 낸 이민과 식민에 주목했다. 근대 이주의 현상적 측면들과 이주가 추동한 동아시아 사회의 확장과 변용을 종교, 밀항, 질병 등 다양한 주제를 통해 고찰했다.

1장 「근대 동북아시아의 역내 이주와 이주자의 구성」(권경선)은 20세기 전반 '일본 제국주의 세력권'이었던 일본, 조선, 대만, 가라후토, 관동주, 남양군도, 만주국 간 인구이동의 규모와 성격을 정리한 글이다. 근대 동아시아 역내 인구이동의 양적 측면을 확인하고, 근현대 동아시아 이주의 역사적 배경을 이해하는 기초 자료로 활용할 수 있다.

2장 「근대 동아시아 해역사회의 일본인 이주와 일본불교: 근대 일본 제국의 식민지 형성과정과 일본불교의 사회적 역할」(김윤환)은 일본의 제국-식민지 형성과정에서 일본불교의 역할을 다룬 글이다. 근대 일본불교가 자국 식민을 위한 종교기관이자 사회적 · 행정적 기구로 기능하며 일본인 식민의 정착과 일본인 사회의 안정화에 관여한 맥락을 고찰했다.

3장 「일제시기 조선인의 밀항 실태와 밀항선 도착지」(김승)는 조선인의 일본 이주를 밀항이라는 비공식 이주에 초점을 맞추어 정리한 글이다. 조선인 밀항의 요인, 규모, 방법, 상륙지 등을 분석하여 당시 조선인 이주의 일면을 확인하는 한편, 조선인 밀항에 대한 일본 정부의 대응을 통해 제국주의 국가의 '국민'에서 배제되는 조선인의 지위와 상태를 고찰했다.

4장 「경계, 침입, 그리고 배제: 1946년 콜레라 유행과 조선인 밀항자」(김정란)는 제2차 세계대전 종식 후 구(舊) 일본제국 내 주민의 본국 귀환과 감염병 문제를 다룬 글이다. 전후 귀환자의 검역 과정과 콜레라 감염 및 전파 상황을 살펴보고, 콜레라의 유행을 조선인의 일본 밀항과 연계하여 대처한 미군과 일본 정부의 인식 및 논리를 비판적으로 고찰했다.

5장 「항해하는 질병: 지중해, 흑해, 동아시아에서 발생한 콜레라와 영국 해군의 작전, 1848-1877」(마크 해리슨)은 19세기 콜레라의 범세계적 유행 속에서 영국 해군의 지역별 관련 작전과 조치를 고찰한 것이다. 이 글은 동아시아인의 이주를 전면에 내세우지 않지만, 해군의 항행이라는 특수한 인구이동 형태와 감염병의 관계, 관련 대처를 영국, 지중해, 흑해, 동아시아로 나누어 고찰함으로써 당시 지역별 상황에 관한 정보와 지역 간 비교의 시야를 제공한다.

제2부 | 근현대 동아시아 이주의 역사적 맥락
: 이주의 시공간적 확장과 사회의 재구성

2부에서는 근현대 동아시아 이주의 역사적 관계성을 개인, 가족, 민족, 국가의 다양한 수준에서 확인하고자 했다. 근대 이주가 만들어 낸 사회를 기반으로 살아오던 이주 1세 또는 그 후속세대가 현대의 새로운 이주를 통해 사회를 재구성하는 과정과 그 속에서 발생한 변화를 '뿌리 찾기 관광', 귀환, 재이주 등의 이주 방식과 국적, 정체성, 다문화 공생 등 사회문화적 통합 이슈, 무국적자와 난민 등 법적 지위 관련 이슈를 중심으로 고찰했다.

6장 「이민과 관광: 와카야마현 아메리카무라와 뿌리 찾기 관광」(가와카미 사치코)은 19세기 후반에서 20세기 전반에 걸쳐 캐나다로 이주한 일본인 이민 3~4세의 뿌리 찾기 관광을 다루었다. 기원지 사회에 대한 귀속 의식, 정체성 등 다양한 요인을 바탕으로 진행되는 뿌리 찾기 관광을 통해 근현대 동아시아 역외 이주의 연결고리를 확인하고, 이주 역사 자원의 실리적 활용 가능성을 제시한다.

7장 「오사카 코리아타운과 서울 가리봉동: 두 에스닉타운 커뮤니티의 과거와 현재」(손미경)는 현대 한국과 일본의 대표적인 에스닉타운인 서울 가리봉동과 오사카 이쿠노 코리아타운을 비교, 고찰한 글이다. 재일 코리안과 재한 조선족, '구이민'과 '신이민'이라는 한인 이주의 역사적 연결성과 단절성을 공간적으로 풀어내며, 다문화 공생과 부정적 인식이 공존하는 현대 동아시아 이주의 맥락을 고찰했다.

8장 「부산 사할린 영주귀국자의 이주와 가족」(안미정)은 19세기 후반부터 20세기 전반 사할린으로 이주했던 한인의 영주귀국과 그로 인한 사회적 변화를 부산 지역의 사례를 중심으로 고찰한 글이다. 1990년대 이래 사할린 한인의 귀환과 새로운 커뮤니티의 형성, 가족이산의 양상과 네트워크의 형성 등 근대 이주의 현대적 귀환이라는 역사적 관계성과 영주귀국이 가족, 지역사회, 국가 등 다양한 수준의 사회에 미치는 영향력을 확인할 수 있다.

9장 「'다민족 일본'의 고찰: 일본 외국인 주민의 역사와 경계문화의 가능성」(미나미 마코토)은 현재 일본 내 외국인 주민의 실태와 그들의 역사적 형성과정, '잔류 일본인'이라 불리는 근대 만주 이민과 후속세대의 귀국 사례를 통해 국가와 민족의 '경계'에 서 있는 이주자의 어려움과 가능성을 고찰했다. 이주의 정치화로 외국인에 대한 부정적 인식이 강화되는 현재, 현대 일본을 함께 만든 외국인의 존재를 재인식하여 다문화 공생 사회로 나아가야 함을 강조했다.

10장 「동아시아 무국적자와 복수국적자의 정체성」(진텐지)은 근현대 동아시아의 역사적 전개 과정에서 발생한 무국적자, 복수국적자의 경험과 인식을 고찰한 글이다. 3~4세대에 걸친 화교·화인 가족사를 바탕으로 국적, 문화, 정체성의 경계에 서 있는 사람들이 경험한 차별과 배제뿐 아니라, 자신의 지위에 대한 선택과 활용을 고찰함으로써 현대 동아시아 무국적자와 복수국적자를 바라보는 다채로운 시각을 제공한다.

11장 「동아시아의 난민 정책과 베트남난민 수용」(노영순)은 베트남전쟁 중 발생한 난민에 대한 동아시아 각국의 대응을 정책과 실상을 중심으로 정리한 글이다. '냉전' 패러다임 속에서 베트남 난민 수용을 둘러싼 각국의 입장과 대처의 차이를 이해관계, 국제공조 참여의 실리와 명분, 민족 담론 등을 중심으로 분석하고, '다문화'의 가치, 국제협조의 기회, 경험, 가능성의 측면에서 고찰했다.

제3부 | 현대 동아시아의 이주와 사회
: 새로운 이주, 변화하는 사회 · 공간 · 인식

3부에서는 현대 동아시아에서 이루어지고 있는 다양한 이주를 중심으로 이주 현상과 이주를 추동한 요인, 이주가 만들어낸 변화와 사회적 영향력을 고찰했다. 3부에서 다루는 내용들은 현대적 요인들에 기초한 이주 유형들로서 일견 근대 이주와의 관계성이 희박해 보이지만 그 근저에는 근대로부터 이어진 역사적 맥락들이 흐르고 있다.

12장 「한국인의 중국 이주와 사회변동: 1990년부터 2020년까지」(구지영)는 글로벌 생산 시스템이 본격화한 1990년대부터 탈지구화적 전환이 가시화된 2020년까지 한국인의 중국 이주를 다룬 글이다. 방대한 양의 관련 연구 및 자료 분석을 바탕으로 한국인의 중국 이주 현상과 정치경제적 · 사회적 변동이 그들의 이주에 미친 영향을 고찰함으로써, 전지구적 패러다임의 전환과 그로 인한 국가 간 관계의 변화가 이주에 미치는 영향을 확인했다.

13장 「중국의 국제결혼과 결혼이주 메커니즘: '동북형' 국제결혼과 동아시아적 의미」(후엔웬)는 현대 중국 동북지방에서 보이는 현지 남성과 동남아시아 여성의 국제결혼을 다룬 글이다. 국제결혼과 결혼이주라는 현대적 현상 이면에 존재하는 근대 만주 이민과 '잔류 일본인'의 역사를 통해,

잔류 일본인의 귀환이 불러온 현지 여성의 이주, 현지 남성의 혼인난과 국제결혼, 동남아시아 여성의 결혼이주라는 연쇄 이주의 역사적 맥락을 확인할 수 있다.

14장 「현대 중국의 새로운 도시화와 국내이주」(렌싱빈)는 중국의 개혁개방 이후 진행된 국내이주를 광둥성 차오산 지구를 사례로 고찰한 글이다. '사회주의 시장경제' 하에서의 도시화와 대규모 인구이동이라는 현대 중국 특유의 사회 변용 과정과 함께, 이주를 유인하는 현지 산업화의 배경으로서 화교 · 화인 자본의 존재를 도출함으로써 현대 중국에 국한되지 않는 이주의 시공간적 배경을 확인할 수 있다.

15장 「20세기 일본의 도시 이주와 대중식당업」(오쿠이 아사코)은 일본 효고현 다지마 출신자의 연쇄 이주를 사례로 일본의 국내이주 양상과 구조를 고찰한 글이다. 근현대 일본 사회를 관통하는 큰 흐름으로서 이촌향도형 이주의 유형과 사례를 통해, 지연에 기반한 사회 네트워크의 존재와 이주의 '성공담' 등이 연쇄 이주를 추동하는 기초가 되었음을 고찰했다.

16장 「또 하나의 이주자–선원과 한국 사회: '순직선원위령탑'을 둘러싼 지역사회 인식의 변화」(한현석)는 부산 영도 소재 순직선원위령탑을 둘러싼 지역사회의 대응을 통해 선원에 대한 지역사회의 인식 변화를 고찰했다. 배를 타고 영해와 공해를 유동하는 선원은 '경계'를 넘어 그 안에 머묾을 전제로 하는 '일반적'인 이주의 시각으로는 포착할 수 없는 또 다른 유형의 이주자이다. 앞선 15편의 글이 일반적인 이주의 시각에서 동아시아 사회를 고찰했다면, 16장은 선원과 그 상징적 공간의 고찰을 통해 이주와 사회를 바라보는 새로운 시각을 제시한다.

| 현상과 이슈로 읽기 |

이 책에 실린 글들은 현재 화제가 되는 이주 관련 현상과 이슈에 초점을 맞춰 읽을 수도 있다.

장기적 시각에서 이주를 바라볼 때 부각되는 역사성은 현재 동아시아 사회의 관계와 구조를 이해하는 단서를 제공한다. 특히 이주의 기원지와 목적지 간의 역사적 관계는 이주의 지속, 연쇄 또는 파생의 중요한 요인으로 작용한다. '조선족'과 '고려인'의 한국 이주, 중국 '잔류 일본인'과 남미 지역 '일계인(日系人)'의 일본 이주와 같이, 19세기 후반에서 20세기 전반에 걸쳐 타국에 정착한 이주 1세나 그 후손세대가 1990년대 이후 기원국으로 영구 귀국하거나 가족 재결합 등의 형태로 이주하는 경우가 그 대표적인 사례이다. 이 책의 6장, 7장, 8장, 9장에서는 근대 동아시아 역내외로 이동한 이주 1세와 후손세대의 귀환, 이주, 방문의 사례를 역사적 맥락에서 고찰했다.

한편 이주 1세나 후속세대의 재이주는 재이주 기원지 사회에 영향을 미치며 새로운 이주를 추동하기도 한다. 이 책의 1장, 9장, 13장은 근대 한인과 일본인의 만주 이주가(1장) 현대에 접어들어 기원국으로의 귀환이나 재이주로 연결되고(9장, 13장), 그들의 재이주와 그로 인한 사회 인식의 변화로 유출된 여성 인구의 빈자리를 동남아시아 출신 결혼이주여성이 채워가는 이주의 연속성과 관계성을 보여준다(13장).

현재 세계적으로 심화하고 있는 '외국인'에 대한 반감과 혐오는 정치 영역의 문제로 전화하며 이주자의 법적 지위에 영향을 미치기도 한다. 이주자의 법적 지위는 전적으로 국가 관할의 영역이다. 이주자는 국가가 제시하는 조건의 충족 여부에 따라 합법 이주와 비합법 이주의 상태로 갈리게 되고, 이주 생활의 질과 안정성을 좌우하는 체류와 정착 자격의 부여 역시 국가 고유의 권한이다. 특히 이주자의 국적 또는 시민권 문제는 '국민'으로서의 의무와 권리에서부터 사회통합에 영향을 미치는 복잡하고 민감한 사안으로 현대의 이주 관련 이슈 중 가장 논쟁적인 부분이다. 관련 역사와 경험이 얕은 동아시아에서는 아직 서구와 같은 갈등이 부각되지 않고 있으나, 인구 문제와 연계하여 이주, 이민에 관한 논의가 활성화하면서 국적이나 시민권을 둘러싼 유사한 갈등과 논쟁이 발생할 가능성이 높다. 이 책의 10장과 11장은 현대 동아시아 이주자의 국적 문제를 직간접적으로 다룬 글들로, 근현대 동아시아의 역사적 맥락에서 파생한 이주자의 법적 지위와 그것을 둘러싼 갈등을 통해 이주와 국적, 민족을 둘러싼 동아시아의 경험을 확인할 수 있다.

이주와 질병은 최근의 이주 관련 논의 중 가장 주목받는 이슈이다. 사람의 이동과 질병의 확산은 인류사 전반을 관통하는 현상이지만, 2000년대 들어 이어진 신종 인플루엔자A(H1N1), 코로나19의 세계적 유행은 이주자에 대한 부정적 인식과 대처를 초래하며 관련 논쟁과 갈등을 촉발했다. 특히 미중 갈등으로 대표되는 국제정치의 대립과 혼란기에 확산된 코로나19는 감염병의 발병국(지) 또는 확산 진원국(지)으로부터의 이주를 제약하는 각 국가의 법적, 정책적 대응과 함께, 발병국과 유사한 문화권 출신자나 '인종'에 대한 사회적 차별과 혐오를 강화하며 이주에 대한 부정적 인식을 심화했다. 이 책의 4장과 5장은 근대 동아시아의 대표적인 감염병 중 하나였던 콜레라를 중심으로 다양한 형태의 인구이동과 감염병 확산의 관계, 그로부터 파생되거나 '활용'되는 이주자에 대한 배제적 인식을 다룬 글로, 이주와 질병을 둘러싼 역사적 경험을 확인할 수 있다.

| 차이를 인정하며 같이 읽기 |

이주의 초국가성은 국제정치 영역에서뿐만 아니라, 학술 영역에서의 초국가적 협업을 요구한다. 이 책은 그 요구에 대한 응답이라 할 수 있다. 다양한 국적과 전공, 나아가 이주의 경험을 가진 연구자들이 함께 진행한 국제협업은 이주를 통해 사회를 이해할 수 있는 다양한 시각과 방법을 제시하는 동시에 그 한계를 보여주기도 한다. 연구자 개개인이 가진 입장과 관점의 차이는 다양성 속에서 큰 줄기의 방향을 찾아 나가는 협업의 전제가 되지만, 연구자가 속한 국가의 입장이나 정책들은 때때로 자유로운 발언과 논의에 제약을 가하기도 한다. 각국 연구자들의 폭넓은 협업이 가능한, 그 어느 때보다 열린 동아시아의 개방성 위에서, 국가 간 갈등이 학술 영역에 미치는 제약과 위축을 의식하지 않을 수 없는 지금의 모순적 상황 역시 이 시대 진행된 국제협업의 맥락이자 기록이라 할 수 있을 것이다.

최근 몇 년 동안 전지구적인 감염병의 확산 일로에서 잠시 주춤했던 이주는, 이주노동자에 의존해왔던 경제 선진국의 노동력 부족 문제와 외국인 혐오 및 반(反)이민 정서의 정치적 효용이 공존하는 펜데믹 기간의 모순적 상황을 뚫고 재개되었다. 동아시아에서도 코로나 시대의 경험을 거치며 인구를 비롯한 구조적 문제가 노동력 부족 등 실생활의 문제로 구체화하며 이주에 대한 인식과 입장의 다양화로 이어지고 있다. 이제 곧 더 이상 미룰 수 없는 현실적 필요로서 이주에 대한 인식의 전환과 적극적 수용을 요구하는 목소리가 높아질 것이고, 다른 한 편에서는 동아시아의 사회문화적 맥락과 '국민'으로서의 정체성에 이르는 다양한 견지에서 이주에 대한 우려와 반대의 목소리 역시 강화될 것이다. 이주를 둘러싼 입장의 차이와 갈등이 첨예화하는 지금, 근현대 동아시아 사회 속 이주의 맥락을 되짚어보는 우리의 작업이 현실적 필요와 정서 사이의 간극을 좁히는 실마리로서 일조할 수 있기를 바란다.

국제해양문제연구소 HK연구교수
권 경 선

Contents

제3부

현대 동아시아의 이주와 사회 : '새로운' 이주, 변화하는 사회·공간·인식

일러두기

- 외국의 지명과 인명은 국립국어원의 외국어 표기법에 따라 원음으로 표기했다. 단 한국에서 통용되는 지명이나 인명에 대해서는 한국어 음으로 표기했다. 예) 만주, 관동주
- 각 장에서 외국 지명과 인명이 처음 나올 때는 괄호 안에 외국어를 병기하고, 두 번째부터는 외국어 병기를 생략했다.
- 일본식 약자(略字)와 중국식 간체자(簡體字)는 모두 정자(正字)로 표기했다.
- 외국 문헌의 제목은 본문에서는 우리말로 번역한 후 괄호 안에 원전을 표기하고, 주에서는 번역하지 않고 원전을 표기했다.
- 중국과 일본의 연호는 모두 서기로 표기했다.

제1부

근대 동아시아의 이주와 사회
: 이민과 식민의 시대, 동아시아 사회의 확장

1. 근대 동북아시아의 역내 이주와 이주자의 구성

권경선

Ⅰ. 들어가며

이 글은 근대 일본 제국주의 세력권을 중심으로 이루어진 인구이동의 규모, 분포, 구성을 양적으로 분석하여 근대 동북아시아 역내 인구이동의 양상을 개략적으로 파악하고 당시의 이주 현상과 이주를 둘러싼 사회 현상을 이해하는 기초로 삼고자 한다.

주지하는 바와 같이 동북아시아의 근대는 농업 중심의 사회경제구조가 흔들리며 주민의 삶의 기반 변화로 이어지는 시기였다. 농업을 기초로 일국(一國) 단위에 집중되던 생산과 소비가 이른바 제국주의 열강과의 조약 체결 및 개항을 계기로 세계시장과 연결되고, 농산물의 상품화와 근대적 토지 소유관계의 정립 과정에서 주요 생산 기반인 토지와 농민이 분리되면서 이들은 새로운 삶의 방식을 강구하고 선택해야 했다. 그 결과 대를 이어 한 곳에 정주하던 삶에서 국내외의 도시 또는 농촌을 향한 다양한 목적과 성격의 이주가 나타나고, 토지에 기반한 농업 중심의 생산·소비에서 노동력을 기반으로 하는 임노동과 화폐 사용 소비가 늘어났으며, 이주와 노동이라는 선택지는 주민의 생활공간을 국내 도시부와 국외로 확장했다. 이러한 변화는 동북아시아 각국의 개항 이후 나타나기 시작하여 20세기 들어 본격화했으며 1920년대부터는 동북아시아 역내 이동이 두드러지게 활성화되었다. 이 시기의 역내 이동은, 일본 제국주의의 심화에 따른 민족 갈등이 첨예화하고 제1차 세계대전 종식 후 계속된 불황이 심화하는 가운데, 동북아시아의 주요한 사회 갈등 요소로 부각되었다. 1930년대 말 이래의 전시체제 하에서는 평시의 인구이동에 징용과 병력 이동 등이 더해지며 더욱 복잡하고 다양한 양상의 인구이동이 전개되었다.

이 글은 근대 동북아시아의 인구이동과 그를 둘러싼 갈등의 거시적 요인의 하나로서 일본제국주의의 확장 및 역내 국가·지역의 식민지·반식민지화, 그리고 그에 따른 정치·경제·사회적 변화에 주목하고, 일본과 식민지·반식민지 간 인구이동을 통해 당시 동북아시아 역내 인구이동의 일면을 파악하고자 한다. 근대 동북아시아라는 광범하고 모호한 시간적·공간적 범위를 일본 제국주의 시대와 그 세력권으로 등치하여 파악할 수 없음은 분명하다. 그럼에도 불구하고 이와 같은 작업을 진행하는 것은, 기존 연구들을 통해 당시 동북아시아 인구이동을 이루는 몇 갈래의 큰 흐름 가운데 해당 인구이동이 상당한 규모와 지속성을 가지고 진행되면서 동북아시아 전역에 영향력을 발휘했다는 점이 해명되었고, 연구방법 면에서도 당시 작성된 통계 자료 등을 통해 인구이동 현상의 양적 파악이 일정 정도 가능하기 때문이다.

이 글은 일본 제국주의가 동북아시아 전역으로 확장되던 20세기 전반에 주목하고 일본과 그 식민지, 조차지, 위임통치령 등을 일본 제국주의 세력에 편입된 하나의 권역-일본 제국주의 세력권으로 상정한다. 일본 제국주의 세력권이라는 용어와 지역 설정에서는 논란의 여지가 있을 수 있으나, 이 글에서는 제국주의 국가로서 일본, 그 식민지인 대만·가라후토(樺太)·조선과 조차지인 관동주(關東州), 위임통치령 남양군도(南洋群島), 일본의 괴뢰국으로 간주되는 만주국(滿洲國)을 포괄하여 제국주의 세력권이라 칭한다.

연구 방법은 당시 제작된 제국주의 세력권 내 인구 통계를 활용한 이동인구-이주 인구[1]의 저량(貯量: stock) 분석을 주로 한다.[2] 주요 분석 자료는 '통계연보(統計年報)', '통계연감(統計年鑑)', '통계서(統計書)' 등의 명칭으로 각국 정부가 매년 발간한 등록인구 기반 통계와 1920년 이래 5년 단위로 진행된 '국세조사(國勢調査)'와 같은 전수조사 통계이다.[3] 본론에서는 해당 통계들을 바탕으로 일정 기간 단위로 이주 인구의 구성 및 규모와 그 추이를 분석하여 인구이동의 규모와 분포를 고찰하고, 이주집단[4]에 따른

---

1) 이 글에서는 활용 통계 중 해당 국가(지역)의 본적(本籍) 인구를 제외한 모든 인구를 이주 인구로 규정하여 분석한다. 이주는 일정한 시간적 길이와 공간적 범위를 가진 이동의 한 형태로서, 국제연합(UN)의 정의(국제인구이동통계권고사항개정판, 1998)에 따르면 '상주하는 나라'(country of usual residence)를 변경하는 인구이동을 일컫는다. 이러한 정의를 적용하면 이 글이 활용하는 등록인구(상주인구) 통계의 외국적 인구는 이주 인구로 볼 수 있다. 전수조사로 집계된 인구 중에는 미등록인구도 상당 부분 존재하지만, 당시의 국가 간 교통 상황이나 이동 비용 등을 고려한다면 미등록인구 역시 일시적 체류자라기보다는 일정 기간 이상을 거주하던 상주인구-이주 인구로 보아도 무방할 것이다.

2) 통계를 활용한 인구이동의 분석은 이주 인구의 유량(流量: flow)과 저량 분석으로 크게 나누어 볼 수 있다. 국가 간 이동 분석에서 유량 수치는 특정 기간에 특정 국가(지역)로 들어오거나 특정 국가를 떠난 사람의 수를 가리킨다. 유량 분석은 인구이동의 경향 파악에 유용하지만, 근대 동북아시아의 경우에는 여권 발급이나 이동(도항) 허가 관련 통계 등 유량을 확인할 수 있는 자료가 부족하고, 자료가 있더라도 지역별로 내용과 수준의 차이가 상당하여 활용에 어려움이 크다. 저량 수치는 특정 기간에 특정 국가에 있는 이주 인구의 수치로서 이주가 인구에 미치는 장기적 영향 검토에 유용하며 인구 통계를 통한 파악이 가능하다. 스티븐 카슬·마크 J. 밀러 지음, 한국이민학회 옮김, 『이주의 시대』, 일조각, 2013, 20쪽.

3) 등록인구 통계와 실거주자 전수조사 통계의 내용은 동일연도라 할지라도 일치하는 것은 아니며, 특히 전수조사 상 이주집단의 인구 규모는 등록인구의 그것보다 크게 파악되는 경우가 많다. '국세조사'는 일본 제국주의 세력권에서 진행된 전수조사로서 1920년부터 진행되어 5년 단위로 정식조사와 간이조사가 실시되었다. 조선에서는 1919년 독립운동의 영향으로 1920년의 조사는 진행되지 못했고 1925년 간이조사를 시작으로 1930년 정식조사, 1935년 간이조사, 1940년 정식조사, 전시 간이조사 등이 진행되었다.

4) 이주집단은 편의상 출신국(지역)을 기준으로 조선인, 일본인, 중국인 등으로 구분한다. 물론 이와 같은 용어 사용에는 논란의 여지가 있다. 우선 조선인이라는 명칭은 식민지 시내 일본이 명명한 민족 구분이기에 관련 연구들은 조선인 대신 한인(韓人)이라는 명칭을 이용하고 있다. 일본인의 경우에는 일본 '본토'의 주민과 당시 '국내식민지'라 할 수 있던 홋카이도와 오키나와의 다양한 민족과 주민을 동일 집단으로 묶을 수 있는지의 문제가 있다. 중국인의 경우에는 민족 구성의 복잡함과 함께, 만주국 수립 후 해당 국가의 '국민'이 된 사람들을 중국인이라 할 수 있는가 등의 문제도 함께 고려해 볼 필요가 있을 것이다.

성별·연령·거주지·직업 구성 분석을 통해 이주 인구의 구성을 고찰한다. 통계를 이용한 인구이동의 양적 분석은 통계별로 목적과 성격이 다르고 작성 기관에 따라 통계의 기준과 방법 등이 상이하므로 활용에 적지 않은 문제와 한계가 있다. 특히 이 글이 다루는 시기는 통계 관련 기법과 기술이 크게 발전하지 못했고 국가나 지역별로 통계의 양적·질적 격차가 상당했으며 관련 통계가 존재하지 않는 경우도 많아 자료의 입수에서부터 분석에 이르기까지 상당한 한계가 있음을 밝혀둔다.

Ⅱ. 근대 동북아시아 역내 인구이동의 규모와 분포

이번 장에서는 우선 1910년부터 1940년까지 매 10년 단위로 각 지역의 인구 구성을 정리하여 인구이동의 규모와 분포를 확인한다. 인구 규모에 따라 일본, 조선, 대만, 관동주, 가라후토, 남양군도의 순으로 정리하고, 일본 제국주의 세력권에 가장 늦게 편입된 만주국은 가장 뒤에 다룬다.

1. 지역별 이주 인구의 규모와 이주집단별 구성

1) 일본

일본은 일본 제국주의 세력권(이하 세력권으로 표기) 내에서 인구 규모가 가장 큰 지역으로 1909년 이미 5천만 명 이상의 인구를 기록했고 이후 계속 증가하여 1940년에는 73,114,308명에 이르렀다. 최대 인구집단은 일본인이며, 일본인 외 인구의 비율은 1909년 약 0.03%, 1920년 약 0.14%(약 7만 8천 명), 1930년 약 0.7%, 1940년 약 1.8%(약 130만 명)로 점차 상승하는 경향을 보였으나 전체 인구에서 차지하는 비율은 높지 않았다.[5)]

5) 일본의 전체 인구 규모와 이주집단별 구성은 다음 자료들을 활용한다. 內務省, 『日

〈그림 1〉 일본 제국주의 세력권 내 지역별 이주 인구의 규모와 구성(1940년)

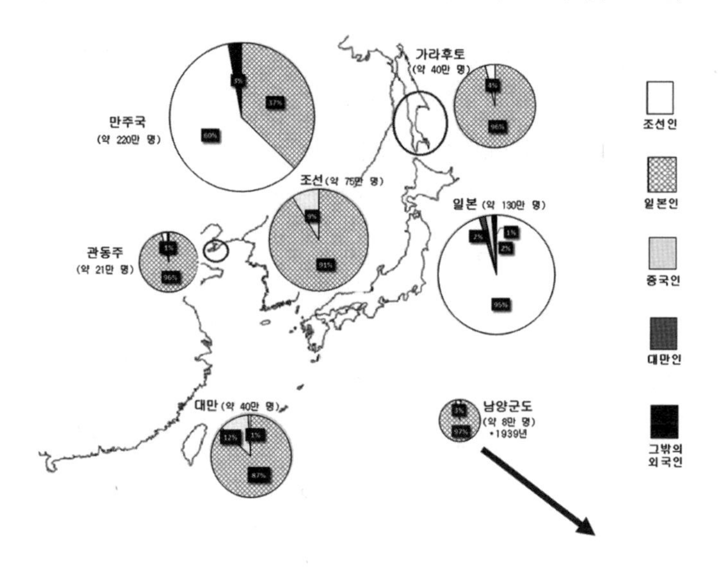

일본인을 제외한 이주 인구 중에서는 조선인의 비율이 높았다. 대한제국의 강제병합 직전인 1909년 재일(在日) 조선인의 수는 790명으로 중국인(9,858명), 영국인(2,468명), 미국인(1,627명)보다 적었으나 한반도의 식민지화 후 증가하기 시작하여 1920년 40,755명, 1930년 419,009명(재일 이주 인구의 약 87.7%), 1940년 1,241,315명(재일 이주 인구의 약 95.2%)으로 급증했다.

중국인은 조선인 다음으로 큰 이주 인구를 이룬 집단으로 1930년까지 꾸준히 증가했으나 조선인과 같은 폭발적 증가세를 보이지는 않았다(1920년 22,427명, 1930년 39,440명, 1940년 23,240명). 1940년에는 1930년 대비 감소하여 '대만인'(1920년 1,703명, 1930년 4,611명,

本帝國國勢一斑 第三十回』, 1911, 57-80쪽; 內閣統計局, 『大正九年 國勢調査報告 全國の部 第一卷』, 1928, 100-105쪽; 內閣統計局, 『昭和五年 國勢調査報告 第一卷』, 1935a, 135쪽; 總理府統計局, 『昭和十五年 國勢調査報告 第一卷』, 1961, 362-363쪽. 1909년의 자료는 등록인구에 기반한 자료이고 그 외의 연도는 전수조사 자료이다.

1940년 22,499명)과 비슷한 수준을 보였다.

일본에는 세력권 내 여타 지역에 비해 많은 외국인(별도의 표기가 없는 한 일본인, 조선인을 비롯한 세력권 내 구성원과 중국인을 제외한 그 밖의 외국인을 칭함)이 있었으나(1920년 13,142명, 1930년 14,880명, 1940년 15,997명. 미국, 영국, 러시아-소련, 독일 등), 동북아시아 각지에서 유입된 인구와 비교하면 소수였다.

2) 조선

조선은 일본 다음으로 인구 규모가 큰 지역이었다. 조선의 인구는 계속 증가하여 1910년 13,313,017명, 1920년 17,288,989명, 1930년 20,256,563명, 1940년에는 23,709,057명에 달했다. 전체 인구에서 절대 대수를 차지하는 인구집단은 조선인이었고, 조선인 외 인구가 차지하는 비율은 1910년 약 1.4%, 1920년 약 2.2%(약 37만 명), 1930년 약 3.0%, 1940년 약 3.2%(약 75만 명)로 증가했다.[6]

조선의 이주 인구 중 절대다수를 차지한 것은 일본인이었다. 개항기 이래 누적, 증가해 온 재조(在朝) 일본인 인구는 1910년 171,543명, 1920년 347,850명, 1930년 501,867명, 1940년 689,790명으로 해당 시기 전체 이주 인구의 9할 안팎을 차지했다(1910년 약 93.1%, 1920년 약 93.3%, 1930년 약 85.0%, 1940년 약 91.4%).

일본인 다음으로 많은 이주 인구는 중국인이었다(1910년 11,818명, 1920년 23,989명, 1930년 67,794명, 1940년 63,976명). 중국인은 특히 1920년대 후반부터 대폭 증가하여 1930년에는 재조 이주 인구의 약

6) 조선의 전체 인구 규모와 이주집단별 구성은 다음 자료들을 활용한다. 朝鮮總督府, 『大正四年 朝鮮總督府統計年報』, 1917, 60-150쪽; 朝鮮總督府, 『大正九年 朝鮮總督府統計年報 一』, 1921, 44-77쪽; 朝鮮總督府, 『昭和五年 朝鮮國勢調査報告』, 1932, 196-197쪽; 朝鮮總督府, 『昭和十七年 朝鮮總督府統計年報』, 1944, 16-17쪽. 1930년은 전수조사 자료이고, 나머지는 등록인구 자료이다.

14.8%를 차지하기도 했으나, '만보산 사건'과 '만주사변'이 발생한 1931년, 중일전쟁이 발발한 1937년에는 급감하는 등 높은 유동성을 보였다.

조선에도 미국인, 영국인을 비롯한 외국인들이 거주했으나 일본인, 중국인 등에 비하여 극소수에 지나지 않았다(1910년 876명, 1920년 1,072명, 1930년 1,315명, 1940년 728명).

3) 대만

대만의 전체 인구는 1910년 3,299,493명에서 1920년 3,757,838명, 1930년 4,679,066명, 1940년 6,077,478명으로 증가했다.[7] 최대 인구집단은 대만인(통계상 '本島人')이었고, 대만인 외 인구가 차지하는 비율은 계속 상승하여 1910년 약 3.4%, 1920년 약 5.1%(약 19만 명), 1930년 약 6.0%, 1940년 약 6.5%(약 40만 명)에 달했다.

대만은 세력권 내 여러 지역 중 가장 먼저 일본의 식민지가 된 지역으로, 세력권 각지에서 유입된 인구의 비율이 이주 인구의 8할 이상을 차지했다. 이주 인구의 절대다수는 일본인이었으며(1910년 98,048명, 1920년 166,621명, 1930년 232,299명, 1940년 346,663명), 조선인도 점차 증가했으나(1940년 2,299명) 일본인과 비교하여 소수에 지나지 않았다.

대만에는 세력권 외부로부터 유입된 인구도 상당수 존재했는데(1910년 14,840명, 1920년 24,836명, 1930년 46,691명, 1940년 46,283명), 국적별 인구(1940년 중국인 46,190명)나 연도별 도항 인원 구성[8] 등을 통해 대부분이 광둥(廣東), 푸젠(福建) 지역 출신 중국인임을 알 수 있다.

---

7) 대만의 전체 인구 규모와 이주집단별 구성은 대만총독부에서 발간한『臺灣總督府統計書』의 자료를 활용한다. 臺灣總督府,『第二十四回 臺灣總督府統計書』, 1922, 40쪽; 臺灣總督府,『第四十四回 臺灣總督府統計書』, 1942, 18-19쪽.

8) 1920년 도항(유입) 외국인 9,932명 중 중국으로부터의 도항자는 9,743명이었고, 1930년 도항 외국인 21,584명 중 중국으로부터의 도항자는 20,059명이었다. 臺灣總督府, 위의 책, 1922, 94-97쪽; 臺灣總督府, 앞의 책, 1942, 86-91쪽.

4) 관동주

관동주[9]는 세력권 내에서도 매우 높은 인구 증가율(관동주의 전체 인구는 1910년 462,399명, 1920년 667,382명, 1930년 939,114명, 1940년 1,393,222명으로 30년간 세 배 이상 증가)과 인구밀도[10]를 보인 지역이다. 이는 청조 수립 후 한족을 비롯한 이민족의 만주 지방 유입을 금하던 봉금(封禁) 정책의 영향으로 현지의 원주민 인구가 희소하던 상황에서, 19세기 후반 봉금의 해제, 20세기 초 러시아와 일본의 조차 등을 계기로 외부 인구가 폭발적으로 유입된 지역의 특수성을 반영하고 있다.

관동주의 최대 인구집단은 중국인으로, 이들 역시 원주민 인구보다 산둥(山東)·허베이(河北) 등 중국 관내에서 유입된 인구가 다수를 차지했다. 전체 인구에서 중국인 외 인구가 차지하는 비율은 1910년 약 8.0%, 1920년 약 11.2%(약 7만 4천 명), 1930년 약 12.6%, 1940년 약 15.1%(약 21만 명)로 상승했으며, 이는 일본, 조선, 대만의 그것과 비교하여 상당히 높은 수준이었다.

중국인을 제외한 이주 인구의 절대다수는 일본인이 차지하고 있었다(1910년 36,668명, 1920년 73,894명, 1930년 116,052명, 1940년 202,827명으로 1910~1930년 중국인 외 인구의 99% 이상, 1940년 96% 이상 차지). 만주국 수립 후 조선인 역시 증가세를 보였으나 1940년 기준

9) 관동주의 1910년 전체 인구 규모와 이주집단별 구성은 일본 내각통계국 자료를 활용하고, 나머지 연도는 관동주 조차지 정부가 발간한 통계 자료를 활용한다. 이 글에서는 만철부속지를 제외한 관동주 조차지 관내 인구만을 분석한다. 內閣統計局, 『日本帝國第三十一統計年鑑』, 1912, 957쪽; 關東長官官房文書課, 『大正九年 關東廳第十五統計書』, 1921, 22-23쪽; 關東廳, 『昭和五年 關東廳第二十五統計書』, 1931, 18-19쪽; 關東局, 『昭和十五年 關東局第三十五統計書』, 1941, 5-8쪽.

10) 해당 시기 세력권 내 지역별 인구밀도를 보면 1方粁 당 인구는 1920년 10월 1일 기준 관동주 및 만철부속지 253명, 일본 147명, 대만 102명, 조선 78명, 남양군도 24명, 가라후토 3명이었으며, 1935년 10월 1일 기준 관동주 및 만철부속지 441명, 일본 181명, 대만 145명, 조선 104명, 남양군도 48명, 가라후토 9명이었다. 內閣統計局, 『第五十九回 大日本帝國統計年鑑』, 1941, 4쪽.

5,710명에 그쳤고, 그 밖의 외국인 역시 그 수가 가장 많았던 1940년에도 1,598명에 지나지 않았다.

5) 가라후토

가라후토의 전체 인구는 1910년 31,017명, 1920년 105,899명, 1930년 295,196명, 1940년 398,837명으로 30년간 약 13배에 달하는 급격한 인구 증가율을 보였으나, 인구밀도는 세력권 내에서 가장 낮은 지역이었다.[11]

가라후토는 원주민(통계상 '土人')보다 일본 식민지화 이후 세력권 각지로부터 유입된 이주 인구가 전체 인구의 절대다수를 차지한 특수한 지역으로, 전체 인구 중 세력권 각지 유입 인구의 비율은 1910년 약 93.2%, 1930년 약 98.2%(약 10만 명), 1930년 약 99.3%, 1940년 약 99.9%(약 40만 명)를 차지했다.[12]

가라후토의 최대 인구집단은 일본인이었고(1910년 약 99.3%, 1920년 약 98.9%, 1930년 약 97%, 1940년 95.9%), 조선인도 1930년 8,301명, 1940년 16,056명으로 증가하여 다음으로 큰 인구집단을 구성했다. 일본인과 조선인을 제외한 외국인은 1940년 기준 318명으로 대부분 러시아계 인구(160명)와 중국인(105명) 등으로 구성되었다.

---

11) 가라후토의 전체 인구 규모와 이주집단별 구성은 다음 자료들을 활용한다. 樺太廳, 『樺太廳治一斑』, 1911, 19-23쪽; 樺太廳, 『第一回 國勢調査結果表(大正九年十月一日現在)』, 1922, 650-657쪽; 樺太廳, 『昭和五年 國勢調査結果表』, 1934, 626-629쪽; 樺太廳, 『昭和十五年 樺太廳統計書』, 1942, 11쪽.

12) 원주민보다 이주 인구가 많은 것은 가라후토 지역을 비롯한 사할린섬 전체가 러시아령이었던 시기부터 보이던 현상이다. 러일전쟁 직전인 1903년의 조사에 따르면, 사할린섬 전체 인구는 약 4만 3천 명으로 러시아인 35,242명(죄수 23,251명, 일반인 11,991명), 아이누 등 원주민 4,151명, 일본인 약 400명, 소수의 청국인 및 조선인으로 이루어져 있었다. 러일전쟁 후 〈포츠머스 조약〉의 체결로 가라후토 지역이 일본의 식민지가 되면서 주요 이주집단을 이루던 러시아인 다수가 유출되고 일본인이 대거 유입되었다(樺太廳, 『樺太要覽』, 1908, 11쪽).

6) 남양군도

일본의 위임통치령이 된 이후 남양군도의 전체 인구는 1922년 51,086명, 1930년 69,626명, 1939년 129,104명으로 증가했다.[13] 세력권 내 다른 지역과 비교하여 인구 증가율 자체가 낮지는 않았으나 인구 규모는 작은 편이었다. 이는 지역의 면적이 좁은 이유도 있겠으나,[14] 태평양의 군도로서 동북아시아에서 멀리 떨어진 지리적 위치와 교통 문제, 기후와 산업 등의 요인이 작용한 것으로 보인다.

지역 내 최대 인구집단은 1922년, 1930년에는 원주민(통계상 '島民')[15] 이었으나(1922년 47,713명, 1930년 49,695명, 1940년 51,723명), 이주 인구의 비율이 계속 증가하면서((1922년 약 3천 4백 명, 전체 인구의 약 6.6%, 1930년 약 28.6%) 1939년에는 전체 인구의 약 59.9%(약 8만 명)를 차지했다.

이주 인구의 대부분을 차지한 것은 일본인(1922년 3,161명, 1930년 19,636명, 1940년 75,289명)으로 9할 이상을 차지했고, 조선인 인구도 점차 증가하여 1939년에는 약 2천 명 정도로 증가했다(1922년 149명, 1930년 199명, 1939년 1,968명). 한편 일본인과 조선인을 제외한 그 밖의 외국인도 점증했으나 소수에 머물렀다(1922년 63명, 1930년 96명, 1939년 124명).

---

13) 남양군도의 전체 인구 규모와 이주집단별 구성은 남양청(南洋廳)이 발간한 다음 자료를 활용한다. 南洋廳, 『第一回 南洋廳統計年報』, 1933, 16-17쪽; 南洋廳, 『第九回 南洋廳統計年鑑』, 1941, 2-3쪽.

14) 세력권 내에서 남양군도와 가장 비슷한 면적의 관동주와 비교해보면, 관동주의 면적은 남양군도의 1.6배 정도이나(남양군도 2,148.80方粁, 관동주 3,462.45方粁), 남양군도의 인구가 1922년 대비 1940년 78,018명 증가한 것에 비해, 관동주는 1920년 대비 1940년 725,840명이 증가하여 큰 차이를 보였다. 內閣統計局, 앞의 책, 1941, 2쪽.

15) 남양군도의 원주민은 크게 카나키족과 차모로족으로 구성되어 있었다. 1922년 원주민 47,713명 중 카나키족은 44,976명, 차모로족은 2,746명이었고 1939년 51.723명 중 카나키족이 47,687명, 차모로족이 4,036명이었다. 南洋廳, 앞의 책, 1933, 16-19쪽; 南洋廳, 앞의 책, 1941, 2-3쪽.

7) 만주국

만주국의 전체 인구는 만주국 수립 이듬해인 1933년 30,879,717명에서 1937년 36,949,972명, 1941년 43,187,526명으로 증가했다. 최대 인구집단은 만주국인(통계상 '滿人')으로 전체 인구의 9할 이상을 차지했고, 만주국인 외 인구가 차지하는 비율은 1933년 약 2.2%, 1937년 약 3.8%, 1941년 약 5.9%로 상승했다.[16]

만주국인은 한족(漢族), 만주족(滿洲族), 몽고족(蒙古族), 회족(回族)과 그 밖의 만주국 내 토착 민족을 포함하는 인구집단으로 19세기 후반 이래 중국 관내에서 유입된 한족이 가장 큰 비중을 차지하고 있었다.[17]

만주국인 다음으로 큰 인구집단은 조선인으로 1933년 552,103명, 1937년 931,620명, 1941년 1,464,590명에 달했다. 재만(在滿) 조선인의 규모는 19세기 말부터 진행된 이른바 간도 이주의 축적과 만주국 수립 이후 국가 정책과 개인 수준에서 상당한 이주가 이루어진 결과라 할 수 있다.

다음으로 큰 집단을 이룬 인구집단은 일본인으로 1933년 38,657명, 1937년 418,300명, 1941년 1,016,805명으로 십 년이 채 되지 않는 기간 동안 26배 이상 증가했다. 이는 만주국의 세력권 편입 후 일본 정부가 실시한 국책이민 등의 결과라 볼 수 있다.

만주국에는 조선인과 일본인 외에 제정러시아 출신자를 비롯한 무국적자(無國籍者, 1941년 60,560명)과 소련인을 포함한 외국인(1941년

16) 만주국 전체 인구 규모와 이주집단별 구성은 만주국 수립 후 현지 정부가 출간한 통계를 활용한다. 滿洲國治安部警務司, 『康德四年末 滿洲帝國現住戶口統計』, 1938, 6-25쪽; 國務院總務廳統計處, 『第三次 滿洲帝國年報』, 1936, 34-35쪽; 滿洲帝國協和會科學技術聯合部會建設部會, 『康德10年版 建設年鑑』, 1943, 291쪽.

17) 1937년 만주국 내 만주국인이 구성을 보면 전체 35,533,731명 중 한족 및 만족이 34,354,002명으로 대다수를 차지하고, 그 밖에 몽족(蒙族) 986,480명, 회족(回族) 186,251명, 기타 6,998명으로 구성되어 있었다. 이 지역의 한족 대부분은 19세기 후반부터 산둥과 허베이, 산시(山西) 등지로부터 유입되었으므로 해당 시기 만주국인의 대부분을 차지한 한족 역시 일종의 이주민이라 할 수 있다. 滿洲國治安部警務司, 앞의 책, 1938, 6-25쪽.

5,816명)이 상당수 존재했다. 국적을 불문하고 러시아계 인구가 많았던 배경에는 러시아(소련)와 접경한 만주국의 지리적 위치와 만주국 수립 이전부터 하얼빈 등 북부 지역을 중심으로 러시아가 세력권을 형성하고 있었던 점을 들 수 있을 것이다.

2. 이주집단별 인구 규모와 지역 분포

앞절에서 분석한 지역별 이주 인구의 규모와 구성을 바탕으로 이주집단별 이주 인구의 규모와 지역 분포를 정리할 수 있다. 이번 절에서는 일본 제국주의 세력권 내 이주 인구의 대부분을 차지한 일본인, 조선인, 중국인을 중심으로 이주 인구의 규모와 지역 분포를 확인한다.

〈그림 2〉 일본 제국주의 세력권 내 이주집단별 인구 규모와 이주 지역 구성(1940년)

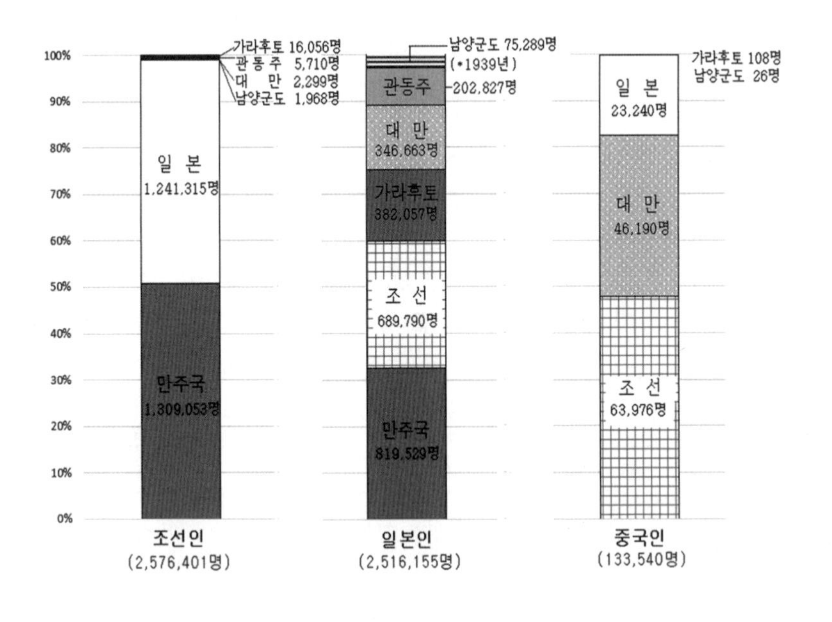

1) 일본인 이주 인구의 규모와 분포

일본 제국주의 세력권 각지로 이주한 일본인의 규모는 시간이 흐르며 격증하고 있었다. 1910년 약 33만 4천 명(조선, 대만, 가라후토, 관동주 거주) 정도였던 이주 일본인의 수는 1920년 약 69만 4천 명(조선, 대만, 가라후토, 관동주, 남양군도* 거주), 1930년 약 115만 4천 명(조선, 대만, 가라후토, 관동주, 남양군도 거주), 1940년 약 251만 6천 명(조선, 대만, 가라후토, 관동주, 남양군도*, 만주국 거주)으로 늘어나며 30년간 7.5배 이상 증가했다.[18]

일본인은 제국주의 본국의 주민으로서 자국 세력권 각지에 분포해 있었으나, 이주 지역의 규모, 지리적 위치, 세력권 편입 기간, 산업구조 등에 따라 이주 인구 규모에는 차이가 있었다.

세력권 내 일본인의 최대 이주지는 조선이었다. 재조 일본인의 수는 1910년 171,543명으로 식민지 편입 당시 이미 세력권 내에서 가장 많은 수를 차지했고, 1920년 347,850명, 1930년 501,867명, 1940년 689,790명으로 늘어나면서 30년간 네 배 이상의 증가율을 보였다. 세력권 내 이주 일본인 중 조선 거주자가 차지하는 비율은 1910년, 1920년에는 절반 정도였으나, 여타 지역으로의 일본인 이주가 증가하며 1930년에는 4할 남짓으로 줄고, 만주국이 세력권으로 편입된 후인 1940년에는 3할에 못 미치는 수준으로 축소되었다.

1940년 기준 가장 많은 일본인이 거주하고 있던 지역은 만주국이었다. 만주국은 분석 지역 중 가장 늦게 세력권에 편입된 지역으로, 법적으로는 일본의 세력권이라 할 수 없으나 일본 정부가 실질적으로 통치하고 있던 지역이었다. 만주국 수립 이듬해(1933년) 4만 명에 채 못 미치던 재민 일

18) 1920년과 1940년에 포함된 남양군도의 거주자 수는 각각 1922년, 1939년 통계 수치이다.

본인의 수는 1940년 약 82만 명으로 급증하여 재조 일본인의 수(약 69만 명)를 추월하고 있었다. 이는 만주국 수립 후 국책이민 등의 형태로 대규모 이민이 진행되면서 발생한 현상으로, 아메리카 대륙을 중심으로 진행되어 온 일본의 해외 이민이 동북아시아 역내로 향하던 당시의 흐름을 반영하고 있다고 할 수 있다.

정리하자면 해당 시기 일본인은 세력권 내 각지의 주요 이주집단으로 성장했다. 조선, 대만, 만주국 등과 같이 세력권화 이전부터 상당한 인구와 사회경제기반이 존재했던 지역으로의 이주는 이주 인구의 수 자체는 많으나 현지 전체 인구에서 일본인이 차지하는 비율은 작은 편이었다. 한편 가라후토와 남양군도 등과 같이 식민지화 이전부터 타 제국주의 국가의 식민지였던 지역들은 원주민의 수 자체가 희소하거나 기존 식민지 세력이 물러나면서 인구가 감소한 상황에서 현지 인구 규모를 상회하는 식민이 이루어지며 일본인이 현지 최대 인구집단으로 성장하는 양상을 보였다.

2) 조선인 이주 인구의 규모와 분포

일본 제국주의 세력권 각지로 이주한 조선인의 수는 1910년에는 천 명 미만(일본*, 관동주, 가라후토 거주)이었으나 1920년 약 4만 2천 명(일본, 관동주, 가라후토, 남양군도 거주), 1930년 약 43만 명(일본, 관동주, 가라후토, 남양군도 거주), 1940년 256만 7천 명(일본, 관동주, 가라후토, 남양군도, 만주국, 대만* 거주)으로 폭발적 증가세를 보였다.[19] 단 여기서 주의해야 할 것은 1940년의 수치는 재일 조선인의 수가 늘어난 사실에 더해, 세력권 내 인구로 잡히지 않았던 만주 지역(관동주 제외)의 인구가 만주국 수립 이후 세력권 내 인구로 추가되며 발생한 일종의 착시적 현상이

19) 1910년 일본 거주 인구는 1909년 통계 수치이다. 1910년, 1920년, 1930년 대만 거주 조선인은 일본인 항목에 포함되어 있었으며 그 규모는 크지 않았다.

라는 점이다.

조선인의 대규모 이주는 일본과 만주국에 집중되었다. 재일 조선인의 수는 1909년 790명에서 1920년 40,755명, 1930년 419,009명, 1940년 1,241,315명으로 격증하여 가장 높은 증가율을 보였다. 특히 1940년의 높은 수치는 1930년대를 거치며 급증한 개별 이주와 전시 징용 등의 특수한 상황이 맞물린 결과라고 할 수 있다.

1940년 기준 만주국 거주 조선인의 수(1,309,053명)는 같은 해 재일 조선인의 수를 추월하고 있었다. 주지하는 바와 같이 조선인은 만주국 수립 이전부터 간도 지방을 중심으로 대규모 이주집단 형성하고 있었다. 1933년 기준 재만(관동주 제외) 조선인의 수는 약 55만 2천 명으로, 만주국 수립 이전에 이미 최소 50만 명가량의 조선인이 이 지역에 거주하고 있었음을 미루어 짐작할 수 있다. 조선인의 만주 이주는 만주국 수립 후 더욱 증가하여 재만 조선인의 수는 1933년부터 1940년에 이르는 7년 동안 약 2.4배 증가했다. 조선인의 최대 이주지로서 만주국의 지위는 간도 이주를 바탕으로 한 기존의 이주에 만주국 수립 후 발생한 새로운 이주가 더해지며 만들어진 것이라 할 수 있다.

재일 조선인, 재만 조선인과 같은 규모는 아니지만 가라후토 거주 조선인의 수와 증가세 역시 눈에 띈다. 가라후토에 거주하는 조선인의 수는 1910년 33명에서 1930년 8,301명, 1940년 16,056명으로 증가했는데, 같은 시기 일본과 만주국을 제외한 세력권 내 여타 지역에 거주하던 조선인의 수가 1천~6천 명 정도였다는 점을 고려하면 인구 규모가 작지 않았다. 가라후토의 조선인은 전시 징용, 고려인 문제 등의 이슈와도 밀접한 관련이 있는 부분으로 향후 상세한 고찰이 필요하다.

정리하자면 조선인은 일본 제국주의 세력권 각지에 분포했으나, 일본과 만주국을 제외하면 인구 규모가 크지 않았다. 조선인의 이주가 집중된 일본과 만주국은 조선과 인접한 국가 규모의 이주지로, 일본으로의 이주는 식민지 '종주국'으로의 이주, 만주국으로의 이주는 19세기 후반 이래 누적된 미개간지로의 이주와 지역의 제국주의 세력화 이후 식민지인의 이주가 중첩되며 나타난 현상이라 볼 수 있다.

3) 중국인 이주 인구의 규모와 분포

일본 제국주의 세력권 각지로 이주한 중국인의 전체 규모는 활용할 수 있는 관련 자료가 부족할 뿐만 아니라, 관동주나 만주국의 자료와 같이 원주민과 이주 인구를 분리 집계하지 않은 경우가 많아 파악이 어렵다.

관동주와 만주국을 제외한 세력권 내 중국인의 이주는 일본인이나 조선인과 같이 대규모 이주 양상을 보이는 경우는 드물고, 조선·대만·일본을 중심으로 수만 명 단위의 거주가 이루어지고 있었다.

조선(1910년 11,818명, 1920년 23,989명, 1930년 67,794명, 1940년 63,976명)과 대만(1910년 14,840명, 1920년 24,836명, 1930년 46,691명, 1940년 46,190명) 거주 중국인은 인구 규모와 증감 면에서 유사한 양상을 보였다. 1910년 각각 만 명 단위로 거주하던 두 지역의 중국인은 1920년 이래 계속 증가하여 1930년 무렵 정점을 찍은 후 1940년에는 1930년 대비 약간 감소한 수준을 유지하고 있었다.

재일 중국인(1910년 9,858명, 1920년 22,427명, 1930년 39,440명, 1940년 23,240명)의 경우, 인구 증감 패턴에서는 조선·대만과 유사한 양상을 보였으나, 인구 규모는 두 지역에 미치지 못했다. 이는 일본 정부가 중국인, 특히 노동자의 일본 유입을 저지하기 위하여 관련 법령 등 제도적 장치를 마련하고 강제 퇴거 등 실질적 조치를 취한 결과라 할 수 있다.[20]

해당 시기 중국은 동북아시아 역내에서 인구 규모가 가장 큰 국가로서

---

20) 중국인 이주와 관련한 일본 정부의 조치에 관해서는 다음 연구를 참고할 것. 야스이 산기치 저, 송승석 역, 『제국 일본과 화교: 일본 타이완 조선』, 학고방, 2013.

일찍부터 구성원의 해외 이주가 활발하게 이루어지고 있었음에도 불구하고, 인접한 일본 제국주의 세력권 내(관동주·만주국 제외)에 거주하는 중국인의 수는 적었다. 이는 이른바 일본 제국주의 '신민'에 포함되지 않는 '외국인'이자 일본과 첨예한 대립 관계에 있던 국가의 구성원이라는 중국인의 위치에서 기인하는 것으로, 이주 인구의 규모와 함께 높은 유동성 역시 중일 관계와 민족 감정의 영향 등에 민감하게 반응할 수밖에 없었던 중국인 이주집단의 상황을 보여준다.

Ⅲ. 근대 동북아시아 역내 이주 인구의 구성

이번 장에서는 이주집단별 성별, 연령, 거주지, 직업 분석을 통해 이주 인구의 구성과 성격을 확인한다. 성별, 연령, 거주지, 직업은 이주 인구의 질적인 측면을 파악할 수 있는 요소로서 이동의 목적과 성격을 확인할 수 있는 기초자료라고 할 수 있다. 성별과 연령은 이주 인구의 생물학적 구성과 인구구조를 파악할 수 있는 요소이자, 이주 인구의 정착 정도(정주도)와 이민 후속세대로의 연결을 확인할 수 있는 소재로서 이주가 송출지와 수용지의 인구구조와 사회구조에 미치는 영향 등을 고찰할 수 있는 기초를 제공한다. 거주지의 분포와 성격은 이주 인구의 송출지와 수용지의 지리적·사회경제적 관계를 확인할 수 있는 소재이며, 생활기반인 직업과 연결되어 이주 인구의 사회경제적 기반과 지위, 현지 사회와의 관계 확인에 도움을 줄 수 있다.

이번 장에서는 이주 인구의 성별·연령 구성과 거주지·직업 구성을 지역별, 이주집단별로 고찰한다. 해당 시기 이주 인구의 질적 구성을 확인할 수 있는 통계 자료는 상당히 제한적으로, 가능하면 두 개 이상의 시기를 비교하여 각 시기의 구성과 변화 양상을 확인하고자 했으나 부득이한 경우에는 특정 연도의 구성 파악에 머물렀다.

1. 지역별 이주 인구의 성별·연령 구성과 거주지·직업 구성

1) 일본

① 성별·연령 구성[21)]

해당 시기 일본 전체 인구의 성별·연령 구성은 피라미드 형태의 분포를 보였다. 성비는 1920년 100.4명, 1930년 101명, 1940년 100명으로 세력권 내에서 가장 균형적인 상태를 보였고, 0~19세의 인구가 전체 인구의 절반가량을 차지하는 등 연령이 낮을수록 높은 비율을 점하고 있었다. 이는 전체 인구의 절대다수를 차지한 일본인의 성별·연령 구성이 반영된 결과이나 시기별로 특징이 있었다. 일본인의 성별 구성은 1930년까지 남성이 약간 많은 상태였으나, 1940년에는 전황의 심화로 남성 인구의 국외 유출이 늘어나면서 여성 인구의 비율이 높아졌다(성비 99.3명).

일본인 남성의 감소에도 불구하고 전체 인구의 성비가 100명을 유지할 수 있었던 것은 조선인 남성 등 이주 인구 중 남성이 많았기 때문이다. 1920년 이래 일본 내 최대 이주집단을 구성한 조선인의 성비는 1920년 764.9명, 1930년 244.8명, 1940년 149.8명으로 남성 인구가 여성 인구를 상회하는 가운데, 시간이 흐르면서 성비 불균형이 완화되는 양상을 보였다. 성비 불균형이 심각했던 1920년 재일 조선인의 연령대를 보면 15세~39세의 인구가 약 86.8%를 차지하여 경제활동 목적의 단신 남성 이주가 주를 이루고 있었음을 알 수 있다. 성비의 불균형이 상당 정도 완화된 1930년에도 20대와 30대가 절반 이상(약 56%)을 차지하고 있었으나 미성년 인구도 증가하여 0~19세 인구가 전체의 약 35.7%를 차지하게 되었다. 성비 불균형의 완화, 저연령 인구의 증가를 통해 가족 단위 이주의 증가, 정주도의 향상 등 조선인 이주의 질적 변화를 확인할 수 있다. 자료의 부

---

21) 内閣統計局, 앞의 책, 1928, 106-109쪽; 内閣統計局, 앞의 책, 1935a, 140-141쪽; 内閣統計局,『第五十九回 大日本帝國統計年鑑』, 1941, 10-13쪽.

족으로 1940년 무렵 재일 조선인의 연령 구성은 확인할 수 없었으나, 해당 시기는 전시 징용 등 특수한 성격의 이주가 증가한 시기로 이주 인구의 연령 구성에 변화가 나타났을 가능성이 크므로 보완이 필요하다.

조선인 다음으로 큰 규모의 이주집단을 구성한 중국인의 성별·연령별 구성은 조선인과 조금 다른 양상을 보였다. 재일 중국인의 성비(1920년 366.2명, 1930년 345.2명, 1940년 214.4명) 역시 불균형 상태에서 점차 완화되는 양상을 보였으나 조선인과 비교하여 완화 정도가 크지 않았다. 연령 구성에서는 생산연령인구의 비율이 높은 것은 유사하나 1920년과 비교하여 1930년 미성년 인구의 비율이 조금 감소하는 양상을 보였는데(1920년 약 34.3%, 1930년 약 30.1%), 이후의 연령 구성 확인이 어려운 상황에서 추세가 변화한 것인지 일시적인 현상이었는지는 판단하기 어렵다.

해당 시기 재일 조선인과 중국인을 비교해보면 다음과 같은 차이가 있었다. 일본의 개항기부터 상업 종사자를 중심으로 형성된 재일 중국인 집단은 재조 조선인 집단과 비교하여 성별·연령별 구성 등 인구구조 측면에서 안정적인 상태를 유지하고 있었다. 그러나 1920년대 이후 재일 조선인 사회가 급격하게 팽창하고 인구구조가 안정화 양상을 보인 것과 비교하여 중국인의 그것은 양적, 질적으로 큰 변화를 겪었다고 할 수 없다. 이는 제국주의 국가를 향한 식민지인의 이주와 외국인 이주의 차이에서 기인한 것이라 볼 수 있다.

② 거주지·직업 구성[22)]

일본 내 이주 인구의 거주지 및 직업 구성은 1920년과 1930년 진행된 전수조사 자료를 바탕으로 분석할 수 있다. 거주지 구성은 부(府)와 현(縣)

22) 활용 자료는 다음과 같다. 内閣統計局, 앞의 책, 1928, 100-101쪽; 内閣統計局, 『大正九年 國勢調査報告 全國の部 第二卷』, 1929, 238-248쪽; 内閣統計局, 앞의 책, 1935a, 136-138쪽; 内閣統計局, 『昭和五年 國勢調査報告 第二卷』, 1935b, 224쪽.

단위를 기준으로 분석하고, 직업 구성은 직업을 가진 인구(그 가족과 무직 인구는 제외)에 한정하여 분석한다.

해당 시기 일본 전체 인구는 전국 각지에 걸쳐 넓게 분포했으나, 도쿄부(東京府), 오사카부(大阪府), 효고현(兵庫縣), 후쿠오카현(福岡縣), 아이치현(愛知縣) 등 대도시와 그 인근 지역을 묶는 광역 단위를 중심으로 높은 인구밀도를 보이고 있었다. 전체 인구의 직업에서 가장 큰 비율을 차지한 것은 농수산업이었으나 시간이 흐르며 점차 감소했고(1920년 약 55.0%에서 1930년 약 49.6%), 제2차, 제3차 산업 부문의 종사자가 증가했다.[23)]

재일 조선인의 거주지는 오사카와 효고, 후쿠오카를 비롯한 서일본의 도시부와 도쿄, 홋카이도(北海道) 등에 집중되어 있었다. 조선인의 최대 집거지는 오사카로 효고와 함께 한신(阪神) 공업지대를 이루는 지역이었고, 한반도와 지리적으로 가까운 규슈(九州)와 쥬고쿠(中國) 지역 거주자도 많았다. 재일 조선인의 직업은 제2차·제3차산업 부문에 집중되어 있었다. 1920년 재일 조선인의 직업은 광공업(약 70.9%)과 교통업(약 11.7%)이 대다수를 차지했으나, 1930년에는 광공업 종사자(약 59.3%)의 비율이 감소하고 농수산업 종사자(약 8.2%), 상업 종사자(약 10.4%), 잡업과 일용 노동, 가사 사용인 등(약 13.4%)의 비율이 증가했다.[24)] 조선인 이주자가 증가하면서 종사 직업은 다양하게 분화했으나 노동자 중심의 직업 지위는 유지되었음을 알 수 있다.

재일 중국인은 도쿄, 가나가와(요코하마시), 효고(고베시), 오사카, 나

23) 일본 전체 인구의 직업 구성은 1920년 농수산업 약 55.0%, 광공업 약 21.5%, 상업 약 12.0%, 공무자유업 약 5.4%, 교통업 약 3.9%, 기타 업종(잡업노동자, 일용노동자, 가사사용인 등) 약 2.1%였고, 1930년에는 농수산업 약 49.6%, 광공업 약 20.1%, 상업 약 15.1%, 공무자유업 약 6.9%, 교통업 약 3.7%, 기타 업종 약 4.6%였다.

24) 1930년의 조선인 직업 구성은 '외지인(外地人)'의 직업 구성을 통해 확인할 수 있다. 1930년 국세조사 직업 대분류에서 일본인 외 인구는 일본의 식민지 인구를 가리키는 외지인과 그 밖의 외국인으로 구분되어 집계되었다. 1930년 일본 내 외지인(423,660명)은 조선인 419,009명(98.9%), 대만인 4,611명, 가라후토인 22명, 남양인 18명으로 구성되어 조선인이 대부분을 차지했다. 외국인은 54,320명으로 중국인 39,440명(72.6%), 기타 외국인 14,880명(27.4%)으로 구성되었다.

가사키 등에 집거하며 상업(1920년 약 55.0%, 1930년 중국인을 포함한 외국인 전체 기준 약 50.0%)을 비롯한 제2차·제3차산업 부문에 종사했다.[25] 재일 중국인의 거주지와 직업은 기본적으로 19세기 '개항장'의 상인을 기반으로 형성된 초기의 이주 커뮤니티가 20세기 전반에 걸쳐 유지되고 있었음을 보여준다.

자료의 부족으로 1940년 무렵 이주집단별 거주지와 직업 구성은 확인할 수 없으나, 산업화의 진전과 전황의 심화에 따라 거주지 및 직업 구성에도 변화가 작지 않았을 것으로 보인다. 특히 일본 전체 인구의 1.7% 이상을 차지하게 된 조선인의 거주지와 직업 구성에는 1920년대 이래 계속된 이주 인구의 축적과 전시 상황의 특수성이 반영되었을 것이다. 향후 보완이 필요하다.

2) 조선

① 성별·연령 구성[26]

조선 전체 인구의 성별·연령 구성은 일본과 마찬가지로 피라미드 형태였다. 성비(1910년 112.8명, 1920년 106.3명, 1930년 104.6명, 1940년 102.1명)는 시간이 흐르면서 균형 상태를 이루었고, 미성년 인구가 전체 인구의 절반가량을 차지했다.

최대 이주집단이었던 일본인의 성비(1920년 113.9명, 1930년 118.6명, 1940년 106.8명)는 시간이 흐를수록 균형을 이루었고, 같은 시기 재

25) 1920년 재일 중국인의 주요 종사업종은 상업(약 55.0%), 광공업(약 17.0%), 교통업(약 16.0%)이었다. 1930년의 직업 구성은 중국인이 7할 이상을 차지하던 외국인 직업 구성을 참고하여 짐작할 수 있다. 주요 종사업종은 상업(약 50.5%), 기타 업종(약 21.7%), 공무자유업(약 13.7%), 광공업(약 8.4%), 교통업(약 5.8%)이었다. 단 1920년 중국인의 주요 종사업종과 1930년 재일 중국인의 사회경제적 지위 등을 고려했을 때 1930년 공무자유업 종사자의 높은 비율은 중국인 외 외국인이 점하는 비율일 가능성이 높다.

26) 朝鮮總督府, 『明治四十三年 朝鮮總督府統計年報』, 1912, 76-77쪽; 朝鮮總督府, 앞의 책, 1932, 58-59쪽.

일 조선인의 그것과 비교하여 상당히 안정적이었다. 연령 구성 역시 안정적인 양상을 보였다. 1910년에는 생산연령인구, 특히 20대와 30대가 높은 비율(약 50.4%)을 차지했으나 미성년 인구의 비율(약 34.7%)도 낮지 않았고, 1930년에는 미성년 인구의 비율(약 41.4%)이 더욱 상승했다. 이와 같은 재조 일본인 인구의 성별·연령 구성은 자국에 의한 조선의 개항과 식민지화를 거치며 안정화한 일본인 이주의 성격을 보여준다.

반면 재조 중국인의 성비와 연령은 일본인의 그것과 비교하여 심각한 불균형 상태에 있었다. 중국인의 성비는 1920년 820.2명, 1930년 572명으로 남성의 수가 여성의 수를 크게 상회하고 있었고, 연령 구성에서는 1930년 기준 20대와 30대 인구의 비율(약 58.2%)이 과반을 차지하고 미성년 인구, 특히 0~9세 인구의 비율(약 9.3%)이 낮아, 성인 남성 중심의 유동성 높은 거주 상태를 보여주고 있었다.

재조 일본인과 중국인의 성별·연령 구성을 통해 이른바 식민지 종주국 출신인 일본인의 이주는 가족 중심의 높은 정주도를 보였으나, '외국인'인 중국인의 이주는 경제활동 등을 목적으로 한 단신 남성 이주가 많고 유동성이 컸음을 알 수 있다.

② 거주지·직업 구성[27)]

재조 일본인의 주요 거주지는 경기, 경남, 경북, 전남, 전북에 걸쳐 있었고, 1930년대에는 화학공업과 수산가공업 등이 발전한 함경도 거주자의 비율이 증가했다. 거주지의 성격을 보면 경성부, 부산부를 비롯한 도시 지역 거주

---

27) 1930년은 전수조사, 나머지 연도는 등록인구를 기반으로 한 자료이다. 1930년 자료의 직업 부분에서 상업과 교통업은 분리되어 있으나 다른 연도와의 비교를 위해 하나의 항목으로 묶어 분석하며, 1930년 상업 종사자와 교통업 종사자는 각각 562,099명, 107,541명으로 상업 종사자가 다수를 차지했다. 朝鮮總督府, 앞의 책, 1912, 59-151쪽; 朝鮮總督府, 앞의 책, 1917, 28-33쪽; 朝鮮總督府, 앞의 책, 1921, 44-93쪽; 朝鮮總督府, 앞의 책, 1932, 54-247쪽; 朝鮮總督府, 『昭和十五年 朝鮮總督府統計年報』, 1942, 16-25쪽; 朝鮮總督府, 앞의 책, 1944, 26-29쪽.

자가 많았고, 직업은 상업과 교통업, 공무직과 이른바 전문직에 해당하는 '자유업' 부문에 집중되어 있었다.

재조 중국인은 도시부와 접경 지역에 집거했다. 이주 초기에는 경성부와 인천부 등 경기 지역 거주자가 많았으나 시간이 흐르며 신의주를 비롯한 평안과 함경 등 접경 지역 거주자의 비율이 증가했다.[28] 중국인의 직업 구성은 초기의 상업 및 교통업 중심에서 광공업과 농수산업 종사자의 비율이 점차 높아지는 양상을 보였다. 이는 특히 1930년대 중국과 접경한 북부 지역을 중심으로 공업화가 진행되면서 해당 지역의 광공업, 교통업 등에 종사하는 노동자의 규모가 확대되며 나타난 현상이었다.

재조 일본인과 중국인의 직업 구성은 '식민지' 조선에서 각 이주집단의 위치를 보여준다. 공무 및 자유업에 종사하는 일본인의 높은 비율에서 민족 위계를 확인할 수 있으며,[29] 시기별로 변동이 컸던 중국인의 직업 구성은 비세력권 '외국인' 이주집단으로 불안정한 중국인 주민의 위치를 보여준다고 할 수 있다.

3) 대만

① 성별·연령 구성[30]

대만 전체 인구의 성별·연령 구성은 일본, 조선과 마찬가지로 피라

---

28) 천 명 이상의 중국인이 거주한 지역과 거주자 수는 다음과 같다. 1910년(외국인 기준, 중국인이 외국인의 약 93.1% 차지) 경성부 2,062명, 인천 2,957명, 의주군 962명. 1920년 신의주부 2,916명, 경성부 2,473명, 인천부 1,318명. 1930년 신의주부 9,071명, 경성부 8,275명, 평양부 3,534명, 인천부 3,372명, 청진부 1,402명, 원산부 1,218명. 1940년 신의주부 7,712명, 의주군 5,518명, 경성부 4,683명, 청진부 2,165명, 평양부 2,154명, 인천부 1,749명, 그 외 삭주·용천·강계군 각 2천 명 이상, 자성·후창·운성군 1천 명 이상 등.

29) 예를 들어 1920년 조선인 인구는 일본인의 48.6배에 달했으나 공무자유업 종사자는 2.5배에 지나지 않았고, 1930년 조선인 인구는 일본인 인구의 38.8배였으나 공무자유업 종사자는 1.5배에 머무르며 민족에 따른 사회경제적 지위의 격차를 드러냈다.

30) 臺灣總督府臨時國勢調查部, 『第一回臺灣國勢調查集計原表(全島ノ部)』, 1923, 2-43쪽; 臺灣總督官房臨時國勢調查部, 『昭和十年 國勢調查結果表』, 1937, 490-491쪽.

미드 형태를 나타냈다. 성비는 1910년 111.5명에서 1940년 103.4명으로 균형을 이루어갔으며, 0~19세 인구(1920년 약 50.2%, 1935년 약 52.2%)가 절반 이상을 차지하는 가운데 특히 0~9세의 비율이 계속 상승했다.

대만 내 최대 이주 집단이었던 일본인의 성비는 1910년 148.4명에서 1940년에는 108.6명으로 시간이 흐를수록 안정되었다. 1920년과 1935년의 연령 구성을 살펴보면 두 시기 모두 0~9세(1920년 약 23.5%, 1935년 약 24.7%)와 20~29세(1920년 약 23.6%, 1935년 약 22.9%)의 비율이 높았고, 특히 1935년에는 0~9세의 비율이 가장 높았다. 일본인의 성별·연령 가족 단위의 정주도 높은 이주 경향을 보여준다.

사실상 중국인으로 이루어진 외국인 집단[31)]의 성비는 1920년 363.7명, 1940년 183.8명으로 시간이 흐르면서 불균형 정도가 완화되었으나 여전히 심각한 불균형 상태에 처해 있었다. 연령 구성은 1920년에는 20대와 30대 인구(약 49.1%)가 절반가량을 차지했으나, 1935년에는 0~19세 인구의 비율(1920년 약 29.0% → 1935년 약 39.4%, 그중 0~9세 약 22.4%)이 대폭 늘어났다. 중국인의 성별·연령 구성 역시 시간이 흐르며 점차 안정화 양상을 보였으나 대만 현지인, 일본인과 비교하여 여전히 불안정한 상태였다.

대만 현지인에 버금가는 일본인의 안정된 성별·연령 구성은 19세기 말부터 시작된 일본인의 식민지 이주(식민)가 안정 상태로 접어들었음을 보여주는 한편, 중국인의 성별·연령 구성은 일본인에 비해 불안정한 이주 양상을 반영한다.

31) 1920년 대만 거주 외국인 총 24,466명 중 중국인은 24,271명(99.2%)이었고, 1935년 외국인 총 57,423명 중 중국인은 57,218명(99.6%)이었다.

② 거주지·직업 구성[32)]

20세기 전반 대만의 광역 행정구역은 크게 타이베이주(臺北州), 신주주(新竹州), 타이중주(臺中州), 타이난주(臺南州), 가오슝주(高雄州) 등으로 나눌 수 있으며, 그 가운데 타이중주와 타이난주의 인구가 가장 많았다. 전체 인구의 주요 종사업종은 농수산업(1920년 약 73.4%, 1930년 약 68.5%)이었으나 시간이 흐르면서 점차 감소하고, 제2차·제3차산업 부문 종사자의 비율이 증가하는 경향을 보였다. 이는 비농업 부문에 집중된 이주집단의 직업 경향이 반영된 것으로, 대만 현지인은 여전히 제1차산업 부문 종사자가 많았다.

일본인의 주요 거주지는 타이베이주로 인구의 4할 이상이 거주했고, 도시별로는 타이베이시(1930년 70,369명), 지룽시(基隆市: 19,254명), 가오슝시(15,878명), 타이난시(15,496명), 타이중시(13,445명) 등에 집거하고 있었다. 주요 종사업종은 공무자유업, 광공업, 상업이었다. 특히 눈에 띄는 직업군은 공무자유업으로 일본인 직업 4할 이상을 차지했을 뿐만 아니라, 종사자 수에서도 대만 현지인보다 많은 수를 점하고 있었다.

대만 현지인을 제외한 중국인 역시 타이베이주 거주자가 많았으나 시간이 흐르며 타이난주, 가오슝주 거주자의 비율도 증가했고, 도시별로는 타이베이시(1930년 15,372명), 지룽시(4,291명), 타이난시(3,874명)에 집거했다. 주요 종사업종은 제2차·제3차산업 부문의 각 업종으로 8~9할이 광공업(약 46.6%), 상업(약 29.1%), 교통업(약 13.5%)에 집중되어 있었다.

대만으로 이주한 일본인과 중국인은 모두 도시부에 집거하며 제2차·제3차산업에 종사하고 있었으나, 일본인은 공무자유업 종사자의 비율이 높

32) 臺灣總督府臨時國勢調査部, 『第一回臺灣國勢調査集計原表(州廳ノ部)』, 1924, 2-3쪽; 臺灣總督府, 앞의 책, 1922, 48-277쪽; 臺灣總督府, 앞의 책, 1932, 28-30쪽; 臺灣總督府, 앞의 책, 1942, 36-37쪽.

고, 중국인은 공무자유업을 제외한 업종에 주로 종사하는 차이를 보였다. 식민지에서의 직업 구성이 사회경제적 지위와 함께 민족 위계를 보여주는 하나의 지표라고 한다면, 대만 현지인을 상회하는 일본인 공무자유업 종사자는 식민자로서 일본인의 위치를 보여주며, 중국인의 높은 광공업 종사자 비율은 주로 노동자나 상인으로 생활하고 있던 중국인 이주 인구의 상황을 보여준다.

4) 관동주

① 성별·연령 구성[33)]

관동주의 성별·연령 구성은 앞선 일본, 조선, 대만의 그것과 차이가 있었다. 특히 성별 구성의 차이가 두드러지는데, 전체 인구의 성비는 1920년 142.6명, 1940년 133.4명으로 1940년에도 상당한 불균형 상태에 처해 있었다. 특히 눈여겨 볼 것이 최대 인구집단인 중국인의 불균형한 성비로(1920년 146.3명, 1940년 137.7명), 원주민의 규모가 작은 상태에서 중국 관내에서 유입된 중국인이 주민의 대다수를 구성해가고 있던 지역의 특성을 보여준다.

한편 중국인 외 인구의 대부분을 점하고 있던 일본인 인구의 성비(1920년 116.7명, 1940년 112.3명)는 중국인의 그것보다 안정적이었다. 연령 구성을 보면, 1920년에는 20대와 30대 인구의 비율(약 45.2%)이 높았으나 미성년 인구의 비율(약 39.2%)도 낮지 않았고, 1940년에는 미성년 인구의 비율(약 43.6%)이 20대와 30대 인구의 비율(약 39.1%)을 넘어섰다.

일본인 인구의 성별·연령 구성은 1905년 일본이 지역을 조차한 이래 시작된 일본인의 이주가 짧은 시간 동안 가족 단위의 정주 양상으로 전환

33) 關東長官官房文書課, 앞의 책, 1921, 40-50쪽; 關東局, 앞의 책, 1941, 22-29쪽.

하고 있었음을 보여주고, 중국인 성비와의 격차를 통해 표면적으로는 중국에 속해있으나 사실상 일본이 지배하는 식민지로서 관동주의 성격을 반영하고 있었다.

② 거주지·직업 구성[34)]

관동주 인구의 지역별 분포를 보면, 1940년 기준 다롄(大連) 거주자가 가장 많았고 뤼순(旅順), 푸란뎬(普蘭店), 진저우(金州), 피쯔워(貔子窩) 순으로 거주했다. 직업 구성은 1910년 당시에는 농수산업 종사자의 비율이 과반을 차지했으나 시간이 흐르면서 제1차산업 종사자의 비율이 줄어들고(1910년 약 63.3%, 1940년 약 31.5%), 제2차·제3차산업 종사자의 비율이 급격하게 높아졌다. 제2차·제3차산업 중에서도 특히 광공업과 교통업 종사자가 크게 증가했는데, 항만철도 등 교통시설이 집중된 공업 지역으로서 관동주의 성격을 반영하고 있었다.[35)]

최대 인구집단인 중국인의 주요 거주지는 다롄(1920년 약 29.6%, 1940년 39.6%)등 도시부였다. 직업 구성은 제1차산업 부문 중심에서 제2차·제3차산업 부문으로 급격히 확대되었으나, 전반적으로 제1차산업 종사자의 비율이 높고 제2차·제3차산업 종사자의 비율이 낮은 양상을 보였다.

일본인 인구는 다롄(1920년 약 84.8%, 1940년 89.5%. *1920년 인구 중 조선인 395명 포함)과 뤼순에 집중되어 있었고, 최대 도시인 다롄에

34) 內閣統計局, 앞의 책, 1912, 958-959쪽; 關東長官官房文書課, 앞의 책, 1921, 21-35쪽; 關東廳, 앞의 책, 1931, 42-45쪽; 關東局, 앞의 책, 1941, 9-21쪽. 1910년 자료에는 교통업 항목 대신 무역운송업 항목이 있으나 다른 연도와의 비교 편의를 위해 교통업으로 취급하여 분석했다.

35) 관동주 거주 조선인의 수는 1920년 395명, 1930년 1,794명, 1940년 5,710명으로 많지 않았으나 만주국 수립 후 점차 증가하는 모습을 보였다. 조선인의 주요 거주지 역시 다롄(1940년 약 89.4%)이었고, 직업은 일본인과 달리 농수산업(1940년 약 17.1%)을 비롯한 각종 업종에 골고루 분포해 있었다. 러시아계 인구를 중심으로 하는 그 밖의 외국인은 1940년 1,598명으로 대부분 다롄에 거주하며 제2차·제3차산업 부문에 종사했다.

8~9할의 인구가 거주하고 있었다. 도시부에 집거하던 일본인의 직업은 광공업, 상업, 교통업, 공무자유업에 집중되었다.

관동주의 이주집단은 지역 최대 도시인 다렌에 집거하는 양상이 두드러졌고 직업 역시 도시부의 제2차·제3차산업 부문에 집중되었다. 단 이주집단에 따라 종사업종에는 차이가 있었는데, 특히 일본인 공무자유업 종사자의 규모(1940년 기준 17,828명. 일본인 유직자의 약 24.3%. 관동주 공무자유업 종사자의 약 37.7%)는 인구 규모 대비 여타 인구집단의 비율보다 훨씬 높았다. 같은 시기 식민지 조선과 대만에서 보이던 사회경제적 지위와 민족 위계가 관동주에서도 여실히 드러나고 있었던 것이다.

5) 가라후토

① 성별·연령 구성[36)]

Ⅱ장에서 살펴본 바와 같이 가라후토는 일본 식민지화 이후 이주해 온 일본인이 전체 인구의 절대다수를 점하고 있던 지역으로, 소수의 원주민[37)] 보다 이주민이 지역의 인구구조에 큰 영향을 미치고 있었다.

가라후토 최대 인구집단인 일본인의 성별·연령 구성은 피라미드 형태를 띠며 사실상 정주 집단의 인구구조를 보여주고 있었다. 일본인의 성비는 1920년 141.8명, 1940년 121.4명으로 앞선 조선, 대만, 관동주와 비교하여 불균형 상태에 있었으나 점차 완화되는 경향을 보였고, 연령 구성은 미성년 인구가 절반가량을 차지하며 전체 인구에서 차지하는 비율을 더

---

36) 樺太廳, 앞의 책, 1922, 650-651쪽; 樺太廳, 『昭和十年 國勢調査結果報告』, 1937, 284-285쪽.

37) 토착 인구의 규모는 1920년 1,954명(전체 인구의 약 1.8%), 1940년 406명(전체 인구의 약 0.1%)으로 전체 인구에서 차지하는 비율은 물론 절대적인 수치 면에서도 급감하는 양상을 보였으며, 1920년 101.4명이던 성비가 1940년에는 95.2명으로 줄어들며 남성 인구의 비율이 급감하는 추세를 보였다.

욱 높여가고 있었다(1920년 약 43.7%, 1935년 약 46.6%).

가라후토의 조선인 인구도 계속 증가하여 1930년에 이미 원주민의 수를 추월했으나, 성별·연령 구성면에서는 일본인 정도의 안정화를 이루지는 못했다. 조선인의 성비는 1930년 320.8명, 1940년 265.3명으로 상당한 불균형 상태에 있었고, 1935년 기준 20대~50대(약 67.9%)가 인구의 7할가량을 차지하여 경제활동 목적의 남성 이주가 주를 이루었음을 알 수 있다. 단 시간이 흐르며 미성년 인구, 특히 0~9세 인구의 비율(1920년 약 3.3%, 1935년 약 20.9%)이 눈에 띄는 증가세를 보이는데, 이는 조선인의 이주가 노동 목적의 단신 남성 이주에서 가족 단위 이주로 이행되고 있었음을 보여준다.

가라후토는 제국주의 본국인 일본으로부터의 이민이 지역 인구구조 전반을 좌우하던 말 그대로의 '식민지'로서, 주로 원주민이 지역 인구의 대부분을 차지하고 식민자로서 일본인은 직업 등의 측면에서 정치·사회·경제적으로 우위를 점하던 제국주의 세력권 내 여타 지역들과는 다른 특성을 띠고 있었다.

② 거주지·직업 구성[38)]

자료의 제약으로 인해 가라후토 주민의 거주지 구성은 1935년, 직업 구성은 1920년과 1930년에 한하여 확인할 수 있었다.

최대 인구집단이었던 일본인의 거주지는 지역 전반에 분포해 있었으며, 1935년 기준 도요하라(豐原, 약 20.2%), 오도마리(大泊, 약 19.1%), 도마리오루(泊居, 약 17.8%), 마오카(眞岡, 약 15.1%), 시스카(敷香, 약 12.8%) 등 정치경제 중심지의 거주 비율이 높았다. 가라후토 일본인의 직

38) 樺太廳, 앞의 책, 1922, 658-659쪽; 樺太廳, 앞의 책, 1934, 24쪽; 樺太廳, 앞의 책, 1937, 10-21쪽.

업은 주로 제2차·제3차산업 부문에 집중되어 있던 세력권 내 여타 지역의 그것과 달리 농수산업(1920년 약 44.1%, 1930년 약 36.8%. *1930년은 전체 인구 중 농수산업 종사자 비율)[39]을 비롯한 모든 산업의 각 업종에 골고루 분포되어 있었다. 이는 일본인 식민으로 이루어진 가라후토의 인구 구성과 풍부한 어업·임업·광업 자원을 바탕으로 성장한 가라후토의 산업 구성을 반영하고 있었다.

일본인과 달리 조선인은 1935년 기준 7할가량의 인구가 도마리오루와 시스카에 집거했다. 이들 지역은 광업, 임업, 농수산업, 제지업 등이 발달한 지역으로, 당시 조선인 인구의 다수가 해당 업종의 노동자로 일하고 있었음을 알 수 있다.

6) 남양군도

① 성별·연령 구성[40]

남양군도의 성별·연령 구성 역시 자료의 부족으로 분석에 한계가 있었다. 남양군도 전체 인구의 성비는 1922년 108.8명, 1930년 119.7명, 1939년 133.1명으로, 세력권 내 여타 지역과 달리 시간이 흐를수록 불균형 양상이 심화하고 있었다. 같은 시기 원주민의 성비는 각각 103.6명, 106.2명, 108명으로 역시 불균형이 심화하는 양상을 보였으나 전체 인구의 그것과 비교하여 심각하지는 않았다. 따라서 전체 인구의 성비 불균형은 남성 이주자의 급증에 따른 결과라 할 수 있다.

---

39) 가라후토의 농수산업 종사자 구성에서 눈여겨볼 점은 다른 지역과 비교하여 수산업 종사자의 비율이 상당히 높다는 점이다. 농업 종사자 대 수산업 종사자의 비율은 1920년 5.5 대 4.5, 1930년 7.2 대 2.8로 시간이 흐르면서 수산업 종사자의 비율이 크게 줄었으나, 1930년 일본(9.6 대 0.4), 조선(9.8 대 0.2) 등에 비하면 매우 높은 수준이었다.

40) 南洋廳,『第三回 南洋廳統計年鑑』, 1935, 22-23쪽.

Ⅱ장에서 살펴본 것처럼 남양군도는 일본의 위임통치령이 된 이후 일본인 이주가 증가하여 1939년에는 일본인의 수가 원주민의 수를 추월한 지역이다. 같은 시기 일본인의 성비는 212.7명, 160.9명, 150.1명으로 1939년에도 불균형 상태를 보이고 있었다. 1933년 기준 일본인의 연령 구성은 20대와 30대 인구(약 48.8%)가 절반가량을 차지했으나 미성년 인구의 비율(약 38.0%)도 낮지 않았고 특히 0~9세 인구가 약 25.3%로 동일연령대 원주민(약 22.1%)보다 높았다. 이는 경제활동 목적의 남성 이주가 주를 이루는 가운데, 가족 단위 이주가 점증해가던 일본인 이주의 양상을 보여준다. 일본인과 달리 불안정화하는 원주민의 성별·연령 구성은 향후 인구 증가율의 둔화로 이어졌고, 1930년대 말 일본인은 원주민의 규모를 추월하여 지역의 최대 인구집단이 되었다.

② 거주지·직업 구성[41)]

남양군도 주민의 거주지·직업 구성은 남양청이 발간한 1922년과 1939년 통계와 일본 내각척식국과 남양청이 발간한 1923년, 1930년, 1939년 관련 통계를 활용하여 분석할 수 있다. 거주지 구성은 사이판(사이판, 티니언, 로타 포함)·야프·팔라우·트루크·포나페·얄루트 지역으로 나누어 확인하고, 직업 구성은 유직자 본인과 그 가족을 포함하여 분석하되 무직자와 그 가족은 분석에서 제외한다.

남양군도의 주민은 지역 내 수 개의 섬에 분산 거주했고 인구 과반이 농수산업(약 6~7할)에 종사하고 있었다. 원주민은 트루크와 얄루트 거주자가 많았으며, 사이판과 팔라우 거주자가 가장 적었다. 주요 종사업종은 농수산업으로, 1920년(약 68.2%) 7할에 조금 못 미치던 종사자의 비율이

41) 内閣拓殖局, 『大正十四年刊行 殖民地便覽』, 1925, 5쪽; 南洋廳, 앞의 책, 1933, 16-19쪽; 南洋廳, 『第四回 南洋廳統計年鑑』, 1936, 24-27쪽; 南洋廳, 앞의 책, 1941, 2-13쪽.

1930년(1930년 약 92.2%, 1939년 약 87.0%)에는 9할가량으로 크게 상승했다.

원주민과 달리 일본인의 거주지는 사이판(1922년 약 59.2%, 1939년 약 57.5%)과 팔라우(1922년 18.4%, 1939년 26.5%)에 집중되어 있었다. 직업 구성은 농수산업 종사자(1939년 약 47.1%)가 절반가량을 차지하는 가운데 광공업(약 21.0%)과 상업(약 12.9%) 종사자가 많았다.

조선인은 원주민과 일본인에 비해 소수였으나 꾸준히 증가하고 있었다. 1922년 사이판(사이판 약 98.7%, 팔라우 약 1.3%)에 집중되어 있던 거주지는 1939년 팔라우(약 40.1%), 사이판(약 29.9%), 포나페(약 20.9%) 등으로 분산되었다. 자료의 부족으로 당시 조선인 이주자의 구체적인 상황은 확인할 수 없으나, 1939년 전시 노동자 송출이 본격적으로 이루어지며 이주자의 성격에 변화가 발생한 것으로 보인다.

7) 만주국

① 성별 구성

만주국은 연령 구성을 확인할 수 있는 자료를 확보하지 못했고, 성별 구성은 앞서 활용한 자료를 통해 1937년 한 해의 성비를 확인할 수 있었다. 1937년 전체 인구의 성비는 120.6명으로, 현지인인 만주국인의 성비와 일치한다. 한편 이주집단의 성비는 조선인 117.2명, 일본인 125.6명, 무국적자 및 그 밖의 외국인 103.4명으로 일본인을 제외하면 오히려 이주집단의 성비가 균형적인 양상을 보인다. 이는 관동주와 마찬가지로 19세기 후반 이래 유입된 이주자가 인구의 대부분을 차지하는 이민 사회로서 만주국의 성격을 보여준다. 만주국인과 일본인의 성비 불균형은 1920년대 들어 급증한 중국 관내 한족과 만주국 수립 후 급증한 일본인 유입으로부터 기인한 것으로, 단신 남성 위주의 이주에서 가족 단위 이주로 진행되는 당시 이주 패턴의 과도기적 양상을 반영하고 있었다. 반면 상대적으로 균형적인 양상을 보였던 조선인과 러시아계 무국적자의 성비는 19세기 후반부터 축적되어 온 해당 집단의 이주 안정성을 보여준다고 할 수 있다.

② 거주지·직업 구성[42)]

만주국 인구의 거주지·직업 구성 역시 1937년의 관련 자료를 활용하여 살펴볼 수 있다. 거주지 구성은 1개 특별시(新京)와 16개 성(省)을 기준으로 구분하고, 직업 구성은 유직자 및 그 가족에 한정하여 분석한다.

1937년 기준 만주국 전체 인구는 펑톈성(奉天省: 약 25.4%), 지린성(吉林省: 약 14.1%), 빈장성(濱江省: 약 12.3%), 진저우성(錦州省: 약 11.3%), 러허성(熱河省,: 약 9.8%) 등지에 다수 거주했으며, 주로 농업에 종사했다(농수산업 종사자 약 70.4%).

만주국 최대 인구집단인 만주국인의 거주지는 만주국 전역에 분포했으며, 최대 종사업종은 농업이었다(농수산업 약 71.2%).

만주국의 최대 이주집단이었던 조선인의 거주지는 젠다오성(間島省: 약 55.6%)과 펑톈성(약 10.7%), 지린성, 무단장성(牧丹江省), 퉁화성(通化省), 안둥성(安東省)에 집중되어 있었다. 조선인 주민의 주요 종사업종은 농수산업(약 69.2%)이었고, 광공업·상업·공무자유업 종사자가 각 5%를 차지했다. 조선인의 거주지·직업 구성은 일찍부터 간도 지역을 중심으로 상당한 규모의 농업 사회를 이루어온 재만 조선인의 사회경제적 특성과 함께, 1930년대 국책 농업 이민, 펑톈 등 도시부를 향한 이주 증가 등 만주국 수립 후의 새로운 이주 흐름을 반영하고 있었다.

만주국 수립 후 급증한 일본인 인구는 펑톈성(약 43.1%), 진저우성, 안둥성 등 기존 세력권(관동주, 조선)과 가까운 남부지역에 다수 거주했고,

---

42) 滿洲國治安部警務司, 앞의 책, 1938, 6-73쪽.

북부지역 중에는 수도 신징(약 15.6%)과 국책 농업 이민의 주요 목적지인 빈장성(약 7.9%), 무단장성(약 5.3%)에 다수 거주했으며, 농업 이민자를 제외한 대다수가 도시부에 거주했다. 일본인의 종사업종을 보면 농수산업 종사자(약 3.2%)의 비율이 매우 낮고 광공업(약 20.5%), 상업(약 22.9%), 공무자유업(약 24.5%) 종사자의 비율이 높았다. 특히 인구 비율(전체 인구의 약 1.1%) 대비 높은 공무자유업 종사자의 비율(약 5.4%)은,[43] 독립 국가를 표방하고 있었으나 사실상 일본 세력 아래 있었던 만주국의 위치와 식민자로서 일본인의 사회경제적 지위를 보여준다.[44]

한편 만주국에는 1937년 기준 7만 명에 조금 못 미치는 무국적자 및 외국인들이 거주하고 있었다. 대부분 러시아계 인구(구 러시아인, 소련인)로 이루어진 이들 집단은, 러시아(소련) 세력의 거점이었던 하얼빈 등 빈장성(무국적자 약 52.8%, 외국인 76.7% 거주) 일대와 소련과의 접경 지역인 싱안베이성(興安北省: 무국적자 약 30.6%, 외국인 약 8.2% 거주)에 거주했다. 이들 역시 일찍부터 이 지역에 이주하여 사회를 구성한 집단으로 모든 산업부문의 다양한 업종에 종사하고 있었다.

2. 이주집단별 인구 구성

이번 절에서는 1절에서 분석한 지역별 이주 인구의 성별·연령 구성과 거주지·직업 구성을 바탕으로 일본인, 조선인, 중국인 이주 인구의 구성과 특징을 확인한다. 이주집단의 인구 구성은 이주의 안정화 정도와 사회경제

43) 1937년 만주국 전체 인구에서 각 인구집단이 차지하는 비율은 만주국인 약 96.2%, 조선인 약 2.5%, 일본인 약 1.1%였으나, 공무자유업에서 차지하는 비율은 만주국인 약 91.3%, 조선인 약 4.4%, 일본인 약 5.4%로 인구 규모 대비 일본인과 조선인 종사자의 비율이 높았음을 알 수 있다.

44) 1937년 만주국인의 인구 규모는 일본인의 84.9배였으나 공무자유업 종사자는 16.8배 정도였고, 조선인 인구는 일본인 인구의 2배 이상이었으나 공무자유업 종사자의 수는 일본인 종사자의 절반에도 미치지 못했다.

적 지위를 확인할 수 있는 요소로서, 일본 제국주의 세력권에서 각 이주집단의 위치와 상황을 고찰할 수 있다.

1) 일본인 이주 인구의 구성

일본인은 일본 제국주의 세력권 전역에 이주하여 각 지역의 최대 이주집단을 형성했다.

세력권 내 각지로 이주한 일본인은 여타 이주집단과 비교하여 가장 안정적인 성별·연령 구성을 보였다. 이주 초기 각지의 일본인은 남성의 수가 여성의 수를 크게 상회하고 경제활동인구 연령대가 다수를 차지했으나, 이주가 지속·누적되면서 성비 불균형이 상당 정도 완화되고 저연령 인구의 비율이 상승했다. 이주 인구의 성별·연령 구성에서 드러나는 정주화 양상은 세력권 내 각지에서 공통으로 나타나는 경향이었으나 지역에 따라 정도에는 격차가 있었다.

조선, 대만, 관동주는 일본인의 성비가 비교적 안정적이고 저연령 인구의 비율이 높은 지역이었다. 1940년 기준 이들 지역에 거주하는 일본인의 성비는 100~110명 안팎 정도로 여타 지역과 비교하여 균형적인 편이었고 저연령 인구의 비율도 높았다. 조선과 대만은 식민지화 이전부터 상당 규모의 인구와 사회경제적 기반이 마련되어 있던 지역으로, 일본과 지리적으로 가깝고 교통 접근성이 양호하며 개항과 식민지화 등을 통해 일찍부터 이주가 시작된 지역이었다. 관동주는 20세기 초 일본의 조차지가 된 지역으로 일본 제국주의 세력 확장의 거점이라는 위치에서 비교적 짧은 시간 안에 대규모 식민과 정주화가 진행된 지역이었다.

한편 가라후토, 남양군도, 만주국 거주 일본인들은 상기 지역들과 비교하여 남성 인구의 비율과 경제활동인구 연령대의 비율이 높았다. 이들 지역은 개발과 함께 원주민의 수를 상회하는 외부 인구가 원주민의 통치 권력의 교체와 함께 구조 전환이 급격하게 진행된 곳으로, 일본 제국주의 세력권 편입 시기가 늦거나 지리·교통상의 문제로 본격적인 이주의 역사가 짧은 지역이라 할 수 있다. 만주국에 거주하던 일본인은 가라후토, 남양군도의 일본인과 비교할 수 없을 정도로 큰 규모를 갖추고 있었으나, 세력권 편입 시기가 늦고 급속한 개발이 진행되던 지역이라는 점에서 유사한 맥락을 보였다. 재주 일본인의 성별·연령 구성은 성인 남성 중심의 초기 이주에서 가족 중심의 정주화 단계로 넘어가는 과도기적 양상을 반영하고 있었다.

세력권 각지로 이주한 일본인의 거주지와 직업 구성 역시 지역에 따른 차이를 보였다.

조선, 대만, 관동주로 이주한 일본인은 주로 도시부에 거주하며 제2차·제3차산업 부문의 직업에 종사했다. 직업 구성에서 특히 눈에 띄는 것은 공무자유업 종사자의 규모로, 일본인 인구의 규모에 비해 월등히 컸다. 재만 일본인의 거주지 성격과 직업 구성 역시 상기 지역들과 유사했으나, 국책 농업 이민의 목적지인 북부 농촌 지역을 중심으로 농업 관련 부문에 종사하는 인구도 증가하고 있었다.

한편 가라후토나 남양군도와 같이 일본인이 지역 중심 각지에 분포하며 모든 산업 부문에 종사하는 지역도 있었다. 이들 지역은 일본인 인구의 비율이 매우 높은 곳으로 제1차산업 종사 일본인의 비율 역시 여타 지역보다 높은 경향을 보였다.

상술한 이주 일본인의 인구 구성은 지역별로 상당한 차이를 보이고 있었으나, 식민자의 위치에서 비교적 안정적으로 이주지에 정착할 수 있었다는 점과 이주지의 인구구조 및 산업구조를 좌우하는 실제적 힘을 가지고 있었다는 점에서 지역을 관통하는 위계를 보여주고 있었다.

2) 조선인 이주 인구의 구성

조선인의 이주는 일본과 만주 지방을 중심으로 진행되었다. 일본 제국주의 세력권 내 여타 지역으로의 이주 역시 점차 증가했으나 일본, 만주와 같은 대규모 이주는 이루어지지 않았다.

조선인의 성별·연령 구성은 일본인과 마찬가지로 초기의 성인 남성 위주에서 시간이 흐르며 안정되는 양상을 보였으나 일본인과 비교해서는 불안정한 양상을 보였다. 재일 조선인의 성별·연령 구성은 성인 남성 위주의 이주가 진행된 대만, 가라후토, 관동주, 남양군도의 조선인과 비교하여 균형적인 구성을 보이고 있었다. 세력권 내 이주 조선인의 인구 구성에서 특히 눈에 띄는 것은 만주국 거주자의 성별 구성으로, 만주국 내 인구집단 중 가장 균형적인 성비를 보였다는 점이다. 이는 19세기 후반 이래 간도 지역을 중심으로 누적된 이주의 안정화 양상과 만주국 수립 후 가족 단위, 마을 단위로 진행된 이주 경향을 반영하고 있다.

조선인의 거주지와 직업 구성 역시 지역별 격차가 컸다. 이는 조선인의 양대 이주지였던 일본과 만주국 거주자의 인구 구성에서 뚜렷하게 드러난다. 1920년~1930년대 재일 조선인들은 조선과 가까운 서일본 지역의 대도시를 중심으로 거주하며 제2차·제3차산업 부문의 노동자 계층을 구성하고 있었다. 반면 만주국 거주 조선인들은 간도 지방 등 조선과 접경한 지역에 거주하며 7할 가까운 인구가 농업을 비롯한 제1차산업 부문에 종사하고 있었다. 흥미로운 점은 조선인의 직업 구성과 만주국 전체 인구의 직업 구성이 거의 일치한다는 점으로 현지화한 조선인 이주집단의 성격을 확인할 수 있다.

조선인 이주자의 거주지·직업 구성은 이주지와의 상호 작용 속에서 다양한 양상을 보였으나, 일본인과 비교하여 정주 정도와 사회경제적 지위에서 불안정한 상태에 놓여있었던 것으로 보인다.

3) 중국인 이주 인구의 구성

이주 중국인의 성별·연령 구성은 세력권 내 일본인, 조선인 이주자의 그것과 비교하여 불안정한 상태에 있었고, 이는 특히 '외국인' 신분이 명확했던 일본, 조선, 대만에서 더욱 두드러졌다. 성인 남성 위주의 이주 패턴은 중국인의 대규모 유입과 정주화를 억제하려는 제국주의 본국 및 식민지 정부 조치의 소산이기도 했으나, 중일 관계가 첨예하게 대립하며 민족 감정이 격해지고 불황과 공황을 거치며 외부 유입 노동자에 대한 위기감과 불만이 고조되는 가운데 현지 사회와의 높은 충돌 가능성을 배태하고 있었다.

재조 중국인의 직업 구성은 초기 상업 중심에서 농업과 공업 부문으로 확대되었다. 전후 불황이 심화하는 가운데 증가한 이주 중국인은 조선인 노동자를 비롯한 현지 주민에게 위협으로 다가왔고, 중국인에 대한 부정적 인식은 배화폭동과 같은 폭력을 수반한 갈등으로 이어지기도 했다.

재일 중국인의 거주지와 직업 역시 도시부의 제2차·제3차산업 부문에 집중되었으나 상업 부문 종사자가 다수를 차지하는 양상을 보였다. 이는 중국인 노동자의 유입을 저지하기 위한 일본 정부의 제도적·실력적 조치가 작동한 결과로서, 같은 시기 폭증한 재일 조선인의 규모 및 구성을 고려해 보면, 일본 제국주의 밖의 인구이자 갈등 관계에 있던 국가의 주민으로서 중국인의 이주에는 식민지 출신자와는 또 다른 장벽과 기제가 작동하고 있었음을 알 수 있다.

Ⅳ. 나오며

이상 20세기 전반 일본 제국주의 세력권 내 이주집단별 규모와 구성 분석을 통해 해당 시기 동북아시아 역내 인구이동의 규모와 구성의 일면을 고찰했다. 본문의 내용을 간단히 정리하면 다음과 같다.

1. 지역별 이주 인구의 규모와 구성

1940년 기준 이주 인구가 가장 많았던 지역 순으로 지역별 이주 인구의 규모와 이주집단 구성의 변화를 정리하면 다음과 같다.

일본 제국주의 세력권 내에서 이주 인구가 가장 많았던 곳은 만주국이었다. 1932년 당시 만주국 내 이주 인구는 70만 명 정도로 전체 인구의 2.4%가량을 차지했으나, 1941년에는 255만 명으로 급증하여 전체 인구의 약 5.9%를 차지했다. 이주 인구의 대부분은 조선인, 일본인, 러시아계 주민으로서 이 지역에 세력을 두고 있던 인접 국가 또는 그 식민지 출신자였다. 단 이주집단별 규모는 소속 국가의 세력화 정도에 따라 달라졌다. 만주국의 수립으로 지역 전체가 일본 제국주의 세력권으로 편입된 이후, 일본인과 조선인 이주자는 건국 후 9년간 네 배 이상 급증했으나(1932년 566,471명→1941년 2,481,395명), 건국 이전 북부 지역을 중심으로 세력을 형성하고 있던 러시아계의 규모는 절반 이상 감소했다(1932년 137,054명, 1941년 66,376명). 더불어 만주국의 이주 인구를 논할 때 놓쳐서 안 될 부분은 원주민에 해당하는 만주국인의 규모와 구성이다. 건국 후 9년 동안 증가한 만주국인의 수는 약 1,358만 명으로, 대부분이 중국 관내 등지에서 유입된 한족이었다. 만주국인을 구성하고 있던 한족, 만주족, 몽고족, 회족 및 기타 민족의 구성과 관계 역시 심화 고찰이 필요한 부분이다. 요컨대 만주국은 다양한 인구집단의 대규모 이주로 이루어진 일종의 이민국가로서 근대 동북아시아의 이주 논의에 불가결한 주제라 할 수 있다.

만주국 다음으로 이주 인구가 많았던 지역은 일본이었다. 일본 내 이주 인구의 규모는 1920년 약 7만 8천 명으로 전체 인구의 0.1%가량을 차지했으나, 1940년 약 130만 명으로 증가하여 전체 인구의 약 1.8%를 차지했다. 일본 내 이주 인구의 대부분은 조선인으로 중국인을 비롯한 그 밖의 인구는 크게 늘어나지 않았을뿐더러 때때로 감소하기도 했다. 일본은 세력권 내 여타 지역과 비교하여 이주 인구가 차지하는 비율이나 이주집단의 다양성이 크게 확대되지 않은 지역으로, 이는 일본 내 인구압 완화와 사회경제 질서 유지책으로서 입이민(入移民) 저지가 작용한 결과라 할 수 있다. 한편 해당 시기 일본 이주와 관련하여 간과해서는 안 될 부분은 1930년대 말에서 1940년대 전반에 진행된 이른바 전시체제 하에서의 대규모 이주로, 평시 이주와 전시 징용 등이 복잡하게 얽히며 진행된 이주의 복합성을 종합적으로 고찰할 필요가 있다.

만주국과 일본 다음으로 이주 인구가 많았던 지역은 조선이었다. 조선 내 이주 인구의 규모는 1920년 37만 명(전체 인구의 2.2%)에서 1940년 75만 명(전체 인구의 3.2%)으로 두 배 이상 증가했다. 조선 내 이주 인구의 대부분은 제국주의 본국인 일본 출신자로 식민기간 전반에 걸쳐 안정적인 증가세를 보였다. 중국인의 이주도 증가했으나 일본인 이주와 같은 증가세와 안정세를 보이지 못했고 재일 중국인과 마찬가지로 시기에 따라 감소하기도 했다.

대만 내 이주 인구의 규모는 1920년 약 19만 명(전체 인구의 5.1%)에서 1940년 약 40만 명(전체 인구의 6.5%)으로 20년 동안 2배 이상 증가했다. 대만은 만주국, 일본, 조선과 비교하여 이주 인구의 수는 적으나 이주 인구가 차지하는 비율은 높은 지역이었다. 이주 인구의 대부분은 일본인이었고, 지리적·사회문화적으로 인접한 중국 출신자의 이주도 증가했으나 큰 규모를 이루지 못했다.

가라후토는 세력권 내에서 이주 인구의 비율이 가장 높았던 지역이다. 1920년 전체 인구의 약 98.2%, 1940년 전체 인구의 약 99.9%가 이주 인구였고, 일본인이 절대적인 규모를 차지했다. 가라후토는 제국주의 본국 출신자의 이식을 통한 명칭 그대로의 '식민지'를 구현하고 있었으나, 여타 제국주의 국가의 식민지나 일본 제국주의 세력권 내 여타 지역에서 찾아보기 힘든 비(非)전형의 식민지 구조를 보이고 있던 지역이었다.

관동주의 이주 인구는 1920년 약 7만 명(전체 인구의 11.2%)에서 1940년 약 21만 명(전체 인구의 15.1%)으로 증가했다. 관동주는 일본 제국주의 세력권 내에서도 인구밀도가 가장 높았던 지역으로 수십 년 동안의 급격한 인구 유입이 지역의 인구구조를 좌우한 곳이었다. 관동주의 주류 인구는 중국 관내에서 유입된 한족 주민과 일본인 이민이었다. 시간이 흐르면서 조선인을 비롯한 여타 외국인 이주도 증가했으나 한족과 일본인의 이주에는 미치지 못했다.

동북아시아에서 멀리 떨어져 있던 남양군도는 이주 인구의 규모가 가장 작은 지역이었으나, 이주 인구가 전체 인구의 규모와 구조에 큰 영향을 미치고 있었다. 이주 인구의 대부분은 일본인으로 일본인 식민이 지역 인구 전반에 영향을 미쳤다는 점과 전시체제에 들어서며 조선인이 크게 증가했다는 점에서 가라후토와 일정 부분 유사한 양상을 보였다.

2. 이주집단별 이주 인구의 규모와 구성

해당 시기 일본 제국주의 세력권 내에서 일정 정도의 규모를 갖추고 있던 이주집단은 일본인, 조선인, 중국인이었다.

1940년 세력권 내 이주집단 중 가장 큰 규모를 갖춘 집단은 조선인이었다. 이주 조선인의 수는 2,576,401명(만주국 1,309,053명, 일본 1,241,315명, 가라후토 16,056명, 관동주 5,710명, 대만 2,299명, 남양군도 1,968명 *남양군도는 1939년 기준)으로 같은 시기 재조 조선인 인구(22,954,563명)의 1할 이상에 해당하는 인구가 세력권 내 각지에 이주해 있었다. 지역별로는 만주국(약 50.8%)과 일본(약 48.2%)에 집중되어 있었고 그 밖의 지역이 차지하는 비율은 매우 낮았다. 조선인의 만주국 이주는 19세기 말 이래의 간도 이주에 더해 만주국 수립 후의 이주가 누적된 결과

이며, 일본 이주는 제국주의 종주국을 향한 개인(가족) 단위의 이주와 전시 징용 등이 복합적으로 얽히며 발생한 결과라 할 수 있다.

일본인은 조선인에 이어 대규모 이주집단을 형성하고 있었다. 1940년 세력권 내 이주 일본인의 수는 2,516,155명(만주국 819,529명, 조선 689,790명, 가라후토 382,057명, 대만 346,663명, 관동주 202,827명, 남양군도 75,289명 *남양군도는 1939년 기준)으로, 1940년 재일 일본인 인구(71,810,022명)의 약 3.5% 규모였다. 지역별로는 만주국과 조선에 집중되어 있었으나, 그 밖의 지역에도 수만 명에서 수십만 명 규모의 이주가 이루어져 세력권 내 모든 지역에서 주류 이주집단을 형성하고 있었다.

한편 관동주와 만주국을 제외한 세력권 내 중국인의 수는 1940년 기준 133,540명(조선 63,976명, 대만 46,190명, 일본 23,240명, 가라후토 108명, 남양군도 26명 *남양군도는 1939년 기준)으로 일본인과 조선인의 규모에 미치지 못했을뿐더러 지역 분포에서도 상당한 편차를 보였다.

이주집단의 인구 구성과 관련해서는 성별·연령 구성을 통해 정주화 양상을 확인하고, 거주지·직업 구성을 통해 이주 송출지와 수용지의 관계, 이주 인구의 사회경제적 기반과 지위를 고찰했다.

성별·연령 구성에서는 이주집단을 막론하고 초기 경제활동 연령대의 남성 위주에서 시간이 흐를수록 여성과 저연령 인구가 증가하는 양상을 보였다. 즉 경제적 목적의 남성 단신 이주에서 중장기 거주를 목적으로 하는 가족 이주가 확대된 것이다. 단 이러한 변화의 속도와 정도는 이주집단별로 상이했다. 일본인은 정주화 양상이 가장 뚜렷했던 집단으로, 가라후토와 같이 지역 전체의 인구구조를 좌우하는 주류 집단이 되기도 했다. 조선인의 경우, 만주국과 일본에서의 정주화 정도는 상당 수준 향상되었으나, 그 밖의 지역에서는 성인 남성 위주의 유동성이 큰 이주 양상을 보였다. 한편 중국인의 이주는 20세기 초까지는 안정적인 경향을 보이다가 시간이 흐를수록 유동성이 커지는 양상을 보였다. 19세기 후반 일본과 조선의 개항장(조계, 거류지)을 중심으로 증가하던 중국인은, 일본 제국주의 세력권의 확대와 함께 세력권 외부로부터의 인구 유입을 통제하는 조치가 강화되면서 성인 남성 중심의 단기 이주로 전환되었고 높은 유동성을 보이게 되었다.

거주지·직업 구성은 이주집단에 따른 경향성이 존재했으나 동일 집단이라 할지라도 이주지별 격차가 작지 않았다. 세력권 전체에 널리 분포하던 일본인은 도시부 거주, 제2차·제3차산업 부문 종사, 공무자유업 종사자의 높은 비율 등의 경향성을 띠었으나, 만주국 내 국책이민자들은 주로 북부 농촌지대에 거주하며 농업 등 제1차산업 부문에 종사하고 있었고, 가라후토와 남양군도 등 일본인 인구의 비율이 높은 지역에서는 모든 산업 부문에 종사하는 경우가 많았다. 조선인은 지역에 따른 거주지·직업 구성 차이가 더욱 큰 집단이었다. 재일 조선인은 조선과 가까운 서일본 도시부를 중심으로 제2차·제3차산업 부문에 종사하는 경우가 많았고 특히 노동자 계층이 다수를 차지했다. 만주국의 조선인은 농촌 지역에 거주하며 농업에 종사하는 경우가 많았으며, 이는 농업 중심의 간도 이주에 만주국 수립 후 정책적 농업 이민이 더해지며 나타난 결과였다. 단 만주국 수립 후 다수의 조선인이 펑톈성 등의 도시부로 이주하여 비농업 부문에 종사하면서 거주지와 직업 구성에 점차 변화가 발생한 점도 간과해서는 안 될 것이다. 중국인은 조선, 대만, 일본의 도시부에 거주하며 제2차·제3차산업 부문에 종사했다. 중국인 인구의 다수는 상인과 노동자 계층으로 이루어져 있었고, 인구 규모가 가장 컸던 재조 중국인 중에서는 도시 근교에 거주하며 농업에 종사하는 인구도 적지 않았다.

【참고문헌】

〈자료〉

關東局,『昭和十五年 關東局第三十五統計書』, 1941.

關東長官官房文書課,『大正九年 關東廳第十五統計書』, 1921.

關東廳,『昭和五年 關東廳第二十五統計書』, 1931

國務院總務廳統計處,『第三次 滿洲帝國年報』, 1936.

南洋廳,『第一回 南洋廳統計年報』, 1933.

______,『第三回 南洋廳統計年鑑』, 1935.

______,『第四回 南洋廳統計年鑑』, 1936.

______,『第九回 南洋廳統計年鑑』, 1941.

內閣拓殖局,『大正十四年刊行 殖民地便覽』, 1925.

內閣統計局,『日本帝國第三十一統計年鑑』, 1912.

__________,『大正九年 國勢調査報告 全國の部 第一卷』, 1928.

__________,『大正九年 國勢調査報告 全國の部 第二卷』, 1929.

__________,『昭和五年 國勢調査報告 第一卷』, 1935a.

__________,『昭和五年 國勢調査報告 第二卷』, 1935b.

__________,『第五十九回 大日本帝國統計年鑑』, 1941.

內務省,『日本帝國國勢一斑 第三十回』, 1911.

臺灣總督官房臨時國勢調査部,『昭和十年 國勢調査結果表』, 1937.

臺灣總督府,『第二十四回 臺灣總督府統計書』, 1922.

__________,『第三十四回 臺灣總督府統計書』, 1932.

__________,『第四十四回 臺灣總督府統計書』, 1942.

臺灣總督府臨時國勢調査部,『第一回臺灣國勢調査集計原表(全島ノ部.』, 1923.

________________________,『第一回臺灣國勢調査集計原表(州廳ノ部.』, 1924.

滿洲國治安部警務司,『康德四年末 滿洲帝國現住戶口統計』, 1938.

滿洲帝國協和會科學技術聯合部會建設部會,『康德10年版 建設年鑑』, 1943.

朝鮮總督府,『明治四十三年 朝鮮總督府統計年報』, 1912.

__________,『大正四年 朝鮮總督府統計年報』, 1917.

__________,『大正九年 朝鮮總督府統計年報 一』, 1921.

_________, 『昭和五年 朝鮮國勢調査報告』, 1932.
_________, 『昭和十五年 朝鮮總督府統計年報』, 1942.
_________, 『昭和十七年 朝鮮總督府統計年報』, 1944.
總理府統計局, 『昭和十五年 國勢調査報告 第一卷』, 1961.
樺太廳, 『樺太要覽』, 1908.
_____, 『樺太廳治一斑』, 1911.
_____, 『第一回 國勢調査結果表(大正九年十月一日現在.』, 1922.
_____, 『昭和五年 國勢調査結果表』, 1934.
_____, 『昭和十年 樺太要覽』, 1935.
_____, 『昭和十年 國勢調査結果報告』, 1937.
_____, 『昭和十五年 樺太廳統計書』, 1942.

〈저서 및 역서〉

스티븐 카슬·마크 J.밀러 지음, 한국이민학회 옮김, 『이주의 시대』, 일조각, 2013.
야스이 산기치 저, 송승석 역, 『제국 일본과 화교: 일본 타이완 조선』, 학고방, 2013.

2. 근대 동아시아 해역사회의 일본인 이주와 일본불교

: 근대 일본 제국의 식민지 형성과정과 일본불교의 사회적 역할

김윤환

Ⅰ. 들어가며

근대 동아시아 해역사회에는 일본이 패전한 1945년 8월 당시에 만주 87만, 한반도 75만, 사할린 40만, 타이완 38만, 중국 50만 명 등 총 290만 명, 여기에 동남아시아와 오세아니아 방면까지 합치면 300만 명에 달하는 일본인이 거주하였다. 이와 함께 '대동아공영권' 전역의 군인과 군속(軍屬)은 350만 명에 이르렀다.[1] 해외 일본인 인구는 하와이 및 북미(37만 명)와 남미 이주(25만 명) 일본인을 포함하면, 1945년 일본인 인구 72,147,000명의 약 10%에 달했다. 이처럼 일본인의 해외·식민지 이동은 근대 동아시아 해역사회와 근대 제국일본의 형성과정을 이해하는 중요한 요소이다.

이 글은 일본불교를 통해 근대 동아시아 해역사회 일본인들의 이주[2]와

1) 임성모, 「근대 일본의 국내식민과 해외이민」, 『동양사학연구』, 2008, 181쪽(원출처는 岡部牧夫, 『海を渡った日本人』, 山川出版社, 2002, 90쪽).
2) 동아시아 해역사회에서 일본인들의 '이주'는 이민과 이동, 정주와 기류(寄留), 식민

정착에 관해 이야기해 보고자 한다. 글쓴이는 지금까지의 연구에서 부산, 원산, 인천, 다롄(大連), 단둥(丹東) 등 근대 동아시아 해역 일본인 사회와 일본불교의 관계를 분석하였다.[3] 이 연구들에서 일본불교는 법회, 장례와 제사, 교육, 사회자선사업, 전쟁협력, 감옥교회(監獄教誨) 등의 다양한 활동을 통하여 일본인 사회의 정착과 안정, 확장과 확산에 기여한 점을 밝혔다. 하지만 그동안의 연구에서는 근대 동아시아 해역사회에서 나타난 일본인 이주의 전체상을 고려하여 분석하지 못하였다. 이주라는 용어는 사전적으로 "거주지를 다른 곳으로 옮겨서 삶"으로 정의한다. 따라서 이주에 관한 연구는 사람들이 거주지를 옮기는 과정과 옮겨서 살아가는 과정을 두루 살필 필요가 있다. 이 글을 통하여 일본인들이 근대 동아시아 해역사회에 이주하여 정착하는 모습을 그려내 보고자 한다.

이를 위해서 먼저 근대 일본의 이주에 관한 선행연구들을 검토하였다.[4] 이주의 사전적 의미에서 살펴보았듯이 선행연구 역시 사람들이 거주지를 옮기는 과정에 관한 연구들과 옮겨서 살아가는 과정에 관한 연구들로 나눌 수 있다. 거주지를 옮기는 과정에 관한 연구들에는 이주와 관련된 국내외

(자국의 정치적 지배지로 이주)과 이민(그 외 타국 영토), 일본 국내식민(홋카이도와 오키나와)과 해외이민 등 다양한 의미를 고려하여야 한다. 이 글에서는 이민과 이동, 이민과 식민을 포함하여 이주라는 용어를 사용할 것이다. 이주에 관한 정의는 앞의 논문「근대 일본의 국내식민과 해외이민」을 참고하였다.

3) 글쓴이는 동아시아 해역사회와 일본불교에 관한 연구로 2012년「개항기 해항도시 부산의 동본원사별원과 일본인지역사회 : 공생과 갈등을 중심으로」, 2014년「해항도시 부산의 일본인지역사회 형성과 종교 : 지역과 국가의 관점에서 본 불교와 신사」, 2016년「근대 해항도시 다롄(大連) 일본인사회와 일본불교」, 2017년「근대해항도시 안동(安東)의 일본불교」, 2019년「근대 동아시아 해역의 해항도시 부산과 일본불교의 사회적 역할」을 진행하였다. 이후, '기부금'에 주목하여 일본인 지역사회의 기부금이 불교사원을 유지·확장·확산시켰다는 점을 논지로 2021년「근대 일본불교와 해외·식민지 일본인사회의 기부금」이란 논문을, 이와 함께 일본불교 사원이 조선에서 어떻게 확산해 가는가를 중심으로 2021년「근대 일본불교 동본원사(東本願寺)사원의 확산과정」이란 논문을 게재하였다. 또한, 이 글의 3장 내용 중 기존의 연구를 바탕으로 작성한 부분은 별도의 각주를 생략하였다. 글쓴이의 기존연구와 이 글을 함께 살펴보면 보다 구체적인 내용을 확인할 수 있을 것이다.

4) 이 글에서 참고한 주요 선행연구들은 참고문헌에 정리하였다.

적 상황, 이주 정책과 제도 등에 관한 연구, 이주의 규모나 구성 등 정량적 실태에 관한 연구 등이 있다. 거주지를 옮겨 살아가는 과정에 관한 연구들은 조선·대한제국·식민지조선에서 살았던 일본인들과 일본인사회에 관한 정치, 군사, 경제, 문화적 요소를 소재로 다양한 연구[5)]가 이루어졌다. 글쓴이도 후자의 거주지를 옮겨 살아가는 과정에 주목하여 근대 한반도에 정착한 일본인사회를 중심으로 연구를 진행해왔다. 따라서 본 연구에서는 전자의 거주지를 옮기는 과정도 보완하여 이주의 전체상을 바라보고자 한다. 이를 위하여 선행연구 중 거주지를 옮기는 과정에 주목한 이주 연구에 관하여 살펴보겠다.

임성모는「근대 일본의 국내식민과 해외이민」이라는 연구에서 일본학계를 중심으로 이루어진 근대 일본 이주사를 다음과 같이 정리하였다.[6)] 일본 근대 이민에 관한 연구는 지역연구, 인문지리학, 역사학 세 개의 분야를 중심으로 진척되었다. 이 가운데 역사학 분야를 살펴보면 초기 연구에서는 일본 제국주의사 연구의 흐름 속에서 일본의 세력권 지역 이주 사례연구가 진행되었다. 1980년대 후반 이후 일본의 세력권과 비세력권 이민연구를 총체적으로 파악하여 근대 일본인 이민을 총괄하는 시도와 세계사연구의 일환으로 자리매김하는 시도가 이루어졌다. 임성모는 이러한 연구사 정리와 근대 일본인의 이주를 개괄하여, 홋카이도 '개척'을 통한 일본국내 식민을 비롯한 세력권과 비세력권으로의 이민이 상호작용하며 근대일본인 이주가 전개하였다는 점을 밝히고 있다.

다음은 근대 일본인의 동아시아 해역 이주와 관련하여 한반도를 중심으로 다룬 연구사를 살펴보겠다. 근대 일본인의 이주와 관련된 연구들을

5) 재조일본인(在朝日本人)에 관한 연구사를 정리한 논문으로는 이형식,「재조일본인 연구의 현황과 과제」,『일본학』37, 2013; 이동훈,「'재조일본인'사회의 형성과 연구 논점에 관한 시론」,『日本硏究』83, 2020 등이 있다.
6) 앞의 논문,「근대 일본의 국내식민과 해외이민」, 186-191쪽.

종합하면 근대 일본인들의 이주에 관한 전체상에 관한 연구, 인구문제와 식량부족에 관련한 이주 요인과 정책에 관한 연구[7], 동양협회(東洋協會), 식민협회(植民協會) 등 이주·식민에 관련된 단체 연구, 농업이민·어업이민 관련 연구[8], 조선 이주에서 개인적 동인을 강조한 연구[9], 개인 기록물에 의한 이주·정착 사례연구 등이 있다.

이상의 이민·이주 관련 연구사를 정리하면 일본인 이주의 전체상을 파악하는 연구와 근대 일본의 제국주의와 관련한 이민·식민에 관한 연구로 요약할 수 있다. 최근에는 이민·식민의 구체적 사례들을 통해 이주민, 식민자들의 삶을 다양하게 조명하는 작업들이 시도되고 있다. 다만, 근대 일본의 이민·식민을 다룬 연구들에서는 종교 특히 일본불교에 관한 연구가 미흡한 실정이다.

이 글은 ①근대 일본인의 동아시아 해역사회 이주와 관련된 일본불교 해외포교의 개략을 정리하고 ②기존연구를 바탕으로 근대 동아시아 해역사회에서 일본불교가 일본인의 이주·정착·안정에 어떠한 역할을 하였는지 ③일본 불교사원이 어떻게 ②와 같은 역할을 하게 되었는지에 대하여 근대 이전의 일본인 사회에서 일본불교의 사회적 역할을 통해 살펴볼 것이다. 특히 ②와 ③에 관해서는 지금까지의 근대 일본불교 해외·식민지 포교 관련 연구사[10]에서도 미흡한 부분이었기에 이주 관련 연구사와 일본불교

7) 박양신, 「1920년대 일본의 인구문제와 이식민론」, 『동북아역사논총』 65, 2019. 이 연구는 일본의 인구가 폭증하는 문제, 이로 인한 인구과잉과 식량부족의 문제가 이식민을 통한 해외 영토 확장, 특히 조선과 만주로의 식민론에 이용되었다는 점을 밝혔다.

8) 농업 이민을 다룬 연구 역시 인구과잉론과 농업이민의 관계를 분석하였다. 어업이민이나 이주어촌을 다룬 연구에서도 근대 일본의 인구증가와 어업발달에 의해 경쟁 격화와 어족 자원 고갈이라는 현상을 발생하여 한반도 진출하였다는 역사적 기술을 공유하고 있다.

9) 함동주, 「러일전쟁기 일본의 조선이주론과 입신출세주의」, 『역사학보』 221, 2014. 함동주의 연구는 러일전쟁기 조선 이주의 배경으로 일본사회 내부의 '입신출세욕'을 분석하였다.

10) 이와 관련하여 원영상의 연구(원영상, 「근대 일본불교에 대한 연구 동향과 과제」,

해외포교 관련 연구사를 보완하는 의의가 있을 것이다.

Ⅱ. 근대 일본인들의 국내·국외 이주와 일본불교

근대 일본불교는 메이지유신(明治維新) 이후 신불분리(神佛分離), 폐불훼석(廢佛毁釋), 신도국교화정책(神道國教化政策) 등에 의해 막부(幕府)와 협력하여 얻어냈던 기성의 지위[11]를 위협받았다. 일본불교 각 종파는 자금 지원, '개척'사업 참여 등 메이지 신정부에 협력하는 동시에 호법(護法)과 호국(護國), 방사(防邪)를 기조로 신도(神道) 중심의 정책에 대응하여 일본불교의 지위 회복에 힘썼다.

근세 일본불교는 정해진 신도들에 대한 포교 활동만이 가능하였기에 자신들의 세력을 확대할 기회가 없었다. 이에 반해 근대 일본불교는 일본이 불평등조약과 침략전쟁 등을 통해 제국의 길을 걸어가며 획득한 홋카이도 등의 '내지 식민지'와 중국, 조선, 타이완 등 해외·식민지에 사원을 설치하고 포교 범위를 넓혀갔다. 일본불교의 여러 종파 중 가장 먼저 시대의 조류에 편승한 것이 정토진종(淨土眞宗)이었다. 1869년 정토진종 오타니파(大谷派)=동본원사(東本願寺, 이하 동본원사)가 홋카이도 개교·'개척'을 메이지 정부에 청원하여 '개척'사업과 포교활동을 진행하였다. 이후 동본원사는 1873년 해외포교에 착수하였고 1876년 상하이(上海), 1877년 부산, 1896년 타이베이(臺北)에 차례차례 사원을 설치하는 등 동아시아 해역

『일본불교문화연구』 12, 2015)는 근대 일본불교 관련 연구사를 정리하였다.

11) 에도시대 불교의 공적 존재 이유 중 하나는 막부의 기독교 금지 정책에 수반된 종문인별개장(宗旨人別改帳)이나 사청제(寺請制)의 실시였다. 이는 불교 각 종파가 단카(檀家)를 고정화시켜 불교 교단을 유지해 나간 기반이기도 하였다. 종문인별개장은 에도시대, 마을별로 작성, 영주에게 제출된 호구 기초 대장으로 종문인별장·종문개장 등으로도 불렸다. 기독교 금지를 위한 종문개(宗門改)와 영주에 의한 부역 부담능력 파악을 목적으로 하는 인별개(人別改)가 합쳐져 제도화되었다.

각 지역에 진출하였다. 정토진종 본원사파(本願寺派)=서본원사(西本願寺, 이하 서본원사)는 1886년 블라디보스토크, 1889년 하와이에서 해외포교를 시작하였고, 이후 조선과 만주 각 지역에 사원을 설치하여 적극적인 해외포교 활동을 전개하였다.

이번 장에서는 근대 일본인 이주와 관련된 일본불교의 해외·식민지 포교 상황을 정토진종 동본원사와 서본원사를 중심으로 개괄적으로 살펴보겠다. 이 글은 근대 일본인 이주에 관해 동아시아 해역사회를 중심으로 다루지만 일본 국내 식민을 대표하는 홋카이도와 비세력권 이주를 대표하는 하와이의 일본불교 포교활동에 대해서도 살펴보겠다.[12)]

먼저 '홋카이도 개척(北海道開拓)'과 일본불교에 관하여 살펴보자. 1869년 동본원사가 홋카이도 개교(開教)와 '개척'을 메이지 정부에 청원하였다. 에도시대 막부와 밀접한 관계였던 동본원사는 메이지유신 이후 신정부와의 관계 구축을 요구받게 되었다. 동본원사 본산은 당시 법주 오오타니 코에이(大谷光瑩)를 중심으로 신정부에 대하여 도로건설(新道切開), 이민장려, 교화보급이라는 세 가지 방침을 세우고 개교·'개척'사업을 자청하였다. 그리고 삿포로(札幌)와 오사루베츠(尾去別)를 연결하는 본원사도로(本願寺道路)를 개착(開削)하는 등 '개척'사업을 지원하였다. 이와 함께 아이누인들에 대한 동화정책을 담당하였다.[13)] 타야 히로시(多屋弘)가 편찬한

12) 일본불교의 홋카이도 포교를 제외한 하와이, 조선, 중국, 타이완 등의 포교 상황에 대해서는 카시와하라 유센(柏原祐泉), 원영상·윤기엽·조승미 옮김, 『일본불교사 근대』, 동국대학교출판부, 2008, 95쪽.(원서는 柏原祐泉, 『日本佛教史』, 吉川弘文館, 1990, 91-99쪽를 참고하여 작성하였다.) 일본불교의 아시아지역과 북미지역에 관한 해외포교를 포괄적으로 분석한 연구로는 윤기엽, 「근대 日本佛教의 海外布教 전개양상-아시아 지역의 布教에 한정하여-」, 『禪學』, 2008; 윤기엽, 「일본 近代佛教의 北美지역 布教」, 『韓國思想과 文化』, 2009가 있다.

13) 谷本晃久의 「本願寺の北海道開教の歴史について」에 따르면, 근세 에조가시마(蝦夷島, 지금의 홋카이도)는 마츠마에치(松前地, 和人地)와 에조치(蝦夷地)로 구분되었다. 마츠마에치는 왜인의 정주지로 규정되어 법적으로 인정받는 사원이 건립되었다. 이에 반해 아이누 민족의 거주지·교역지였던 에조치에는 왜인 왕래는 엄격하게 제한되어 법적으로 인정받은 사원은 존재하지 않았다. 막부 말기에 에조

『東本願寺北海道開教史』에서는 1870년 '홋카이도 개교'를 중국, 조선 등의 포교에 앞서 실시한 해외 포교의 일환으로 파악하고 있다.[14)]

다음은 일본불교의 중국과 한반도 포교에 관하여 정리하였다. 일본불교의 여러 종파 중 가장 먼저 해외포교를 시작한 것은 동본원사였다. 동본원사는 1873년에 해외포교에 착수하였고 1876년 상하이, 1877년 부산에 사원을 설치하여 포교를 개시하였다. 이후 중국에서는 상하이에 이어 베이징에 사원을 설치하고 포교활동을 계속하였지만 1883년에 중국포교는 중지하였다. 러일전쟁 이후 중국 동북지역이 일본의 세력권에 들어가게 되어 이 지역을 중심으로 일본불교 사원이 설치되었다. 한반도의 경우 조선 개항 초기에는 부산, 원산, 인천, 서울 등 개항장(開港場)과 개시장(開市場)을 중심으로 포교활동을 하였다. 청일전쟁과 러일전쟁을 거치면서 목포, 군산, 진남포, 개성, 신의주, 대구 등 각 지역으로 1910년 식민지배 이후에는 포항, 제주도, 진해, 춘천 등 한반도의 주요 지역에 사원을 설치하였다.[15)] 이를 통해 일본의 세력권이 된 지역을 중심으로 일본불교의 해외 포교 활동이 이루어졌음을 알 수 있다. 일본의 대표적 근대 일본불교 연구자인 카시와하라 유센(柏原祐泉)은 "메이지 초기의 중국, 조선의 전도(傳道)는 훗날 현지 일본인을 대상으로 한 활동에 비해 이색적이고 적극적이었는데, 그것은 사실 유신정부가 구미제국에 대항하며 아시아 진출을 꾀한 국권 외교에 동조하고, 그 첨병의 역할을 한 것"이라 평가하였다.

다음은 일본인의 하와이 이주와 동·서본원사의 하와이 포교를 살펴보겠다. 하와이 일본인 이민은 일본정부와 하와이 왕조의 약정으로 이루어진

치 동본원사 사원이 설치되었다. 목적은 종교의 풍습을 알리고 여러 신도들과 황무지 개발이나 물품 생산 등을 장려, 크리스트교 방지를 위한 것이었다. 근대 이후 본격적으로 불교사원이 설치되었는데, 초기에는 개척사업이 사원 건립보다 주요 과제였다.

14) 多屋弘編,『東本願寺北海道開教史』, 札幌別院, 1950.

15) 일본불교 동본원사의 사원 설치과정에 관해서는 앞의 논문「근대 일본불교 동본원사(東本願寺) 사원의 확산과정」에서 구체적으로 다루었다.

1884년 '관약이민'을 시작으로 1893년의 하와이 공화정부 성립 후의 '계약이민', 1898년 하와이의 미국 합병 후 '자유이민'으로 진행되어 일본인 이민이 급격히 증가하였다. 1889년 일본불교 서본원사가 최초로 하와이 포교를 시작하였다. 특히 자유이민 후 히로시마(広島), 야마구치(山口), 구마모토(熊本), 후쿠오카(福岡) 등 서본원사 신도(信徒)가 많은 지역의 도항자가 많아지면서 포교활동이 활발해졌다. 1900년대에는 하와이 각 섬에 30여 개의 포교소 및 소학교를 설치하였다. 이와 함께 동본원사는 1899년부터, 1894년 정토종(淨土宗), 1900년 일련종(日蓮宗), 1903년 조동종(曹洞宗), 1914년 진언종(眞言宗)이 각각 포교를 시작하였다. 미국 본토 방면은 서본원사가 가장 활발하게 활동하였다. 포교활동은 일본인 이민자에 대한 윤리·도덕적 설교, 결혼식, 장례와 제사, 교육을 중심으로 이루어졌다.[16]

다음은 근대 일본인의 타이완 이주와 일본불교의 포교를 정리하였다. 타이완은 청일전쟁 후 1895년 4월 시모노세키 조약에 의한 일본의 지배확립 후 일본불교 포교가 시작되었다. 1895년부터 1945년까지 일본통치시대에 정토진종 서본원사와 동본원사, 조동종, 진언종 등 각 종파가 타이완 각 지역에 사원을 설치하고 포교활동을 전개하였다. 점령지의 종군포교를 시작으로 식민통치기에는 구제, 의료, 교육, 출판 등의 다양한 포교활동을 하였다.[17] 초기에는 포교대상이 군인과 현지인이었지만 점차 일본인 거류민(居留民)을 중심으로 전환되었다. 특히 서본원사는 거류 일본인 아동을 위한 교육사업으로 일요학교를 활용하였다. 1920년대까지 타이완에 진출한 일본불교 주요 종파의 사원은 정토진종 서본원사 30곳, 동본원사 12곳, 조동종 32곳, 정토종 22곳, 진언종 13곳, 임제종(臨濟宗) 11곳, 일련종

16) 嵩滿也, 「淨土眞宗本願寺派による初期ハワイ開教と非日系開教使の誕生」, 『龍谷大學國際社會文化研究所紀要』 10, 2008.
17) 柴田幹夫編, 『臺灣の日本佛教:布教·交流·近代化』, 勉誠出版, 2018.

8곳, 천태종(天台宗) 4곳이었다. 조동종, 임제종의 경우 한족(漢族)계 주민에게도 포교하여 신자를 확보하였다.

메이지유신 이후 러일전쟁 시기까지는 홋카이도, 중국, 한반도, 하와이·북미, 타이완에서 일본인들의 이주와 함께 일본불교의 포교가 시작되었다. 러일전쟁 이후 사할린, 관동주(關東州) 남만주철도 연선 도시에 일본불교 각 종파의 포교활동이 이루어졌다. 이후 1932년 만주국이 성립되면서 이 지역에서도 활동하였다. 이처럼 일본인의 이주가 시작된 곳에 사원을 설치하였고, 일본의 세력권이 된 식민지 지역에서 포교활동이 활발하게 이루어졌다. 동아시아 해역사회에 대한 일본불교의 포교는 제국일본의 식민지 형성 노선에 따라 진행되었다고 할 수 있다. 정토진종의 경우 서본원사는 하와이와 타이완에서, 동본원사는 한반도에서 해외·식민지 포교를 가장 활발하게 펼쳤다.

위에서 살펴본 것처럼 일본불교는 근대 일본인들의 이주에 발맞추어 새로운 정착지역에 사원을 건설하고 포교활동을 하였다. 포교를 시작하고 30년이 지난 상황을 『中外日報』 1908년 7월 3일 '해외의 서본원사(海外の西本願寺)'라는 기사를 통해 살펴보자.

> 해외포교는 두 가지 목적이 있다. 하나는 다른 나라 사람을 우리(일본) 불교화하는 것, 다른 하나는 해외에 있는 일본인을 위한 포교이다. 전자는 동본원사가 다년간 청국(淸國)과 한국 양국에서 시도하였지만, 아직 충분한 성과를 거두지 못하였다. 후자는 서본원사가 최근 하와이 및 북미에서 시도하여 착실히 성공을 거두고 있다. 서본원사 외에도 정토종, 일련종, 조동종 등이 조선, 하와이에 포교를 실시하고 있지만 서본원사와 같이 활발하지는 못하다. (중략) 동본원사가 한국에서 포교를 시작한 것은 지금으로부터 30년 전으로 일본 해외포교의 효시이다. 그 주요 포교방법은 먼저 학교를 만들어 토착민 자녀를 교육하여 점차 불교화하는 것이었다. 부산학원 70명, 군산학원 30명, 영등포학원 30명, 인천여학원 미상, 진남포학원 미상 이상은 한인 교육을 실시하는 곳이다. 그 외 부산에서는 거류민을 위한 유치원을 설치하였다.

목포에는 소학교를 설치하였는데 거류민에게 양도하였다. 그리고 공주 실업학교에는 아카마츠(赤松)씨가 파견되어 교편을 잡고 있다. 동본원사가 한국포교를 시작한 후 30년 자금을 투입한 것이 백만 엔에 달하지만, 아직 열렬한 한인 신자를 얻지 못했다고 한다. 하지만 거류민 포교는 착실하게 진전을 보여 성공하고 있어 서본원사가 하와이 및 북미에서 거둔 성과와 같다. (후략)[18)]

1908년에 작성된 이 기사는 일본불교가 해외 포교를 시작하여 30년이 지난 시점의 현재 상황을 이야기하고 있다. 이 시기까지의 해외포교 결과를 살펴보면, 서본원사가 하와이와 북미에 이주한 일본인을 대상으로 한 포교에서 좋은 성적을 내고 있고, 동본원사는 청국과 한국 등 현지인을 대상으로 한 포교에 힘쓰고 있지만 이에 걸맞는 성과를 거두지 못하고 있는 점을 확인할 수 있다. 다만 동본원사 역시 서본원사와 마찬가지로 한반도와 중국에 이주해 온 일본인 포교에 대해서는 좋은 성과를 거두고 있다고 전하고 있다.[19)]

Ⅲ. 근대 동아시아 해역의 일본인 사회 이주·정착·안정과 일본불교의 역할

2장에서 일본불교가 근대 일본인의 국내식민과 해외·식민지 이주 지역에 사원을 설치하여 포교활동을 하였던 사실을 확인하였다. 다음은 일본불교 사원에서 이주해온 일본인들의 정착을 위해 어떠한 활동을 하였는지에 대하여 살펴보겠다. 다만 지면 관계상 근대 한반도에서 동본원사의 활동

18) 『中外日報』는 1897년에 시작하여 지금까지 발행되고 있는 일본의 대표적인 종교신문이다. 신문기사 번역은 글쓴이에 의한 것이며 한자병기를 제외한 인용자료 괄호 안 내용 역시 모두 글쓴이에 의한 것이다. 이하 자료 인용문에서도 동일하다.

19) 후략된 기사내용은 동본원사가 청국포교에 전력을 다하고 있으며, 교육활동을 중심으로 포교하고 있다고 전하고 있다.

사례를 중심으로 다루었다.

1. 일본불교의 교육활동과 일본인 사회의 정착

근대 일본인들의 동아시아 해역사회에 이주가 시작되고 일본불교는 이에 발맞추어 사원을 설치하였다. 이주하여 온 일본인들은 자녀들의 교육을 위한 시설이 필요하게 되었다.[20] 이를 담당하였던 것이 일본불교였다. 다음은 조선통감부·총독부 관리(統監府屬)였던 요시다 에이자부로(吉田英三郎)가 잡지『朝鮮』의 1909년 2월호[21]에 기고한 '재한일본인 교육상황(日本人教育の狀況)'이라는 글이다.

> 한국에서 일본의 교육은 통감부 개교 이전과 이후로 나누어 설명하는 것이 편리하다. 통감부 개설 전의 교육. 한국의 일본학교 중 가장 오래된 것은 1877년 부산에 설립된 부산공립학교이다. 이는 한국에서 일본인 자녀의 글 읽는 소리가 처음 들린 것이었다. 그리고 1882년 원산, 1885년 인천, 1889년 경성에 학교가 설립되었다. 그 후 청일전쟁이 끝날 때까지 학교 설립은 없었다. 전쟁이 끝나자 그 영향과 개항지 증설에 따라 학교가 줄줄이 설치되었다. 비가 온 뒤 싹이 나듯 1897년 평양, 1898년 목포, 진남포, 1899년 군산, 이어서 공주, 평양, 개성, 마산, 용산, 해주, 용암포, 강경, 영등포, 대구 등 각지에 일본인 학교를 볼 수 있게 되었다. 당시 학교 상황 중 처음 일본인 학교는 모두 일반적으로 승려 경영에 의한 것으로 일본의 유신 당시와 유사하다. 특히 동본원사는 조선의 일본인 교도(教導)에 가장 힘을 쏟았다. 즉 원산, 인천, 목포, 군산, 진남포의 여러 학교 모두 동본원사가 설립하고 경영한 것이다. 경성도 일시적으로 교육을 위탁하였다. 그 외 마산, 강경처럼 정토종과 관계 깊은 학교도 적지 않았다. 교과목은 독서, 산술,

---

20) 조선, 만주, 중국 등 근대 동아시아 지역에서 일본불교의 교육활동에 대한 대표적 연구로는 小島勝·木場明志,『アジアの開教と教育』, 法藏館, 1992를 들 수 있다. 이와 함께 근대 한반도의 일본인 교육에 관해서는 稻葉繼雄,『舊韓國~朝鮮「內地人」教育』, 2005가 있다.

21) 이 자료는 朝鮮雜誌社 발행『朝鮮』을 語文學社에서 복각한『朝鮮』2의 55-56쪽에서 발췌하였다.

습자 세 과목을 중심으로 수신(修身)과 같은 소위 설교를 하는 것에 그쳤던 곳도 적지 않았다. 교육학, 심리학, 학교관리법, 학교위생법과 같은 것은 모두 도외시되었다. 당시 학교 설비 및 내용에 대해서는 내가 여기에 많은 이야기를 할 필요가 없을 것이다. 청일전쟁 이후에는 자격을 가진 교원의 도항이 점차 늘어났고 학교는 점차 개선되었다. (후략)

위의 사료에서 알 수 있듯이 조선통감부 설치 전 일본인 학교의 많은 수가 일본불교 동본원사와 정토종에 의해 설립·경영되었다. 독서, 산술, 습자 등을 가르쳤으나 전문성이 떨어졌다고 지적하고 있다. 그리고 일본불교 사원이 담당했던 아동교육은 일본인 이주자가 증가하고 정식 자격을 가진 교원들이 도항해 오면서 이들 정식 교원들이 담당한 것을 알 수 있다.

〈표 1〉 동본원사 일본인 아동 대상 교육시설

지역	설치연도	설치 동기	설치 장소	비고
부산	1877	거류민 요청	사원 일부	1880년 거류민 경영
원산	1884	거류민 요청	미상(未詳)	1895년 거류민 경영
인천	1885	거류민 요청	미상	1892년 거류민 경영
경성	1890	거류민 요청	미상	1892년 거류민 경영
목포	1899	미상	영사관 내	1901년 민단 양도
군산	1900	영사분관 주임 부부의 청원	사원 일부	1901년 거류민 양도
진남포	1901	민단 서기 담당 교육 승계	미상	1903년 민단 양도

〈표 1〉은 조선 개항 후 1900년대까지 개항장에 새워진 동본원사의 아동교육 교육시설을 정리한 것이다.[22] 일본불교 사원의 일본인 아동교육은 조선·대한제국의 각 개항장에 일본인 사회가 형성된 후 이루어졌다. 불교

22) 본 〈표 1〉은 朝鮮開教監督部編, 『朝鮮開教五十年誌』, 大谷派本願寺朝鮮開教監督部, 1927; 元山商業會議所編, 『元山案內』, 元山商業會議所, 1914를 참고하여 작성하였다.

사원이 아동교육을 담당하여 1~3년 정도가 지나면 거류민회나 거류민단으로 아동교육이 양도되었다. 이는 대부분 일본인 아동의 증가 및 교육 장소의 협소에 따른 것이었다. 또한 위 인용문의 내용처럼 정식 교원들이 도항하여 아동교육을 담당한 점도 있다. 즉, 일본인 사회 형성 초기에는 적절한 교육기관이 없어 일본불교 사원의 승려가 아동교육을 담당하였지만, 일본인 거류민들이 증가하고 사회규모가 갖추어지면 거류민회나 거류민단 등의 조직에서 정식 교원을 채용하여 아동교육을 담당한 것이라 할 수 있다. 동본원사 목포 사원의 교육활동 사례를 살펴보면 흥미로운 점이 있다. 1899년부터 목포 일본인 아동교육을 담당했던 동본원사는 1901년 거류민단의 요구로 아동교육을 거류민단에게 양도하게 된다. 거류민단은 교육칙어를 내세워 종교와 교육의 혼동을 방지하기 위함이라는 이유를 들었다. 1890년 10월 30일 발포된 '교육에 관한 칙어(教育ニ關スル勅語)'는 유교적 덕목을 기초로 충군애국(忠君愛國) 등 국민도덕에 관한 내용으로 천황제 국가의 사상과 교육의 기본이념을 제시하고 있다.[23] 교육칙어에서는 특별히 종교의 교육활동을 금지하고 있지 않았고 이 시기 교육칙어는 조선에 적용되기 전이었다. 동본원사는 불합리한 처사라 생각했지만 목포 일본인 사회의 장래를 고려하여 민단에 교육사업을 양도하게 된다.

그렇다면 왜 이주해 온 일본인들은 아동교육을 불교사원에 의뢰하였고, 일본불교 사원 역시 아동교육을 담당하였을까. 조선과 일본 사이에 조약이 체결된 이후 1877년 일본인의 가족동반 도항이 정식으로 이루어졌다. 조선 측의 항의가 있었지만, 일본 측은 조약 위반이라며 항의를 일축하였다. 일본인들은 가족동반 도항이 제도적으로 가능해짐에 따라 아동들에

23) 1899년 문부성훈령(文部省訓令) 제12호에는 관립·공립학교 및 교과과정에 관한 법령의 규정이 있는 학교에서 "종교상 교육 및 종교상의 의식을 행하는 것을 허락하지 않는다"라고 규정하고 있다. 이 훈령은 기독교 학교의 종교 교육이 주요 대상이었다.(齊藤泰雄,「學校における宗教教育の取扱い日本の經驗」,『國際教育協力論集』, 2015, 126쪽)

대한 교육 시설이 필요해진다. 부산, 원산, 인천, 서울 등의 지역에 이주해 온 일본인이 일본인 사회를 형성하는 초기 과정에서 일본불교 사원이 아동교육을 담당하였다. 해외·식민지에 설치된 일본불교 사원의 승려들이 식자층이었기에 교사의 역할이 가능했다. 이와 함께 전근대 일본 사회에서 사원은 테라코야(寺子屋) 형식의 아동교육을 하였던 역사적 경험이 있었다.[24] 일본의 테라코야는 서민 아동들에게 글쓰기, 읽기, 산술 등을 가르쳤던 교육기관으로, 전국의 마을에 존재하였다. 사원 등의 시설에서 평민(平民), 승려, 사족(士族) 등이 교사가 되어 아동교육을 담당하였다. 이러한 전근대적 습속으로 인해 이주해 온 일본인들이 일본 사원의 승려에게 아동교육을 의뢰하였다고 볼 수 있을 것이다. 하지만 이주 일본인이 증가하고 정식 교원들이 도항하게 되면서 교육 활동은 거류민 사회에 이양하게 되었다. 이처럼 일본불교의 아동교육 양상은 전근대 테라코야 형식의 교육에서 근대 교육으로 전환과정을 엿볼 수 있는 동시에 일본불교 사원이 해외·식민지 일본인 사회 형성 초기에 이주해온 일본인들의 정착에 기여하였다는 점을 확인할 수 있다.

2. 일본불교의 장례와 제사에 관한 활동과 일본인 사회의 정착

아동의 교육과 함께 정주(定住) 요인으로 필요했던 것은 장례와 제사를 지낼 시설이었다. 초기 해외·식민지 일본인 사회 정착을 위해 시급한 문제는 죽음의 처리였다. 조선에서 최초의 개항장이 된 부산에서는 개항 전 왜관 시기에 동향사(東向寺)라는 사원에서 장례와 제사를 관리하였다. 1872년

24) 대부분의 마을 승려들은 본산에서 학문을 닦으며 종파의 교의를 배우는 등 일정한 수행 과정을 마치고 온 자들이다. 교토나 나라 등 학문과 문화의 중심 도시에서 배웠던 지식인들이라 할 수 있다. 즉 승려들은 마을에서는 소수인 '재촌(在村) 지식인'에 속하면서도 종교적 교의에 정통한 마을의 교사라는 양면성을 지니고 있었다. (쓰지모토 마사시, 오키타 유쿠지 외 지음·이기원, 오성철 옮김, 『일본교육의 사회사』, 경인문화사, 2011, 208쪽.

왜관 철폐 후 장례와 제사를 담당할 시설이 없어 곤란한 상황이었다. 1877년 일본인 전관거류지에 동본원사 사원이 설치되고 장례와 제사를 담당하면서 이러한 상황은 해결되었다. 다음은 군산의 장례 상황을 살펴보자. 1899년 군산 개항이 결정되고 동본원사 본산은 포교사를 파견하여 사원을 설치하였다. 1901년 포교사가 군산을 떠나게 되어 사원은 일시 중단되었다. 당시 군산에서는 사망자가 생겨도 독경해줄 승려가 없어 "나무아미타불"을 세 번 외치는 것으로 대신하는 등 장례식을 제대로 처리하지 못하였다.[25] 1902년 군산 일본인회(日本人會)는 동본원사 본산에서 시찰 온 승려에게 사원 건물을 제공하여 사원을 설치하였고 장례와 제사에 관한 활동을 하면서 군산 일본인 사회는 장례 문제를 해결하였다.

이처럼 장례와 제사는 해외·식민지 일본인 사회에서 필요한 일본불교의 역할 중 하나였다.[26] 동본원사뿐만 아니라 일본불교 각 종파 역시 장례와 제사를 담당하였다. 『中外日報』 1905년 12월 3일 '부산통신(釜山通信)'을 살펴보자.

> 이 지역의 종교기관으로는 眞宗大谷派別院, 眞宗本派本願寺布敎場, 眞言宗高野山出張所, 淨土宗知恩院出張所, 日蓮宗妙覺寺別院, 禪宗敎會所 5개 종파 6개 사원이 있고 모두 주임자 외 한 명 혹은 두, 세 명의 보조 포교사가 주재하여 포교와 함께 (일본인) 거류민의 장례와 제사를 담당하고 있다. (후략)

부산의 다섯 종파 여섯 사원이 모두 이주해온 일본인들의 장례와 제사를 담당하고 있는 것을 확인할 수 있다. 일본에 의해 식민지가 된 10년 후

---

25) 이러한 상황에 대해서는 保高正記, 『群山開港史』, 1925, 289쪽에서도 "사람이 죽어서 장례식을 해도 독경해줄 사람이 없다(人が死んで御喪式を出すにも讀經を上げるものが無い)"고 기술하고 있다.

26) 김윤환, 「개항기 해항도시 부산의 동본원사별원(東本願寺別院)과 일본인지역사회: 공생(共生)과 갈등(葛藤)을 중심으로」, 『해항도시문화교섭학』 6, 2012, 17-18쪽.

의 부산의 종교 상황은『中外日報』 1914년 11월 14일 '부산교신(釜山教信)'에서 확인할 수 있다.

> (전략) 각 종파가 경쟁하는 우리(일본) 부산불교도 지금은 각각 고정적 신도를 가지고 내지(=일본) 사원과 동일하게 신도를 지키는 것을 전적으로 하고 있다. 각각 장례와 제사를 전업으로 하여 당초 개교 당시의 기개가 소극적으로 되어가고 있어 슬픈 일이라 생각한다. (후략)

식민지 이후 부산의 일본인 사회에서도 장례와 제사가 일본불교 각 사원의 주요한 활동이었다. 일본불교의 장례와 제사에 관한 활동은 부산뿐만 아니라 일본인들이 이주한 이민지에서 공통 사항이었다.『中外日報』 1907년 6월 29일 '이민지 포교의 어려움'이라는 기사에는 "이민지의 인심은 황폐하다. 일반인에게 종교를 선교 포교하는 것은 곤란하다. 이민자의 대부분은 생활에 쫓긴다. 돈을 벌고자 하는 것 외에는 없다. 이들에 대하여 신앙을 발전시키라든지 수양을 하라고 권하는 것은 효과가 없다. 그리고 새로운 토지에 있는 사람들은 원래 종교가는 음기(陰氣)를 가진 자라고 생각한다. 이들이 가까이 오는 것을 원하지 않는다. 어떻게든 포교를 하려고 해도 그 실마리를 얻기 곤란하다. 그렇다면 그 땅에 있는 신도 포교는 단지 법사(法事)나 장례식 같은 기회를 기다려 포교의 실마리를 잡을 수 있게 노력하고 있다"라고 전하고 있다. 일본인들이 이주해 온 지역에서 포교하는 것은 어려운 상황이지만 장례와 제사 등의 활동을 통해 포교의 실마리를 찾으려는 점을 확인할 수 있다.

일본불교 각 사원이 장례와 제사 활동에 집중한 이유는 사원 경영과 관련이 있다. 일본불교 각 종파의 본산(本山)은 종파에 소속된 사원을 총괄하는 중심이었다. 동아시아 해역사회에 설치된 일본불교 각 사원은 본산의 보조금과 장례와 제사, 독경(讀經) 등을 통해 얻은 수입과 당해 지역사회 신도들의 기부금으로 경영되었다. 하지만 본산의 보조금은 시기와 지역에 따라 일정하지 않았다. 따라서 기본적인 사원의 운영은 신도의 기부금과 장례와 제사로 인한 수익에 의존할 수밖에 없었다. 일본인을 대상으로 장례와 제사를 담당하여 그 대가를 받아 승려들이 생활하고 사원을 유지하였다.

이와 함께 이주해온 일본인들의 장례와 제사를 불교사원이 담당한 것은 일본의 단카제도(檀家制度)와 관계가 깊다.[27] 단(檀)은 보시(布施)를 뜻하는 산스크리트어에서 유래하였다. 단카(檀家)는 특정사원에 영속적으로 장례와 제사를 의뢰하여 보시를 통해 사원을 유지하는 이에(家)를 가리키는 말이다. 에도시대에 일본 각 지역의 이에는 특정 불교 종파에 소속되어야 했다.

원영상의 연구 「단가제도의 성립, 정착과정과 일본불교계의 양상」에서는 근세 에도막부가 단카제도를 실시한 의도를 "첫째, 봉건제의 불교예속을 통한 민중에 대한 통제책, 둘째, 기독교 전파의 원천금지 및 쇄국정책으로의 전환 기반, 셋째, 단카사(檀家寺)를 통한 말단 행정권의 이양과 활용을 통한 사원의 예속과 통제를 위한 것"[28]으로 정리하고 있다.

반면 일본불교 각 종파는 지역사회에서 신도를 확보하는 동시에 막부행정의 보조하는 등 일정한 지위를 누릴 수 있었다. 하지만 일본불교 각

---

27) 막부는 사원을 민중 지배의 수단으로 동원했다. 기리시탄=기독교를 근절하기 위해 도입된 데라우케(寺請)제도는 모든 사람을 특정 사원의 단카로 만드는 제도였다. 즉 누구나 '이에' 단위로 하여 특정한 단나데라(檀那寺)를 갖게 강제했다. 기독교인이 아니라는 것을 단나데라가 증명하는 데라우케의 슈몬아라타메(宗門改)가 매년 실시되고 모든 주민이 기재된 종지인별장(宗旨人別帳)이 작성되었다. 이 인별장은 모든 주민의 종교적 귀속과 거주 등의 실태를 파악하는 일종의 '호적' 대장과 같은 의미를 지녔다. 여기서 종교는 개인의 신앙과는 다른 차원에서 기능한다. 여행이나 봉공, 혼인 등을 할 때 이 인별장에 근거하여 단나데라가 발행하는 종지수형(宗旨手形)이 마치 오늘날의 여권처럼 요구되었다. 이러한 사례가 보여주듯이 사원은 민중에 대한 행정 지배의 말단을 담당하였다. 데라우케를 제도적인 기반으로 하여 민중의 일상생활 자체가 불교(사원)와 결합될 수밖에 없었다. 장례나 법요(法要) 등 망자에 대한 불교 의례를 사원이 담당함으로써 불교가 서민들의 생활 속에서 일정한 지위를 차지하게 되었으며 불교 의례는 생활 속에서 습속화되어 갔다. (앞의 책, 『일본교육의 사회사』, 207쪽).

28) 원영상, 「단가제도의 성립, 정착과정과 일본불교계의 양상」, 『불교학보』 45, 2006, 171쪽.

종파는 단카제도에 의해 포교대상이 한정되어 새로운 포교대상을 찾기는 어려웠고 이에 따라 세력을 확장하는 것 역시 어려웠다. 일본불교는 근대 이후 신불분리와 폐불훼석(廢佛毁釋)에 의해 기성의 지위를 잃어갔지만, 다른 한편으로는 해외·식민지에 일본인들이 이주하여 일본인 사회를 형성함에 따라 새로운 지역으로 포교권 확대가 가능해졌다.

이처럼 포교권 확대와 단카제도라는 습속에 의해 해외·식민지 일본인 사회에서 일본불교 사원은 일본인들의 장례와 제사를 담당하였다. 장례와 제사 활동이 중요한 이유는 ①해외·식민지 불교사원 유지의 경제적 기반이 되었고, ②일본인 사회는 장례와 제사 등을 통해 이주해 온 사회에 뼈를 묻고 정착할 수 있게 된다는 점이다.

하지만 중요한 점은 전근대 사회의 단카제도적 습속이 그대로 유지된 것은 아니라는 점이다. 단카제도는 1871년 우지코시라베(氏子調)와 1872년 호적법으로 폐지되었다. 제도 자체는 폐지되었지만, 실질적인 단카와 사원의 관계는 변한 것이 거의 없었다. 그러나 해외·식민지의 경우 시기와 지역에 따라 차이는 있지만, 일본인들의 단카 소속 사원이 모두 설치되었던 것은 아니었다. 상징적인 사례로 밀양의 일본불교 사원 설치과정을 살펴보자. 1908년 밀양의 일본인들은 밀양에 사원을 설치하기 위하여 부산 서본원사를 찾아와 의뢰하였다. 하지만 서본원사는 여건상 승려를 밀양에 파견하여 사원을 설치할 수 없었다. 이 의뢰를 부산 동본원사가 받아들였고 승려 후지나가 칸쥬(藤永環什)를 파견하여 밀양에 사원을 설치하였다. 이처럼 단카의 영향력과는 관계없이 사원을 건설할 여력이 있는 종파가 밀양에 사원을 설치한 사례를 확인할 수 있다. 밀양의 사례를 통해 전근대적 단카제도가 변용되는 모습을 알 수 있다.

이상에서 일본인들에게 익숙한 습속이 일본불교의 교육활동과 장례와 제사 활동을 가능하게 하였고 이는 일본인들의 정착에 영향을 미쳤다는 것을 알 수 있다. 이와 관련하여 후쿠자와 유키치는 『시사신보(時事新報)』

1896년 1월 17일 사설 '이민과 종교(移民と宗教)'에서 "해외 이식을 장려하기 위해서는 낯선 땅에 가더라도 고향에서 생활하는 것 같은 환경이 필요하고 그래야 스스로 안정된다. 일본의 풍속습관을 유지하여 해외에 있다는 기분이 들지 않도록 하는 것은 중요하다. 일본의 이식지에서는 반드시 일본어를 사용할 것과 이주민의 안심을 유지하기 위해 일본 고유의 종교를 그 땅에 옮기는 것이 중요하며, 이것은 인민이 안심을 유지하고 본국의 관념을 잃지 않으며 영원히 그 토지에 안심하고 살 수 있는 것은 종교의 힘에 의한 것이 크다. 이주민이 평생 믿고 받들던 신앙인 신사불각(神社佛閣)을 그 땅에 나누어 옮겨 제례 등 그 외의 것들을 모두 일본과 동일하게 하는 것이 가장 중요한 일이라고 할 수 있다"라고 주장하였다. 후쿠자와의 주장처럼 일본불교는 일본인들이 이주한 지역에 사원을 설치하여 정착을 도왔다.

이와 함께 근대 일본의 교육자 이치카와 겐조(市川源三)가 1930년 4월 23일 『朝鮮新聞』에 기고한 '해외식민과 종교에 대하여(海外植民と宗教について)'를 살펴보자.

> (전략) 해외식민에 관해서 종교의 힘이 얼마나 위대한 것인가라는 것이다. 내가 예전에 홋카이도를 여행했을 때 훌륭한 절이 여러 개나 있는 것에 궁금증을 느꼈다. 인구가 희박한 이 산촌에 어떠한 연유로 사원이 여러 개나 있는가라고 그 지역 사람에게 물었던 적이 있다. 그러자 그 사람은 이렇게 외로운 토지에 와서 고독한 생활을 하고 있으면 사원에 참배하고 마음을 위로하는 일이 가장 즐거운 일이라고 말했다. 즉 종교의 힘으로 처음 그 토지에 토착하고 차츰 개간에 힘쓰는 것이 가능하다. 이것은 결코 홋카이도뿐만 아니라 북미 캘리포니아의 토지에 가도 그렇다는 것을 들었다. 여기에 이르러 나는 식민과 종교가 밀접하게 엮이지 않으면 안 된다고 절실히 느꼈다. 매우 멀리 있는 대자연 속에서 일하는 고독한 사람을 위로해 주는 것은 종교 이외에는 없다.

이치카와는 홋카이도 여행의 경험담과 캘리포니아의 사례를 통해 해외

식민지에서 이주민에게 종교가 필요하다고 역설하고 있다. 1930년에 쓰인 이 글에서도 해외식민지의 낯선 환경에서 종교=일본불교의 역할을 읽어낼 수 있다.

일본불교는 이주 일본인에게 필요한 존재였고 동아시아 해역사회 각 지역에 수많은 일본인 사회가 형성되어 근대 제국일본이 이루어졌다. 일본의 불교적 제국주의에 관한 허남린의 연구 「The Roots of Buddhist Imperialism in Modern Japan, 1868-1945」에서는 일본의 불교적 제국주의의 연유를 세 가지의 중층적 종교적 상황으로 분석하였는데, 그중 첫 번째로 "불교는 일본사회에서 전통적으로 단카제도를 통해 사자의례(死者儀禮) 및 조상숭배의 담지자적 역할을 독점적으로 수행하여 왔다. 이는 조선에서 유교가 담지했던 역할보다 훨씬 강력했던 것으로, 근대에 들어 반불교적 운동 속에서 탄압을 받았으나 그것도 잠시, 일본불교는 종전의 사자(死者) 및 조상신을 둘러싼 가족의례의 독점권을 빠르게 회복하였다. 이후 불교는 효(孝)의 가치를 의례적으로 실행하는 종교의 중심축으로서 가족들의 의례 생활에 계속적으로 영향력을 행사"[29)]한 점을 들고 있다. 나아가 효의 윤리적 가치를 천황을 정점으로 하는 충(忠)의 가치로 수렴시켜 제국주의의 길을 모색했던 일본에게 불교는 유용한 도구였다고 분석하였다. 이처럼 근대 일본인의 해외·식민지 이주와 관련하여 일본불교가 가진 제국주의적 성격을 간과해서는 안 된다.

이상에서 근대 한반도에 이주해 온 일본인들을 대상으로 일본불교의 교육활동과 장례와 제사에 관한 활동들이 이루어진 점을 확인하였다. 이러한 점은 2장에서 살펴보았듯이 해외·식민지 각 지역에서도 공통적으로 확인할 수 있다.

---

29) 허남린, 「The Roots of Buddhist Imperialism in Modern Japan, 1868-1945」, 『불교연구』 36, 2012, 106-107쪽.

3. 일본인 사회의 안정·확장·확산과 일본불교

근대 동아시아 해역사회에 이주해 온 일본인들의 정착에 기여한 일본불교의 교육활동과 장례와 제사에 관한 활동 이외에 일본인 사회의 안정과 확장·확산을 위한 일본불교의 활동을 살펴보겠다. 다만 구체적인 사례와 분석은 향후 연구과제로 하고 이 글에서는 글쓴이의 기존 연구내용을 정리하였다.

일본인 사회의 안정을 위한 활동은 사회자선사업·감옥교회 등이 있다. 일본불교의 사회자선사업과 감옥교회 활동은 사회 불안 요소를 완화하는 역할을 하여 해외·식민지 일본인 사회를 안정화하는 역할을 하였다. 일본불교 사원은 일본인 사회에 재난과 재해가 발생하면 이를 구호하였다. 그리고 지역사회의 빈민에 대한 구휼 활동을 하였다. 감옥교회는 일본인, 조선인 죄수들에 대한 교화 활동으로 사회 질서를 위해 필요한 활동이었다.

다음은 해외·식민지 일본인 사회의 확장 및 확산에 관련된 일본불교의 전쟁협력에 대하여 살펴보자. 일본불교는 메이지 유신 이후 일본의 전쟁을 지원하거나 홋카이도 '개척'에 적극적으로 협력하였다. 그리고 일본불교 각 종파는 청일전쟁과 러일전쟁 등 대외 전쟁 시기 종군승려를 파견하여 전쟁을 지원하였다. 그중에서도 서본원사는 종군승려 파견, 전쟁모금, 전쟁 국채모집 장려 등 가장 적극적으로 전쟁에 협력하였다. 서본원사는 청일전쟁 이후 타이완, 러일전쟁 이후 한반도와 남만주철도 연선 지역에서 적극적으로 해외·식민지 포교를 하게 된다.

이상에서 살펴본 것처럼 일본불교는 교육활동과 장례와 제사 등을 통해 이주해 온 일본인들의 정착을 도왔고 사회자선사업과 감옥교회 활동을 통해 일본인 사회의 안정을 도왔다. 이와 함께 제국의 영토 확상을 위한 침략전쟁에 협력하여 일본인 사회의 확장과 확산에 기여하였다.

Ⅳ. 나오며

맺음말에서는 본론에서 다룬 내용을 정리하고, 이 글의 부제로 한 '근대 일본 제국의 식민지 형성과정과 일본불교의 사회적 역할'과 관련된 전체 구상을 제시하며 마무리하겠다.

이 글은 ①근대 일본인의 동아시아 해역사회 이주와 관련된 일본불교 해외포교의 개략을 정리하였다. 홋카이도 '개척', 조선과 중국, 타이완, 만주 등 동아시아 각 지역에 일본인 이주와 함께 일본불교 사원이 설치되고 포교 활동을 하였다. 메이지 초기 조선과 중국의 경우 비세력권 이주였지만 청일전쟁 이후에는 타이완이, 러일전쟁 이후에는 중국 동북부, 식민지 조선이 일본의 세력권이 되어 일본인 이주가 본격화되고 이러한 지역에 일본불교 각 종파의 사원이 활발하게 설치되었다. 일본 국내식민과 해외식민의 상호 작용 속에서 일본인 이주가 이루어졌고 일본불교는 일본인의 이주에 따라 활동하게 된다. ②근대 동아시아 해역사회에서 일본불교는 교육과 장례와 제사에 관한 활동을 통해 이주해 온 일본인들의 정착에 기여하였다. 이러한 교육과 장례와 제사 활동은 일본 국내식민이 이루어졌던 홋카이도, 비세력권에서 세력권이 된 조선, 만주, 세력권이었던 타이완, 비세력권 지역이었던 하와이에서도 공통적으로 나타난다. ③일본 불교사원이 교육과 장례와 제사 등의 역할을 하게 된 것은 전근대 일본인 사회에서 단카제도, 테라코야 등의 일본불교의 사회적 역할 즉 습속에 기인한 바가 크다. 이러한 활동을 통해 일본불교는 해외·식민지 일본인 사회의 정착을 도왔다. 이와 함께 교육활동의 사례처럼 전근대적 습속으로 이루어졌던 일본불교 사원의 아동교육을 거류민 조직이 양도받고 정식 교원이 담당하게 되는 전환과정을 확인할 수 있었다. 위의 ①, ②, ③을 통하여 지금까지의 근대 일본인 이주사 연구에서 미흡하였던 일본불교의 역할을 밝히는 동시에 근대 일본불교 해외·식민지 포교관련 연구사에서 부족하였던 근대 동아시아 해역사회의 일본인 이주 전체상 속에서 이주해 온 일본인 정착에 기여한 일본불교의 사회적 역할을 그려보았다.

〈도식〉 일본불교가 매개한 구조

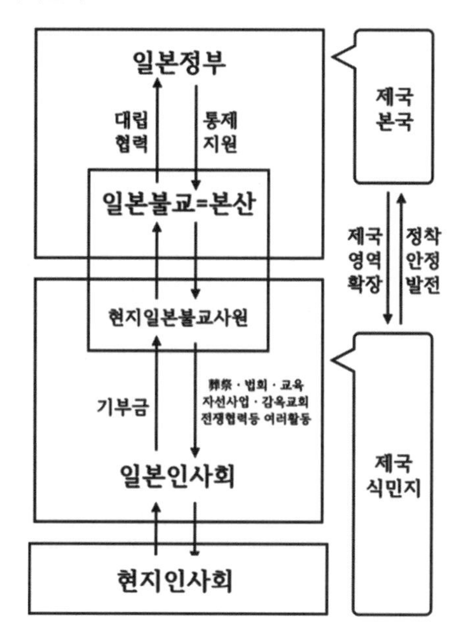

마지막으로 이 글을 발전시켜 그려낼 전체 구상에 관하여 제시해 두겠다. 이 글은 교육부·한국연구재단 인문학술연구교수(A유형)의 '근대 일본 제국의 식민지 형성과정과 일본불교의 사회적 역할'이라는 과제의 일환이다. 이 과제에서는 일본불교가 가지는 국가와 사회에 미치는 영향력에 주목하여, 근대 일본 제국의 식민지 형성과정을 살펴보고자 한다. 일본불교가 제국의 식민지 형성과정에 어떠한 영향을 미쳤는가를 살펴보고, 그 과정에서 드러나는 지배의 구조를 밝히는 것이다. 연구목적은 '누군가가 권력을 이용하여 누군가를 폭력적으로 지배하는 행위'를 비판하는 것을 핵심으로 하는 제국주의 비판연구를 정치하게 계승하기 위함이다. 앞서 이야기한 글쓴이의 기존연구를 종합하여 〈도식〉을 가설적으로 제시하였고, 연구과제 수행과정에서 이를 검증하고 있다. 〈도식〉을 통해 알 수 있듯이, 국가라는 상위의 권력이 일방적으로 권력을 행사하여 지배하는 구조가 아니라 상호 이해관계 속에서 일본불교를 매개로 한 지배구조를 확인하고, 일본불교라는 중간매개를 통해 국가권력에 의한 위로부터의 침략과 일본인 사회에 의한 아래로부터의 침략이 일체화되는 것을 밝히고자 한다. 그리고 일본인 사회의 정착-안정-발전이라는 일상성 속에 숨겨진 침략성을 구체화하고자 한다. 이 글에서는 동아시아 해역의 일본인 이주라는 주제를 시야에 넣었다. 이를 통해 근대 일본의 동아시아 해역으로의 확장=침략 과정과 궤를 같이한 일본불교의 확장과정과 일본인들의 이주·정착에 일본불교의 교육 및 장례와 제사에 관한 활동들이 기여하였다는 것을 검증하였고, 이는 전근대적 습속의 영향과 함께 근대적 변용과정을 거쳤다는 것을 동시에 확인할 수 있었다. 다만 일본의 세력권과 비세력권간의 상호관계성에 관해서는 분석을 이루어지지 않아 이를 향후 연구과제로 하겠다. 이와 함께 연구과제 '근대 일본 제국의 식민지 형성과정과 일본불교의 사회적 역할'의 목표와 목적을 위해 정치하게 〈도식〉의 구조를 검증해 갈 것이다.

【참고문헌】

〈자료〉

多屋弘編, 『東本願寺北海道開教史』, 札幌別院, 1950.

保高正記, 『群山開港史』, 群山府, 1925.

元山商業會議所編, 『元山案內』, 元山商業會議所, 1914.

朝鮮開教監督部編, 『朝鮮開教五十年誌』, 大谷派本願寺朝鮮開教監督部, 1927.

『中外日報』, 『朝鮮新聞』, 『朝鮮』.

〈저서 및 역서〉

박정석, 『식민이주어촌의 흔적과 기억』, 서강대학교출판부, 2017.

쓰지모토 마사시·오키타 유쿠지 외 지음, 이기원·오성철 옮김, 『일본교육의 사회사』, 경인문화사, 2011.

카시와하라 유센(柏原祐泉)지음, 원영상·윤기엽·조승미 옮김, 『일본불교사 근대』, 동국대학교출판부, 2008.

稲葉繼雄, 『舊韓國~朝鮮の「内地人」教育』, 九州大學出版會, 2005.

小島勝, 木場明誌, 『アジアの開教と教育』, 法藏館, 1992.

柴田幹夫編, 『臺灣の日本佛教：布教交流近代化』, 勉誠出版, 2018.

〈연구논문〉

권경선, 「근대 동북아시아 역내 인구 이동 고찰 : 일본 제국주의 세력권 내 인구 이동의 규모, 분포, 구성을 중심으로」, 『해항도시문화교섭학』 25, 2021.

김수희, 「어업근거지건설계획과 일본인 집단이민」, 『한일관계사연구』 22, 2005.

김윤환, 「개항기 해항도시 부산의 동본원사별원과 일본인지역사회 : 공생과 갈등을 중심으로」, 『해항도시문화교섭학』 6, 2012.

______, 「해항도시 부산의 일본인지역사회 형성과 종교 : 지역과 국가의 관점에서 본 불교와 신사」, 『해항도시문화교섭학』 11, 2014.

_____, 「근대 해항도시 다롄(大連) 일본인사회와 일본불교」, 『해항도시문화교섭학』 14, 2016.

_____, 「근대해항도시 안동(安東)의 일본불교」, 『해항도시문화교섭학』 17, 2017.

_____, 「근대 동아시아 해역의 해항도시 부산과 일본불교의 사회적 역할」, 『인문사회과학연구』 20(4), 2019.

_____, 「근대 일본불교와 해외·식민지 일본인사회의 기부금」, 『역사와 경계』 119, 2021.

_____, 「근대 일본불교 동본원사(東本願寺)사원의 확산과정」, 『인문사회과학연 구』 22(2), 2021.

박양신, 「통감정치와 재한 일본인」, 『역사교육』 90, 2004.

_____, 「재한일본인 거류민단의 성립과 해체 –러일전쟁 이후 일본인 거류지의 발전과 식민지 통치기반의 형성–」, 『아시아문화연구』 26, 2012.

_____, 「'대동아공영권'의 건설과 식민정책학」, 『일본연구』 28, 2017.

_____, 「1920년대 일본의 인구문제와 이식민론」, 『동북아역사총론』 65, 2019.

윤기엽, 「근대 日本佛教의 海外布教 전개양상 –아시아 지역의 布教에 한정하여–」, 『禪學』 20, 2008.

_____, 「일본 近代佛教의 北美지역 布教」, 『韓國思想과 文化』 48, 2009.

원영상, 「단가제도의 성립, 정착과정과 일본불교계의 양상」, 『불교학보』 45, 2006.

_____, 「근대 일본불교에 대한 연구 동향과 과제」, 『일본불교문화연구』 12, 2015.

이가연, 「일제강점기 '풀뿌리 식민자'의 조선 이주–구포 향도(向島) 지역 이주 일본인의 생애를 중심으로–」, 『인문사회과학연구』 21, 2020.

이규수, 「20세기 초 일본인 농업이민의 한국이주」, 『대동문화연구』 43, 2003.

_____, 「근대 일본의 식민정책학에 나타난 조선인식」, 『아시아문화연구』 26, 2012.

이동훈, 「'재조일본인' 사회의 형성과 연구 논점에 관한 시론(試論)」, 『日本研究』 83, 2020.

이형식, 「재조일본인 연구의 현황과 과제」, 『일본학』 37, 2013.

임성모, 「근대 일본의 국내식민과 해외이민」, 『동양사학회』 103, 2008.

정연태, 「대한제국 후기 일제의 농업식민론과 이주식민정책」, 『한국문화』 14, 1993.

최혜주, 「일본 東洋協會의 식민 활동과 조선인식」, 『한국민족운동사연구』 51, 2007.

_____, 「일본 殖民協會의 식민 활동과 해외이주론」, 『숭실사학』 30, 2013.

함동주, 「러일전쟁기 일본의 조선이주론과 입신출세주의」, 『역사학보』 221, 2014.

허남린, 「The Roots of Buddhist Imperialism in Modern Japan, 1868-1945, 『불교연구』 36, 2012.

高城幸一, 「후쿠자와 유키치(福澤諭吉)의 「이주론(移住論)」과 조선」, 『일어일문학연구』 38, 2001.

谷本晃久, 「本願寺の北海道開教の歴史について」, 宗門近代史の検證研究班研究會報告, 2002.

嵩滿也, 「淨土眞宗本願寺派による初期ハワイ開教と非日系開教使の誕生」, 『龍谷大學國際社會文化硏究所紀要』 10, 2008.

齊藤泰雄, 「學校における宗教教育の取扱い—日本の經驗」, 『國際教育協力論集』, 2015.

3. 일제시기 조선인의 밀항 실태와 밀항선 도착지

김 승

Ⅰ. 들어가며

동북아에서 한중일 삼국은 근대의 시작과 함께 자국민의 국외 이동과 외국인의 국내 이주라는 거대한 인구이동의 상황을 맞게 된다. 이러한 인구이동은 일본 제국주의 팽창에 기인한 바가 컸다. 그 결과 일제가 패망할 무렵 365만 명의 일본인은 자국의 영향력이 미치는 지역에 거주했다. 조선인은 만주에 150만 명과 일본에 200만 명이 각각 이주해서 살았다. 특히 일본에 거주한 재일 조선인 중 70만 명은 1939년 이후 강제 동원으로 이주한 인력이었다. 중국인 역시 조선·대만·일본 등에 최소 13만 4천 명 이상이 거주했다.[1)]

이렇게 국외로 이주한 이주민들은 일제의 패망과 함께 냉전에 기초한 국제질서의 재편 속에서 또 한 번 본국으로 송환과 귀환이란 대규모 인구 이동을 경험하게 된다. 한 마디로 20세기 전반기 동북아의 삼국은 일제의

---

1) 蘭信三 編著, 『日本帝國をめぐる人口移動の國際社會學』, 東京: 不二出版, 2008, 16-17쪽; 권경선, 「근대 동북아시아 역내 인구 이동 고찰 : 일본 제국주의 세력권 내 인구 이동의 규모, 분포, 구성을 중심으로」, 『해항도시문화교섭학』 25, 2021, 99-100쪽.

팽창과 맞물려 거대한 인구이동의 시대였다고 하겠다. 이 과정에서 조선인 노동자의 일본 이주는 도항(渡航)이란 이름 아래 진행되었다. 조선인의 도항은 일제시기는 물론이고 해방 이후 재일 조선인의 문제와 관련해서 일찍부터 논의 대상이 되어 왔다.[2)]

그러나 조선인의 도항에 관한 연구는 주로 재일 조선인과 재일 조선인 사회를 규명하기 위한 전제조건으로 논의되었을 뿐, 도항에 관한 직접적인 연구는 이루어지지 못했다. 이 점에서 일제의 도항 정책을 집중적으로 분석한 연구와[3)] 일제의 도항 규제에 맞선 식민지 조선 민중의 대응을 밝힌 연구는[4)] 도항 문제를 폭넓게 이해하는 데 많은 도움을 제공했다.

그러나 이러한 연구들에도 불구하고 정작 도항과 불가분의 관계를 맺고 있었던 조선인의 일본 밀항에 관한 연구는 손꼽을 정도이다.[5)] 그중 도노무라 마사루(外村大)의 연구는 일제시기 밀항의 전체적인 모습을 보여주었다 점에서 연구사적 의의가 컸다. 그렇지만 밀항과 관련된 구체적인 내용에 있어 부족한 점이 있었던 것 또한 사실이다. 시기별 밀항자 증감의 원인에 관한 설명이 미흡했고, 1940년 이후 밀항자 추이와 관련해서는 강제 동원을 이용한 밀항자의 증가에 대해 명확하게 적시하지를 못했다. 아울러 밀항의 여러 방법에 대해 입체적으로 분석하지 못함으로써 각각의 밀항 방법이 지닌 위상과 그 의미들을 전달하는데 아쉬움을 남겼다.

---

2) 森田芳夫,『在日朝鮮人處遇の推移と現狀』, 東京: 法務硏究所, 1955; 金贊汀,『關釜連絡船』, 東京: 朝日選書, 1988; 최영호·박진우·류교열·홍연진,『부관연락선과 부산』, 논형, 2007; 도노무라 마사루 저, 신유원, 김인덕 역,『재일조선인 사회의 역사학적 연구』, 논형, 2010; 청암대학교 재일코리안연구소 편,『재일코리안 디아스포라의 형성』, 선인, 2013 등 참조.

3) 김광열,『한인의 일본이주사 연구』, 논형 제3장, 2010 참조.

4) 김은영,「1920년대 전반기 조선인 노동자의 구직 渡日과 부산시민대회」,『역사교육』136, 2015.

5) 김광열, 앞의 책, 114-118쪽; 이승희,「조선인의 일본 '밀항'에 대한 일제 경찰의 대응 양상」,『다문화콘텐츠연구』13, 2012; 권희주,「1930년대말 경상남도의 밀항 방지대책 연구」,『동아시아고대학』59, 2009; 外村大, 蘭信三 編著「日本帝國の渡航管理と朝鮮人の密航」, 앞의 책, 2008, 31-61쪽.

한편 일제시기 시작된 조선인의 밀항은 해방 이후 한국사회의 정치적 혼란과 한일간의 경제적 격차에 의해 1980년대 초까지 계속되었다. 일제시기 밀항이 '일본제국' 내에서 부정(不正)행위였다면, 해방 이후 밀항은 국민국가의 경계를 넘는 불법 행위로 큰 차이가 있었다. 그렇지만 지난 세기에 계속된 한국인의 일본 밀항은 한일관계를 이해하는 데 있어 중요한 사안임은 분명하다. 이런 맥락에서 최근 '월경(越境)·경계(境界)의 역사' 차원에서 한국인의 일본 밀항에 관한 연구들이[6] 진행되는 것은 바람직하다고 하겠다. 그러나 대부분의 연구가 해방 이후 밀항에 치우쳐 있으며 일제시기 밀항 연구는 여전히 주변에 머물러 있는 상황이다.

일제시기 조선인의 밀항은 일시적이거나 간헐적인 사건이 결코 아니었다. 일제의 식민 지배로 인해 항시적으로 발생하는 사회적 현상이었다. 더구나 조선인의 밀항은 밀항의 횟수와 밀항자의 규모 면에서 해방 이후 밀항에 뒤떨어지지 않았다. 식민지 농정으로 인해 해마다 농촌 지역에서 몰락하는 농민들이 속출하고 중국인 노동자(苦力)들이 조선으로 유입되는 상황에서 조선인 노동자들의 일본 유입을 차단하려는 일제의 정책은 필연적으로 조선인의 밀항을 낳았다. 이런 구조적 문제에서 배태된 조선인의 밀항은 단순히 개인적 일탈로 치부될 수 있는 사안이 아니었다. 일제시기 한일 간에

6) 전은자, 「濟州人의 日本渡航 硏究」, 『耽羅文化』 32, 2008; 도노무라 마사루(外村大), 청암대학교 재일코리안연구소 편, 「제7장 한국인의 밀항과 재일조선인사회」, 앞의 책, 2013; 김예림, 「현해탄의 정동-국가라는 '슬픔'의 체제와 밀항」, 『석당논총』 49, 2011; 이정은, 「"난민"아닌 "난민수용소", 오무라(大村)수용소-수용자, 송환자에 대한 한국정부의 대응을 중심으로」, 『사회와 역사』 103, 2014; 이정은, 「예외 상태의 규범화된 공간, 오무라수용소-한일국교 수립 후, 국경을 넘나든 사람들의 수용소 경험을 중심으로」, 『사회와 역사』 106, 2015; 조경희, 「불안전한 영토, "밀항"하는 일상-해방 이후 70년대까지 제주인들의 일본 밀항」, 『사회와 역사』 106, 2015; 현무암, 「한일관계 형성기 부산수용소/오무라수용소를 둘러싼 '경계의 정치'」, 『사회와 역사』 106, 2015; 김원, 「밀항, 국경 그리고 국적-손진두 사건을 중심으로」, 『한국민족문화』 62, 2017; 이연식, 「해방 직후 남한 귀환자의 해외 재이주 현상에 관한 연구-만주 '재이민'과 일본 '재밀항' 실태의 원인과 전개 과정을 중심으로, 1946~1947-」, 『韓日民族問題硏究』 34, 2018 등 참조.

이루어진 커다란 흐름, 즉 물류, 문류(文流), 인류(人流) 중 밀항은 도항과 더불어 인류의 한 축을 형성하고 있었다는 점에서 주목할 필요가 있다.

이글은 이러한 문제의식 아래 선행 연구를 토대로 일제시기 조선인의 밀항에 대해 세밀하게 살펴보고자 한다. 논지의 전개는 Ⅱ장에서 도항과 상관관계에 있었던 밀항의 시기별 추이를 분석하고 이를 토대로 일제시기 밀항자의 규모를 추정했다. 아울러 1940년 이후에도 강제 동원을 이용한 밀항자들이 계속 증가하고 있었음을 밝히는 것에 초점을 맞추었다.

Ⅲ장에서는 밀항의 여러 방법이 갖는 시기별 특성과 차이에 관해 구체적인 사례들을 통해 살펴보았다. 특히 발동선을 이용한 밀항과 증명서(도항증명서·일시귀선증명서) 위조에 의한 밀항의 실태를 밝히고, 나아가 1940년을 기점으로 발동선을 이용한 밀항이 감소하고 그 대신 증명서 부정 및 새로운 밀항 방법이 증가한 원인을 규명하는 것에 역점을 두었다.

Ⅳ장에서는 밀항자들이 도착한 구체적인 장소를 파고들었다. 이는 밀항자들의 행로를 파악하기 위한 일환이었는데, 밀항선 도착지는 일본 서부의 4개 현(縣)에 집중되어 있었다. 그중 나가사키현 도착으로 되어 있는 것의 대부분은 쓰시마 도착이었음을 확인하고 그 원인이 무엇이었는지 밝히고자 했다.

본문의 논지 전개에 앞서 먼저 살펴볼 것은 일제시기 도항과 밀항에 관한 법리적 문제이다. 일제가 1910년 조선을 병탄하면서 조선인은 한순간에 '일본제국의 신민(臣民)이자 일본의 국적민(國籍民)'이 되었다. 따라서 병탄 이후 조선인은 일본의 국적민으로서 일본제국 내에서 거주 이전의 자유를 보장받는 것이 당연했다. 그러나 현실은 그렇지 못했다. 일제의 도항 규제는 근대법적 체계에서 보면 자국민이 누려야 할 거주 이전의 자유를 제한한 것이었다. 법률적 측면에서 보면 도항 규제 자체가 처음부터 성립될 수 없는 조치였다. 밀항 역시 사정은 마찬가지였다. 통상적으로 국민국가에서 밀항은 국권의 영향력 아래 있는 구성원이 합법적 절차를 거치지 않고 다른 나라로 이동하는 의미했다. 일본제국의 신민이자 일본의 국적민이 된 조선인이 일본으로 가는 것은 결코 다른 나라로 가는 것이 아니었다. 그러므로 조선인의 '밀항' 혹은 '불법 밀항'과 같은 용어는 조선인이 일본 국민인 이상 법률적으로 성립될 수 없는 용어였다. 일제는 이러한 법리적 문제점을 누구보다 잘 알고 있었다. 그러기에 일제는 공식적인 용어 사용에서 '밀항'이라고 하지 않고 한결같이 "부정도항(不正渡航)" 혹은 "소위 밀항" 등으로 표현했다.[7)]

조선인의 밀항이 적법하지도 않고 그렇다고 "불법"도 아닌 상태에서 "부정도항"으로 규정된 바로 그 지점에 일제의 식민 지배에 대한 특이성이 내재해 있었다. 일제의 식민 지배에 대한 특이성은 한 마디로 절충주의에서 비롯되었다. 일제는 타이완을 식민지로 복속시키면서부터 식민지 경영과 관련하여 프랑스의 동화주의와 영국의 분리주의 모델을 참고했다. 그 과정에서 일제는 식민 지배의 이념으로 동화주의를 표방했다. 하지만 현실에서는 철저하게 '통치상·정치상의 필요'를 내세워 분리주의를 채택했다. 즉 '동화'는 이념과 이상이었고 '분리'는 차별과 현실이었다. 그 결과 일본의 제국헌법과 일반 법률은 식민지에 적용되지 않고 '차별'에 기초하여 조선은 제령(制令), 타이완은 율령(律令) 등에 의해 통치되는 이법지역(異法地域)으로 남게 되었다. 이법지역의 주민들은 일본 국민이기는 했으나 어디까지나 외지(外地)에 거주하는 외지인으로 내지(內地)에 거주하는 일본인과 다른 법적 지위를 갖게 된다.[8)]

결국 일본제국 내에서 조선인을 비롯해 외지인은 국적(國籍)상으로만

7) 內務省警保局, 『社會運動の狀況』, 1930; 朝鮮總督府警務局保安課, 『高等警察報』第三號, 1933, 49쪽.

8) 김창록, 「일본제국주의 헌법사상과 식민지 조선」, 『법사학연구』 14, 1993; 이승일, 「일제시기 朝鮮人의 日本國民化 硏究-戶籍制度를 중심으로-」, 『한국학논집』 34, 2000; 이철우, 「일제시대 법제의 구조와 성격」, 『한국정치외교사학사논총』 22-1, 2000; 이철우, 「일제 지배의 법적 구조」, 『일제 식민지시기의 통치체제 형성』, 혜안, 2006 등 참조.

일본 국민이었을 뿐이었다. 근대 국민국가에서 말하는 국가의 구성원으로서 온전한 국민이 되지는 못했다. 일본제국 내에서 국민은 오로지 내지인, 곧 일본인만이 진정한 국민이었다. 이처럼 일제는 내지인과 외지인에 대해 철저하게 차별을 두었다. 그렇지만 일제는 이러한 차별을 엄폐하고 마치 자신들이 동화주의를 실현하고 있는 것처럼 행동했다. 식민 지배에 대한 일제의 '동화' 이념과 '차별'의 현실적 법제도 사이에는 깊은 심연이 가로놓여 있었다. 이념과 현실의 이러한 괴리와 부정합성에도 불구하고 일제가 동화주의를 표방하는 이상 조선인의 밀항은 절대 '불법'이 될 수 없었다. 아니 '불법'이 되어서는 안 되는 것이었다. 일제가 조선인의 밀항을 "부정도항"으로 규정한 그 이면에는 식민 지배에 대한 일제의 절충주의와 특이성이 고스란히 투영되어 있었다는 점을 먼저 상기할 필요가 있다.

Ⅱ. 도항과 밀항의 추이

1910년 이전에도 조선인의 일본 도항은 있었다. 그러나 그것은 소규모에 그쳤으며, 일제 또한 조선인의 도항을 원칙상 제한했다. 그러다가 1910년 일제가 조선을 병탄하면서 조선인의 도항은 합법적 테두리 내에서 이루어지게 된다. 특히 제1차 세계대전 중 일본의 자본가들이 임금이 값싼 조선인 노동자를 환영하면서 조선인의 도항은 증가하기 시작했다.

하지만 일제는 1919년 3·1만세운동 직후 그해 4월부터 여행증명제를 실시하며 조선인의 도항을 제한했다. 그렇지만 조선인의 반대와 조선총독부 및 일본의 자본가들의 요구에 의해 여행증명제는 1922년 12월 폐지되었다. 그러나 이것도 잠시 1923년 9월 관동대지진이 일어나자 일제는 도항을 다시 제한했는데, 1924년 6월 도항 제한을 일시 해제했다. 이후 일제는 불황의 여파로 일본 내의 노동자 임금이 계속 하락하고 실업률이 급증하자 1925년 10월 이전의 도항 제한보다 더 강화된 도항 방지책을 내놓게 된다.[9] 그 결과 본문의 〈부록〉에서 볼 수 있듯이 1925년 13만 1천 명이었던 도항자는 1926년 9만 1천 명으로 감소했다.

이와 같은 일제의 도항 저지에도 불구하고 1917년 1만 4천 명이었던 도항자는 10년이 지난 1927년 13만 8천 명으로 10배 가까이 증가했다. 이에 같은 기간 재일 조선인은 1만 4천 명에서 17만 1천 명으로 12배 증가했다. 도항자와 재일 조선인이 증가하자 일제는 1928년 7월 한층 강화된 도항증명제를 실시했다. 이때부터 도항자는 거주지 경찰서장으로부터 자신의 호적등본에 경찰서장의 인준을 받아야 도항할 수 있었다.[10] 더구나 1929년부터 세계대공황이 시작되면서 일제가 도항을 더욱 통제함으로써 1929년 17만 8천 명이었던 도항자는 계속 감소하여 1932년 15만 명 수준으로 줄었다.

그런데도 누적되는 도항자로 인해 1934년 재일 조선인은 53만 7천 명에 이른다. 재일 조선인이 이렇게 증가하자 일제 내각은 1934년 10월 「조선인 이주대책 요목」을 의결했다. 그 내용은 조선인 노동자의 도항 저지를 위해 조선 북부 개척을 최대한 촉진할 것과 조선인 농민의 만주 이주를 적극적으로 전개할 것을 주문하는 것이었다.[11] 이에 1934년 17만 5천 명이었던 도항자는 1936년 15만 1천 명, 1937년에는 11만 9천 명으로 감소했다(〈부록〉 참조). 1937년 도항자 감소는 그해 발발한 중일전쟁과 함께 1936년 5월 실시된 도항 방지책의 영향 때문이었다.

1936년 5월의 도항 방지책은 일본에서 도항자의 취직을 확인해 주는 행선지 관할 경찰서장의 조회가 있어야 도항할 수 있다는 것이었다. 이렇게 일제가 도항 방지책을 실시할 때마다 그 이듬해(1926년·1929년·

9) 김광열, 앞의 책, 80-87쪽.
10) 김광열, 위의 책, 88쪽.
11) 김광열, 위의 책, 102-103쪽.

1935년·1937년)에는 도항자가 일시적으로 감소하는 추세를 보였다. 그러나 감소도 그때뿐이고 조선인의 도항은 곧바로 증가 추세로 돌아서는 과정을 반복했다.

일제가 여러 차례 도항 방지책을 실시했음에도 도항자가 계속 증가한 것은 도항 문제가 일제의 식민 지배에서 기인하는 구조적 문제였기 때문이다. 토지조사사업과 산미증식계획, 지주 중심의 식민지 농정 등은 농민들의 몰락을 재촉했다. 몰락한 농민들이 속출하는 이상 도항을 원하는 조선인들은 증가할 수밖에 없다. 식민 지배에 따른 구조적인 문제였기 때문에 일제의 도항 방지책들은 일시적 효과만 거두었을 뿐 근본적인 방지책이 되지 못했다. 1938년 도항자는 16만 1천 명으로 전년 대비 4만 2천 명이 더 증가하면서 재일조선은 80만 명으로 늘어났다.

1934년 재일 조선인 53만 7천 명과 비교하면 4년 사이 26만 2천이 증가했다. 특히 일제는 1937년 중일전쟁을 시작하며 물자와 노동력의 원활한 동원을 위해 1938년 5월 국가총동원법을 실시했다. 이에 1939년부터 강제 동원으로 일본에 가게 된 노동자는 1939년 4만 9,800명, 1940년 5만 5,975명, 1941년 6만 3,866명 등이었다. 여기에 1942년부터 소위 '관 알선' 방식의 동원까지 시작되면서 일본으로 강제 동원된 조선인은 1942년 11만 2천 명, 1943년 12만 4천 명, 1944년 22만 8천 명 순으로 급증했다.[12)]

한편 일제는 1938년부터 일본 산업계의 호황으로 노동력 부족에 시달리자 도항 방지책을 일부 완화했다.[13)] 그 결과 강제 동원의 조선인뿐만 아니라 일반인의 도항이 급증하게 되는데, 〈부록〉에서 보듯이 1938년 16만

---

12) 김광열, 청암대학교 재일코리안연구소 편, 「제4장 아시아태평양전쟁기 일본제국의 도일 한인에 대한 정책」, 앞의 책, 2013, 129-134쪽; 정혜경, 『조선인 강제연행 강제노동 Ⅰ: 일본편』, 선인, 2006 참조.

13) 김광열, 앞의 책, 104-113쪽.

1천 명이었던 도항자는 1939년 31만 6천 명으로 급증했다. 이후 도항자는 매년 38만 명 이상을 유지하며 1944년 40만 3천 명으로 증가했다. 이렇게 1939년부터 강제 동원과 일반인의 도항이 급증함으로써 1938년 80만 명이었던 재일 조선인은 1944년 190만 명으로 6년 사이 무려 110만 명이 증가했다.

앞서 보듯이 일제는 필요에 따라 도항을 통제하고 부분적으로 완화하는 정책을 반복했다. 그러나 어느 것도 해마다 늘어나는 도항 희망자의 요구를 충족시킬 수는 없었다. 이에 도항에서 배제된 조선인들은 현실과 동떨어진 일제의 정책을 원망하며 일본으로 갈 수 있는 새로운 방법을 모색했다. 그것이 바로 일제가 "부정도항(不正渡航)"이라고 명명한 밀항이었다. 사실 조선인의 일본 밀항은 19세기 후반부터 이루어졌다. 그러나 밀항이 사회문제로 부상한 것은 일제가 1919년 4월 여행증명서를 실시하면서 시작되었다. 부산수상경찰서가 1922년 1월~9월 도항 관련 범죄에 관해 남긴 기록을 보면 ① 여행증명서 위조 12건(34명), ② 타인 증명서 제시 62건(62명), ③ 밀항 30건(30명), ④ 허가받지 않은 노동자모집 3건(3명) 등으로 되어 있다.[14)] 언뜻 보면 ③의 형태만 밀항인 것처럼 보이지만 사실 모두 "부정도항"에 해당한 밀항이었다. 뒤에서 자세히 살펴보겠으나 ③의 밀항은 밀항브로커에 의해 발동선을 타고 밀항한 것을 의미했다. 1923년 12월 시모노세키경찰서는 "조선인이 비밀리 다니는 수효가 부쩍 늘어 두통을 앓고"[15)] 있었다고 한다. 이런 내용을 보면 1920년대 초 이미 밀항이 공공연히 전개되고 있었음을 알 수 있다.

그러나 밀항이 사회문제로 전면화한 건 일제가 본국의 불황을 이유로 새로운 도항 규제를 제시한 1925년 10월 이후부터였다.[16)] 이는 만연(漫

14) 朝鮮總督府警務局, 『大正十一年 朝鮮治安狀況 其ノ一〈鮮內〉』, 1922, 70쪽.
15) 「휴지통」, 『東亞日報』 1923.12.12, 3면 9단.
16) 일제가 제시한 도항 불허자는 ① 무허가 노동자모집에 응하여 도항하는 자, ② 일

然)도항자, 즉 도항이 저지된 노동자들이 급증함과 동시에 언론에 밀항 관련 기사들이 1926년 3월부터 쏟아지기 시작한 것을 통해 엿볼 수 있다. 일본 사법성은 1925년 10월~1931년 3월 사이 밀항을 556건 3,839명으로 파악했다.[17] 4년 5개월 기간에 연평균 853명이 밀항하다 일본에서 체포된 셈이다. 또 다른 기록에 의하면 1927년 2월 16일~3월 10일, 한 달이 채 되지 않는 기간 일본에서 송환된 밀항자는 337명이었다.[18] 이 수치대로라면 1927년 한 해 송환된 전체 밀항자는 1천여 명 내외였다고 하겠다. 이러한 추정은 일본 내무성 경보국이 1929년 1월~9월 일본에서 검거된 밀항자를 800여 명으로 파악한 것과 궤를 같이했다.[19] 이렇게 보면 1920년대 후반 일본에서 검거된 밀항자는 연간 1천 명 내외였던 것으로 보인다.

그런데 밀항에 관한 구체적 내용을 논의하기에 앞서 먼저 살펴볼 것이 있다. 그것은 일제시기 밀항에 성공한 인원이 어느 정도였는가 하는 점이다. 밀항이 비공식적 영역에서 이루어진 활동으로 이 질문의 해답을 구한다는 것은 처음부터 무리이다. 하지만 논문의 주제와 관련해서 대략이나마 그 규모를 알아보는 것 또한 필요한 작업이라고 할 것이다. 경상남도 경찰부는 1927년 9월 일본에서 부산으로 귀환한 경남 출신자 3,173명 중 1,534명을 심층 조사했다. 그 결과 1,534명 중 3.19%(49명)가 밀항자였

본에서 취직이 불확실한 자, ③ 일본어를 모르는 자, ④ 필요한 여비 외에 소지금 10엔 이하인 자, ⑤ 모르핀 환자 등이었다(김광열, 앞의 책, 85-86쪽). 일제시기 모르핀 환자의 도항과 재일조선인의 마약 중독에 관해서는 박강, 「1930년대 재일 한인 마약 중독자의 실태와 원인-도쿄부(東京府)를 중심으로-」, 『한국민족운동사연구』 109, 2021 참조.

17) 司法省, 『思想研究資料輯71號』 10쪽(이승희, 앞의 논문, 341쪽 재인용). 556건의 3,839명은 밀항검거자 통계로 보아야 할 것이다.

18) 「所謂漫然渡航 阻止後狀況, 日本, 朝鮮을 通한 重大問題」, 『東亞日報』 1927.8.10, 3면 1단.

19) 朴慶植, 『在日朝鮮人關係資料集成』 第二卷, 東京: 三一書房, 1975, 79쪽. 1929년 1월~9월의 800여 명을 월평균으로 계산하면 89명으로 산정된다. 이에 1929년 1월~12월 밀항검거자는 1,068명으로 추정된다.

다고 한다.[20] 경찰의 질문에 밀항자인 것을 숨긴 경우까지 고려하면 실제 밀항자 비율은 3.19%보다 더 높았을 것이다. 이러한 조사에 근거했을 때 1927년 무렵 재일 조선인 중 3% 정도가 밀항자였던 것으로 추정된다.

밀항에 성공한 사람들의 규모와 관련해서 또 다른 기록을 보면 1935년 부산, 마산, 여수 등에서 밀항을 시도한 사람은 6천 명이었고 그중 2천 명은 밀항 직전에 검거되고, 2천 명은 일본에서 송환되었다.[21] 이것을 보면 중요 항구(부산·마산·여수)에서 밀항을 시도한 자가 6천여 명인데, 그중 3분의 1에 해당하는 2천 명이 밀항에 성공했음을 뜻했다. 그런데 밀항은 이들 세 곳의 항구에서만 일어난 것이 아니었다. 세 곳의 중요 항구 이외 목포, 남해, 통영, 울산, 방어진, 감포, 구룡포 등에서도 밀항은 항시적으로 이루어졌다. 세 곳의 중요 항구 이외 다른 항구들에서 발생한 밀항까지 포함하면 1935년 밀항에 성공한 사람은 2천 명을 훨씬 상회했을 것이다.

일본에 도착한 밀항자를 현지 경찰이 검거하는 과정에서 놓친 밀항자들도 많았다. 1930년대 일본에서 검거된 밀항자에 대해서는 아래에서 자세히 다루겠다. 어쨌든 현지 경찰이 검거 과정에서 놓친 밀항자는 1930년 10명에서 1931년 153명, 1933년 248명, 1934년 1,053명 등으로 늘어났다.[22] 이처럼 1930년대 전반기 경찰의 직접적인 감시에 의해서든, 주민 신고에 의해서든 경찰이 검거 과정에서 놓친 밀항자들이 증가하고 있었다는 점, 여기에 경찰이 눈치조차 채지 못한 밀항자까지 합친다면 1930년대 밀

---

20) 朴慶植, 위의 책(第一卷), 1975, 568쪽.

21) 「內地渡航者昨年は減少それでも約十万人」, 『釜山日報』 1936. 7. 14, 2면 2단.

22) 朴慶植, 앞의 책(第一卷), 190-191쪽. : 第二卷, 247-248쪽, 636쪽. : 第三卷, 101쪽. 1932년 1월~5월 후쿠오카경찰서가 파악한 밀항자는 13건 243명이었다. 그러나 243명 중 경찰이 체포하지 못한 밀항자는 36.6%(89명)였다(「一月以降의 勞動者密航數 福岡管下에만 二百餘」, 『朝鮮日報』 1932.5.17, 6면 7단). 1935년 9월에는 부산에서 30여 명이 목선을 타고 모지(門司)에 도착했는데 3명만 검거되고 나머지는 모두 도주했다(「木船으로 玄海灘橫斷 怒濤로 六晝夜漂流」, 『每日申報』 1935.9.5, 2면 7단). 이런 내용을 보면 경찰이 체포 과정에서 놓친 밀항자는 본문 수치보다 훨씬 많았음은 충분히 예상할 수 있다.

항에 성공한 사람들은 의외로 많았을 것으로 판단된다.

한편 일제는 1934년 5월 도쿄에 거주한 밀항자를 1만 3천여 명으로 보았다.[23] 이 수치는 일본 내무성 통계로 보이는데, 1934년 10월 도쿄 거주 재일 조선인 55,167명과[24] 비교하면 24%에 해당했다. 밀항자 수가 다소 과장되었다고 하더라도 도쿄에 거주한 밀항자가 많았던 것은 분명했다. 그런데 1934년 재일 조선인 67만 7천여 명의 거주지 순위를 보면 1위 오사카(20만 572명), 2위 도쿄, 3위 아이치(愛知 51,396명). 4위 후쿠오카(福岡 50,743명), 5위 효고(兵庫 47,131명), 6위 교토(京都 41,419명) 순이었다.[25] 이 중 오사카는 재일 조선인이 20만 명으로 제일 많았다. 이를 보면 오사카 거주 밀항자의 비율 역시 도쿄의 밀항자 비율에 뒤떨어지지 않았을 것으로 생각된다. 이런 정황들을 고려하면 1930년대 중반 재일 조선인 중 밀항자가 차지한 비율은 3%~8%로 추정하는 데 크게 무리는 없을 듯싶다.[26] 1930년 이후 밀항자의 추이에 대해서는 아래의 〈표 1〉을 통해 구체적으로 살펴보도록 하겠다.

〈표 1〉에서 먼저 볼 것은 밀항검거자의 추이이다. 1929년 800여 명이었던 밀항검거자는 1930년 418명으로 절반 가까이 감소했다. 감소의 원인이 전체 밀항의 감소에서 기인한 것인지, 전체적인 밀항은 감소하지 않았는데 체포된 밀항자만 감소한 것인지 정확한 원인을 알기는 어렵다. 짐작건대 후자보다는 전자가 중요 원인이었던 것으로 보인다. 일제시기 도항자와 귀환자를 비교했을 때 도항자보다 귀환자가 많았던 해는 1930년이

---

23) 「今後渡航은 絕對制止 無證明者는 送還」, 『朝鮮日報』 1934.5.1, 2면 1단.

24) 도쿄 거주 재일조선인 55,167명은 재일조선인 인구수를 오랫동안 연구한 田村紀之의 추정치이다(田村紀之, 「植民地期の內地在住朝鮮人世帶と常住人口」, 『國際政經論集』 17, 2011, 149쪽).

25) 일본 각 지역 재일조선인 인구수는 田村紀之, 위의 논문, 149쪽.

26) 밀항자 비율 3%~8% 중 최저 3%는 1927년 9월의 밀항자 비율 3.19%를 기준으로 했다. 최고 8%는 1934년 도쿄의 밀항자 비율 24%를 과장된 수치로 보고 그것의 3분의 1에 해당하는 수치를 기준으로 했다.

〈표 1〉 일본에서 검거된 밀항자와 밀항의 목적

연도	인원	밀항 목적			
		노동	비율	기타	비율
1929	800	–	–	–	
1930	418	411	98	7	2
1931	783	762	97	21	3
1932	1,277	1,254	98	23	3
1933	1,808	1,737	96	71	4
1934	2,297	2,204	96	93	4
1935	1,781	1,585	89	196	11
1936	1,887	1,638	87	249	13
1937	2,322	2,103	91	219	9
1938	4,357	4,103	94	254	6
1939	7,400	7,079	96	321	4
1940	5,885	5,200	88	675	12
1941	4,705	3,986	85	719	15
1942	4,810	4,186	87	624	13

※출처: 內務省警保局, 『社會運動の狀況』, 각 연도.

유일했다.[27]

1930년 귀환자는 도항자보다 12,251명이 많았다. 대공황으로 인해 조선인들이 일본에서 일자리 얻기가 그만큼 말해준다. 신규 어려웠음을 도항자는 차치하고 기존의 재일 조선인조차 귀국할 정도로 일본에서 불황이 심했다면 밀항자가 증가할 리가 만무했다. 따라서 1930년의 밀항검거자 감소는 그해 전체 밀항의 감소에 따른 결과로 보는 것이 합리적일 듯싶다.

한편 1932년 이후 밀항검거자는 1,200명 이상으로 다시 급증했다. 이러한 증가는 밀항이 부산뿐만 아니라 전남(목포·여수)을 비롯해 남해안 곳곳에서 발생하고 밀항브로커들의 활동 또한 점점 조직화한 것과 관련이 깊

27) 본문 말미의 〈부록〉 참조.

다.[28] 예를 들어 1932년 3월 일본에서 검거된 밀항자 60여 명은 시모노세키와 여수를 운항한 관려(關麗)연락선 편으로 여수로 송환되었는데, 이들은 목포, 진도, 완도, 청산도 등에서 생활하던 사람들이었다.[29] 또 1933년 1월 부산의 밀항브로커들은 남해안 각지에 세포조직을 운영하며 통신망까지 갖추고 거제와 통영 기타 각 항구에서 발동선을 이용해 밀항자들을 모집했다.[30] 1934년 7월에는 부산에서 밀항 단속이 강화되자 밀항브로커들이 경북 구룡포로 진출하여 90여 명의 밀항을 시도했다.[31]

이처럼 1932년~1934년 밀항검거자의 증가는 대공황의 수렁에서 벗어나는 경기의 흐름 속에서 밀항브로커들이 조직화하고 밀항 지역이 확대된 데 그 원인이 있었다. 그 결과 1934년 1월~7월 시모노세키경찰서가 체포한 밀항자만 16건 513명이었고, 이들 중에는 70여 명이 한꺼번에 밀항한 적도 있었다.[32] 특히 일제는 1934년 밀항 증가에 대해 그해 여름에 발생한 수해 영향이 컸다고 봤다. 1934년 수해는 18만 명의 이재민을 낳으며 농촌 지역에 큰 피해를 주었다. 그중 경남 지역의 피해가 심했는데 삶의 터전을 잃어버린 이재민 중 상당수가 밀항을 선택한 것이었다.[33]

1935년이 되면 일제는 도항과 함께 밀항 단속을 더욱더 강화했다. 1934년 10월 일본 각의는 「조선인 이주 대책 요목」을 의결했다. 그 내용의 요체는 도항의 압박을 완화하기 위해 조선인의 만주 이주를 적극적으로 추진하며 밀항 단속을 강화한다는 것이었다.[34] 이에 1935년이 되면 노동자

---

28) 「密航者二十一名 馬山署에 逮捕」, 『中央日報』 1933.1.21, 3면 4단; 「密航뿌로카 沿岸에 出沒」, 『東亞日報』 1933.3.26, 6면 3단.
29) 「密航者六十餘名 麗水에 上陸」, 『朝鮮日報』 1932.3.30, 6면 3단.
30) 「大規模의 密航뿌로커團 남해안 각지에 세포조직」, 『朝鮮日報』 1933.1.13, 2면 6단.
31) 「大規模의 密航船 發覺되자 逃走」, 『朝鮮日報』 1934.7.18, 3면 8단.
32) 「密航團續々と下關へ」, 『釜山日報』 1934.8.3, 2면 5단.
33) 「慶南災民의 大多數 生活方途가 漠然, 越滿渡東도 不如意」, 『東亞日報』 1934.8.25, 3면 6단; 「罹災民의 金錢詐取하는 大密航團員檢擧」, 『東亞日報』 1934. 11. 9, 5면 7단.
34) 김광열, 앞의 책, 99-102쪽.

뿐만 아니라 일반 상인과 학생, 여행객마저도 도항증명서를 지참해야 일본으로 갈 수 있었다. 심한 경우 지방의 경찰서에서 일본 행선지 경찰서장의 승낙이 없으면 도망증명서를 발급해 주지도 않았다. 언론에서도 이런 식의 도항 통제가 지속되면 "얼마 후에는 과연 몇 명이나 건너가게 될지 알 수 없다"고 사실상 도항 "금지"와 다를 바 없었다고 비난했다.[35)]

일제는 1935년 도항 저지에 총력을 기울이고 밀항 단속에도 열을 올렸다. 부산수상경찰서는 밀항 전문 경찰을 따로 두고 밀항브로커의 "중심 인물"을 적극적으로 검거했다. 이러한 단속으로 인해 1935년 3월 부산에서는 "밀항선의 그림자조차 볼 수 없는 상태"가 조성되었으며 "시모노세키, 오사카, 나가사키 방면으로부터 선편이 있을 때마다 매번 송환된 조선인 밀항자도 거의 없는" 상황을 맞기도 했다.[36)] 결국 〈표 1〉에서 1935년 밀항 검거자의 감소는 「조선인 이주 대책 요목」에 의한 도항 규제와 밀항 단속의 영향 때문이었다고 하겠다.

일제가 도항을 규제하고 밀항을 단속하면 일시적 효과는 있었다. 그러나 언제 그랬냐는 듯이 원래의 추세로 돌아가는 것을 반복했다. 1935년~1939년의 밀항자검거 추이는 이러한 현상을 잘 보여준다. 그중 1938년 밀항검거자 증가는 전년도에 발발한 중일전쟁과 직접 관련이 있었다. 일본경제는 중일전쟁 이후 군수공업을 중심으로 활황을 맞게 되는데 그 시작이 1938년부터였다. 일본 산업계가 호황을 맞자 도항을 원하는 사람들과 밀항자는 동시에 급증했다. 1938년의 밀항자 증가는 그해 5월 부산수상경찰서에서 취급한 범죄 140건 중 대부분이 밀항 관련 사건이었다는 데서도 엿볼 수 있다.[37)] 일본 산업계의 호황에 힘입어 도항 희망자와 밀항자는 1939년에도 계속 증가했다. 1939년 1월~8월 전국에서 도항증을 신청한

---

35) 「酷甚한 渡航取締로 密航事故만 激增」, 『東亞日報』 1935.8.26., 3면 4단.
36) 「內地密航の影ひそむ」, 『釜山日報』 1935.3.3., 2면 5단; 「慶北から密航」, 『釜山日報』 1935.3.3., 2면 6단.
37) 「密航者와 뿌로커-百二十名 一網打盡」, 『朝鮮日報』 1938.6.9., 7면 1단.

사람은 5만여 명이었다. 이들 중 도항증을 발급받지 못한 노동자들은 무작정 부산으로 몰렸는데 그 숫자가 2만여 명을 헤아렸다.[38]

도항 희망자가 1939년 벽두부터 부산으로 몰리자 "부산을 중심으로 해안 각처에서 밀항뿌로커가 거의 날마다 붙잡히는"[39] 상황이 펼쳐졌다. 1939년 밀항자의 급증은 그해 활동한 밀항브로커가 500여 명이었고, 그들이 저지른 특수범죄로 인해 5만여 명의 사람이 20만 원이 넘는 손해를 입었다는 데서 단적으로 알 수 있다.[40]

그런데 1939년의 밀항자 급증은 일본의 경제 호황뿐만 아니라 그해 자연재해 또한 중요 원인으로 작용했다. 1939년의 가뭄은 예년에 없었던 것으로 그해 극심한 흉작으로 이어졌다.[41] 이에 1939년 8월과 11월, 전남과 경남북의 농촌 지역을 비롯해 부산과 통영, 여수 등에서 하루가 멀게 밀항이 발생했다.[42] 1934년의 수해와 1939년의 가뭄에서 보듯이 일제시기 밀

38) 1939년 8월 7일 경남의 24개 경찰서는 일제히 걸인·부랑자를 검거했다(「各道 旱災對策으로 罹災農民을 救濟」, 『東亞日報』 1939.8.6., 2면 4단). 부산에서는 540명을 검거했는데, 일제는 이들 중 8할을 "밀항예비군"으로 보았다(「浮浪者一齊檢索, 釜山서만 五百名突破」, 『東亞日報』 1939.8.10., 7면 9단).

39) 「密航者激增」, 『東亞日報』 1939.2.15., 2면 2단.

40) 「密航뿌로커 五百餘名 依然各地서 蠢動」, 『東亞日報』 1940.3.10., 3면 2단.

41) 1936년~1940년 평균 현미 생산량은 2,199만 석이었다. 이 중 1938년 현미 생산량은 약 2,414만 석이었는데 1939년 생산량은 1,436만 석에 불과했다(허영란, 「전시체제기(1937~1945) 생활필수품 통제 연구」, 『국사관논총』 88, 2000, 299쪽 각주 20) 참조). 1939년 가뭄 피해의 심각성은 일제가 의연금 모금액을 조선 100만 엔, 일본과 대만 50만 엔 등으로 확정할 정도 극심했다. 조선에서는 도·군·별로 모금액을 할당하여 모금운동을 대대적으로 전개했다(고태우, 「일제시기 재해문제와 '자선·기부문화'-전통·근대화·'공공성'-」, 『동방학지』 168, 2014, 172-173쪽). 일제가 1939년 12월 미곡 통제와 공출을 위해 「조선미곡배급조정령」과 「미곡배급통제에 관한 건」을 공포한 것은 역시 그해 가뭄과 흉작이 직접적인 원인으로 보인다.

42) 「密航뿌로커二名 麗水警察에 被逮」, 『朝鮮日報』 1939.8.4., 3면 7단; 「密航뿌로커 檢擧 羅州署 釜山서」, 『朝鮮日報』 1939.8.15., 7면 1단; 「密航ブローカー逮捕十數名を募集す」, 『朝鮮時報』 1939.9.17., 3면 9단; 「旱害民を募集つて內地密航を企つ」, 『朝鮮時報』 1939.10.12., 2면 1단; 「密航ブローカー」, 『朝鮮時報』 1939. 10.14., 2면 7단; 「密航者根絶策으로 뿌로커 一齊檢擧」, 『朝鮮日報』 1939.11.19., 3면 2단; 「密航者足場の統營で大量檢擧旱害地」に伸びる」, 『朝鮮時報』 1939.11.13., 2면 9단.

항의 증가에는 사회경제적 원인 이외 자연재해가 중요 원인이었음을 눈여겨볼 필요가 있다.

한편 〈표 1〉에서 보듯이 1939년 7,400명이었던 밀항검거자는 이듬해 1940년 5,885명으로 감소했다. 그런데 1940년 이후의 밀항검거자 감소는 실제 상황을 그대로 보여주지 못하다는 점에 유의할 필요가 있다. 〈표 1〉의 밀항검거자는 본문 Ⅲ장에서 살펴볼 6종류의 밀항 방법(이하 Ⅲ장 〈표 3〉)을 중심으로 집계된 것이었다. 따라서 1939년 일제에 의해 강제 동원이 시작되면서 새롭게 출현한 밀항, 즉 조선인 노동자들이 강제 동원을 이용하는 방법으로 밀항하다가 체포된 밀항검거자는 〈표 1〉의 1940년 이후 통계에 반영되어 있지 않았다.

기존 연구에서는 한결같이 이 점을 명확히 지적하지 않았다. 그러다 보니 〈표 1〉에 강제 동원을 이용하다 검거된 밀항자가 포함된 듯한 인상을 주면서도, 정작 밀항검거자가 1940년 이후 왜 감소했는가에 관해 제대로 설명하지를 못했다. 〈표 1〉에 강제 동원을 이용하다 체포된 밀항자가 포함되어 있지 않았음은 일제의 기록에서도 확인된다. 내무성 경보국은 밀항검거자를 집계하면서 '강제 동원을 이용한 밀항자까지 포함하면' 1940년의 밀항검거자는 1939년을 "능가"할 것이라고 분명히 밝혔다.[43]

그런데 한 가지 의문이 드는 것은 강제 동원을 빙자한 밀항자라고 하더라도 일제가 체포한 이상 밀항검거자로 분류하면 될 일이었다. 그런데도 일제는 왜 그들을 밀항검거자로 분류하지 않았을까 하는 점이다. 여기에는 강제 동원을 이용하다 체포된 밀항자를 밀항검거자로 분류하기 어려웠던 일제의 속사정이 있었다. 1939년 이후 일제에 의해 강제 동원된 노동자 중 일본에서 도망간 노동자들은 많았다. 일제는 강제 동원되었다가 도망간 노동자를 크게 세 부류로 구분했다. ① 밀항을 목적으로 자진해서 강제 동

43) 内務省警保局,『社會運動の狀況』, 1940, 1141-1142쪽.

원에 응모한 뒤 일본에서 도망가는 것, ② 밀항을 목적으로 타인을 대신해서 강제 동원에 응모했다가 일본에서 도망가는 것, ③ 강제 동원으로 작업장에 배정되었으나 작업환경이 열악하여 다른 직장을 찾아 도망가는 것 등이었다. 1939년 이후 강제 동원되었다가 일본에서 도망친 노동자는 1940년 12월 당시까지 1만 7,911명이었다. 이들 중 체포된 자는 9.2%(1,643명)에 불과했다. 나머지 90.8%(16,268명)는 체포되지 않았는데 그 수는 1939년 8,042명이었고 1940년에는 8,226명이었다.[44)]

도망간 노동자 중 체포와 미체포를 불문하고 ①과 ②는 밀항자가 분명했다. 이들 밀항자는 전체 도망자 중 상당수였을 것으로 보인다. 그런데 일제의 입장에서 ①과 ②는 그렇다고 치더라도 ③을 밀항자로 분류하기가 모호했다. 왜냐하면 처음부터 밀항을 목표로 ③을 선택한 노동자도 있었으나 열악한 작업환경 탓에 도망친 노동자도 많았기 때문이다.[45)] 그렇다고 일제는 강제 동원되었다가 도망친 노동자 전체를, 혹은 그중 체포된 노동자만을 밀항검거자로 분류할 수도 없는 노릇이었다. 이런 애로 사항들 때문에 일제는 1940년 이후 밀항검거자 통계를 낼 때 강제 동원과 관련된 밀항자를 제외한 것으로 보인다.[46)] 따라서 〈표 1〉의 1940년 이후 밀항검

44) 內務省警保局, 위의 책, 1235-1237쪽. 1941년 도망 노동자 중 미체포자는 4만 3,031명으로 파악된다(內務省警保局, 『社會運動の狀況』, 1941, 1014쪽). 참고로 1939년 7월~1942년 6월 사이 강제동원된 노동자는 18만 1,311명이었는데, 그중 도망친 노동자는 6만 5,172명이었다는 기록도 있다(內務省警保局, 『社會運動の狀況』, 1942, 904쪽). 이 기록대로 한다면 강제 동원 노동자 중 35.9%가 도망친 것이 된다.

45) 1939년 7월 조선총독부와 일본 정부는 일본에 조선인 노동자 30만 명의 충원이 시급하다는데 인식을 같이했다. 그러나 일본 내무성이 가장 우려한 것은 막상 생산 현장(광산·공장)에 배치된 조선인 노동자들의 현장 이탈 여부였다(「生産力擴充을 目標 渡航勞動者를 認定?」, 『東亞日報』 1939.7.6., 2면6단). 이를 보면 일제 또한 강제 동원을 하는 데 있어 제일 우려한 것이 조선인 노동자들의 현장 이탈이었다고 하겠다.

46) 內務省警保局, 위의 책, 1941, 894쪽. 예를 들어 1940년 강제 동원을 이용하다 검거된 밀항자 1,643명만 본문 〈표 1〉의 1940년 통계에 합치더라도 그해 밀항검거자는 7,528명으로 늘어난다.

거자의 감소 추이는 당시 실제로 전개되고 있었던 밀항자와 밀항검거자의 증가를 제대로 반영하고 있지 못하다고 할 것이다. 결국 〈표 1〉의 1940년 이후 통계 추이만 놓고서 밀항자가 감소한 것으로 이해해서는 안 될 것이다. 강제 동원을 이용한 밀항자가 증가하고 있었다는 점을 고려하면 현실 세계에서 밀항자는 1940년 이후에도 계속 증가했다고 할 것이다.

〈표 1〉에서 다음으로 살펴볼 내용은 밀항의 목적에 관한 것이다. 밀항의 목적 중 '노동'이 차지한 비율은 85%(1941년)~98%(1932년)였다. 밀항자 대부분이 극빈한 노동자들이었기 때문에 밀항의 목적에서 '노동'이 높은 비율을 나타낸 것은 너무나 당연했다. 그러나 1930년~1939년 평균 94.2%였던 '노동'의 비율은 1940년을 기점으로 이후 3년간 평균 86.7%로 떨어졌다. 1940년을 기점으로 '노동' 비율이 감소한 것에 반비례해서 '기타'의 비율은 12%~15%로 증가했다. 이런 변화에 대해 '노동' 이외의 목적으로 밀항하는 사람, 즉 "가족 상봉이나 집안의 관혼상제와 같은 급한 용무로" 밀항하는 사람의 증가로 보는 견해도 있다.[47] 하지만 이런 평가는 일면은 맞고 일면은 틀렸다. 조금 전에도 지적했듯이 〈표 1〉의 1940년 이후 밀항검거자 통계에는 강제 동원을 이용하다 체포된 밀항자는 배제되어 있었다.

따라서 〈표 1〉의 1940년 이후 동향에 대한 평가에서 이 점을 놓쳐서는 안 될 것이다. 예를 들어 1941년 강제 동원되었다가 도망친 노동자 중 미체포된 인원은 4만 3,031명이었다.[48] 이들 중 상당수는 처음부터 밀항을 위해 강제 동원에 응했는데 그들의 목적이 '노동'에 있었음은 자명했다. 따라서 현실에서 전개된 밀항의 전체적 상황을 고려한다면 1940년 이후에도 '노동'의 비율은 지금보다 훨씬 높았을 것이고, 그것에 반비례해서 '기타'의 비율은 12%~15%보다 더 낮았을 것이다. 결국 〈표 1〉의 1940년 이후 '기

47) 外村大, 蘭信三 編著 앞의 책, 2008, 50쪽.
48) 본문 각주 44) 참조.

타' 비율의 증가에 대한 기존의 평가는 강제 동원을 이용하다가 검거된 밀항자들을 배제한 상태에서 평가였다. 따라서 현실과 일정한 괴리가 있었다는 점에 주의할 필요가 있다.

한편 1940년 '기타'의 증가에 대한 기존의 평가와 관련해서 밀항검거자의 각 시기 지참금을 살펴보면 〈표 2〉와 같다.

〈표 2〉 밀항검거자의 지참금

연도	무일푼	비율	5원 이하	비율	5원 이상	비율	합계
1935	750	42	647	36	384	22	1,781
1936	702	37	679	36	506	27	1,887
1937	1,114	50	710	32	408	18	2,232
1938	1,760	40	1,998	46	595	14	4,353
1939	2,920	39	2,651	36	1,829	25	7,400
1940	1,238	21	1,210	21	3,437	58	5,885
1941	704	15	1,061	23	2,940	62	4,705
1942	712	15	1,078	22	3,020	63	4,810

※출처: 內務省警保局, 『社會運動の狀況』, 각 연도.

〈표 2〉를 보면 1935년~1939년 밀항자 중 37%~50%는 무일푼이었다. 같은 기간 5원 이하 소지자는 평균 37.2%였고, 5원 이상은 평균 21%였다. 그러나 1940년 이후 무일푼은 15%~21%로 급감하고 5원 이하 또한 평균 22%로 하락했다. 반면 5원 이상 소지자는 1940년~1941년 평균 61%로 급증했다. 1939년 5원 이상 소지자가 25%인 것과 비교하면 1년 사이 2.3배 증가했다. 1940년 이후 많은 노동자가 밀항에 있어 강제 동원을 이용하는 방법으로 선회한 것과 별개로, 5원 이상 소지자가 1940년부터 급증한 것은 사실이었다. 이는 무일푼을 제외한 5원 이하와 이상, 양측만 놓고 봤을 때 1940년 이후 5원 이상이 5원 이하보다 2.8배 높은 비율

이었다는 것에서 재차 확인된다.[49)]

밀항자 지참금의 이런 변화는 밀항자 중 일본어 가능자 비율이 1940년부터 증가한 것과 궤를 같이했다. 1935년 밀항검거자(1,781명) 중 일본어를 이해하지 못하는 자는 53%(949명)였고 일본어를 이해하는 자는 47%(832명)였다. 이 비율은 1936년과 1937년에도 비슷했다. 이후 밀항의 목적에서 '노동' 비율이 높았던 1938년과 1939년이 되면 일본어를 이해하지 못하는 자는 70%로 급증했다. 그러나 1940년 이후 5원 이상의 소지자, 즉 경제적으로 조금 나은 사람들의 밀항이 증가하자 일본어를 이해하지 못하는 자의 비율은 급감했다. 그 대신 일본어 가능자는 60%(1940년), 71%(1941년), 66%(1942년) 등으로 급증했다.[50)] 이는 1940년을 기점으로 경제적으로 여유 있고 일본어가 가능한 사람들의 밀항이 일정 정도 증가했음을 뜻했다. 이와 같은 변화는 밀항의 여러 방법 중 종래까지 우위를 보였던 밀항브로커에 의한 발동선 밀항이 감소하고, 그 대신에 각종 '증명서 부정'의 밀항이 증가한 것과 연동되어 있었다. 일제시기 밀항자들이 이용한 밀항 방법에 대해서는 다음 장에서 구체적으로 살펴보도록 하겠다.

Ⅲ. 밀항의 여러 방법

1932년 일본 경찰은 당시 밀항자들이 이용한 밀항 방법에 대해 크게 다섯 종류로 구분했다. ① 밀항브로커 알선으로 발동선 및 소형 어선을 타고 야마구치(山口), 사가(佐賀), 후쿠오카(福岡), 나가사키(長崎) 등 각 현(縣) 연안으로 상륙하는 것, ② 도항증명서 또는 일시귀선(一時歸鮮)증명

49) 〈표 2〉에서 5원 이하와 5원 이상의 금액만 놓고 봤을 때 각각의 비율은 1935년 62.7%(647명) 대 37.3%(384명), 1939년 59.2% 대 40.8%였다. 그러나 1940년 이후 3년간 평균 비율은 26.4% 대 73.6%로 고정되는 모습을 나타냈다.

50) 外村大, 蘭信三 編著, 앞의 책, 2008, 50쪽.

서를 위조하거나 타인의 증명서를 양도받는 것, ③ 연락선(連絡船))과 화물선의 선창(船倉)에 잠입하는 것, ④ 일본인으로 위장하는 것. ⑤ 어선의 어부 혹은 화물선의 선원으로 가장하여 선박이 일본에 도착했을 때 배에서 도망가는 것 등이었다.[51] 여기서 ②는 '증명서 부정'에 의한 밀항을 말하는데, ②와 ④는 주로 관부연락선과 같이 정기여객선을 이용했다. 다섯 종류의 밀항 방법을 시기별로 정리하면 〈표 3〉과 같다.

〈표 3〉 밀항자의 밀항 방법

연도	인원	방법					
		밀항브로커 발동선	비율	증명서 부정	비율	기타	비율
1929	800	-	-	-	-	-	-
1930	418	379	91	8	2	31	7
1931	783	708	90	1	0	74	9
1932	1,277	1,007	79	97	8	173	14

연도	인원	브로커 발동선	비율	증명서 부정	비율	선박 잠입	비율	탈선	비율	일본인 사칭	비율	기타	비율
1933	1,808	1,210	67	300	17	61	3	49	3	98	5	90	5
1934	2,297	1,596	69	289	13	60	3	42	2	86	4	224	10
1935	1,781	1,035	58	170	10	42	2	117	7	59	3	358	20
1936	1,887	918	49	233	12	94	5	146	8	97	5	399	21
1937	2,322	1,382	60	284	12	106	5	185	8	70	3	295	13
1938	4,357	3,469	80	288	7	101	2	112	3	97	2	290	7
1939	7,400	5,432	73	897	12	174	2	295	4	126	2	476	6
1940	5,885	1,264	21	2,585	44	347	6	383	7	241	4	1,065	18
1941	4,705	858	18	1,732	37	277	6	354	8	293	6	1,191	25
1942	4,810	1,186	25	1,428	30	311	6	411	9	302	6	1,172	24

※출처: 内務省警保局, 『社會運動の狀況』, 각 연도. 1929년 800명은 1~9월 통계.

51) 内務省警保局, 『社會運動の狀況』, 1932, 1421쪽.

〈표 3〉의 다섯 종류 밀항 방법 중 ‘밀항브로커 발동선’은 밀항브로커 알선에 의해 노동자들이 발동선을 타고 밀항한 것을 뜻한다. 이 방법은 ‘기타’를 포함하여 1930년~1939년 6종류의 밀항 방법 중 1위로 67%(1933년)~91%(1930년)를 차지했다. 이 방법은 밀항브로커가 선주로부터 선박을 전용했기 때문에 1회 밀항자가 적게는 몇십 명에서 많으면 백 몇십 명까지 승선했다. 1939년 이전까지 ‘밀항브로커 발동선’에 의한 것이 밀항자를 가장 많이 일본으로 실어 날랐다고 할 것이다. 물론 일제시기 밀항선은 발동선뿐만 아니라 범선과 기범선(機帆船) 또한 이용되었다.

범선의 사례를 보면 1926년 3월 부산에서 시모노세키까지 34명이 밀항하고[52], 1929년 3월 목포에서 히로시마까지 114명이 범선으로 밀항을 시도했다.[53] 1926년 4월에는 목포에서 쓰시마 이즈하라항까지 171명이 배 길이 15m가 되지 않는 범선을 타고 밀항했다가 송환된 적도 있었다.[54] 이밖에 1934년 11월 낙동강 하구 김해에서 60여 명이 범선을 타고 출항했다가 영도 북서쪽 6해리 지점에서 침몰하여 30여 명이 익사하고 28명이 구조되기도 했다.[55] 기범선은 1926년 8월 60명이 부산에서 야마구치현 오츠군(大津郡) 해안에 상륙하고[56] 1935년 8월 3톤 크기의 기범선으로 30여 명이 부산에서 밀항을 시도한 것을 꼽을 수 있다.[57]

범선과 기범선은 밀항의 횟수에서 발동선에 미치지는 못했다. 그러나

52) 「勞動者を下關に密航させた旅館主押へらる」, 『釜山日報』 1926.3.18., 7면 6단; 「夜陰に乘じて釜山棧橋より三十四名を乘せて」, 『朝鮮時報』 1926.3.18., 3면 5단.
53) 「憧かれの內地へ密航計畫の百十四名」, 『釜山日報』 1929.3.10., 5면 1단.
54) 「命かけで對馬へ渡った密航鮮人百六十七名」, 『釜山日報』 1929.5.4., 4면 1단; 「渡航證 取得難으로 密航者 激增과 詐欺漢들의 橫行」, 『釜山日報』 1929.5.21., 4면 7단.
55) 「密航船이 暴風에 顚覆 五十四名이 全沒」, 『東亞日報』 1934.11.20.(호외); 「荒浪の船底にすがる六十名の命? 牧島沖合で遭難顚覆」, 『釜山日報』 1934.11.20., 7면 6단; 「密航からの悲慘事三十餘名海の藻屑牧島沖合で六十名三乘込の密航帆船」, 『釜山日報』 1934.11.21., 2면 1단.
56) 「渡日者取締嚴重으로 密航者가 續出」, 『東亞日報』 1926.4.30., 5면 1단.
57) 「追ひかけて船上で大挌鬪三十名積んだ密航船」, 『釜山日報』 1935.8.14., 2면 9단.

일제말기까지 범선과 기범선이 계속 이용된 점은 눈여겨볼 부분이다.[58] 일제시기 밀항선에서 주류는 역시 밀항브로커의 알선에 의한 발동선이었다. '밀항브로커 발동선'에 사용된 밀항선의 크기와 밀항자 수를 살펴보면 〈표 4〉와 같다.

〈표 4〉 밀항브로커 발동선의 크기와 밀항자 규모

연도	월별	출발지	선명	크기	밀항자	출처
1927	5월	부산	광영환(光榮丸)	–	111명	동아 · 시보 · 신문
1930	3월	부산	상생환(相生丸)	16톤	28명	민보
1931	2월	여수	구환(久丸)	19톤	54명	부산
1933	4월	부산	대성환(大成丸)	15톤	66명	동아 · 조일
	4월	남해	–	40톤	42명	
	5월	부산	–	20톤	23명	부산
1934	7월	구룡포	제오황랑환(第五荒浪丸)	–	90명	조선
	11월	–	제이조일환(第二朝日丸)	40톤	199명	부산
1935	8월	울산	만세환(萬歲丸)	40톤	70여 명	부산
	9월	부산	만세환(萬歲丸)	15톤	21명	부산
1936	4월	부산	보덕환(寶德丸)	19톤	100명~130명	동아 · 시보
1937	1월	부산	귀포환(龜浦丸)	12톤	160명	조선 · 부산
	3월	부산	박환(博丸)	8톤	74명	조선
1938	6월	부산	–	20톤	100여 명	조선
	9월	부산	신쌍환(神雙丸)	18톤	55명	동아
1939	5월	부산	신영환(新榮丸)	25톤	52명	동아
	5월	부산	순길환(順吉丸)	–	200여 명	동아

58) 범선은 1940년 5월까지 기범선은 1941년 11월까지 각각 이용된 것으로 확인된다(「罰金刑에서 體刑으로 密航取締를 强化」, 『朝鮮日報』 1940.5.20., 3면 2단; 「勞動者を募集密航間際にご用」, 『釜山日報』 1941.11.15., 2면 5단).

연도	월별	출발지	선명	크기	밀항자	출처
1940	1월	부산	제삼주영환(第三住榮丸)	10톤	130명	동아 · 조선 · 부산 · 시보 · 매일
	1월	부산	–	–	110명	시보
	2월	부산	대길환(大吉丸)	40톤	120명	시보 · 조문
	3월	부산	–	–	80명	조문
	3월	부산	타력환(他力丸)	25톤	180명	조선

※출처: 동아(『東亞日報』), 조선(『朝鮮日報』), 부산(『釜山日報』), 시보(『朝鮮時報』), 매일(『每日申報』), 조문(『朝鮮新聞』), 조일(『大阪朝日新聞』), 민보(『朝鮮民報』).

〈표 4〉는 '밀항브로커 발동선'의 많은 사례 중 선박의 크기와 밀항자 인원을 확인할 수 있는 것만 뽑은 것이다. 먼저 밀항의 계절별 현황을 보면 전체 22건 중 봄에 해당하는 3월(3건)·4월(3건)·5월(4건)에 45%가 몰려 있었다. 태풍이 발생하는 7월과 8월, 겨울에 해당하는 11월~1월에는 밀항이 적었다. 〈표 4〉에서 1월 밀항이 3건 있는데 이것은 한겨울에 밀항이 적어 경찰의 감시가 뜸하거나 양력 명절에 경찰이 쉬는[59] 틈을 이용한 사례로 통상적인 경우는 아니었다. 봄철에 밀항이 많은 것은 예나 지금이나 추운 겨울에 일감이 적고 봄부터 각종 토목공사가 많아졌기 때문이다.

봄에 노동자들이 일본으로 많이 가는 것은 밀항자뿐만 아니라 도항자 역시 동일했다. 1939년~1941년 도항자와 귀환자의 월별 이동을 보면 도항자는 3월에 제일 많았고, 귀환자는 12월에 가장 많았다.[60] 노동자 이동의 이러한 계절별 패턴은 중국인 출가노동자(苦力), 즉 쿨리의 조선 유입

59) 「百餘名의 密航者 出帆刹那에 打盡」, 『朝鮮日報』 1937.1.17., 7면 3단; 「百一六十餘名石の大密航を企つ」, 『釜山日報』 1937.1. 4., 2면 7단.

60) 연도별 전체 도항자와 3월달 도항자의 현황을 보면 1939년 316,424명 중 11.4%(36,032명), 1940년 385,822명 중 12.6%(48,533명), 1941년 368,416명 중 12.5%(46,060명) 등이었다. 전체 귀환자 중 12월 귀환자는 1939년 195,430명 중 10.4%(20,221명), 1940년 256,037명 중 11.4%(29,083명), 1941년 289,838명 중 11.1%(32,051명) 등이었다(內務省警保局, 『社會運動の狀況』, 1941, 882-883쪽).

과 유출에서도 동일했다. 봄에 인천과 신의주를 통해 국내로 들어온 쿨리들은 그해 추운 겨울이 시작되기 전에 다시 본국으로 돌아가는 행로를 반복했다. 중국인 출가노동자들이 봄에 조선으로 들어오면 임금 경쟁에서 밀린 조선인 노동자들은 다시 일본으로 건너가는 한중일 간에 노동력 이동이 계절별로 반복되었다. 당시 동북아 삼국에서 전개된 노동력 이동은 일제가 조선인 노동자의 도항을 저지하기 위해 중국인 쿨리들의 조선 유입을 막으려고 한 것에서도 알 수 있다.

한편 〈표 4〉에서 밀항의 출발지를 보면 압도적으로 부산이 많았다. 정확하게 보면 〈표 4〉의 밀항선 출발지는 부산부에 속한 영도를 제외하고 모두 동래군에 속한 지역들(해운대·송도·다대포·감천동·감만동·우암동·용당)이었다. 그러나 현재 부산의 원도심에서 멀리 떨어진 곳들이 아니기 때문에 부산으로 표시했다. '밀항브로커 발동선'으로 사용된 선박은 1927년 5월 광영환처럼 어선인 경우도 있었다. 그러나 대부분 일반 화물선들이 많았다. 선박의 크기는 파악된 18건 중 11건이 20톤 이하의 소형 발동선이었다. 소형 발동선이 밀항선으로 이용된 것은 1980년대 중반까지 계속 되었다.[61] 그러나 밀항선 탑승 인원은 일제시기가 압도적으로 많았다. 현재 낚시꾼들이 주로 이용하는 낚시어선은 10톤급으로 정원이 22명으로 되어 있다.[62] 이것과 비교하면 〈표 4〉의 1930년 3월(16톤), 1933년 4월(40톤)과 5월(20톤), 1935년 9월(15톤) 등 몇몇 사례를 제외하면 나머지 대부분은 정원을 훨씬 초과했다.

---

61) 1960년 부산 다대포에서 4톤에 12명(「日警이 장경근(張暻根)을 逮捕한 經緯」, 『東亞日報』 1960.11.19., 3면 1단), 1961년 3월 19톤에 78명(「한꺼번에 七六名」, 『東亞日報』 1961.3.27., 3면 3단), 1976년 1월 4.7톤에 34명(「密航34명검거 알선료 百萬원」, 『東亞日報』 1976.1.17., 7면 4단), 1985년 5톤 밀항선의 횡행(「刑期없는 刑務所-大村수용소」, 『東亞日報』 1985.1.12., 9면 1단) 등 참조.

62) 현재 낚시어선 가운데 가장 많이 사용되는 10톤급 선박의 정원은 선장과 이용객을 포함해 22명으로 되어 있다(「군산관내 낚시어선 불법개조·증축 만연, 특별단속 돌입」, 『전민일보』 2018.10.10; 「낚시어선, 인기는 '청신호'인데 안전은 '빨간불'」, 『투어코리아』 2019.1.9).

40톤 크기의 선박은 그렇다 치더라도 15톤(大成丸) 66명, 12톤(龜浦丸) 160명, 19톤(寶德丸) 100~130명, 8톤(博丸) 74명, 심지어 10톤(第三住榮丸)에 130명까지 태웠다. 밀항자를 많이 승선시킨 것은 경제적 이유 때문이었다. 〈표 4〉의 1930년 3월 상생환은 부산의 밀항브로커들이 영도 거주 일본인 선주로부터 한 달간 200원에 빌린 선박이었다.[63] 1936년 4월 보덕환은 포항의 일본인 선주로부터 한 달간 100원에 임대한 것이었다.[64] 발동선의 임대료는 배의 크기와 상태, 선령 등에 따라 차이가 있었을 것이다. 이런 차이에도 불구하고 밀항브로커들은 거금을 주고 발동선을 빌렸기 때문에 밀항자를 1명이라도 더 태우려 했다.

밀항자를 많이 승선시킨 것은 비단 '밀항브로커 발동선'만은 아니었다. 범선과 기범선 또한 마찬가지였다. 그러기 때문에 밀항선 사고가 났을 때는 항상 대형 참사로 이어졌다. 대표적인 밀항선 사고가 1934년 11월과 1940년 1월의 사고였다. 1934년 11월 낙동강 하구에서 60명을 태운 범선이 부산 영도 인근에서 침몰하여 28명만 구제되고 30여 명은 익사했다.[65] 밀항선 사고에서 제일 큰 참사는 1940년 1월 제삼주영환(第三住榮丸) 사고였다. 10톤 크기의 소형 발동선에 130명을 태우고 밀항하다 쓰시마 서북쪽 20해리 지점에서 전복되어 15명만 구조되고 115명이 익사했다. 제삼주영환 사고는 언론에서 호외를 발행할 정도로 사회에 큰 충격을 주었다.[66]

---

63) 「內鮮人共謀し密航者を募る大正公園下から渡航した」, 『朝鮮民報』 1930.5.3).

64) 「海雲臺海岸에서 又復密航者檢擧 去益深刻한 密航計劃」, 『東亞日報』 1936.4.26., 2면 6단. 발동선의 크기는 확인되지 않으나 1939년 1월 부산의 밀항브로커들이 삼척의 일본인 소유 발동선을 10일간 270원에 빌린 사례도 있었다(「不絕하는 密航軍 多大浦서 八十餘名 檢擧」, 『朝鮮日報』 1939.1.26., 7면 6단).

65) 본문 각주 55) 참조.

66) 「密航船顚覆」, 『朝鮮新聞』 1940.1.7., 7면 1단; 「密航者의 裏面哀話(1) 密航뿌로-커에 속아 百餘名이 一齊水葬」, 『東亞日報』 1940.1.10., 7면 1단; 「溺死判明十五名 本府水産試驗船, 現場에 急行」, 『每日申報』 1940.1.8., 2면 5단; 「玄海의 慘劇! 密航船沈沒詳報 密航者百三十名中 救助受容單十五名」, 『朝鮮日報』 1940.1.8., 2면 1단. 사건 초기 밀항선은 덕영환(德榮丸)으로 알려졌으나 후속 부도를 통해 주영환으로 밝혀진다.

일제는 주영환 사고를 계기로 밀항브로커 단속에 관한 근본적인 대책 마련에 착수했다. 일제는 1940년 3월 이후 여러 차례 관계기관의 회의를[67] 거쳐 그해 5월 18일 경상남도령를 공포하여 밀항 처벌을 한층 강화했다. 일제가 도령(道令) 형식을 빌려 공포한 경상남도령 제14호는 전문 4조로 되어 있었다. 그 내용을 축약하면 ① 20톤 미만의 선박은 여객 운송 3일 전에 선박 및 승선자, 발항(發航) 예정 일시 및 발항지, 선박의 기항지 및 도착지 등 구체적인 정보를 관할 경찰서장에게 제출하고 허가를 받아야 한다. ② 경찰은 선박에 임검(臨檢)하고 또 승선자에 대하여 심문할 수 있다. ③ 규정 위반자는 3개월 이하의 징역 혹은 100원 이하의 벌금 또는 구류 혹은 과료에 처한다. ④ 경찰의 심문을 기피하거나 허위 진술할 경우 50원 이하의 벌금 또는 구류 혹은 과료에 처한다 등이었다.[68] 이와 동일한 내용의 도령이 그해 7월 이전에 경상북도와 전라남도에서도 각각 공포되었다.[69]

경상남도령 제14호에서 핵심은 ①과 ③이었다. ①은 20톤 미만의 모든 선박이 출항할 때마다 허가를 받아야 한다는 것이었다. 이에 밀항과 관련 없는 선박마저 일상의 경제 활동에 많은 지장을 받을 수밖에 없었다. ③은 도령 위반자에게 3개월 이하의 징역에 처할 수 있다는 것이었다. 당시까지 밀항브로커에 대한 처벌은 「노동자모집취체규칙」에 근거하여 벌금 100원의 즉결처분이 최고였다.[70] 밀항브로커에 대한 처벌이 벌금형에 그치다 보

67) 「密航者に大通手今まで輕い罰則では駄目慶南では取締り罰則改正」, 『釜山日報』 1940.3.4., 3면 6단; 「密航ブローカー根絕へ乘り出す慶南道令で取締規則」, 『釜山日報』 1940.4.13., 2면 5단.

68) 「罰金刑에서 體刑으로 密航取締를 强化」, 『朝鮮日報』 1940.5.5., 2면 10단.

69) 朝鮮總督府警務局保安課, 『高等外事月報』第十二號, 1940, 36-37쪽.

70) 「노동자모집취체규칙」은 노동자가 조선 이외 지역에서 노동할 때 준수해야 하는 제반 사항(모집·근로조건)에 관한 것으로 조선총독부령 제6호로 공포되었다(『朝鮮總督府官保』 제1642호, 1918.1.29). 밀항브로커에 대한 벌금은 10원, 20원, 50원, 100원(「密航團 一網打盡」, 『東亞日報』 1933.9.17., 3면 10단; 「밀항노동자 五十名檢擧 募集者는 罰金」, 『東亞日報』 1931.4.11., 2면 9단; 「渡日農民密航, 식

니 한 번의 밀항으로 “수백 원씩 이익을” 챙길 수 있었던 밀항브로커들은 벌금형을 크게 우려하지 않았다.[71] 밀항브로커들은 벌금만 납부하면 영업을 곧바로 재개할 수 있었기 때문에 “초범보다 3,4범”이 많았고 밀항 전과가 10범 혹은 그 이상인 경우도 속출했다.[72] 물론 체포된 밀항브로커가 벌금 납부를 거부하면 형무소에서 구류처분을 받았다.[73] 구류 기간은 통상 1개월 미만이었던 것으로 여겨진다.

밀항브로커에 대한 처벌은 경상남도령 제14호 실시 이후 종래의 벌금형에서 3개월의 징역형이 가능해졌다.[74] 경남과 경북, 전남 등에서 시행된 도령은 발동선 밀항을 상당히 위축시켰다. 특히 경남에서는 도령 실시와 동시 밀항 단속을 강화했는데, 8월 14일~20일 기간에는 〈밀항근절주간〉으로 정해 포스트와 삐라 수 만장을 뿌리며 지역민들에게 밀항의 불법성을 알리는 홍보전을 대대적으로 전개했다.[75] 이와 동시에 경남의 24곳 경찰서는 일제히 밀항브로커와 밀항브로커 용의자에 대한 검거에 나서 총 725명를 체포했다.[76] 밀항의 불법성에 관한 홍보와 밀항브로커에 대한 처벌이

히려다가 발각되어 벌금」, 『東亞日報』 1927.3.26., 7면 7단; 「密航詐取者」, 『東亞日報』 1934.3.18., 3면 4단) 등 다양했다.

71) 「密航詐取魔 又復犯行綻露 전과십수범의 “阿比”」, 『東亞日報』 1934.4.8., 2면 10단.

72) 「累增되는 密航뿌로커-取締法規制定要望」, 『東亞日報』 1940.1.13., 7면 3단; 「玄海灘密航夜話-二百圓 以下의 罰金은 뿌로커에 輕微한 負擔(6)」, 『朝鮮日報』 1938.4.21., 7면 3단; 「密航者から刑事袋叩き」, 『釜山日報』 1939.3.18., 2면 8단.

73) 「三人共謀で密航を企つ既に九名 を募集し」, 『釜山日報』 1933.1.20., 3면 1단.

74) 참고로 현재 대한민국의 「밀항단속법」에 의하면 제3조 ①항 밀항 또는 이선(離船)·이기(離機)한 사람은 3년 이하의 징역 또는 2천만 원 이하의 벌금, ②항 미수범도 처벌, ③항 밀항·이선(離船)·이기(離機)를 음모한 자는 1년 이하의 징역 또는 1천만 원 이하 벌금, 제4조 ①항 알선한 사람은 3년 이하의 징역 또는 2천만 원 이하의 벌금, ②항 영리를 목적으로 알선한 사람은 5년 이하의 징역 또는 3천만 원 이하의 벌금 등으로 되어 있다(법제처 국가법령센터[https://www.law.go.kr] 참조).

75) 「密航根絶週間 慶南道, 趣旨宣傳에 活躍」, 『每日申報』 1940.8.16., 4면 1단; 권희주, 앞의 논문, 2020 참조.

76) 朝鮮總督府警務局保安課, 『高等外事月報』 第十三號, 1940, 31-32쪽. 일제의 〈밀항브로커명부〉에 올라 있었던 인물은 220명이었다. 그런데 검거된 인원이 725명이었던 것으로 봐서 500여 명은 ‘밀항브로커 용의자’였던 것으로 생각된다. 검거

강화되면서 1942년 2월 부산경찰서는 '발동선을 이용한 새로운 밀항브로커들이 출현하기까지 향후 몇 년간은 소요될 것으로'[77] 평가했다. 일제의 이러한 평가를 보면 1942년 무렵이 되면 발동선을 이용한 밀항이 크게 감소한 것을 알 수 있다. 〈표 3〉에서 '밀항브로커 발동선'이 1939년 73%를 점하다가 1940년 이후 평균 21% 수준으로 떨어진 것은 경남과 경북, 전남 등에서 실시한 도령이 하나의 분기점이었다고 하겠다.

그런데 1940년 이후 발동선 밀항이 급감한 데는 도령 이외 또 다른 두 가지의 원인이 영향을 미쳤다. 하나는 일본의 "각 공장광산에서 집단적 모집", 즉 앞서 언급한 강제 동원이었고 다른 하나는 일제의 "가솔린 통제"였다.[78] 차량 운송과 직결된 가솔린, 즉 휘발유에 대한 통제는 1938년 9월부터 시작되었다.[79] 더구나 경남에서는 1939년 11월 밀항 단속을 강화하면서 밀항선에 대한 중유 배급금지를 결정한 바 있었다.[80] 그런데 1940년 이후 전시통제경제가 전면화되면서 석유·중유·가솔린에 대한 통제는 더욱 심해졌다. 특히 일제가 1941년 8월 조선석유통제유한회사를 설립하여 석유의 권역별 배급과 함께 소비까지 통제하면서 시중에서 석유 사용은 더욱 어렵게 됐다.[81] 예를 들어 1941년 9월 여수–남해–삼천포를 왕래한 순

된 725명 중 25.4%(184명)는 부산의 3곳 경찰서(부산경찰서·북부산경찰서·부산수상경찰서)에서 체포했다. 나머지는 진주경찰서 58명, 마산경찰서와 통영경찰서 각각 49명, 울산경찰서 48명, 거제경찰서 37명 순이었다. 흥미로운 것은 경남의 서부 내륙에 속한 합천(13명)·산청(18명)·거창(15명)·함양(9명) 등에서도 검거자가 있었다는 점이다. 이는 항구도시를 중심으로 활동하던 밀항브로커들의 네트워크가 내륙지역까지 뻗어 있었음을 의미했다. 일제시기 밀항브로커의 활동에 관해서는 별도의 논문에서 다루고자 한다.

77) 「百餘名의 密航者 出帆刹那에 打盡」, 『每日申報』 1942.2.2., 3면 8단.

78) 「密航を企てた勞動者四十名」, 『朝鮮新聞』 1940.8.21., 6면 3단.

79) 「併行線과 交通稀薄地의 自動車來往을 制限」, 『東亞日報』 1938.9.1., 2면 4단.

80) 권희주, 앞의 논문, 2020, 341–342쪽.

81) 「깨소린車二千臺今年中代燃車로 轉換」, 『東亞日報』 1940.6.19., 2면 1단; 「石油統制會社 機構改革着手」, 『每日申報』 1941.8.17., 8면 8단; 「石油配給에 切符制」, 『每日申報』 1941.9.14., 4면 5단; 김인호, 『태평양전쟁기 조선공업연구』, 신서원, 1998, 46–58쪽, 367–370쪽.

항선이 연료난으로 운항이 중단되었다.[82] 시간이 조금 더 지나서는 일본인 이주어촌에서 운반선이 징발되기도 했다.[83] 이런 상황들을 보면 중유 또는 가솔린을 사용한 발동선의[84] 운항이 1940년 이후 자유롭지 못했고 심지어 일제 말기에는 운반선이 징발되는 사태까지 직면하였음을 알 수 있다. 결국 1940년 기점으로 나타난 '밀항브로커 발동선'의 급감은 일제의 도령 실시뿐만 아니라 강제 동원을 이용하는 밀항자의 증가, 선박에 필요한 연료의 부족, 선박 자체의 징발 등이 또 하나의 중요 원인으로 작용했다고 할 것이다.

둘째, 밀항 방법 중 다음으로 살펴볼 것은 '증명서 부정'에 의한 밀항이다. 〈표 3〉에서 '증명서 부정'은 1930~1939년 1위였던 '밀항브로커 발동선'에 이어 '기타'와 함께 2위를 차지했는데, 1940년부터 밀항 방법 중 30~44%를 차지하며 1위로 올라섰다. '증명서 부정'에 해당하는 대표적 수법이 도항증명서 위조와 일시귀선(一時歸鮮)증명서 위조였다. 먼저 도항증명서 위조부터 살펴보면 도항증명서는 흔히 도항증이라고 불렸는데 그 양식은 시기별로 조금씩 차이가 있었다. 초기에는 도항자의 호적등본이 도항증으로 활용되었다. 도항자의 거주지 관할 경찰서장이 도항자의 호적등본 공란에 붉은 글씨로 부산경찰서장이 볼 수 있도록 도항자 연령과 도항 목적, 도항 장소 등을 기재했다. 이렇게 작성된 호적등본을 도항 희망자가 부산경찰서에 제출하면 부산경찰서는 심사를 거쳐 도항을 허가했는데 이런 과정을 거쳐 호적등본은 도항증이 되는 것이었다.

그런데 도항증 위조에 관한 기사들은 1929년부터 많이 보도되었다.[85]

---

82) 「發動船便杜絕南海孤島化」, 『每日申報』 1941.9.26., 3면 5단.
83) 여박동(2002), 『일제의 조선어업지배와 이주어촌 형성』, 보고사, 312쪽.
84) 「燃料の統制で發動船S·O·S朝鮮の船には重油を賣らむ」, 『朝鮮新聞』 1938.5.15., 2면 6단; 「發動船の火事マッチから揮發に引火」, 『京城日報』 1938.6.24., 3면 8단; 「海の木炭船登場ガソリンに遜色なし」, 『釜山日報』 1941.8.9., 2면 2단.
85) 「密航を企てた勞動者四十名」, 『釜山日報』 1929. 1. 19., 4면 8단; 「渡航證 取得難으로 密航者 激增과 詐欺漢들의 橫行」, 『朝鮮日報』 1929. 5. 21., 4면 7단.

이것은 도항증 위조가 그 이전에도 있었으나 1929년부터 성행하였음을 암시한다. 1930년 1월에는 부산수상서 순사와 부산부청 소속 이원(吏員)이 도항증 위조범으로 검거되기도 했다. 이 당시 위조범은 대개 10여 명 내외였고 위조 도항증 가격은 1930년대 전반까지 장당 10원~20원으로 거래되었다.[86] 1934년 2월 부산수상서에 도항증 위조단 23명이 검거되었다. 이들은 호적등본을 갖고 부산으로 온 농민들에게 붉은 글씨로 해당 내용을 적고 위조 인장을 찍은 뒤 장당 10원~20원에 팔았다. 이들 위조단이 사용한 인장은 수십 개였으며 이 무렵 위조단은 "부산항구의 이 구석 저 구석에 널려"[87] 있었다. 그런데 23명의 도항 희망자가 달랑 호적등본만 갖고 부산으로 왔다는 것은, 부산에서 도항증을 쉽게 위조할 수 있다는 생각이 사회적으로 만연해 있었음을 보여준다. 실제로 이 당시 부산의 부민정파출소 소속의 조선인 순사까지 위조 도항증을 밀매하기도 했다.[88]

한편 1940년 2월 부산의 위조단은 도항증을 장당 80원에 팔았고 그해 5월에는 전라남북도 일대에서 위조 도항증 수백 장을 판매한 범인이 목포에서 체포되었는데 피해액이 3천여 원이었다고 한다.[89] 1940년 밀항자 1명이 밀항선을 타려고 할 때 20원~50원을 밀항브로커에게 지급해야 했다.[90] 이것과 비교하면 위조 도항증의 80원 가격은 비싼 금액이었다. 이렇게 비싼 금액인데도 부산은 물론이고 전라남북도 지역에서 위조 도항증이

---

86) 「釜山反射鏡」, 『朝鮮日報』 1930. 1. 31., 3면 12단; 「釜山を根城に大仕かけの密航團 十餘人其筋 に捕はる」, 『釜山日報』 1932. 10. 7., 2면 3단.

87) 「一團二十餘名이 渡航證僞造」, 『東亞日報』 1934. 2. 28., 5면 5단.

88) 「現職巡査가 暗躍 渡航證明을 僞造 釜山署內의 不祥事」, 『東亞日報』 1934. 5. 11., 3면 3단.

89) 「關釜密航에 關한 文書僞造事件發覺」, 『東亞日報』 1940. 2. 26., 4면 2단; 「밀항뿌로커 체포 목포서에서 嚴調中」, 『東亞日報』 1940. 5. 19., 7면 7단.

90) 「密航團 또 發覺 馬山署에서 嚴調中」, 『東亞日報』 1940. 2. 2., 3면 11단; 「災地農民誘引한 密航뿌로커 檢擧」, 『朝鮮日報』 1940. 3. 24., 3면 6단; 「半死半生の密航者八名」, 『釜山日報』 1940. 3. 14., 2면 11단; 「又たもや密航」, 『釜山日報』 1940. 3. 31., 2면 11단.

수백 장씩 팔렸다는 건 위조 도항증을 찾는 수요가 그만큼 많았음을 의미했다. ‘증명서 부정’에서 도항증 위조와 함께 양대 산맥을 이룬 것이 일시귀선증명서 위조였다.

일시귀선증명서는 재일 조선인이 관혼상제나 급한 용무로 잠시 조선으로 귀국할 때 필요한 증명서였다. 이 증명서는 일본 현지 경찰서에서 발급했는데 재일 조선인이 조선에서 용무를 마치고 일본으로 다시 돌아갈 때도 필요했다. 일제는 신규 도항과 재일 조선인의 재도항을 구별하기 위해 1929년 8월부터 일시귀선증명서 발급을 시작했다. 일시귀선증명서에는 신청자의 사진과 성명, 주소, 직업 등이 기재되어 있었고 체류 기간은 처음에는 1개월이었으나 1938년 이후 2개월로 연장되었다.[91] 그런데 불가피한 사정으로 조선에서 체류 기간을 넘기거나, 조선에서 다시 일본으로 돌아갈 때 일시 귀국한 사실을 인정받지 못해 밀항하는 재일 조선인들도 있었다.[92]

일시귀선증명서 위조의 구체적 실례를 보여주는 것이 1933년 9월의 밀항 사건이다. 경북 예천 출신의 조선인(41세)은 후쿠오카현 기구군(企救郡)에서 토목청부업체에 고용되어 일을 했다. 그런데 자신이 몸담고 있는 현장에서 인부를 모집하자 고향 사람들을 도항시킬 요량으로 그해 7월 말 귀향했다. 귀향한 그는 예천사진관에서 21명의 사진을 찍은 뒤 그 사진을 갖고 8월 중순 후쿠오카현 고도지(後藤寺)경찰서에 출두했다. 거기서 그는 21명이 일시 귀선하고 싶은데 바쁜 일로 경찰서에 출두하지 못했다고 속이고 일시귀선증명서 21장을 발급받았다. 이렇게 해서 9월 2일, 부산 영

---

91) 김광열, 앞의 책, 90쪽, 107쪽. 1936년 당시 일시귀선증명서를 발급받기 위해서는 10일 이상의 시간이 소요되어 부모의 장례에도 참여하지 못하는 재일조선인들이 비일비재했다(「門戶閉鎖된 玄海灘 “歸鄕”證明의 惡制度」, 『朝鮮日報』[1936. 4. 29][2면]1단; 「程度를 넘친 苛酷으로 “渡航證明”에 非難聲」, 『朝鮮日報』[1936. 2. 5][2면]6단). 특히 공장노동자의 경우 공장주를 데리고 경찰서에 가야 했고, 경찰서에서는 바쁘다는 핑계로 증명서 발급을 미루기 일쑤였다. 따라서 재일조선인이 원하는 날짜에 일시귀선증명서를 발급받기는 힘든 일이었다(「大阪特輯號, 不便한 ‘一時歸鮮證’」, 『朝鮮日報』[1939. 8. 27][6면]3단).

92) 「朝鮮人 渡航問題의 根本的解決이 時急」, 『朝鮮日報』 1936. 5. 3., 2면 1단.

도의 모 여관에 집결해 있던 21명에게 5원~10원씩 받고 위조 증명서를 건네주고 그들과 함께 당일 배를 타려고 했다. 그런데 부산잔교에 배치되어 있던 부산수상경찰서 형사가 일시 귀선자인데도 일본어를 하나도 하지 못한 점을 수상하게 여겨 결국 모두 체포되었다.[93)]

도항증 위조와 마찬가지로 위조된 일시귀선증명서를 엄청 비싸게 판매한 위조범들도 있었다. 1940년 3월 순천에서 2명의 위조범은 10여 명에게 장당 160원~230원에 일시귀선증명서를 팔아 2천여 원을 착복했다.[94)] 물론 위조된 일시귀선증명서가 무조건 비싸게 거래된 것은 아니었다. 부산에서 1940년 4월 장당 20원~30원에 거래되었고 7월에는 장당 30원~40원에 거래된 적도 있었다. 전자의 경우 후쿠오카시 야하다(八幡)과 와가마츠(若松), 두 곳의 경찰서장 관인을 위조했는데 범인 중에는 부산 시내 인쇄업자도 포함되어 있었다.[95)] 후자는 그해 5월 일본에서 위조한 것을 부산으로 가져와서 판매했는데, 범인은 자신의 양복주머니에 일본 현지 경찰서 관인과 경찰서장의 인장을 소지하고 있다가 체포되었다.[96)]

1940년 일시귀선증명서 위조에 부산의 인쇄업자가 관련되어 있었고 위조된 증명서가 진본과 다르지 않았다는 점에서 위조 수범이 상당한 수준이었음을 알 수 있다. 이후 1941년 1월에는 전남 나주에서 일본인(30세) 이발사가 위조한 일시귀선증명서를 갖고 나주 출신의 6명이 부산에서 관부연락선을 타려다가 검거되기도 했다.[97)]

'증명서 부정' 중 도항증 위조와 일시귀선증명서 위조, 어느 쪽이 우위를 보였는지 확인하기는 어렵다. 언론에 보도된 기사를 봤을 때 시간이 경

93) 「旨く仕組みはしたが内地語から二十一名の内地密航」, 『釜山日報』 1933. 9. 10., 2면 6단.
94) 「證明書を僞造密航を周旋」, 『釜山日報』 1940. 3. 18., 3면 10단.
95) 「百餘密航者打盡」, 『東亞日報』 1940. 4. 21., 7면 5단.
96) 「署長印等을 僞造 渡航證을 發行」, 『東亞日報』 1940. 7. 7., 3면 4단.
97) 「渡航證僞造密航中被逮」, 『每日申報』 1941. 1. 21., 4면 6단.

과할수록 일시귀선증명서 사례들이 증가하고 있었다는 점만 밝혀두고자 한다. 일제시기 '증명서 부정'이 성행한 것은 소설 『파친코』에서도 확인된다. 소설에서 이삭과 선자는 1933년 도항을 했다. 이때 일본에 있던 이삭의 형 요셉은 두 사람의 "입국허가증"을 받기 위해 사채업자로부터 120엔을 빌렸다. 요셉이 빌린 돈은 순식간에 이자가 붙어 213엔으로 불어났다.[98] 이삭과 선자의 도항이 정상적이었다면 120엔의 거금은 필요치 않았다. 하지만 두 사람의 도항을 위해 120엔의 거금이 사용되었다는 것은 이들의 도항이 '증명서 부정'에 의한 밀항이었음을 암시해준다. 비록 소설 속의 이야기이지만 1930년대 전반기 '증명서 부정'에 의한 밀항이 횡행한 시대상을 소설은 반영하고 있다고 하겠다.

그런데 '증명서 부정'은 관인 위조 및 공문서 위조행사 사기죄에 해당하여 법정 형량이 무거웠다. 1933년 9월 도항증 위조범 3명은 징역 2년을 선고받았고 1938년 10월 일시귀선증명서 위조범은 징역 1년을 선고받았다.[99] 발동선을 이용한 밀항브로커들이 1940년 5월 도령 실시 전까지 주로 100원 이하의 벌금형인 것과 비교하면 '증명서 부정'은 형량이 훨씬 무거웠다. 머리말에서 언급했듯이 밀항은 법리적 측면에서 불법이 될 수 없다. 따라서 일반 형사법에 근거해서 처벌할 수는 사안이 아니었다. 반면 '증명서 부정'에 해당한 관인 위조와 공문서 위조는 일반 형사법에 저촉되는 행위였기 때문에 중형이 가능했다고 하겠다. '증명서 부정'에 의한 밀항은 1940년 이후 발동선을 이용한 밀항이 어렵게 되면서 여러 밀항 방법 중 1위로 부상하게 된다.

셋째, '선박잠입'에 의한 밀항이다. 위의 〈표 3〉의 밀항 방법 중 '선박잠

---

98) 이민진(2021), 이미저 역, 『파친코』, 문학사상, 218쪽, 222쪽.

99) 「渡航沮止의 副産物 密航人 三千八百」, 『東亞日報』 1931. 4. 4., 2면 8단; 「密航ブローカ根こそぎ檢擧」, 『釜山日報』 1933. 9. 29., 2면 6단; 「南海の密航」, 『朝鮮時報』 1939. 12. 22., 2면 4단.

입'은 세 종류로 구분할 수 있었다. ① 밀항자가 밀항브로커 혹은 선원 등과 관계없이 몰래 선박에 잠입하는 것, ② 밀항브로커의 개입 없이 선원들(선장·기관장·하급선원)이 주동이 되어 밀항자를 탑승시키는 것, ③ 밀항브로커와 선원이 결탁해서 밀항자를 승선시키는 것 등이었다. ①은 주로 정기여객선(관부연락선·여관연락선)과 대형 화물선에서 많이 발생했고, ②와 ③은 화물선이 중심을 이뤘다. ①은 1명 혹은 많아야 4명 정도의 밀항자가 몰래 선박에 잠입하는 형태로 배의 화장실이나 선창[100], 보일러실[101], 구명보트[102] 심지어 선박의 굴뚝[103] 등에 숨어들어 밀항했다. 사실 ①은 밀항자가 소수였기에 사회적으로 크게 문제 될 것은 없었다.

그러나 ②와 ③은 사정이 달랐다. ②는 밀항브로커의 개입이 없었다는 점에서 ①과 공통점이 있었고, 선원들이 밀항에 적극적으로 관여했다는 점에서는 ③과 유사성을 갖고 있었다. 그러나 밀항자 인원에서 ②는 ③에 미치지 못했다. ②의 사례를 보면 1929년 3월 부산의 일본인 선장은 7톤의 발동선을 이용해 부산의 초량 거주 중국인 13명을 야마구치현 고구시(小串)로 밀항시켰다.[104] 또 1934년 11월 관부연락선의 조선인 하급선원과 일본인 접대 소년이 그동안 십수 회에 걸쳐 선내 3등실 담요를 쌓아 놓은 곳을 이용하여 1인 10원~15원을 받고 밀항시킨 것이 적발되었다.[105] 이처럼 ②의 형태는 밀항브로커의 개입 없이 선원이 직접 나서 밀항자를 알음알음 일본으로 데려가는 것이었다.

---

100) 「密航鮮人送還さる」, 『朝鮮時報』 1924. 5. 20., 3면 5단; 「仁川에서 탄 密航團 東京가서 遂發覺」, 『東亞日報』 1938. 5. 21., 7면 1단; 「船艙에 숨은 密航未遂犯」, 『每日申報』 1940. 6. 26., 3면 6단.

101) 「連絡船の石炭室から飛び出した怪物」, 『釜山日報』 1935. 7. 20., 2면 6단.

102) 「怪ボートせき拂ひが聞える」, 『朝鮮時報』 1937. 3. 9., 2면 5단; 「未完成新版密航 航海途中에 綻露」, 『東亞日報』 1939. 1. 17., 3면 4단.

103) 「煙突に縋りついた密航新戰術二人男悲鳴」, 『釜山日報』 1937. 3. 25., 2면 1단.

104) 「內地密航を企てた支那人」, 『釜山日報』 1929. 3. 8., 4면 3단.

105) 「內地密航者募集の共犯者は朝博丸三等ボーイ」, 『釜山日報』 1934. 11. 25., 5면 6단.

'선박잠입' 중 ③은 밀항브로커와 선원이 결탁했다는 점에서 앞의 '밀항브로커 발동선'과 공통점이 있었다. 그러나 '밀항브로커 발동선'이 선박 자체를 통째로 빌리는 형태였다면 ③은 그렇지는 않았다. 즉 밀항브로커와 선원이 사전에 밀항자 1인당 승선비를 합의하고서 정해진 날짜에 밀항자를 승선시키는 것으로 일종의 위탁 방식이었다고 하겠다. 이때 동원된 선박은 주로 조선과 일본을 왕래하는 정기 혹은 비정기 의 어선과 화물선 등이었다. 1940년 3월 적발된 제2미희환(第二美喜丸,86톤)의 밀항은 ③의 형태를 잘 보여준다. 후쿠오카 선적의 제2미희환(第二美喜丸,86톤)은 한 달에 부산과 후쿠오카를 3~4회 운항하는 화물선이었다. 이 배는 일본으로 귀항할 때마다 밀항브로커의 알선으로 그동안 수백 차례에 걸쳐 밀항자 2명~10명을 선창에 태우고 일본으로 회항했다. 검거 당시 선원들이 받은 승선료는 밀항자 1인당 40원~50원이었다.[106] 밀항브로커가 챙긴 몫까지 고려하면 밀항자 1인이 지불한 밀항비는 최소 50원~60원 혹은 그 이상이었을 것으로 예상된다.

③의 형태에서 밀항브로커와 선원의 결탁 또한 다양했다. 밀항브로커와 선주 및 선장, 혹은 밀항브로커와 기관장[107], 선장 몰래 밀항브로커와 하급선원의 결탁[108] 등으로 나뉘었다. ③의 경우 밀항자는 20여 명인 경우도[109] 있었고 14~15명인 경우도 있었다. 1940년 3월 19톤 화물선의 조

106) 「또 密航二件發生」, 『東亞日報』 1940. 3. 16., 7면 2단; 「密航請負로 얻은 돈 酒色에 蕩盡」, 『東亞日報』 1940. 3. 21., 3면 1단; 「半死半生の密航者八名」, 『釜山日報』 1940. 3. 14., 2면 11단. 일본 에히메현의 일본인 소유 선박 천신환(天神丸)에 9명의 밀항자가 탑승한 것 역시 제2미희환과 동일한 ③의 방식이었다(「뿌로커 殘黨 一網打盡, 하로에 密航事件四件이 發覺」, 『東亞日報』 [1940. 5. 26][7면]1단).

107) 「船長に內密で密航させる」, 『釜山日報』 1940. 4. 28., 2면 12단.

108) 「密航事件續發 關係者一網打盡」, 『朝鮮新聞』 1940. 5. 28., 5면 6단; 「密航事件續發 關係者一網打盡」, 『朝鮮時報』 1940. 7. 4., 5면 6단; 「人夫と謀つて密航を企て暴る」, 『朝鮮時報』 1940. 8. 27., 2면 7단; 「密航計畫運搬人ら逮捕」, 『朝鮮時報』 1940. 8. 27., 2면 7단.

109) 「十九人の密航團寢込を襲はれて捕はる」, 『釜山日報』 1929. 4. 14., 4면 9단.

선인 선장과 기관장은 그동안 수십 차례 밀항자를 선원으로 위장해서 밀항했는데 1회 밀항자가 14~15명이었다[110] 큰 화물선의 경우 밀항자가 30명~40명인 경우도 있었다. 1939년 1월~1941년 7월 사이 약 30여 차례 밀항이 이루어졌는데 1회 밀항자가 30명~40명으로 관련자는 밀항브로커, 일본인 선장과 기관장, 선원 등 7명이었다. 이들은 1인당 35원~45원을 받고 그동안 밀항자를 부산에서 고베와 오사카로 실어 날랐는데, 착복한 금액이 2만여 원이란 사실에 경찰들도 놀랐다.[111]

이처럼 ③의 형태는 밀항자가 많은 것도 있었으나 필자가 살펴본 바에 의하면 대부분 밀항자는 15명 이하였다. 이는 선원들 내에서 어디까지 밀항에 관여할 것인지, 방금 보았던 1941년 7월의 사례처럼 선장과 기관장, 하급선원 모두가 관여할 것인지, 아니면 선장 몰래 기관장과 선원만 짜고 밀항자를 승선시킬 것인지 또 화물선의 크기와 적재화물 이외 밀항자를 숨길 수 있는 선창의 크기 등 여러 조건에 따라 밀항자 수는 차이가 있을 수밖에 없었다. 이런 제한들 때문인지 '선박잠입'의 밀항 비율은 〈표 3〉에서 보듯이 1938년·1939년 2%에서 1940년 6%로 증가했으나 이후 계속 6%를 유지했을 뿐이다.

넷째, 밀항 방법 중 '탈선(脫船)'에 관한 것이다. 이 방법은 밀항자가 어선의 어부 혹은 화물선의 선원이 되어 배를 타고 일본으로 간 뒤 현지에서 도망가는 것을 말한다. 1933년 무렵 성어기가 되면 경남 연안의 어민 중에는 일본인 어선의 어부로 고용되어 야마구치현의 북포(北浦) 연안 특히 오츠군(大津郡)의 센자키항(仙崎港)에 체류하는 경우가 많았다. 이때 폭풍우로 선박이 출항하지 않는 날이면 야밤에 교토와 오사카 방면으로 도망가

110) 「船員に裝つて密航を企つ」, 『朝鮮新聞』 1940. 3. 7., 4면 12단.
111) 「貨物船이 密航輸送」, 『每日申報』 1941. 10. 12., 3면 5단; 「密航ブローカー船長, 機關長ら八名」, 『釜山日報』 1941. 10. 12., 2면 12단.

는 어부들이 많았다.[112] 선원 위장의 밀항으로는 1935년 2월 부산에서 선원이 되어 일본 사세보로 갔다가 그곳 시내에서 체포된 밀항자도 있었으며, 1941년 5월 목포로 송환된 4명의 밀항자 중 2명은 탈선의 밀항자이기도 했다.[113] 위의 〈표 3〉에서 '선박잠입'과 '탈선'을 비교하면 전체적으로 탈선이 약간 우위였다. 밀항하는 데 있어 탈선이 선박 잠입보다 수월했기 때문으로 이해된다. 탈선을 이용한 밀항은 1940년 이후에도 약간 증가 추세를 보였는데, 전시통제하에서 일제의 선원 인력 동원을 이용하는 밀항자들이 늘어났기 때문으로 짐작된다.

다섯째, '일본인 사칭'의 밀항이다. 일본인은 도항증이 필요 없었기 때문에 조선인이 일본인 행세를 하며 밀항하는 것을 말한다. 1935년 7월 황해도 출신 청년(19세)은 제대한 일본인의 군복을 빌려 입고 일본 군인처럼 행세하다 관부연락선에서 검거되었다.[114] 경찰이 군복 차림의 밀항자를 처음이라고 한 것에서 당시까지 흔한 수법은 아니었다. 1937년 4월에는 전남 영광 출신자가 쓰시마 출신의 일본인이라고 속이고 도항을 시도했다. 그러나 병적을 묻는 부산수상경찰서 형사에게 대답을 잘못해서 검거되었다.[115] 두 가지 사례에서 밀항자는 나름 일본어가 유창했다. 그러나 전자는 억양 때문에, 후자는 잘못된 답변 때문에 검거되었다. 일본인 사칭의 밀항은 일본어에 어느 정도 자신이 있는 사람이 할 수 있는 방법이었다. 이런 언어적 문제 때문인지 일본인 사칭의 밀항은 여러 밀항 방법 중 가장 낮은 비율을 나타냈다.

여섯째, 마지막으로 볼 것이 〈표 3〉의 '기타'이다. 이것은 지금까지 살펴본 다섯 종류의 밀항 방법 이외의 밀항에 해당한다. 1934년 연말에 일

112) 「時化の暗夜航に乗じて南鮮人の密航」, 『福岡日日新聞』 1933. 11. 8).
113) 「密航四名送還」, 『釜山日報』 1941. 5. 7., 5면 11단.
114) 「あの手此手の密航新戰術」, 『釜山日報』 1935. 7. 26., 2면 6단.
115) 「密航が暴れる丙種三等兵と答辯化の皮をはがる」, 『朝鮮時報』 1937. 4. 6., 2면 9단.

제는 밀항 방법을 6종류로 분류했다.[116] 그중 다섯 종류는 앞서 본 바와 같다. 나머지 한 종류는 일본에서 학교에 다니는 재학생 신분으로 위장해서 밀항하는 것이었다. 이런 방식이 1934년 당시 '기타'의 범주에 속했다고 하겠다. 1934년 일제는 재학증명서를 이용한 밀항을 두 종류로 구분했다. ① 재학증명서를 위조하거나 타인의 것을 대여받는 것, ② 재정난에 허덕이는 일본의 사립중등학교가 발급한 재학증명서를 활용하는 것 등이었다. 이 중에서 ①은 불법이 명확했다. 그러나 ②는 합법과 불법의 경계가 모호함으로써 일제 또한 단속에 애먹었던 것으로 보인다. 당시 일본의 사립중등학교 중 경영난에 시달린 학교는 재정난 해결책으로 신학기는 물론이고 수시로 조선인 학생을 모집했다. 그러나 정상적 방법이 아닌 입학과, 고사과(考查科), 월사과(月謝科) 등의 명목을 붙여 소정의 금액만 납부하면 신원과 학력(學歷·學力)을 전형하지 않고 입학을 허가하고 재학증명서 및 철도할인권 등을 발급했다.[117]

예를 들어 1934년 9월 서울에 거주한 6명은 무시험으로 10원~15원의 입학금만 내면 학생증명서를 발급해 주는 일본의 비정규 사립학교 학생증명서를 갖고 관부연락선을 탔다. 그러나 이들은 학생인데도 일본어가 서툰 것을 이상하게 여긴 경찰에 의해 체포되었다. 부산수상경찰서는 이 사건을 "조선인 밀항의 신전술"로 보고 학생증 소지자의 검열 강화와 불량 사립학교에 대한 감독 강화를 본국에 요청했다.[118] "신전술"이란 표현에서 학생증명서 위조의 밀항이 1934년을 기점으로 새로운 밀항 방법으로 부상했음을 엿볼 수 있다. 학생증명서를 이용한 밀항이 1934년부터 늘어난 것은 일제가 "본년도(1934년–옮긴이)에 특히 학생의 재학증명서를 부정 사용

116) 內務省警保局(1934),『社會運動の狀況』, 1483쪽.
117) 內務省警保局, 위의 책, 1483쪽.
118)「內地私立學校が渡航者連を釣うる」,『釜山日報』1934. 9. 26., 2면 7단.

하여 도항하는 자가 현저히 증가했다"고[119] 지적한 대목에서도 확인할 수 있다. 이밖에 〈표 3〉의 '기타'에는 밀항브로커와 밀항선 선장이 약속된 장소와 다르게 밀항자를 쓰시마와 이키섬(壹岐島) 등에 내려놓음으로써 검거된 밀항자도 포함되어 있었다.[120]

그런데 일제는 1935년 새로운 밀항 방법으로 한 가지를 더 추가했다. 그것은 밀항자가 "계획적으로 도항 목적지를 변경하는 것이었다."[121] 즉 합법적으로 도항하였으나 도항증에 기재된 장소가 아닌 다른 장소에서 생활하다 검거되었을 때 '기타'로 분류되었다고 할 것이다. 이밖에 관청에서 사용한 전보용지를 이용한 밀항 또한 '기타'에 속했다. 1935년 6월 전남 남원 출신의 이씨(26세)는 평소 알고 지낸 부산수상경찰서 형사에게 도항 허가를 요청했다. 그러나 자신의 제의가 거절되자 이씨는 관보 전보지를 위조하여 일본 고베에 있는 친한 형에게 보냈다. 일본에 있던 그의 형은 동생이 보낸 위조 전보지에 "이○○를 도항시켜라"는 전문을 직접 적어 부산수상경찰서에 타전했다가 검거되었다.[122] 이처럼 〈표 3〉의 '기타'에는 재학증명서 관련, 도항자의 목적지 변경, 전보용지 도용, 밀항브로커 및 선장의 농간으로 애초의 목적지와 다르게 쓰시마 및 이키섬에 도착한 밀항자 등이 포함된 것으로 이해된다.

한편 일제는 1940년에 이르러 기존의 밀항 방법 이외 두 종류를 더 추가했다. 새로 추가된 밀항 방법은 ①강제 동원 노동자로 응모해서 일본으로 밀항하는 것, ② 조선인이 재일 조선인과 결탁해서 사진과 호적등본을 일본으로 발송하면 일본에서 일시귀선증명서를 발급받아 조선으로 다시

---

119) 內務省警保局(1934), 앞의 책, 1483쪽.
120) 內務省警保局(1930), 위의 책, 1205쪽; 위의 책(1931), 1070쪽; 위의 책(1932), 1427쪽. 밀항자의 쓰시마 및 이키섬 상륙에 대해서는 본문 Ⅳ장에서 자세히 살펴보겠다.
121) 內務省警保局(1935), 『社會運動の狀況』, 1499쪽.
122) 「智惠比べ公文電報で密航新戰術」, 『釜山日報』 1935. 6. 20., 2면 8단.

보내고, 이렇게 해서 조선인이 재일 조선인처럼 행세하며 도항하는 것이었다.[123] 여기서 ①은 앞서 지적했듯이 위의 〈표 1〉의 통계에 포함되어 있지 않았다. 그런데 ②의 밀항 방법은 언뜻 보면 '증명서 부정'에 속한 일시귀선증명서 위조와 비슷해 보인다. 그러나 일제가 1940년 9종류의 밀항 방법을 제시하며 '증명서 부정'에 속한 일시귀선증명서 위조와 별개로 새롭게 ②의 밀항을 추가했다는 것은 ②의 밀항이 기존의 일시귀선증명서 위조와 다른 형태였음을 말해준다. 기존의 일시귀선증명서 위조가 주로 브로커에 의해 이루어졌다면 새로 추가된 ②는 브로커의 개입 없이 조선인과 재일 조선인 사이에서 개별적으로 이루어진 것이었다고 하겠다. 1940년이 되면 재일 조선인은 이미 120만 명으로 증가했다. 120만 명의 재일 조선인이 일본에 거주했다는 것은 그들이 고국에 두고 온 가족 및 친척 등과 연결되는 인적네크워크가 그만큼 광범하게 형성되고 있었음을 뜻했다.

이런 자생적 인적네트워크를 활용한 밀항이 1940년 새로 추가된 ②의 밀항이었다고 하겠다. 물론 새로 추가된 ②의 밀항이 1940년에 처음 출현하는 것은 아니었을 것이다. 하지만 '증명서 부정'과 별개로 ②의 밀항이 새로 추가되었다는 것은, 이와 같은 형태의 밀항이 1940년 이후 광범위하게 전개되었음을 시사한다. 결국 〈표 3〉에서 1940년 이후 '기타'의 비율이 '밀항브로커 발동선'과 함께 2~3위를 다툰 데는 새로 추가된 ②의 형태가 일정한 역할을 한 것으로 보인다.

Ⅳ. 밀항선 도착지

밀항선의 출발은 부산을 중심으로 한반도 남해안 곳곳에서 이루어졌

123) 內務省警保局(1940), 『社會運動の狀況』, 1141쪽. 일본 경찰이 제시한 9종류의 밀항 방법은 1941년에도 동일했다(內務省警保局(1941), 『社會運動の狀況』, 893쪽).

다. 어둠 속에서 출발한 밀항선들은 대부분 지리적으로 한반도와 가까운 일본의 서부지역에 도착했다. 이와 같은 밀항 코스는 해방 이후에도 크게 바뀌지 않았다.[124] 일제의 내무성 경보국은 1930년~1943년 밀항에 대한 기록을 남겼는데 시기별로 조사 양식에서 조금씩 차이가 있었다. 밀항자의 상륙지는 1930~1933년 기간만 조사했고, 1934년에는 상륙지와 검거지, 1935년 이후에는 검거지 중심으로 각각 작성했다. 따라서 밀항자의 상륙지를 알 수 있는 기간은 1930년~1934년에 불과했는데, 밀항자의 일본 도착지를 정리하면 〈표 5〉와 같다.

전체적으로 보면 밀항자의 상륙지는 일본 서부의 4개의 현(福岡·山口·長崎·佐賀)에 집중되어 있었다. 이들 4개 지역이 차지한 비율은 1930년과 1931년 96%, 1932년 86%, 1933년 94%, 1934년 89% 등이었다. 밀항자 도착지가 일본 서부의 4개 현에 86%~96%로 집중되어 있었는데 1932년과 같이 86%로 최저 수준을 보인 것은 〈표 5〉에서 보듯이 그해 동해와 맞닿아 있는 시마네현(島根縣) 또는 돗토리현(鳥取縣) 지역 등에 밀항자들이 상륙했기 때문이었다.

그런데 밀항자의 상륙이 집중되어 있던 4개 현 중에서도 1930년 후쿠오카현을 제외하고 나머지 연도는 모두 야마구치현이 1위였다. 특히 야마구치현은 1931년 36% 이후 그 비율이 점점 높아져 1934년이 되면 49%로 밀항검거자 중 절반이 야마구치현에 상륙했다. 밀항자의 상륙지와 관련해서 1935년 이후 상황이 어떠했는지 가늠하기는 어렵다. 다만 1938년 밀항검거자 4,357명(〈표 1〉 참조) 중 후쿠오카현에서 부산으로 송환된 밀항자가

124) 단적인 예로 재일교포 문필가로 활동한 윤학준(尹學準)은 1953년 4월 부산 다대포를 출발하여 사가현 히가시마츠우라(東松浦)에 도착했고, 원폭피해자 손진두 역시 1970년 12월 히가시마츠우라에 도착했다(高柳俊男(2004), 「度日 初期의 尹學準-密航·法政大學·歸國事業-」, 『한일민족문제연구』 157, 160쪽; 김원(2017), 앞의 논문, 3쪽).

50.9%(2,219명)를[125] 차지했다는 점에서 야마구치현의 일방적인 우위가 1934년 이후에도 계속되었다고 보기는 어렵다. 일본 서부 4개 현에서 이루어진 밀항 단속의 강약에 따라 조금씩 변화가 있었던 것으로 생각된다.

〈표 5〉 밀항자의 일본 상륙 지역

연도	서부							중부							동해							합계
	福岡	山口	長崎	佐賀	鹿兒島	廣島	香川	兵庫	大阪	奈良	京都	和歌山	三重	愛知	神奈川	島根	鳥取	福井	石川	富山	北海道	
1930	291	27	73	10	–	–	–	10	2	1	–	–	–	–	–	–	1	1	–	–	–	416
비율	70	6	18	2	–	–	–	2	–	–	–	–	–	–	–	–	–	–	–	–	–	비율
1931	220	283	162	85	–	2	–	15	9	–	–	1	–	2	–	–	–	2	–	2	–	783
비율	28	36	21	11	–	–	–	2	–	–	–	–	–	–	–	–	–	–	–	–	–	비율
1932	268	481	282	66	–	12	–	10	69	–	12	3	5	17	4	17	26	2	1	1	1	1,277
비율	21	38	22	5	–	1	–	1	5	–	1	–	–	1	–	1	2	–	–	–	–	비율
1933	186	708	370	200	1	5	2	1	69	–	9	–	–	–	–	–	9	–	–	–	–	1,560
비율	12	45	24	13	–	–	–	–	4	–	1	–	–	–	–	–	1	–	–	–	–	비율
1934	285	1,130	386	227	2	87	–	10	61	–	5	–	–	1	2	6	2	3	–	1	–	2,297
비율	12	49	17	10	–	4	–	–	3	–	–		–	–	–	–	–	–	–	–	–	비율

※출처: 內務省警保局, 『社會運動の狀況』(1930~1934), 1930년 통계 중 조선에서 검거된 2명은 제외. 1934년 통계는 필자가 분류한 통계. 1934년 각 항목의 수치와 합계가 일치하지 않는 것은 오이타현(大分) 2명, 에히메현(愛媛) 20명, 동경 2명 등을 생략했기 때문임.

한편 〈표 5〉에서 후쿠오카현의 상황을 보면 1930년까지만 하더라도 전체 밀항검거자(416명) 중 70%(291명)는 후쿠오카현에 상륙했다. 그러나 1931년 이후 그 비율은 급감하여 1934년이 되면 13%로서, 1위 야마구치현(49%), 2위 나가사키현(17%)을 이어 3위에 머물렀다. 그런데 1930년 후쿠오카현의 70%가 1920년대부터 지속된 것인지, 1930년의 일시적 현상인지 확인하기는 어렵다. 현재로서는 후자 쪽이었던 것으로 판단된다. 왜냐하면 부산을 기준으로 했을 때 거리상 후쿠오카현보다 야마구치현이

---

125) 「密航者激增問題, 根本策을 樹立하라」, 『東亞日報』 1938. 12. 10., 1면 1단.

더 가까웠다. 또 밀항자들이 오사카와 도쿄 방면으로 가기 위해서는 어차피 시모노세키에서 출발하는 산요선(山陽線) 철도를 이용해야 했다. 이런 점들을 고려하면 밀항선 선장과 밀항자들이 야마구치현을 제쳐놓고 일부러 후쿠오카현을 고집할 이유는 없었다. 현재로서는 세계대공황과 관련해서 야마구치현의 밀항 단속이 강화된 탓에 밀항선의 도착지가 일시적으로 후쿠오카로 몰린 결과가 아닌가 싶다.

〈표 5〉에서 밀항자의 나가사키현 상륙은 1932년부터 후쿠오카현을 앞지르며 1위 야마구치현을 이어 2위를 차지했다. 그런데 밀항자의 나가사키현 상륙의 실상을 보면 일본 본토의 나가사키현보다는 쓰시마에 상륙하는 밀항자가 많았다는 점에 유의할 필요가 있다. 즉 일제가 행정구역을 기준으로 통계처리를 하다 보니 나가사키현으로 표시되었을 뿐, 그 속내를 보면 쓰시마에 상륙한 밀항자가 절대적으로 많았다는 이야기이다. 이 문제와 관련해서는 아래의 〈표 6〉를 통해 구체적으로 논의하고자 한다. 아래의 〈표 6〉는 밀항자 상륙지로 1~3위를 차지한 3개 현에 한정해서 밀항자 상륙지의 구체적 장소를 나타낸 것이다.

먼저 1933년 밀항검거자 중 1위를 차지한 야마구치현을 보면 708명 중 72%(510명)는 시모노세키시였고, 22%(158명)는 시모노세키시를 에워싸고 있는 토요우라군(豊浦郡)이었다. 시모노세키시 도착 비율은 1933년 72%에서 1934년 58%로 감소하고 그것과 반비례해서 토요우라군은 1933년 22%에서 1934년 32%로 증가했는데, 시모노세키시와 토요우라군을 합치면 두 지역이 야마구치현 상륙의 90%~94%를 점했다. 그런데 시모노세키시 상륙에는 정기여객선을 이용한 밀항자가 포함되어 있었다는 점을 놓쳐서는 안 될 것이다.

〈표 6〉 후쿠오카 · 야마구치 · 나가사키현의 밀항자 상륙 장소

<table>
<tr><th>연도</th><th colspan="9">지역</th></tr>
<tr><td rowspan="9">1933</td><td rowspan="3">山口縣</td><td>下關市</td><td>豊浦郡</td><td>大津郡</td><td>宇部市</td><td colspan="3">萩市</td><td>인원</td></tr>
<tr><td>510</td><td>158</td><td>19</td><td>16</td><td colspan="3">5</td><td>708</td></tr>
<tr><td>72</td><td>22</td><td>3</td><td>2</td><td colspan="3">1</td><td>비율</td></tr>
<tr><td rowspan="3">長崎縣</td><td>對馬島 上縣郡</td><td>對馬島 下縣郡</td><td>北松浦郡</td><td>西彼杵郡</td><td>北高來郡</td><td colspan="2">長崎市</td><td>인원</td></tr>
<tr><td>73</td><td>228</td><td>51</td><td>14</td><td>3</td><td colspan="2">1</td><td>370</td></tr>
<tr><td>20</td><td>62</td><td>14</td><td>4</td><td>1</td><td colspan="2">–</td><td>비율</td></tr>
<tr><td rowspan="3">福岡縣</td><td>宗像郡</td><td>糟屋郡</td><td>博多港</td><td>糸島郡</td><td>門司市</td><td colspan="2">若松市</td><td>인원</td></tr>
<tr><td>58</td><td>46</td><td>37</td><td>36</td><td>5</td><td colspan="2">4</td><td>186</td></tr>
<tr><td>31</td><td>25</td><td>20</td><td>19</td><td>3</td><td colspan="2">2</td><td>비율</td></tr>
<tr><td rowspan="9">1934</td><td rowspan="3">山口縣</td><td>下關市</td><td>豊浦郡</td><td>大津郡</td><td>宇部市</td><td>不詳</td><td>阿武郡</td><td>기타</td><td>인원</td></tr>
<tr><td>655</td><td>363</td><td>37</td><td>29</td><td>19</td><td>14</td><td>13</td><td>1,130</td></tr>
<tr><td>58</td><td>32</td><td>3</td><td>3</td><td>2</td><td>1</td><td>–</td><td>비율</td></tr>
<tr><td rowspan="3">長崎縣</td><td>對馬島 上縣郡</td><td>對馬島 下縣郡</td><td>北松浦郡</td><td>壹岐</td><td>西彼杵郡</td><td>長崎市</td><td>기타</td><td>인원</td></tr>
<tr><td>165</td><td>129</td><td>53</td><td>12</td><td>11</td><td>10</td><td>6명</td><td>386</td></tr>
<tr><td>43</td><td>33</td><td>14</td><td>3</td><td>3</td><td>3</td><td>2</td><td>비율</td></tr>
<tr><td rowspan="3">福岡縣</td><td>門司市</td><td>宗像郡</td><td>糸島郡</td><td>糟屋郡</td><td>博多港</td><td>小倉</td><td>기타</td><td>인원</td></tr>
<tr><td>86</td><td>66</td><td>43</td><td>28</td><td>25</td><td>13</td><td>24</td><td>285</td></tr>
<tr><td>30</td><td>23</td><td>15</td><td>10</td><td>9</td><td>5</td><td>8</td><td>비율</td></tr>
</table>

* 출처: 內務省警保局, 『社會運動の狀況』(1933·1934). 1934년 통계는 필자가 분류한 수치. 쓰시마 하현군에는 '쓰시마 불상(不詳) 3명'을 포함. 표 안의 수치와 합계가 불일치하는 것은 야마구치현의 4개 지역(黑井村·伊崎·幡生·由宇町·長府·熊毛郡) 14명, 나가사키현의 남송포(南松浦) 3명 등을 각각 생략했기 때문임.

1934년 시모노세키시 상륙자 655명 중 68명은 관부연락선, 13명은 여수와 시모노세키를 운항하던 여관(麗關)연락선에서 검거되었다.[126] 관부연락선과 여관연락선을 이용하다 검거된 81명은 정기연락선이 부산과 여수를 출항한 이후 선상에서 혹은 시모노세키시 도착 직후 하선 과정에서 검거되었다. 결국 1934년 시모노세키시 상륙 밀항자(655명) 중

126) 內務省警保局(1935), 『社會運動の狀況』, 1496쪽.

12%(81명)는 앞서 본 여러 밀항 방법 중 '밀항브로커 발동선' 또는 '탈선'과는 무관했다. 그런데 12%(81명)의 수치를 1934년 전체 밀항검거자(2,297명)와 대비했을 때 그 비율은 4%(81명)였다. 다시 말해 1934년 전체 밀항검거자 중 시모노세키시로 귀항하는 정기여객선을 이용하다 검거된 밀항자가 4%를 차지했다는 뜻이다. 당시 시모노세키시 귀항 정기여객선 이외 부산~쓰시마~하카다(博多), 제주~오사카 등을 운항한 여객선까지 고려하면 일제시기 정기여객선을 이용한 밀항자 비율은 4%를 상회했을 것으로 생각된다.

다음으로 밀항자의 나가사키현 상륙에 관한 것이다. 〈표 6〉을 보면 나가사키현 상륙 중 절대적 다수는 쓰시마 상륙이었다. 나가사키현 상륙 중 1933년 82%, 1934년 76%는 쓰시마 상륙이었다. 물론 쓰시마 중에서도 상현군과 하현군은 조금씩 차이가 있었다. 1933년에는 하현군 62%, 1934년에는 상현군 43%로 각각 1위를 차지했다. 상현군과 하현군의 이러한 차이는 현지 경찰의 단속의 강약에 따른 차이로 보인다. 그런데 1929년 5월 밀항자 171명이 쓰시마에서 부산으로 송환된 것을[127] 보면 밀항자의 쓰시마 상륙은 어제오늘의 일이 아니었다. 일제시기 소수의 밀항자가 쓰시마에 머물기는 했다.[128] 그러나 쓰시마에는 제대로 된 산업시설이 없었기 때문에 많은 밀항자가 경제활동을 하기에는 적합한 곳이 못 되었다. 이런 사정은 이키섬(壹岐島) 또한 마찬가지였다.

그런데도 쓰시마에서 밀항검거자가 많았던 것은 다음과 같은 이유 때문이었다. ① 쓰시마 인근에서 밀항선의 고장 및 조난[129], ② 밀항브로커

127) 「密航鮮人百六十四名一時に送還さる曾つてない記錄破り」, 『朝鮮時報』 1929. 5. 4., 3면 8단; 「渡航證 取得難으로 密航者 激增과 詐欺漢들의 橫行」, 『朝鮮日報』 1929. 5. 21., 4면 7단.
128) 「喰ふて行けない頑張る密航者」, 『釜山日報』 1934. 11. 19., 2면 11단.
129) 「四十名의 密航團 釜山으로 送還」, 『中央日報』 1932. 3. 6., 2면 4단; 「漂流する密航船一味逮捕」, 『釜山日報』 1939. 6. 6., 2면 3단.

또는 선장의 농간으로 약속된 장소와 다르게 밀항자들이 쓰시마에 상륙한 경우, ③ 밀항자들이 일본 본토로 가기 위한 중간 기착지로 쓰시마에 상륙하는 경우 등 때문이었다. 이들 원인 중 쓰시마에서 밀항검거자가 많았던 것은 ②와 ③ 때문이었다. ②의 사례들을 보면 1932년 3월 밀항자 6명은 시모노세키를 목적지로, 1933년 5월 34명은 후쿠오카를 목적지로 각각 부산에서 출항했다. 그러나 이들이 도착한 곳은 모두 이즈하라(嚴原)였는데[130] 1938년 1월 이키섬(壹岐島)에 내려진 45명 역시 애초 목적지는 큐슈였다.[131] 이처럼 밀항브로커와 선장의 농간으로 밀항자들이 쓰시마에 내려지는 경우가 많았다.

쓰시마에서 검거된 밀항자가 많은 이유 중에는 ③ 또한 중요 원인이었다. 1924년 5월 부산의 밀항브로커들은 38명을 쓰시마 상현군의 니다무라(仁田村)에 상륙시켰는데, 현지에서 밀항자를 인계받아 은닉시켜 준 인물은 부산의 밀항브로커와 연결되어 있었던 사쓰나(佐須奈)경찰서의 순사였다.[132] 밀항자가 현지 순사의 안내를 받아 은신한 것은 그들의 최종 목적지가 쓰시마가 아니었음을 방증한다. 1926년 4월에는 제주도 출신의 조선인 선주(32세)가 평소 대형범선으로 쓰시마를 경유하여 밀항자를 일본으로 보낸 것이 적발되기도 했다.[133]

이밖에 1933년 6월, 28명의 밀항자가 쓰시마에 기항했다 검거되었고 그해 7월 17명이 쓰시마 이즈하라항에 상륙했다 체포되었다.[134] 부산은 쓰

---

130) 「密航者を送還す對島の嚴原から」, 『朝鮮時報』 1932. 3. 25., 3면 7단; 「遭難救助되어 逃走者逮捕」, 『東亞日報』 1933. 5. 17., 2면 9단; 「密航船이 難破」, 『朝鮮日報』 1933. 5. 17., 4면 11단. 1933년 5월 밀항자 8명 역시 목적지와 다르게 이즈하라항에 상륙했다(「또密航者八名送還」, 『東亞日報』[1933. 5. 4][3면]6단; 「또密航者八名送還」, 『朝鮮日報』[1933. 5. 4][3면]6단).

131) 「一岐島에 上陸한 密航者 五十名送還」, 『東亞日報』 1938. 1. 13., 7면 2단. 본문 〈표 6〉의 1934년 이키섬 상륙(12명) 또한 밀항브로커의 농간으로 보인다.

132) 「密航鮮人三十八名を世話した內地巡查」, 『朝鮮時報』 1924. 5. 14., 3면 3단.

133) 「またまた內地密航者を發見おさへる」, 『朝鮮時報』 1926. 4. 12., 1면 7단.

134) 「密航鮮人群又た送還さる」, 『釜山日報』 1933. 6. 27., 2면 7단; 「十名送還密航し

시마와 가장 가까웠기 때문에 쓰시마 출신 밀항브로커들의 활동이 많았는데[135] 쓰시마를 목적지로 부산에서 출발하는 밀항선은 일제시기 줄곧 계속되었다.[136] 심지어 1938년 1월에는 조선인 3명이 쓰시마 하현군 게지무라(鷄知村)에 상주하며 그동안 밀항브로커로 활동한 것이 적발되기도 했다.[137] 이런 사례들은 밀항자들이 중간 기착지로 쓰시마에 상륙했기 때문에 발생한 일들로 여겨진다.

쓰시마에 상륙한 밀항자들이 일본 본토로 어떻게 이동했는가 하는 것은 다음의 사례들이 잘 보여준다. 1929년 5월 23일 새벽 3시 밀항자 42명은 후쿠오카현 이또시마군(糸島郡) 기타자키무라(北崎村) 오아자이타(大字小田) 해안에 상륙했다. 이들은 수개월 전부터 쓰시마에 거주하다가 1개월 전에 제주도인이 포함된 3명의 조선인 밀항브로커를 만나 1인 2원~4원을 지불하고 이즈하라항에서 출항한 것으로 밝혀졌다.[138] 후쿠오카에서 검거된 42명은 밀항자 송환의 관례대로 5월 26일 부산으로 송환되었다. 그런데 부산수상경찰서는 재수사를 통해 42명 중 3명은 실제 밀항자였고 나머지 39명은 수년 전부터 쓰시마에 거주한 사람들로 밀항자가 아니라고 판단했다. 이에 경남도 경찰부 고등과장은 해당 사건을 진정할 목적으로 5월 29일 연락선을 타고 후쿠오카로 출발했다.[139]

て發覺」, 『釜山日報』 1933. 7. 30., 2면 8단. 밀항자의 이즈하라 상륙은 1938년 3월 35명, 1940년 4월 25명 등이 확인된다(「密航勞動者三十名者또送還」, 『東亞日報』[1938. 3. 22][4면]2단; 「二十五名の密航者 釜山へ送還」, 『朝鮮新聞』[1940. 4. 12][5면]11단).

135) 「密航船の强盜片割前科の常習者」, 『釜山日報』 1934. 1. 26., 2면 10단.

136) 1933년 9월 부산 송도에서 9명, 1934년 8월 부산 영도에서 70명, 1935년 3월 부산 다대포에서 40명, 그해 8월에는 방어진에서 70명 등이 각각 쓰시마를 목적지로 출항하려고 했다(「九名が又も密航例の惡周旋から」, 『釜山日報』[1933. 9. 11][2면]4단; 「將に出帆せんとする間一髮の所で浦はる」, 『釜山日報』[1935. 8. 13][3면]1단; 「密航四十名水上署で警戒」, 『釜山日報』[1935. 3. 17][7면]5단. 「將に出帆せんとする間一髮の所で浦はる」, 『釜山日報』[1935. 8. 13][3면]1단).

137) 「對馬島에서…密航者13名送還」, 『東亞日報』 1938. 1. 27., 7면 9단.

138) 「上陸する所を捕へられ釜山へ送還」, 『朝鮮時報』 1929. 5. 27., 3면 4단.

139) 「密航鮮人問題で高等課長福岡へ」, 『朝鮮時報』 1929. 5. 31., 3면 5단.

그런데 이 사건은 여러 가지를 생각게 한다. 42명이 애초 쓰시마로 갈 때 도항으로 갔는지, 아니면 밀항으로 갔는지 불분명했다. 또 신문에 보도된 42명의 후쿠오카현 해안 도착 시간은 처음에 "오전 3시"였는데, 이후 보도에서는 "오후 3시"로 바뀌어 있었다. 특히 42명이 이즈하라항에서 후쿠오카로 갈 때 이즈하라항과 후쿠오카를 운항하는 정기 연락선을 이용하지 않았다는 점 또 42명의 도착지 이타(小田)해안은 평소 밀항자들이 많이 상륙하는 장소였다는 점 등은 여러 의문을 불러일으킨다. 그러나 이런 의문에도 불구하고 명확한 사실은 밀항자 3명을 포함한 42명의 최종 목적지가 쓰시마가 아니고 일본 본토였다는 것이다. 이처럼 밀항자들이 쓰시마를 경유해서 일본 본토로 가는 것은 1934년 3월의 조난 사건에서도 엿볼 수 있다.

1934년 3월 24일 오전 5시 후쿠오카현 와가마츠항(若松港) 밖의 아이노시마(藍の島) 부근에서 표류 중이던 난파선을 섬 주민들이 구조한 적이 있었다. 난파선에는 19명의 밀항자가 있었는데 이들을 안내한 일본인 선장은 히로시마 거주자로, 선장이 쓰시마에 간 이유는 출어(出漁) 때문이었다고 한다.[140] 그런데 이 사건을 자세히 보면 일본인 선장이 쓰시마로 간 이유는 고기잡이보다는 밀항자를 일본 본토로 싣고 오기 위한 것으로 보인다. 설령 일본인 선장이 고기잡이를 위해 쓰시마로 갔다고 하더라도 쓰시마에서 밀항자를 태운 것만은 사실이었다. 이러한 사례들을 볼 때 〈표 6〉에서 쓰시마에서 검거된 밀항자가 많았던 것은 중간 기착지로서 쓰시마를 이용하는 밀항자들이 있었기 때문으로 이해된다.

아무튼 〈표 6〉의 나가사키현 상륙 밀항자 중 76%~82%는 쓰시마 상륙이었고 정작 큐슈의 나가사키현 상류은 18%~24%에 불과했다. 그리고 〈표 5〉의 전체 밀항검거자와 비교했을 때 쓰시마에서 검거된 밀항자는

140) 「二十名の密航鮮人十九名検擧さる」, 『福岡日日新聞』 夕刊, 1934. 3. 20.

1933년 19%(301명), 1934년 13%(294명)를 점했다. 이 수치는 같은 시기 후쿠오카현와 사가현에서 검거된 밀항자보다 더 많았다. 결국 위의 〈표 5〉에서 1932년 이후 나가사키현이 밀항자 상륙에서 2위를 차지할 수 있었던 것은 쓰시마에 도착한 밀항자 때문이었다. 1930년대 중반 이후에도 쓰시마를 경유하는 밀항자들이 증가하고 있었음은 일제가 1940년 5월 밀항 대책 회의를 쓰시마에서 개최한 것을 보더라도 알 수 있다. 1940년 5월 7일, 조선총독부측(보안과·경남경찰부·부산경찰서) 관리와 일본의 3개현(나가사키·후쿠오카·야마구치) 관리들은 쓰시마에서 밀항 대책 회의를 개최했다.[141] 양측 관리들의 밀항 대책 회의는 이전에도 여러 번 있었다.[142] 만약 교통상의 편의만 따졌다면 관부연락선이 닿는 부산과 시모노세키가 훨씬 편리했을 것이다. 그런데도 굳이 쓰시마에서 밀항 대책 회의를 개최한 것은 당시 밀항 경유지로서 쓰시마를 이용하는 밀항자의 증가가 영향을 미친 것으로 판단된다.

한편 〈표 6〉에서 후쿠오카현을 보면 1933년에는 무나가다군(宗像郡), 1934년에는 모지시(門司市)가 각각 1위를 점했다. 야마구치현과 나가사키현의 경우 각 현 내에서 밀항자의 중요 상륙지가 고정된 양상을 보였다면 후쿠오카현은 그렇지 않았다. 예를 들어 1933년 후쿠오카현 내에서 5위였던 모지시가 1934년 1위를 차지했다. 밀항자 상륙지로서 후쿠오카현의 이런 특성에도 불구하고 야마구치현 및 나가사키현과 비교했을 때 후쿠오카현 내에서 1위~3위의 비율 간 편차는 크지 않았다. 이는 후쿠오카현의 경

---

141) 「密航取締會議」, 『東亞日報』 1940. 5. 5., 2면 9단; 「密航取締會議」, 『朝鮮新聞』 1940. 5. 5., 2면 11단; 「密航根絶策을 協議」, 『東亞日報』 1940. 5. 8., 2면 9단.

142) 1934년 3월 오이타현(大分縣) 현청에서 모임(「渡航密航取締」, 『東亞日報』[1934. 3. 2][2면]10단), 그해 12월 히로시마에서 모임(「廣島縣警察緊張 密航朝鮮人大檢擧」, 『東亞日報』[1934. 12. 6][2면]5단), 1938년 9월과 1940년 4월의 경남도청에서 모임(「商人, 學生等非勞動者 渡航取扱手續改善 釜山에서 열린 渡航問題協議結果」, 『東亞日報』[1938. 9. 22][2면]1단; 「渡航勞動者를 指導 來月五日에 關釜連絡會議」, 『東亞日報』[1940. 3. 27][2면]1단; 「渡航勞動者의 指導問題等 協議」, 『朝鮮日報』[1940. 3. 27][2면]1단) 등을 꼽을 수 있다.

우 밀항자 상륙이 야마구치현과 나가사키현처럼 특정 장소에 쏠려 있지 않았음을 의미했다. 다시 말해 후쿠오카현에는 밀항자들이 여러 장소에 흩어져서 상륙했는데, 이것은 경찰의 감시를 피하기 유리한 후쿠오카현의 해안지형과 관련이 있었던 것으로 보인다.

Ⅴ. 나오며

일제시기 조선인의 일본 이주는 주로 도항을 통해 이루어졌다. 그러나 도항에 관한 일제의 정책은 규제에 주안점이 있었다. 물론 일제는 상황에 따라 일시적으로 도항 규제를 완화하기도 했다. 하지만 일제의 도항 규제와 완화는 그 어느 것도 해마다 늘어나는 도항 희망자의 요구를 충족시키지는 못했다.

일제에 의해 추진된 토지조사사업과 산미증식계획, 지주 중심의 식민지 농정 등은 농민들의 몰락을 재촉했다. 농촌에서 쫓겨나야만 했던 농민 중 상당수는 임금이 비싼 일본에서 일하기를 원했다. 몰락 농민들의 이러한 욕구는 물이 낮은 곳으로 흐르듯 너무나 자연스러운 일이었다. 그러나 일제는 이러한 사회적 현상에 대해 조선인의 도항을 규제하는 데 급급했다.

일제에 의해 도항이 좌절된 조선인들은 대한해협을 건너가는 또 다른 방법을 모색하게 된다. 그것이 소위 부정도항으로 일컬어진 밀항이었다. 조선인의 밀항은 일제의 식민 지배로 야기된 사회구조적 문제였다. 따라서 결코 개인적 일탈로 치부할 수 있는 성질의 것이 아니었다. 조선인의 밀항이 사회문제로 대두하기 시작한 것은 1919년 4월 여행증명제 실시 이후부터였다. 1920년대 밀항자의 정확한 수치는 파악하기 어려우나 1920년대 중반 이후 일본에서 검거된 밀항자는 연간 1천여 명 내외였다.

일제시기 밀항과 관련해서 제일 먼저 살펴볼 사안은 밀항에 성공한 사람의 규모일 것이다. 관련 자료를 검토했을 때 1927년 무렵 재일 조선인 중 밀항자 비율은 대략 3%였던 것으로 이해된다. 이후 1930년 중반에는 재일 조선인 중 최소 3%~8% 정도가 밀항자인 것으로 판단된다. 1930년대 이후 밀항자 추이와 관련해서는 1934년·1938년·1939년, 이렇게 세 연도에 밀항자들이 많이 증가했는데, 1938년은 중일전쟁에 따른 일본 산업계의 호황이 밀항자 증가의 중요 원인이었다. 1934년과 1939년은 그해 조선에서 발생한 자연재해(홍수·가뭄)에 의한 이재민 증가가 밀항자의 증가를 가져왔음을 알 수 있었다.

한편 일제가 남긴 통계자료에 의하면 1940년 이후 밀항자가 감소한 듯한 인상을 주었다. 하지만 그것은 통계 수치에 강제 동원을 이용한 밀항자들이 빠졌기 때문에 나타나는 착시현상에 불과했음을 확인할 수 있었다. 일제가 1939년 이후 강제 동원을 시작하자, 조선인 노동자들은 새로운 밀항 방법으로서 강제 동원을 이용했다. 즉 강제 동원에 응모하여 일본에 도착한 이후 대오를 벗어나는 밀항이 출현한 것이다. 기존 연구에서는 이 점을 놓치고 있었다. 따라서 강제 동원을 이용한 밀항자까지 포함한다면 1940년 이후에도 밀항자는 계속해서 증가했다고 할 것이다.

밀항의 여러 방법에 관해서는 1939년 이전까지 대략 6종류의 밀항 방법이 이용되었다. 그중 제1위는 밀항브로커의 알선으로 발동선을 이용하는 것이었다. 물론 발동선뿐만 아니라 범선과 기범선 또한 밀항선으로 이용되었다. 그러나 밀항선의 주력은 발동선이었다. 주로 20톤 이하의 발동선이 많이 사용되었는데 승선한 밀항자는 정원을 훨씬 초과했다. 밀항자의 과다 승선은 1940년 1월, 10톤의 배에 130명을 승선시킨 채 밀항 중 전복된 제삼주영환 사고를 통해 단적으로 알 수 있었다.

일제는 제삼주영환 사고를 계기로 그해 5월~7월, 3개 도(경남·경북·전남)에서 도령(道令)을 공포했다. 이로써 1940년을 기점으로 밀항브로커에 대한 처벌이 기존의 벌금형에서 징역형으로 바뀌게 되면서 발동선을 이용한 밀항은 위축된다. 하지만 발동선을 이용한 밀항의 감소에는 일제의 법령 강화뿐만 아니라 밀항자들이 강제 동원을 이용하는 방향으로 선회하고, 전시통제경제로 발동선의 연료인 석유(중유·가솔린) 공급이 부족하게 된 것 또한 중요한 원인이었다.

밀항 방법 중 증명서 부정에 의한 밀항은 1939년 이전까지는 발동선을 이용한 밀항에 이어 2위를 차지였다. 그러나 발동선을 이용한 밀항이 1940년을 기점으로 위축되자 증명서 부정의 밀항은 1위를 차지하게 된다. 증명서 부정에 의한 밀항은 도항증 위조와 일시귀선증명서 위조가 중심을 이뤘다. 전후 상황으로 봐서 시간이 지날수록 일시귀선증명서 위조에 의한 밀항이 증가한 것으로 보인다.

그런데 밀항과 관련해서 동일의 범죄인이라고 하더라도 발동선을 이용한 브로커는 1940년 이전까지 최고 100원의 벌금형에 그쳤다. 그러나 증명서 부정의 브로커는 공문서위조에 저촉되어 1년~2년의 징역형을 받았다. 법의 형평성 측면에서 본다면 한 번에 밀항자를 많이 실어나른 발동선의 밀항브로커가 중형을 받는 것이 합당했다. 하지만 실제로 그렇게 되지 못했다. 이러한 모순은 일본제국의 법률 체계에서 밀항이 갖는 특수성이 자리 잡고 있었기 때문이다. 일제는 식민지에 대해 '동화와 차별'이란 이중 잣대로서 통치했다. 절충주의식의 이러한 통치 방식에서 일제가 동화주의를 포기하지 않는 이상 조선인의 밀항은 절대 '불법'이 될 수 없었다. 그러기 때문에 일제는 밀항을 '불법'이 아닌 '부정도항'으로 규정한 것이었다.

이러한 법률적 문제점들 때문에 발동선을 이용한 밀항브로커의 처벌은 일반 형법에 저촉되지 않다. 따라서 취체규칙 혹은 도령에 기초하여 처벌할 수밖에 없었다. 반면 증명서를 위조한 브로커에 대해서는 일반 형법에 저촉되었기 때문에 형량이 무거웠다. 일제시기 조선인이 온전한 '일본 국민'이 아니라 '일본 국적민'에 불과했음은 밀항 관련 범죄자에 대한 처벌에서도 확인된다.

선박 잠입을 통한 밀항 중에는 개인적인 잠입도 있었으나 사회적으로 문제가 되었던 것은 밀항브로커와 선원(선장·기관장·하급선원)이 결탁해서 밀항자를 승선시키는 것이었다. 이 경우 밀항에 동원된 선박은 주로 조선과 일본을 왕래하는 화물선이었다. 일종의 위탁 형태로 밀항자를 승선시켰는 방식이었다. 이 점에서 선박 잠입의 밀항은 밀항브로커가 발동선을 통째로 빌려 몇십 명씩 혹은 100명에 가까운 밀항자를 승선시키는 것과 차이가 있었다. 밀항 방법 중에는 탈선(脫船)과 일본인 사칭에 의한 방법도 있었다. 탈선은 1940년 이후에도 약간 증가 추세를 나타냈다. 이는 일제 말기 선원 동원을 역이용한 밀항자들의 증가 때문으로 이해된다. 일본인 사칭의 밀항은 일본어가 가능해야 이용할 수 있는 특성 때문에 밀항의 여러 방법 중 가장 낮은 비율을 나타냈다.

한편 일제가 밀항 방법으로 분류한 것 중에는 '기타'도 있었다. 여기에는 ① 일본에서 학교에 다니는 학생처럼 위장하는 것, ② 정식으로 도항하였으나 목적지를 변경하는 것, ③ 관보 형식의 전보지를 활용하는 것, ④ 밀항브로커의 농간에 의해 밀항자들이 다른 장소에 내려진 것, ⑤ 재일 조선인의 증가에 따라 고국에 두고 온 가족과 친인척 간의 네트워크를 통한 밀항 등이 '기타'의 범주에 속했다.

이 중에서 ①은 당시 재정난에 허덕인 일본의 각종 사립학교가 소정의 납부금만 내면 학생증명서를 발급해 주는 것을 이용한 것으로 1934년 이후 많이 등장했다. 1940년이 되면 재일 조선인은 120만 명으로 증가했다. 이는 재일 조선인과 고국에 두고 온 친인척 간의 인적네트워크가 그만큼 넓어졌음을 의미했다. 그 결과 1940년 이후가 되면 개별적인 인적네트워크를 활용한 밀항이 증가하고 있었다. 1940년 이후 '기타'에 해당한 밀항이 '승명서 부정'과 함께 2위~3위를 다툰 것은 '기타'에 속한 ⑤의 증가와 밀접한 관련이 있은 것으로 보인다.

밀항선의 도착지는 한반도와 지리적으로 가까운 일본 서부의 4개 현(福

岡·山口·長崎·佐賀)에 86%~96%가 집중되어 있었다. 그중 야마구치현이 36%~49%를 점하며 1위를 차지했다. 그런데 이들 4개 현 중에서 나가사키현은 1932년 이후 17%~23%를 차지하며 2위를 점했는데, 여기서 주목할 것은 나가사키현 상륙 중 76%~82%는 쓰시마 상륙이었다는 사실이다. 쓰시마에 상륙하는 밀항자들이 많았던 것은 ① 쓰시마 인근에서 밀항선의 사고와 조난, ② 밀항브로커 또는 선장의 농간으로 약속된 장소와 다르게 밀항자들이 쓰시마에 상륙하게 되는 경우, ③ 밀항자들이 일본 본토로 가기 위해 중간 기착지로 쓰시마에 상륙하는 경우 때문이었다. 이 가운데 밀항자의 쓰시마 상륙 비율을 견인한 것은 ②와 ③이었다. 밀항자가 중간 기착지로서 쓰시마를 이용하는 경우가 증가하고 있었음은 일제가 1940년 5월 밀항대책회의를 쓰시마에서 개최한 것을 통해서 엿볼 수 있다.

〈부록〉 재일조선인의 인구

연도	도항자	귀환자	재일조선인(B)	재일조선인 (C]
1910	–	–	2,246	2,600
1911	–	–	2,527	5,018
1912	–	–	3,171	6,187
1913	–	–	3,635	7,755
1914	–	–	3,542	8,543
1915	–	–	3,917	9,939
1916	–	–	5,624	12,323
1917	14,012	3,927	14,502	21,571
1918	17,910	9,305	22,411	24,291
1919	20,968	12,739	26,605	33,452
1920	27,497	20,947	30,189	40,755
1921	38,118	25,536	38,651	50,582
1922	70,462	46,326	59,851	81,403

연도	도항자	귀환자	재일조선인(B)	재일조선인 (C]
1923	97,395	89,745	80,415	109,453
1924	122,215	75,427	118,152	162,313
1925	131,273	112,471	129,870	179,050
1926	91,092	83,709	143,798	199,026
1927	138,016	93,991	171,275	237,980
1928	166,286	117,522	238,102	332,119
1929	177,668	101,277	275,206	385,352
1930	127,776	141,860	298,091	385,352
1931	140,179	107,420	311,247	437,206
1932	149,597	103,458	390,543	520,617
1933	198,637	113,218	456,217	591,608
1934	175,301	117,665	537,695	677,753
1935	112,141	105,946	625,678	765,947
1936	151,866	113,162	690,501	820,237
1937	118,912	115,586	735,689	847,217
1938	161,222	140,789	799,878	892,109
1939	316,424	195,430	961,591	1,037,573
1940	385,822	256,037	1,190,444	1,241,315
1941	386,416	289,838	1,469,230	1,552,424
1942	381,673	268,672	1,625,054	1,730,604
1943	401,059	272,770	1,805,438	1,938,289
1944	403,737	249,888	1,901,409	2,103,346
1945	121.101	131,294	–	2,206,541

※출처: ① 도항자와 귀환자 중 1919년~1928년은 朝鮮總督府警務局,『朝鮮警察概要』각 연도. 1929년~1942년은 內務省警保局,『社會運動の狀況』각 연도(단,『朝鮮警察概要』통계는 부산항 출입통계 1929년 도항자과 귀환자는 10월 통계). ② 재일조선인(B)은 內務省警保局,『社會運動の狀況』각 연도(단, 1919년·1929년 통계는 6월 통계) ③ 재일조선인(C)는 田村紀之,「植民地期の內地在住朝鮮人世帶と常住人口」,『國際政經論集』第17號(2011).

【참고문헌】

〈자료〉

『東亞日報』, 『朝鮮日報』, 『毎日申報』, 『中央日報』, 『釜山日報』, 『朝鮮時報』, 『京城日報』, 『朝鮮新聞』, 『朝鮮民報』, 『大阪朝日新聞』, 『福岡日日新聞』.

慶尙南道警察部, 『內地出稼鮮人勞動者狀態調査』, 1928.

內務省警保局, 『社會運動の狀況』, 1930~1942.

朴慶植, 『在日朝鮮人關係資料集成』 第一卷~第五卷, 東京: 三一書房, 1975·1976.

森田芳夫, 『在日朝鮮人處遇の推移と現狀』, 東京: 法務硏究所, 1955.

朝鮮總督府警務局, 『大正十一年 朝鮮治安狀況 其ノ一〈鮮內〉』, 1922.

_______________, 『朝鮮警察槪要』, 1930·1942.

朝鮮總督府警務局保安課, 『高等警察報』 第三號, 1933.

____________________, 『高等外事月報』 第十二號, 第十三號, 1940.

법제처 국가법령센터(https://www.law.go.kr).

〈저서 및 역서〉

김광열, 『한인의 일본이주사 연구』, 논형, 2010.

김인호, 『태평양전쟁기 조선공업연구』, 신서원, 1998.

도노무라 마사루, 신유원·김인덕 역, 『재일조선인 사회의 역사학적 연구』, 논형, 2010.

여박동, 『일제의 조선어업지배와 이주어촌 형성』, 보고사, 2002.

이민진·이미정 역, 『파친코』, 문학사상, 2021.

정혜경, 『조선인 강제연행 강제노동 Ⅰ: 일본편』, 선인, 2006.

청암대학교 재일코리안연구소 편, 『재일코리안 디아스포라의 형성』, 선인, 2013.

최영호·박진우·류교열·홍연진, 『부관연락선과 부산』, 논형, 2007.

金贊汀, 『關釜連絡船』, 東京: 朝日選書, 1988.

蘭信三 編著, 『日本帝國をめぐる人口移動の國際社會學』, 東京: 不二出版, 2008.

〈연구논문〉

고태우, 「일제시기 재해문제와 '자선·기부문화'–전통·근대화·'공공성'–」, 『동방학지』 168, 2014.

권경선, 「근대 동북아시아 역내 인구 이동 고찰 : 일본 제국주의 세력권 내 인구이동의 규모, 분포, 구성을 중심으로」, 『해항도시문화교섭학』 25, 2021.

권희주, 「1930년대말 경상남도의 밀항방지대책 연구」, 『東아시아古代學』 59, 2020.

김예림, 「현해탄의 정동–국가라는 '슬픔'의 체제와 밀항」, 『석당논총』 49, 2011.

김원, 「밀항, 국경 그리고 국적–손진두 사건을 중심으로」, 『한국민족문화』 62, 2017.

김은영, 「1920년대 전반기 조선인 노동자의 구직 渡日과 부산시민대회」, 『역사교육』 136, 2015.

김창록, 「일본제국주의 헌법사상과 식민지 조선」, 『법사학연구』 14, 1993.

박강, 「1930년대 재일 한인 마약 중독자의 실태와 원인–도쿄부(東京府)를 중심으로–」, 『한국민족운동사연구』 109, 2021.

이승일, 「일제시기 朝鮮人의 日本國民化 硏究–戶籍制度를 중심으로–」, 『한국학논집』 34, 2000.

이승희, 「조선인의 일본 '밀항'에 대한 일제 경찰의 대응 양상」, 『다문화콘텐츠연구』 13, 2012.

이연식, 「해방 직후 남한 귀환자의 해외 재이주 현상에 관한 연구–만주 '재이민'과 일본 '재밀항' 실태의 원인과 전개 과정을 중심으로, 1946~1947–」, 『韓日民族問題硏究』 34, 2018.

이철우, 「일제시대 법제의 구조와 성격」, 『한국정치외교사학사논총』 22–1, 2000.

______, 「일제 지배의 법적 구조」, 『일제 식민지시기의 통치체제 형성』, 혜안, 2006.

전은자, 「濟州人의 日本渡航 硏究」, 『耽羅文化』 32, 2008.

조경희, 「불안전한 영토, "밀항"하는 일상–해방 이후 70년대까지 제주인들의 일본 밀항」, 『사회와 역사』 106, 2015.

허영란, 「전시체제기(1937~1945) 생활필수품 통제 연구」, 『국사관논총』 88, 2000.

高柳俊男, 「度日 初期의 尹學準–密航·法政大學·歸國事業–」, 『한일민족문제연구』 157, 2004.

外村大, 「제7장 한국인의 밀항과 재일조선인사회」, 『재일코리안 디아스포라』, 선인, 2013.

外村大, 蘭信三 編著,「日本帝國の渡航管理と朝鮮人の密航」,『日本帝國をめぐる人口移動』, 東京: 不二出版, 2008.

田村紀之,「植民地期の內地在住朝鮮人世帶と常住人口」,『國際政經論集』17, 2011.

4. 경계, 침입, 그리고 배제

: 1946년 콜레라 유행과 조선인 밀항자

김정란

Ⅰ. 들어가며

1945년 8월 15일, 일본이 연합국에 대한 무조건 항복을 공식 발표하면서 아시아 태평양 전쟁은 막을 내렸다. 일본의 패전을 기점으로 전례 없는 규모의 귀환자[1)]들이 동아시아 해역을 횡단하며 고국으로 돌아가기 시작했다. 당시 약 6백90만 명에 달하는 일본인 민간인들과 군인들이 아시아·태평양 지역에 산재해 있었다. 이에 더해, 일본 내에는 2백만 명 이상의 조선인과 25,000명가량의 대만인을 포함해 다수의 피식민지 출신들이 존재했다. 그 뿐만 아니라 일본의 제국주의 팽창 과정에서 피지배지역 간의

1) 귀환자의 일본어 표현인 '히키아게샤(引揚者, 인양자)'는 부두에서 물건 등을 실어 나르는 뜻의 히키아게루(引揚げる)에 사람을 뜻하는 접미사 자(者)를 결합시킨 단어이다. 이 단어는 패전 후 식민지/점령지 등에서 귀환한 일본인을 지칭하는 것으로, 일본제국주의라는 역사적 배경 하에서 식민자로 존재했던 그들의 정체성은 삭제된 채 '돌아온 자들'에 방점이 찍힌 표현이라고 할 수 있다(Lori Watt, When Empire Comes Home: Repatriation and Reintegration in Postwar Japan, Cambridge and London: Harvard University Press, 2009, pp.56-57 참조). 본 고는 일본인 귀환자를 포함한 구(舊) 제국 일본 내에서 실시된 귀환작업을 연구대상으로 하기 때문에, 인양자가 아니라 포괄적인 의미의 귀환자(歸還者, repatriate)를 사용한다.

이주와 정착도 끊임없이 일어났고, 군인·군속으로 전쟁터에 내몰린 조선인과 대만인도 적지 않았다. 그 결과 패전 직후 몇 년간 구(舊) 제국 일본 내에서 고국으로 돌아간 귀환자의 총 수는 약 900만 명에 달했다.[2)]

전후 일본사회 내에는 빈곤이 만연했고, 국민들은 패전의 절망감으로 인해 '허탈상태'에 빠져 있었다.[3)] 오랜 세월 일제의 인적·물적 수탈의 대상이 되었던 조선을 포함한 일본의 피식민지와 점령지의 사정은 더욱 심각했다. 설상가상으로 전쟁으로 인한 물자 부족과 의료보건체계의 붕괴로 인해 여러 감염병이 창궐했다. 패전으로 인해 황폐해진 일본은 물론 식민통치에서 해방됨과 동시에 남북으로 분단 된 조선에 있어서 감염병의 유행은 사회적 혼란을 가중시키는 요인으로 여겨졌다. 38선 이남의 조선과 일본을 통치하게 된 미군은 주둔군의 건강을 위협하고 점령지 내의 안정을 해치는 감염병의 유행에 신경을 곤두세웠다. 이에 연합군최고사령부(General Headquarters/Supreme Commander for the Allied Powers, 이하 SCAP)는 귀환자 검역을 통해 감염병의 유출입을 차단하고 권역 내의 인적·물적 흐름의 통제에 만전을 기하고자 했다. 당시 감염병 중에서 특히 우려되었던 것은 콜레라(cholera)[4)]였는데, 1946년 봄 중국에서 들어온 귀환선을 통해 일본과 38선이남 조선으로 유입되었다. 이 시기 일본으로 밀항해 가는 조선인들이 늘어나기 시작했는데, SCAP은 조선인 밀항자로 인

2) Lori Watt, 위의 책, 2009, p.2; Araragi Shinzō(translated by Sherzod Muminov), The Collapse of the Japanese empire and the great migrations: repatriation, assimilation, and remaining behind, in Barak Kushner and Sherzod Muminov(eds), The Dismantling of Japan's Empire in East Asia: Deimperialization, postwar legitimation and imperial afterlife, London: Routledge, 2017, pp.66-83.

3) John Dower, Embracing Defeat: Japan in the Aftermath of World War II, London: Penguin, 1999, p.89.

4) 콜레라는 콜레라균(Vibrio cholerae)에 의해 발생하는 수인성 급성 감염병이다. 콜레라에 감염된 환자는 구토와 발열, 복통을 앓고 극심한 설사로 탈수현상을 겪게 된다. 치료를 받지 못한 환자는 몇 시간 내에 사망에 이르기도 한다(「Cholera」, WHO, https://www.who.int/news-room/fact-sheets/detail/cholera).

한 콜레라 유입을 우려하며 단속을 강화했다. 또한 일본정계에서는 조선인 밀항자를 공중보건과 치안문제로 연결시키며 재일 조선인 사회에 대한 제재를 구체화하는 논리로 발전시키려는 움직임도 나타났다.

최근 들어 구 일본제국 내의 귀환작업과 재일 조선인 사회에 대한 연구가 다각적으로 진행되고 있다. 그중, 전후 일본이 어떠한 경위로 재일 조선인에 대한 차별과 배제의 논리를 강화해 나갔는지에 대해 천착한 조경희의 논문 「전후 일본 '대중'의 안과 밖」(2013)은 주목할 만하다. 조경희는 점령 초기 SCAP이 부여한 모호한 법적지위로 인해 재일 조선인들이 '제3국인'이라 불리우게 되고 밀항과 암시장 등 불법행위의 주체로 묘사되면서 단속의 대상이 된 배경을 자세히 밝히고 있다.[5] 이와 관련해서 최덕효의 논문 「The Empire Strikes Back from Within」(2021) 역시 시사하는 바가 크다. 그는 해방민족(liberated people)이면서 동시에 비(非)일본계 일본국적자가 된 재일 조선인들을 두고, 패전 직후 일본사회가 그들의 범법행위로 인한 사회적 무질서를 부각시키며 재일 조선인에 대한 차별을 정치담론화 해 가는 과정에 주목했다. 최덕효는 일본 사회의 이러한 움직임은 미군의 점령통치 하에서 약화된 경찰권의 회복을 꾀하는 동시에 민주주의적 개혁을 추진하려는 미군에 대한 우회적인 비판을 목적으로 했다는 점도 지적한다.[6] 테사 모리스-스즈키(Tessa Morris-Suzuki)는 전후 일본의 국경 통제와 재일 조선인 문제를 좀 더 심층적으로 분석하고 있다. 그녀는 저서 「Borderline Japan」(2010)에서 일본의 현재 국경통제와 재일 조선인/한국인의 법적 지위문제가 전후 귀환자 관리에서부터 시작되었고, 다

---

5) 조경희, 「전후 일본 '대중'의 안과 밖 -암시장 담론과 재일조선인의 생활세계-」, 『현대문학연구』 50, 2013, 141-178쪽.

6) Deokhyo Choi, The Empire Strikes Back from Within: Colonial Liberation and the Korean Minority Question at the Birth of Postwar Japan, 1945-1947, The American Historical Review, 2021, https://doi.org/10.1093/ahr/rhab199.

민족으로 구성된 제국에서 '단일민족국가'로 일본이 재편되어 가는 과정과 그 궤를 같이 하고 있다는 점을 분명히 했다.[7)]

이들 세 연구는 공통적으로 조선인 밀항자들 사이에서 발생한 콜레라가 전후 일본사회가 재일 조선인들에 대한 차별과 배제를 강화해 나가는 근거로 작용되었다는 점을 지적한다. 그러나 콜레라의 유행은 하나의 사례로 포함되었을 뿐, 유행의 역사적 경위나 감염병을 둘러 싼 사회적 인식에 대한 고찰은 주요 논지에서 벗어나 있다. 그로 인해 일본사회가 어떻게 콜레라 유행과 조선(인)을 유기적으로 연결시키며 경계와 배제의 논리를 강화했는지에 대한 설명은 부족하다. 이에 대한 논의를 심화하기 위해서는 당시 일본 사회에 뿌리 깊게 자리잡은 아시아에 대한 병리학적 심상지리의 기원과 그 발현에 대해 살펴볼 필요가 있다. 이와 관련해 김정란은 「제국의 흔적 지우기」(2021)에서, 아시아를 '질병의 온상'으로 바라보던 미국과 일본의 시선이 귀환자 검역에서도 드러났다는 점을 밝히고 있다. 그러나 해당 연구는 전후 일본에서 실시된 귀환자 검역과 감염병의 통제에 초점을 맞추고 있기 때문에 밀항 조선인들과 콜레라에 대한 구체적인 설명은 생략되어 있다.[8)]

위에서 언급한 선행연구의 성과와 문제의식을 바탕으로 이 글에서는 구 일본제국 전역에서 귀환작업이 한 창이던 1946년 봄, 일본과 38도선 이남 조선에 콜레라가 유입되어 유행하게 되는 상황에 대해 살펴보고자 한다. 이를 위해 우선 검역을 포함한 공식 귀환작업의 과정과 목적에 대해 설명하고, 해방 조선과 일본사이에 밀항이라는 비공식적 형태의 이주가 발생하게 된 배경도 함께 추적한다. 이어 밀항선을 타고 일본으로 들어간 조

7) Tessa Morris-Suzuki, Borderline Japan: Foreigners and Frontier Controls in the Postwar Era, Cambridge: Cambridge University Press, 2010.

8) 김정란 저, 최해별 편, 「제국의 흔적 지우기: 패전 후 일본에서의 귀환자 검역」, 『질병 관리의 사회문화사: 일상생활에서 국가정책까지』, 이화여자대학교출판문화원, 2021, 291-321쪽.

선인들 사이에서 콜레라 환자와 보균자가 다수 발견된 상황을 SCAP과 일본정계가 어떻게 인식하고 처리해 나가는지에 대해 살펴본다. 이를 통해 미군과 일본이 조선과 조선인을 어떻게 콜레라와 같은 감염병과 연결시켜 바라보고, 묘사하고, 그 이미지를 재생산하며 차별과 배제의 논리를 강화해 나갔는지에 대한 담론적 관습의 총체에 접근하고자 한다.

Ⅱ. 귀환자 검역

제2차 세계대전에서 패하면서 제국 일본은 해체되었고, 동아시아의 지정학적 역학구도는 미국과 소련이 대립하는 형태로 재편되어 나갔다. 그 과정에서 패전국 일본과 38선 이남의 해방조선은 미군의 통치 하에 놓이게 되었다. 1945년 9월 2일, 일본으로부터 정식으로 항복조인을 받은 미육군태평양사령부 사령관 맥아더 장군은 연합군최고사령부(SCAP)를 도쿄에 설치하였다. 같은 달 7일, 조선의 북위 38도선 이남에도 재조선미육군사령부군정청(United States Military Government in Korea)이 설치되었다. 재조선미군사령관에 임명된 미 육군 제24군단장 하지 중장(John R. Hodge)은 8일 인천에 도착했고, 이튿날 총독부 건물에서 조선총독 아베 노부유키(阿部信行)로부터 정식 항복선언을 받았다. 이로써 1948년 8월 15일 대한민국 정부가 수립될 때까지 미군정 통치가 이어지게 되었다. 이처럼 일본제국의 해체는 미군을 주축으로 한 연합군이라는 강력한 제3자의 개입("The Third-Party-Decolonization")으로 빠르게 진행되어 갔다. 그로 인해 조선과 일본 사이의 탈식민지화는 물론 일본의 전쟁 책임에 대한 논의가 제대로 이루어지지 못하는 결과를 초래했다.[9)]

9) Lori Watt, 앞의 책, 2009, p.190; 아사노 도요미, 「사람, 물자, 감정의 지역적 재편과 국민적 학지(學知)의 탄생: 절첩(節疊)된 제국의 재산과 생명의 행방」, 『한림일본학』 19-0, 2011, 85-118쪽.

38도선 이남 조선에서는 9월 28일부터 미군 제40보병사단의 감독 하에 미군 제160보병연대가 실무를 담당하는 공식적인 귀환작업이 개시되었다. 그리고 일본과 지리적으로 인접해 있고 조선 내의 다른 항구에 비해 항만과 여타 제반 시설이 잘 갖춰진 부산항이 주요 귀환항으로 정해졌다.[10] 부산은 조선시대부터 왜관(倭館)을 중심으로 조·일간 외교와 무역의 거점으로 자리잡았다. 그리고 개항기부터 식민지기에 걸쳐서는 일본과 아시아 대륙을 잇는 연결점이 되었다.[11] 미군에 의한 공식 귀환작업이 시작되면서, 재조일본인들과 무장해제 된 일본군 대부분은 부산항 1번 부두에서 일련의 절차를 거친 후 귀환선에 몸을 실었다. 일본에서 돌아오는 대다수의 조선인들 역시 부산항으로 들어와 귀환절차를 마친 후 목적지로 향했다.[12]

부산항에서 실시된 귀환작업 중에서 무엇보다 중요한 절차는 입출항 검역이었다. 전례 없는 규모의 귀환자들이 이동하는 과정에서 적절한 예방 조치가 취해지지 않는다면 각종 질병이 전파될 수 있다는 점을 미군은 일찍부터 인지했다.[13] 일본과 남한에서의 군정통치를 준비하는 과정에서 미군이 무엇 보다 우려했던 점은 낯선 자연환경과 각종 질병의 유행이었다. 당시 미국은 다른 서구사회와 마찬가지로 아시아를 '병원성 요소

---

10) Allied Geographical Section SWAP, Special Report No.111 Pusan Korea, 31 Aug 1945, WO 252/999, The National Archives, London.

11) Jeong-Ran Kim, The Borderline of "Empire": Japanese Maritime Quarantine in Busan c.1876-1910, Medical History, 57, No.2, 2013, pp.226-248.

12) 조선에 주둔하던 일본육군 중에는 진해와 인천, 제주를 떠나 일본으로 돌아간 경우도 있었고, 군산이나 목포, 마산, 제주 등을 통해 귀국한 조선인들도 존재했다 (General Headquarters, Far East Command, Supreme Commander Allied Powers, and United Nations Command, Movement of Displaced Persons Since 28 Sept 1945, Japanese Repatriation, RG 554 Records of General Headquarters, Far East Command, Supreme Commander Allied Powers, and United Nations, USAFIK: XXIV Corps, G-2 Historical Section, 1945-1948, 국립중앙도서관).

13) Crawford F. Sams, Medic: The Mission of an American Military Doctor in Occupied Japan and Wartorn Korea, Armonk, N.Y. and London: M.E. Sharpe, 1988, pp.89-91.

〈그림 1〉 부산항 제1부두와 귀환작업 절차

※출처: John M. Bullit, 40th Infantry Division: History of Evacuation and Repatriation Through the Port of Pusan: Korea, 28 Sept. 45-15 Nov. 45, Place of publication not identified: publisher not identified, 1945.

로 가득 찬 곳'으로 바라보았다. 즉, 여러 감염병이 아시아(Orient)에서 발생하여 서구로 전파되었다는 서구 중심적 담론인 감염병학적 오리엔탈리즘(epidemiological orientalism)이 뿌리 깊이 자리잡고 있었다. 이 담론에 따르면 아시아는 감염병의 온상이자 서구사회를 위협하는 지역이고, 아시아인들은 위험한 질병에 노출되어 있으면서도 자신의 건강과 위생 문제를 이해하거나 해결하지 못하는 무기력한 존재였다.[14] 이러한 관점에서 볼

14) Nükhet Varlik, "Oriental Plague" or Epidemiological Orientalism? Revisiting the Plague Episteme of the Early Modern Mediterranean, Plague and Contagion in the Islamic Mediterranean, Amsterdam: ARC, Amsterdam University Press, 2017, pp.57-88, https://doi.org/10.1515/9781942401162-005.

〈그림 2〉 부산항 제1부두에서 일본인 귀환자의 짐을 수색중인 미군

※출처: General Headquarters, Far East Command, Supreme Commander Allied Powers, and United Nations Command, Searching outgoing Japanese repatriates at Pier No.1, Pusan, 24 Oct, 1945, Photographs of Japanese Repatriation, RG 554 Records of General Headquarters, Far East Command, Supreme Commander Allied Powers, and United Nations Command, USAFIK: XXIV Corps, G-2 Historical Section, 국립중앙도서관 소장.

때, 미 주둔군의 안전과 사기를 해치는 감염병의 통제는 필수불가결했다.

미군은 일본과 남한을 비롯해 점령통치지역에서 감염병 관리를 위해 군의 의료관련 정보 보고서를 활용했는데, 「육해군 합동정보연구(Joint Army-Navy Intelligence Study)」가 그 대표적인 예라 할 수 있다. 제2차 세계대전이 막바지로 이를 무렵, 미군은 일본의 패전을 상정하고 일본과 그 식민지에서의 군사작전 및 점령을 준비하기 위해 「육해군 합동정보연구」라는 타이틀의 연속 보고서를 작성했다.[15] 해당 보고서에는 "건강과

15) 「Joint Army-Navy Intelligence Study」 연속 보고서는 미군 합동참모본부의 합

위생(Health and Sanitation)" 부문이 포함되었는데, 조사 지역의 전반적인 의료시스템과 위생환경은 물론 미군이 특별히 조심해야 할 감염병 정보 등이 자세히 기술되어 있다. 일본의 경우, 발진티푸스, 디프테리아, 천연두, 이질, 그리고 식중독에 의한 설사병 등이 만연한다고 보고되었다. 또한 군사작전에 잠재적인 위험이 될 수 있는 감염병으로 말라리아와 콜레라가 포함되었다.[16] 식민지 조선의 경우 열악한 위생환경과 부족한 의료시설로 인해 사람들이 여러 감염병의 위험에 상시 노출되어 있다고 설명했다. 이는 조선총독부가 "일본인의 주도하에, 일본인이 강제하는 형태로, 일본인이 중심이 된" 보건위생 행정을 펼쳤기 때문이라고 지적하고 있다. 그리고 미군이 특히 조심해야 할 질병으로 말라리아, 이질, 성병, 동상 등을 꼽았다.[17] 이처럼 다양한 질병의 만연과 전파가 우려되는 상황에서 "청결습관이 없는 귀환자들"이 범람하는 입출항에서의 위생관리와 감염병 통제는 만전을 기해야 하는 문제였다.[18] 더욱이 38도선을 사이에 두고 소련과 대치하는 상황에서 통치지역의 안정은 미군에게 있어 무엇보다 중요했는데, 물자부족에 허덕이고 의료체계가 붕괴된 일본과 조선에서 감염병이 창궐

동 정보 위원회가 설립한 합동 정보 연구 출판 위원회에서 1943년 4월부터 1947년 7월까지 발행한 것이다. 이 연속 보고서는 미군이 제2차 세계대전을 치르면서 특정지역에서의 군사작전과 점령준비에 필요한 정보를 수집하고 활용하기 위한 목적으로 제작되었다. 1944년 봄부터 미군의 주된 관심은 일본과 그 식민지로 옮겨갔다(Medical Department, United States Army, Preventive Medicine in World War II, Vol3 Personal Health Measures and Immunization, Washington, D.C.: The Surgeon General Department of the Army, 1955, p.270).

16) Joint Intelligence Study Publishing Board, Joint Army-Navy Intelligence Study of Southwest Japan: Kyūshū, Shikoku, and Southwestern Honshū, Washington: Joint Intelligence Study Publishing Board, 1944.

17) Joint Intelligence Study Publishing Board, Joint Army-Navy Intelligence Study of Korea, Including Tsushima and Quelpart, Washington: Joint Intelligence Study Publishing Board, 1945.

18) John M. Bullit, 40th Infantry Division: History of Evacuation and Repatriation Through the Port of Pusan: Korea, 28 Sept. 45-15 Nov. 45, Place of publication not identified: publisher not identified, 1945, p.29.

한다면 사회적 혼란이 더욱 가중될 것으로 예상되었다.[19)]

부산항에서 실시된 귀환자 검역과 입출국절차를 살펴보면 다음과 같다. 일본인 귀환자들의 경우, 우선 부산항에 설치된 집결지역(Assembly Area)에서 대기하다 차례가 되면 DDT를 이용한 이 박멸작업을 거친다. 그 다음 천연두와 발진티푸스, 장티푸스, 파라티푸스 등에 대한 예방접종 주사를 맞는다.[20)] 검역절차가 끝나면 귀환자들은 외환교환소에서 환전을 한다〈그림 1〉. 조선에서 축적한 부(富)는 조선에 귀속되어야 한다는 원칙하에서, 일본인 한 사람당 본국으로 가지고 갈 수 있는 재화는 현금 1,000엔과 가방 하나로 한정되었다. 따라서 검역절차를 마친 귀환자들이 귀환선에 승선하기 직전 미군은 그들의 몸과 가방을 수색하며 밀수품이나 제한된 금액 이상의 현금과 귀금속이 없는지 살폈다〈그림 2〉.[21)] 부산항으로 들어온 조선인 귀환자들의 경우, 미군 의무과와 조선인 구호 단체들의 지시에 따라 하선 후 100명씩 무리를 지어 1번 부두를 빠져 나와 수용소로 향했다. 그 곳에서 DDT로 소독을 한 후 환전소에서 가져온 엔화를 교환했다.[22)]

한편, 일본에서의 귀환자검역은 부산항에서 보다 조금 늦게 시작되었다. 1945년 9월 22일 SCAP은 일본정부를 대상으로 「공중보건위생에 대한 건(SCAPIN-48)」이라는 제목의 각서를 발표하였다. 총 9항으로 구성된 이 각서는 일본 내 위생환경 개선과 질병관리에 관한 지시를 담고 있는

19) John Dower, 앞의 책, Embracing Defeat, 1999, pp.72-74.
20) John M. Bullit, 앞의 책, 40th Infantry Division, 1945, p.29.
21) 위의 책, p.19.
22) SCAP, Summation of Non-Military Activities in Japan and Korea, No.2, Tokyo: General Headquarters, Supreme Commander for the Allied Powers; General Headquarters, Far East Command, Supreme Commander Allied Powers, and United Nations Command, Repatriation Information Book, September 25 - December 31 1945, RG 554 Records of General Headquarters, Far East Command, Supreme Commander Allied Powers, and United Nations Command, USAFIK: XXIV Corps, G-2 Historical Section, 국립중앙도서관 소장, 1945, pp.29-32.

데, 그중 제6항은 "미 해군과 협력하여 해항검역을 실시할 것. 해항검역은 군(軍)이 아니라 문민통제(civil control)로 착수할 것"을 지시하고 있다.[23) 이 각서의 발표를 기점으로 일본의 주요 항에 귀환자 수용소와 검역소가 설치되기 시작했다. 그리고 같은 달 24일, 후생성 분과규정을 개정해서 위생국에 임시검역과를 설치하였다. 약 한 달 후인 1945년 10월 27일, 다시 임시방역국을 설치하여 그 안에 검역과를 두었다. 그 보다 일주일 앞선 10월 20일에는 「귀환에 관한 상륙 및 항만위생에 대한 의학, 위생학적 조치에 관한 건」이라는 제목의 각서가 발표되었다. 상기의 제반 과정을 거친 끝에, 10월 중순부터 우라가(浦賀), 센자키(仙崎), 하카타(博多), 사세보(佐世保), 가고시마(鹿児島)항을 필두로 귀환자 검역이 부분적으로 시작되었다. SCAP의 명령에 따라 귀환업무의 일원화를 위해 "지방인양원호국관제(地方引揚援護局官制)"가 11월 24일에 공포되었고, 3일 후에 지방인양원호국이 설치되었다. 이 즈음 11개의 귀환항이 운영되고 있었는데, 매일 약 45,500명의 일본인 귀환자를 수용할 수 있는 규모였다.[24) 12월에 들어 모든 귀환항에서의 검역이 공식적으로 실시되기 시작했다.[25)

일본에서 실시된 입항검역의 내용을 살펴보면 다음과 같다. 우선 귀환선은 검역항 근해에 닻을 내려 대기했고, 검역관들이 승선을 하여 출발항에서 발급한 증명서 확인과 함께 선내에 감염병 환자의 유무를 살폈다. 감염병의 잠복기를 고려해 출발항에서 승선한 날짜까지 소급하여 최소 6일의 기간 동안 선내에 감염병 환자가 없는 것으로 확인되면 입항을 허락했다. 만약 선내에 감염병 환자나 보균자가 발견되면 이들을 격리병원으로

23) 溝口元, 「公衆衛生—引揚檢疫とDDT」, 中山茂 編, 「通史」日本の科学技術 1「占領期」, 學友書房, 1999, pp.251-259.

24) SCAP, 앞의 문서, Summation of Non-Military Activities in Japan and Korea, No.2, 1945.

25) 厚生省, 衛生行政業務報告 : 厚生省報告例 昭和21年, 厚生省大臣官房統計情報部, 1949, pp.1-14; 厚生省公衆衛生編, 檢疫制度百年史, ぎょうせい, 1980, pp.72-75.

즉시 옮기고, 나머지 승객들은 추가 발병의 유무를 살피기 위해 14일간 선내에 머물도록 지시했다. 이후 추가로 발병하는 자가 없으면 입항이 허락되었고, 만약 추가로 발병한 자가 나오면 환자는 곧바로 격리병원으로 옮겨졌다. 나머지 승객은 마지막 발병자가 나온 날로부터 추가로 14일 간 선내에서 대기해야 했다.[26] 하선이 허락된 귀환자들이 배에서 내리면 검역관은 DDT를 살포하면서 그들의 몸과 소지품을 소독했다. 이 과정은 마치 그들의 몸에 새겨 진 '제국의 흔적'을 씻어내는 듯한 행위이자 미군에 의해 '불결하고 병든 신체'가 정화(淨化)'된다는 시각적·심리적 효과도 내포했다.[27] 이후 귀환자들은 약욕 목욕을 하고 천연두와 장티푸스에 대한 예방접종을 받았다. 상기의 귀환 절차가 모두 끝이 나야 귀환자들은 수용소를 떠나 목적지로 향할 수 있었다.[28]

Ⅲ. 귀환선이 싣고 온 콜레라

일본의 귀환항에서 실시된 입항 검역은 부산에서 진행되는 것 보다 더욱 철저하게 이루어졌다. 부산항에서는 귀환 조선인들을 대상으로 감염병 유무를 비롯해서 몸에 이가 없는지를 살피는 정도의 신체검사를 실시했다.[29] 그러나 일본에서는 귀환자들을 대상으로 신체검사는 물론 실험 기구

---

26) Public Health and Welfare Section of GHQ/SCAP(1946-51), Public Health and Welfare in Japan, The name of Series: Reparations and Public Welfare Activities, Tokyo: PHW, 1946-51, pp.68-69.

27) 김정란, 앞의 책, '제국의 흔적 지우기', 2021.

28) 引揚援護廳, 『引揚援護の記錄』, 引揚援護廳,, 1950, p.77.

29) General Headquarters, Far East Command, Supreme Commander Allied Powers, and United Nations Command, Medical and Sanitary Procedures for Debarkation and Port Sanitation in Repatriation of Koreans 1945.11.2, Opinion Surveys 1945-46 & Political Trends thru Repatriation and Removal of Peoples in Pusan Area(5 of 6), RG 332 USAFIK, XXIV Corps, G-2, Historical Section, 1945-1948, 국사편찬위원회 소장.

를 이용해 체내의 병원체 유무를 확인하는 정밀검사가 포함되었다. 귀환자 검역의 주된 목적이 '질병의 온상'이라 여겨지는 아시아 태평양 지역에서 돌아온 이들로 인해 감염병이 유입되는 것을 차단하는 것인 만큼, 보균자를 찾아내는 것도 매우 중요했다.

미군과 마찬가지로 일본 역시 주변 아시아를 '미개'한 지역으로 보았고, 감염병이 창궐하는 원인을 그들의 '야만적 습관'때문이라고 강조해 왔다. 이러한 태도는 일본이 메이지 유신을 단행하며 서구 열강과 어깨를 나란히 하기 위해 국내의 근대화와 제국주의팽창을 동시에 시작하면서부터 나타났다. 인종적으로 매우 유사한 아시아국가들과 자국을 구분하기 위해 일본은 그들이 설정한 기준으로 '문명화 정도(程度)'의 차이를 강조했다. 나아가 제국주의 팽창과정에서 일본은 아시아에 대한 '문명화의 사명'을 표방했는데, 근대화 과정에서 발빠르게 도입한 서양의학이 그 대표적인 수단으로 채택되었다. 서구열강은 선진의학기술과 공중보건시스템을 바탕으로 감염병을 관리해 나갔고, 이를 인종적 우월성과 연결시키며 제국주의 침략의 정당성을 획득하려고 했다.[30] 일본은 이러한 서구열강을 모방하는 형태로 제국주의 팽창에 박차를 가했다. 놀라운 점은 메이지 유신을 단행하고 10년이 채 되지 않아 부산을 개항시키고 난 직후부터 이러한 움직임이 나타나기 시작했다는 것이다. 그 예로, 1876년 조일수호조규가 체결된 직후 일본 관리와 의사 한 명이 서울로 향하기 위해 부산으로 들어왔다. 부산에 머무는 동안 일본인 의사는 조선인 환자들을 치료했는데 이는 조선인들을 회유하고 일본의 '선진문명'을 보여주기 위한 목적이라고 설명했다.[31]

---

30) Robert John Perrins, For god, Emperor and Science: Competing Visions of the Hospital in Manchuria, 1885-1931, in Mark Harrison, Margaret Jones and Helen Sweet(eds), From Western Medicine to Global Medicine: The Hospital Beyond the West, New Delhi: Orient Blackswan Private Limited, 2009, pp.67-107.

31) 釜山府, '釜山ニ管理官及ビ醫員ヲ置ク議', 釜山府史原稿5, 釜山府, 1937, pp.161-162.

흥미로운 점은 아시아를 향한 일본의 부정적인 인식은 그곳을 떠나 본국으로 돌아오는 귀환자들에게도 투영되었다는 것이다. 그리고 이들을 잠정적 보균자로 간주하며 검역을 통해 체내에 있는 병원성 요소를 걸러내고자 했다.[32] 검역관은 귀환자들에게서 채취한 혈액과 대변 검체를 검사하며 말라리아나 장티푸스, 이질과 같은 질병의 감염 여부를 살폈다.[33]

병원체 유무를 확인하는 정밀검사는 1946년 봄 콜레라가 귀환선을 통해 유입되면서 더욱 중요해졌다. 1946년 3월 29일 중국 광동(廣東)을 떠나 일본 우라가항으로 향하던 귀환선에서 콜레라 의심환자가 발생했다. 출항할 당시에는 콜레라 의심환자는 발견되지 않았지만, 광동항을 떠난 지 3일째 되는 날부터 콜레라 증상을 보이는 이들이 발생하기 시작했다.[34] 이 배는 4월 5일 우라가에 입항했는데, 배 안에는 콜레라 증상으로 사망한 사체 3 구와 콜레라 의심환자 17명이 타고 있었다. 이후 광동, 아모이(샤먼, 廈門) 및 하노이를 출발해 우라가로 향한 귀환선 사이에서 계속해서 콜레라 환자와 의심자가 발생했다. 5월 4일 조사에 따르면 그 때까지 우라가로 들어온 귀환선에서 총 1,593명의 환자와 1,921명의 보균자, 그리고 169명의 선내 사망자가 보고되었다.[35]

콜레라는 1945년 11월경부터 인도와 중국에서 유행하기 시작했다. 당시 미군은 수백만 명에 달하는 전쟁난민과 조선인, 일본인 등이 본국으로 귀환하는 과정에서 미군의 관할지역으로 콜레라가 전파될 가능성을

32) Lori Watt, 앞의 책, When Empire Comes Home, 2009, p.15, p.92; Christopher Aldous and Akihito Suzuki, Reforming Public Health in Occupied Japan, 1945-52: Alien prescriptions?, Abingdon: Routledge, 2012, pp.90-91.

33) PHW, 앞의 보고서, Public Health and Welfare in Japan, 1946-51, pp.68-69; Crawford F. Sams, 앞의 책, 1988, pp.89-91.

34) 厚生省(1946), 「引揚船中ニ多發セル「コレラ」流行ニ關スル狀況報告」, 幣原内閣次官會議書類, April 18, Ref: A17110921000, https://www.jacar.archives.go.jp/aj/meta/MetSearch.cgi, Access: 2021.3.15.

35) 山本俊一, 日本コレラ史, 東京大學出版會, 1982, pp.206-208.

우려했다. 따라서 미군의 통치하에 놓인 지역에서 장 관련 질환(enteric diseases)이 발생할 때마다 콜레라의 가능성을 고려해 엄중히 대처하도록 지시했다.[36] 그러나 연합군최고사령부의 보건복지과장으로 역임한 크로포드 샘스(Crawford F. Sams) 준장의 회고록에 따르면, 광동에서 우라가로 콜레라가 전파된 것은 당시 중국에 주둔하고 있던 미 군의관이 출항 검역절차를 제대로 관리하지 못한 것에서 기인했다.[37] 이후 일본의 다른 귀환항에도 콜레라를 실은 귀환선이 입항했는데, 5월에는 방콕에서 사세보항 그리고 상해에서 하카타항으로, 6월에는 군산과 후루다오(胡盧島, Huludao)에서 하카타항(博多)으로, 7월에는 옛 만주지역과 조선에서 마이즈루항(舞鶴)으로 들어온 귀환선에서 콜레라가 발견되었다.[38] 1946년 12월까지 일본 귀환항에서 검역을 받은 선박 수는 총 4,700척이고 이 중 일본인 귀환자를 태우고 온 것은 3,632척이었다. 병원체 검사 총수는 2,427,649건으로, 그중에서 콜레라 양성이 2,259건 보고되었다.[39] 귀환항에서는 귀환자를 대상으로 한 예방접종도 철저히 실시했지만, 콜레라는 결국 일본국내로 전파되어 총 1,245명의 환자가 발생했다.[40]

콜레라가 귀환선을 통해 일본으로 유입되자, 38선 이남 조선에 주둔하던 미군도 콜레라 검역을 강화했다. 미군정의 군무국장 찰스 에니스 대령(Colonel Charles Ennis)은 4월 13일「귀환자들의 콜레라 검역 절차

---

36) General Headquarters, Far East Command, Supreme Commander Allied Powers, and United Nations Command,「Prevention and Control of Cholera」, 1945.11.15, Public Health and Welfare of Troops, RG 554 Records of General Headquarters, Far East Command, Supreme Commander Allied Powers, and United Nations Command, USAFIK: XXIV Corps, G-2 Historical Section, 1945-1948, 국립중앙도서관 소장.

37) Crawford F. Sams, 앞의 책, "Medic", 1988, pp.89-91.

38) 山下喜明,「昭和20年代の檢疫史」,『醫學史研究』, No.44, 1975, pp.1-10; 山本俊一, 앞의 책, 1982, pp.206-209.

39) 厚生省, 앞의 책, 衛生行政業務報告, 1949, pp.1-13.

40) 厚生省公衆衛生編, 앞의 책, 檢疫制度百年史, 1980, pp.76-77; 兒玉威,「戰中戰後の防疫」,『日本醫事新報』, No.1230, 1947, pp.6-10.

(Quarantine Procedures for Cholera in Repatriates)」라는 제목의 문건을 통해 중국을 출발해 귀환항으로 들어오는 선박에 대한 콜레라 검역을 철저히 실시할 것을 지시했다. 그 일환으로 중국에서 들어오는 귀환선을 대상으로 의심자를 포함한 콜레라 환자의 유무에 상관없이 입항 전에 의무관이 승선하여 승객들의 상태를 철저히 살필 것을 명령했다. 콜레라 환자가 선내에 있을 경우, 항만 인근에 미군이 승인한 엄격한 격리 시스템을 갖춘 병원으로 환자를 옮길 것을 지시했다. 만약 적절한 격리병원이 마련되어 있지 않다면 환자를 선내에서 격리시킬 것을 명했다.[41)]

일본에 콜레라가 전파되고 약 한달 후, 마침내 부산항에도 콜레라가 유입되었다. 중국 광동에서 조선인 귀환자 3,100여 명을 태우고 5월 1일 부산으로 들어온 귀환선 내에 콜레라 환자가 발생한 것이다. 다음날 콜레라 환자는 선내에서 사망했고, 그 후로도 의심환자가 발생했다. 이 귀환선에는 전쟁 중 보국대로 끌려갔다 돌아온 홍문화라는 이름의 의사가 타고 있었는데, 선내의 참혹한 상황을 설명하며 "배 안은 협착하고 불결하야 방역이 아니되니 상륙을 시켜 완전이 방역이 될 때까지 격리를 시켜주든지, 부산에 적당한 시설과 장소 없거든 방역설비가 있는 다른 항구로 돌려 상륙을 시켜달라" 고 탄원했다. 홍문화의 탄원서에 따르면 미군은 콜레라로 사망한 자의 시체만 가져갔을 뿐, 격리시설이 불충분하다는 이유로 환자를 선내에서 격리시키고 일반승객도 배 안에 머무를 것을 명령했다는 것이다.[42)]

일본에서도 미군이 발표한 '해상인양선내정류격리법(海上引揚船內停留隔離法)'에 따라 건강한 승객들은 마지막 환자가 보고되고 2주가 지날 때까지 좁은 선내에 머물러야 했다. 그러나 선내의 위생환경은 열악했고, 특

41) GHQ/SCAP, 앞의 자료, Quarantine Procedures for Cholera in Repatriates, Public Health and Welfare of Troops.

42) 「三千名·死의 恐怖, 海上에서 陸地同胞에 嘆願 虎疫發生으로 歸還船接陸禁止」, 부산신문, 1946.5.5.

히 화장실은 소독법을 실시하기에 적당한 형태가 아니었다. 또한 승객들은 식음료와 생활용수 부족에 시달려야만 했다. 이처럼 승객들은 비위생적인 환경에 노출된 채 음식물 섭취도 제대로 하지 못했는데, 그 결과 콜레라환자가 선내에서 추가로 발생하는 경우도 생겨났다. 그러나 부산과 달리 콜레라 환자들은 즉시 항만 부근의 격리병원으로 이송되었다.[43] 부산항의 경우 격리병원이 제대로 갖춰져 있지 못해 콜레라 환자를 한동안 선내에서 격리를 하는 상황이라, 다른 승객들에게 콜레라가 전파될 위험이 더욱 높았다. 뿐만 아니라 그 배안 승객들 중에는 파라티푸스와 말라리아 환자도 상당수 존재했는데 그들 역시 한동안 하선이 허락되지 않았다.[44] 5월8일이 되어서야 경남도청은 선내 환자를 신선대 검역소에 수용하기로 결정했다. 같은 선내의 일반 승객에 대해서도 해당 검역소에서 대소변 검사를 실시하여 음성결과가 나오면 상륙시키기로 했다.[45]

설상가상으로 미군의(美軍醫)의 오판까지 더해져 부산항에서는 국내유입을 막기 위한 콜레라 방역이 지체되었다. 5월 7일을 기점으로 해당 선박에서는 12명의 콜레라환자와 11명의 사망자가 발생한 상태였다. 경상남도청 보건후생과에서는 국내로 콜레라가 유입되는 것을 막기 위해 중앙군정청에서 콜레라 예방주사를 받아와서 필수인력을 대상으로 접종할 계획을 세웠다.[46] 그러나 미군정청 인사는 5월 중순 정례기자회견에서 콜레라 환자가 발생한 상기의 귀환선을 미군의가 조사중인데, 콜레라균은 아직 발견되지 않았다고 설명했다. 또한 선내에 콜레라와 유사한 설사병은 있지만, 만약 그것이 콜레라라면 사망자가 속출할 것인데 그렇지 않으므로 감

43) 厚生省公衆衛生編, 앞의 책, 檢疫制度百年史, 1980, pp.78-79; 山本俊一, 앞의 책, 1982, pp.206-208.

44) 「釜山港에 虎列刺! 中支同胞歸還船中에서 患者發生」, 중앙신문, 1946.5.7.

45) 「防疫義勇隊組織」, 민주중보, 1946.5.9; 「不安의 虎列刺船은? 患者는 病院船에 隔離」, 민주중보, 1946.5.16.

46) 「부산에 호열자침입, 본도당국서 방역완벽기해 활동중」, 영남신문, 1946.5.9.

염병이 아닌 것은 사실이라고 덧붙였다. 보건후생과에서 진성(眞性) 콜레라라고 발표한 것에 대한 질문에는 "그것은 조선인 의사와 미군의사의 의견이 갈린 것"이라고 일축했다.[47] 이러한 입장은, 상기한 바와 같이 1945년 11월 콜레라가 중국과 인도에서 유행한다는 보고에 따라 점령지역 내에서 장 관련 질환이 발생할 시 콜레라의 가능성을 고려해 대처하도록 한 미군정청의 권고에도 위배된다. 결국 20일경 부산시 내에서 콜레라 의심환자가 네 명 발생했고, 그들은 모두 당일 사망했다. 사망자 인근에 동일증상의 환자가 10여 명이나 연이어 발생하여, 시 방역과는 21일 경찰의 협력하에서 환자 발생지역 주변의 교통을 차단하고 소독을 대대적으로 실시하기에 이르렀다.[48] 5월 23일 자 부산신문의 「영도필담」은 미군의의 오판에 대해 다음과 같이 풍자하고 있다.[49]

> "호열자란 배가 부산항에 정박중이라고 방역 [의용대] 전시편성까지 하드니 적은 상륙한 모양인가. 저번 귀환선 조사결과 미군의는 호열자 균은 발견 못했다고 하고 조선의사는 호열자라고 판단. 균이 동양(중국)이라 조선의사 판단이 옳았든가? 어쨌든 전장(戰場)은 조선이니 조선의사만 믿소."

5월 중하순부터 콜레라는 부산시내로 급속도로 퍼졌고, 곧이어 다른 지역에서도 콜레라 환자가 속출하기 시작했다. 5월 22일을 기점으로 미군정청 보건후생부에 보고된 바에 따르면, 부산에 40명, 대전에 3명, 인천에 1명의 콜레라 환자가 발생했다. 대전에서 발생한 환자들은 상해에서 부산항으로 돌아온 징병군인 출신으로 고향인 전북으로 향하던 중 대전에서 발병한 것이다. 인천의 환자 역시 상해에서 부산으로 들어와 대전, 서울, 개

---

47) 「虎疫菌은 發見 안됏다 美軍醫가 方今 歸還船調査中」, 부산신문, 1946.5.17.
48) 「호열자 遂 상륙? 진성으로 인정 방역대책」, 부산신문, 1946.5.23.
49) 「영도필담」, 부산신문, 1946.5.23.

성을 거쳐 인천에 도착해 19일 발병했다.[50] 이렇게 콜레라가 귀환선을 통해 부산으로 유입되고 전국으로 확산되어 나가는 상황을 맞아 미군정과 보건당국은 부산항에서의 검역을 한층 강화해 나갔다. 우선 격리병실 등이 완비된 옛 일본병원선 1척을 귀환자를 위한 병원선으로 사용하기로 결정했다. 그리고 귀환선박의 검역과 예방주사접종을 매일 시행하기로 했다.[51]

그러나 콜레라는 계속 퍼져 나갔고, 6월 21일 기준으로 38도선 이남의 48개 지역에서 환자 1,335명과 사망자 592명이 발생했다.[52] 당해 38선 이남에서만 총 17,000명의 환자와 11,000명에 이르는 사망자가 보고되었다.[53] 7월에 들어서면서 38선 이북에도 콜레라가 유행하기 시작했는데, 평양, 원산 그리고 평양으로 향하는 철도선 주변지역에서 콜레라 환자가 보고되었다.[54] 8월에는 중국에서 이북으로 돌아온 군인들 사이에서 콜레라가 발생했다.

Ⅳ. '외부로부터의 위협': 조선인 밀항자들과 콜레라

이처럼 콜레라는 귀환선을 타고 일본과 해방조선 이남으로 유입되었고, 두 지역에서 모두 국내 유행으로 이어졌다. 위에서 살펴본 것처럼, 6월과 7월에는 38도선 이남에서 일본으로 들어간 선박에서도 콜레라가 발생했다. 그런데 이 무렵부터 일본으로 들어오는 조선인 밀항자 문제가 부각되기 시작했는데, 설상가상으로 밀항자들 사이에서 콜레라 환자와 보균자

---

50) 「귀환동포선에서 호역 침입 금후 각지로 파급의 위험 부산, 대전, 인천서 44명 발견」, 자유신문, 1946.5.23.
51) 「四十四名中卄七名이 眞性, 釜山虎列刺患者發生狀況」, 「귀환선에 검역, 격리병실도 시설」, 중앙신문, 1946.5.26.
52) 「남한 콜레라환자가 1335명에 달함」, 동아일보, 1946.6.23.
53) Crawford F. Sams, 앞의 책, "Medic", 1988, pp.89-91, pp.217-218.
54) SCAP, 앞의 자료, INFO: CG KBC, 1946.7.13, Japanese Repatriation.

가 다수 발견되었다. 그 결과 일본사회와 SCAP은 이들을 일본으로 콜레라가 유입되는 주요원인처럼 다루기 시작했다.

밀항선을 타고 대한해협을 건너는 사람들은 미군이 부산항에서 귀환자 관리를 공식적으로 개시하면서부터 나타나기 시작했다. 조선 내 일본인들의 경우 미군을 무장해제 시킨 군인들을 우선으로 본국으로 돌려보냈기 때문에, 민간인들은 귀환선에 오르기까지 약 3주에서 한 달 가량 부산항에서 대기해야 했다. 일본인 귀환자들이 머무를 수 있는 임시숙소가 부산항 부근에 마련되었지만, 귀환선을 타기 위해 전국에서 밀려드는 이들을 전부 수용하기에는 턱없이 부족한 공간이었다. 따라서 많은 이들이 화물차나 기차역 플랫폼에서 잠을 청해야 했다.[55] 뿐만 아니라, 부산항에서 실시된 귀환자 검역은 그 절차가 까다로웠고 1인 당 가져갈 수 있는 재화도 극히 한정되어서 상당수의 일본인들이 공식귀환절차를 거치지 않고 부산항 부근에서 밀항선을 이용해 고국으로 돌아가는 것을 택했다. 밀항자들은 검역을 거치지 않고 본국에 돌아왔기 때문에 감염병 유입의 주요 원인으로 지목되었다.[56] 일본인들이 본국으로 밀항을 해 돌아가는 현상을 두고 "경성일본인세화회(京城日本人世話会)"[57]는 기관지를 통해 밀항은 "일본인 전체를 불행하게 하는 행위"라며 자제를 촉구하기도 했다.[58]

---

55) 「釜山通信」, 『京城内地人世話會會報』, 1945.10.4.

56) General Headquarters, Far East Command, Supreme Commander Allied Powers, and United Nations Command, Interview with 1st Lt W. J. Game, DP Office, Foreign Affairs, 1945.10.15, Repatriation & Removal of Peoples in Pusan Areas, RG 554 Records of General Headquarters, Far East Command, Supreme Commander Allied Powers, and United Nations Command, USAFIK: XXIV Corps, G-2 Historical Section, 1945-1948.

57) 일본인세화회는 '재조일본인의 보호'를 목적으로 한 민간단체로, 1945년 8월18일에 조선에 거주하던 유력 재계인, 언론인, 대학관계자 등이 중심이 되어 '거류민 생활의 원호, 귀환 관리, 미군과의 교섭' 등을 위해 경성일본인세화회가 발족한 것이 그 시초이다. 이후 해방 조선 내의 주요 도시에도 일본인세화회 지부가 결성되었다(森田芳夫, 秘錄大東亞戰史朝鮮篇 朝鮮引揚史, 富士書苑, 1953, p.38).

58) 「日本への密航を止めよ：日本人全體の不幸を」, 『京城内地人世話會會報』 43, 1945.10.24.

재조선 일본인들은 밀항을 위해 소형 어선이나 무역선을 주로 이용했는데, 바다를 건너던 중 태풍을 만나거나 기뢰로 인해 침몰하는 사고가 적지 않게 발생했다. 때로는 해적의 습격을 받기도 했는데, 이러한 위험에도 불구하고 일본인 밀항자들은 끊이지 않았다.[59] 후쿠오카현청 사회과 직원의 증언에 따르면, 1945년 9월과 10월 사이에 후쿠오카로 돌아온 귀환자들 중에는 공식 귀환선을 타고 돌아온 자들 보다 밀항해온 이들의 숫자가 더 많았다고 한다.[60] 옛 식민지 관료들 중에서도 밀항을 택하는 자들이 있었는데, 그들은 더 많은 재산과 운반 금지품목을 일본으로 가져가기 위해 밀항선에 올랐다. 예를 들어, 전 경성부 총무부장 바바 마사요시(馬場政義)와 동 경제과장 아베 세이이치(安部誠一) 등은 밀항을 위해 목선 한 척을 55,000원에 구입했다. 그들은 1945년 10월 25일 오후 6시경 한강 연안을 출발하려는 찰나에 발각되었는데, 선내에는 70명의 밀항자와 현금과 무기 등이 담긴 7백 개나 되는 수화물이 탑재되어 있었다.[61]

허가 없이는 입항이 금지된 줄도 모르고 식민지 통치시대처럼 자유롭게 조선을 드나들 수 있다고 착각해 부산항으로 들어왔다가 상륙금지를 당하거나 억류되는 일본인들도 적지 않았다. 이와 관련해 일본 외무성의 외국(外局)인 종전연락사무국이 SCAP에 문의한 결과, 일본인은 현 시국에서 조선에 도항하는 것이 원칙적으로 불가능하다는 대답이 돌아왔다. 즉, 일본인들은 SCAP의 허가를 받았을 경우에 한해서 조선으로 도항 하는 것이 가능했는데, 입항할 때 반드시 연합군 당국이 발행한 허가서를 지참해야 했다. 만약 SCAP의 허가 없이 조선으로 들어가는 일본인들이 계속 늘

59) GHQ/SCAP, Processing and Evacuating, Repatriation & Removal of Peoples in Pusan Areas; G-2 1945-1948, The 40th Division Occupies Southeastern Korea, History of United States Army Forces in Korea, Part 1, http://db.history.go.kr/item/level.do?itemId=husa, access 2018.8.12.

60) 西日本圖書館コンサルタント協會編, ある戰後史の序章：MRU引揚醫療の記錄, 福岡：西日本圖書館コンサルタント協會, 1980, pp.13-14.

61) 「거금과 무기를 滿載한 일본인 70명 밀항단」, 자유신문, 1945.10.27.

어난다면 일본인 전체를 대상으로 예외 없는 도항금지령이 내려질 가능성도 우려되는 상황이었다.[62)]

전쟁이 끝난 직후 일본에서 밀항선을 타고 본국으로 돌아오는 조선인들도 적지 않았다. 일본에서 본국으로 돌아가는 구 식민지 출신들이 지참할 수 있는 현금은 최대 500엔(円)까지 였고, 1945년 11월 25일 이후에 겨우 1,000엔(円) 으로 인상되었다.[63)] 1,000엔은 당시 담배 스무 갑 가격에 해당하는 금액으로, 조선인들이 본국으로 귀환하기 위해서는 일본에서 차별과 과도한 노동을 견디면서 모은 재산의 대부분을 포기해야 했다.[64)] 이러한 이유로 본국으로 돌아오는 조선인 밀항자들도 끊이지 않았는데, 1945년 9월 27일부터 11월 17일까지 약 48,000명의 조선인이 밀항선을 타고 부산으로 들어왔다. 뿐만 아니라 12월 18일까지 마산으로 밀항해 온 조선인은 총 19,000명에 달했다.[65)] 조선인 밀항자 역시 검역을 거치지 않은 상태라 공중위생의 큰 위협으로 간주되었다. 따라서 밀입국하다 발각된 조선인들은 부산항에 설치된 집합소로 보내 지고, 그곳에서 건강상태를 확인한 다음 천연두와 장티푸스 예방 접종을 받게 되었다.[66)] 조선과 일본을 오가는 밀항선을 단속하기 위해, 부산항에서는 야간 구축함이 15분 마다 탐조등을 밝히며 감시를 늦추지 않았다.[67)]

1946년 봄부터 밀항선을 타고 일본으로 향하는 조선인들도 증가하기 시작했다. 이 시기 일본으로 들어간 조선인 밀항자들은 모두 전후 일본에

---

62) 「日本人の南鮮渡航について」, 『京城內地人世話會會報』 60, 1945.11.14.
63) GHQ/SCAP, 앞의 자료, Repatriation Information Book, September 25-December 31 1945, 1945-1948, p.69.
64) Tessa Morris-Suzuki, 앞의 책, Borderline Japan, 2010, pp.65-66.
65) GHQ/SCAP, 앞의 자료, Repatriation Information Book, September 25-December 31 1945, 1945-1948, pp.49-51.
66) 위의 자료, p.70.
67) GHQ/SCAP, 앞의 자료, Japanese Civilians at Pusan, Korea, 1945.10. 24-25, Repatriation & Removal of Peoples in Pusan Areas.

서 조선으로 돌아온 귀환자들이었는데, 그들 중 약 80%는 생활고로 인해 다시 일본행을 택한 것이었다.[68] 36년간 이어진 일제의 식민지배로 인해 조선사회 곳곳에는 빈곤과 혼란이 만연했고, 해방의 기쁨을 맛보기도 전에 국토는 외세에 의해 분단되었다. 이러한 상황에서 고국으로 돌아온 귀환자들은 제대로 된 일거리를 구하기가 어려웠다. 조선에 돌아올 때 현금을 1인당 1,000엔까지 밖에 지참할 수 없었기 때문에, 집과 식량을 구하는 것도 힘든 상황이었다. 주요 입항지인 부산의 경우 상황은 더욱 심각했다. 1946년 2월까지 부산으로 들어온 귀환자 중에 약 20만 명이 갈 곳이 없어 항구 주변에 잔류했기 때문이다. 그 결과 부산항 주변의 인구가 급증하면서 주택난과 식량 궁핍, 물가폭등, 실업 등 사회문제가 불거지고 불법 외환거래와 대일 밀수출 등이 더욱 기승을 부리게 되었다. 뿐만 아니라 열악한 위생환경으로 인해 각종 질병까지 창궐하는 상태였다.[69] 결국 생활고를 견디지 못하고 부산항 부근에서 밀항선을 구해 다시 일본으로 돌아가려는 자들이 하나 둘씩 생겨난 것이다. 7월에만 밀항을 하다 일본영해에서 체포된 조선인이 7,378명에 달했는데, 상륙에 성공한 이들의 숫자를 고려하면 한 달에 약 1만 명의 조선인이 일본으로 들어왔다고 추산된다.[70]

콜레라 유행으로 인해 악화된 식량난도 귀환 조선인들을 밀항으로 내모는 이유가 되었다. 보건당국은 콜레라가 확산되는 것을 막기 위해 환자 발생지역을 중심으로 교통을 차단하는 봉쇄정책을 단행했는데, 이로 인해 물자공급에 차질이 생겨 식량부족현상이 더욱 심각해졌다. 교통차단의 첫 번째 대상이 된 부산 초량의 경우, 주민들은 감시가 소홀한 밤이나 새벽을 이용하여 식량을 구하기 위해 타 지역으로 넘어가기도 했다. 그 결과 콜

68) Tessa Morris-Suzuki, 앞의 책, Borderline Japan, 2010, p.67.
69) 「전재 귀환동포 20만, 부산잔류」, 조선일보, 1946.2.11.
70) 「일본에 밀항 격증, 7월중에 만명이라고」, 부산신문, 1946.8.20.

레라가 외부로 퍼져 나갈 위험은 더욱 커졌다.[71] 설상가상으로 6월에는 20년 만에 가장 심각한 수해가 발생하여 약 20%의 농작물이 유실되기도 했다.[72] 식량난이 갈수록 심각해지자, 7월에는 2천여 명의 군중들이 부산부청에 모여 시위를 하는 쌀소동이 일어났다. 화난 이들은 부청 건물의 유리 20여 장을 깼는데, 이를 저지하려던 문서계장이 부상을 입기도 했다. 사태의 중대성에 놀란 당국은 소방차를 출동시켜 군중들을 해산시키려 했으나 분노한 군중들은 좀처럼 물러서지 않았다. 결국 당국이 식량배급을 약속하고 동시에 미군전차가 출동을 하면서 군중은 해산했다.[73]

다른 지역에서도 상황은 크게 다르지 않았는데, 특히 생활고를 겪고 있던 귀환자들의 사정은 더욱 비참했다. 합천의 경우, 문전걸식으로 겨우 생명을 이어오던 귀환자 백 수십명이 교통차단으로 더 이상 구호를 받을 수 없어 아사상태에 빠지기도 했다.[74] 울산에서도 배고픔을 견디지 못해 방어진항에서 밀항선을 타고 일본으로 건너가려는 귀환자들이 끊이지 않았다. 이에 밀항 단속에 그치는 것이 아니라 그들의 생활을 보장해 줄 행정당국의 근본대책이 필요하다는 지적도 나왔다.[75] 조선인 밀항자를 두고 '일본이 그리 좋아서 돌아가느냐'고 빈정대는 이들도 있었지만, 위험을 무릅쓰고 다시 일본으로 돌아갈 수밖에 없는 상황을 식자층은 심각하게 받아들였다. 또한 밀항이 근절되지 못하는 상황에 제대로 대처하지 않는 당국의 소극적인 태도도 비판의 대상이 되었다.[76]

이처럼 조선인 밀항자들이 눈에 띄게 증가하자, 미군정청은 밀항자에

71) 「怪疾遮斷區에 쌀難 對策업시는 鐵壁은 虛言」, 민주중보, 1946.5.29.
72) 「맥아더 6월 정례보고서에 조선의 수재와 콜레라만연 보고」, 동아일보, 1946.8.27.
73) 「마침네 港都의 饑餓聲爆發! 一縷의 糧道求한 高喊! 爲政者는 무엇하나」, 민주중보, 1946.7.7.
74) 「遮斷苦에우는 同胞」, 민주중보, 1946.8.10.
75) 「渡日群이 雲集?」, 민주중보, 1946.8.4
76) 「굶주림에 일본으로 밀항하는 동포들」, 국민일보, 1946.8.21.

대한 단속을 한층 강화했다. 우선 5월 15일, 외무처는 미군정청 허가 없이 영해나 영공 이외의 지역으로 불법 여행을 하거나 재산을 운반하는 행위 등을 금지한다는 취지의 법령 72호를 발표했다. 이 법령에 따르면 군정청 허가 없이 영해 이외의 지역에 선박 혹은 항공기를 이동시키는 것 역시 법령위반으로 처벌의 대상이 되었다. 이 법령이 발표되기 전 까지 10일 간, 수 백여 명의 조선인 밀항자가 일본의 센자키와 시모노세키(下関) 사이의 해안에서 체포되었고, 이에 사용된 선박은 모두 몰수되었다.[77)]

한편, SCAP도 조선인 밀항자들로 인해 콜레라가 일본으로 유입될 것을 우려해 단속을 강화하기 시작했다. SCAP은 1946년 6월 12일 「일본으로의 불법입국 억제에 관한 각서」(SCAPIN 1015)를 통해서 불법 입항선박 수색 및 체포를 명했다. 각서에는 "조선에서 불법선박을 통해 들어오는 이들로 인해 일본으로 콜레라가 유입될 수 있는 심각한 위험을 고려하여, 불법적으로 일본의 항구에 들어오는 선박을 탐지하고 체포하기 위한 적극적인 조치를 취할 것"이 명시되어 있다.[78)] 7월부터는 영국함대도 일본영해를 순찰하며 대일 밀항자를 단속하기 시작했다.[79)] 일본의 정치계도 조선인 밀항자를 일본 내에서 발생하는 콜레라 유행의 원인처럼 묘사하며 우려의 목소리를 높였다. 1946년 8월 17일에 열린 제90회 제국회의 중의원 본회의에서 시이쿠마 사부로(椎熊三郎)는 「밀항단속 및 치안유지에 관한 긴급 질문(密航取締竝に治安維持に關する緊急質問)」을 통해서 경찰권의 약화로 인해 '일본사회의 질서와 법규를 무시하는 조선인과 대만인'에 대한 단속이 제대로 이루어지지 못한다고 지적했다. 이어, 본국으로 돌아간 조선인들이 밀

77) 「일본 밀항은 군정 위반, 수백 명의 조선인을 체포」, 자유신문, 1946.5.16; 「외무처, 영해나 영공 이외 불법여행을 금지」, 동아일보, 1946.5.16.
78) SCAP, Suppression of Illegal Entry into Japan(SCAPIN 1015), Supreme Commander for the Allied Powers Directives to the Japanese Government(SCAPINs), 1946.6.12.
79) 「대일밀항자주의, 영국함대가 출동경계」, 중앙신문, 1946.7.20.

항하여 다시 일본으로 들어오고 있는데, 그들 중에 콜레라나 장티푸스, 이질과 같은 감염병의 보균자가 많아 일본인들 사이에서도 감염자들이 속출하고 있다고 강조했다.[80] 실제, 1946년 일본으로 밀항을 하다 체포된 조선인들 사이에서 콜레라를 비롯한 감염병 환자와 보균자가 다수 발견되었다 〈표 1〉. 센자키항에서 밀항 단속을 하던 뉴질랜드 군에 따르면 체포된 밀항선에서 콜레라로 사망한 것으로 추정되는 아이들의 시체 여러 구가 발견되기도 했다.[81]

〈표 1〉 1946년 밀항 조선인 대상 검역 결과

		센자키(仙崎)	하카타(博多)	사세보(佐世保)	가라쓰(唐津)	합계
천연두	환자	1	–	1	–	2
	사망자	–	–	–	–	–
콜레라	환자	31	1	150	2	184
	사망자	9	1	31	–	41
콜레라 보균자		51	–	162	–	213

※출처: 山下喜明, 「昭和20年代の檢疫史」, 『醫學史研究』, No.44, 1975, pp.1-10.

그런데 당시 일본에서는 콜레라의 유행은 물론 불결한 위생상태에서 주로 발생하는 장티푸스, 이질, 디프테리아 그리고 발진티푸스가 전쟁이 끝나기 전부터 만연해 있었다.[82] 따라서 밀항한 조선인들로 인해 해당 감염병이 퍼지고 있다는 주장은 설득력이 떨어진다. 뿐만 아니라 최덕효와

80) 「密航取締竝に治安維持に關する緊急質問(椎熊三郎君提出)」, 第90回帝国議会 衆議院 本会議 第30号 昭和21年8月17日, URL : https://teikokugikai-i.ndl.go.jp/simple/detail?minId=009013242X03019460817&spkNum=11.

81) Tessa Morris-Suzuki, 앞의 책, Borderline Japan, 2010, p.56.

82) SCAP, Summation of Non-Military Activities in Japan and Korea, No.1, Tokyo: General Headquarters, Supreme Commander for the Allied Powers, Sep-Oct, 1945.

조경희의 지적처럼 일본 정계에서 재일 조선인과 조선인 밀항자 문제를 치안과 위생의 문제로 연결시키는 것은, SCAP의 점령 통치하에 진행된 '과도한 민주화'에 따른 경찰권 약화를 문제 삼기 위한 의도가 포함되어 있다. 즉, 약화된 경찰권을 회복시키고 재일 조선인 사회에 대한 제재와 단속도 강화해 나가는 것을 목적으로 한다고 볼 수 있다.[83] 그리고 박사라의 지적처럼 콜레라 유입를 막기위해 조선인 밀항자 단속을 명한 SCAP의 각서나 일본 정계의 움직임은 재일 조선인을 포함해 구 식민지 출신을 대상으로 한 "외국인등록령(1947년 5월 2일)"을 발포하기까지의 과정에서 중요한 분기점이 되었다. 주지하는 바와 같이 이 법령으로 구 식민지 출신들은 '당분간 외국인으로 간주되며' 공식적으로 관리와 감시의 대상이 되었다.[84]

감염병을 통제한다는 명목으로 질병 그 자체의 위험을 훨씬 넘어선 과도한 방역이 실시되는 경우를 과거뿐만 아니라 현대에서도 종종 목도하게 된다. 특히 한 국가가 선택하는 방역 전략은 생물학적 측면만큼 정치적인 의도가 반영되는 경우가 많은데, 엄격한 국경 통제와 외국인 관리를 강화하는 명분으로 작용하기도 한다.[85] 이러한 맥락과 유사하게, 일본은 콜레라가 자국에 먼저 유입되었고 국내 유행으로 번진 상황에서 조선인 밀항자를 일본 내 콜레라 유행의 원인처럼 다루며 재일 조선인 사회 전체에 대한 제재의 논리로 발전시켰다. 게다가 상기한 바와 같이, 귀환선을 통해 콜레라가 일본으로 처음 유입된 이유 중 하나가 출항지에서 검역을 담당하던 미군의 부주의 때문이었다. 또한 부산항에 콜레라환자를 실은 귀환선이 들

---

83) 앞의 논문 조경희, 「전후 일본 '대중'의 안과 밖」, 2013; 앞의 논문 Deokhyo Choi, The Empire Strikes Back from Within, 2021.

84) 朴沙羅, 「『お前は誰だ！」―占領期における「朝鮮人」と「不法入国」の定義をめぐって―」, 『社会学評論』 64, No.2, 2013, pp.275-293.

85) Alison Bashford, Maritime Quarantine: Linking Old World and New World Histories, in Alison Bashford(ed) Quarantine: Local & Global Histories, London: Palgrave, 2016, pp.1-12; 김정란, 「불안과 불확실성의 시대: 19세기 콜레라 대유행과 21세기 코로나19 팬데믹」, 『해양유산』 2, 2020, 9-35쪽.

어왔을 때에는, 콜레라 검역에 만전을 기하라는 권고에도 불구하고 미군의가 콜레라를 의심하는 조선인 당국자를 불신해 방역에 차질을 빚기도 했다. 그러나 미군의 방역 실패에 대한 SCAP의 반성적 태도는 찾아볼 수 없다. 궁극적으로 콜레라가 귀환선을 통해 일본과 해방조선에 전파된 역사적 배경이 일본의 제국주의 팽창과 침략전쟁이었다는 사실도 철저하게 외면하고 있다.

더욱이 일본과 SCAP이 조선의 밀항자를 콜레라 전파의 원인으로 간주하는 태도는 그들 내부의 뿌리 깊은 차별정서와 감염병학적 오리엔탈리즘에서 비롯된 것이라 할 수 있다. 상기한 바와 같이 미국과 일본은 아시아를 질병의 온상으로 바라보았다. 그리고 피식민자들의 높은 질병 감수성을 두고 그들이 처한 열악한 생활환경이나 만성적 빈곤은 외면한 채, 그들을 '움직이는 감염체 보유 숙주(mobile reservoirs)'로 간주하며 배제와 차별정책을 정당화했다.[86] 그 연장선상에서 일본은 천연두나 발진티푸스 등이 자국 내에 유행할 때 감염병이 쉽게 전파되는 사회적 조건을 직시하기 보다 조선인이나 다른 피차별계층에게 그 발생 원인을 돌리기도 했다.[87] 이러한 태도는 일찍이 부산 개항 직후 조선에 들어온 일본인 관리들 사이에서도 나타났다. 1879년 나가사키(長崎)에서 부산항으로 콜레라가 유입되었을 때, 당시 부산항에 주재한 관리관 마에다 켄키치(前田献吉)는 테라지마 무네노리(寺島宗則) 외무경에게 서신을 보내 당시의 상황을 보고했다. 그는 '평소 불결하기 짝이 없는 조선인 사회에 콜레라가 퍼지고 있으므로 거류민 보호를 위해 조선인의 거류지 출입금지가 필요하지만 상법상 불가능하다'고 어려움을 토로했다. 또한 마에다는 그 해 콜레라가 일본에서 부산항으로 전파된

86) 顧雅文, 「植民地期臺灣における開發とマラリアの流行 : 作られた「惡環境」」, 『社會經濟史學』 70, No.5, 2005, pp.583-605; Jeong-Ran Kim, Malaria and Colonialism in Korea, c.1876-c.1945, Social History of Medicine, 29, 2016, pp.360-383.

87) Aldous and Akihito, 앞의 책, 2012, pp.90-91.

사실을 인지하면서도, 콜레라가 전라도지역의 풍토병일 가능성이 있다는 의견도 덧붙였다.[88] 67년이 지난 1946년에도 일본은 콜레라가 전파된 역사적 배경과 사회적 조건은 생략한 채, 조선인 밀항자를 콜레라 전파의 원인으로 지목하며 조선인들에 대한 차별과 배제의 정서를 노골화해 갔다.

Ⅴ. 나오며

일본의 패전을 기점으로 구(舊) 일본제국 내에서는 전례 없는 규모의 귀환행렬이 시작되었다. 당시 일본은 패전에 따른 심리적 허탈감과 빈곤에 허덕이고 있었다. 게다가 열악한 보건위생 상태에 식량부족까지 겹치면서 사람들은 각종 감염병에 노출되었다. 일제의 오랜 수탈과 전쟁동원의 대상이 되었던 조선을 비롯해 일본의 옛 식민지의 사정은 훨씬 나빴다. 이러한 상황에서 수 백만에 달하는 귀환자들의 이동은 감염병이 전파되는데 최적의 조건이 되었다. 여러 감염병 중 특히 우려되었던 것은 콜레라였다. 콜레라는 수인성 감염병으로 콜레라균에 오염된 음식물을 섭취하거나, 드문 경우지만 콜레라 환자나 보균자의 구토와 배설물을 직접 접촉한 경우 감염되기도 한다. 단기간에 여러 지역에서 전례 없는 규모의 귀환자들이 좁고 비위생적인 귀환선을 타고 본국으로 돌아오는 과정은, 1945년 말 부터 중국과 인도 등지에서 유행하기 시작한 콜레라가 아시아 각지로 전파되기 쉬운 조건을 만들었다. 전후 소련과 대치하며 극동지역에서 새로운 지정학적 질서를 세우려고 했던 미국에 있어서 통치 지역인 38선 이남의 조선과 일본사회의 안정은 무엇보다 중요했다. 따라서, 권역 내의 질서 유지는 물론 주둔군의 안전을 위해 미군은 입출항 검역을 포함한 공식적인 귀환직업을

88) 外務省, 「'韓人コレラ病ニ關スルノ景況申上ノ件' 1879.8.5」, 『日本外交文書 第十二巻』, 日本國際聯合協會, 1949, pp.230-233.

실시했다.

일반적으로 검역은 보건의 영역에서 실시되는 개인에 대한 국가권력의 표출이자 한 나라의 통치권을 발휘하는 수단이 되기도 한다.[89] 이러한 점을 미군의 감독하에 부산항과 일본에서 실시한 검역에 비추어 볼 때, 귀환자 검역은 고국으로 돌아오는 이들에게서 '병원성 요소들'을 제거하는 역할도 했지만 동시에 그들이 처한 상황을 각인시키는 과정이기도 했다. 즉, 검역절차를 거치면서 일본인들은 그들이 이제 패전국의 국민이며 미군의 통치대상이라는 점을 인식하게 되었다. 어렵게 고국으로 돌아온 조선인들 역시 본국에서 처음 마주한 현실은 미군이 지휘하는 DDT 살포였다. 다시 말해, 귀환자 검역은 일본인과 조선인들이 새로운 통치 질서에 들어서는 첫 관문이기도 했다. 그러한 점에서 밀항은 보건위생에 위협이 되는 동시에 미군의 통치 질서를 훼손하는 행위로 간주되었다.[90] 특히 1946년 봄부터 일본과 조선에 콜레라가 유행하면서, 일본으로 향한 조선인 밀항자 문제가 더욱 부각되었다. SCAP은 조선인 밀항자들로 인해 일본으로 콜레라가 유입되는 것을 막기 위하여 해안 경계를 강화했다. 일본 정계 역시 조선인 밀항자를 콜레라 전파의 주범이자 사회질서를 위협하는 존재로 묘사하며 강력한 단속을 촉구했다. 즉, '밀항조선인=콜레라 전파자'라는 이미지를 생산·재생산하며 그들을 향한 일본사회의 부정적인 인식을 강화시켜 나갔다. 그리고 이는 그들과 연결되어 있다고 여겨지는 재일 조선인 사회에 대한 차별과 배제를 공식화 해 나가는데 근거로 작용될 수도 있었다. 이러한 움직임은 재일 조선인 사회에 대한 차별과 배제를 공식화 해 나가

89) Mark Harrison, Afterword, in Alison Bashford(ed), Quarantine, 2016, pp.251-257.

90) Jeong-Ran Kim, Surveillance, Policing and Filtration: Quarantine against Repatriates in Busan after WWII, in Takeshi Onimaru(ed.), (Dream of) Prevention and Control: Public Health, Policing, and Colonial State in Asia, (forthcoming).

는 과정과 맞닿아 있다.

문제는 콜레라가 중국에서 다른 아시아 지역으로 전파된 원인에 대한 미군의 반성은 물론, 일본으로 콜레라가 유입되어 이미 유행하고 있다는 사실관계는 사라진 채 밀항 조선인을 콜레라 전파의 원인처럼 묘사하고 있다는 점이다. 이렇게 조선인 밀항자와 콜레라를 연결시키는 논리의 기저에는, 미국과 일본사회에 뿌리 내린 감염병학적 오리엔탈리즘이 존재한다고 할 수 있다. 즉, 감염병의 유행을 일으키는 사회 내재적 요인들을 직시하기 보다, 그 원인을 타자(아시아)에서 찾으며 책임을 묻는 것이다. 더욱이 전후 수 백만 명에 달하는 귀환자들이 생겨난 역사적 배경은 물론, 고국으로 돌아간 조선인들이 생활고로 인해 일본행 밀항선을 타게 된 근본적인 원인이 일본의 제국주의 침탈과 전쟁이라고 하는 문제의 본질은 제거되었다. 다시 말해, 조선인 밀항자들로 인해 콜레라와 같은 위협적인 감염병의 침입에 노출된 '피해자 일본'이라는 점을 강조하고 있는 것이다. 이는 미국이라는 강력한 제3자의 개입 하에서 다민족으로 구성되었던 제국의 과거를 지워버리고, '단일 민족국가'로 그 정체성을 재정립해 나가는 전후 일본사회의 상징적 단면이라고 할 수 있다.

【참고문헌】

〈자료〉

釜山府, 「釜山ニ管理官及ビ醫員ヲ置ク議」, 『釜山府史原稿5』, 釜山府, 1937.

外務省, 「韓人コレラ病ニ關スルノ景況申上ノ件 1879.8.5」, 『日本外交文書第十二卷』, 日本國際連合協會, 1949.

厚生省, 「引揚船中ニ多發セル『コレラ』流行ニ關スル狀況報告」, 幣原內閣次官會議書類, April 18, Ref: A17110921000, 1946, https://www.jacar.archives.go.jp/aj/meta/MetSearch.cgi,.

厚生省, 『衛生行政業務報告：厚生省報告例 昭和21年』, 厚生省大臣官房統計情報部,1949.

「거금과 무기를 滿載한 일본인 70명 밀항단」, 『自由新聞』, 1945.10.27.

「怪疾遮斷區에 쌀難 對策업시는 鐵壁은 虛言」, 『民主衆報』, 1946.5.29.

「굶주림에 일본으로 밀항하는 동포들」, 『國民日報』, 1946.8.21.

「귀환동포선에서 호역 침입 금후 각지로 파급의 위험 부산, 대전, 인천서 44명 발견」, 『自由新聞』, 1946.5.23.

「남한 콜레라환자가 1335명에 달함」, 『東亞日報』, 1946.6.23.

「대일밀항자주의, 영국함대가 출동경계」, 『中央新聞』, 1946.7.20.

「맥아더 6월 정례보고서에 조선의 수재와 콜레라만연 보고」, 『東亞日報』, 1946.8.27.

「密航取締竝に治安維持に關する緊急質問(椎熊三郎君提出)」, 第90回帝國議會 衆議院 本會議 第30號 昭和21年8月17日(https://teikokugikai-i.ndl.go.jp/simple/detail?minId=009013242X03019460817&spkNum=11)

「防疫義勇隊組織」, 『民主衆報』, 1946.5.9.

「부산에 호열자침입, 본도당국서 방역완벽기해 활동중」, 『嶺南新聞』, 1946.5.9.

「釜山通信」, 『京城內地人世話會會報』, 1945.10.4.

「釜山港에 虎列刺! 中支同胞歸還船中에서 患者發生」, 『中央新聞』, 1946.5.7.

「不安의 虎列刺船은? 患者는 病院船에 隔離」, 『民主衆報』, 1946.5.16.

「四十四名中卄七名이 眞性, 釜山虎列刺患者發生狀況」, 「귀환선에 검역, 격리병실도 시설」, 『中央新聞』, 1946.5.26.

「三千名·死의 恐怖, 海上에서 陸地同胞에 嘆願 虎疫發生으로 歸還船接陸禁止」, 『釜山新聞』, 1946.5.5.

「영도필담」, 『釜山新聞』, 1946.5.23.

「외무처, 영해나 영공 이외 불법여행을 금지」, 『東亞日報』, 1946.5.16.

「일본 밀항은 군정 위반, 수백 명의 조선인을 체포」, 『自由新聞』, 1946.5.16.

「日本への密航を止めよ：日本人全體の不幸を」, 『京城內地人世話會會報』, 43, 1945.10.24.

「일본에 밀항 격증, 7월중에 만명이라고」, 『釜山新聞』, 1946.08.20.

「日本人の南鮮渡航について」, 『京城內地人世話會會報』, 60, 1945.11.14.

「전재 귀환동포 20만, 부산잔류」, 『朝鮮日報』, 1946.2.11.

「虎疫菌은 發見 안됏다 美軍醫가 方今 歸還船調査中」, 『釜山新聞』, 1946.5.17.

Allied Geographical Section SWAP, Special Report No.111 Pusan Korea, 31 Aug 1945, WO 252/999, The National Archives, London, UK.

General Headquarters, Far East Command, Supreme Commander Allied Powers, and United Nations Command, Medical and Sanitary Procedures for Debarkation and Port Sanitation in Repatriation of Koreans 1945.11.2, Opinion Surveys 1945-46 & Political Trends thru Repatriation and Removal of Peoples in Pusan Area(5 of 6), RG 332 USAFIK, XXIV Corps, G-2, Historical Section, 1945-1948.

General Headquarters, Far East Command, Supreme Commander Allied Powers, and United Nations Command, Movement of Displaced Persons Since 28 Sept 1945, Japanese Repatriation, RG 554 Records of General Headquarters, Far East Command, Supreme Commander Allied Powers, and United Nations, USAFIK: XXIV Corps, G-2 Historical Section, 1945-1948.

General Headquarters, Far East Command, Supreme Commander Allied Powers, and United Nations Command, Interview with 1st Lt W. J. Game, DP Office, Foreign Affairs, 1945.10.15, Repatriation & Removal of Peoples in Pusan Areas, RG 554 Records of General Headquarters, Far East Command, Supreme Commander Allied Powers, and United Nations Command, USAFIK: XXIV Corps, G-2 Historical Section, 1945-1948.

General Headquarters, Far East Command, Supreme Commander Allied Powers, and United Nations Command, Prevention and Control of Cholera, 1945.11.15, Public Health and Welfare of Troops, RG 554 Records of General Headquarters, Far East Command, Supreme Commander Allied Powers, and United Nations Command, USAFIK: XXIV Corps, G-2 Historical Section, 1945-1948.

General Headquarters, Far East Command, Supreme Commander Allied Powers, and United Nations Command, Repatriation Information Book, September 25 - December 31 1945, RG 554 Records of General Headquarters, Far East Command, Supreme Commander Allied Powers, and United Nations Command, USAFIK: XXIV Corps, G-2 Historical Section, 1945-1948.

G-2, The 40th Division Occupies Southeastern Korea, History of United States Army Forces in Korea, Part 1, 1945-1948, http://db.history.go.kr/item/level.do?itemId=husa.

John M. Bullit, 40th Infantry Division: History of Evacuation and Repatriation Through the Port of Pusan: Korea, 28 Sept. 45-15 Nov. 45, Place of publication not identified: publisher not identified, 1945.

Joint Intelligence Study Publishing Board, Joint Army-Navy Intelligence Study of Southwest Japan: Kyūshū, Shikoku, and Southwestern Honshū, Washington: Joint Intelligence Study Publishing Board, 1944.

Joint Intelligence Study Publishing Board, Joint Army-Navy Intelligence Study of Korea, Including Tsushima and Quelpart, Washington: Joint Intelligence Study Publishing Board, 1945.

Medical Department, United States Army, Preventive Medicine in World War II, Vol3 Personal Health Measures and Immunization. Washington, D.C.: The Surgeon General Department of the Army, 1955.

Public Health and Welfare Section of GHQ/SCAP, 「Public Health and Welfare in Japan」, The name of Series: Reparations and Public Welfare Activities, 1946-51, Tokyo: PHW.

SCAP, Summation of Non-Military Activities in Japan and Korea, No.2,

Tokyo: General Headquarters, Supreme Commander for the Allied Powers, 1945.

______, Suppression of Illegal Entry into Japan(SCAPIN 1015), Supreme Commander for the Allied Powers Directives to the Japanese Government(SCAPINs), 6.12.

WHO, https://www.who.int/news-room/fact-sheets/detail/cholera.

〈저서 및 역서〉

引揚援護廳,『引揚援護の記錄』, 引揚援護廳, 1950.

森田芳夫,『秘錄大東亞戰史朝鮮篇 朝鮮引揚史』, 富士書苑, 1953.

山本俊一,『日本コレラ史』, 東京大學出版會, 1982.

厚生省公衆衛生編,『檢疫製度百年史』, ぎょうせい, 1980.

Aldous, Christopher and Suzuki, Akihito, Reforming Public Health in Occupied Japan, 1945-52: Alien prescriptions?, Abingdon: Routledge, 2012.

Bashford, Alison, Maritime Quarantine: Linking Old World and New World Histories, in Alison Bashford(ed.), Quarantine: Local & Global Histories, London: Palgrave, 2016.

Crawford, Sams F., "Medic": The Mission of an American Military Doctor in Occupied Japan and Wartorn Korea, Armonk, N.Y. and London: M.E. Sharpe, 1988.

Dower, John, Embracing Defeat: Japan in the Aftermath of World War II, London: Penguin, 1999.

Harrison, Mark, Afterword, in Alison Bashford(ed.) Quarantine: Local & Global Histories, London: Palgrave, 2016.

Morris-Suzuki, Tessa, Borderline Japan: Foreigners and Frontier Controls in the Postwar Era, Cambridge: Cambridge University Press, 2010.

Perrins, Robert John, For god, Emperor and Science: Competing Visions of the Hospital in Manchuria, 1885-1931, in Mark Harrison, Margaret Jones and Helen Sweet(eds), From Western Medicine to Global Medicine: The Hospital Beyond the West, New Delhi: Orient Blackswan Private Limited, 2009.

Shinzō, Araragi(translated by Muminov, Sherzod), The Collapse of the Japanese empire and the great migrations: Repatriation, assimilation, and remaining behind, in Barak Kushner and Sherzod Muminov(eds.), The Dismantling of Japan's Empire in East Asia: Deimperialization, postwar legitimation and imperial afterlife, London: Routledge,2017.

Varlik, Nükhet, 「Oriental Plague」 or Epidemiological Orientalism? Revisiting the Plague Episteme of the Early Modern Mediterranean, Plague and Contagion in the Islamic Mediterranean, Amsterdam: ARC, Amsterdam University Press, 2017.

Watt, Lori, When Empire Comes Home: Repatriation and Reintegration in Postwar Japan, Cambridge and London: Harvard University Press, 2009.

〈연구논문〉

김정란,「불안과 불확실성의 시대: 19세기 콜레라 대유행과 21세기 코로나19 팬데믹」,『해양유산』2, 2020.

______,「제국의 흔적 지우기: 패전 후 일본에서의 귀환자 검역'」, 최해별 편,『질병 관리의 사회문화사: 일상생활에서 국가정책까지』, 이화여자대학교출판문화원, 2021.

아사노 도요미,「사람, 물자, 감정의 지역적 재편과 국민적 학지(學知)의 탄생: 절첩(節疊)된 제국의 재산과 생명의 행방」,『한림일본학』19, 2011.

조경희,「전후 일본 '대중'의 안과 밖 –암시장 담론과 재일조선인의 생활세계–」,『현대문학연구』50, 2013.

顧雅文,「植民地期臺灣における開發とマラリアの流行：作られた『惡環境』」,『社會經濟史學』70, No.5, 2005.

溝口元,「公衆衛生―引揚檢疫とDDT」,『「通史」日本の科學技術 1「占領期」』, 學友書房, 1999.

樸沙羅,『「お前は誰だ！」―占領期における『朝鮮人』と『不法入國』の定義をめぐって―」,『社會學評論』64, No.2, 2013.

山下喜明,「昭和20年代の疫史」,『醫學史究』44, 1975.

西日本書館コンサルタント協會編,『ある後史の序章：MRU引揚醫療の記』, 西日本書館コンサルタント協會, 1980.

兒玉威,「戰中戰後の防疫」,『日本醫事新報』No.1230, 1947.

Choi, Deokhyo, The Empire Strikes Back from Within: Colonial Liberation and the Korean Minority Question at the Birth of Postwar Japan, 1945-1947, The American Historical Review, https://doi.org/10.1093/ahr/rhab199, 2021.

Kim, Jeong-Ran, The Borderline of 「Empire」: Japanese Maritime Quarantine in Busan c.1876-1910, Medical History, 57, No.2, 2013.

____________, Malaria and Colonialism in Korea, c.1876-c.1945, Social History of Medicine, 29, 2016.

____________, Surveillance, Policing and Filtration: Quarantine against Repatriates in Busan after WWII, in Takeshi Onimaru(ed.),(Dream of) Prevention and Control: Public Health, Policing, and Colonial State in Asia, Joint(forthcoming), 2016.

5. 항해하는 질병

: 지중해, 흑해, 동아시아에서 발생한 콜레라와 영국 해군의 작전, 1848–1877

마크 해리슨(Mark Harrison)

Ⅰ. 들어가며

19세기에 걸쳐 영국 해군은 맞수 스페인과 프랑스를 상대로 한 대규모 군사작전에 투입되는 전투부대에서 사실상 제국 내의 경찰부대 역할을 수행하는 것으로 그 성격이 점차 바뀌어 갔다.[1] 비록 때로는 전투도 치렀지만, 대부분의 작전은 광대하게 뻗어나가는 영국의 해양제국을 순찰하고 보호하는 것이었다. 영국 해군은 제국팽창 과정에서 매우 중요한 역할을 했는데, 중국을 상대로 한 아편전쟁이 그 대표적인 예라 할 수 있다. 활동 중에 해군 파견단은 군사작전을 지원하기 위하여 바다에서 멀리 떨어진 강이나 육지까지 진출하기도 했다.[2] 해군의 역할 변화는 감염병 유행 분포

---

1) D.O. Spence, A History of the Royal Navy: Empire and imperialism, London: I.B. Tauris, 2015; Miles Taylor(ed.), The Victorian Empire and Britain's Maritime World, 1837–1901: The Sea and Global History, Palgrave Macmillan: Basingstoke, 2013; Peter Padfield, Rule Britannia: The Victorian and Edwardian Navy, London: Routledge and Kegan Paul, 1981.

2) Mark Simner, The Lion and the Dragon: Britain's Opium Wars with China, 1839–1860, Stroud: Fonthill, 2019.

의 주요 변화와 일치하는 동시에 영향을 끼치기도 했는데, 예를 들어 18세기 말부터 영국과 프랑스 사이의 전쟁이 이어지는 동안 황열병이나 페스트와 같은 감염병이 이전에 비해 더욱 널리 확산되기 시작했다.[3] 그러나 무엇보다 주목할만한 사건은 인도 아대륙에 국한되어 발생하던 콜레라의 세계적인 대유행이었다.[4] 1820년대부터 콜레라는 인도의 동부에서 서부지역으로 퍼져 나갔고, 세계 곳곳에서 창궐하게 되었다.[5] 항행(航行)은 콜레라 전파의 가장 결정적인 요인 중 하나였으며, 필연적으로 해군의 작전에 영향을 끼쳤다. 1830년대부터 점차 증기동력선이 범선을 대체하기 시작하면서, 감염된 이들이 콜레라의 증상이 발현하기 전에 먼 거리를 이동할 수 있게 되어 특히 문제가 되었다. 이러한 이유로 1866년 콘스탄티노플에서 국제위생회의가 소집되었는데, 이 회의의 목적은 콜레라가 유럽으로 유입되는 것을 막기 위해 중동에 위생 완충지대를 조성하는 것이었다.[6] 하지만 문제는 인도의 동부지역에서는 방역조치가 거의 실시되지 않았다는 점이다.[7]

3) Mark Harrison, A Global Perspective: Reframing the History of Health, Medicine, and Disease [Positioning Paper], Bulletin of the History of Medicine, 89, No.4, 2015, pp.639-689; idem, Disease and World History from 1750, in J.R. McNeill & K. Pomeranz(eds.), The Cambridge World History, Volume II: Production, Destruction, and Connection, 1750-Present. Part i: Structures, Spaces, and Boundary Making, Cambridge: Cambridge University Press, 2015, pp.237-257.

4) Mark Harrison, The Dreadful Scourge: Cholera in Early Nineteenth-Century India, Modern Asian Studies, 54, No.2, 2019, pp.1-52.

5) Robert Peckham, Epidemics in Modern Asia, Cambridge: Cambridge University Press, 2016; Christopher Hamlin, Cholera: The Biography, Oxford: Oxford University Press, 2009.

6) Valeska Huber, The Unification of the Globe by Disease? The International Sanitary Conferences on Cholera, 1851-1894, Historical Journal, 49, No. 2, 2006, pp.456-476.

7) 홍콩처럼 검역소가 존재하던 곳에서도 검역은 간헐적으로 실시되는 경향을 보였다(Robert Peckham, Spaces of Quarantine in colonial Hong Kong, in A. Bashford(ed.), Quarantine: Local and global Histories, London: Palgrave, 2016, pp.66-84).

영국 해군은 콜레라가 해상작전에 미치는 위협뿐만 아니라 검역과 같은 방역위생조치가 해군선의 이동의 자유를 방해할 가능성이 있음을 정확히 인지하고 있었다. 해군은 선원들의 건강을 제대로 보호하는 동시에 이동의 자유에 대한 제약을 최소화하는 것 사이에서 균형을 유지해야 했다. 이 글의 목적은 영국 해군이 어떻게 상기의 상충하는 문제를 해결하고자 했는지 살펴보고, 이를 통해 영국의 제국사는 물론 질병 및 의학사에서 간과되어온 측면들을 재조명하는 것이다. 이 글과 관련된 학문적 접근 중 하나는 국민국가들이 어떻게 감염병을 통제하고자 했는지 그 방식을 살펴보는 것이다. 당시 방역은 오늘날처럼 국가의 최우선적 의무로 여겨졌지만, 이것이 정확히 어떻게 실시되어야 하는가에 대해서는 논란의 여지가 있었다. 몇몇 국가에서는 시민의 자유와 공익 사이의 균형에 대한 논쟁이 펼쳐졌고, 검역과 같은 조치가 무역에 끼친 영향 역시 사람들의 근심거리가 되었다. 개별 국가 또는 제국의 고유한 이해관계를 고려할 때, 방역에 관한 질문의 해답은 언제나 달랐다.

역사학자들 사이에서는 위생규칙과 이를 뒷받침하는 의학적 이론이 정치적 고려에 의해 얼마나 영향을 받았는가에 대한 논쟁이 오랫동안 존재해 왔다. 이 논쟁은 미국의 의학사가인 어윈 아커크네히트(Erwin Ackerknecht)가 1948년에 발표한 획기적인 논문에서 비롯되었다. 콜레라균을 비롯한 병원체는 19세기 후반까지 발견되지 않았기 때문에, 그 전까지는 질병의 원인이나 전파 경로에 대한 이론을 뒷받침할 명확한 근거가 없었다. 따라서 아커크네히트는 감염병의 원인과 전파(그리고 위생정책)에 대한 19세기 중반까지의 논쟁은 의학적 근거 보다 이념이나 사상의 영향을 받았다고 주장했다.[8] 그의 견해에 따르면, 정치적 전통(보수주의와 자유주의)은 유럽의 여러 나라들이 콜레라, 페스트, 황열병과 같은 감염병을

8) Erwin H. Ackerknecht, Anticontagionism between 1821 and 1867, Bulletin of the History of Medicine, 22, 1948, pp.562-593.

통제하기 위해 시도했던 방식과 의학계가 병의 특성을 바라보는 관점에 지대한 영향을 미쳤다. 그는 러시아와 같이 전제주의 체제 국가는 강력한 검역체계를 선호했고, 선임 의사들은 이를 뒷받침하는 사람 간의 전파이론을 지지하기 위해 최선을 다했다는 점을 확인시켜 주었다. 반면, 영국과 같은 자유주의 국가들은 보다 유연한 방식을 선호했는데 그 나라들의 관리나 의사들은 질병이 사람 간에 전파되기 보다 더러운 공기(독기)에서 비롯된다는 이론에 주목했다. 이러한 입장은 때때로 '반(反) 감염주의' 또는 '비(非) 감염주의'로 불리기도 했다. 이렇듯, 각 나라별 위생정책은 이념적 성향의 작동이었다는 것이다.

셸던 왓츠(Sheldon Watts)와 같은 일부 대영제국사가들 역시 유사한 주장을 해 왔는데, 영국 정부 부처는 어떤 대가를 치르더라도 제국내 어느 곳에서든 검역을 피하고자 했다는 것이다.[9] 하지만 그러한 주장에는 비판의 여지도 있다. 예를 들어, 많은 역사가들은 아커크네히트의 감염주의와 반 감염주의의 이분법은 지극히 단순한 설명이라고 비판했다. 왜냐하면 대부분의 의료인들의 입장은 양극 사이의 어딘가에 위치했기 때문이다.[10] 역사가 피터 볼드윈(Peter Baldwin) 역시 방역 전략은 이데올로기적 차이에서 비롯된 산물이 아니라 질병에 대한 다양한 역사적 경험의 결과라고 주장한다. 예컨대 그는 각국의 방역전략은 감염원에 대한 지리적 근접성에 의해 크게 좌우된다고 보았다. 그 결과, 콜레라나 페스트의 감염원에 근접한 유럽 대륙 내 국가들(예를 들어 지중해나 아시아와 국경이 맞닿은 곳)은 비교적 멀리 떨어진 영국과 같은 나라 보다 검역을 선호하는 경향을 보

9) E.g. Sheldon Watts, From Rapid Change to Stasis: Official Responses to Cholera in British-Ruled India and Egypt: 1860 to c.1921, Journal of World History, 12, No.2, 2001, pp.321-374.

10) See Christopher Hamlin, Predisposing Causes and Public Health in Early Nineteenth-Century Medical Thought, Social History of Medicine, 5, 1992, pp.43-70; Margaret Pelling, Cholera, Fever, and English Medicine, 1825-1865, Oxford: Clarendon Press, 1978.

였다고 주장한다.[11)]

볼드윈이 '지리역학적'요인의 중요성을 강조하는 것은 일견 타당한 면이 있지만, 방역에 대한 지리학적 영향은 거의 불분명하며 정치적 열망이나 문화적 편견에 의해 좌우되었을 가능성도 있다.[12)] 볼드윈의 주장이 가지는 또다른 문제점은 정치를 이데올로기와 동일시하는 경향을 보인다는 점이다. 이는 국정상의 실용주의를 무시하는 주장이기에 문제가 있다. 필자가 다른 글에서 주장해 온 바와 같이, 여러 국가들의 정부는 위생 정책에 접근하는 방식에 있어 일관성이 거의 없었고, 경쟁국에게 경제적 타격을 가하거나 자국의 지역 여론을 달래기 위해 종종 기회주의적인 방식을 채택하기도 했다.[13)] 이와 같은 실용주의노선은 대영제국 전역에서 명백하게 나타났다. 영국정부나 해외 소재의 정부기관들이 가능한 한 검역을 피하려고 했다는 왓츠의 주장은 대체로 옳지만, 예외적인 경우도 많았다. 수에즈 운하의 사례에서 보여지는 것처럼, 국제적으로 더욱 불리한 규제를 모면하기 위해서 영국은 때때로 식민지의 항구에서 검역을 실시할 준비가 되어 있었다.[14)] 다른 국가의 정부들과 마찬가지로 영국정부는 공중보건 상 바람직하다고 판단되는 것과 경제적 측면에서 고려해야 할 문제, 그리고 국민들과 더불어 국제사회가 기대하는 것 사이에서 균형을 맞추고자 애썼다. 지금도 이와 같은 섬세한 균형을 목도할 수 있다.

---

11) Peter Baldwin, Contagion and the State in Europe, 1830–1930, Cambridge: Cambridge University Press, esp. 1999, pp.556–557.

12) See for example, Krista Maglen, A World Apart: Geography, Australian Quarantine, and the Mother Country, Journal of the History of Medicine and Allied Sciences, 60, No.2, 2005, pp.196–216.

13) Mark Harrison, Contagion: How Commerce has Spread Disease, Newhaven and London: Yale University Press, 2012.

14) Mark Harrison, The Great Shift: Cholera Theory and Sanitary Policy in British India, 1876–1879, in M. Harrison and B. Pati(eds.), Society, Medicine and Politics in Colonial India, London: Routledge, 2018, pp.37–60; Mark Harrison, Contagion, 2018, pp.166–173.

이처럼 다양한 요인 간의 상호 작용을 추적해 나감으로써 우리는 국가 기관이 특정 선택과 행동을 한 이유에 대해서 보다 정확한 이해를 얻을 수 있다. 이때 군대가 남긴 방대한 양의 기록은 이와 관련하여 중요한 통찰력을 우리에게 제공해 준다. 질병의 발생에 관한 막대한 양의 공식 문서 외에도, 의료인과 의사결정자가 방역과 관련해 어떤 방식으로 실용과 이론 사이의 복잡한 문제와 씨름했는지에 대해 윤곽을 그릴 수 있는 공식 성명 및 과학출판물 그리고 개개인이 남긴 기록들도 있다. 수많은 지역에서 영국 해군은 거의 끊이지 않고 콜레라와 같은 감염병 문제에 직면했기 때문에, 이러한 주제의 연구에 특히 적합한 대상이라 할 수 있다. 영국 해군이 복무한 다양한 상황들을 살펴봄으로써 아커크네히트나 볼드윈의 주장이 어디까지 일반화될 수 있으며 유럽 이외의 지역에 적용될 수 있는지 여부를 판가름할 수 있을 것이다. 런던 소재의 해군성과 해군선에서 복무한 해군의들(surgeons)[15] 모두 비록 항상 일관된 방식은 아니었지만, 그들이 직면한 상황에서 이념적이기 보다 실용적으로 대응했다고 볼 수 있다. 이와 유사하게 해군성은 종종 질병의 이론 및 위생 규칙에 대해 정부의 타 부처와 다른 관점을 취했는데, 특히 중앙보건위원회(the General Board of Health)나 추밀원과 이견을 보였다. 전자는 검역에 대해 매우 부정적인 반면, 후자는 검역을 실시할 준비가 되어 있었다. 이 글에서 필자는 지역의 '지식 생태계'[16]가 제국의 중심부에서나 영국 해군의 여러 작전지역에서 정치적 이해를 제약하기도 하고 때때로 모호하게 만들었으며 증폭시키기도

15) '외과의사(surgeon)' 또는 '외과의사 보조(assist surgeon)'라는 용어는 외과의를 지칭할 뿐만 아니라 일반적으로 영국 해군선, 해군병원 또는 해병대가 파견된 육지에서 복무한 거의 모든 의료 장교에게 사용되었다. 이름이 암시하는 바와 달리, 해군의가 수행한 작업의 대부분은 '내과', 특히 질병관련 치료였다. 전투나 복무 중에 발생한 부상의 경우, 간혹 수술을 포함한 의료업무를 보기도 했다.

16) '지식 생태계'란 지식의 생산에 영향을 미치는 '사회'와 '자연', 물질적 및 이념적 결합의 작업장 문화를 뜻한다(참고, Ecologies of Knowledge: Work and Politics in Science and Technology, Susan Leigh Star(ed.), Albany, NY: SUNY Press, 1995).

하는 등 다양한 영향을 끼쳤다는 점을 그려내고자 한다.

Ⅱ. 19세기 중반 영국 내 콜레라 유행

콜레라는 1831과 1832년에 걸쳐 처음으로 영국에 전파되었으며, 이후 1848년까지는 유행하지 않았다. 오랜 기간 콜레라가 발생하지 않자 이 병에 관심을 가졌던 이들도 거의 사라졌고, 항해와 관련해서도 논의가 폭넓게 이루어지지 않았다. 그 결과, 1840년대 후반 유럽에 콜레라가 다시 등장했을 때 콜레라의 발병원인이나 감염성 여부에 대한 일치된 의견이 거의 부재한 상태였다. 한 편에서는 콜레라가 사람과 사람 간에 전파될 수 있다고 주장했고, 다른 한 편에는 이 병이 이상기후나 열악한 위생환경으로 인해 자연적으로 발생한다고 믿는 사람들이 존재했다. 대부분의 의료인들은 그 중간적 입장을 취하며 특정 조건 하에서 그 병이 전파될 수 있다는 가능성을 열어 두었다.[17] 그러나 영국 정부 내에서, 특히 문관인 에드윈 채드윅(Edwin Chadwick)이 지휘하는 중앙보건위원회의 입장은 사람과 사람 간의 전파 이론을 포함한 감염이론에 매우 적대적이었다. 존 서덜랜드(Dr John Sutherland)가 작성한 1848-1849년 유행에 대한 보고서를 살펴보면 '대중적 편견'이라는 표현을 제외하고는 감염에 대한 언급이 거의 없고 대신 지역의 환경이 중요하다는 점이 강조되었다. 그리고 오물 제거, 과밀 수용 해소 및 환기 개선과 같은 개혁안이 해결방법으로 제시되었다.[18]

중앙보건위원회는 의학적 견해와 경험 면에서 자신들의 입장을 강화해 줄 의료전문가를 찾았는데, 서덜랜드는 그에 딱 맞는 인물이었다. 또한

---

17) Margaret Pelling, Cholera, Fever and English Medicine, 1825-1865, Oxford: Clarendon Press, 1978.

18) John Sutherland, Report of the General Board of Health on the Epidemic Cholera of 1848 and 1849, London: W. Clowes, 1850.

해상 경험이 풍부한 전문가들도 필요로 했는데, 가장 대표적인 인물 중 하나가 지중해와 대서양을 횡단하는 우편선에서 근무했던 의사 개빈 밀로이(Gavin Milroy)였다. 밀로이는 검역시스템에 대해 매우 비판적이었는데, 1848-1849년과 1853-1854년에 콜레라가 유행하는 동안 그의 입장이 자유무역의 지배적인 풍조와 일치하면서 중앙보건위원회의 의료 감독관으로 고용되기에 이르렀다. 1850년 자메이카에서 콜레라가 발생했을 때에는, 식민성에 파견되어 해당 섬의 위생상태를 보고하도록 명 받았다.[19] 임기 내내 밀로이는 중앙보건위원회와 뜻을 같이하며 검역에 대해 완강하게 반대하는 입장을 취했다. 1849년 콜레라 유행에 대한 보고서에서는 선상에서 발생한 콜레라는 불량한 환기와 열악한 위생상태에서 비롯된 것이라고 주장하며 접촉감염의 가능성을 차단했다.[20]

검역에 대한 중앙보건위원회의 완고한 반대는 일견 19세기 중반 영국에서 '반 감염주의'의견이 지배적이었다는 아커크네히트의 주장이 입증되는 것처럼 보이게 한다. 그러나 중앙보건위원회의 의견을 두고 의학적 견해의 옳고 그름은 말 할 것도 없이 정부 전체의 입장을 대표하는 것으로 파악하는 것은 오산이다. 위원회는 콜레라 문제를 해결해야 하는 유일한 정부조직이 아니었으며, 다른 부처들은 보다 실용적인 견해를 피력했다. 해군을 총괄하는 해군성의 경우도 마찬가지였다. 1848년과 49년 콜레라가 유행했을 당시, 해군은 포괄적인 방법을 동원해서 콜레라에 대처했는데 검역과 더불어 일반적 위생관리조치를 권장했다. 대부분의 해군의(海軍醫)들 사이에서는, 콜레라의 발생원인이나 감염성에 관한 명확한 결론이 도출되지 않았다. 채텀(Chatham), 로체스터(Rochester) 그리고 스

19) Mark Harrison, Milroy, Gavin(1805-1886, physician and epidemiologist, Oxford Dictionary of National Biography, http://www.oxforddnb.com/.
20) General Board of Health, Report on Quarantine, London: W. Clowes, e.g. 1849, p.154.

트루드(Strood)의 조선소에서 발생한 콜레라에 대해 설명한 해군의 토마스 스트래튼(Thomas Stratton)이 강조한 것처럼, 이들 선박 사이에서 발생한 것은 물론이고 여타 콜레라의 발병 상황은 각각 다른 방식으로 해석될 수 있는 것이었다.[21] 그러나 당시 의료인들이 사용한 용어는 혼동을 일으키기 쉽다. 스트래튼이 설명하는 것처럼, '감염(infection)과 (접촉)감염(contagion)이라는 단어는 때때로 다른 의미로 사용되고 있는데 어떤 이는 동의어로 사용하기도 하고 다른 이는 감염에 정확한 의미를 부여하여(접촉)감염과 구별하는 반면, 또 다른 이는 그 반대의 상황으로 구별하여 사용하기도 한다.'[22] 스트래튼은 콜레라가 '어느 정도는 감염성이 있다'는 견해를 취했지만, 이것이 무엇을 의미하는지 정확히 파악하기는 힘들다.[23] 대부분의 해군의와 마찬가지로 그는 여러 가능성을 두고 열린 생각을 유지했다. 다른 것들은 차치하더라도, 이처럼 많은 해군의들은 어떤 특정한 이론의 한계에 얽매이는 것을 주저했다.

Ⅲ. 몰타

해군의의 유연한 입장은 1850년 몰타 섬에서 콜레라가 창궐했을 때처럼 함선의 군의나 함장이 그 병에 대해 정보가 거의 없는 상태에서 특히 중요했다. 영국 해군 함대가 몰타의 발레타(Valetta) 항에 도착했을 당시, 그곳에는 콜레라 유행의 징후가 없었고 수병들은 모두 건강했기에 상륙이 가능했다. 그러나 5월 18일 만드라지오(Mandragio)라는 마을의 저지

21) Thomas Stratton, History of the Epidemic of Cholera in Chatham, Rochester, and Strood, in 1849; in a letter to Sir William Burnett, M.D., K.C.B.; K.C.H., Medical Director-General of the Navy, Edinburgh: Adam & Charles Black, 1851, p.2.

22) 위의 책, p.31.

23) 위의 책, pp.31-32.

대 과밀지역에서 콜레라로 의심되는 사례가 발생했는데 이 곳은 1815년 페스트 창궐의 중심지로도 악명이 높았다.[24] 10일이 지난 후 콜레라 사례가 추가로 보고되었고, 6월 5일과 9일에도 각각 1건씩 추가되었다. 그 후 콜레라는 빠르게 퍼져나갔다. 고조(Gozo) 섬의 주민을 포함한 123,000명의 인구 중, 7월에만 796명의 환자가 민간인들 사이에서 발생했고 그중 356명이 사망했다. 8월에는 1,391명의 환자와 907명의 사망자가 발생했고, 익월에는 23명의 감염자 중에 20명이 사망에 이르렀다.[25]

6월 15일 처음으로 함선 칼레도니아(Caledonia)에서 환자가 발생하기까지 콜레라는 영국 해군 함대에 어떤 영향도 끼치지 않았다. 6월 말까지 8척의 해군선에서 콜레라로 인한 사망자가 발생했지만, 유사한 증상의 질환, 특히 극심한 설사증세를 보이는 질병이 만연하고 있었기에 콜레라로 진단하는데 있어 약간은 불확실한 면도 있었다.[26]

설사는 오랫동안 콜레라의 '전조' 징후, 즉 콜레라로 발전할 수 있는 일종의 경고로 여겨졌다. 당시 많은 이들은 콜레라가 질병 스펙트럼의 한쪽 끝에 존재했으며, 일반적인 설사에서 비롯된 경미한 증상에서 시작된다고 생각했다. 병세가 어디까지 악화될지는 육체의 피로정도나 주변 환경에 의해 환자가 얼마나 쇠약해진 상태인가를 포함한 여러 조건에 달렸다고 보았다. 콜레라의 전조 징후로 설사가 나타난다는 개념은 아마도 영국령 인도에서 시작된 것으로 생각되는데,[27] 1840년대에는 영국 내의 많은 의사들도 그 이론에 동의했다. 서덜랜드가 쓴 1848-49년 유행 보고서에서도 콜

---

24) Joseph Skinner, 'On the Late Plague at Malta', The Philosophical Magazine, 45, 1815, p.242.

25) Journal of Surg. George Mackay, 01/10/1849-08/03/51, Further Remarks, folio [hereafter, f.71, HMS Powerful, ADM 101/113/6, The National Archives [hereafter, TNA], London.

26) 위의 문헌.

27) 예를 들어 1832년 1월 9일자 런던의학회 회보에 실린 글에서도 이러한 점을 엿볼 수 있다(James Johnson, Cholera; its premonitory symptoms and subsequent fever in England, Lancet, 1, 14 January, 1832, pp.869-870).

레라는 매년 여름에 흔히 발생하는 설사와 증세의 정도에 차이가 있을 뿐이라는 주장이 적혀 있다.[28] 이러한 견해는 콜레라가 외부에서 유입된 것이 아니라 국내에서 발생한 것이기에 검역은 필요하지 않다는 중앙보건위원회의 주장에 힘을 실어 주었다. 그리고 그는 콜레라를 처리하는 확실하고 유일한 방법은 오물을 제거하는 것이라고 역설했다.[29] 많은 사람들이 콜레라를 개별 질병으로 본 것이 아니라 질병 스펙트럼의 한 지점으로 여겼기 때문에, 언제 유행이 시작되었는지 판단하기는 어려웠다. 이러한 상황은 육지에서 당국이 보내는 산발적인 보고에 의존해야 하는 함선 내 해군의들에게 특히 그러했다. 콜레라가 질병의 넓은 스펙트럼의 한 지점에 위치한다는 견해는 병이 점차 확산되면서 증상의 정도가 서서히 심해진다는 믿음을 조장하기도 했다. 예를 들어 1849년 군함 아폴로(Apollo)에서 콜레라가 창궐한 것은 배가 4개월 동안 바다에 머무른 후의 일이었다고 여겨졌는데, 그 전의 사례들은 단순히 심한 설사로 분류되었다.[30]

콜레라 유행의 '지연된 발병'이론을 지지한 사람 중에는 몰타에서 발생한 콜레라에 대해 정확하게 기술하여 보고한 해군의 조지 맥케이(George Mackay)도 포함된다. 맥케이는 영국군함(HMS: Her Majesty's Ship) 테러블(Terrible)의 선원 사이에서 본격적으로 콜레라가 발병하기 전에 그들이 설사병을 앓기 시작했다는 사실을 발견했다. 비록 그는 그 설사 증세가 '콜레라성 기류가 만연하기 시작한' 것에서 기인한다고 보았지만 말이다.[31] 맥케이는 이 '독기(poison)'가 배를 포함한 여러 다른 장소에 동시에 영향

28) Christopher Hamlin, Commentary: John Sutherland's Epidemiology of Constitutions, International Journal of Epidemiology, 31, 2002, p.916.
29) Christopher Hamlin, Public Health and Social Justice in the Age of Chadwick: Britain, 1800-1854, Cambridge & New York: Cambridge University Press, 1998, chaps.8-9; Pelling, 앞의 책, Cholera, Fever and English Medicine, 1998, chaps.1-2.
30) Bronwen E. J. Goodyer, An assistant ship surgeon's account of cholera at sea, Journal of Public Health, 30, No.3, 2008, pp.332-338.
31) George Mackay, 앞의 글, Journal of Surg., f.72.

을 미칠 수 있을 뿐만 아니라 공기 또는 '여행자나 선박의 경로'를 통해 이동할 수 있다고 믿었는데, 이러한 이론은 당시 꽤나 유행했다.[32] '이동하는 콜레라'라는 개념은 1849년 콜레라에 대한 에세이에서 스트래튼이 요약한 바와 같이 '감염'이론과 양립할 수 있는 것이었다.

오늘날 '감염(infection)'이라는 용어는 인플루엔자나 감기와 같이 사람 간에 전파되는 감염을 의미한다. 그러나 19세기에는 일반적으로 공기 중에 떠다닐 수 있는 소위 접촉성 매개물이나 질병을 유발하는 입자에 의해 간접적으로 질병이 전파되는 것을 뜻했다. 이러한 입자들은 특정 질병을 유발시키는 병원체로 간주되기 보다 공기 중에 얼마나 집중적으로 포함되어 있는가에 따라 다양한 질병을 일으킬 수 있는 물질로 여겨졌다. 이 개념에 따르면 감염은 대기가 더러운 증기로 가득 찬 항구에 선박이 도착하면서 발생할 수 있고 선내를 제대로 환기시키지 않는다면 그 선박으로 인해 다른 항구로 전파될 수 있는 것이었다. 유독(有毒) 입자로 오염된 의복이나 화물은 동일한 효과를 가질 수 있으며, 선내에서나 오염된 화물을 하역한 항구에서 발병을 일으킬 수 있다고 여겨졌다.[33] 이러한 예상으로 인해 일부 항구에서는 입항하는 선박이 감염된 항구에서 출발했을 경우 일정 기간 검역을 실시했다. 그러나 일각에서는 선박이 청결을 유지하고 환기를 잘 시켰다면 검역이 필요하지 않다는 주장도 제기되었다.[34] 후자의 주장은 자유무역을 옹호하는 사람들에 의해 자주 이용되었는데, 해군이 해상작전을 실시하는데 있어 검역이 악영향을 미칠 것을 염려할 때도 유효하게 제기되었다. 그러나 감염이라는 개념 자체가 고난을 내포하기도 했다. 항

---

32) Projit Bihari Mukharji, The "Cholera Cloud" in the Nineteenth-Century "British World": History of an Object-Without-an-Essence, Bulletin of the History of Medicine, 86, No.3, 2013, pp.303-332.

33) David Barnes, Cargo, "Infection" and the Logic of Quarantine in the Nineteenth Century, Bulletin of the History of Medicine, 88, 2014, pp.75-101.

34) John Gamgee, Yellow Fever, a nautical disease: its origin and prevention, M17922, The Wellcome Library, 1879.

구에 '콜레라성 기류'가 존재하거나 의심이 가는 경우, 함장은 항구를 떠나는 것 외에 선택지가 거의 없었다. 이는 불편을 야기하거나 작전을 방해할 수도 있는 요소였다.[35] 다행이도 이러한 상황은 몰타의 경우에는 해당되지 않았다. 모든 해군선들이 발레타를 떠나고 약 10일 후에 선상에서 콜레라 유행이 진정되었다는 사실이 이러한 조치에 정당성을 부여했다. 해군의와 함장은 함대가 섬에 부유하는 감염된 공기 벨트 밖으로 빠져나왔기 때문에 콜레라가 진정되었다고 결론지었다.

Ⅳ. 흑해

상기의 조치가 표면상 성공을 거뒀다는 것은 4년 후 흑해에서 콜레라 유행에 직면했을 때 많은 해군 지휘관들이 이를 활용한 것에서 알 수 있다. 그곳에서 영국과 프랑스는 대규모 함대를 소집했는데, 이는 나중에 크림전쟁(1854-1856)이라 불리는 러시아를 상대로한 원정을 준비하기 위해서였다. 몰타의 경우처럼 콜레라는 병의 징후가 없던 해군선에서 발생했으며, 이들 중 많은 수가 해당 전역(戰域)에 도착한 지 얼마 지나지 않아 발병했다. 1854년 7월과 9월 사이, 흑해에 머물던 함대에서 653건의 콜레라 환자가 발생했으며 그중 356명이 사망했다.[36] 흑해에서 콜레라의 피해를 입은 대표적인 해군선으로 이오니아 제도를 출발해 7월 초에 입항한 영국 군함 다이아몬드(Diamond)호를 들 수 있는데, 입항 당시 해군들의 건강상태는 매우 양호했다. 그러나 바르나(Varna)북쪽의 불가리아 해안에 위치한 발직(Baljick)에 도착하고 며칠이 지나자 수병들의 상태가 악화되어 갔다. 처음에는 설사를 했고 점차 콜레라 증세로 발전했는데, 이것이 영국

35) George Mackay, 앞의 문헌, Journal of Surg., ff.73-4, ADM 101/113/6, TNA.
36) Sir William Smart, On Asiatic Cholera in Our Fleets and Ships, Transactions of the Epidemiological Society of London, 5, 1885-6, p.102.

함대에 보고된 첫 번째 사례이다. 당시 해당 군함의 해군의였던 윌리엄 스마트(William Smart)에 따르면 선창과 하부갑판의 환기, 석회염소를 이용한 소독, 하부갑판의 과밀화 해소, 엄격한 개인 청결 유지, 소화가 되지 않는 음식을 섭취하거나 바다에 투기하는 행위 금지 등 '가능한 모든 예방조치'가 취해졌다.[37] 불량한 식단, 열악한 위생, 낮은 사기, 피로 및 기타 요인은 일반적으로 공기 중에 존재하는 악성 기운을 증폭시키는 것으로 간주되었으며, 가능한한 시정되어야 할 문제로 여겨졌다.[38]

그러나 스마트의 견해에 따르면, 질병의 심각성을 결정하는 요인은 바로 그가 '감염병력'이라고 명명한 것이었다. 이것은 단순히 기류의 상태만이 아니라 기류에 노출되는 선박의 구조와 크기에 따라서도 다른 결과가 빚어질 수 있다는 이론이다. 발틱함대의 예에서 엿 볼수 있듯이, 대규모의 전열함은 소형 함선 보다 콜레라에 더 많이 감염되는 경향을 보였는데, 이는 아마도 소형 해군선은 승선원이 적고 덜 혼잡했기 때문이라고 추측했다. 또한 범선 보다 증기선에서 콜레라가 더 많이 발생했는데, 범선의 경우 통풍이 더 잘되었기 때문이라고 보았다. 스마트는 몰타의 경우에서 알 수 있듯이 함선의 크기에 상관없이 콜레라가 유행하는 항구를 벗어나는 것이 최선의 선택이라고 여겼다. 스마트가 언급한 바에 따르면 '승선원의 체내에 병을 일으키는 균이 잠복하고 있을 수 있지만 … 콜레라가 창궐하는 지점에서 멀어지고 주변 기류의 조건이 바뀌면서 세균이 증식할 가능성이 적어지는 것이다.'[39]

스마트가 세균에 대해 언급한 점은 흥미롭지만, 그가 오늘날 이해되는 개념으로 그 단어를 사용한 것은 아니다. 콜레라를 일으키는 병균은 1884년까

37) Journal of Surgeon William R. Smart, HMS Diamond, 19/10/1853-31/12/1854, Further Remarks, ff.37-9, ADM 101/96/3, TNA.
38) Hamlin, 앞의 글, Predisposing Causes.
39) 앞의 글, f.45.

지 발견되지 않았는데, 스마트는 아마도 충분한 양이 인체에 주입되면 해로운 일종의 입자상 물질을 생각한 것으로 보인다. 여하간 해군선의 군의관들은 이론적인 추측보다는 효과적으로 여겨지는 여러 조치를 취하는데 더 많은 관심을 기울였다. 대체로 그들은 어떤 가능성도 배제하지 않도록 주의를 기울였는데, 그중에서 특히 환기를 강조한 것도 이런 이유에서 비롯되었을 것이다. 콜레라가 독기에서 발생한다고 믿든 환자의 호흡을 통해 나온다고 믿든 간에 환기는 공기 중의 유해 요소의 농도를 감소시킨다고 보았기 때문이다. 스마트 역시 비슷한 이유로 가능하면 갑판 아래에 사람이 너무 많이 모이는 것을 피하고, 병실에 배치된 수병이 환자의 호흡에 장기간 노출되는 것을 막기 위해 12시간 중 4시간 이상 그 곳에서 머물지 않도록 권장했다. 대신 상층 야외에 임시 병상을 마련하도록 제안했다. 마지막으로 스마트는 공기를 정화하기 위해 가능하면 환자가 발생한 모든 선박은 바다로 보낼 것을 추천했다.[40)]

영국 해군선 알비온(Albion)을 포함한 흑해의 다른 함선에서도 유사한 조치가 취해졌는데, 알비온에서 복무한 해군의 메이슨(R. D. Mason)은 몰타에서 실시된 것처럼 배를 바다로 보내는 방법을 지지했다. 그러나 그 배의 함장은 망설였고, 결국 그 조치로 효과를 보기에는 너무 늦어버렸다.[41)] 스마트와 마찬가지로 메이슨 역시 이론이 분분한 감염성 문제에 대해 열린 자세를 유지했지만, 밀폐된 공간에 환자들이 들끓을 경우 감염으로 발전할 수 있다고 보았다. 감염의 가능성을 받아들인다고 해도 그가 실시하고자 한 조치는 공기를 정화시키기 위한 것이었음으로 콜레라가 감염성 질병이든 순수하게 독기로 비롯된 질병이든 상관없이 효과가 있을 것이

40) William R. Smart, 앞의 문헌, Journal of Surgeon, f.46, ADM 101/96/3, TNA.

41) Surgeon R.D. Mason, HMS Albion, journal 01/01/1854-05/01/1856, Further Remarks, ff.74-5, ADM 101/83/2.

라고 판단했다. 메이슨은 1849년 콜레라 유행 당시 플리머스(Plymouth) 병원에서 발생한 사례가 환기나 소독 등을 통해 어떠한 감염이나 감염성 요인을 쉽게 제거할 수 있음을 시사한다고 언급했다. 그의 견해에 따르면, 콜레라는 본질적으로 오염된 공기에 의해 발생하는 질병이었다.[42)]

환기는 선내의 감염병 문제를 해결하는데 자주 사용된 방법이었지만 소수의 해군의는 그 중요성을 경시했다. 해군의 존 리즈(John Rees)는 불량한 환기로 인해 그의 함선인 브리타니아(Britnnia)에서 콜레라가 더욱 창궐했다는 지적을 단호하게 부인했다. 그러나 그의 입장은 함장의 부주의에 대한 비난을 불식시키기 위한 의도였을 가능성이 크다. 함장은 하부 갑판의 문을 닫도록 했는데, 그로 인해 환기가 제대로 이루어지지 않았다. 리즈는 또한 배를 바다로 보내는 것이 콜레라 발생 상황을 개선하기 보다 환자들을 모아 둔 중간 갑판을 더욱 붐비게 만들어 오히려 상태를 악화시킨다고 주장했다. 반면 리즈는 함장이 발직(Baljick)으로 복귀하도록 한 결정으로 함선의 청소와 소독을 적절하게 실시할 수 있었기에 현명한 선택이었다고 단언했다.[43)]

리즈의 설명은 일견 자기정당화처럼 들리지만, 콜레라 예방에 있어 공기에 초점을 맞추었던 지배적인 의견에 대해 일부의 다른 군의들 역시 과학적 근거를 가지고 이의를 제기했다. 그들 중에는 이전에 공기(즉 독기설)이론의 가장 충실한 지지자 중 하나였던 조지 맥케이(George Mackay)도 포함되어 있다. '1854년 이전의 콜레라 출현'에서 그는 '나는 "감염"이 [콜레라의] 전파와 거의 또는 전혀 관련이 없다고 생각했지만, 수송작전을 통해 콜레라가 선내로 유입되는 것을 목격하였고 또 수송작전에 투입된 이들 사이에서나 콜레라의 진원지에서 승선한 병사들 사이에서 특히 많이 발

42) 위의 문헌, f.75.
43) Surgeon John Rees, HMS Britannia, journal of 01/01/1854-14/03/1855, Further Remarks, ff.124-6, ADM 101/92/2, TNA.

생하는 것을 보면서 생각이 점차 바뀌었다'고 밝혔다. 그는 경험을 통해 콜레라가 감염성이 있다는 것을 확신하게 되었는데, 이러한 점에서 콜레라는 공기를 통해서가 아니라 사람과 사람 간에 전파되는 질병으로 생각되었다. 맥케이는 자신과 대화를 나눈 프랑스, 이탈리아 그리고 터키의 많은 의학자들이 자신의 견해를 공유했다고 주장했다.[44] 콜레라의 감염성을 보여주는 또다른 사례는, 바르나(Varna)에 정박한 프랑스 함선으로 인해 콜레라가 흑해에 유입된 것으로 보인다는 점이다. 그 전까지 바르나 항에서 콜레라는 발생하지 않았다.[45]

이러한 언급은 지식이 각 작전지역의 고유한 환경('생태계')과 개별 함선이 처한 조건에 의해 영향을 받은 정도를 나타낸다. 흑해에서의 작전 및 환경조건은 맥케이가 콜레라를 새로운 시각으로 바라보게 만들었다는 점을 의미했다. 그가 새로운 상황에 직면했을 때 기꺼이 기존의 생각을 바꾸었다는 사실 역시 해군의가 가졌던 실용주의에 대해 많은 것을 설명해 준다. 런던에서 영향력 있는 위치에 있던 내과의들과 달리 그들은 감염병을 예방하기 위해 필요한 모든 조치를 취하면서 상황에 따라 순응해야 했다. 왜냐하면 그들은 교조주의의 호사를 즐길 여유가 없었기 때문이다.

비록 맥케이는 콜레라가 감염성 질병이라고 확신하게 되었지만, 이 병을 유발하는 물질(들)이 어떻게 인체에 유입되는 지는 여전히 불투명했다. 그가 목도한 바에 따르면 두 가지의 가능성이 존재했다.

> 하나 또는 그 이상의 대형 함대에 물을 공급하는 과정은 매일의 일과였으며 발직(Baljick)의 수원지는 … 해변과 같은 고도에 있거나 군대가 진을 치던 주변의 평지보다 훨씬 낮은 곳에 위치했다. 물을 길러 오던 개울이나 샘물이 강도가 두 배로 증폭된 콜레라 바이러스를 체내에 보유한 수병들로 인해 오염되었을 가능성은 배제할 수 없다. 아니면

44) 위의 문헌, f.83.
45) 위의 문헌, ff.78-80.

> 많은 희생자들로부터 생겨난 콜레라 바이러스가 생존자의 옷과 몸에 달라붙어 나갔을 수 있고, 그것이 행군 중에 배로 날아 들었을 가능성도 있다.

이 두 가설 중에서 맥케이와 그의 함선 사령관은 식수를 통해 콜레라가 전파되었을 가능성이 더 높다고 판단했다. 결국 물을 확보하기 위해 수병을 육지에 보내는 행위가 금지되었고 수병들에게는 선상에서 증류한 물만 섭취하라는 명령이 내려졌다. 아가멤논(Agamemnon)에서는 31건의 콜레라 감염과 22건의 사망이 발생했지만, 다른 대형 함선에 비해 피해가 적었다. 맥케이는 급수 정화 조치로 인해 상대적으로 콜레라의 영향을 덜 받은 것이라고 판단했다. 콜레라 환자도 반갑판(half-deck) 아래의 선별실로 옮겨져 가능한한 다른 이들과 멀리 떨어졌고, 오염된 침구와 옷은 바다에 버렸다.[46)]

이러한 조치는 다이아몬드와 알비온을 포함한 대부분의 함선에서 실시한 것과 달랐다. 뿐만 아니라 런던의 존 스노우(John Snow)나 브리스톨의 윌리엄 버드(William Budd)와 같은 소수의 주목할 만한 이들을 제외하고는 영국 내 대부분의 민간 의사들이 권장하는 방법과도 달랐다. 역학적 근거에 기초하여 이 두 의사는 콜레라가 수인성 질병이라고 결론지었는데, 런던에서 발생한 콜레라 유행에 대해 스노우가 집필한 보고서는 이후 역학의 고전으로 꼽히게 된다. 그러나 두 의사들은 어떤 종류의 세균 또는 독소가 물을 오염시켰는가에 대해서는 추측에 그칠 수밖에 없었는데, 버드의 경우 그것을 일종의 곰팡이라고 믿었다.[47)]

해군의는 콜레라에 대해 교리적 입장을 고수하는 중앙 보건위원회와

---

46) 위의 문헌, ff.84–85.
47) John Snow, On the Mode of Communication of Cholera, London: John Churchill, 1849; William Budd, Malignant Cholera: It's Mode of Propagation, and Its Prevention, London: John Churchill, 1849.

대립각을 세우기도 했다. 1848년 이래로 보건위원회는 콜레라가 감염병이 아니라 지역에서 발생하는 질병(즉 자생적인 질병)이며 오물에서 뿜어져 나오는 독기로 인해 발생한다고 주장해 왔다. 당시 영국 정부는 검역을 무역 상의 장애요소로 여겼는데, 위원회는 검역의 필요성을 암시하는 감염이론에 적대적이었다. 비록 검역제도가 폐지되었던 것은 아니지만 영국정부는 콜레라를 대상으로 검역을 실시하는 것을 주저했고, 외국 항구에서 검역이 실시되었을 때 자국 무역에 미치는 부정적인 영향을 두고 강하게 불만을 표시했다.[48] 반면 일부 해군의는 감염 가능성을 배제하지 않았으며, 기술한 바와 같이 일부는 그 이론을 확고하게 지지하게 되었다.

감염성 문제를 둘러싼 정치적 민감성을 고려하며 해군 의무대 총감 버넷(Burnett)은 흑해에서 받은 보고를 주의 깊게 살펴보았다. 비록 그는 흑해 연안에 위치한 여러 항구의 비위생적인 환경에 주목했지만, 그러한 조건 자체로 감염병을 일으킬 수 있는지에 대해서는 회의적이었다. 오히려 버넷은 배에 질병이 퍼진 것이 호흡을 통해 환자의 몸에서 배출된 발산물질이 주요 원인이라고 결론 내렸다.[49] 그의 견해에 따르면, 콜레라가 창궐하던 마르세유에서 출발한 프랑스 함선을 통해 이 병이 흑해에 유입되었을 가능성이 가장 컸다.[50] 비록 버넷은 감염이론을 지지했지만, 수인성 콜레라 이론에 대해서는 언급하지 않고 오직 공기를 통한 감염만 거론했다.[51]

---

48) John Booker, Maritime Quarantine: The British Experience, c.1650–1900, Aldershot: Ashgate, 2007, chap. 15.

49) Pelling, Cholera, Fever and English Medicine, chap.5; Mark Harrison, Disease, Diplomacy and International Commerce: The Origins of International Sanitary Regulation in the Nineteenth Century, Journal of Global History, 1, 2006, pp.197–217.

50) Sir William Burnett, 'Report on the Cholera which attacked the Fleet in the Black Sea in August 1854, more particularly as relates to Her Majesty's Ships "Britannia", "Albion", and "Trafalgar", 1–2, 30 November 1854, MLN/199/6, NMM.

51) Christopher Lloyd and J.L.S. Coulter, Medicine and the Navy 1200–1900: Volume IV – 1815–1900, Edinburgh: E. & S. Livingstone, 1963, pp.142–144.

따라서 그는 콜레라를 예방하는 주요 수단으로 환기를 시키는 것에 방점을 찍었다. 이는 감염이론을 지지하는 쪽이나 콜레라가 주로 독기로 인해 퍼진다고 생각하는 사람들 모두에게 지지를 얻을 수 있는 견해이기도 했다.

영국 해군이 콜레라 유행에 대한 직접적인 책임을 피할 수 있었고 지금은 그 책임이 프랑스 함선에 있는 것처럼 보인다는 점에서도 감염이론은 해군에게 꽤나 유용했다. 그러나 런던의 정서를 고려할 때, 버넷은 중앙보건위원회가 반대 입장을 표명한 감염이론을 어디까지 밀어붙일 수 있을지 주의 깊게 살펴야 했다. 방역의 가장 좋은 방법으로 환기를 통해 공기의 질을 개선시키는 것을 제안함으로써 버넷은 보건위원회나 가빈 밀로이(Gavin Milroy)와 같은 위원회 소속 전문가들과의 간극을 크게 벌이지 않았다. 앞서 언급한 바와 같이 밀로이는 감염이론과 검역에 대한 그의 강력한 반대의견을 바탕으로 국내외 직책을 잇달아 맡았다. 이후 크림반도에 주둔한 육군과 해군 사이에서 발병한 질병을 조사하기 위해 구성된 위생위원회에 임명되었을 때, 그는 이전과 비슷한 결론에 도달할 것으로 예상되었다.[52] 실제 밀로이는 콜레라와 같은 질병의 발생 원인을 흑해 연안의 특정 지역과 특정 함선의 열악한 위생상태 때문이라고 설명했다. 버넷은 밀로이와 달리 선박 내의 열악한 환기 시스템에 의해 병이 전파될 수 있다고 믿었지만, 콜레라에 대한 해결책으로 위생과 환기 개선을 꼽았기 때문에 두 사람의 견해는 실제 충돌하지 않았다.

Ⅴ. 동아시아

흑해에서 콜레라가 발생하고 몇 년이 지난 후, 영국 해군은 제2차 아편전쟁(1856-1860)을 치르는 동안 중국에서 콜레라로 인해 극심한 피해를

52) 위의 책, pp.142-144.

입었다. 이 병이 영국 해군과 함께 유입되었는지에 대한 여부는 불분명하지만, 이전 사례처럼 전쟁을 치르는 동안 해군은 중국의 여러 지역에서 콜레라 유행에 직면했다. 1839년에 시작된 제1차 아편전쟁 기간 중 인도에서 파견된 영국군 사이에서 콜레라가 유행하여 이후 중국에 널리 퍼지게 되었고, 그 결과 민간인과 군인들 사이에서 수많은 사망자가 발생했다.[53)] 1856-1857년에 발생한 콜레라의 역학적 상황은 이보다 덜 명확하다. 영국군이 도착하기 전 중국의 주요 항구 몇 곳에서 콜레라 발병 사례가 산발적으로 보고되었고, 1858년 여름 영국 해군이 광저우에 도착했을 때 육지의 민간인들 사이에서 소수의 발병 사례가 전해졌다. 반면 영국 함선에서는 감염자가 없었고, 해군의 건강 상태는 전반적으로 양호한 것으로 알려졌다.[54)] 그러나 해병대가 도착한 후 콜레라는 해병들 사이에서 발생하기 시작했는데, 그들의 군의관은 그 원인을 지역의 위생 및 기상 조건 탓으로 돌렸다.[55)] 예를 들어, 군함 하이플라이어(Highflyer) 소속 군의 겸 광저우에 주둔하던 해병대대 소속인 찰스 커트니(Charles Courtney)는 콜레라가 고인 물 웅덩이와 논으로 둘러싸인 도시의 서문(西門)에 주둔한 해병대원들 사이에서 처음 발생했다고 언급했다. 또한 그는 이 질병이 일년 중 가장 더운 달과 비가 오는 날에만 발생했는데, '공기의 이상 전류상태'에 의해 발병했을 것이라고 추측했다.[56)]

---

53) David McLean, Surgeons of the Opium War: The Navy on the China Coast, 1840-42, English Historical Review, CXXI, 2006, pp.487-504; C.A. Gordon, An Epitome of the Reports of the Medical Officers to the Chinese Imperial Maritime Customs Service, from 1871 to 1882, London: Ballière, Tindall & Cox, 1884, p.126.

54) Frederic Percy, Medical and Surgical Journal of H.M. Forts in the Canton River, 1857-8', ADM 101/165, TNA.

55) Richard Winson, HMS Sanspareil, journal, f.22, ADM 101/166, TNA.

56) Charles Courtney, 'Essay on the Most Important Diseases of China', Appendix to the Journals of the Provisional battalion of Royal Marines serving at Canton and to HMS 'Highflyer', 1858-9, ADM 101/163, TNA.

이러한 관측 중 그 어느 것에도 버넷이 이해한 것과 같은 감염이론이나 감염의 가능성에 대한 언급은 없다. 해군의 길버트 킹(Gilbert King)이 관찰한 바와 같이, 선내나 해안가에 있던 환자들과 밀접하게 접촉한 이들 중에 콜레라에 걸린 사람은 아무도 없었다. 사람 간의 전파이론을 뒷받침할 확실한 근거가 없어 보였기에, 콜레라 방역조치는 대부분 함선의 청결관리와 환기로 구성되었다. 검역을 실시하고자 하는 움직임은 없었다.[57] 콜레라 발생에 관한 수인성 이론에 대한 지지 역시 많지 않았다. 비록 스노우(Snow)의 이론이 1860년대 중반이 될 때까지 영국 내에서 크게 지지를 받지 못했다지만,[58] 중국에 주둔하던 해군의 사이에서도 거의 지지를 받지 못했다는 점은 매우 놀랍다. 특히 그중 일부는 흑해에서 복무하던 시절에 수인성 이론을 지지했기 때문에 더욱 그렇다.

중국에서 복무하던 대부분의 영국 해군의들은 당시 인도와 대영제국 내의 다른 동부 지역에서 유행하던 위생-기후(sanitary-climatic) 콜레라 이론에 주목했다.[59] 커트니와 같은 다수의 해군의들은 인도군의 의무관들과 함께 복무한 적이 있을 뿐만 아니라, 인도에서도 상당 시간을 보내면서 인도 내 영국인들이 발전시킨 의학전통과 지식[60]을 습득할 수 있었다. 인도에 있던 많은 사람들의 생각처럼, 콜레라의 유행이 더운 계절과 그 후에 찾아오는 몬순 시기와 일치한다는 사실은 그 질병이 기후 요인과 관련되

57) Journal of Gilbert King, ff.8-10, HMS Sphinx, 1 October 1861-1 October 1862, ADM 101/173, TNA.

58) W. Luckin, The Final Catastrophe —cholera in London, 1866, Medical History, 21, No.1, 1977, pp.32-42.

59) Mark Harrison, Climates and Constitutions: Health, Race, Environment and British Imperialism in India 1600-1850, Delhi: Oxford University Press, 1999, pp.177-91; idem, A Question of Locality: The Identity of Cholera in British India, 1860-1890, in D. Arnold(ed.), Warm Climates and Western Medicine, Amsterdam: Rodopi, 1999, pp.133-159.

60) (역자 주) 콜레라와 같은 질병의 발생 원인을 두고 기후와 환경적 요인을 크게 강조하는 특징을 보여준다.

어 있음을 그들에게 시사했던 것이다. 번잡한 정착지나 광저우의 강을 수색하던 포함(砲艦)처럼 지저분한 배에 오물이 더해지면 필연적으로 콜레라가 발생하는 것처럼 보였다. 즉, 콜레라가 수인성 질병이거나 사람과 사람 간에 전파되기 보다는 기후나 환경에 기인한다는 이론이 그들의 많은 경험(인종적 편견과도 관련이 있는)과 일치했던 것이다.

1862년 태평천국의 난이 발발하였을 당시 해군소장 제임스 호프(Sir James Hope)경이 이끄는 함대가 중국정부군을 돕기 위해 파견되었을 때, 이러한 이론을 시험해 볼 기회가 충분히 주어졌다. 상하이에서 콜레라가 맹렬하게 창궐했는데, 이때 그의 함대 내에서 141명의 환자가 치료를 받았으며 그중 89명이 사망에 이르렀다. 그 전에 콜레라는 반군 사이에서 만연했는데, 상하이와 닝보를 포함하여 반군들이 포위한 도시로 퍼져 나갔다. 그 결과 이들 지역의 주민들과 항구에 정박한 많은 선박들은 극심한 피해를 입었다.

영국 함대 중 첫 번째 콜레라 사례는 코로만델(Coromandel)에서 발생했으며, 세 명의 감염자 중 한 명은 사망했다. 에우리알로스(Euryalus)에서는 39건 중에 21명이 사망했고, 임페리우스(Impérieuse)에서는 35명의 환자가 발생하여 그중 15명이 목숨을 잃었다. 나머지는 해안으로 파견된 부대에서 발생했다.[61)]

임페리우스와 코로만델의 수병들은 상하이에 정박해 있는 동안 콜레라에 감염된 것으로 보이지만, 에우리알로스에서 복무한 해군의 데이비드 로이드 모간(David Lloyd Morgan)에 따르면 해당 군함은 앞의 두 경우와 달랐다. 모간은 1862년 상하이에 도착했을 때 그곳과 주변지역에 위치한 반군 캠프에서 콜레라가 만연한 것을 목도했다. 그러나 그 배의 해군들은 같은 해 5월 사닝 원성(Kahding Expedition 또는 Jiading Expedition)

61) Gordon, 앞의 책, An Epitome, p.126.

으로 알려진 작전에 투입되기 위해 보트를 타고 강 상류로 올라가기 전까지 모두 건강했다. 자딩은 상하이에서 약 64km 떨어진 양쯔강 지류에 위치한 곳으로 반군이 장악한 요새 마을이었다. 그곳에서 에우리알로스 함대의 여단은 영국군 보병과 포병, 중국과 프랑스군의 보병, 그리고 상하이에서 강을 거슬러 올라온 소규모 해군 파견대와 합류했다. 해군 파견대가 도착했을 때 반군은 달아났고 중국 정부군이 마을을 점령했다. 이때 에우리알로스의 부대원은 주변 촌락을 수색하기 위해 상륙했다. 수병들이 복귀한 후 '가장 악성 유형'의 콜레라가 몇몇 보트에서 발생했으며, 여단이 배로 복귀한 후에도 발병이 이어졌다. 그 결과 총 40명의 환자와 21명의 사망자가 발생했고, 함대가 콜레라로 인해 손실을 본 시간은 도합 639일에 달했다. 놀랍게도 상하이에서 자딩까지 행군을 마치고 복귀한 1,500명의 부대원들 중에는 발병 사례가 한 건도 없었다. 물론 그중 일부는 원정 전에 콜레라에 감염되었다가 살아남은 이들도 있었지만 말이다. 상하이에서 충분한 양의 정수(淨水)를 실어 온 해군 여단의 일부도 콜레라 피해를 거의 입지 않았다.[62]

해당 사건이 있은 지 24년이 지난 후, 전 해군의였고 이후 작위를 받은 윌리엄 스마트 경(Sir William Smart)은 위의 감염 패턴을 스노우(Snow)가 주장한 수인성 콜레라 이론의 명백한 증거로 간주했다. 그는 에우리알로스의 수병들에게 평야를 가로질러 흐르는 개울과 자딩의 요새 성벽 아래에 흐르는 하천 외에는 마실 물이 없었다고 지적했는데, 모두 '나타나는 곳마다 질병을 퍼뜨린' 반군들에 의해 오염되었던 곳이었다.[63] 그러나 돌이켜보면 상황은 더욱 명확했다. 자딩에 있던 대부분의 이들은 물과 콜레라의 발병관계에 대해 전혀 몰랐고, 원정에 나선 사람들은 존 스노우나 그의 지지자들이 공유한 이론과 매우 다른 생각을 가지고 있었다. 예를 들어 데

62) Smart, 앞의 글, On Asiatic Cholera in Our Fleets and Ships, pp.94-95.
63) 위의 글, pp.95-96.

이비드 로이드 모건은 강물이 발진티푸스, 콜레라 그리고 열병을 일으키는 '말라리아성 독기'를 내 뿜었다고 믿었다. 이는 후에 스마트가 인간의 배설물로 오염된 물에 의해 감염되었다고 하는 '수인성'이론에 근거하여 이해한 것과 지극히 다른 견해였다.

콜레라의 유행에 있어 물의 역할에 대한 모건의 개념은 아마도 당시 중국에 주둔했던 해군의의 의견을 대표한 것으로 여겨진다. 그들의 의견은 지역환경에 영향을 받았으며, 대부분의 해군의들은 콜레라가 각 지역의 조건에 따라 다른 형태로 발생한다고 이해하는데 큰 어려움은 없었던 것 같다. 실제로 모건은 1863년 시모노세키 전쟁을 위해 일본에 도착한 이후 콜레라에 대한 생각이 바뀌었다. 그는 콜레라가 일본 각지에서 맹렬히 유행하면서 요코하마에 주둔해 있던 영국 해군과 해병대의 수많은 목숨을 앗아가는 것을 목격했다. 그는 '더러운 물이 강력한 질병 소질로 작용했거나 독이 인체에 유입되도록 만드는 실제 매개체 역할을 했을 것'이라고 보고 했다.[64] 이러한 주장은 스노우의 콜레라 이론에 대한 지지와는 거리가 먼 것이었지만, 영국 함선과 신설된 영국인 거류지에 공급되는 식수의 질을 향상시키는데 기여했다.[65]

Ⅵ. 정치적 맥락

작전을 수행하는 지역의 조건에 따라 해군의들은 견해를 바꾸기도 했지만, 해군을 총괄하는 해군성은 이들 보다 곤란한 위치에 놓여 있었다. 해군성에 관한 기존의 2차 자료를 살펴보면, 해군 장교를 중심으로 이루어

---

64) Morgan to Commander in Chief, 3 September 1863, copy in Journal of Surgeon David Lloyd Morgan, HMS Euryalus, 1863, ADM 101/177.
65) Morgan to Captain Alexander, 위의 문헌, 8 September 1863.

진 이사회가 감염병으로 인해 빚어지는 정치적 문제를 어떻게 관리했는지에 대한 언급은 거의 없다.[66] 그러나 공식문서를 살펴보면, 해군 고위 장교들은 중앙 보건 위원회에서 상당히 우려했던 무역에 대한 검역의 잠재적 악영향을 포함하여 여러 정치적인 문제에 신경을 쓰고 있었음은 분명하다. 실로 1840년대와 50년대 해군에 관련된 문제는 때때로 위와 같은 사안과 밀접하게 얽혀 있었고, 일부 해군선에 대한 검역 실시 결정은 해군 인사들은 물론 민간의 자유무역주의자로부터 비판을 받았다.[67] 그러나 해군성의 위생관련 주요 관심사는 함선 내의 보건 유지를 제외하면 해군의 대중적인 이미지에 관한 것이었다. 해군선에서 발생한 질병을 다른 나라에 퍼뜨렸다는 혐의로 인해 때때로 해군의 평판이 좋지 않았기 때문이다. 전반적으로 해군은 위생환경 개선에 열의를 보였고, 그 결과 모든 해군기지에서 감염병으로 인한 사망률과 감염률을 줄이는데 눈에 띄는 성공을 거두었다.[68] 그러나 사실 고위 의무장교들이 종종 정치적 맥락을 주시했다는 것은 해군의 공식발표가 해외에서 복무하는 해군의의 의견과 언제나 일치하는 것은 아니라는 의미이기도 했다.

해군성의 감염병에 대한 '공식적인 입장'이라고 말하는 것은 과장된 표현일 수 있지만, 해군선에서 복무하던 해군의가 매년 제출하는 일지의 요약본에 해당하는 해군 연례 보건 통계보고서(the Statistical Reports on the Health of the Royal Navy)를 통해 발표된 것과 유사한 점을 보이는 것도 사실이다. 통계보고서는 지중해나 중국 소재의 해군기지 등과 같

66) E.g. C.I. Hamilton, The Childers Admiralty Reforms and the Nineteenth-Century 'Revolution' in British Government, War in History, 5, No.1, 1998, pp.37-61; John F. Beeler, British Naval Policy in the Gladstone-Disraeli Era, 1866-1880, Stanford: Stanford University Press, 1997; N.A.M. Rodger, The Admiralty, Lavenham: T. Dalton, 1879.

67) Harrison, 앞의 책, Contagion, chap. 4.

68) Elise Juzda Smith, "Cleanse or Die": British Naval Hygiene in the Age of Steam, Medical History, 62, No.2, 2018, pp.177-198.

이 해군에서 지정 운영한 기지별로 정리되어 있다. 각 보고서에는 편집관이 집필한 개요에 해당하는 서문과 질병의 감염성에 대한 증거 및 질병에 대한 최선의 조치를 포함해 다양한 사안이 수록되어 있다. 간혹 편집관은 해군선의 구조 및 청결에 관한 의견을 포함하여 해군이 관련된 특정사안에 대해 어떠한 논쟁이 있었는지 언급하기도 했다.

첫 통계 보고서는 1840년대 말에 출판되었는데, 이는 해외 그중에서도 아프리카 기지에 있던 해군선의 보건을 둘러 싼 대중과 의회의 우려에 대한 응답으로 여겨진다.[69] 우선 이 출판물은 1830년대 이후의 보건에 대한 동향을 역사적으로 살펴보는 회고록 같은 성격이었다. 그러나 1850년대 중반부터 보고서가 매년 간행되기 시작하면서,[70] 편집관들은 개별 사안에 대해 자신의 해석을 밝히고 이를 공식적인 입장에 가까운 것으로 발전시킬 수 있게 되었다. 편집관으로 처음 고용된 인물은 아프리카 해안의 질병에 관한 전문가로 이름을 알린 알렉산더 브라이슨(Alexander Bryson)으로 그는 에든버러와 글래스고 대학을 졸업했다.[71] 브라이슨의 즉각적인 관심사는 추밀원 내의 검역감독관인 윌리엄 핌(William Pym) 박사가 제기한 해군 활동에 잠재적으로 파장을 일으킬 수 있는 일련의 계획에 대응하는 것이었다. 지중해에서 감염병 유행 처리를 담당했던 예비역 육군의(陸軍醫) 핌은 감염병 유행지역에서 돌아오는 해군선은 영국으로 가는 길목의 남서쪽 접근로에 위치한 실리제도에서 검역을 거쳐야 한

69) Mark Harrison, An "Important and Truly National Subject": The West Africa Service and the Health of the Royal Navy in the Mid Nineteenth Century, in D.B. Haycock and S. Archer(eds.), Health and Medicine at Sea 1700-1900, London: Boydell Press, 2009, pp.108-127.

70) E.g., Statistical Reports on the Health of the Navy, for the Years 1837, 1838, 1839, 1840, 1841, 1841, and 1843. Part I. South. American Station; North American and West Indian Station; and Mediterranean Station, London: William Clowes, 1849.

71) Alexander Bryson, Report on the Climate and Principal Diseases of the African Station, London: Lords Commissioners of the Admiralty, 1847.

다고 제안했다.[72] 이 제안이 해군 의무대 총감 버넷에 의해 단호하게 거부되자, 핌은 질병이 저절로 사라질 때까지 감염된 해군선이 북해주변을 순항하도록 하는 조치를 다시 제안했는데 성가신 면에서는 이전의 것과 그다지 차이가 없었다. 이에 대해 브라이슨은 '배와 승선원 전부를 바닷속으로 가라앉히도록 권고하는 것만큼 나쁘지는 않지만, 그렇다고 해서 훨씬 나은 것도 아니다'라며 냉소적으로 기술했다.[73]

핌과 브라이슨 사이에는 원래 서로에 대한 약간의 적대감이 있었는데, 그 이유는 핌이 아프리카 기지에서 발생한 질병에 관해 적은 브라이슨의 논문을 두고 신랄한 리뷰를 작성했기 때문이다. 그러나 브라이슨의 주요 관심사는 일상적으로 해군선을 대상으로 검역이 실시되거나 핌이 제안한 것과 같은 여타 불편한 조치들이 발생하는 것을 막는 것이었다. 따라서 초기 몇 편의 보고서에서 브라이슨은 콜레라나 황열병 같은 질병이 환경적 요인으로 발생한다는 점을 강조했다. 다른 여러 해군의나 중앙보건위원회의 서덜랜드 같은 인물과 마찬가지로 브라이슨은 콜레라가 개별 질병이 아니라 극심한 설사 증상이라고 믿었다. 그의 견해에 따르면 콜레라의 발생 원인은 주로 기후와 위생에서 비롯된 것이었다.[74] 그러나 1850년대 중반이 되자 해군 최고위층의 의견은 흑해에서의 경험을 바탕으로 다소 바뀌었다. 브라이슨의 상관인 버넷은 콜레라가 감염성이라는 사실을 인정할 준비가 되어 있었다(예를 들어, 갑판 아래 갇힌 공기에 의해서나 환자의 호흡을 통한 감염). 해군의 연례 보건 보고서에 기술된 브라이슨의 의견은 버

---

72) Pym to Lords of the Admiralty, undated, Papers of Southerton-Estcourt family, F.549, Gloucestershire County Record Office.

73) Alexander Bryson, An Account of the Origin, Spread, and Decline of the Epidemic Fevers of Sierra Leone; with Observations on Sir William Pym's Review of the "Report on the Climate and Diseases of the African Station", London: Henry Renshaw, 1849, pp.140-141.

74) 예를 들어, Statistical Report on the Health of the Royal Navy for the Years 1837 … 1843, pp.58-59.

넷의 의견을 반영한 것이며, 1856년 그의 보고서에서 브라이슨은 감염이론을 확실하게 수용했다.[75] 해당 보고서의 간행은 영국군이 중국에 배치되기 시작하던 시점과 일치하지만 보고서에서 기술된 의견은 해당 작전에 참전한 군의들이 관찰한 것 보다 런던에서 널리 수용되던 개념에 기인한 것이었다. 그는 '동인도 기지로부터의 답신은 … 그 질병의 감염성 원인에 대한 직접적인 증거가 없다'고 인정했지만, '콜레라가 발생한 모든 군함의 승선원들 중 한 명 이상이 감염 지역에 노출되면서 그 병에 걸리게 된 것으로 추정되는 근거가 있다'고 주장했다.[76]

중국에 주둔한 대부분의 해군의들은 그곳의 기후 및 지역의 위생조건을 콜레라의 발생원인으로 보는 것을 선호했지만, 브라이슨은 상사인 총감의 정서를 반영해야 한다고 판단했을 수 있다. 또한 콜레라가 발생한 함선들 대부분이 청결하지 못했고 특히 화물창이나 하부 갑판의 위생이 열악했기 때문에 병이 발생했다는 언론의 비난으로부터 해군을 방어하기 위한 그의 노력이었을 수 있다. 이러한 비판은 수십년 동안 간헐적으로 나타나다가 1840년대에 들어서 계속 증가했는데, 그 이유 중 하나가 새로운 증기동력선박이 질병의 '온실'역할을 할 수 있다는 우려가 추가적으로 생겨났기 때문이다.[77] 콜레라는 여름철 질병이었기 때문에, 사람들은 더위가 콜레라 발생의 중요한 요인이라고 믿었다. 열은 퇴적된 오물에서 악취를 풍기는 증기를 발생시켜 위험을 증폭시킨다고 여겨졌다. 따라서 더운 기후에서 창궐한 질병은 배가 그곳을 떠난 후에도, 선실 내부 특히 기관실과 갑판 아래의 통풍이 잘 되지 않는 공간에서 전파될 수 있다고 본 것이다.[78]

감염이론이 콜레라 발생에 대한 해군의 책임을 완전히 면제해 주는 것

75) Statistical Report of the Health of the Royal Navy for the Year 1856, p.iv.
76) Statistical Report of the Health of the Navy for the Year 1858, p.iv.
77) 'One who has suffered from fever', letter to the editor, The Times, 3 October 1845.
78) Statistical Report of the Health of the Navy for the Year 1860, p.iv.

은 아니었지만, 군함의 구조 및 선내 환경으로 향했던 주의를 다른 곳으로 돌리거나 내륙의 민간인들 사이에 존재하는 질병의 저수지로 이목을 집중시키는데 이용될 수 있었다. 말하자면 어떤 외국 항 주위를 맴도는 부패한 공기가 그 항구에 정박해 있던 선박에 스며들 수 있다고 본 것이다. 브라이슨의 후임 편집관인 알렉산더 맥케이(Alexander Mackay)가 동인도와 중국 기지에서 발생한 모든 콜레라의 발병원인은 감염된 지역과의 접촉 때문일 수 있다고 계속해서 주장한 것도 비슷한 이유 때문일 것이다.[79] 맥케이는 브라이슨이 1864년에 해군 의무 총감에 임명되면서 그의 자리를 이어 받았다. 맥케이는 콜레라가 오염된 공기나 음식 또는 식수 중 어떠한 경로로 퍼졌는지는 확신할 수 없지만, 영국 해군선에 침투했다는 점에는 단호한 입장이었다.[80] 그는 콜레라 전파에 있어 물의 역할에 대한 가능성을 인정하면서 브라이슨 보다 한 걸음 더 나아갔지만, 모건의 경우에서 보았듯이 해외에 주둔한 해군의들 사이에서 그와 같은 의견은 꾸준히 인기를 얻고 있었다. 따라서 맥케이가 권장한 콜레라 방역의 실질적인 조치는 깨끗한 물의 공급 및 콜레라 증상을 보이는 사람들의 격리, 그리고 그들의 숙소와 의복 및 침구를 소독하는데 방점이 찍혔다.[81]

콜레라 및 여타 질병 발생에 대처하는 방식에 있어 이러한 보고서가 실제로 얼마나 영향을 미쳤는지는 논쟁의 여지가 있다. 특히 차갑고 돌발적인 태도를 지닌 브라이슨은 의무대에서 그다지 인기를 얻지 못했기 때문이다.[82] 전반적으로, 연례 보건 통계 보고서는 위생과 질병에 대한 지배적인

---

79) Statistical Report of the Health of the Navy for the Year 1862, London: William Clowes, 1865, p.233.

80) 위의 보고서, p.226.

81) Statistical Report of the Health of the Navy for the Year 1863, London: William Clowes, 1866, pp.235-236.

82) James Mills, Bryson, Alexander(1802-1869), Oxford Dictionary of National Biography, https://ezproxy-prd.bodleian.ox.ac.uk:2102/10.1093/ref:odnb/3818.

의견을 반영하거나 위생 정책에 관한 광범위한 토론의 장에서 입장을 밝히는 역할을 한 것으로 간주된다. 콜레라에 대한 논의가 해외에서 정치화된 만큼, 타지에서 발생한 문제들은 그것이 본국에서 일어났을 때 보다 훨씬 더 중요했다. 영국 식민지에서 해군선이나 군대수송선은 가끔 검역의 대상이 되었는데, 일본의 조약항처럼 영국의 완전한 통제 하에 놓여있지 않은 곳에서는 때때로 갈등이 빚어지기도 했다. 예를 들어 1870년대에는 영국 선박에 대한 검역의 실시가 여려 차례 시도되었는데, 1877년에는 영국 함정이 일본으로 콜레라를 유입시켰다는 혐의를 받기도 했다. 영국 군함 릴리호(HMS Lily)가 중국을 출발하여 나가시키로 들어왔을 때 선상에 콜레라 환자가 존재했고, 상륙한 영국 해군들이 주민들에게 콜레라를 퍼뜨렸다는 보고가 있었다.

이러한 주장은 일본 관리들뿐만 아니라 일부 외국인들에 의해서도 제기되었는데, 그중에는 미국인들도 포함되었다. 참고로 미국 해군선 또한 1858년 일본에 콜레라를 들여온 전력이 있었다. 1877년 당시 일본에 주둔하던 영국 해군과 주일 영국 외교관은 콜레라가 마을에 퍼지기 전에 릴리호에서 먼저 발병했다는 사실을 주지하면서도, 해당 군함의 책임을 단호하게 부인했다. 영국 해군장교들은 이 질병이 항구에 이미 존재했다고 주장하면서, 나가사키 소재의 일본육군 병원 중 한곳의 불량한 위생상태에 대해 특히 강조했다.[83] 나가사키 영사인 마커스 플라워스(Marcus Flowers)와 같은 일본 주재 영국 외교관은 공식 성명서에서 이러한 입장을 강하게 피력했다.[84] 이 경우만이 아니라 다른 사례에서도 영국관리들은 영국의 외교력과 해군력을 이용하여 영국의 선박에 대한 검역을 면제하도

83) James Bradley, Captain, HMS Lily, to B.E. Cochrane, 12 September 1877, FO 262/310, TNA.

84) E.g. Marcus O. Flowers to foreign consuls in Nagasaki, Despatch no.55, Nagasaki, 14 August 1877, FO 796/60, TNA.

록 일본을 압박했다.[85] 그들은 무역과 항행에서 발생하는 모든 장애요소를 없애고자 한 것이다. 그러나 같은 해 발발한 세이난 전쟁(西南戰爭)에서 사이고 타카모리(西鄉隆盛)의 군대를 진압하기 위해 파견된 일본 정부군 사이에서 콜레라가 만연하자 영국 외교관은 일본내 조약항에 거주하는 영국시민(해군 포함)의 건강을 보호하기 위해 일본 정부군 수송선에 대한 검역을 실시하도록 요청했다.[86] 특히 일본 주재 영국대사 해리 스미스 파크스(Harry Smith Parkes)는 일본의 중앙정부에 '사안이 심각한 만큼 엄중한 지시'를 내릴 것을 촉구했다.[87] 이 요구에 담긴 노골적인 위선은 당시에는 크게 주목받지 못한 것 같다.

Ⅶ. 나오며

19세기 중반에 콜레라는 유럽과 아시아 주변 해역에서의 항행에 큰 혼란을 초래했다. 군함은 무역선이나 여객선보다 콜레라의 영향을 덜 받았지만, 이 질병은 영국 해군의 군사작전과 같은 여러 활동에 지장을 초래했다. 한편으로 콜레라는 많은 수의 해군과 해병대원의 생명을 앗아갔는데, 특히 작전에 투입된 이들 사이에서 피해가 컸다. 반면, 검역과 같이 콜레라 방역을 위해 사용된 일부 조치는 기동의 자유에 제약을 가할 수 있었다. 뿐만 아니라 해군선의 위생 환경과 해군선이 콜레라를 퍼뜨렸다는 비난과 같은 세간의 평판에도 신경을 써야 했다. 이 글에서 필자는 콜레라의

85) 이와 관련해서 참조 Mark Harrison, Health, Sovereignty and Imperialism: The Royal Navy and Infectious Disease in Japan's Treaty Ports, Social Science Diliman, 14, No.2, 2018, pp.49-75.

86) Sir Harry Smith Parkes to Marcus O. Flowers, Tokyo, 26 September 1877a, Consular Despatches, FO 262/311, TNA.

87) 兵庫入港病毒船ノ処置ニ関スル件 [Telegraph from Sir Harry Smith Parkes to Minister of Foreign Affairs, Terajima Munenori], 1877.10.3, 国会図書館, 東京.

발생원인, 전파 및 예방에 관한 국제적인 논쟁을 배경으로 영국 해군이 이러한 상충된 조건들 사이에서 어떻게 균형을 맞추려고 했는지에 대해 설명했다. 이를 통해, 19세기에 걸쳐 나타난 의학과 통치 사이의 관계에 주목해 온 관련 학문의 시야를 넓히고자 한 것이다.

1850년대 이전에는 콜레라의 감염성 여부에 대한 해군의 입장은 모호했다. 비록 해군성은 군함의 지휘관에게 검역을 받게 할 준비가 되어 있었지만, 해군선의 이동에 제약을 가하는 위생조치를 피하기 위해 콜레라가 사람과 사람 간에 감염될 가능성에 대해서는 공개적으로 경시하는 경향을 보였다. 그러나 1850년대 후반에 접어들면서, 해군성은 이러한 입장에서 선회했다. 이러한 변화는 영국 해군이 흑해에서 경험한 내용을 반영한 것으로, 콜레라가 육지에서 배로, 배에서 배로 이동할 수 있음을 암시하는 것들이었다. 해군에 대한 평판도 중요한 문제였다. 해군의 연례 보건 보고서에 대한 서문에서 알렉산더 브라이슨(Alexander Bryson)은 검역에 대해 적대적인 자세에서 감염 이론을 공개적으로 지지하는 것으로 그 입장을 바꿨는데, 이는 아마도 해군선의 구조나 위생상태에 대한 비판을 저지하기 위한 것이라 여겨진다. 감염이론을 통해 브라이슨은 콜레라의 발병 원인을 외국항에서 발생한 현지인과의 접촉이나 그곳의 불결한 위생 탓으로 돌릴 수 있었다.

해군의들은 또한 필요에 따라 자신과 함장의 평판을 보호하기 위해 노력했지만, 일반적으로 그들이 작성한 보고서에는 정치적인 고려가 보이지 않았다. 뿐만 아니라 그들은 콜레라의 감염성이나 여타 다른 문제에 대한 추상적인 이론화를 피하려는 경향이 있었다. 그들의 주요 관심사는 해군작전 요구사항을 충족시키고 다양한 환경에서 발생하는 여러 문제들을 해결하는 것이었다. 실제로, 작전지역의 이동은 해군의가 콜레라와 같은 질병의 전파에 대해 이해하는데 지대한 영향을 미칠 수 있었다. 예를 들어, 해군의들은 중국보다 흑해에서 복무할 때 감염이론을 더욱 지지했다. 비록 흑해에 복무하던 해군의들 사이에서 감염 경위에 대한 상이한 의견이 존재했지만, 일부 선내에서 발생한 콜레라 유행과 육지와의 연관성을 추적하는 것은 가능했다. 또한 외국 군대가 도착하기 전에 흑해 연안에는 콜레라가 발생하지 않았다는 점에도 대체로 동의했다. 비록 결정적으로 입증하는 데는 실패하였더라도, 이는 콜레라의 감염성을 시사한 것이다. 중국에서는 콜레라가 언뜻 보기에 감염병의 형태가 아닌 것처럼 보였고, 영국 해군선이 입항하기 전에 이미 여러 지역에서 발생하고 있었기 때문에 역학적 양상은 흑해의 경우보다 명확하지 않았다. 작전의 성격도 달랐고, 중국에서 영국 해군은 강과 육지에서의 임무에 더 많이 투입되었다. 결과적으로, 콜레라의 전파경로는 흑해의 경우보다 더 다양했지만 덜 명료했다. 이로 인해 많은 해군의들이 질병의 원인을 두고 기후와 위생에 초점을 맞추게 되었는데, 이들과 함께 활동하던 인도에서 파견된 의료진들 사이에서 이러한 이론이 널리 퍼져 있었기에 그들의 입장은 더욱 확고해졌다.

따라서 콜레라와 같은 질병의 본질에 대한 의견은 광범위한 환경 및 군사 작전요소들에 의해 형성되었다고 할 수 있다. 서로 다른 지식 '생태계'는 이러한 각각의 맥락에 존재했으며,[88] 콜레라에 대한 이해는 그 맥락에 따라 약간씩 상이하게 구성되었다. 이러한 점에서 아커크네히트나 영국제국을 연구하는 다른 역사가가 시사한 것과 같은 일관된 이데올로기적 노선은 없었던 것으로 보인다.[89] 어느 정도 일관성이 있었을 것으로 가장 기대되던 런던의 해군성에서도 실용주의가 지배적이었다. 이것은 정치적 고려가 중요하지 않았다는 의미가 아니라, 단지 고위 해군 장교들은 정치적 문제를 해결하기 위해 의학이론을 전개하는 방식에서 유연함을 보였다는 뜻이다. 전반적으로 해군성은 중앙보건위원회와 같은 문관으로 구성된 기관보다 교리에 덜 얽매이는 모습을 보였다. 반면 중앙보건위원회와 서덜랜드나 밀로이와 같은 의사들은 콜레라의 감염 가능성을 부인하기 위해 부단히

88) Star, 앞의 책, 'Introduction', in Ecologies of Knowledge, ed. Star, p.2.
89) Watts, 앞의 글, From Rapid Change to Stasis.

애썼는데, 이와 대조적으로 해군성은 해군의나 함장이 각종 어려움이 산재한 다양한 작전 상황에서 질병 발생에 효과적으로 대처할 수 있는 여유를 허용할 필요가 있었다. 일관성을 유지하는 것보다 해군의 작전을 둘러 싼 조건이 더욱 중요했기 때문이다.

대부분의 해군의는 콜레라의 접촉감염성이나 일반 감염성에 대한 입장을 자신들의 정치적 또는 직업적 정체성을 규정짓는 것으로 간주하지 않았다. 이런 의미에서 그들은 전문가로서의 명성이 콜레라에 대한 관점과 불가분의 관계에 있던 서덜랜드나 밀로이와 같은 일부 저명한 민간 의사들과 결이 달랐다. 그리고 해군의가 감염성에 관하여 의견을 개진할 때에도 정치 문제를 우선시하는 경우는 거의 없었다. 그들의 견해는 이론적 또는 이념적 입장에 집착한 것이 아니라 작전상황이나 역학적 환경에 의해 주로 형성되는 양상을 보였다. 이러한 점에서 영국 해군의 사례는 피터 볼드윈의 주장과 부합하는 경향을 나타낸다. 즉, 국가 기관이 콜레라에 대한 입장을 취할 때 이념은 거의 힘을 발휘하지 못했던 것이다. 이러한 성향은 해군의들은 물론 심지어 브라이슨이나 버넷과 같은 고위 의무장교들 사이에서도 분명히 나타난다. 이들 대부분은 이론적인 부분에 있어 열린 마음을 유지하고 있었던 것으로 보이며, 확실한 증거가 눈앞에 보이면 언제든지 입장을 바꿀 준비가 되어 있었다. 하지만 정치적 요인은 국정기술과 같은 다른 측면에서 중요하게 작용했다. 콜레라에 대한 해군성의 입장은 해군의 명예를 지키고 작전상 이동의 자유를 유지하면서 동시에 해군들의 건강과 생명을 보호하기 위해 계산되었다. 또한 일본의 개항장과 같은 해외에서도 이들의 정치적 고려가 분명히 작용했다. 그곳에서 해군은 현지에서의 작전 및 무역상의 책무에 따라 콜레라와 그 감염성에 대해 공개적인 입장을 표명해야 했으며, 해군장교는 주일 영국 외교관과 협력하였다. 만약 영국의 해상 위생정책에서 하나의 일관성이 존재했다면, 그것은 다름아닌 냉혹한 실용주의였다.

【참고문헌】

〈자료〉

「兵庫入港病毒船ノ処置ニ関スル件 [Telegraph from Sir Harry Smith Parkes to Minister of Foreign Affairs, Terajima Munenori]」, 1877.10.3, 國會図書館, 東京.

ADM 101(Journals of ships' surgeons), The National Archives, London, UK.

FO 262 and 796(Consular despatches), The National Archives, London, UK.

Sir William Burnett, 'Report on the Cholera which attacked the Fleet in the Black Sea in August 1854, more particularly as relates to Her Majesty's Ships "Britannia", "Albion", and "Trafalgar", 1-2, 30 November 1854, MLN/199/6, National Maritime Museum, London, UK.

William Pym to Lords of the Admiralty, undated, Papers of Southerton-Estcourt family, F.549, Gloucestershire County Record Office, Gloucester, UK.

Admiralty, Statistical Reports on the Health of the Navy, for the Years 1837, 1838, 1839, 1840, 1841, 1841, and 1843. Part I. South. American Station; North American and West Indian Station; and Mediterranean Station, London: William Clowes, 1849.

Admiralty, Statistical Reports of the Health of the Navy, 1856-68, London: William Clowes, 1856-67.

Bryson, Alexander, Report on the Climate and Principal Diseases of the African Station, London: Lords Commissioners of the Admiralty, 1847.

________________, An Account of the Origin, Spread, and Decline of the Epidemic Fevers of Sierra Leone; with Observations on Sir William Pym's Review of the "Report on the Climate and Diseases of the African Station", London: Henry Renshaw, 1849.

Budd, William, Malignant Cholera: It's Mode of Propagation, and Its

Prevention, London: John Churchill, 1849.
General Board of Health, Report on Quarantine, London: W. Clowes, 1849.
Gordon, C.A., An Epitome of the Reports of the Medical Officers to the Chinese Imperial Maritime Customs Service, from 1871 to 1882, London: Ballière, Tindall & Cox, 1884.
Skinner, Joseph, On the Late Plague at Malta, The Philosophical Magazine, 45, 1815.
Smart, William, On Asiatic Cholera in Our Fleets and Ships, Transactions of the Epidemiological Society of London, 5, 1885-6.
Snow, John, On the Mode of Communication of Cholera, London: John Churchill, 1849.
Stratton, Thomas, History of the Epidemic of Cholera in Chatham, Rochester, and Strood, in 1849; in a letter to Sir William Burnett, M.D., K.C.B.; K.C.H., Medical Director-General of the Navy, Edinburgh: Adam & Charles Black, 1851.
Sutherland, John, Report of the General Board of Health on the Epidemic Cholera of 1848 and 1849, London: W. Clowes, 1850.

The Lancet; The Times

〈연구논문 및 저서〉

Ackerknecht, Erwin H., Anticontagionism between 1821 and 1867, Bulletin of the History of Medicine, 22, 1948.
Baldwin, Peter, Contagion and the State in Europe, 1830-1930, Cambridge: Cambridge University Press, 1999.
Barnes, David, Cargo, "Infection", and the Logic of Quarantine in the Nineteenth Century, Bulletin of tho History of Medicine, 88, 2014.
Beeler, John F., British Naval Policy in the Gladstone-Disraeli Era, 1866-1880, Stanford: Stanford University Press, 1997.

Booker, John, Maritime Quarantine: The British Experience, c.1650-1900, Aldershot: Ashgate, 2007.

Hamilton, C.I., The Childers Admiralty Reforms and the Nineteenth-Century 'Revolution' in British Government, War in History, 5, N.1, 1998.

Hamlin, Christopher, Predisposing Causes and Public Health in Early Nineteenth-Century Medical Thought, Social History of Medicine, 5, 1992.

__________, Public Health and Social Justice in the Age of Chadwick: Britain, 1800-1854, Cambridge & New York: Cambridge University Press, 1998.

__________, Commentary: John Sutherland's Epidemiology of Constitutions, International Journal of Epidemiology, 31, 2002.

__________, Cholera: The Biography, Oxford: Oxford University Press, 2009.

Harrison, Mark, A Question of Locality: The Identity of Cholera in British India, 1860-1890, in D. Arnold(ed.), Warm Climates and Western Medicine, Amsterdam: Rodopi, 1996.

__________, Climates and Constitutions: Health, Race, Environment and British Imperialism in India 1600-1850, Delhi: Oxford University Press, 1999.

__________, Milroy, Gavin(1805-1886, physician and epidemiologist, Oxford Dictionary of National Biography, 2004, http://www.oxforddnb.com/.

__________, Disease, Diplomacy and International Commerce: The Origins of International Sanitary Regulation in the Nineteenth Century, Journal of Global History, 1, 2006.

__________, An "Important and Truly National Subject": The West Africa Service and the Health of the Royal Navy in the Mid Nineteenth Century, in D.B. Haycock and S. Archer(eds.), Health and Medicine at Sea 1700-1900, London: Boydell Press, 2009.

__________, Contagion: How Commerce has Spread Disease, Newhaven and London: Yale University Press, 2012.

__________, Disease and World History from 1750, in J.R. McNeill

& K. Pomeranz(eds.), The Cambridge World History, Volume II: Production, Destruction, and Connection, 1750-Present. Part i: Structures, Spaces, and Boundary Making, Cambridge: Cambridge University Press, 2015.

______________, A Global Perspective: Reframing the History of Health, Medicine, and Disease, [Positioning Paper], Bulletin of the History of Medicine, 89, No.4, 2015.

______________, The Great Shift: Cholera Theory and Sanitary Policy in British India, 1867-1879, in M. Harrison and B. Pati(eds.), Society, Medicine and Politics in Colonial India, London: Routledge, 2018.

______________, Health, Sovereignty and Imperialism: The Royal Navy and Infectious Disease in Japan's Treaty Ports, Social Science Diliman, 14, No.2, 2018.

______________, The Dreadful Scourge: Cholera in Early Nineteenth-Century India', Modern Asian Studies, 54, No.2, 2019.

Huber, Valeska, The Unification of the Globe by Disease? The International Sanitary Conferences on Cholera, 1851-1894, Historical Journal, 49, No.2, 2006.

Juzda Smith, Elise, "Cleanse or Die": British Naval Hygiene in the Age of Steam, Medical History, 62, No.2, 2018.

Lloyd, Christopher Lloyd and Coulter, J.L.S., Medicine and the Navy 1200-1900: Volume IV - 1815-1900, Edinburgh: E. & S. Livingstone, 1963.

Maglen, Krista, A World Apart: Geography, Australian Quarantine, and the Mother Country, Journal of the History of Medicine and Allied Sciences, 60, No.2, 2005.

McLean, David, Surgeons of the Opium War: The Navy on the China Coast, 1840-42, English Historical Review, CXXI, 2006.

Mills, James, Bryson, Alexander(1802-1869), Oxford Dictionary of National Biography, 2004, https://ezproxy-prd.bodleian.ox.ac.uk:2102/10.1093/ref:odnb/3818.

Mukharji, Projit Bihari, The "Cholera Cloud" in the Nineteenth-Century "British World": History of an Object-Without-an-Essence, Bulletin of the History of Medicine, 86, No.3, 2013.

Padfield, Peter, Rule Britannia: The Victorian and Edwardian Navy, London: Routledge and Kegan Paul, 1981.

Peckham, Robert, Epidemics in Modern Asia, Cambridge: Cambridge University Press, 2016.

________________, 'Spaces of Quarantine in colonial Hong Kong', in A. Bashford(ed.), Quarantine: Local and Global Histories, London: Palgrave, 2016.

Pelling, Margaret, Cholera, Fever, and English Medicine, 1825-1865, Oxford: Clarendon Press, 1978.

Rodger, N.A.M., The Admiralty, Lavenham: T. Dalton, 1979.

Spence, D.O., A History of the Royal Navy: Empire and imperialism, London: I.B. Tauris, 2015.

Simner, Mark, The Lion and the Dragon: Britain's Opium Wars with China, 1839-1860, Stroud: Fonthill, 2019.

Star, Susan Legh(ed.), Ecologies of Knowledge: Work and Politics in Science and Technology, Albany, NY: SUNY Press, 1995.

Taylor, M.(ed.), The Victorian Empire and Britain's Maritime World, 1837-1901: The Sea and Global History, London: Palgrave Macmillan, 2013.

Watts, Sheldon, From Rapid Change to Stasis: Official Responses to Cholera in British-Ruled India and Egypt: 1860 to c.1921, Journal of World History, 12, No.2, 2001.

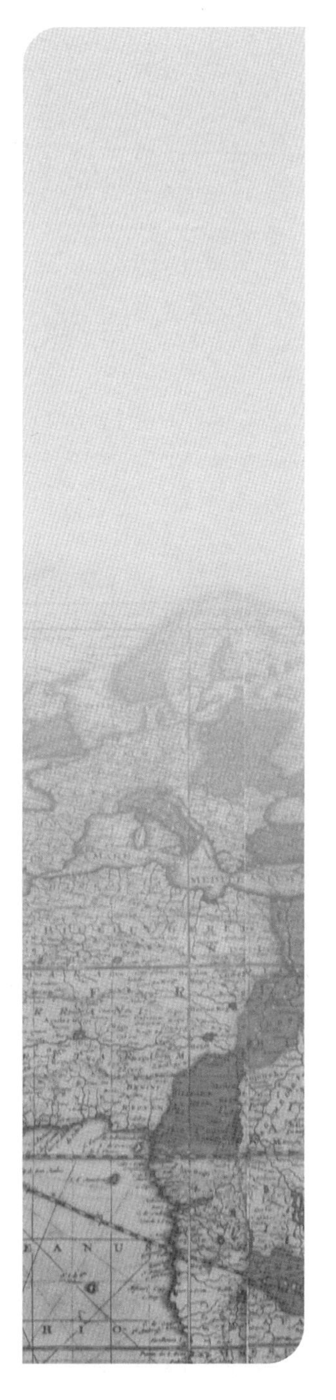

제2부

근현대 동아시아 이주의 역사적 맥락
: 이주의 시공간적 확장과 사회의 재구성

6. 이민과 관광

: 와카야마현 아메리카무라와 뿌리 찾기 관광

가와카미 사치코(河上幸子)

I. 들어가며

이민의 역사를 자원으로 하는 관광 시장이 세계적으로 확대되고 있다.[1] 특히 이 현상은 역사상 대규모 이민과 디아스포라를 경험한 서구의 여러 나라에서 더욱 눈에 띈다. 1990년대 말 이후, 자신의 인종적·민족적 뿌리를 확인할 수 있는 유전자 검사 서비스와[2] 자신의 가족과 관련된

1) Agunias and Newland(2015)는 디아스포라 역사와 관계가 있는 특정 지역에서의 관광과 소비가 개발도상국의 관광 섹터 확대에 독특한 공헌을 할 가능성이 있다고 보고 있다. 이는 의료 관광(medical tourism), 비즈니스 관광(business tourism), 헤리티지 관광(heritage tourism)과 함께 특수분야 관광 형태의 시장 잠재성으로 간주할 수 있다.

2) Ancestry, 23andMe, MyHeritage, FindMyPast, FamilyTreeDNA등이 유명하다. 이러한 유전자 검사 회사와 제휴하여 자신의 뿌리에 해당하는 장소에 방문하여 그 지방의 독자적인 체험을 제공하는 여행 서비스도 등장하고 있다. Airbnb(2019), 'Heritage Travel on the Rise: Airbnb and 23andMe Team Up to Make it Even Easier'(https://news.airbnb.com/heritage-travel-on-the-rise/). 또한 DNA 조상 검사에 대해서는 다음 서적의 마지막 장 「V 유전적 조상과 인종의 해체·재생」에서 다케자와 야스코(竹澤泰子), 오타 히로키(太田博樹), 사라 에이블(Sarah Abel)이 상세히 기술하고 있다. 竹澤泰子·ジャン＝フレデリック·ショブ編, 『人種主義と反人種主義～越境と轉換』, 京都大學學術出版會, 2022.

자료를 검색할 수 있는 인터넷 서비스가 보급되었고,[3] 이러한 흐름에 힘입어 금전적으로나 시간적으로 여유가 있는 중장년층을 중심으로 자신의 뿌리를 찾기 위해 또는 선조의 고향을 방문하기 위해 여행을 떠나는 사람들이 늘고 있다.[4] 이렇듯 이민 경험자와 그 자손이 자신의 민족적인 출신과 관련된 연고지를 방문하기 위해 해외를 찾는 것을 '뿌리 찾기 관광(roots tourism)'이라 총칭하는 경향이 있으며, 이는 선조의 출신지를 여행하며 환기되는 감정 체험을 주요 활동으로 한다.[5] 현지에서의 구체적인 활동은 선조와 가족사에 관한 조사, 생가 찾기, 성묘 등을 들 수 있다. 또한 도서관과 고문서관, 관청 등 정보와 자료가 있는 장소를 방문하는 경우도 있다.[6]

이러한 경향은 과거의 유산을 자원화하는 헤리티지 관광 시장의 확대와 더불어 점점 주목받고 있다. 아일랜드와 스코틀랜드를 비롯한 유럽에서는 해외, 특히 북미에 있는 이민 자녀들을 겨냥한 관광 시장이 중요한 수입원이 되고 있으며, 2000년 이후에는 뿌리 찾기 관광을 촉진하는

3) 예수 그리스도 후기성도 교회가 운영하고, 2002년 이후 검색 가능한 데이터베이스를 무료 공개 중인 FamilySearch.org와 영국 런던을 거점으로 하는 회사가 제공하는 FindMyPast.com, 그리고 계보학자가 운영하는 WikiTree 등, 무료 또는 유료로 다양한 서비스가 온라인상에서 다언어로 제공되고 있다.

4) Sim, Duncan, 「Diaspora tourists and the Scottish Homecoming 2009」, Journal of Heritage Tourism 8-4, 2013, p.263.

5) Natalia Tomczewska-Popowycz and Vas Taras, 「The many names of "Roots tourism": An integrative review of the terminology」, Journal of Hospitality and Management 50, 2022, p.250.

6) 뿌리 찾기의 장으로서 도서관에 주목한 연구는 다음과 같다. Ashton, Rick J., 「A Commitment to Excellence in Genealogy: How the Public Library Became the Only Tourist Attraction in Fort Wayne, Indiana」, Library Trends 32-1, 1983, pp.89-96; Lenstra, Noah, 「"Democratizing" Genealogy and Family Heritage Practices」, M. Robinson, H. Silverman, The View from Urbana, Illinois, Encounters with Popular Pasts, Springer International Publishing, 2015, pp.201-218; Santos, Carla Almeida and Grace Yan, 「Genealogical Tourism: A Phenomenological Examination」, Journal of Travel Research 49-1, 2010, pp.56-67.

마케팅과 캠페인이 국가적인 차원에서 이루어지기도 했다.[7] 학술적으로도 해당 국가들을 대상으로 한 폴 바수(Paul Basu)(2007)와 캐서린 내시(Catherine Nash)(2015)의 연구가 많이 인용되고 있다.

한편 이와는 대조적으로 동아시아를 목적지로 하는 뿌리 찾기 관광에 대한 연구는 화교·화인 연구와 오키나와계 디아스포라 연구에서 일부 확인될 뿐이다.[8] 동아시아를 대상으로 하는 뿌리 찾기 관광 연구가 활성화되지 않은 것은 다음과 같은 요인에서 기인한다. 우선 뿌리 찾기 관광에 대한 인지와 사회적 관심이 전반적으로 낮다는 점이다. 그 배경에는 이민을 바탕으로 국가를 건설하고 시장을 형성해 온 서구권의 여러 나라들에 비해, 한국과 일본은 단일민족 신화가 뿌리 깊게 자리 잡고 있어 해외로 뿌리를 찾으러 간다는 발상이 주류층에서 공유되기 어렵다. 이로 인해 관련 조사와 시장 개발이 충분히 이루어지지 않아 결과적으로 하나의 산업으로 성장할 수 없었다고 볼 수 있다.

고계성은 한국 관광 연구에서 뿌리 찾기 관광이 간과되어왔음을 지적하며, 한국 내 286개 성씨와 4,179개 본관의 뿌리에 대해 가족 교육의 일환으로 학습하며 체험할 기회를 제공하려는 움직임이 있다는 점을 근거로 한국 내 뿌리 찾기 관광의 가능성을 다음과 같이 설명한다.[9]

---

7) Scotland Government, 'The Scottish Diaspora and Diaspora Strategy: Insights and Lessons from Ireland' (https://www.gov.scot/publications/scottish-diaspora-diaspora-strategy-insights-lessons-ireland/), 2009; Sim, Duncan, op. cit., 2013, pp.259-274; 山口 覺, 「スコットランド系ディアスポラとルーツ·ツーリズム」, 『人文論究』 67-1, 2017, 19-42쪽.

8) 하나의 예로는 다음과 같은 연구가 있다. Ichikawa, Tetsu, 「Building Houses and Graves for Their Ancestors in Their Hometowns: Homecoming Practices of Papua New Guinean Chinese in Their Ancestral Villages in China」, 『名古屋市立大學大學院人間文化研究科人間文化研究』 27, 2017, pp.193-201; 新垣(岡野)智子, 「ハワイ沖縄系移民による"ルーツ探し"(特集 追悼 鎌田久子)」, 『女性と經驗』 36, 2011, 41-53쪽.

9) 고계성, 「뿌리 찾기 관광과 방문 동기에 관한 관계 연구」, 『관광연구저널』 30-6, 2016, 35쪽.

특히 조상의 뿌리가 시작된 지역, 선대(先代)의 고향 및 본관지(本貫地), 집성촌(集成村) 등은 중요한 자신의 뿌리를 대표하는 지역이자 조상의 역사 문화적 가치가 스며있는 장소이기 때문에 주요한 관광 동기로서 가족 관광객은 물론 일반 관광객에게 유인력을 발휘하고 있다.

한편, 북미에서는 자신의 뿌리인 동아시아에 친근감(affinity)[10]을 느끼며 가계도 제작과 가족사에 몰두하는 교포와 일본계(日系) 후손이 온라인에서 커뮤니티를 만들어 정보를 교환하고 있으며, 이러한 사람들을 대상으로 이루어지는 웹 세미나와 온라인 컨설팅도 성황이다. 예를 들어 해외 교포를 대상으로 족보 보는 방법을 영어로 강의하는 유튜브 동영상의 조회수가 2022년 3월 현재 8만회를 넘었다.[11]

또한 동아시아에서도 해외의 민족 공동체와 국내 자치단체의 주도로 이민의 역사를 관광 자원화하려는 움직임이 나타나고 있다. 한족(漢族)계 이주 민족으로 알려진 하카(客家)에 대해 조사한 창 천치(Chen-Chi Chang)에 의하면, 1995년부터 세계 하카 회의가 각지에서 열리고 있으며, 하카로서의 집합 의식이 지속적으로 생성되고 있는 가운데, 가족의 출신지, 씨족과 연고가 있는 절, 그리고 공통의 선조를 찾아가는 관광 형태가 생겨나고 있다고 한다.[12]

일본에서는 메이지 시대 하와이로 다수의 이민을 송출한 야마구치현 스오오시마(周防大島)가 '세토우치의 하와이'를 캐치프레이즈로 관광 캠페인을 펼치고 있다. 옛 민가를 이용한 이민 자료관에는 뿌리 찾기로 방문한

---

10) 뿌리 찾기 관광에서 친근감(affinity)에 관한 논의는 다음 문헌을 참조할 것. Leite, Naomi, Unorthodox Kin: Portugues Marranos and the Global Search for Belonging, University of California Press, 2017.

11) 우물 밖의 개구리 The Frog Outside the Well '족보 읽는 방법' (https://youtu.be/-7q0KJkmi6w)

12) Chang, Chen-Chi, 「Tourism Marketing of the Hakka Genealogical Digital Archive」, Journal of Tourism and Hospitality Management 4-1, 2016, pp.15-21.

관광객들이 하와이로 건너간 선조에 대해 검색할 수 있는 데이터베이스를 갖추고 있다. 또한 오키나와현은 1990년 이래 세계 각지에서 오키나와에 뿌리를 둔 사람들이 모이는 '세계 우치난추 대회'를 5년마다 개최하고, 현립 도서관에서 오키나와현 출신 이민 1세의 뿌리를 조사·상담해 주는 서비스를 실시하는 등, 뿌리를 찾기 위해 찾아오는 방문객을 의식한 활동들을 전개하고 있다.

뿌리 찾기 관광은 해외 관광객들이 지역에 미치는 경제적 효과라는 관점뿐만 아니라, 문화 운동의 측면에서도 주목할 만한 가치가 있다. 이민으로서의 뿌리를 탐구하기 위한 개인적인 여행이 공동체와 지역 차원에서 역사를 보존하고 이를 다음 세대로 계승하자는 요구와 연계되어 프로젝트화하는 사례가 생겨나고 있다. 예를 들어, 인류학자 히라이 신지(平井伸治)는 멕시코 동북지방으로 떠난 일본인 이민의 역사와 일본계 사회 형성의 역사를 그 자손들과 함께 조사 보존하고 디지털 박물관으로 만들어 공개했다.[13] 프로젝트 진행 과정에서 이민 1세들과 관련이 있는 코아우일라주(Estado de Coahuila)의 탄광촌에 합동 원정을 가기도 했고, 이민 1세들의 고향인 도야마(富山), 기후(岐阜), 미에(三重), 야마구치(山口), 후쿠오카(福岡), 오키나와(沖縄) 등의 현을 방문하여 향토사를 학습하고, 일본의 친척들을 만나 가족사에 대한 이야기를 듣고 가계도를 작성했다.

이처럼 뿌리 찾기 관광은 관혼상제나 동족 비즈니스 계획의 참여 등 친족 관계를 유지해온 사람들의 실리적 동기에 근거한 여행에서부터, 뿌리 찾기에 대한 개인적인 애착과 공동체에 대한 귀속 의식, 아이덴티티 탐구 등 감정적인 동기가 강한 여행에 이르기까지 다양한 동기와 활동을 바탕으

13) 공익재단법인 도요타 재단 2017 연구 조성 프로그램「멕시코 동북지방에서 일본인 이민의 역사에 대한 조사·보존과 계승을 목표로 하는 커뮤니티 참가형 프로젝트: Community Project for Research, Preservation and Transmission of the History of Japanese Immigration in Northeastern Mexico」(https://toyotafound.secure.force.com/psearch/JoseiDetail?name=D17-R-0783)

로 진행되고 있다.

아울러 산업적인 측면에서 본다면, 뿌리 찾기 관광은 대중을 위해 획일적인 관광 콘텐츠를 제공하는 매스 투어리즘의 대척점에 있는 '니치 투어리즘(niche tourism)'으로서,[14] 대중적으로 유명하지 않은 이민자들의 고향일지라도 적절한 투자와 수요에 관한 조사를 통해 지역 특성에 맞는 고객을 설정하고 산업 시스템을 구축한다면 지속적인 수익 가능성이 있다.[15]

서구에서는 1990년대 중반부터 뿌리 찾기 관광에 관한 관광학계 학술지의 특집이 만들어지기 시작했고, 2000년대에 들어서는 이민 연구와 에스니시티 연구가 뒤를 이으며, 현재까지 많은 연구가 이루어지고 있다. 그러나 기술한 바와 같이, 한국과 일본에서는 해당 연구가 사실상 전무한 상태로 이에 대한 일반적인 인지도 또한 매우 낮다. 이 글은 기존의 논의에서 다루어지지 않았던 동아시아를 거점으로 한 뿌리 찾기 관광 연구를 구상해 나가기 위한 시론(試論)으로서, 필자가 2014년부터 지금까지 현지조사 중인 와카야마현(和歌山縣) 아메리카무라(アメリカ村)를 목적지로 한 뿌리 찾기 관광 사례를 소개하려 한다.

II. 선행연구와 분석 시점

구체적인 사례의 검토에 들어가기 전에, 뿌리 찾기 관광에 대한 개념 정리와 본 연구가 의거하는 분석 시점에 대해 설명하려 한다. 선행연구에서는 뿌리 찾기 관광(roots tourism)을 비롯하여, 디아스포라 관광(diaspora

14) 틈새를 뜻하는 영어 niche와 관광을 뜻하는 tourism이 합쳐진 용어. 소규모의 소비자에 맞춰진 틈새 관광시장을 뜻한다. Prinke, Rafal T, 「Genealogical Tourism — An Overlooked Niche」, Rodziny: The Journal of the Polish Genealogical Society of America, Spring, 2010, pp.16-23.

15) Ibid., pp.21-22.

tourism), 선조 관광(ancestral tourism), 족보/계보 관광(genealogical tourism/genealogy tourism), 그리고 가족 역사 관광(family history tourism), 개인 유산 관광(personal heritage tourism) 등, 다양한 개념으로 논의가 이루어졌다.

나탈리아 톰체브스카-포포비치(Natalia Tomczewska-Popowycz)와 바스 타라스(Vas Taras)는 1966년부터 2021년까지 간행된 263건의 영어 문헌을 리뷰하여, 41개에 이르는 유사 개념이 선행연구에서 정리되지 않고 사용되었다는 점, 그리고 이론적 검토가 결여되어 개념적 혼란이 연구 분야 전체의 진전을 방해하고 있다는 점을 지적했다. 그들의 연구에 의하면, 학문 분야에서 일반적으로 사용되는 두 가지는 'roots tourism'과 'diaspora tourism'이었지만, 관광학, 지리학, 인류학, 경제·경영, 마케팅론, 디아스포라 연구 등 복수의 학문 분야를 오가는 연구 영역에서 공통 키워드로 통용되는 이론적 개념은 존재하지 않았으며, 정의와 의미 모두 제각각인 채로 복수의 개념이 사용되었다고 한다. 학문 분야별로 보이는 특징을 예로 들자면, 관광 호스피탈리티 계열 학술지에서는 'diaspora tourism'이 가장 많이 사용되어 전체의 약 20%였으며, 'VRF(Visiting Relatives and Friends) tourism'(14.2%)과 'roots tourism'(11.6%)이 그 뒤를 잇는다. 그에 반해 인류학에서는 'roots tourism'(36.7%)이 가장 많이 사용되었고, 'diaspora tourism'은 16.7%밖에 사용되지 않았다.[16)]

그렇다면 그런 다양한 개념들에는 서로 어떠한 연관성이 있는 것일까? 톰체브스카-포포비치와 타라스는 그것에 대해 '개인적 관련'(Personal Relatedness)과 '감정적 연결'(Emotional Connection)이라는 두 가지 관점을 조합하여 개념 정리를 하고 있다. 여기서 '개인적 관련'은, 가장 당사

16) Natalia Tomczewska-Popowycz and Vas Taras, 「The many names of "Roots tourism": An integrative review of the terminology」, Journal of Hospitality and Management 50, 2022, pp.245-258.

자성이 높은 본인이 방문지에서 예전에 이민한 경험을 지닌 장소를 가리키는 '자기 자신'(Myself), 방문지가 부모 혹은 조부모 세대가 태어난 장소를 의미하는 '가족'(Family), 방문지와 2세대 이상 떨어진 선조와 관련이 있을 뿐 직접적으로 방문지의 토지에서 태어난 친척과 만난 적이 없는 경우를 가리키는 '선조'(Ancestors), 그리고 직접적인 혈연관계로서는 더 이상 관련성을 찾을 수 없지만 선조의 일부가 그 토지 출신임을 알고 있는 정도의 관련성을 의미하는 '에스니시티'(Ethnicity)라는 네 가지 스케일로 설명된다.

'감정적 연결'에는 '편리성'(Convenience)으로 표현되는 감정적으로 드라이한 차원에서부터, 감상적인 마음이 일지는 않지만 호기심으로 해외에 있는 선조의 고향에 방문하고자 하는 '교양 심화'(Cultural Enrichment)의 차원, 에스니시티가 자신의 아이덴티티의 중요한 일부이며 강한 감정은 느끼지 않지만 선조의 연고지에 개인적인 유대감을 느끼는 케이스를 의미하는 '아이덴티티'(Identity), 그리고 선조의 연고지로 떠나는 여행이 강렬한 감상을 불러일으키는, 가장 감정적인 연결이 높은 케이스를 가리키는 '향수'(Nostalgia)가 있다.

이 글에서는 이 틀에 기초하여 필자가 필드워크를 통해 알게 된 일본계 캐나다인이 어떠한 '개인적 관련'과 '감정적 연결'에서 와카야마현 아메리카무라를 방문하게 되었는지 기술한다. 더불어 여기서는 동아시아에서 뿌리 찾기 관광을 진흥시키는 데 필요한 과제를 가시화하기 위해, 선행연구에서는 '홈'(Home)으로 논의되는 일이 많았던 자신의 뿌리로 이어지는 선조의 출신지를 오히려 여행자에게 있어서의 '타향'(Foreign land) 이라는 위치를 부여하는 시점을 도입한다.

인류학 관련 선행연구에서는 뿌리 찾기 관광 방문지를 여행자의 홈이나 홈랜드(Homeland), 즉 '모국'이나 '본토', '고향' 이라는 위치를 부여하는 경우가 많다. 그리고 홈으로의 여행 과정과 여행지에서의 만남을 통해 여행자 본인의 아이덴티티와 귀속의식(belonging)이 감정을 동반하여 구축되며 변모하는 측면에 주목해 왔다. 한편 분명히 자신과 혈연관계에 있는 선조의 출신지이며, 그 땅을 중심으로 상징적인 집합 의식이 존재한다고 하더라도, 그 땅에서 멀리 떨어진 곳에서 나고 자랐으며 뿌리 찾기를 목적으로 국경을 넘어 선조의 연고지를 찾은 이민 2세 이후의 여행자에게 있어서 선조의 나라는 실제로 말도 통하지 않고 관습도 다른 이국(異國)이자 외국이라는 것 또한 사실이다. 특히 방문지의 친족과 이미 연이 끊어진 경우에는 실제로 여행 전에 가지고 있던 홈에 대한 기대가 선조의 연고지를 방문한 뒤 사라져버리는 사례도 종종 있으며, 귀속 의식은커녕 고립감과 소외감을 느끼는 사례가 보고되는 경우도 드물지 않다. 특히 뿌리 찾기를 진행하는 경우에는 역사 자료 열람과 현지 주민을 통한 조사 작업, 사이가 멀어진 친척과 만날 약속을 잡는 등 언어적으로 복잡한 절차가 필요하다. 이것들을 토대로 본 연구에서는 와카야마현 아메리카무라를 방문한 일본계 캐나다인이 타향에서 뿌리 찾기와 선조에 대해 조사할 때 어떤 과제를 안고 있는지에 대해서도 검토한다.

Ⅲ. 「바다를 건넌 일본 마을」 와카야마현 아메리카무라

이 글은 필자가 2014년부터 진행하고 있는 와카야마현 미하마초의 미오(三尾, 통칭 아메리카무라)에 뿌리를 둔 일본계 캐나다인에 관한 민족지학적인 조사의 일부이다. 와카야마의 아메리카무라로 알려진 미오는 와카야마현 중서부에 위치한 해안가의 작은 어촌이다. 1888(메이지 21)년에 이 고장 출신의 쿠노 기헤이(工野儀兵衛) 씨가 단신으로 캐나다에 건너가, 밴쿠버 교외 어촌인 스티브스턴(Steveston) 부근 프레이저강(Fraser River)에서 연어가 많이 잡힌다는 사실을 고향에 알린 것이 계기가 되어 캐나다로의 집단이민이 시작되었다. 어업과 임업에 종사한 이민자들은 고향에 송금을 하고, 캐나다에서 귀국한 사람들이 캐나다의 생활양식을 가지고 일본으로 돌아가 일본과 서양의 양식이 절충된 집을 짓고 살기 시작해 다이쇼 시대(大正時代 : 1912-1926)에 이르러서는 아메리카무라라고 불리게 되었다.

〈그림 1〉 간사이 지방과 와카야마현 미오의 위치

(좌: 일본 내 간사이 지방의 위치, 우: 간사이 지방 내 와카야마현 미오의 위치)

선행연구로는 가모 마사오(蒲生正男)의 『바다를 건넌 일본 마을(海を渡った日本の村)』과 그 마을 3세대의 문화변용에 대해 다루는 야마다 치카코(山田千香子)의 『캐나다 일계사회의 문화변용: 「바다를 건넌 일본 마을」 3세대의 변천(カナダ日系社會の文化變容:「海を渡った日本の村」三世代の變遷)』이 있다. 현재는 4세대, 5세대로 세대를 거듭하면서 아메리카무라 미오와 일본계 캐나다인 사회와의 관계성에도 변화가 생기고 있다. 영어를 모국어로 하는 세대가 대다수를 차지하는 가운데, 아메리카무라와의 일상적인 친척 교류나 와카야마 현인회를 통한 사절단의 초청(招聘)이나 파견 등 기존에 있었던 교류는 끊기는 한편, 5,000명 혹은 10,000명이라고

도 일컬어지는 아메리카무라 미오에 연고가 있는 일본계 캐나다인이 자신의 뿌리를 찾아서 미오를 방문하는 케이스가 증가하고 있다.

한편, 현재의 미오는 저출산 고령화로 인한 인구감소로 과소화(過疎化)가 진행되어, 역사 계승이나 지역의 비즈니스 담당자가 부족하다. 이민 초기인 1897년에 1,818명, 이민 최대 성수기인 1925년에 1,508명, 전후 여행이 안정세를 보이던 1970년에 994명이던 인구는 해마다 줄어 2018년 5월 현재 622명, 2022년 4월 현재 523명이 되었다. 게다가 65세 이상의 인구 비율이 60%를 넘기 때문에 이러한 속도로 계속 줄어 들면, 향후 20년 안에 미오의 인구가 소멸할 가능성도 부정할 수 없다.

이러한 상황을 타개하기 위해 지방정부는 2017년부터 3년간 아메리카무라의 이민창출 역사를 핵심으로 한 지방창생사업을 진행했다. 그 결과 주민 주체의 마을 조성 단체인 NPO 히노미사키·아메리카무라(NPO日ノ岬·アメリカ村)가 탄생했고, 2018년 이 NPO가 운영하는 일본과 서양의 양식이 혼합된 옛 가옥을 리모델링한 뮤지엄과 게스트하우스가 문을 열었다. 공민관의 2층을 개조한 미오 유일의 레스토랑도 생겼다. 2019년부터는 인근 지역에서 아이들을 모아 고향교육으로 이민역사를 가르치고 영어로 지역안내를 할 수 있게 지도하는 사업도 시작되었다.

지방창생사업을 계기로 이주민의 유입이 조금씩 늘고 있기는 하지만, 미오에는 옛날부터 독립적이고 보수적인 주민층이 많아 관광 개발에 대한 수요와 인식의 변화가 완만하다. 이 덕분에 외부로부터의 대규모 개발이 이루어지지 않아 미오에는 옛 풍경이 많이 남아있다. 한편 외국인을 위한 호텔도 없고 버스도 하루에 일곱번밖에 다니지 않으며 거리에는 영어 표기도 거의 없다. 이처럼 인터넷에서 영어로 검색해도 좀처럼 정보가 나오지 않고 교통 접근도 쇼핑도 불편한 곳임에도 불구하고, 일본계 캐나다인들은 뿌리를 찾을 목적으로 아메리카무라를 찾는다. 이러한 옛날 그대로의 경관과 불편함이 오히려 뿌리 찾기의 목적과 맞물려 아메리카무라의 매력으로 인식되기도 한다.

지역창생사업의 일환으로 개설한 캐나다 뮤지엄(Canada Museum)의 기록에 따르면, 2018년 11월 1일부터 2019년 3월 31일까지 24명, 2019년 4월 1일부터 10월 17일까지 47명의 캐나다 관람객이 다녀갔다고 한다. 그 대부분이 미오 출신의 조상을 가진 일본계 이민자들이었다. 과거에도 미오 출신 이민자 가족이나 그 후손이 고향을 방문하는 일은 드물지 않았으나, 최근의 뿌리 찾기 관광의 특징은 이미 미오에 친척이 살고 있지 않거나 언어상의 이유로 접점을 잃어버린 이민 3세, 4세, 5세들의 방문이 주류를 이룬다는 점이다. 캐나다 뮤지엄의 위치가 바로 미오 버스정류장 옆이기도 해서, 이곳이 이런 친족에 대한 정보가 없는 방문객들의 뿌리를 찾는 거점으로 기능을 하게 되었다. 그리고 이런 사람들은 호적이나 명부 등 일본어로 된 이민 자료를 찾거나 영어로 번역하기를 원하는 경우도 있다.

IV. 아메리카무라를 방문하는 뿌리 찾기 관광 사례

이 글에서는 2017년 여름에 알게 된 이후 가족끼리 특별한 관계를 맺어 현재까지 문자나 전화통화를 통해 꾸준히 정보를 교환해 온 토론토에 사는 일본계 캐나다인 남성 H 씨의 사례와 2018년 봄부터 역시 가족 단위로 교류해 온 밴쿠버 섬에 거주하는 일본계 캐나다인 여성 D씨의 사례에 주목하고자 한다. 본 논문은 이러한 오랜 관계성 속에서 얻어진 정보와 더불어 필자의 지도학생 두 명이 각각 2019년과 2021년에 졸업연구의 일환으로 실시한 인터뷰 조사의 결과를 분석한 것이다.

1. 사례 1:H씨

H씨는 1956년 캐나다 토론토에서 태어난 일본계 캐나다인 4세이다. 그의 아버지는 1917년 미오에서 태어나 1928년 열 살이 되던 해에 부모님이 계신 캐나다 서해안 BC 주로 건너갔다. 캐나다로 처음 건너간 증조할아버지는 1902년 당시 영국령인 캐나다 밴쿠버에서 귀화 증명서를 발급받고 어업을 하다가 전쟁 후 일본으로 송환돼 미오에서 사망했다. 열 살 때 캐나다로 건너간 아버지는 미오 사투리를 말년까지 기억하고 있었지만 H 씨 자신은 캐나다에서 나고 자랐기 때문에 일본어를 못하고 일본에 거주한 경험도 없다. 토론토에서 대학을 졸업한 후 공립 도서관에서 근무하다 현재는 퇴직한 상태이다. H 씨의 배우자는 퀘벡 주 출신의 프랑스어를 모국어로 하는 프랑스계 캐나다 여성이며, H 씨의 아들은 인도에 뿌리를 둔 캐나다 태생 여성과 2021년에 결혼했다.

H씨는 지금까지 세 차례 미오를 방문했다. 첫 방문은 1993년, 37살 때였다. 이때 부모님을 따라 한 달간 일본을 방문했는데 오사카에 있는 친할머니의 친척 집을 방문한 뒤 미오를 당일치기로 찾았다고 한다. 두 번째 방문은 2000년으로 부모님과 당시 10살이었던 아들과 함께였는데, 이때도 당일치기로 직접 전철과 버스를 갈아타고 미오에 와서 선조들이 있는 절과 아버지가 태어난 생가 터, 이민 자료관 등을 찾았다고 한다. 세 번째 방문은 2019년이었다. 부모님은 2006년과 2009년에 각각 돌아가셨기 때문에 처음으로 아내와 함께 방문했다. 2018년 지방창생사업을 통해 미오에 게스트하우스와 레스토랑, 뮤지엄이 생긴 후여서 이때 처음으로 미오에서 숙박을 했다. 이때는 필자도 함께 동행해서 H 씨 아버지의 생가 터를 다시 방문했는데, H씨는 지난번 방문 때 찍은 사진을 확인하면서 같은 장소에서 기념촬영을 했다. 성묘를 위해 방문한 절에서는, 캐나다 거주 미오 출신자의 기부 표찰(기부자들의 이름이 적힌 표찰)이나, 캐나다 이민을 노

래한 하이쿠(일본 고유의 짧은 시)가 새겨진 돌에 대한 주지스님의 설명을 통역을 통해 들었다. 그때는 캐나다 뮤지엄이 오픈한 상태여서 지역 주민들과 교류도 이루어져, 감격에 차서 눈물을 글썽이는 광경도 볼 수 있었다.

뿌리를 찾아 떠나는 여행은 현지로 떠나기 전부터 시작됐다. H씨의 경우는 다음과 같은 방법으로 조사를 실시했다.

· 친척이나 친구에 대한 인터뷰
· 자료관 및 박물관에 자료 문의 및 방문
· 캐나다 국내의 대학이나 도서관에서 자료 검색
· 신문 조사
· Ancestry.com을 비롯한 온라인 데이터베이스나 인터넷 자료의 검색

H 씨는 이 같은 조사를 위해 캐나다 국내를 여행했으며 조상의 흔적을 찾기 위해 사진과 승선객 명부, 출생증명서 등 각종 자료를 수집해왔다. 하지만 이 과정에서 언어가 큰 장벽이 되었다. H 씨는 A 학생과의 인터뷰에서 다음과 같이 말한다.

> I think one of things that makes difficult for researching Japanese history is language. I don't have language skills to do the research. (중략) I have doing this for over 30 years try to find things, but the language is one of the things that made difficult.
> (저는 일본 역사 연구를 어렵게 만드는 것 중 하나가 언어라고 생각합니다. 저는 일본어로 조사를 할 언어능력이 없습니다. (중략) 30년 넘게 제 뿌리에 대해 조사를 해왔지만, 언어 때문에 많이 고생했습니다.)

그리고 2019년에 일본을 방문하여 조사할 때 일본어 능력이 필요했는지에 대한 질문에 대해서는 다음과 같이 대답한다.

I think if we have language skill, it might be easier and there are probably other materials there. (중략) But the problem with Canada is that more material was lost because of interment, and again, I think language skill makes more difficult too. So, when I come for searching the roots, it's pretty hard there, so some materials got destroyed.
(언어가 되면 좀 더 쉽게 다른 자료를 찾을 수 있을 것 같습니다. (중략) 그런데 캐나다의 문제점은 일본인 강제 수용의 역사로 인해 많은 자료가 유실된 데다가 언어까지 안 돼서 자료를 찾는 게 어렵다는 것입니다. 제 뿌리를 찾으러 갔지만 어떤 자료들은 훼손되어 있어서 정말 힘들었습니다.)

아무리 언어를 할 줄 알고 조상의 나라라고 할지라도 외국이기 때문에 행정 서류 등을 신청하는 것은 그 나라의 시스템을 모르면 매우 어렵다. H씨의 경우 1993년과 2000년에 일본어에 능통한 부모님과 함께 미오에 갔음에도 불구하고 2017년에 필자와 필자의 학생들과 연결되기 전까지는 호적등본 서류를 떼지 못했다.

2. 사례 2 : D씨

D씨는 1969년 밴쿠버에서 태어났다. 기미코(Kimiko)라는 일본식 미들네임을 가지고 있지만 D씨 아버지조차 일본에 가본 적이 없는 3세이다. 할아버지는 1885년에 와카야마 미오에서 태어나 어부로 살다가 요코하마에서 시나노마루(信濃丸)를 타고 1907년 10월 7일 22살의 나이로 빅토리아(Victoria)에 상륙했다. 그 후 미오에서 결혼한 후 1918년에 32세의 나이로 다시 캐나다로 돌아온 기록이 남아있다. 1920년 12월 30일에도 스테베스턴(Steveston)을 떠나 가족을 만나러 미오무라(三尾村)로 갔다. 그리고 1921년 4월 29일, 그의 아내와 함께 밴쿠버 섬(Vancouver Island)에 있는 빅토리아로 돌아왔다. 그녀의 할아버지는 캐나다로 건너간 후에도

양국에 있는 가족 사이를 오가는 생활을 했고, 캐나다에서 돌아가셨다. 한편 그녀의 아버지는 1932년 여덟 번째 막내로 브리티시컬럼비아 주의 나나이모(Nanaimo, BC)에서 태어났다. 90세가 되는 지금까지 한 번도 일본에 가본 적이 없지만 태어났을 때 일본에 출생신고를 해서 호적이 남아 있다. D씨의 할아버지는 1961년 스티브스턴(Steveston)에서 돌아가셨고, 이후 태어난 D씨나 그의 여동생은 조부모를 만난 적이 없다. 어머니는 시가(滋賀) 출신의 일본계 2세이다. 이렇듯 아버지와 어머니의 뿌리가 일본에 있다는 것을 알면서도, D씨는 미오에 대한 기억을 가진 아버지가 있던 H씨와 달리, 2019년 3월 출장으로 일본을 방문할 기회를 얻기까지 뿌리 찾기와는 무관한 생활을 해왔다. 출장으로 일본에 가게 된 후, 인터넷으로 미오에 대해 알아보던 중 필자의 학생이 유튜브에 공개한 H씨의 아들을 주인공으로 한 미오에서의 뿌리 찾기 동영상[17]을 우연히 보게 된 후 필자에게 메일을 보내왔다. 거기에는 아래와 같이 자신의 상황을 설명하고 있었다.

> "Like many Japanese Canadians of my age and generation, I have never been to Japan and do not speak Japanese, however, I would very much like to visit Mio as I am coming to Osaka. I would very much like to tour Mio but feel that I could use some support, not speaking Japanese and having never been to Japan. As both of my parents were born here in British Columbia, they only speak English so we have lost this connection to our family history. Having been interned during World War 2, my parents never speak of their Japanese history"
> (제 나이와 세대의 많은 일본계 캐나다인들처럼, 저는 일본에 가본 적이 없고 일본어를 할 줄 모르지만, 오사카에 갈 때 미오를 꼭 방문하고 싶습니다. 저는 미오에 꼭 가보고 싶지만 일본어를 할 줄 모르고 일본

17) H씨의 아들을 주인공으로 한 미오에서의 뿌리 찾기 유튜브(Youtube) 동영상 'The Transnational Journey of the Hamade Family'

에 가본 적이 없어서 도움이 좀 필요할 것 같아요. 저희 부모님 두 분 다 이곳 브리티시컬럼비아에서 태어나셨고 영어만 하셔서 가족과의 인연이 끊겼습니다. 제2차 세계 대전 동안 억류되었던 저의 부모님은 그들의 일본 역사에 대해 절대 말하지 않으셨습니다.)

지난 2019년 3월 D씨는 남편과 아들을 데리고 미오의 캐나다 뮤지엄을 방문했고, 그곳 관장의 사전 조사를 통해 밝혀진 조상 묘소를 찾았다. 그리고 그 묘를 지켜온 친척 여동생 R씨와도 처음 만날 수 있었다. R씨의 할아버지는 D씨 할아버지의 동생이다. D씨의 할아버지는 1917년 7월 15일 멕시코마루라는 배를 타고 처음 캐나다 빅토리아(Victoria)로 건너갔고, 당시 미오 사람들이 집주하던 스티브스턴에 살았다. R씨가 보관하고 있던 캐나다 이민국 등록서에 따르면, 5년마다 11월 혹은 12월부터 5월까지의 동절기에 스티브스턴을 떠나있던 시기가 있었고 이때 미오로 돌아갔던 것으로 추측된다. R씨의 기억에 따르면 할아버지는 1932년경에는 미오로 돌아와 이후 숨질 때까지 미오에서 살았다. 요컨대 일가 중 미오에서

〈그림 2〉 미오의 조상 묘소를 찾은 D씨와 그 가족들

캐나다로 건너가 캐나다에서 죽은 사람과 미오로 돌아와 죽은 사람이 있으며 현재는 일본 국적과 캐나다 국적의 후손이 존재한다.

한편 R씨에게는 그동안 교류가 없었던 캐나다에 있는 친척이 뿌리를 찾는다는 이유로 갑자기 연락해온 것이 D씨가 처음은 아니었다. 2017년 여름에 같은 친할아버지를 둔 사촌 누이인 K씨가 캐나다에서 뿌리를 찾기 위해 방문했다. K씨는 1954년생으로 퇴직한 뒤 뿌리를 찾기 시작했다고 한다. K씨의 존재와 주소를 R씨로부터 전해들은 D씨는, 2020년 2월에 처음으로 연락을 시도했고, 필자와 미오의 지역 관계자의 동석아래 캐나다에서의 만남이 이루어졌다. 서로 그리 멀지 않은 거리에서 살고 있어 D씨와 K씨는 지금도 연락을 하고 지낸다.

여기서는 앞에서 서술한 톰체브스카-포포비치와 바스 타라스의 뿌리 찾기 관광 개념 에서 제시한 '개인적인 관계'와 '감정적인 연결'을 H씨와 D씨의 사례에 적용시켜, 뿌리 찾기 관광의 특징을 설명하고자 한다. '개인적 관계'에서 H씨는 아버지가 미오에서 태어나 10살 때 캐나다로 건너갔다는 뿌리를 갖고 있기 때문에, 직계 '가족'의 관계성에 따른 높은 당사자성을 갖고 있었다. D씨도 1885년에 미오에서 태어나 1907년 22세 때 캐나다로 건너간 할아버지를 가진 '가족' 관계로 아메리카무라에 관심을 갖게되었다. 하지만 D씨는 H씨와 달리 미오 출신 할아버지가 돌아가신 뒤 태어났기 때문에 직접 미오에 관한 추억담을 듣거나 부모님, 조부모님과 함께 미오를 방문한 적은 없었다.

한편 '감정적 결합'이라는 차원에서 H씨는 극단적인 기쁨이나 슬픔의 감정표현은 없었지만, 약 35년간 선조에 대한 조사를 계속하고 그것을 아들에게도 전해온 것이나, 미오를 자신의 정체성에 중요하고 의미 있는 것으로 일관되게 말해왔다는 점에서 '정체성'을 둘러싼 감정의 결합이 뿌리 찾기 관광을 지향하는 동기가 되고 있다고 볼 수 있다. 이에 대해 D씨는 50세때 업무 관련 출장으로 일본에 오는 김에 할아버지의 고향인 미오를 방문해 보자는 생각이 들 때까지 거의 자신의 일본계 뿌리에 대해 의식하는 일은 없었다고 말했다. 이민 2세인 아버지에게서도 아무것도 전해듣지 않았다. 그럼에도 불구하고 미오를 방문해 일본 측 친척들을 만나고 조상들의 삶의 흔적을 만지면서 눈물을 흘리며 말을 잇지 못했고, 이후 가계도를 제작하는 등 뿌리 찾기에 몰두했다.

V. 나오며: 동아시아 뿌리 찾기 관광의 과제와 전망

이 글은 1888년부터 캐나다 이민을 배출한 일본 와카야마현 미오(통칭 아메리카무라) 출신 할아버지를 둔 일본계 캐나다인 60대 남성 H씨와 50대 여성인 D씨 대상으로 5년여에 걸친 인류학적 관찰과 인터뷰를 통해 와카야마 아메리카무라에 대한 뿌리 찾기 관광의 사례를 소개한 것이다.

톰체브스카-포포비치와 타라스가 정리한 뿌리 찾기 관광 개념을 참고로 어떤 '개인적 관계'와 '감정적 연결'에서 H씨와 D씨가 와카야마 아메리카무라를 반복적으로 방문했는지를 기술했다. 특히 여기서는 기존 연구의 핵심 분석 시점인 홈(Home)이 아니라 친근감을 느끼는 타향의 시점을 도입함으로써 H씨와 D씨가 언어 불편과 씨름하면서도 조상에 대해 조사하거나 뿌리를 찾는 일을 소망으로 해온 경위를 기술했다.

이 과정에서 게스트와 호스트 사회가 안고 있는 어려움과 이후의 과제를 다음과 같이 도출할 수 있었다. 우선 게스트 측의 어려움은 뿌리 찾기 실천에서 경험되는 언어 장벽이다. H씨도 D씨도 일본에서 구할 수 있는 지역정보나 가족의 호적정보 등을 여행을 통해 얻을 수 있어도 이를 번역하거나 해독해주는 사람이 없으면 그 내용을 이해할 수 없었다. 또 두 사람 다 선조의 무덤이 어디에 있는지를 찾아 성묘를 희망하였으나 묘석에 써있는 이름을 읽을 수 없기 때문에 그 역시 자력으로 행하는 데 어려움이 있었다.

여기서 호스트 사회에 주어지는 과제는 단순히 영어를 할 줄 아는 통역사나 번역사가 아니라, 지역의 사찰이나 인간관계에 대한 지식을 갖고 일본어와 영어로 소통할 수 있는 인재를 양성하는 것이다. 한편 이와 관련된 호스트 사회의 가장 큰 문제는 이러한 지식이나 경험과 외국어 스킬을 모두 가진 지역에 뿌리내린 인재를 육성하는 구조가 불충분하다는 것이다. 일반적으로 해외와 연결되어 활약하고 싶은 인재는 도심으로 유출되는 경향이 있다. 실제로 미오를 비롯해 과거 해외로 이민을 보낸 일본의 이민 모촌은 서일본의 지방도시에 집중되어 있다. 이러한 지방 도시는 도심으로의 인구 유출이 현저하고, 과소화가 진행되고 있어 전문 인력을 모으기가 곤란한 상황이다. 왜냐하면 프로로서 활약할 수 있는 인재를 기르는 장소도, 자란 인재가 계속 일할 수 있는 장소도 한정되어 있기 때문이다. 이에 향후 과제는 뿌리 찾기 관광을 지역 산업으로 정착시키고, 그 수익을 역사 계승이나 차세대 육성으로 순환해 가는 구조를 만들어 가는 것이다.

야마다의 미오와 캐나다에서의 민족지학적 조사에 근거한 캐나다 일본계 사회에 관한 모노그래프에는, 「미오 출신의 일본계 캐나다인의 에스니시티에서 '미오 출신'이라고 하는 것이 매우 중요하다. 왜냐하면, 그들은 와카야마의 미오에 자신의 뿌리가 있다는 것을 3세대에서도 충분히 인식하고 있다」라고 기록되어 있다. 이 인식은 이 모노그래프가 간행된 지 20년이 지난 오늘날, 4세에 해당하는 H씨와 D씨에게도 해당되는 것이었다.

미오에서 뿌리 찾기 관광을 기조로 하는 관광 마을을 조성해, 마을이 소멸되지 않게 해 나가는 것은 미오의 주민에게도, 미오 출신의 일본계 캐나다인 커뮤니티에게도 매우 중요한 과제일 것이다. 이러한 상황은 일찍이 해외에 이민을 보낸 서일본의 지방도시에서도 공통적으로 발견되는 현상이다. 이러한 산업기반을 갖추면 지역의 젊은이들이 도시로 나가지 않고 전문인력을 지향하는 기회를 창출할 수 있다. 또 뿌리 찾기 관광은 한 지역을 잘 아는 인재를 필요로 하기 때문에 기존의 외부자본에 의한 일방통

행적인 관광 개발에 치우치지 않는 프로세스가 될 것이다. 지역 진흥의 주체가 지역 안에 있는 '내발적 지역 진흥'의 관점은 와카야마 아메리카무라에 적절한 방법이 될 것이다.

한편 이 같은 중요성에도 불구하고 동아시아에서는 뿌리 찾기 관광을 중심으로 한 도시 조성의 선행 사례가 충분히 논의되고 있지 않다. 방문객에 대한 다국어 지원 방법론이나 인재부족을 보완하는 운영체제 구축, 출신에 따른 프라이버시나 지역 사정을 배려한 정보관리, 고령 주민에게 심리적인 부담이 되지 않는 인바운드(inbound) 관광의 형태 등 세부 과제 또한 산적해 있다. 필자는 이러한 과제의 해결을 위해서, 동아시아의 연구자가 다양한 뿌리 찾기 관광 사례에 대해 서로 보고해, 정보를 교환하고 지혜를 나눌 수 있는 플랫폼을 만들고 싶다.

【참고문헌】

〈저서 및 역서〉

京都大學地理同好會,『コンター』24, 和歌山縣美浜町三尾調査報告書, 1977.

藤原直樹編,『地域創造の國際戰略』, 學藝出版社, 2021.

山田千香子,『カナダ日系社會の文化變容:「海を渡った日本の村」三世代の變遷』, 御茶の水書房, 2000.

蒲生正男,『海を渡った日本の村』, 中央公論社, 1962.

河原典史,『カナダにおける日本人水産移民の歷史地理學研究』, 古今書院, 2021.

Agunias, Dovelyn R. and Kathleen Newland, Developing a Road Map for Engaging Diasporas in Development A Handbook for Policymakers and Practitioners in Home and Host Countries, International Organization for Migration(IOM) and Migration Policy Institute, 2015.

Basu, Paul, Highland homecomings, Routledge, 2007.

Leite, Naomi, Unorthodox Kin: Portugues Marranos and the Global Search for Belonging, University of California Press, 2017.

Marschall, Sabine, Tourism and Memories of Home, Channel View Publications, 2017.

Nash, Catherine, Of Irish Descent: Origin Stories, Genealogy & the Politics of Belonging, Syracuse University Press, 2015.

〈연구논문〉

고계성,「뿌리 찾기 관광과 방문 동기에 관한 관계 연구」,『관광연구저널』30-6, 2016.

山口 覺,「スコットランド系ディアスポラとルーツ·ツーリズム」,『人文論究』67-1, 2017.

山口 覺·喜多祐子,「先祖との絆をつくりだす－日本における先祖調査の展開－」,

『關西學院大學先端社會研究所紀要』11, 2014.

新垣(岡野) 智子, 「ハワイ沖縄系移民による「ルーツ探し」(特集 追悼 鎌田久子)」, 『女性と經驗』36, 2011.

Ashton, Rick J., 「A Commitment to Excellence in Genealogy: How the Public Library Became the Only Tourist Attraction in Fort Wayne, Indiana」, Library Trends 32-1, 1983.

Chang, Chen-Chi, 「Tourism Marketing of the Hakka Genealogical Digital Archive」, Journal of Tourism and Hospitality Management 4-1, 2016.

Ichikawa, Tetsu, 「Building Houses and Graves for Their Ancestors in Their Hometowns: Homecoming Practices of Papua New Guinean Chinese in Their Ancestral Villages in China」, 『名古屋市立大學大學院人間文化研究科 人間文化研究』27, 2017.

Lenstra, Noah, 「"Democratizing" Genealogy and Family Heritage Practices: The View from Urbana, Illinois」, Encounters with Popular Pasts: Cultural Heritage and Popular Culture edited by Mike Robinson, Helaine Silverman, Switzerland' Springer International Publishing, 2015.

McGavin, Kirsten, 「(Be)Longings: Diasporic Pacific Islanders and the meaning of home」, Mobilities of Return: Pacific Perspectives edited by John Taylor and Helen Lee, ANU Press, 2017.

Prinke, Rafal T, 「Genealogical Tourism — An Overlooked Niche」, The Journal of the Polish Genealogical Society of America, Spring, 2010.

Santos, Carla Almeida and Grace Yan, 「Genealogical Tourism: A Phenomenological Examination」, Journal of Travel Research 49-1, 2010.

Scotland Government, 「The Scottish Diaspora and Diaspora Strategy: Insights and Lessons from Ireland」, 2009, (https://www.gov.scot/publications/scottish-diaspora-diaspora-strategy-insights-lessons-ireland/)

Sim, Duncan, 「Diaspora tourists and the Scottish Homecoming 2009」, Journal of Heritage Tourism 8-4, 2013.

Tomczewska-Popowycz, Natalia and Vas Taras, 「The many names of "Roots tourism": An integrative review of the terminology」, Journal of Hospitality and Tourism Management 50, 2022.

7. 오사카 코리아타운과 서울 가리봉동

: 두 에스닉타운 커뮤니티의 과거와 현재

손미경

Ⅰ. 들어가며

국경을 넘어 익숙하지 않은 외국의 도시에 가게 되는 등 인간의 삶에서 이동은 필수 불가결한 요소 중 하나이다. 이동의 범위는 가까운 지역 내 이동에서 지역 혹은 국경의 경계를 넘어선 이동으로 확장되고 있다. 이러한 이동은 개인적으로는 가난과 빈곤에서 벗어나 더 나은 삶의 기회를 찾기 위해서일 것이다. 구조적으로는 자연재해, 국내의 정치·사회적 불안 등 신자유주의적 경쟁구조 및 개발도상국에서의 정치적 탄압 등으로부터 탈피하여 일종의 해방구를 찾아서 이동을 하는 등 다양한 원인과 변수가 고려될 수 있을 것이다. 인문·사회적 관점에서는 개인의 '이동'이 집단적 또는 장기적으로 이루어지는 경우, 광의의 의미에서 '이주' 혹은 '이민'이라는 용어로 칭한다. 이주는 국가와 시대, 개개인이 처한 상황에 따라 다양한 형태로 나타난다.

1965년을 기점으로 한민족의 이주사를 구이민과 신이민으로 구분한다면, 자율적으로 발생하는 신이민에 비해, 구이민의 대부분은 강제연행과 징역 등 비자발적이며 반강제적인 요인인 정치적 구조로 인해 발생했다.

특히, 강제성을 띤 구이민은 한반도와 인접한 일본, 중국, 중앙아시아 등 동북아시아 지역을 중심으로 이루어졌으며, 위의 각 지역에 정주한 한민족을 재일코리안[1], 조선족, 고려인이라고 칭한다.

집단적이고 장기적인 인구의 이동으로서의 이주는 이주 공간의 인구학적·경제적·사회적 구조를 변화시킨다. 특히, 노동 이주자의 정주는 고용의 기회와 연계되며 이들은 거의 언제나 공단지역이나 도시에 집중됨으로써 지역 공동체에 지대한 영향을 미친다.[2] 즉, 각 공간에 따른 차별적인 영향들을 경제 및 사회구조에서부터 생활양식에 이르기까지 미칠 수밖에 없다. 왜냐하면 이주 공간에서의 이들의 집단적인 삶은 진공상태에서 이루어지는 것이 아니라 기존의 원주민 혹은 정주민과의 관계 속에서 일어나고 그러한 관계는 삶의 양식의 접합이나 충돌, 그리고 상호 혼종성을 발생시킬 수 밖에 없기 때문이다.

이 글에서 분석의 대상으로 삼은 오사카 이쿠노 코리아타운과 서울 가리봉동은 주지하다시피 '이주민의 이주'에 의해 형성된 공간이다. 각각 재일코리안과 조선족이라는 서로 다른 구성원에 의해 형성된 공간이며, 이주 시기 또한 달리한다. 그러나, 이 이주의 주체가 한민족이라는 점에서 공통의 특성을 찾아볼 수 있으며, 한편으로는 재일코리안이 단일한 한 방향으로의 흐름이라는 이동에 의해 정착되었다면, 조선족의 경우에는 일차 중국 지역으로 이동했던 한민족이 다시 남한으로 역이동하는 복합적인 이동 경로를 보여주고 있다는 점에서 차이가 있을 것으로 유추가 가능하다.

국제적인 측면에서 이주는 다양한 학문 분야에서 다각적으로 연구가 이루어져 왔다. 이 글에서는 오사카 이쿠노와 서울 가리봉동이라는 공간과

---

1) 이 글에서 식민지 시대에 일본으로 이주한 조선인을 재일조선인으로, 한국 정부 수립 이후 이주한 한국인을 포함한 재일코리안으로 구분하여 사용하였다.

2) 스티븐 카슬·마크 J 밀러 지음, 한국이민학회 옮김, 『이주의 시대』, 일조각, 2021, 33쪽.

한국 근현대사의 중요한 역사적 사건과 연계하면서 두 공간의 변화 양상을 살펴보고자 한다. 즉, 한국의 근·현대 중에서 식민지 시대, 냉전시대(6.25 전쟁, 남북대립), 1965년 한일국교정상화, 1988 서울올림픽 등 시대적 이슈에 초점을 맞춰가면서 오사카 이쿠노 코리아타운과 서울 가리봉동을 살펴볼 것이다. 한국 근·현대사의 역사적 산물인 재일코리안과 조선족의 이동이라는 한민족 이동의 역사가 투영된 이 두 공간을 살펴봄으로써 한국과 일본사회에 어떠한 변화를 불러일으켰는지 혹은 어떠한 영향을 주고받았는지를 가늠해 볼 수 있을 것이다.

Ⅱ. 오사카 이쿠노 코리아타운의 형성과 변용

1. 조선인 집주지의 형성

현재 이쿠노구(生野區)는 1972년 행정구 변경 전에는 이카이노(猪飼野)로 불렸다. 이카이노는 메이지 시대에 개척한 지역(下町)[3]으로 중소기업과 영세기업 등 작은 공장(町工場)이 많은 곳이었다. 이카이노 인근에는 일본 최대의 국영 군수공장인 오사카 포병공창(砲兵工廠)이 있어 관련 하청 공장이 많았고, 하청 공장에서 일할 많은 노동자를 필요로 하였다. 이곳으로 규슈, 오키나와를 비롯하여 서일본은 물론 한반도에서도 조선인 노동자가 모여들기 시작하였다.[4]

조선인의 일본으로의 도항(渡航)은 1910년부터 본격화되었으나, 오사카 이쿠노로 이동이 본격적으로 이루어진 것은 1923년 오사카와 제주도

3) 도시에서 지대가 낮은 지역으로 대부분 상·공업지가 많다. 도쿄의 경우 아사쿠사, 간다, 니혼바시 등이 시타마치에 속한다.
4) 水内俊雄, 加藤政洋, 大城直樹, 『モダン都市の系譜-地図から読み解く社会と空間』, ナカニシヤ出版, 2010, 135쪽.

간의 '기미가요마루'가 정기 운항을 시작하면서부터이다. 이카이노에 모여든 조선인은 소규모 공장과 히라이노 강 개착공사(開削工事) 등에 종사하면서 이카이노에 정주하게 되었고, 다이쇼(大正) 말기부터 이곳에 조선인 집주 지역이 형성되기 시작하였다.

2. 조선시장의 등장

식생활은 어린 시절부터 몸에 밴 가장 보수적인 생활양식이다. 일본과 조선의 식생활은 큰 틀에서 공통점이 많지만 자세히 들여다보면 차이점이 존재한다. 가장 큰 차이점은 예를 들어, 생선의 경우만 봐도 일본인과 조선인이 먹는 생선 종류와 양념해서 맛을 내는 방법이 다르다. 일본은 간장과 설탕으로 맛을 내지만, 조선은 마늘, 간장, 고춧가루 등으로 맛을 내며 자극적인 조미료를 많이 섭취하고, 닭고기와 돼지고기 등 육류도 일본인에 비해 많이 먹는다.

체류가 장기화되면서 고향의 맛을 그리워하는 조선인들이 늘어났고, 이러한 수요를 위해 조선의 식재료를 제공하는 상점이 하나둘씩 늘어나면서 조선시장[5]이 탄생하게 되었다. 처음에는 골목 한쪽에 상품을 펼쳐놓고 파는 노점상이었으나, 서서히 시장으로 형태를 갖춰가면서 번성하기 시작하였다.[6]

1933년에 발간된 『아사히 클럽』에는 조선시장의 모습을 다음과 같이 기술하고 있다.

조선인의 체재자수가 가장 많은 오사카, 특히 '조선' 그 자체라고 할 수 있는 이카이노의 조선시장은 오사카에 거주하는 13만 3천 명의 조선인들

5) 당시 조선시장의 풍경은 金賛汀, 『異邦人は君が代丸にのって―朝鮮人街猪飼野の形成史』, 岩波新書, 1985를 참고 바람.
6) 조선시장의 등장 등에 관한 자세한 사항은 고정자·손미경, 「한국문화발신지로서의 오사카 코리아타운」, 『글로벌문화콘텐츠』 제5호, 2010을 참고 바람.

의 지지를 받으며, 반정(半町)[7]에도 미치지 못하는 곳에 50여 개의 가게가 즐비해 있다. 소의 심장, 돼지머리, 가오리 등 그로테스크한 음식들이 즐비하게 늘어서 있으며, 너다섯 개의 일본인 가게를 제외하면 파는 사람도 사는 사람도 조선인뿐이다. (중략). 2만 명 가까이 모여 있는 이 지역 사람들은 두말할 것도 없이 고베, 교토 방면의 조선인들에게도 유명하며, 2년 정도 전부터 한 사람, 두 사람씩 사람들이 다른 데에서는 구하기 어려운 그들의 애호식품을 팔기 시작한 것이 시초이며, 지금은 매일 1만 명 가까운 사람들이 물건을 사러 오는 번창한 곳이다.[8]

〈그림 1〉 쇼와 8년 오사카 조선시장의 모습

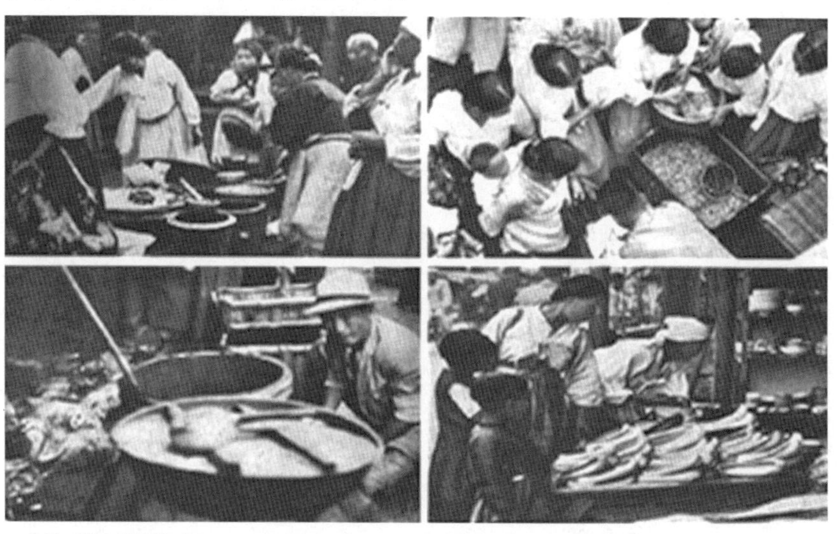

※출처: 朝日新聞社, 『アサヒクラブ』 通常 五二二号, 昭和8年11月8日, 1933.

1933년 50여 개의 조선인 가게가 1939년에는 약 200여 곳으로 증가하였으며, 생활필수품을 취급하는 상점과 더불어 말린 명태, 고춧가루는

7) 반정(半町)은 9917.355평방미터의 면적의 반 정도의 면적이다.
8) 朝日新聞社, 『アサヒグラフ』, 通常 五二二号, 1933.

물론 혼례용품까지 판매하였다.[9] 설날과 추석 등 명절이 다가오면 식재료를 구하고자 각지에서 조선인들이 몰려들었고, 전후 1970년대까지 평일에도 손님으로 붐볐다.[10] 이 지역에 일본 전국에서도 유명한 조선시장이 형성되었다.

3. 하나의 공간 두 개의 조국: 눈에 보이지 않는 38선

1945년 해방을 맞이한 조선에서는 정부를 수립하기 위해 사람들이 분주하게 움직이기 시작했다. 그러나, 한반도에 남은 일본군을 무장해제 시킨다는 명목으로 북위 38선[11]을 기준으로 북쪽은 소련이 남쪽은 미군이 주둔하게 되었다. 이러한 상황에서 같은 해 12월, 모스크바 3상 회의에서 5년간 신탁통치가 결정되었다. 처음에는 전국적으로 신탁 반대 운동이 대대적으로 일어났으나, 공산주의자가 신탁통치에 찬성하면서 신탁통치 반대파와 찬성파로 양분되었다. 1948년 2월 유엔 소총회에서 '선거가 가능한 지역(남한에 국한)에서만이라도 총선거를 실시'한다고 가결됨에 따라, 같은 해 5월 10일 남한에서 단독 선거가 치러졌고, 이승만 정권이 탄생하였다. 북한에서는 9월 9일 김일성을 주석으로 하는 조선민주주의인민공화국이 수립되어 한반도에 두 개의 국가가 생겨났다.

한편, 일본 국내에서는 일본에 남은 재일 조선인의 지지를 받아 1945년 10월 15일 재일 조선인연맹(이하, 조련)이 결성되었다. 그러나 조련의 지도부에 불만을 품은 '반(反)공산주의' 입장을 분명하게 표시한 사람들에 의해서 다음 해 10월 재일 조선인거류민단(이하, 민단)이 결성되었다. 이

9) 杉原達, 『越境する民族−近代大阪の朝鮮人史研究−』, 新幹社, 1998, 167쪽.
10) 고정자·손미경, 「한국문화발신지로서의 오사카 코리아타운」, 『글로벌문화콘텐츠』 제5호, 2010을 참고.
11) 38선을 둘러싼 문제에 대해서는 玄光洙, 『民族の視点−在日韓国人の生き方·考え方』, 同時代社, 1983을 참고.

렇게 각각 입장을 달리하는 조직이 결성됨에 따라 재일 조선인 사회도 두 개로 양분되었고, 이쿠노 지역 안에서도 북을 지지하는 사람과 남을 지지하는 사람으로 갈라졌다. 마치 한반도의 축소판처럼 보이지 않는 두 개의 공간으로 분단되었다.

〈그림 2〉 민단(좌), 조련(우)의 현수막

※출처: 曺知鉉ほか, 『猪飼野—追憶の一九六〇年代』, 新幹社, 2003, 50-51쪽.

〈그림 2〉는 1965년 한일국교정상화 이후 현재 코리아타운이 있는 조선시장에 걸린 현수막이다. 왼쪽은 한국민단측의 현수막으로 '기간이 지나서 후회하지 말고 영주권을 신속하게 신청하자'라고 적혀있다. 반면, 오른쪽의 조선총련(조련이 후에 조선총련으로 변경)에서는 '죽음의 신청 〈영주권〉을 취소하고 괴뢰 〈한국 국적〉을 조선으로 바꾸자'라고 적혀있다.[12] 모국의 정치 상황이 이쿠노에서 그대로 투영되었고, 재일코리안의 생활에도 영향을 미쳤다. 필자가 지금까지 만난 몇 명의 재일코리안들은 남북 대립이 얼마나 재일코리안 사회에 큰 영향을 미쳤는가를 '제사'를 예로 들면서 들려주었다.

---

12) 曺智鉉ほか, 『猪飼野—追憶の一九六〇年代』, 新幹社, 2003, 186쪽.

저는 제사[13]를 매우 좋아했어요. 제사 때는 먹을 것도 많고, 친척들과 도 오랜만에 만날 수 있고. 그런데 마지막에는 항상 큰 싸움으로 끝나지만. (재일코리안 3세 K씨)

처음에는 즐겁게 이야기를 나눠요. 그런데 술이 조금씩 들어가면 북이니, 남이니 하면서 싸움을 하게 되지만. 어렸을 때는 정말로 싫었어요. (재일코리안 2세, M씨)

이처럼 이데올로기 대립은 가족과 친척, 평소 이웃끼리의 왕래에도 영향을 끼쳤다고 한다. 그러나 이러한 상황도 재일코리안의 세대교체와 남북정세의 변화 등으로 눈에 보이지 않는 38선의 중압감은 조금씩 줄어들기 시작하였다.

4. 다문화공생을 목표로

조선시장은 1970년대까지 번창하였지만, 1980년대 들어서면서부터 급속하게 손님의 발걸음이 멀어지면서 한산해졌다. 이러한 변화는 먼저, JR 츠루하시역 주변에 국제시장[14]으로 손님이 몰리면서 역에서 조금 떨어진 조선시장까지 손님이 오지 않게 되었다는 점, 두 번째로, 재일코리안 세대가 1세에서 2세, 3세로 세대가 교체되면서 제사와 명절을 간소화하는 경향이 강해지면서 고객이 줄었다는 점, 마지막으로 1960년대 박정희 대통령이 추진한 의례 간소화 정책[15]의 영향을 받았다는 점이다. 이에 대해

---

13) 제사에 올리는 음식은 질과 양적인 면에서도 매우 풍족하였다. 그리고 제사는 4대 혹은 5대 조상까지 모시기 때문에 전통에 따라 제사를 모시는 가정에서는 연간 수 차례의 제사를 모셔야 하기 때문에 꽤 많은 노동이 필요하였다. 藤田綾子, 『大阪「鶴橋」物語—ごった煮商店街の戦後史－』, 現代書館, 2006, 162쪽.

14) 전후 암시장에서 발전한 대규모 시장으로 이쿠노 코리아타운과 마찬가지로 한국의 식재료와 의복 등을 취급하는 상점이 많다.

15) 1973년 박정희 대통령은 가정의례준칙의 간소화·합리화함으로써 불필요한 낭비를 억제하고 건전한사회 풍조를 고양하기 위해, 1969년 3월 '가정의례준칙' 전문 71조와 부칙을 제정하였다. 대통령 공시로 확정·공포하였다. 처음에는 권고 수준

재일코리안 2세 고정자씨는 '제주도에서도 예전까지 지내왔던 5월 단오절이 1970년대에는 거의 지내지 않게 되었다. 또, 국교정상화로 한국과 왕래가 빈번해지자 제주도에서도 지내지 않는다는 이유로 단오절이 사라졌다. 이웃들까지 함께 모여 북적대던 제사도 재일코리안들 간의 이념대립이 심각해지면서, 극히 가까운 친척들만 모이게 되었다. 제사와 명절의 간소화는 '조선시장'의 매상과 직결되는 현상으로 나타났다'고 했다.[16] 조선시장의 쇠퇴는 일본 사회와 재일 조선인 사회의 변화 등 다양한 내부요인은 물론 한국에서 시행된 '가정의례준칙'에 의한 의식의 간소화정책과 한·일 국교정상화로 재일코리안의 본국과의 왕래가 용이해진 점 등 외부요인도 영향을 미쳤다.

조선시장은 동포 손님을 대상으로 장사를 해왔는데 이들의 발길이 뜸해지고, 또 1980년대 이후 대형 마트의 진출 등으로 일본 각지의 상점가 쇠퇴와 맞물리면서 직격타를 맞았다. 이러한 상황에서 1988년 서울올림픽 개최는 지금까지 부정적이었던 한국과 이쿠노에 대한 이미지를 긍정적으로 전환하는 기회가 되었다. 또, 서울올림픽은 '코리아타운 구상'[17]을 견인하는 계기가 되었고, 1991년 오사카시가 도로의 칼라 포장에 대한 보조금을 지원하면서 구체화되었다. 1995년 조선시장 입구에 한국문화의 이미지를 강조한 문이 세워지는 등 코리아타운이 조성되었다.

이쿠노 코리아타운은 2002년 한일 월드컵 공동 개최와 2004년부터 일본 국내에 불기 시작한 '한류 붐'을 지원하는 역할을 담당하면서 한국문화

이었으나, 별로 성과가 없었기 때문에 처벌 규정을 강화하여 '신가정의례준칙'을 1973년 1월에 공포하였다. 이 법률과 준칙은 1999년 '건전한 가정의례의 정착 및 지원에 관한 법률'과 '건전가정의례준칙'으로 바뀌었다.

16) 고정자·손미경, 「한국문화발신지로서의 오사카 코리아타운」, 『글로벌문화콘텐츠』, 제5호, 2010을 참고.

17) 1984년 민단계 한국오사카청년회의소와 일본청년회의소가 미유키모리도오리 상점가의 '지역활성화'를 목표로 '코리아타운 구상'을 제안하였다. 여기서 '코리아타운'의 정식명칭은 '미유키모리도오리 상점가'이며, 서·중앙·동 세 상점가가 여기에 해당한다.

와 정보를 발신하는 곳으로 변모되었다. 또 이쿠노 코리아타운을 '마을 학교'로 일본 초등학교, 중학교, 고등학생을 대상으로 하는 이문화 이해와 체험의 장소로 활용되기 시작하면서 재일코리안 집주 지역에서 일본인과 함께 살아가는 동네로 변모하고 있다.

5. 최대 재일코리안 집주지

강제적, 비자발적으로 행해진 구이민에 의해 시작된 조선인의 이주로 형성된 조선인 집주 지역은 일찍이 일본 전국에 전후부터 존재했으나, 현재는 대부분 지역이 그 흔적조차 찾을 수 없을 정도로 쇠퇴하였다. 필자는 지금까지 올드커머[18] 집주 지역인 도쿄 우에노 일대를 비롯해서 가와사키 사쿠라다 상점가와 시멘트 거리, 고베시 나가타구, 오사카 니시구 등을 조사해왔다. 이 지역들은 이쿠노와는 비교가 되지 않을 정도로 쇠퇴하였고, 재일코리안 집주지역의 흔적을 찾아볼 수 없을 정도였다. 그런데 '왜 이쿠노는 현재도 여전히 재일코리안 최대 집주지로 남아있는가?' 이 물음에 대한 해답은 구성원의 출신지인 제주도와 제주도가 처한 잔혹한 한국 근대사를 통해서 유추해 볼 수 있다.

제주도는 태풍 등에 의한 자연재해가 빈번하게 발생하는 지역으로 땅이 척박하여 농작물을 재배하기에는 적합하지 않았다. 때문에, 빈곤과 기아로 허덕였다. 가난과 기아에서 벗어나고자 식민지 시기 제주도민은 친족 일가 등을 의지해서 기미가요마루를 타고 이카이노로 도항해왔다.[19]

---

18) 올드커머는 일본식민지 시대에 조선에서 건너간 사람들과 그 자손을 칭하는 명칭인데 반해, 뉴커머는 1989년 한국의 해외여행 자유화 이후 일본에 건너간 사람들을 칭한다.

19) 제주도민의 오사카 이민에 대해서 河明生는 5개의 요인을 들고 있다. 첫째, 제주도의 농업부진, 둘째, 자금 및 고용기회가 제주도보다 일본이 상대적으로 높은 점, 셋째, 제주도 경제가 자급자족 경제에서 수입초과 경제로 전환된 점, 넷째, 동향(同鄕)을 유대로 한 제주도의 타지역에서의 돈벌이, 다섯째, 오사카-제주도 간

이후, 제주도민의 도항이 다시 빈번해지기 시작한 것은 1948년 4·3사건[20]부터이다. 이 시기의 도항은 이승만 정권에 의한 제주도의 정치적 배척이 크게 작용하였다. 냉전 시대 미소 대립이라는 국제 정세 속에서 이승만 정권은 철저한 반공정책과 반일정책을 펼쳤다. 공산주의를 표방하는 남노당에 의해 일어난 4·3사건은 이승만 정권의 정통성을 위협하는 사건이었다. 제주도는 이승만 정권에 의해 철저하게 배척당했고, 4·3 사건으로 희생당한 사람들을 '빨갱이'로 낙인찍었다. 또 그 유족과 마을 전체에 연좌제를 적용해 취업도 할 수 없었다. '빨갱이 섬'이라는 낙인은 반세기 동안 계속되었으며, 이러한 요인들이 복합적으로 얽혀 빈곤이 일상화되었다.

4·3사건과 1950년에 촉발된 한국전쟁을 피해서 또는 가난한 생활에서 벗어나기 위해서 1970년대까지 제주도에서 오사카로의 밀항이 끊임없이 이어졌다. 이렇게 밀항이 빈번하게 이어진 배경에는 제주도와 일본과의 지리적인 인접성과 한국전쟁 전·후 한국의 정치적·경제적 혼란을 꼽을 수 있다. 그리고 일본의 식민지 지배 역사 속에서 생겨난 재일 조선인 사회집단의 존재도 밀항에 큰 영향을 미쳤다. 당시 법무성 입국관리국의 자료에 의하면 밀항 목적에 대해 '쇼와 30년대까지는 전전 일본에 거주하는 사람이 가족 단위로 재도항 하는 경우, 부모자녀·형제가 이산가족을 불러들이거나 혹은 친족 일가를 의지해서 입국하는 경우 등 인도상 배려를 요하는 사안이 대부분을 차지했다'고 기록하고 있다.[21] 이쿠노에서 조사와 인터뷰를 하면서 밀항에 대한 이야기는 가끔 들을 수 있었다. 다음은 재일코리안

기미가요마루 운행 등을 꼽고 있다. 오사카에 거주하는 제주도민의 수는 1925년 18.2%에 해당하는 3만5322명, 1934년은 제주도민의 26.5%에 해당하는 5만45명에 달했다. 河明生,『韓人日本移民社会経済』, 明石書店, 1997, 54-57쪽.

20) 4·3 사건은 1947년 3월 1일에 시작되어 다음 해 4월 3일에 일어난 소요(騷擾) 및 1954년 9월 21일까지 제주도에서 계속된 무력충돌과 진압과정에서 많은 제주도민이 희생된 사건을 말한다.

21) 外村大,『在日朝鮮人社会の歴史学的研究-形成·構造·変容』, 緑陰書房, 2004, 370-371쪽.

2세(70대)의 증언 내용이다.

> 저는 '4·3사건 넘어간 후에 왔어요'. 4·3사건으로 제주도 사회가 소란스러워져 외가의 할아버지와 할머니가 어머니가 있는 일본으로 보냈어요. 밀항 루트는 부산에서 대마도로 오는 루트였어요. 부산에는 이모가 있어서 먼저 제주도에서 부산으로 나와서 거기서 밀항선을 타고 대마도로 밀항을 했는데 사고가 났어요. 대마도에서 '밀항자'라고 하면서 일본 해상경비대에 도와달라고 부탁했어요. 일본 해상경비대가 부산경비대에 연락을 해서 부산으로 되돌아 왔고, 부산에서 제주도로 다시 왔어요. 그러나 밀항을 포기한 것이 아니였고 다시 일본으로 밀항을 시도해서 성공했어요. 두 번째 밀항 시도는 부산에서 같은 배를 타고 대마도로 왔어요. 두 번째는 대마도에 무사히 도착해서 창고같은 곳에 있었어요. 친척에게 연락을 해서 그곳으로 친척이 마중을 나왔고 오사카로 데리고 왔어요.

1965년 무렵부터 불법 입국자가 감소하는 추세였으나, 1989년 해외여행 자유화가 실시되기 전까지 제주도에서 이쿠노로 유입은 지속적으로 이루어져 왔다. 이쿠노 재일코리안 사회는 식민지 시대부터 거주한 사람부터, 4·3사건, 한국전쟁 이후 밀항에 의한 도항자, 해외여행 자유화와 최근의 한류 붐을 계기로 유입된 사람까지 눈으로는 구분되지 않는 각각 시기를 달리하여 건너온 다양한 1세들에 의해 구성되어 있다. 이렇게 이쿠노에는 다양한 배경을 지닌 다층적인 1세가 복잡하게 얽혀서 거주하고 있다. 재일코리안 제주도 출신의 연구자인 고정자는 '제주도에서 끊임없이 새로운 1세들이 유입되어옴에 따라, 이쿠노 코리아타운이 여전히 재일코리안 집주지로 유지되고 있는 것이 아닌가'라고 했다.

즉, 다른 재일코리안 집주지와 달리, 재일코리안 1세가 시대를 달리하지만 지속적으로 유입되고, 이쿠노 안의 제주도 네트워크를 중심으로 항상 새로운 이민이 발생하는 등 인적 자원이 선순환되는 시스템이 구축되어 있다. 이러한 요인이 이쿠노 코리아타운이 재일코리안 집주지로써 긴 역사성을 가지면서 생명력을 유지하는 중요한 연유라 할 수 있을 것이다.

Ⅲ. 서울의 외국인 집주지역과 가리봉동

서울에는 전통적인 외국인 집주지역과 1980년대 후반 이후 외국인 노동자가 조금씩 유입해오면서 형성된 새로운 외국인 집주지역이 존재한다. 한국의 외국인 집주지역의 형성과정에 대해 간략히 살펴보자.

1. 한국의 외국인 집주지역 형성과정

한국의 외국인 집주지역 형성과정은 시기에 따라 4기[22]로 구분할 수 있다.

제1기는 개항기에서 일제시기이다. 이 시기에는 일본인과 중국인을 중심으로 집주지역이 형성되었으나, 1945년 한국 해방 이후 급격한 사회변동을 거치면서 와해되어 오늘날은 그 흔적조차 찾아보기 어렵게 되었다. 그러나 인천과 부산의 차이나타운은 아직까지 화교들의 집주지역으로 남아있다.

제2기는 해방부터 1960년대까지의 시기이다. 이 시기에는 해방과 함께 들어온 주한미군에 의해서 새로운 공동체가 형성되기 시작하였다. 주한미군의 주요 주둔지는 서울 용산, 경기도 의정부, 동두천, 파주, 평택 등이었다. 그중에서도 용산과 인근의 이태원은 오늘날까지 한국의 대표적인 외국인 밀집지역으로 남아있다.

제3기는 1970년대부터 1980년대에 이르는 시기이다. 1960년대에 들어서면서 선진국과의 국교수교가 이루어지면서 한국에 진출한 현지 주재

22) 외국인 집주지역 형성과정은 박세훈, 「한국의 외국인 밀집지역: 역사적 형성과정과 사회공간적 변화」, 『한국도시행정학회 도시행정학보』 제23집 제1호, 2010, 76-81쪽 내용을 참고하여 정리.

〈그림 3〉 서울시의 주요 외국인 거주지역

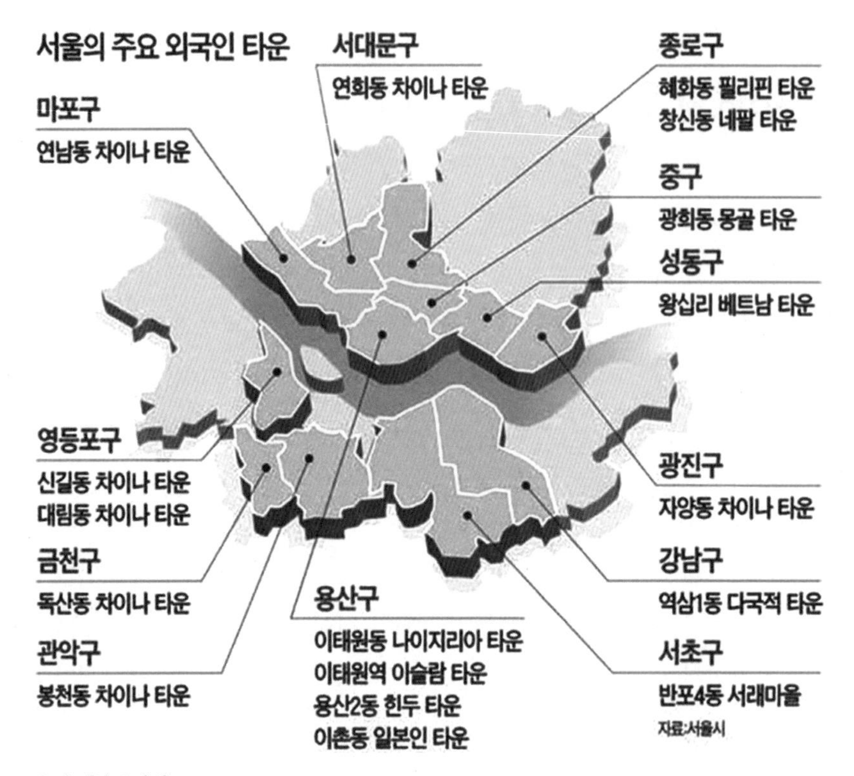

※출처: 『한국경제』 2011.4.10.

원들과 그 가족이 공동체를 형성하였다. 오늘날 많이 알려진 서울 서초동 서래마을[23], 한남동 독일인 마을[24], 동부이촌동 일본인 마을[25] 등이 당시부터 자생적으로 발생한 외국인 밀집 거주지이다.

---

23) 서초동 서래마을은 용산구 한남동에 있던 서울프랑스 학교가 1985년에 반포 4동으로 이전해 오면서 자연스럽게 형성된 프랑스인 밀집거주지역이다.

24) 1960년대부터 주한 외국인 공간이 잇따라 생기면서 한남동에는 독일인을 비롯한 외교관과 그 가족이 주로 거주하게 되었다.

25) 동부이촌동 일본인 마을은 그중에서도 가장 먼저 조성되었으며, 해방 후 본국으로 돌아간 일본인은 1965년 한일국교정상화 직후부터 현지 주재원을 중심으로 다시 증가하기 시작하였다.

마지막으로 제4기는 1990년대 이후 외국인 노동자에 의해 집주지역이 형성된 시기이다. 이 시기의 대표적인 사례가 안산시 원곡동이다. 안산시 원곡동은 반월공단과 시화공단이 인접한 지역으로, 1990년대 중반 이후, 공단에서 일하는 노동자들이 모여들기 시작했다. 동시에 이민 노동자에 의해 형성된 것이 서울 가리봉동이다. 1990년대 후반부터 러시아와 중앙아시아 상인이 동대문 일대에 의류 시장을 찾기 시작하면서 서울 중구 광희동 일대는 러시아 및 중앙 아시아촌으로 급부상하고 있다. 최근에는 몽골인들이 늘면서 특정 건물 내에 몽골 식품과 신문 등을 구입할 수 있는 상점들이 입점하게 되면서 자연스럽게 '몽골타워'로 불리는 곳도 생겨나고 있다. 이렇듯 한국의 외국인 집주지역은 시기별로 각각의 지역에 형성되었다.

2. 가리봉동의 공간 형성과 변화

근대의 영등포[26)]는 서울과 부산, 인천을 연결하는 경부선과 경인선이 교차하는 철도교통의 중심지였다. 1930년대, 일본의 거대 방적공장 등이 들어서면서 공장지대로 변모했지만, 6.25 전쟁 등으로 대부분 파괴되어 흔적조차 남지 않았다. 그러나 1960년대 한국 정부의 경제개발 5개년 계획에 따라 '한국수출산업공단(이하, 구로공단)'이 조성되면서 다시 활기를 되찾았다. 1970년대에는 경공업 중심의 노동집약형 산업으로 많은 노동력이 집중되었으며, 공단 노동자의 거주지로서 역할을 담당하였다. 그러나 1980년대 후반부터 1990년대에 걸쳐서 첨단산업으로 산업구조가 전환되고 또 서울시의 지가 상승으로 제조업의 공장 이전이 본격화되면서 공동화 현상이 발생했다. 1993년 11월부터 산업연수생 제도가 도입되었고 공동화 현상이 일어나기 시작한 이 지역으로 외국인 노동자가 유입되기 시작했다.

---

26) 영등포구는 1960년대와 1970년대 공업화 속에서 급속한 도시화가 진전됨에 따라 효율적인 행정서비스를 도모하기 위해서 1980년 4월 1일 구로구로 나뉘었다.

〈그림 4〉 구로 · 가리봉 지역

구로공단이 디지털산업단지로 전환하는 과정에서 구로공단을 떠난 공단 노동자를 대신하여 가리봉동의 쪽방[27] 형태의 주거지인 속칭 '벌집촌'[28]에 중국 조선족이 새롭게 유입되었다. 가리봉동이 조선족 밀집거주지로 형

27) 쪽방이란 방을 여러 개의 작은 크기로 나누어서 한 두 사람 들어갈 정도의 크기로 만들어 놓는 방. 보통 3㎡ 전후의 작은 방으로 보증금 없이 월세로 운영되는 것이 일반적이다.

28) 벌집이란 원래 벌들이 모여사는 집을 말한다. 그러나 여기서 벌집은 구로공단 공장에서 일하던 공장 근로자가 거주하던 집으로 마치 벌집처럼 좁고 복잡해서 이렇게 불렀다.

성된 배경에는 교통의 편리성(지하철 2호선과 7호선)과 더불어, 독신 노동자를 위한 특수한 주거형태인 쪽방이라 불리는 저가 임대주택이 많은 지역적 특성도 자리잡고 있다. 또, 교외의 대규모 산업단지 주변에 거주하는 외국인 노동자와는 달리 조선족은 대도시 중심지역에 집중적으로 거주하고 있다. 즉 조선족의 한국어 구사 능력이 높아 서비스 산업에 종사하는 경우가 많았고, 수도권을 중심으로 저가 임대주택이 많은 가리봉동이 가장 적합한 지역이었기 때문이다.

3. 조선족 타운으로

한국 사회로 조선족이 유입되기 시작한 것은 1992년 한중수교가 가장 큰 기점이 되었다. 2003년 취업관리제도·고용허가제도, 2007년 방문취업제도의 도입으로 조선족 인구가 꾸준히 증가하고 있다.[29] 이 가운데에서도 특히 조선족 이주에 큰 영향을 미친 것은 방문취업제도이다. 이 정책은 재외동포에 대한 우대정책[30] 중 하나로, 한국 국내에서 조선족의 노동과 장기체류가 가능해졌다. 장기체류가 가능해진 조선족이 가리봉동에 정착하면서 이 일대는 조선족 최대의 거주 공간이자 그들의 생활에 필요한 식료품을 비롯해 중국어 노래를 부를 수 있는 노래방, 음식점 등 다양한 서비스를 이용할 수 있는 '조선족 생활문화의 중심지'로 변화하고 있다.

---

29) 2013년 한국 국내에 체재중인 재외동포는 54만 4,000명으로 2003년보다 약 4배 증가하였다.

30) 23세 이상의 조선족과 CIS 국가의 고려인 중, 한국에 혈연이나 친척 등이 있는 경우 무제한으로, 없는 경우는 한국어 능력시험에 합격한 사람 중에 매년 법률로 정해진 정원 범위 내에서 입국을 허가하는 제도이다. 이 제도에 따라 발급되는 비자(H-2)는 5년간 유효하며, 입국 후 최대 3년까지 체류를 인정한다. 또 기간 내에 출입국의 자유도 보장된다.

〈그림 5〉 가리봉동의 조선족을 위한 상점들

이 지역에 조선족을 대상으로 한 상점이 생기기 시작한 것은 조선족 유입인구가 증가한 2000년 이후이다. 가리봉동과 대림동 일대는 불과 5년 사이에 많게는 100여 개에 달하는 조선족 상점가가 급속하게 형성되면서 짧은 기간에 조선족의 대표적인 생활공간으로 자리잡았다.[31] 가리봉동은 한국의 다문화공생 공간으로 2004년 재한조선족 유학생과 중국동포타운센터가 공동 주최한 '공생과 화합' 문화축제를 개최하였다. 또 같은 해 '공생과 화합의 거리 선포식', 이듬해 '가리봉동 동포축제'를 개최하면서 새로운 문화공간·비지니스 마켓으로 가능성을 모색하기 위해 노력하고 있다.

그러나 가리봉동은 앞서 언급한 것처럼 서울시 안에서도 저가 임대주택이 집적된 지역으로 유명한 곳으로 생활환경이 가장 열악한 지역이다. 또, 조선족 집주지역이 형성되면서 물리적 환경의 열악함과 더불어 사회적으로도 더욱 고립되고 있다. 2003년 지정되었던 재개발지구계획이 2014년 수포로 돌아감에 따라 뉴타운지구계획은 해체되면서 이러한 현상이 가속화되고 있다.

---

31) 김현선, 「한국체류 조선족의 밀집거주 지역과 정주의식-서울시 구로 영등포구를 중심으로」, 『한국사회사학회』 제87집, 2010, 244-246쪽.

〈그림 6〉 구로디지털단지와 가리봉동 재정비촉진지구

서울시는 2014년 9월 16일 '가리봉동의 역사성을 살린 도시재생을 하겠다'고 발표하면서 도시재생의 방안으로 서울시가 벌집촌의 일부를 매입해 '벌집촌 체험 거리'를 조성하는 아이디어를 제시했다. 즉, 가리봉동의 역사성을 살려 산업화 시대의 서민의 삶을 공간기록으로 남기고, 공방과 창작공간을 젊은 작가들에게 제공하여 가리봉동 지역만의 독특한 풍경을 만들고자 하는 것이다. 아울러 다문화지원센터를 설치하여 '한국 속의 중국'으로 불리는 가리봉동의 특별한 지역경관을 현대적으로 재해석하고 새로운 차이나타운 조성 구상도 세우고 있다.

4. 두 번째 이동: 한국으로 복귀

조선족의 기원은 19세기 중반 한반도 북부에서 궁핍한 생활을 하던 한민족의 일부가 새로운 경작지를 찾아 중국 동북부 변경지역으로 이주·정착한 것에서 기인한다. 전형적인 농경사회였던 조선족 사회는 1970년대 말부터 시작된 중국정부의 개혁개방 정책에 따라 큰 변화를 맞이하였다. 사회주의 이념이 잘 반영된 동북 3성 지역이 시장경제로 전환되는 과정에서 국유기업이 도산하였고, 정리해고로 많은 노동자가 일자리를 잃었다.

조선족의 이동 단계는 ①인근 도시로 이동, ②동북 3성 이외의 북경·상해와 같은 대도시 혹은 연안부 도시로 이동, ③외국으로 이동으로 나누어진다. 조선족의 국외 이동지로 가장 큰 비중을 차지하는 국가는 역시 한국이다.[32] 1980년대 중반부터 한중교류가 활발해지고 서울 올림픽 등으로 한국의 모습이 언론을 통해 알려지면서 조선족의 한국에 대한 인식이 바뀌었다. 1980년대 중반부터 1990년대 초에 걸쳐서 한국에 있는 친척방문이 활발해지고, 1992년 한중수교로 코리안 드림을 꿈꾸던 조선족의 본격적인 노동 이주[33]가 시작되었다.

가리봉동이 조선족의 집단적 거주지로 발전하는데 가리봉동의 지역적 특성이 영향을 미치긴 하였으나, 보다 중요한 역할을 한 것은 이주 연결망이다. 조선족들의 한국 이주가 지속적으로 이루어지면서 초기 이주자와 후속 이주자, 중국에 남아있는 비이주자들 간에는 한국의 이주에 관한 여러 정보를 교환하는 이주 연결망이 형성되었다.[34] 이러한 연결망을 이용하여 가리봉동에 정착하는 사례가 증가하고 있다. 또, 이들은 다른 외국인에 비해 혈연관계에 의존해 이주하는 경향이 있다.

최근에는 1990년대에 이주한 이민 1세가 중국에 남겨 둔 자녀를 초대

---

32) 이장섭·정소영, 「재한조선족의 이주와 집거지 형성:서울시 가리봉동을 중심으로」, 『한국평화연구학회』, 2013 하계 국제세미나, 2013, 16쪽.

33) 한국정부는 방문취업(H-2) 비자로 입국한 사람이 제조업과 농·축산업에 1년 이상 종사한 경우, 재외동포체류자격(F-4) 비자를 부여했다. F-4 비자를 취득한 사람은 한국 국민에 상당하는 법적 지위가 보장되고 영주자격(F-5) 비자를 신청할 수 있는 자격이 부여된다.

34) 안재섭, 「서울시 거주 중국 조선족 사회·공간적 연결망: 기술적 분석을 중심으로」, 『한국사진지리학회지』 제19권 제4호, 2009, 218-219쪽.

함으로써 그들의 자녀가 한국으로 유입되어 부모로부터 자녀에 걸친 '세대 이주'를 확인할 수 있다. 특히, 조선족의 한국 이주는 옛조선에서 중국 변경지역으로, 다시 한국으로 복귀하는 이주의 흐름을 보인다. 현재 국내로 유입되는 조선족은 전지구적 차원에서 진행되고 있는 초국가적 인구이동이라는 일반적인 현상과 함께 식민지시기 이주 경험이 있으면서, '모국'으로 역이주한 한국계 후손이라는 특수성을 동시에 지닌 집단으로, 다른 외국인 노동자 집단과는 다른 복합적이고 이중적인 성격을 갖는 집단이다.[35] 즉, 조선족은 한국과 중국이라는 국가적 경계뿐만 아니라 '한민족'이라는 핏줄의 지정학, 그럼에도 불구하고 동포로 쉽게 안을 수 없는 냉전의 부산물인 이데올로기 등이 복잡한 관계망 속에 위치하고 있다.[36]

Ⅳ. 나오며

한민족 이주의 역사는 한 세기반이 되었다. 한반도 이외 국가와 지역에서 생활하는 한민족은 2021년 현재 전 세계 193개국에 7,493,587명[37]으로, 이는 중국의 화교와 유태인에 이어 세 번째에 해당하는 규모이다. 이러한 수치에서도 알 수 있듯이 한민족은 근·현대사를 거치면서 많은 이민이 발생해왔음을 알 수 있다. 재일코리안과 조선족의 이동은 '격동의 100년'으로 불리는 한국 근현대사가 낳은 '역사의 산물'이다. 중국 동북 3성, 한반도(제주도), 오사카 이쿠노라는 각기 다른 지역이 한국의 근·현대사와 연동하면서 그 영향을 주고 받았다.

35) 이장섭·정소영, 「재한조선족의 이주와 집거지 형성:서울시 가리봉동을 중심으로」, 『한국평화연구학회』, 2013 하계 국제세미나, 2013, 4쪽.
36) 문재원, 「초국가적 상상력과 '옌벤거리'의 재현」, 『한국민족문화』 47호, 2013, 399쪽.
37) e-나라 지표: https://www.index.go.kr/potal/main/EachDtlPageDetail.do?idx_cd=1682

일반적으로 외국인 밀집 지역의 형성은 다음과 같은 단계를 밟는 것으로 알려져 있다. 첫째, 젊은 임시노동자들이 유입되는 단계, 둘째, 체제 기간이 늘어나면서 출신 지역별로 상호부조를 위한 네트워크가 형성되는 단계, 셋째, 이민공동체 중심의 조직, 상점, 관련 직업이 등장하고 수용국과의 관계가 밀접해지는 단계, 넷째, 영구적인 정착지로 발전하며 수용국의 정책과 여건에 따라서 시민권을 획득하거나 혹은 정치적인 배제 속에서 영구적인 소수민족으로 남는 단계이다.[38] 그렇다면 현재 가리봉동은 ②와 ③이 혼잡되어 있는 단계로, 이쿠노는 조선시장을 기원으로 하는 상권과 조선총련과 민단 등 조직을 가진 ③과 ④가 혼잡된 단계로 보인다. 그러나, 이쿠노 코리아타운과 가리봉동은 그 장소가 지닌 역사적 배경과 생활실태에 상당한 차이가 있다.[39]

그럼에도 불구하고 서울 가리봉동보다 100여 년의 역사를 지닌 오사카 코리아타운과 마찬가지로 '다문화 공생 공간'이라는 공간적 성격과 연결망과 친척을 의지해 이동 및 이주해 온 점 등 동시대성도 엿볼 수 있는 것은 흥미로운 지점이다. 다문화 사회로 진입하면서 외국인의 이주와 정착에 따라 나타나는 여러 문제와 변화에 어떻게 대처해 나갈 것인가는 대도시가 안고 있는 큰 정책과제 중 하나이다. 대도시 안의 이러한 외국인 집주지역은 범죄의 온상 또는 위험한 지역이라는 선입견과 두려움을 주는 공간이 되기도 한다. 그러나 이들의 문화적 요소는 거주국의 사회적 상황과 조건, 환경, 이주자 자신의 필요에 따라 지속적으로 재창조되면서 공간의 성격 또한 변모시켜 나간다. 이러한 의미에서 본다면 오사카 코리아타운과 서울의 가리봉동은 향후 한국과 일본 사회가 문화적 다양성을 존중하고 다문화 사회로 나아가는지 혹은 역행하는지에 대한 방향성을 가늠하는 중요한 지표가 될 것이다.

---

38) 박세훈, 「한국의 외국인 밀집지역: 역사적 형성과정과 사회공간적 변화」, 『한국도시행정학회 도시행정학보』 제23집 제1호, 2010, 72쪽.

39) 藤原書店編集部, 『歴史の中の「在日」』, 藤原書店, 2005, 303쪽.

【참고문헌】

〈자료〉

e-나라 지표: https://www.index.go.kr/potal/main/EachDtlPageDetail.do?idx_cd=1682

〈저서 및 역서〉

스티븐 카슬·마크 J 밀러 지음, 한국이민학회 옮김, 『이주의 시대』, 일조각, 2021.

金贊汀, 『異邦人は君が代丸にのって—朝鮮人街豬飼野の形成史』, 巖波新書, 1985.

藤原書店編集部, 『歴史の中の「在日」』, 藤原書店, 2005.

藤田綾子, 『大阪「鶴橋」物語—ごった煮商店街の戦後史－』, 現代書館, 2006.

杉原達, 『越境する民族−近代大阪の朝鮮人史研究−』, 新幹社, 1998.

水内俊雄, 加藤政洋, 大城直樹, 『モダン都市の系譜−地図から読み解く社會と空間』, ナカニシヤ出版, 2010.

外村大, 『在日朝鮮人社會の歴史學的研究−形成·構造·変容』, 緑陰書房, 2004.

朝日新聞社, 『アサヒグラフ』, 通常 五二二號, 1933.

曺智鉉ほか, 『豬飼野—追憶の一九六〇年代』, 新幹社, 2003.

河明生, 『韓人日本移民社會経済』, 明石書店, 1997.

玄光洙, 『民族の視點−在日韓國人の生き方·考え方』, 同時代社, 1983.

〈연구논문〉

고정자·손미경, 「한국문화발신지로서의 오사카 코리아타운」, 『글로벌문화콘텐츠』 제5호, 2010.

김현선, 「한국체류 조선족의 밀집거주 지역과 정주의식−서울시 구로·영등포구를 중심으로」, 『한국사회사학회』 87호, 2010.

문재원, 「초국가적 상상력과 '옌벤거리'의 재현」, 『한국민족문화』 47호, 2013.

박세훈, 「한국의 외국인 밀집지역: 역사적 형성과정과 사회공간적 변화」, 『한국도시행정학회 도시행정학보』 제23집 제1호, 2010.
안재섭, 「서울시 거주 중국 조선족 사회·공간적 연결망: 기술적 분석을 중심으로」, 『한국사진지리학회지』 제19권 제4호, 2009.
이장섭·정소영, 「재한조선족의 이주와 집거지 형성: 서울시 가리봉동을 중심으로」, 『한국평화연구학회』, 2013 하계 국제세미나, 2013.
孫ミギョン, 「大阪生野コリアタウンとソウルガリボン洞―二つのエスニックコミュニティの過去といま―」, 『市政研究』 186, 大阪市政調査會, 2015.

8. 부산 사할린 영주귀국자의 이주와 가족

안미정

Ⅰ. 들어가며

최근 사할린과 부산은 몇 년 사이 눈에 띄게 활발해진 한-러의 교류를 대변하고 있는 지역으로 부상하고 있다. 부산시는 1992년 블라디보스토크와 자매결연을 맺었고, 2012년에는 사할린주와 교류협정서를 맺었으며,[1] 한러 정상회담의 개최 후 한국 해양수산부는 모스크바에서 러시아의 항만개발 사업에 참여하기로 양해각서를 체결하였다. 이에 따라 한국은 러시아 극동지역 22개의 항만을 개발하는 데 참여하게 되어 향후 해운과 물류업계의 신시장이 개척되었다는 보도들이 쏟아졌다. 초국경 경제협력, 다시 말해 양국 사이에는 기술 교류와 시장개방이 모색되고 있으며, 양국의 해항도시들이 그 거점 시장으로 부상하고 있는 것을 볼 수 있다.[2] 부산시는 2011년부터 매년 부산-극동러시아 경제포럼을 개최하고,[3] '러시아권 시장개척'을 지원하는 온라인상품전시관을 운영하고 있으며, 부산-사할린

1) 부산시 국제협력과, 「극동러시아 경제중심지 사할린주 부산과 손잡다! 부산시청에서 교류 협정서 체결」, 2012.06.20.

2) 「해수부장관 러시아와 항만개발 MOU」, 『연합인포맥스』 2014.01.22.

3) 부산국제교류재단 한러협력센터·부산대 러시아센터, 『제1회 부산-극동러시아 경제포럼』, 2011, 11-12쪽.

대학생 교류 프로그램도 매년 열고 있다.

2013년 7월 3일, 필자는 부산국제교류재단에서 주최한 사할린국립대학생들의 세미나에 참여한 적이 있다. 이날 세미나 내용은 사할린 한인 역사의 면면들을 알려주는 것들이었다. 모든 발표가 끝난 후 이어진 질의 시간에 한 수수한 차림의 한 중년 남자가 "사할린에 사는 형님을 만나고 싶은데 어떻게 하면 되느냐?"고 물었다. 그 남자의 아버지가 "해방 후 배가 없어 이산가족이 되었다"는 것인데, 현재 사할린에는 어머니와 이복형제인 형 둘(한 명은 사망)과 누나 한 명이 있다는 것이다. 다소 뜬금없는 질문에 발표자가 당황하자 행사 진행자가 나서 따로 안내를 해주겠다며 그 남자의 질문은 넘어갔다. 두 번째로 질문한 남자는 사할린에 한국 회사가 진출할 수 있는 현지 개발 사정에 대해 질문했다. 나중에 알게 되었지만 그 남자는 부산에서 주택개발업체를 운영하는 사장이었다. 그 외에도 발표내용에 대해 묻는 몇 사람이 더 있었다. 앞의 두 남자의 질문은 이날 발표와 다소 거리가 먼 듯 보이지만, 사실 이 질문들은 현재 사할린에 대한 가장 대표적인 두 가지의 관심사, 즉 한 사람은 가족 상봉, 또 한사람은 시장 개척의 방법에 관해 묻고 있고 있었다. 이날 세미나는 요즘 다양한 여타의 국제교류 행사와 크게 다를 것이 없으며 최근의 경제적 관심 외에도, 사할린 한인 이주의 역사가 또 한편에 깊이 자리하고 있음을 보여주었다.

그동안 사할린 한인은 1960년대 초반 이들의 귀환을 촉구하는 문제가 언론기사를 통해 보도되기 시작했으나, 학술적 연구는 1970년대 중반 이후 시작되었고, 1990년대 들어서야 본격적 연구가 이뤄지기 시작했다. 2000년대 이르러 연구 분야도 점차 다양해져, 법과 역사, 정치 경제 외에도 사회문화에 걸친 연구들이 이어지고 있다. 특히 초기에는 귀환되지 못한 한인들의 법적 정치적 문제를 다루는 것이 다수인데, 때문에 이주의 동기 및 시대적 배경에 주목하고 그 인규 규모 등에 보다 초점이 있었다. 이러한 경향은 귀환에 얽힌 국가 간의 책임과 귀환의 범위를 정해야 하는 현실적 문제가 반영된 것으로 보인다.

일반적으로 사할린 한인은 19세기 후반부터 연해주를 통해 이주한 사람들과 일제시기 강제징용 등으로 이주한 사람 등 1945년 해방 후 귀환하고자 하였으나 "억류"되었던 냉전체제의 유산으로 일컬어지고 있다.[4)] 1990년 한국과 러시아가 수교함에 따라 1992년부터 사할린 거주 한인들이 국내로 '영주 귀국'할 수 있는 길이 열렸으며, 1994년 한일 간 영주 귀국시범사업이 추진되면서 국내로의 이주자가 현재 4천여 명에 이르고 있다. 이전에도 개별적 '영주 귀국'이 있기는 하였으나, 1992년 이후의 영주 귀국은 일본, 한국, 러시아 간의 협상 결과로서 제반 비용을 국가가 지불하는 등의 공식적 이주이다. 이것은 또한 1960년대부터 사할린 한인동포들의 오랫동안 주장해 온 요구가 관철된 결과이다.

이처럼 사할린 영주귀국자들의 국내 이주는 1990년대 이후 탈냉전의 기운 속에 이뤄지기 시작하였고, 최근 한러 간의 초국가적 경제교류가 현실적으로 대두되고 있는 사회적 변화와도 무관하지 않을 것이다. 양국 간에는 육상과 해상을 통한 물류의 이동이 촉진되고 각종 경제개발에 자본과 기술의 협력이 이뤄지는 등 그동안 단절되었던 국가 간의 관계가 새롭게 재편되고 있다. 그리고 동시에 사할린 한인들의 이동, 특히 영주 귀국을 통한 새로운 이주가 다양한 사회문화적 지형들을 그려내고 있다. 가령, 영주 귀국에 따라 '가족의 이산'이 벌어지고 있는 것과[5)] 국내 정착한 영주 귀국자들에게 러시아가 여권을 발급하고 연금을 지급하는[6)] 등 기존의 '국

4) 노영돈, 「사할린韓人에 관한 法的 諸問題」, 『國際法學會論叢』 37-2, 1992; 김민영, 「사할린 한인의 이주와 노동, 1939-1945」, 『국제지역연구』 4-1, 2000; 김승일, 「사할린 한인 미귀환 문제의 역사적 접근과 제언」, 『한국근현대사연구』 38, 2006; 방일권, 「한국과 러시아의 사할린 한인 연구-연구사의 검토」, 『동북아역사논총』 38, 2012.

5) 김성종, 「사할린 한인동포 귀환의 정책의제화 과정 연구」, 『한국동북아논총』 50, 2009, 311쪽; 배수한, 「영주 귀국 사할린동포의 거주실태와 개선방향: 부산 정관 신도시 이주자 대상으로」, 『국제정치연구』 13-2, 2010, 15쪽을 참조.

6) 「주부산 러시아 총영사관 대창양로원 방문」, 『국제저널』 2014.02.03.

경'이라는 경계의 의미가 변화해 가고 있음을 암시하고 있다.

이러한 맥락에서, 앞서 말한 두 남자의 사할린 이야기는 서로 다른 이야기일까? 사람의 이동, 그리고 그 속에서도 중층적 경계들을 넘어 이주한다는 것은 과연 지금의 지구화라는 경제적 언설들과 무관한 것일까? 또 이들의 귀환, 곧 국경을 넘어 '귀국'하는 그 경계를 넘고, 가로지름에 있어 그들에게는 어떤 변화가 일어나고 있을까? 필자는 사할린이주자들의 '귀환'을 또 하나의 이주 현상으로서 보며, 국가 간 경제교류는 사람의 이동과 불가분하다고 봄으로, 사할린 한인의 이주 및 영주 귀국에 얽힌 다양한 사회문화적 지형을 살펴보고자 한다. 그리고 그것을 가족이라는 미시적 관계를 통해 오늘날 부산-사할린 간의 교류를 보다 포괄적 맥락에서 조명해보고자 한다.

Ⅱ. 사할린 한인 연구

1. 사할린 한인이란

사할린 지역에 한인이 등장한 시기는 연구자에 따라 1870-1880년대 혹은 1860년대로 보며, 이들의 이주는 김 게르만의 지적에 따르자면 신·구이주의 복합적 성격을 모두 가지고 있다.[7] 또 해외 분포하고 있는 해외한인들 가운데에서도 특히 재소한인(在蘇韓人)의 경우는 "오래된 이민"이라는 특징이 있다.[8] 연구자에 따라 사할린 한인은 일제의 국가총동원 체

7) 김 게르만은 한인의 이주를 "식민, 노예 매매, 구직 등 인류활동에 수반되는 다양한 형태의 이동을 포함한다"고 정의하며, 구이주(Old Immigration)는 식민지 개발을 일삼던 유럽 여러 국가들의 이주형태로서 대략 1875년경까지를 말하며, 신이주(New Immigration)는 1880년대 이후 미국이 동서유럽, 그리고 아시아에서 값싼 노동력을 수입함으로써 시작되었다고 보고 있다. 김게르만, 『한인 이주의 역사』, 박영사, 2005.

8) 이광규·전경수, 『在蘇韓人: 人類學的 接近』, 집문당, 1993, 35쪽.

제 하에서 이주하게 된 노무자와 그 가족과 자손을 포함하는 개념,[9] 혹은 보다 이전시기인 1860년부터 연해주를 거쳐 사할린으로 이주하게 된 보다 포괄적 개념으로 보는 시각이[10] 있다. 그러나 대륙을 통해 사할린으로 이주하였기 때문에 이주 발생의 시점은 대개 19세기 후반으로 보는 데 일치한다. 그리고 이러한 이주의 역사로 최근 국내의 시민단체 및 정치인들로 구성된 한 위원회에서 "고려인" 범주 안에 사할린 한인들을 포함하고 있다.[11] 사할린 한인에 대한 국제법적 논의를 다룬 노영돈의 연구에서 사할린 한인은 다음과 같이 정의되고 있다. 사할린 한인이란 "협의로는 일제 침략기에 일본의 국가총동원 체제하에서 사할린 남부로 강제동원당하고 종전 후에도 일본의 악의적인 귀환의무 회피에 의하여 사할린에 정착할 수 밖에 없었던 한인을 말하고, 광의로는 이들과 그 자손들을 포함하는 개념이다.[12]

이 정의에서 몇 가지 엿볼 수 있는 것은 첫째, 사할린 한인은 '일제 침략기'라는 시점이 이 민족집단의 형성 기준이 되고, 둘째, 이들이 사할린에 정착 이유로는 귀환의 의무를 회피한 일본정부의 책임을 지적하고 있다. 셋째, 사할린 한인이라는 민족집단의 범주는 그 자손까지를 아우르는 것으

---

9) 최계수, 「사할린 억류한인의 국적 귀속과 법적 제문제」, 『한국근현대사연구』 37, 2006; 장석흥, 「사할린 지역 한인 귀환」, 『한국근현대사연구』 43, 2007a; 장석흥, 「사할린 한인 '이중징용'의 배경과 강제성」, 『한국학논총』 29, 2007b; 이은숙·김일림, 「사할린 한인의 이주와 사회·문화적 정체성: 구술자료를 중심으로」, 『문화역사지리』 20-1, 2008; 김성종, 앞의 글, 2009; 방일권, 앞의 글, 2012.

10) 이광규·전경수, 앞의 책, 1993; 최길성, 「한인의 사할린이주와 문화변용」, 『동북아문화연구』 1, 2001; 최길성, 「사할린 동포의 민족간 결혼과 정체성」, 『비교민속학』 19, 2000; 국립민속박물관, 『러시아 사할린·연해주 한인동포의 생활문화』, 기쁨사, 2001; 이재혁, 「러시아 사할린 한인 이주의 특성과 인구발달」, 『국토지리학회지』 44-2, 2010.

11) 국회의원 및 역사재단을 중심으로 구성된 〈고려인 이주 150주년 기념사업 추진위원회〉을 말하며 여기에 사할린 한인들이 '고려인'을 상징하는 대표적 주체로 등장하고 있다. 「여야 의원 50명 고려인 이주 150주년 기념사업추진」, 『뉴시스』 2014.01.20.

12) 노영돈, 「사할린 韓人의 歸還問題에 관하여」, 『人道法論叢』 10·11, 1991, 124쪽.

로 보고 있다. 이 정의에서 사할린 한인이란, 일제의 국가총동원체제로 말미암아 이주할 수밖에 없었던 강제성이 개입된 이주자임을 시사한다.

그럼에도 노영돈은 같은 연구에서 사할린 한인을 이보다 더 넓은 이주자들을 포함하고 있음을 동시에 지적하고 있다. 즉 사할린에 거주하는 한인이라고 해서 모두가 동원된 자들이거나 그들의 자손인 것은 아니다. 1) 한일합병 이전 그리고 일본이 1938년 강제동원하기 이전에도 소수의 한인들이 이미 사할린이나 캄차카 등지로 이주하여 살고 있었는가 하면, 2) 사할린 외의 구소련의 다른 지역에 거주하던 재소한인들이 사할린으로 이주하여 살고 있는 자도 있으며, 3) 반대로 사할린 한인이 사할린을 떠나 러시아연방을 비롯한 구소련의 다른 소속 공화국에 이주하여 사는 자도 있다. 심지어 4) 1946년 이래 소련과 노동계약에 의하여 북한에서 사할린과 캄차카로 파견되었던 노무자들 중 계약기간이 종료한 후에도 사할린에 잔류한 자도 있다.[13] 또 다른 연구에서는 사할린 한인을 세 가지로 분류하는데, 2차 세계대전 이전부터 거주했던 사람들(원주 한인), 북에서 파견된 노동자, 그리고 소련 각지에서 사할린으로 보내진 한인(소련 한인)으로 구분하기도 한다.[14] 이처럼 사할린 한인은 그 내부적으로는 다양한 이주시기와 동기가 있으며, 특히 2)의 경우는 한인이 또 다른 한인을 관리감독하기 위한 소련의 이주정책이었다는 점에서 한인사회의 내부적 갈등과 분화를 시사하고, 사할린 한인 사회의 다양성이 고려되어야 함을 말한다.

여기에다 1990년대 영주 귀국사업에 의해 귀환하게 된 사할린 한인들은 넓은 틀에서 볼 때 기존 '사할린 한인'의 또 다른 변화임을 말하고 있다. 이글에서 지칭하는 '부산 사할린 영주귀국자' 또한 영주 귀국사업에 의해 부산에 정착하게 된 것이며 대개 경상도에 본적을 둔 한인 2세들이지만 그렇다 하여 '부산'이 이들의 지역적 혹은 문화적 정체성과 어떠한 관계가 있

13) 노영돈, 위의 글, 1991, 124쪽.
14) 조정남, 「북한의 사할린 한인정책」, 『민족연구』 8, 2002, 188쪽.

다고 말하기에는 섣부르다. 다만 사할린의 여러 곳에서 살던 한인들이 부산시의 한 지역에 정주하여 살아가고 있다는 점에서 앞으로 이들이 겪는 생활세계의 변화 또한 지역사회가 관심을 가지고 봐야 할 부분이다.

2. 연구 동향

지금까지 사할린 한인의 연구는 대다수 이주와 귀환에 초점이 있고 따라서, 국내로 귀환 이주한 후의 법적, 정치적, 사회적, 문화적 지위 및 상황에 대한 연구는 상대적으로 극히 미약한 편이다. 그동안의 연구를 몇 가지 경향으로 나누어 살펴볼 수 있다.

우선, 대다수의 연구에서 사할린 한인은 마이너리티로서 조명되어 왔다. 사할린 한인은 국가의 외교 및 정치적 협상 속에서 정치적으로 소외된 소수자(소수민족)이며, 이들의 귀환문제는 전후의 처리가 해결되지 못하고 식민지 체제의 유산도 청산되지 못한 사례인 것이다. 귀환과 국적에 대한 법적, 법리적 해석의 문제와 각 국의 책임들을 논증하며,[15] 현재 국적과 미귀환자의 문제가 남아 있어 초기부터 지금까지 이에 관한 연구는 계속 이어지고 있다.[16]

그리고 사할린 한인은 식민지지배 이전부터 이들이 이주해야만 하였던 혹은 이산을 겪어야 했던 사회정치적 조건을 밝힘으로써 이들을 일제의 지배와 냉전체제 속에서 만들어진 디아스포라로 조명해 온 연구들이 있다. 앞의 시각과 크게 중첩되는 내용들이지만, 디아스포라의 시각은 주로 재외한인의 이주사로서 한국근현대사의 한 장으로 자리매김 된다. 이주의 배

---

15) 최낙정, 「사할린교포의 실태와 송환문제」, 『북한』 38, 1975; 홍석조, 「지상중계: 사할린잔류한인 귀환에 관련된 제문제점 및 대책」, 『통일한국』 49, 1988; 노영돈, 앞의 글, 1992.

16) 이성환, 「사할린 한인 문제에 관한 서론적 고찰」, 『국제학논총』 7, 2002; 최계수, 앞의 글, 2006.

경에 따른 인구형성과 주로 귀환 조치가 이뤄지지 않은 역사적 책임 및 강제이주 노동(이중징용을 포함)에 연구의 무게가 실려 있는 것을 볼 수 있다.[17] 한인 디아스포라 연구는 곧 재외한인 연구로서 민족(문화)연구와도 깊이 결부되어 있다. 주로 이주에 얽힌 정치 및 사회경제적 조건을 밝히고, 북한의 한인 정책을 다룬 연구도 한민족의 범주 안에서 이뤄지고 있다.[18]

이외에도 이주 루트와 이주의 경험과 기억과 한인의 생활문화와 문화변용을 다룬 인류학적 연구, 정체성에 관한 연구 등이 있다.[19] 그러나 일찍이 시작되었던 사할린 한인의 생활문화 연구는[20] 그 후속적 연구가 없고, 민족 간 결혼과 의식주, 언어, 종교 등 사할린 한인의 문화적 변용 및 정체성에 관한 최길성의 연구(2000, 2001)는 한인사회에 대한 중요한 정보를 제공하고 있지만, 주류사회로의 동화와 문화적 전파의 관점에서 전개되는 등 오늘날의 변화를 엿보기에는 한계가 있다.

이와 같이 기존 연구에서 사할린 한인은 마이너리티, 디아스포라로서의 이주와 귀환, 국적의 문제 및 민족문화 등의 연구들이 이어지고 있으며, 문헌 연구에서 구술사 방식까지 그 연구의 방법에 있어서도 다양하게 전개되고 있다. 또 역사와 (민족)문화 연구 외에도 최근 경제교류[21] 및 해

---

17) 김민영, 앞의 글, 2000; 이순형, 『사할린 귀환자』, 서울대학교출판부, 2004; 김승일, 앞의 글, 2006; 장석흥, 앞의 글, 2007a; 장석흥, 앞의 글, 2007b; 이재혁, 「러시아 사할린 한인 이주의 특성과 인구발달」, 『국토지리학회지』 44-2, 2010; 방일권, 앞의 글, 2012; 황선익, 「사할린지역 한인 귀환교섭과 억류」, 『한국독립운동사연구』 43, 2012.

18) 윤인진, 「세계 한민족 이주 및 정착의 역사와 한민족 정체성의 비교연구」, 『재외한인연구』 12-1, 2002; 조정남, 앞의 글, 2002; 김게르만, 앞의 책, 2005.

19) 정근식·염미경, 「사할린 한인의 역사적 경험과 귀환문제」, 『1999년도 후기사회학대회 발표요약집』, 1999; 이은숙·김일림, 앞의 글, 2008; 정진아, 「연해주, 사할린 한인의 삶과 정체성-연구동향과 과제를 중심으로」, 『한민족문화연구』 38, 2011; 전형권·이소영, 「사할린 한인의 디아스포라 경험과 이주루트 연구」, 『OUGHTOPIA』 27-1, 2012; 박경용, 「사할린 한인 김옥자의 삶과 디아스포라 생활사-'기억의 환기'를 통한 구술생애사 방법을 중심으로」, 『디아스포라연구』 13, 2013.

20) 이광규·전경수, 앞의 책, 1993; 국립민속박물관, 앞의 책, 2001 등이 대표적이다.

21) 이채문·이철우, 「사할린 지역 에너지 자원 개발의 정치경제학적 고찰」, 『슬라브학

양 영토분쟁과[22] 관련한 지역연구로서 사할린은 주목을 받고 있고, 국내 정착한 사할린 영주귀국자에 대한 지역별 사례연구도 있다.[23] 게다가 한국의 사회통합을 위해 "무국적 카레이스키, 사할린 한인, 시베리아 억류 포로 등 자신의 정체성을 입증할 수 있는 국적도 없이 해외를 떠돌며" 사는 이들을 국민의 범위에 재설정되어야 한다는 주장도 나오고 있다.[24] 이처럼 다양해지고 있는 연구의 한편에서, 귀환 이후 사할린 영주귀국자에 관한 연구는 절대적으로 미흡하고 이러한 연구의 편향성은, 곧 사할린 한인의 귀환이 미완의 과제로 남은 정치적 상황을 보여주는 단면이기도 하지만, 어쩌면 사할린 한인 연구는 각국의 변경에 위치한 '경계지역'으로 남아있는 것은 아닌가 하는 의문도 든다.

3. 시각

사할린 한인은 식민지 시대 이전부터 최근까지 이어진 민족집단의 초국가적 이주현상으로 탈식민주의 연구와도 긴밀하게 연결되어 있다. 정병호는 새롭게 나타나고 있는 국경을 넘은 대규모의 인적 교류와 초국가적 문화현상이 주는 일반적 이미지는 자칫 국경의 의미가 사라지고, 국가의 통제가 약화된 것으로 여기기 쉽지만, 코스모폴리탄 라이프스타일을 영위할 수 있는 소수의 국제적 엘리트 집단을 제외하고 실제로 대다수 이민과 난민, 망명자, 해외 취업 노동자들이 겪는 현실은 국적과 민족 범주에 따

보』 21-1, 2006; 이영형, 「러시아 사할린주의 자원생산 및 무역구조에 대한 경제지리학적 해석」, 『OUGHTOPIA』 25-2, 2010; 김하영, 「에너지 자원과 환동해 지역의 갈등」, 『도서문화』 41, 2013.

22) Bella B. Pak, 「쿠릴열도를 둘러싼 러시아와 일본 간의 영토분쟁」, 『독도연구』 13, 2012, 167-192쪽.

23) 이순형, 앞의 책, 2004; 배수한, 앞의 글, 2010; 우복남, 「영주 귀국 사할린 동포 지역사회 정착문화 연구: 충남지역의 사례를 중심으로」, 『한국노어노문학회 제2차 러시아 4개 학회 추계공동학술대회 자료집』, 2012.

24) 박선영, 「사회통합을 위한 국민 범위 재설정」, 『저스티스』 134-2, 2013, 424쪽.

른 엄중하고 차별적인 통제방식이 작동하고 있음을 지적하고 있다. 즉 초국가적 현상 밑에는 제국주의와 식민지 지배관계를 전제로 한 현대사회의 현실이 있기 때문이다.[25)]

테사 모리스-스즈키는 '변경'의 역사로부터 근대를 재조명하는 작업에서 "인간의 행위가 단절되거나 통제되는 것으로서 변경, 국경은 어떤 의미에서 국민국가들 사이의 가장 인공적인 선들에 불과하지만, 그럼에도 그것은 개인과 사회의 일생을 뒤바꿀 만한 가공할 만한 힘을 가지고 있다."고 말한다.[26)] 21세기 전지구화의 시대를 맞아 사람들은 세계적으로 국경이 종래와 같은 중요성을 상실하리라고 기대할지도 모른다. 하지만 전지구적 규모에서 문화와 경제가 점점 더 연계되어감에도 불구하고 국민국가들 사이의 경계는 여전히 강력하고 논쟁적이다. 그녀는 근대사 서술에서 아주 뿌리 깊게 내포된 가정들 대부분은 선주민 집단을 '역사 없는 민족'으로 규정하고, 그들의 존재를 '선사시대'의 잔재를 상징하는 것으로 고정시킬 때 성립될 수 있다며, 역사적 개념들에 대한 근본적인 재고를 주장한다. 그러한 의미에서 그녀에게 '변경'은 바로 그러한 근본적 재고를 가능케 하는 곳이다. 사할린은 러시아와 일본, 미국과 구소련, 남과 북의 분단 등으로 말미암아, 이들 국가들로부터 이주해 간 이른바 주변의 위치에 있던 이 섬의 사람들에게 어떠한 경계를 만들고 어떻게 관계의 단절과 통제가 되었는가를 잘 보여주는 곳이다.

사할린 한인은 여러 시기에 걸쳐 형성되어, 내부적으로 그 인적 구성에 있어서도 다양성을 가지고 있다. 이들의 이주경로 및 이주시기가 다양하고 '조국'과 '고향'에 대한 기억의 강도도 다르고, 또 다른 해외 한인집단보다

---

25) 정병호, 「민족정체성의 재생산: 재일 조선학교의 갈등과 모색」, 『초국가 시대의 정체성: 새로운 경계 만들기(제35차 한국문화인류학회 정기학술대회 발표자료집)』, 2003, 49쪽.
26) 테사 모리스-스즈키 저, 임성모 역, 『변경에서 바라본 근대』, 산처럼, 2006, 5쪽.

더 고향에 대한 관심과 애정이 큰 단절적 이산집단으로 내면적으로는 항상 고향 귀환을 염원했던 집단이었다고 지적된다.[27] 그런데 1990년대 영주 귀국으로 사할린 한인들은 사할린에서와 달리 소수민족이 아닌 한민족으로 주류사회 안으로 들어왔다고 볼 수 있다. 따라서 귀환한 이들은 더 이상 마이너리티도 디아스포라도 아닌 것일까? 1945년 이후 1차 영주 귀국이 이뤄진 1992년까지 약 50년의 시간은 이들에게 어떠한 사회문화적 지형들을 만들었을까?

대다수의 연구는 영주 귀국 이전의 연구로서 국내 정착 후의 연구는 드물다. 그리고 지금 국내에 정착하고 있는 사할린 영주귀국자는 기존의 사할린 한인의 범주에서 볼 때 '사할린 밖'의 사할린 한인이자 고국으로 돌아간 1,2세 인구집단으로 3,4세와 사이 국경을 경계로 나뉜 집단이 되고 있다. 사할린 한인의 연구는 1,2세의 이주사회 형성에서 나아가 3,4세대를 아우르는 보다 포괄적 사할린 한인에 대한 고찰이 필요하다.

이러한 배경에서 이글은 영주귀국자들의 가족을 중심으로 한 경계 지형을 살펴보고자 하는 것이다. 사회의 가장 기본 구성단위로서 가족은 사할린 한인처럼 이주와 귀환의 과정에서 만들어지는 다양한 경계의 의미들을 잘 설명해 줄 것이기 때문이다. 그러나 이 연구는 가족의 유형과 제도를 다루는 일반적 가족연구는 아니다. 가족 제도와 유형을 적용해 그 전통성을 논한다는 것은 얼마간의 의미는 있겠지만, 국적, 민족 등의 경계로 이산을 겪고 있는 가족의 경우 그 관계 지형을 파악하는 것 또한 가족 연구의 한 장이 될 것이다. 따라서 영주귀국자에 대한 연구는 기존의 사할린 한인이라는 민족집단으로서의 연구보다 구체적 생활공간에서 나타나는 문화적 다양성에 주목하려고 하는 것이다.

국석, 민속, 계급, 성, 직업, 종교 등 다양하게 구별 지워지는 경계의

27) 정근식·염미경, 앞의 글, 1999, 114쪽.

그 지점에서 형성되는 생활의 경험은 어느 한쪽으로 완전히 규정지을 수 없는, 즉 달리 말하면 어느 한쪽으로도 포섭되지 않은 그 나름의 생활세계로서의 공간성을 가진다. 이러한 특성을 잘 나타내는 공간이 곧 해항도시이다. 해항도시는 역사적으로 이문화의 접촉이 이뤄진 공간이자 '탈국민국가적 사유의 공간'을 말한다. 즉 물리적 도시 공간만이 아니라 인식적 사유공간으로서, 이때의 해항도시는 '경계 너머'를 하나의 시야 속에 넣어 고찰해 보는 경계성과 관계성을 염두에 둔 개념이라 말 할 수 있다. 해항도시를 통해 볼 수 있는 경계성과 관계성이란 바다 너머의 세계와의 연속·불연속적으로 형성해 온 사회관계가 있고, 그것은 네트워크라고도 부를 수 있지만, 마치 조수의 흐름처럼 바다 너머의 들고 나는 사람·물자·정보의 이동이 상호관계 성격을 말해준다. 이때 바다는 이쪽과 저쪽의 세계를 구분지어주는 경계선 역할을 하지만 그렇다 하여 그 의미가 바다 자체의 속성을 의미하지 않는다. 오히려 바다는 비경계적이고 그 흐름이 가진 유동성은 세계성을 엿보게 한다. '바다라는 공간 너머의 세계'와의 관계를 고찰하는 것이 '해항도시'의 한 연구가 됨을 말하는 것이다.

이 같은 맥락에서, 이 글에서 다루고자 하는 '바다 너머의 세계'는 바로 사할린이며, 그 안은 상대적으로 부산을 설정하지만 이것은 분석과 설명을 위한 가정일 뿐, 사실 이 안과 밖은 언제나 치환이 가능하여 반드시 사할린을 경계 밖의 세계로 말하는 것은 아니다. 특히나 그것은 두 공간을 오가는 사람들에게는 그것은 하나의 생활세계이며, 어디에 서 있는가라는 상대적 위치에 따라 두 세계는 서로 다른 의미의 공간으로 변할 것이기 때문이다.

Ⅲ. 영토와 자원의 각축장 사할린

1. 제국의 각축장 속으로

이주사에서 이주자의 이주 목적이나 동기, 그리고 시대적 배경과 함께 중요한 것은 이주지에 대한 이해이다. 즉 사할린이라는 섬에 대한 이해는 이주자에 대한 이해에서 간과할 수 없는 한 부분이다. 많은 연구에서 언급하듯이 사할린은 러시아(구소련을 포함)와 일본이 번갈아 지배하거나 분할 통치하는 지배영토였다. 그러나 곧잘 지나쳐버리지만 이 섬은 '빈 터'가 아니라 니브히, 아이누, 윌타(오록크) 등 여러 선주민들이 살고 있던 곳이었다.

고고학자들은 5천 년 내지 6천 년 이전에 대륙으로부터 사할린 섬으로 원주민들이 이주했을 것으로 보고 있다.[28] 흔히 선주민사회는 고립된 사회로 생각하기 쉬우나 17세기 중반부터 19세기 초에 이르기까지 극동아시아 선주민 사회는 결코 고립된 사회가 아니었다. 연해주와 사할린, 홋카이도를 통한 산단교역로와 캄차카 반도로부터, 홋카이도 동부를 거치는 쿠릴교역로 속에 이들이 존재하고 있었기 때문이다.[29] 흥미롭게도 이 두 교역로는 이후 러시아가 사할린을 거쳐 일본으로 향하고, 일본이 사할린과 쿠릴열도로 향하는 영토 확장 방향에 각각 상응한다. 일본과 러시아가 이 섬을 차지하기 위한 지배를 번갈아 하는 동안, 선주민들은 1897년 사할린 전체 인구의 15%를 밑돌았고 자신의 땅에서 소수민족으로 전락하였다.[30]

1855년 러일 간에는 쿠릴열도를 분할하고 사할린을 공동점유한다는 시모다조약을 체결하였고, 1875년에는 (구)소련이 사할린을 완전히 통치

28) 전경수, 「러시아化 과정의 식민지 역사」, 『러시아 사할린·연해주 한인동포의 생활문화』, 기쁨사, 2001, 17-38쪽.
29) 桃木至朗編, 『海域アジア史研究入門』, 岩波書店, 2008, 131-132쪽.
30) 전경수, 앞의 글, 2001, 26쪽.

할 목적으로 쿠릴열도를 일본에게 대신 내주었다. 그러나 1905년 러일전쟁에서 패한 러시아는 사할린의 50도선을 경계로 남부지역을 일본에게 분할하는 포츠머스조약을 체결하였다. 15년 후 러시아가 내전에 휩싸이자 일본은 사할린 북부를 재점령하기도 하였다. 1945년 소련이 제2차 세계대전 참전으로 사할린 전체를 다시 지배하게 되었고, 이어 1946년부터 1949년 사이 사할린에 남아 있던 312,452명의 일본인을 홋카이도로 추방했다. 오늘날 일본은 사할린에 대해 직접적인 영유권 주장을 제기하지는 않지만, 최소한 원칙적으로는 사할린을 일본 영토로 간주하고 있다. 이런 점에서 사할린의 국제적 지위는 아직 결론이 나지 않은 상태라고 지적되고 있다.[31] 러일 양국 간에 4회에 걸쳐 국경 변경이 있었으며, 양국은 모두 국경지역에 대해 고유영토론을 내세워 영유권을 주장하고 있으나, 사실 러일 국경선 획정에 있어서 그 지역을 삶의 터전으로 살아 온 아이누민족을 비롯한 원주민의 존재는 완전히 무시되었다는 것이 문제점으로 지적되고 있는 실정이다.[32]

일반적으로 사할린에 한인이 이주한 것은 중국, 만주, 러시아의 연해주를 거쳐 이주한 것으로 보고 있다. 한인의 연해주 정착은 일반적으로 러시아와 청국 간 북경조약 체결(1860년) 이후인 1863년으로 본 견해가 다수이다.[33] 1897년 첫 러시아 총인구조사 자료에 당시 사할린에는 67명의 조선인들이 살고 있었다고 한다.[34]

사할린 전체적으로 인구가 증가한 것은 1905년 포츠머스조약 체결 이후부터였다. 1906년 말 12,361명이었던 인구는 1925년에 이르러

---

31) 안나 레이드 저, 윤철희 역, 『샤먼의 코트』, 미다스북스, 2003, 249-252쪽.
32) 최장근, 『일본의 영토분쟁』, 백산자료원, 2005, 241-242쪽.
33) 강성현, 『21세기 한반도아 주변강대국』, 가람기획, 2005, 252쪽.
34) 그중 한국에서 출생한 사람이 54명으로 이 가운데 농민이 9명, 어부와 사냥꾼이 53명으로 대다수였고, 1명이 양복장이, 1명이 실업자, 3명이 형기를 마친 자였다고 한다. 이재혁, 앞의 글, 2010, 189쪽.

189,036명으로 증가하였고, 1941년에는 406,557명으로 크게 증가하였다. 사할린 남부에 어업, 임업, 석탄채굴, 펄프공업 등을 중심으로 한 경제개발을 일본이 추진하면서 다수의 노동자가 이주했다. 1945년 전쟁이 끝날 때 남부 사할린의 인구는 약 450,000명에 달했다.[35] 물론 일본인이 압도적으로 다수를 차지하였고, 그 외 조선인이 다음으로 많았으며, 러시아인 외 중국, 그리고 윌타, 니브히, 야쿠츠 등 여러 선주민족들이 분포하고 있었다.[36] 일본이 북부 사할린을 잠시 점령하였던 시기(1920년 4월에서 1925년 7월 사이)에는 북부에 거주하던 한인들이 러시아 극동지역으로 이주하였고, 남부의 한인이 북부의 유전 지역으로 일자리를 찾아 이주하는 이동도 있었다. 1937년 소련의 강제이주정책 시행기에 사할린 북부에 있던 1,155명의 한인들이 중앙아시아 지역으로 강제이주 되기도 하였다. 그들 중에는 니브히인과 혼성가족도 있었고, 여자와 어린아이들도 포함되어 있었다고 한다.[37]

사할린에 한인들이 빠르게 증가한 것은 1930년대 이후 일본의 탄광 개발과 깊은 관련이 있었다. 잘 알려져 있다시피, 1937년 중일전쟁에서 1941년 태평양전쟁까지 심각한 노동부족은 '모집'과 징용이라는 형태를 띠며 전개되었고, 이는 국가총동원체제하에서 강제된 것이었다. 따라서 1930년대 후반부터 40년대 중반까지의 한인의 이주는 일제의 군국주의 확산과 궤를 같이 해 발생했으며, 그 구체적 양상은 가족의 이산이었다. 1939-1943년 5년간 16,113명이 모집이나 관 알선 등의 방식으로 사할린에 노동자로 들어갔으며, 그 가운데 석탄 채굴 노무자가 65%로 10,500여 명을 헤아렸다.[38] 이같이 사할린 한인 이주에서 가장 중요한 요인은 일본

35) 이재혁, 위의 글, 2010, 184쪽.
36) 이토 다카시, 『사할린 아리랑』, 눈빛, 1997, 207쪽.
37) 이재혁, 앞의 글, 2010, 188-189쪽.
38) 김민영, 앞의 글, 2000, 41쪽.

의 모집과 관알선, 등 노무동원에 따른 것이었다. 그 수는 정확히 파악되지 않고 있으나 노무동원자의 2/3는 석탄산업에 동원된 것으로 추정되고 있다. 게다가 1944년 사할린청은 주요 탄광의 폐산하고 탄광노무자들을 전환 배치하여 혼슈에 있는 여러 탄광으로 보냈다(일본인 6,000명, 한인 3,000명). 이것을 사할린 한인들은 "이중징용"이라고 말한다.[39] 전쟁 말기 사할린 섬 전체에 거주한 한인은 43,000명에서 약 50,000명이라고 추산되고 있으며, 1945년 소련 기록에 의한 한인의 수는 23,498명(남자 15,356명 여자 8,142명)이었다.[40]

이상과 같이, 19세기 후반부터의 사할린 한인 이주는 자주 지적되듯이, 한반도의 정치적 상황, 곧 식민지 지배로부터 파생된 이주였지만, 또한 넓은 의미에서 이들의 이주는 사할린을 두고 이미 얽혀 있던 러일 사이의 오래된 영토분쟁 속으로 이주한 것이기도 하였다. 해방 후 이들이 억류된 배경은 단지 한일관계만이 아니라, 러일 관계의 특수성이 함께 작용한 결과인 것이다. 말할 것도 없이 사할린의 영토적 협상에 원주민은 배제되어 있었고, 2차 대전 후 재편성된 영토지배에서 미소임시협정(1946년 11월 27일)과 러일공동선언(1956년 10월 19일) 등 귀환 협정에서도 사할린 한인은 누락되었다. 사할린 한인이 어떠한 귀환 조치가 이뤄지지 않았던 배경에는 노동력의 필요, 무국적자로 처리되는 문제가 있었지만, 기본적으로 사할린 한인은 제국들이 섬을 차지하고 개척하기 위한 각축 속에서 '국가 없는 소수민족'으로 이들의 정주가 가정되었던 것이라 본다. 그 가정 속에 식민지 노동력으로서의 강제 이주는 불식되어 버렸고 사할린에서의 정주화가 오히려 강제되었던 것이다.

또, 일제의 강제동원이 이뤄지기 전까지 사할린으로 한인 이주는 대개 대륙을 통해 건너간 것이었으나, 강제동원이 일어난 1939년 이후 사할린

39) 〈SAKHALIN〉(비간행 자료), 2007.
40) 이재혁, 앞의 글, 2010, 190쪽.

으로 간 한인 노무자들은 이전과는 다른 경로를 통해 사할린으로 이동하였다. 구술자료에 기반한 한 연구에 따르면,[41] 강제징용자들은 부산을 거쳐, 시모노세키, 오사카, 도쿄, 그리고 아오모리에서 와카나이(홋카이도), 코르사코프로 이동하고 있었다. 즉 강제동원이 일어난 1939년 이후 사할린으로의 이동 경로는 이전의 생계형 이주와는 다른 경로를 통해 사할린으로 이동했으며 그 거점들은 해항도시였다. 2013년 기준, 사할린의 대표적 소수민족인 한인은 24,768명로 점차 감소하고 있다.[42]

2. '자원의 보고(寶庫)'

사할린을 지배하려는 러일의 목적은 사할린의 풍부한 자원에 있었다. 그리고 오늘날에도 이들 자원에 대한 각국의 이해관심은 계속되고 있다. 현재 이곳의 석유와 석탄 산업은 러시아의 극동산업의 주축을 이루고 있다. 사할린의 북쪽 오호츠크해는 약 석유 70억 배럴에 달하는 사할린 대륙붕과 그에 못지않은 높은 부존잠재력을 가진 서캄차카 대륙붕을 포함하는 거대한 미개척 석유 지역으로 지적되고 있다. 석탄, 천연가스, 임산물 외에도 많은 수산물이 일본과 한국으로 수출되고 있다.[43]

그동안 사할린 대륙붕에 대한 탐사는 1970년대 1차 석유파동으로 촉발되어 러일이 합작으로 유전을 발견하였으나, 1980년대 저유가로 인한 낮은 경제성으로 개발 탐사가 진척되지 않았었다. 1990년대 들어 해상 유전개발 및 LNG 생산 경험이 없는 러시아가 유전들을 개발하고자 서방의 경제적 기술적 지원을 끌어들여 사할린 프로젝트를 실행하게 되었다. 사할린 프로젝트란 사할린의 석유와 천연가스를 생산하기 위한 사업으로서 북사

41) 전형권·이소영, 앞의 글, 2012, 135-184쪽.
42) 외교부, 『재외동포현황 2013』, 2013, 21쪽.
43) 고재홍, 「러시아 극동 오호츠크해 지역의 석유지질」, 『한국지구시스템공학회지』 47-6, 2010, 956-974쪽.

할린의 동쪽 연안을 중심으로 프로젝트Ⅸ까지 계획되어 있고 지금도 계속 탐사 중이다.[44]

이미 시행된 사할린 1·사할린 2 프로젝트는 러시아의 석유와 천연가스 사업에서 최대 액수의 외국투자가 성사된 프로젝트였다. 러시아 정부통계에 의하면 1995년부터 2002년 사이에 사할린 주에 약 26억 달러의 외국인 직접투자가 이루어졌으며 이는 모스크바시와 모스크바주 다음으로 많은 액수였다. 같은 기간 러시아 전체 외국인 투자금액의 8.6%가 사할린 지역에 투자되었던 것이다.[45] 사할린주와 경제관계를 맺고 있는 교역 파트너는 유럽, 아시아, 아메리카, 오세아니아 등에 걸친 총 72개국과 교역하고 있으며, 외국자본의 투자가 사할린의 경제구조를 변화시키고 있다. 특히 유럽의 자본 투자(주로 네덜란드와 영국)가 압도적인 우위에 있고 시간이 지날수록 그 투자가 증가하고 있다.[46]

여기에 동북아시아 국가들의 지리적 근접성으로 말미암아 사할린의 에너지 확보 및 자원개발에 참여함으로써 사할린은 에너지 개발의 각축장으로 부상하고 있다.[47] 2012년 사할린의 천연가스의 주요 수입국을 보면 일본(76.3%), 한국(20.1%), 중국(3.6%)이었다. 또 석유의 경우는 중국(39.36%), 일본(24.29%), 한국(25.37%), 인도네시아(6.01%), 대만(1.78%), 필리핀(1.69%), 미국(1.49%) 등이 수입하고 있다.[48] 사할린에 진출한 한국 기업들은 의류, 가전, 가구, 각종 소비재 및 해상운송, 어업, 서비스업 등 다양하다. 그리고 부산시는 사할린주와 교류협정을 맺고 새로

44) 안미정, 「해양자원의 남획과 선주민 사회」, 『해양문화와 해양 거버넌스』, 선인, 2013, 183쪽.
45) 이채문·이철우, 앞의 글, 2006, 255쪽.
46) 이영형, 앞의 글, 2010, 94-96쪽.
47) 고재홍, 앞의 글, 2010, 956-972쪽.
48) Sakhalin Energy Investment Company Ltd., Sustainable Development Report: Reindeer breeding is a traditional activity of the Sakhalin indigenous minorities, 2012, pp.19-20.

운 관광산업 및 새로운 해양 진출을 모색하고 있는 중이다.[49)]

이와 같이 사할린의 에너지 자원은 한중일로서 쉽게 간과할 수 없는 부분이고, 인도네시아, 대만, 필리핀 등 동아시아 여러 국가들도 마찬가지이다. 이에 러시아는 일본과 한국으로부터 에너지 개발 기술과 자본 투자를 기대하고 있는 것이다. 러시아와 한국 사이의 탈냉전의 언설은 이처럼 새로운 '시장'으로서 국가의 경제적 기대 속에 형성되고 있는 하나의 기류이며, 그러한 또 한편에서 사할린 한인들의 '영주 귀국'도 추진되어 온 것이다.

Ⅳ. 가족의 분절화: 이중 이산

1. 또 하나의 이주: 영주 귀국

영주 귀국이란 "일본의 식민지 지배기간인 1930년대 후반부터 강제징용 등으로 사할린에 이주하여 2차 세계대전 종료 후에도 모국으로 돌아오지 못하고 사할린에 잔류하게 된 사할린 한인들"이 한국으로의 귀환을 말한다.[50)] 영주 귀국 사업은 1980년대 말부터 한일 양국 적십자사를 통해 모국방문사업이 진행되었으나 1980년대 (구)소련의 개방정책과 함께 구체화되기 시작했다.

영주 귀국은 정부가 추진하기 이전에도 있었다. 1977년 (구)소련에서 한국으로, 1988년 일본을 거쳐 한국으로 영주 귀국한 사례가 있고 이것은 한국정부가 개입하지 않고 개별적 노력에 의해 이뤄진 것이다. 1989년 7월, 한일 정부의 요청으로 양국 적십자 간 '재(在)사할린 한인지원공동사업체' 협정을 체결하고, 1992년 한국정부가 65세 이상 독신상태의 연구가 없

49) 부산시 해양정책과, 「해양플랜트 지원기지(OSB) 조성 용역 착수보고회」(2013.03.06) 자료 참조.
50) 대한적십자사, 『제320회 국회정기감사 주요업무 보고』(2013.10.28).

는 사람에게 귀국을 허가하겠다고 발표함에 따라 그해 77명이 영주 귀국하였다. 1994년 한일 간 〈영주 귀국 시범사업〉을 실시키로 합의하였고, 1995년 일본 정부는 "50년 파일럿 프로젝트"로 명명하여 사할린 한인들의 영주 귀국에 다양한 지원책을 마련했다. 이에 따라 거주지 건설비용 및 운영비, 생활비용을 지불하고 잔류자들에게도 동등한 지원과 문화센터 건립비용을 확약하였다. 일본정부의 예산지원 확정에도 불구하고 영주 귀국은 지연되었는데 그것은 한국정부가 국내의 아파트 부지를 확보하지 못하여 몇 년을 소비하였기 때문이다.[51] 1992년 77명을 시작으로 2013년 10월 기준, 4,116명의 영주귀국자가 국내 거주하게 된 것이다.[52]

이들의 귀환은 해방 직후부터 고향으로 돌아갈 수 있을 것이라고 기대되었던 시점, 혹은 1966년 〈화태(樺太) 억류 귀환 한국인회가 사할린 잔류 한인 귀국 희망자 명부〉가 작성(총 6,924명의 1,744 가족)되었던 시점을 감안하면 한참 뒤늦게 한일 양국 사이에 추진된 것이다. 관련 국가간의 합의를 모으기까지 사할린 한인회에서는 '일본정부의 보상'과 '러시아 정부의 협조', 그리고 '한국정부가 적극 나설 것'을 촉구했었다.[53] 1994년 한일 정상회담에서 포괄적 합의가 이뤄진 후 귀국대상인 '사할린 1세를 1945년 8월 15일 이전 출생자로서 1945년 8월 15일 이전 사할린에 이주하여 계속 거주 중인 자'로 정의하였다. 이들의 국내 거주는 한국정부가 건립 부지를 제공하고 건설경비는 일본정부가 지원하고 하였다. 1997년부터 2001년까지 〈영주 귀국 시범사업〉을 추진 후에도 3,200여 명의 1세 한인들에 대한 지원 필요성이 대두되어 영주 귀국 확대사업을 2007년부터 2009년까지 실시하게 되었다. 이 기간 중 1세만을 대상으로 하였던 것을 2008년부

---

51) 배수한, 앞의 글, 2010, 7-8쪽.

52) 2013년 영주 귀국이 계획된 예정자는 77명으로 이들을 합산하면 4,193명에 이른다. 대한적십자사, 『2012 적십자 활동보고서 Annual Report 2012』, 2012, 66-67쪽.

53) 1993년 6월 2일 모스크바에서 사할린주 한인회의 시위 참조. А.Т.Кузин, 「Исторические судьбы сахалинскнх корейцев(사할린 코레이츠들의 역사적 운명)」, издательство Лукоморье, 2010.

터 1세와 혼인한 2세도 영주 귀국 대상에 포함되게 되었다. 귀국한 이들에게는 정부(국토해양부)에서 임대아파트를 제공하고, 입주비용 및 특별생계비와 주거비, 기초노령연금과 의료급여 등을 보건복지부가 지원하고 있다. 이들은 국민기초생활보장법 상의 특례수급(권)자로서 생계 및 주거 등의 비용을 정부가 지원하고 있는 것이다. 또 사망 시에는 국립 "망향의 동산" 납골묘(천안 소재)에 무료 안장할 수 있도록 하였다.

한편, 국내 거주 조건에는 2인 1가구로 입주하게 됨에 따라 부부 외 "동거인"과 짝을 이루어 살아야 한다. 또 한국정부가 요구하는 영주 귀국 신청서에는 "국외생활부적응, 노령, 질병치료, 국내취업, 국내취학, 이혼, 기타"의 분류항목에서 귀국하려는 사유를 선택하게 되어 있다.[54] 영주 귀국에 따른 주거 및 생계, 의료의 비용을 국가가 지원하고 있으나 그럼에도 정주화는 여러 가지 문제를 낳고 있다. 한 국내 지역에 정착한 연구보고에 따르면, 흔히 노인문제에서 나타나는 외로움과 생활고, 질병 외에도 고립(게토화)에 대한 문제가 지적되고 있다.[55] 또 보건복지부가 조사한 2011년 영주귀국자의 만족도 조사 결과, 이들이 국내 생활에서 가장 힘든 점은 "사할린 거주 가족에 대한 그리움"으로 나타났다. 이에 사할린으로 다시 돌아가는 경우도 있다. 이처럼 사할린 한인 1,2세의 '귀환'은—일본정부의 책임 이행, 러시아가 우려했던 노동력 상실의 의미가 더 이상 없어진 시점에서—한국으로의 정착은 국가 간의 공식적 협상에 따른 이주로, 여기에 수반해 이주자 개인의 가족 간에는 새로운 지형이 그려지게 된 것이다. 2009년 1월, 부산시 정관신도시에 있는 한 국민임대아파트로 126명이 "영주 귀국"했다. 2014년 2월 현재 부산시에 거주하고 있는 "사할린 동포"는 120명이며, 국내 러시아 국적을 가진 동포 2,462명 가운데 부산시에는 455명이 거주하고 있다.

54) 외교부 홈페이지(http://www.mofa.go.kr) 참조.
55) 우복남, 앞의 글, 2012, 417쪽.

2. 부산시 사할린 영주귀국자회

부산시에 거주하는 영주귀국자는 모두 120명(남자 52명, 여자 68명)으로 총 69세대가 있다. 이 가운데 6세대는 "동거인 세대"로, 즉 부부가 아닌 사람이 짝을 이뤄 세대구성을 하고 있다. 부산시에 사할린 영주귀국자들이 정주하게 된 것은 2009년 1월 19일, 20일부터이다. 그래서 최근 영주 귀국 5주년을 맞이해 기념식을 올렸다. 사할린에서 국내로 '영주 귀국'할 때 귀국자들은 대한적십자사를 통해 국내의 5곳 가운데 선택하도록 되어 있다. 부산시 영주귀국자들 역시 국내 5곳 지역 안에서 자신이 거주할 곳을 선택한 것이며, 이때 나이 순서에 따라 우선적으로 선택할 권한이 있다.

영주귀국자들은 지난해에 "회원들의 요청으로" 〈부산시 사할린 영주귀국자회〉라는 이름으로 비영리법인 등록을 마쳤다. 따로 사무실이 있는 것은 아니며, 거주하는 아파트 단지 내 노인정에 노인회장 외 "동포회장"이 있다. 120명은 3개의 동으로 나뉘어 거주하는데 이들 건물의 가운데 있는 노인정은 중심적 생활공간이 되고 있었다. 노인정에는 할머니방, 할아버지방, 그리고 중앙에 큰 거실과 부엌이 있으며, 매주 수요일(할머니)과 금요일(할아버지) 점심제공이 이뤄지고, 다양한 여가 프로그램들이 있다. 요가교실, 치매교육, 노래교실 등에는 주로 할머니들이 참여하고, 초저녁에는 영주 귀국한 할아버지들이 "도미노게임"을 즐기며 시간을 보낸다. 이들 프로그램들은 영주귀국자만을 대상으로 한 것이 아니어서 사할린에서 온 할머니들은 할아버지들의 경우보다 다른 주민들과 일상적 접촉이 많다. 이외에도 노인회의 회장이 운영하는 서예와 "한글뜻" 수업이 있었다. 고령의 영주귀국자들은 아파트 단지의 노인회에 소속이 되어 일상을 보내고 있으나, 이처럼 노인정으로 오는 사람들은 약 30여 명이고, 장애와 노환으로 집에서만 시간을 보내는 사람들도 많다.

현재 이들의 국적은 러시아 국적과 한국 국적을 동시에 가진 복수국적자이다.[56] 영주 귀국을 하면서 한국 국적이 만들어진 것인데, 면담자 가운데 한 사람은 이를 두고 국적이 새로 생긴 것이 아니라 이전에 "상실"했던 국적을 다시 "회복"한 것이라고 하였다. 사할린 한인들의 경우 식민지 시대로부터 "일본(인) – 무국적 – (구)소련국적 – 한국적(2009년)"을 가지게 된 것이며, 경우에 따라서는 50년대와 60년대 사이 북한국적을 가졌던 경우도 있다. 이처럼 "한 평생을 살면서 5번을 바꿔야 했는데 이제 한번 남았습니다. 저기....하늘... 거긴 국적도 필요없다네요."[57] 영주귀국자회의 회장을 맡고 있는 송씨는 "동포"들의 일상생활 상에서 큰 불편함은 없다고 한다. 그러나 면담과정에서 그는 현재 영주귀국자가 직면한 문제를 다음과 같이 압축적으로 말하였다.

> 거기서(사할린)에서 태어나고 생활하다 와서 불편함이 있어요. 공산국가가 좋은 면이 있고 민주국가가 좋은 면이 있는데, 동포들은 사할린에서 교육을 무료로 다 받았어요. 이곳에 온 동포들 가운데 30% 이상이 대학출신입니다. 그러나 언어불통이 문젭니다. 자식들은 우리말 몰라 오려고 해도 힘들어요. 거기서 거주하면서 직장 다니는 것이 나은 거죠. (이런 문제는) 나라(국가) 차이이지 민족차이가 아닙니다. 1세대들은 지식 없고 언어불통에 부모님 세대는 고생이 많았습니다. 법적으로 1세는 1945년 8월 15일 기준으로 1세인데, 일본 국가가 결정했습니다. 이 기준으로 영주 귀국 대상이 된 거죠. 우리도 이산가족 돼요. 자녀들이 거기 있으니까. 차이는 뭐냐면 2014년 한·러시아하고 비자를 받는 것이 없어지고 이제는 돈 문제죠.[58]

그의 이야기 속에서는 몇 가지 문제들이 포괄적으로 드러난다. 우선 사할린 한인들은 러시아에서 무료교육을 받았으며, 현재 영주귀국자들의 30%가량이 대졸 이상의 학력을 가지고 있다고 한다. 이 점은 러시아와 한

56) 이중국적과 달리 복수국적은 해당 국적지에서는 당 국가의 법의 지배를 받는다.
57) 2014년 2월 19일, 자택에서.
58) 2014년 2월 19일, 노인정에서.

국의 교육제도가 다른 것으로 '민족의 차이가 아닌 국가의 차이'라고 한다. 두 번째, 사할린에서 자신의 부모세대가 겪어야 했던 언어의 고통이 있었음을 지적하고, 그 "언어불통"의 문제는 현재 자신들의 "이산가족"이 되고 있는 요인이기도 하다는 것이다. 세 번째, 이산을 만드는 또 하나의 기준, 즉 귀국자의 대상이 되는 "1945년 8월 15일"이 1세인가 아닌가를 판가름 기준이 되고 있다고 한다. 네 번째로는 이제 한러 사이를 오가는 문제는 비자가 아니라[59] "이제는 돈(이) 문제"라는 것이다.

3. 가족 이산의 지형들

현재 영주 귀국의 대상은 '1945년'이라는 시점을 기준으로 한다. 이 기준은 해방 시점으로, 즉 일본정부가 이들의 귀환에 대한 책임을 해방 이전의 시점에 국한하고 있음을 보여준다. 그러나 이 시점은 가족 안에서 볼 때 또 다른 이산을 낳는 일이 되고 있다. 2014년 2월 18일, 19일 양일 간에 걸쳐 영주귀국자회의 도움을 얻어 한국과 러시아에 있는 영주귀국자들의 가족 관계를 알아보았다. 다음 면담자들의 사례를 통해 영주 귀국에 따른 가족관계를 살펴보기로 하겠다.

〈표 1〉 부산시 사할린 영주귀국자 면담자 목록(가나다 순)

성명	출생연도 (나이)	부친(모친)의 고향	부모의 이주 동기 (결혼)	형제	자녀	거주 형태
손○태	1937년 (78세)	경남 삼천포	모집/탄광 (결혼 후 사할린행)	4남 1녀 중 3남	2남 2녀	부부세대
송○진	1943년 (72세)	경기도 (강원도) *처가는 부산	모집→농사 (사할린에서 결혼)	3남 1녀 중 장남	1남	부부세대

59) 2014년 1월 1일부터 한러 비자면제협정이 발표되어 90일간 무비자 체류가 가능해졌다.

성명	출생연도 (나이)	부친(모친)의 고향	부모의 이주 동기 (결혼)	형제	자녀	거주 형태
안○준	1938년 (77세)	경남 의령	모집/탄광 (결혼 후 사할린행)	4남 중 3남	1남 1녀	부부세대
유○준	1942년 (73세)	충남 공주	모집/벌목	2남 1녀 중 장남	1남 1녀	부부세대
윤○자	1942년 (73세)	대구 (부산)	모집/탄광 (결혼 후 사할린행)	3남 3녀 중 장녀	1남 1녀	동거세대
이○희	1947년 (68세)	함흥 (경북 영천)	일본 → 창고일 (사할린에서 결혼)	3남 2녀 중 장녀	3녀	부부세대
조○자	1944년 (71세)	경주	모집/벌목 (사할린에서 결혼)	7남 2녀 중 차녀	2녀	동거세대

1) 귀국의 기준 "1945년"

이주의 한 유형으로서 가족결합형은 아버지가 먼저 이주 한 후 남은 가족이 이주하는 경우를 말한다. 위 사례들 가운데에서도 손씨, 안씨, 윤씨의 경우 아버지는 결혼을 한 후 사할린으로 "모집"을 통해 건너갔으며 이후 탄광에서 일을 하였다. 이 세 사례에서 형제자매들은 한국에서 출생한 경우와 사할린에서 출생한 경우가 있다. 가령 손씨의 형들은 삼천포에서 태어났고 자신과 동생들은 사할린에서 태어났으며, 안씨의 큰 형과 작은 형은 경남 의령에서 태어났고 안씨와 남동생은 사할린에서 태어났다. 윤씨는 그 자신이 한 살 때 삼천포에서 살다 아버지가 있는 사할린으로 갔고, 거기서 동생들이 태어났다. 따라서 형제들 사이의 나이차가 벌어지는 경우가 종종 있다. 이들 세 가족은 아버지의 이주로 분산되었던 가족이 어머니와 남은 가족의 이주로 결합하게 되나, 제2세대의 자식들의 귀환이 출생년도를 기준으로 함에 이들은 다시 이산되고 있다. 1945년을 전후로 한 출생년도 기준은 위 모든 사례에서 형제자매 및 부모자식 간에 한국과 사할린으로 분리되어 있는 것이 보인다. 다만 손씨의 사례의 경우 형제들이 모두 45년 이전에 출생하였고, "큰땅(러시아 대륙)"에 남기를 원한 형 이외에 누이가 안산으로 귀국하여 형제간의 출생년도에 따른 이산은 피할 수 있었지만, 그의 두 아들과 두 딸은 모두 사할린에 남아 있다.

반면, 윤씨의 사례를 보면, 자신을 포함해 45년생인 남동생은 귀국하였으나, 모스크바에 사는 여동생을 제외하고는 모두 영주 귀국의 대상이 되지 못했다. 또 그녀는 남편이 사망하여 동거세대를 구성해 거주하고 있으며, 사할린에는 오누이가 남아 있다. 45년생 남동생은 제천에 거주하고 있고 자신은 거주지를 어머니의 고향인 부산으로 정했다. 〈그림 1〉과 〈그림 2〉에서와 같이 사할린 영주귀국자의 가족은 귀환에 따라 첫째, 형제 자식 간의 거주지 분리와 함께 둘째, 이 분리는 부부 세대 중심의 이주이고, 셋째, 1945년이라는 해방시점이 이산의 분기점으로 작용하고 있음을 나타낸다. 따라서 부모 세대(제1세대)가 겪었던 식민지 시대의 모집, 징용 등의 이산의 요인은 현재 제2세대에 이르러 이뤄진 귀환이 2세대와 3세대 간의 이산으로 나타나고 있다. 사할린 한인들이 겪고 있는 이러한 이산을 안씨는 "이중 이산"이라고 말했다. "한국에 부모님 놔두고 가시고 이제는 영주 귀국으로 자식들 놔두고 가게" 되었기 때문이다.

〈그림 1〉 손씨의 가족 〈그림 2〉 윤씨의 가족

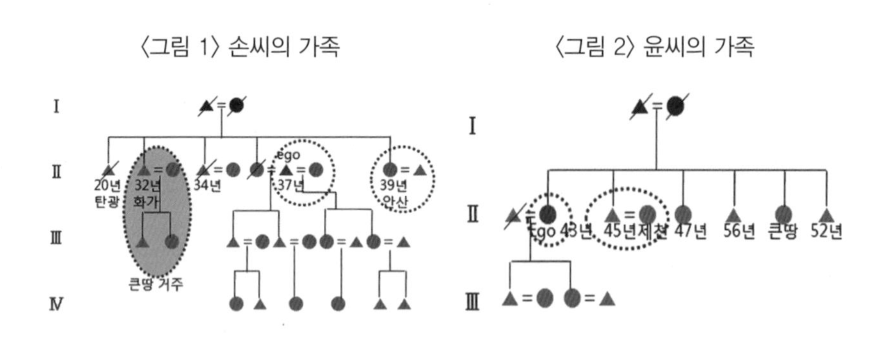

이산의 주요 요인으로는 우선, 귀국대상자에 대한 기준에 따른 것으로 '1945년'이라는 시점의 경계가 이들의 이산을 초래하고 있다. 즉 귀국할

수 있는 자가 누구인가 그 대상자를 정함에 있어, 45년 이전의 출생자 개인으로 봄으로써, 그 개인이 속한 공동체를 고려하지 않은 것이다. 이들의 이주는 부부중심의 이주로 엄밀하게 보면 배우자는 한 배우자의 출생년도에 의해 귀국하게 된다. 따라서 본질적으로 이들의 영주 귀국은 개별적인 귀환인 것으로, 그 개인이 속한 가족 공동체(부부와 자녀)는 분절화가 가속화 되고 있는 것이다. 따라서 '영주 귀국'을 통해 알 수 있는 것은 사할린 한인의 이주는 가족이라는 공동체를 고려하지 않고, 이주자 개별적 귀환으로 접근함으로써 또 다른 이산을 조장하고 있는 것이다.

2) 1세대를 대신한 귀향

귀국이 가족의 이산을 낳음에도 한인 2세대들이 귀국을 결정한 데에는 어떠한 이유들이 있을까? 여기에는 경제적 이유와 함께 1세대들이 원하던 귀향이었던 배경 등 복합적인 이유들이 있다. 조씨와 손씨는 사할린에서 태어났지만 "큰땅"에서도 생활하였고 고학력의 은행원과 건설업 등에 종사하는 등 비교적 안정적 생활을 해 왔었다. 1980년대 중반 이후 사회주의 개혁 개방정책으로 한동안은 벌이가 좋았다고 한다. 그러나 고령이 된 지금 낮은 연금으로는 생활하기가 곤란하다고 한다. 즉 귀국은 고령의 그들이 보다 나은 연금생활자로서 살 수 있는 기회를 준 의미가 있음을 부정할 수 없다. 그러나 이러한 경제적 요인이 자식과 형제들과 떨어져 산다는 것을 선택하기란 쉽지 않다. 손씨는 이렇게 말했다. "잘 살아도 조국이고 못 살아도 조국입니다." 자신이 영주 귀국을 선택한 것은 부모님이 귀향을 원하셨고, 이제 자신이 그 뜻을 이룬 것이라고 설명하였다. 잘 살게 된 한국을 보고 선택한 것이 아니라는 말이다. 손씨는 사할린에서 "돈을 가방에 쓸어 담아서" 다녔었다고 한다.

그의 말에 따르면 자신의 귀국은 부모가 원했던 "귀향"을 실현한 것이었다. 그러나 고향의 친척들은 달랐다. 몇 차례 친지방문을 통해 한국을 다녀가면서 삼천포의 친척들을 찾아 만남을 시도했으나, 친척들은 "바쁘다"고 해 만날 수 없었다. 윤씨 또한 친척들을 찾아 한차례 만났으나 이후 전화를 할 때면 그들은 언제나 "바쁘다"고 한다. 친척들은 자신들의 귀국이 새로운 가족 간의 갈등으로 번질까 우려한다고 한다. 재산 상속의 문제가 개입되어 있기 때문이다. 송씨의 말을 들어보면 재산문제로 인해 한국의 친척과 영주귀국자들이 서로를 바라보는 시선이 서로 다름을 알 수 있다.

> "한국사람들은 사할린 가족을 볼 때 재산 걱정을 해요. (그러나) 우린 관심이 없어요. 우린 사회주의 국가에서 살아서 관심 안 가진다고 해도 여기 한국 가족이 안 믿어요."[60]

윤씨는 친척들과의 교류를 접었고, 손씨는 자신이 선택한 이 영주 귀국은 "죽으러 온 것"에 다름아니라고 그 의미를 일축하였다. 앞의 면담자들 가운데, 유씨와 송씨를 제외하고 모두 부모의 고향과 가까운 곳으로 귀국한 것을 알 수 있었다. 즉 이들이 현재 부산에 거주하는 것은 부모의 고향, 혹은 사할린으로 떠나기 전 거주하였던 곳(경상남도와 경상북도 일원)이기 때문이다. 조씨는 5년 전 영주 귀국한 지인이 "살기 좋다고 해서" 영주 귀국을 선택했고 서울 인천을 친지방문 통해 둘러 봤지만, 부산이 제일 "따뜻해서" 부산으로 오게 되었다고 한다. 7남 2녀 중 차녀로, 그의 언니와 오빠들은 영주 귀국의 대상이 되지만 자신만이 영주 귀국 했다. 제일 맏이인 언니와 넷째 오빠, 남동생 한명을 제외하고 모두 사망하였다. 조씨의 남편은 사망하고 동거인과 거주하고 있다. 두 딸과 손자들이 한국에 "오고 싶다고 했지만" 올 수가 없었다.[61] 사할린으로 갔다는 윤씨는 어머니는 자

60) 2014년 2월 19일, 노인정에서.
61) 2014년 2월 18일, 노인정에서.

신의 고향 부산을 자주 이야기 하였다고 한다. 그래서 돌아가신 "어머니를 대신"해 자신이 부산에 사는 것이라고 말하였다.

3) 지속되는 것과 단절되는 것

영주 귀국이 부모세대의 소망을 실현한 것이라면, 사할린의 자식들과는 이산을 감내해야 하는 것이었다. 그러나 그것이 곧 가족 간의 단절을 의미하는 것은 아니다. 영주귀국자들은 부산과 사할린 사이의 가족들과 지속적 왕래를 하고 있으며, 이것은 2010년 이후 역방문하는 사례가 증가한 것과 일치한다. 이씨는 남편을 따라 귀국하였지만, 사할린에 있는 세 딸 중 사망한 장녀의 외손자가 학교를 졸업하게 되어 지난 1월 사할린에 갔다 왔다. 또 송씨의 독자는 송씨의 생일을 맞아 1월 부산을 방문했었다. 역방문의 경우 2년에 1회 일본정부가 교통비를 부담하고 있으나, 이외 1년에 한 번꼴로 사할린을 방문하거나 사할린의 친척이 방문하는 사례들도 있다.

이렇게 방문할 수 있는 "길이 열렸다"고 하지만, 앞서 송씨의 지적처럼, 이제는 돈의 문제가 제기되고 있다. 이미 고령의 귀국자들은 경제활동을 할 수 없기 때문에 연금에만 의존해서는 방문비를 감당하기 어렵기 때문이다.

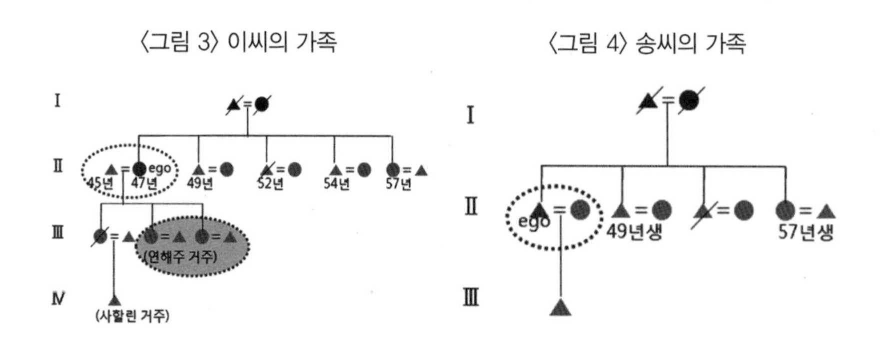

〈그림 3〉 이씨의 가족

〈그림 4〉 송씨의 가족

영주 귀국은 가족 이산의 문제를 낳지만 세대를 넘어 새롭게 이어지는 경우를 볼 수도 있다. 학업과 취업을 통한 제3,4세대의 교류가 있기 때문이다. 유씨의 외손녀는 서울에서 유학 하고 있어, 간혹 부산으로 찾아오곤 한다. 외손녀는 방학을 사할린의 부모와 함께 보내고 한국에서는 외조부를 만남으로써 그 자신으로서는 사할린과 부산을 하나의 생활반경으로 삼고 있는 것이다. 유씨는 한국의 친척들과도 교류를 하고 있다. 그의 숙부의 자식들, 즉 사촌과의 왕래가 이어지고 있다. 숙부는 식민지시대 일본으로 징용되었으나 해방 후 귀환할 수 있었다고 한다. 유씨는 사촌들과의 교류를 통해 친족의 관계를 복원하고 있고, 외손녀의 유학으로 사할린 자식들과의 이산도 극복하고 있는 셈이다.

〈그림 5〉 유씨의 가족

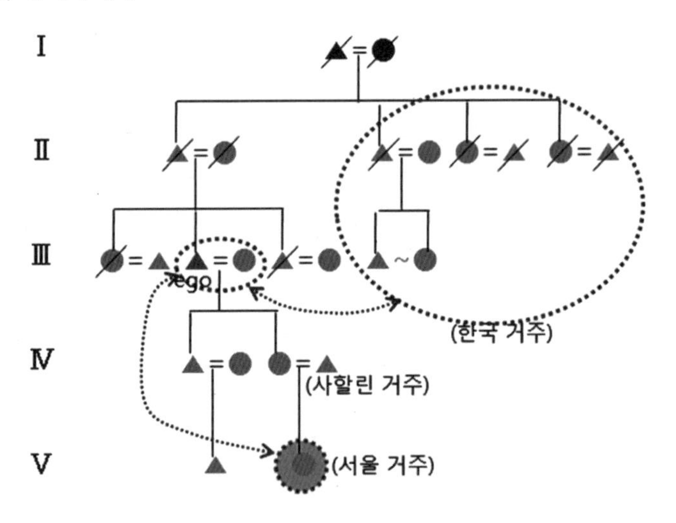

가족의 이산은 가족의 거주지가 타의에 의해 경계 지어지는 일이며, 또 한편 그로 말미암아 제사나 묘 관리가 연속되지 못하는 가계의 단절을 초래하고 있다. 현재 1세대들은 대개 사할린 공동묘지에 안장되었거나 송씨

의 부모처럼 일부 천안에 있는 '망향의 동산'에 모셔진 경우도 있다. 영주 귀국자들은 사할린에 묘소를 두고 있는 경우에도 제사는 자신이 하고(안씨, 손씨) 추석 명절을 기해 묘를 방문하고 있다. 그러나 이들의 경우에도 다음세대에 누가 재사와 묘 관리를 할 것인가에 대해 회의적이다. 손씨는 자신이 셋째 아들이지만 지금껏 제사를 했었고 그러나 이후에는 사할린에 있는 작은딸이 제사를 하고 조부모의 묘를 관리하겠다고 한다지만 그건 어찌될지 모르는 일이라고 한다. 또 그 자신은 화장을 해 묘를 만들지 않을 것이라고 한다. 안씨의 경우에도 부모의 제사는 지금 자신이 하고 있지만 이후에는 어찌될지 "모른다"고 하였다.

4) 가족 만들기: "결의형제"

안씨를 송씨의 소개로 만났을 때, 그가 처음 보여준 것은 순흥 안씨의 족보였다. 그 족보는 아버지의 고향, 의령을 방문했을 때 친척들이 준 것이었다. 한자를 모르기 때문에 부친과 형제가 나온 부분에는 한글로 부기를 달고 있었다. 이어 사할린에 있을 때 쓴 신문 기고문과 파일첩 하나의 분량이 되는 자료들, 작은 형님의 "결의형제(의형제)" 수첩,[62] 그리고 러시아에서 최근 발간된 사할린 한인의 역사책을 보여 주었다.

안씨의 작은형은 1925년 생으로 경남 의령에서 태어나 사할린으로 간 아버지를 찾아 어머니와 형이 함께 이주한 경우였다. 작은 형이 "결의형제"를 맺은 것은 1950년과 1957년 두 번에 걸쳐서이며, 의형제를 맺은 사람들의 신상(이름, 고향주소, 출생년월일 및 나이)을 기록하고, 결의를 맺는 이유를 맨 첫 장에 밝히고 있다.

62) 가로 18센티미터, 세로 9센티미터 가량의 수첩으로 한사람씩 사진을 넣고 신상을 적어 일종의 신분증처럼 만들어져 있다.

〈1950년 3월 12일 결의형제 수첩의 서문〉
"유아(惟我) 동포(同胞)가 생어동방(生於東方)이 터니 홀지이향(忽之離鄕)이 월산도해(越山渡海)하고 해외만리(海外萬里)에 표박서남(漂泊西南)하니 기(豈) 불가(不(可) 고독지탄(孤獨之嘆)이리요 시도고(是桃故)로 유아 9인이 의리(誼理) 적(適)하야 석(昔)의 유관장(劉關張, 유비 관우 장비) 3인의 도원결의(桃園結誼, 桃園結義를 말함)를 효칙(效則)하야 결의동기(結誼同氣)하고 생사고락(生死苦樂)를 상조상매(相助相枚, 상조상부相助相扶를 말함)하기로 일지(一枝) 연맹(連盟)함 영구준수(永久遵守)기로 자어성서(玆於成序)하니 신지(愼之)々々언(焉)"

〈1957년 2월 17일 결의형제 수첩의 서문〉
"1957년 2월 17일 우리 9인의 결의형제는 영원이 마음 변함이 없이 서로 모든 일을 도와주며 더욱 의이 좋게 살기를 도모하며 직장에서 선진자가 되며(이하 생략)"

그리고 각 수첩에 한 장씩 기재된 "형제"들은 다음의 표와 같다.[63]

〈표 2〉 1950년 결의형제

순서	성명	고향 주소 (군 이하 생략)	출생년월(당시 나이)
장백	김봉선	경북 울산군	대정2년 2월(1913년, 38세)
차백	김상한	경북 상주군	대정4년 5월(1915년, 36세)
삼백	김주용	경북 달성군	대정7년 4월(1918년, 34세)
사백	정재귀	경북 봉화군	대정8년 9월(1919년, 32세)
오	배용권	경북 달성군	대정10년 3월(1921년, 30세)
육	황삼석	경북 ○○○	대정11년 ○○(1922년, 29세)
칠	박춘경	경북 달성군	대정12년 9월(1923년, 28세)
팔	안병준	경남 의령군	대정14년 4월(1925년, 만25세)
구	이만복	경북 봉화군	소화원년 9월(1926년, 만24세)

〈표 3〉 1957년 결의형제

63) 〈표 2〉의 여섯 번째인 수첩에 없으나 안씨의 기억에 의해 보강된 내용이며, 〈표 3〉의 다섯 번째는 수첩에서 삭제되어 있었고, 안씨의 기억에도 없었다.

순서	성명	고향 주소 (군 이하 생략)	출생년월
1	강충군	경남 울산군	1918년 3월
2	김기봉	경북 영양군	1922년 12월
3	안오달	경북 영천군	1923년 6월
4	최우윤	경남 함안군	1923년 10월
5	삭제	삭제	삭제
6	황포순덕	경북 군위군	1924년 10월
7	안병준	경남 의령군	1925년 4월
8	ㅇ덕수	경북 칠곡군	1928년 5월
9	박영근	경남 창녕군	1928년 8월

안씨의 작은 형이 의형제를 맺고 있는 사람들은 모두 경상남북도를 출신지로 하고 있으며, 1910년대와 1920년대 생으로 구성되어 있다. 각각 9명으로 이뤄진 점도 흥미롭다. 의형제를 맺은 시점은 한국전쟁이 발발하기 이전과 이후였다. 의형제를 맺는 이유는 '생사고락을 같이 하고 상부상조'하는 데 있으며 서로의 의가 변함이 없기를 약속하고 있다. 안씨의 가족은 비이코프 탄광촌에 거주하였고 그의 부친과 형제들이 모두 탄광에서 일했던 것을 감안한다면 이들 결의형제들 역시 대개 탄광 일에 종사하였을 것으로 보인다. 그리고 이들 가운데 영주 귀국한 경우는 단 한 사례가 있지만, 결국 다시 사할린으로 돌아갔다고 한다.[64] 안씨가 〈새고려신문〉에 투고한 한 "부락에는 한명도 없다"라는 제하의 글에는 비이코프(일명 나이부찌, 탄광촌) 마을에 1세들이 모두 사망하였다는 것으로, 영주 귀국이 실현되지 않고 있는 절박함을 꼬집고 있다.[65]

64) 2014년 2월 23일, 전화 인터뷰에서.
65) 「부락에 강제징용자 한분도 남지 않았다」, 『새고려신문』 2008.01.11.

〈그림 6〉 일명 “대구부대”라고 한 븨이코프 탄광촌 한인들

※출처: 안씨 소장(사본 제작, 2014.02.19.)

안씨에 의하면, 븨이코프는 일본이 탄광을 개발하기 이전에는 사람이 살지 않던 곳이었다고 한다. 마을이 생기게 된 동기는 “1930년도에 만주 땅에서 벌린 침략전쟁(1931년 만주사변을 말함)에서 군사수요 보강 문제”가 제기되어, 1938년 여름 일본이 븨이코프를 탐사하고 질 좋은 석탄을 채광하기 위한 시설들이 들어서면서이다. 사할린의 석탄, 목제, 가스, 원유, 수산물 등 풍부한 자연자원을 채취하기 위한 노동력에 요구되었던 것이다. 여생을 븨이코프 탄광에서 보낸 형제들 가운데 의령에서 태어난 두 형은 모두 사할린에서 사망했다.

5) “전쟁의 잔상”

의형제를 맺으며 ‘가족’의 확장을 꾀한 안씨의 작은 형과 달리 큰형은 비운의 삶을 마감했다. 해방 전 큰형은 사할린에서 큐슈로 징용 갔었고,

〈그림 7〉 안씨의 가족

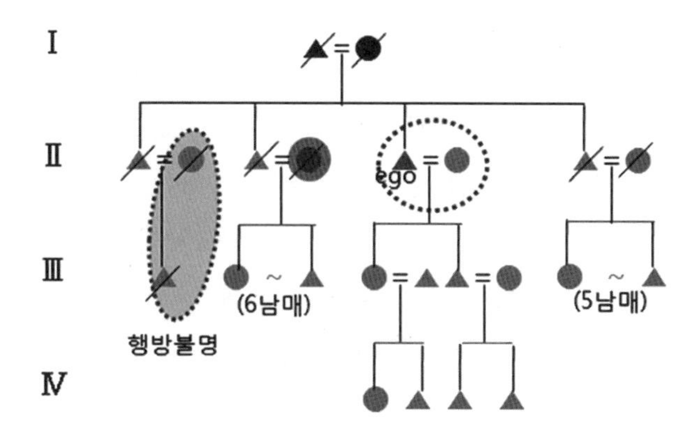

해방 후 사할린으로 돌아왔지만 큰형 가족의 비극은 이후 계속되었다. 큰형은 해방 직후 국유지 땅의 작물을 훔쳤다는 이유로 1년간 복역하였다. 마찬가지로 같은 죄목으로 형수와 서너 살이었던 조카도 감옥살이를 하게 되었지만 이후 형수와 조카는 행방불명되었다. 큰형 가족이 훔쳤다는 것은 파였다. 주인 없는 밭이라고 생각해 캐 온 것이 훔친 것이 되었던 것이다. 이후 큰형은 탄광에서 일하다 한쪽 팔을 잃고 술로 고통을 이기며 살았으나 40대 중반에 사망하였다.

작은형은 일본인 아버지와 나나이족[66] 어머니 사이에서 태어난 형수를 아내로 맞이하고 형과의 사이에 6남매를 두었다. 39년생인 남동생은 사망하였고 사할린에 조카들이 있다. 따라서 현재 안씨는 생존하고 있는 유일한 아들이며, 사할린 가족을 대표해 한국의 친척들을 만나고 있었다. 그는 가족 이야기에 끝에 이중 이산을 겪은 사할린 한인에게는 이런 말이 있다고 한다.

---

66) 나나이족은 이전에 고르트족 또는 고르퉈족으로 불린다. 만주어·퉁구스어를 사용하고 주로 시베리아 남부 아무르강 하류 계곡과 사할린 연안부와 내륙에 살며 연어잡이를 한다. 현재 나나이족은 현대적인 어로장비와 기계선을 도입해 해양어업에 진출하고 있다. 중앙일보사, 『세계민족사전』, 1992, 136쪽.

"1세는 시대의 희생자이고 2세는 역사의 희생자이다."

한편, 부산에서 사할린의 가족을 만나려고 하는 사례도 있다. 서두에서 언급했던 부산 한러교류센터에서 만난 박씨의 경우도 그의 부친은 사할린에서 일본으로 징용된 경우였다. 박씨는 부친이 사할린에 가족을 두고 징용 당함으로써 가족과 헤어지게 되었고, 해방 후 사할린으로 되돌아가지 못해 한국으로 귀환했다. 아버지는 고향 울주에서 살다 6·25 전쟁 때 부산에서 살았고 재혼을 해 2남 4녀를 두었다. 사할린에 가족이 있다는 것을 박씨는 아버지의 사촌형제들을 통해 알게 되었다고 한다. 그리고 사할린의 큰형이 아버지의 본적 울주군에 편지를 보내면서 서로 연락이 닿아 1998년 부산에서 처음 큰형을 만났다. 당시 큰형은 부산을 오가는 러시아 배의 선장이 친구여서 그 배의 의사로 승선하여 부산을 방문하였다고 한다. 이후 친지방문을 통해 큰형의 부부와 자식들이 한국을 방문했고, 또 영주 귀국을 고려하기도 해 이곳저곳을 둘러보았지만 결국 큰형은 사할린에 남기로 하였다. 사할린에 있는 여동생, 즉 박씨의 사할린 누님이 병환이 있어 혼자 두고 갈 수 없었기 때문이라고 한다. 그 외에도 귀국 후 형이 할 수 있는 일이 없다는 것도 귀국을 포기한 이유이다. 큰형이 처음 부산을 찾게 된 것은 아버지의 행방을 알기 위해서였다. 해방 전 소식이 두절된 아버지

〈그림 8〉 박씨의 가족

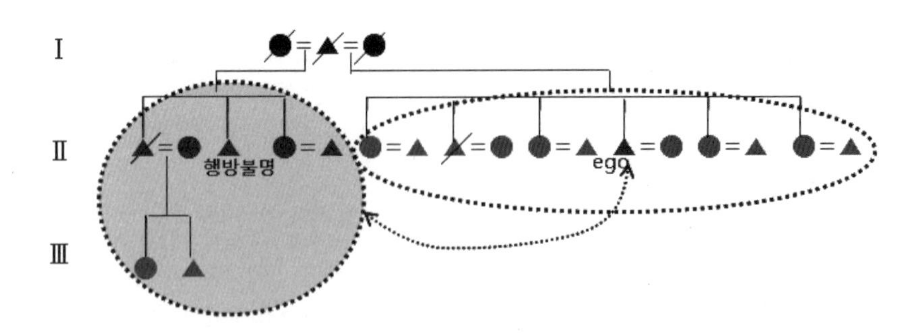

의 소식을 사할린 가족들은 모르고 있었으며, 어머니의 재가로 성씨 또한 새아버지의 성을 따라 김씨로 바뀌어 있었다.

박씨가 사할린을 가려는 것은 큰형이 사망하고 작은형의 행방도 모르게 되어 양쪽의 가족이 단절될 상황에 있기 때문이었다. 박씨의 큰형은 해방 전 한국에서 태어났고 사할린으로 간 아버지를 찾아 어머니와 이주했었다. 현재 박씨의 호적에 아버지와 "큰어머니", 그리고 부산과 사할린의 자식들이 〈가족관계부〉에 올라 있다. 그는 자신이 겪고 있는 지금 가족의 상황을 "전쟁의 잔상"이라고 하였다.

면담의 말미에서, 그는 그의 아버지가 "몸은 여기 있으나 마음은 사할린에" 있었던 것이라고 회상하였다. 이 말은 영주 귀국한 안씨 역시 지금의 자신을 표현했던 말과 같은 비유였다. 두 사람은 부모, 혹은 그 자신이 겪어 온 가족 이산의 경험을 '몸과 마음의 분리'라는 이중분리의 화법으로 자신과 자신의 부모를 설명하고 있는 것이다. 이것은 타의적으로 나뉘어져야하는 두 세계의 경계를 개인이 초월하는 하나의 방식인 것이다.

Ⅴ. 나오며

한국과 러시아, 그리고 일본의 '변경'에 놓여졌던 사할린 한인의 귀환은 1990년 한러 외교수립과 함께 탈냉전의 언설 속에 진행되어 왔다. 그리고 사할린의 경제적 가치, 즉 석탄, 석유, 가스, 목재, 수산 자원 등에 대한 각국의 기술과 자본, 원료에 대한 각국의 경제적 수요는 이러한 언설들과 무관하지 않다. 부산은 러시아 측에서 그리고 한국 측에서도 사할린과 대표적 교역 도시로서 부상되고 있다. 이 글은 경제적 교류가 사람의 이동과 불가분하지 않다고 보며, 탈식민주의 시각에서 사할린 한인의 영주 귀국을 그들의 가족관계를 중심으로 고찰하였다.

기존 사할린 한인 연구들이 다수 이주역사와 귀환의 법적 제도적 측면을 다뤄왔고, 최근 사할린의 경제적 가치에 주목한 경제지리학적 연구들이 이어져 왔다. 연구 분야의 다양성과 함께 연구방법의 다양성도 있지만, 이주자에게 귀환이 어떠한 의미인지를 밝히는 연구는 드물다. 게다가 사할린 한인의 가족 이산의 문제가 언론과 여러 연구에서도 지적되었지만 그것의 구체적 양상에 관해서는 아직 밝혀진 것이 없다. 이들의 귀환을 경제적 측면과 함께 고려한다는 것은 여러 한계와 우려점도 있다. 그러나 사할린 한인 1,2세의 영주 귀국은 그것이 이뤄진 시점에서 마치 모든 문제가 사라지는 것처럼 여겨지는 오류가 생길 수 있다.

이문화와의 빈번한 접촉, 그리고 외국과의 시장개방 및 경제개발 협력 등은 국가의 경계를 초월한 지역 간 네트워크 결성과 초국가적 경제협력의 필요성을 역설하는, 분명 현재 국가들이 내세우는 담화방식이다. 그러나 역사 속의 해항도시들은 국가 및 지역들 간의 경제적 교류는 상호호혜성이 전제되지 않고는 지배와 종속, 분쟁과 갈등을 점철시킬 수 있다 것을 보여준다. 사할린 영주귀국자들이 부산에 거주한다는 점은 국가에 의한 제한적 선택 결과이지만, 이들은 자신들이 거주하는 부산에 그 나름의 의미들을 부여하기도 하였다. 지적했다시피 이들은 1세의 고향과 가까운 곳을 선택하였고, 부모를 대신한 귀향, 혹은 따뜻한 해양성 기후를 맘에 들어 하는 경우도 있었다. 이주자는 정치적, 사회경제적 배경에 의해 이주를 하게 되지만 어디에 어떠한 의미를 부여하는가를 통해 공간의 의미는 계속 변화한다.

그러한 측면에서 사할린 영주귀국자에게 부산은 자신의 삶을 마감할 곳이기도 하였으며, 또 다시 법의 개정에 따라 자식들과 가까이에서 살 수 있는 도시로서 기대를 품는 곳이 되기도 한다. 이러한 고정되지 않고 다양하게 창출되는 공간의 의미들은 도시의 다공성을 형성하는 하나의 틈새들이다. 그리고 '다양한 의미의 공간들이 창출되는 도시의 다공성'은 국경을 넘은 이주자들에 대해 국가가 경제적 역할을 기대하거나 이들을 '국민'으로 포섭하고, 민족정체성을 강화하는 등의 담론으로 쉽게 끌어가는 것을 경계할 수 있게 한다. 즉 획일적 담론의 장을 상대화 할 수 있는 가능성을 열어준다.

살펴본 바와 같이, 영주 귀국은 1990년대에 이르러 탈냉전의 무드 속에서 한, 일, 러 간의 협상으로 이뤄진 하나의 '사업'이다. 이것은 사할린 한인에게 '또 하나의 이주'이며, 또 한 번의 가족 이산을 발생시키고 있다. 가족관계를 통해 본 영주 귀국은 한인 1세대가 식민지 시대 고향을 떠나거나, 혹은 사할린에서 일본 본토로 징용하게 됨으로써 발생했던 가족의 이산이 영주 귀국을 통해 다시 가족이 이산하게 되는 '이중이산'을 낳고 있다. 부모 세대가 바라던 가족의 결합/재회가 자신과 차세대와의 이산이 되는 역설적 상황이 벌어지고 있는 것이다. 그 이유는 첫째, 1945년 이전에 출생한 당사자와 그 배우자에 한해 귀국 자격을 부여하기 때문이다. 1945년 일제의 식민지 지배 종식이라는 시점이 적용되고 있는 것이다. 이러한 기준은 식민지 지배 외, 해방 후 귀환을 정체시켜버렸던 냉전체제는 망각시키고 있다. 둘째, 귀국 당사자들을 사할린에서 형성해 온 가족공동체(부부와 그 자녀)의 성원으로 고려하지 않은 문제가 있다. 때문에 귀국한 후의 고립감, 가족의 분절화를 부추기고 있는 것이다. 이러한 문제는 국민국가의 틀 안에서 이뤄지는 이주의 한계를 보여주는 것이다. 그리고 사할린 한인들의 영주 귀국에 대한 탈식민과 탈냉전의 시각이 요구되고 있다.

이러한 상황 속에서도, 영주귀국자들은 부산-사할린 사이를 잇는 중요한 역할을 하고 있다. 현재 부산 정관신도시에 거주하는 120명 사할린 영주귀국자들 대부분은 그들의 부모 세대, 혹은 그 자신의 고향과 가까운 곳에 정착한 것이다. 대부분 2세들인 부산의 사할린 영주귀국자들은 자신의 귀국을 '부모를 대신한 귀향'의 의미를 두기도 하고, 고향의 친척들과의 단절된 관계를 복원하기 위해 노력하기도 한다. 또 새롭게 정주한 공간에 긍정적 의미를 부여하고, 사할린에 남아있는 가족들과의 지속적 왕래를 꾀하는 등 부산-사할린 간의 하나의 생활세계를 형성해 가고 있다.

이와 같이, 사할린 한인의 영주 귀국은 식민지와 냉전의 중첩된 역사를 배경 속에서 '영구적 정주'를 국가가 설정하는 영역 안에 두는 곧, 국민국가의 경계 안으로 사람의 거주를 구속하는 문제를 안고 있다. 또 초국가적 이주 현상이 국가의 약화, 국경의 해체로 왕왕 거론되지만, 사할린 이주자들의 경우 국경은 그들이 사할린을 떠남으로써 사라진 것이 아니라 그들을 따라 이동하고 있음을 보여준다.

【참고문헌】

〈저서 및 역서〉

강성현, 『21세기 한반도아 주변강대국』, 가람기획, 2005.

국립민속박물관, 『러시아 사할린·연해주 한인동포의 생활문화』, 기쁨사, 2001.

김게르만, 『한인 이주의 역사』, 박영사, 2005.

대한적십자사, 『2012 적십자 활동보고서 Annual Report 2012』, 2012.

____________, 『제320회 국회정기감사 주요업무 보고』, 2013.

부산국제교류재단 한러협력센터·부산대 러시아센터, 『제1회 부산-극동러시아 경제포럼』, 2011.

안나 레이드 저, 윤철희 역, 『샤먼의 코트』, 미다스북스, 2003.

외교부, 『재외동포현황 2013』, 2013.

이광규·전경수, 『在蘇韓人: 人類學的 接近』, 집문당, 1993.

이순형, 『사할린 귀환자』, 서울대학교출판부, 2004.

이토 다카시, 『사할린 아리랑』, 눈빛, 1997.

중앙일보사, 『세계민족사전』, 1992.

최장근, 『일본의 영토분쟁』, 백산자료원, 2005.

테사 모리스-스즈키 저, 임성모 역, 『변경에서 바라본 근대』, 산처럼, 2006.

桃木至朗編, 『海域アジア史研究入門』, 岩波書店, 2008.

Sakhalin Energy Investment Company Ltd., Sustainable Development Report: Reindeer breeding is a traditional activity of the Sakhalin indigenous minorities, 2012.

A.T.Кузин, 『Исторические судьбы сахалинскнх корейцев(사할린 코레이츠들의 역사적 운명)』, издательство Лукоморье, 2010.

〈연구논문〉

고재홍, 「러시아 극동 오호츠크해 지역의 석유지질」, 『한국지구시스템공학회지』 47-6, 2010.

김민영, 「사할린 한인의 이주와 노동, 1939-1945」, 『국제지역연구』 4-1, 2000.

김성종, 「사할린 한인동포 귀환의 정책의제화 과정 연구」, 『한국동북아논총』 50, 2009.

김승일, 「사할린 한인 미귀환 문제의 역사적 접근과 제언」, 『한국근현대사연구』 38, 2006.

김하영, 「에너지 자원과 환동해 지역의 갈등」, 『도서문화』 41, 2013.

노영돈, 「사할린 韓人의 歸還問題에 관하여」, 『人道法論叢』 10·11, 1991.

______, 「사할린韓人에 관한 法的 諸問題」, 『國際法學會論叢』 37-2, 1992.

박경용, 「사할린 한인 김옥자의 삶과 디아스포라 생활사 -'기억의 환기'를 통한 구술생애사 방법을 중심으로」, 『디아스포라연구』 13, 2013.

박선영, 「사회통합을 위한 국민 범위 재설정」, 『저스티스』 134-2, 2013.

방일권, 「한국과 러시아의 사할린 한인 연구-연구사의 검토」, 『동북아역사논총』 38, 2012.

배수한, 「영주귀국 사할린동포의 거주실태와 개선방향: 부산 정관 신도시 이주자 대상으로」, 『국제정치연구』 13-2, 2010.

Bella B. Pak, 「쿠릴열도를 둘러싼 러시아와 일본간의 영토분쟁」, 『독도연구』 13, 2012.

부산시 해양정책과, 「해양플랜트 지원기지(OSB) 조성 용역 착수보고회」 자료 2013.

안미정, 「해양자원의 남획과 선주민 사회」, 『해양문화와 해양 거버넌스』, 선인, 2013.

우복남, 「영주귀국 사할린 동포 지역사회 정착문화 연구: 충남지역의 사례를 중심으로」, 『한국노어노문학회 제2차 러시아 4개 학회 추계공동학술대회 자료집』, 2012.

윤인진, 「세계 한민족 이주 및 정착의 역사와 한민족 정체성의 비교연구」, 『재외한인연구』 12-1, 2002.

이성환, 「사할린 한인 문제에 관한 서론적 고찰」, 『국제학논총』 7, 2002.

이영형, 「러시아 사할린주의 자원생산 및 무역구조에 대한 경제지리학적 해석」, 『OUGHTOPIA』 25-2, 2010.

이은숙·김일림, 「사할린 한인의 이주와 사회·문화적 정체성: 구술자료를 중심으로」, 『문화역사지리』 20-1, 2008.

이재혁, 「러시아 사할린 한인 이주의 특성과 인구발달」, 『국토지리학회지』 44-2, 2010.

이채문·이철우, 「사할린 지역 에너지 자원 개발의 정치경제학적 고찰」, 『슬라브학보』 21-1, 2006.

장석흥,「사할린 지역 한인 귀환」,『한국근현대사연구』 43, 2007a.
장석흥,「사할린 한인 '이중징용'의 배경과 강제성」,『한국학논총』 29, 2007b.
전경수,「러시아化 과정의 식민지 역사」,『러시아 사할린·연해주 한인동포의 생활문화』, 기쁨사, 2001.
전형권·이소영,「사할린 한인의 디아스포라 경험과 이주루트 연구」,『OUGHTOPIA』 27-1, 2012.
정근식·염미경,「사할린 한인의 역사적 경험과 귀환문제」,『1999년도 후기사회학대회 발표요약집』, 1999.
정병호,「민족정체성의 재생산: 재일 조선학교의 갈등과 모색」,『제35차 한국문화인류학회 정기학술대회 발표자료집-초국가 시대의 정체성: 새로운 경계 만들기』, 2003.
정진아,「연해주, 사할린 한인의 삶과 정체성-연구동향과 과제를 중심으로」,『한민족문화연구』 38, 2011.
조정남,「북한의 사할린 한인정책」,『민족연구』 8, 2002.
최계수,「사할린 억류한인의 국적귀속과 법적 제문제」,『한국근현대사연구』 37, 2006.
최길성,「사할린 동포의 민족간 결혼과 정체성」,『비교민속학』 19, 2000.
______,「한인의 사할린이주와 문화변용」,『동북아문화연구』 1, 2001.
최낙정,「사할린교포의 실태와 송환문제」,『북한』 38, 1975.
홍석조,「지상중계: 사할린잔류한인 귀환에 관련된 제문제점 및 대책」,『통일한국』 49, 1988.
황선익,「사할린지역 한인 귀환교섭과 억류」,『한국독립운동사연구』 43, 2012.

9. '다민족 일본'의 고찰
: 일본 외국인 주민의 역사와 경계문화의 가능성

미나미 마코토(南誠)

Ⅰ. 들어가며

오늘날 우리는 이주의 시대를 살고 있다. 그러나 최근 세계적으로 확산하고 있는 이민과 난민에 대한 편견과 배척은 이주에 대한 이해가 충분치 않음을 보여준다. 그런데 이주에 대한 부정적 인식과 움직임은 비단 이민의 비율이 높은 국가에 한정된 현상이 아니다. 전체 인구 중 외국인 주민의 비율이 2% 이하에 머무르는 일본과도 무관하지 않다.

일본에서는 1990년대부터 오사카부(大阪府), 오사카시(大阪市), 가와사키시(川崎市), 도쿄도(東京都), 교토시(京都市) 등의 자치단체가 외국인 주민과 관련된 전문가 회의와 대표자 회의 등을 설치하고 다문화 공생 사회 구축을 위한 대책을 마련했다. 지방자치단체의 대처와 비교하여 늦은 감은 있으나, 중앙정부 차원에서는 2006년 일본 총무성(總務省)이 〈지역 다문화 공생 추진계획(地域における多文化共生推進プラン)〉을 수립하고 전국 자치단체에 관련 시책을 추진토록 했다.[1]

---

1) 일본 내 다문화공생과 관련한 움직임에 대해서는 야마와키 게이조(山脇啓造) 교수의 연구실 홈페이지(http://intercultural.c.ooco.jp/index.php/vision)를 참고함.

그러나 이러한 정부 차원의 대처에도 불구하고, 외국인 주민에 대한 차별을 선동하는 정치인의 '삼국인(三國人: 제삼국 국민을 뜻함)' 발언과 외국인(특정할 수 없는 경우 '외국인풍'의) 범죄를 다루는 미디어의 차별적 방식, 외국인 주민 특히 재일코리안(在日コリアン)을 표적으로 한 이른바 '헤이트 스피치(hate speech)' 등의 활동이 끊이지 않으며 사회문제로 대두되었다. 외국인 주민에 대한 차별과 배척을 해결하기 위한 방책으로 2016년 6월 〈일본 국외 출신자에 대한 부당하고 차별적인 언동 해소를 위한 대책 추진에 관한 법률(本邦外出身者に對する不當な差別的言動の解消に向けた取り組みの推進に關する法律)〉이 시행되었지만, '헤이트 스피치'의 근절에는 이르지 못하였다.[2)]

외국인 주민에 대한 차별과 배척 문제를 해결하기 위해서는 보다 진중한 논의가 필요하다. 문제의 근저에는 외국인 주민에 대한 무관심과 함께 그들이 일본으로 이주하여 정착하게 된 역사와 맥락에 대한 이해의 부족함이 있다. 외국인 주민이 계속 증가함에도 불구하고, 일본 내각은 꾸준히 "이른바 이민정책은 취하지 않는다"(2018년 1월 24일 당시 아베 신조(安倍 晋三) 수상의 중의원 본회의 답변)는 태도를 고집하여, 일본 사회 내 외국인 주민의 가시화와 그들에 대한 이해를 방해하고 있다. 더불어 일본 사회의 '사유의 경제'라는 불효율과 '사상의 좌표축 결여'라는 지적(知的) 기초구축 문제도 지적할 수 있을 것이다.[3)]

이 글은 일본의 외국인 주민에 대한 이해를 심화하기 위하여, 일본 국립민족학박물관(國立民族學博物館)에서 개최된 특별전시 「다민족 일본(多

---

2) 헤이트 스피치에 관한 논의에 관해서는 다음을 참고할 것. 師岡康子, 『ヘイト・スピーチとは何か』, 岩波書店, 2013; 安田浩一, 『ヘイトスピーチ:「愛國者」たちの憎悪と暴力』, 文藝春秋, 2015; 梁英聖, 『日本型ヘイトスピーチとは何か:社會を破壞するレイシズムの登場』, 影書房, 2016.
3) 小井土彰宏·上林千恵子, 「特集『日本社會と國際移民−−受入れ論爭30年後の現實』によせて」, 『社會學評論』 272, 2018.

みんぞくニホン)」을 실마리로 일본 내 외국인 주민의 실태와 그 역사적 형성과정을 다루고, '경계문화(境界文化)'라고 하는 이론적 개념을 통해 중국 귀국자의 사례를 분석할 것이다. 이러한 논의를 통하여 일본과 아시아의 관계와 위험사회를 살아가는 사람들의 삶의 방식을 생각해보고자 한다.

Ⅱ. 특별전시「다민족 일본」: 표상론적 고찰

1. 특별전시「다민족 일본」의 목적과 방식

「다민족 일본」은 2004년 3월 25일부터 6월 15일까지 약 70일간에 걸쳐 국립민족학박물관에서 개최된 특별전시로서 일본에 거주하는 외국인의 삶을 소개하는 활동이었다. 2002년 12월에 발족한 특별전시 실행위원회는 발안자 쇼지 히로시(庄司博史) 교수를 중심으로 박물관 내외부의 연구자, 외국인 커뮤니티 관계자를 포함한 스무 명 정도로 구성되었다. 실행위원회는 전시기획과 입안, 자료수집과 정리작업은 물론 박물관 공동연구회 '재일 외국인과 일본 사회의 다민족화(在日外國人と日本社會の多民族化)'(2003년~2004년)와도 연계하여 상호 보고와 의견 교환을 통해 전시기획을 충분히 다듬었다.

전시의 목표는 '다민족화의 기운'을 전달하는 것으로 일본 사회의 주류인 일본인에게 현재 일본의 다민족화 실태를 알려 인식을 제고하고, 향후 지속될 다민족화와 공생의 필요성을 확인시키는 것이었다. 이 시도는 마츠조노 마사오(松園万龜雄) 박물관장의 특별전시 인사말에서도 드러나듯이 "현대사회의 동향에 적극 대응하고자 하는 현대 민족학의 중요한 과제 중 하나"이기도 했다.[4] 전시의 방침은 가능한 한 재일 외국인 개인의 체험

4) 庄司博史編著,『多みんぞくニホン——在日外國人のくらし』, 千裏文化財團, 2004, 3-11쪽.

과 생각을 실물 자료로 구현하여 그들의 시선으로 전시하는 것이었다. 기획 구성원 외에 전시에 협력한 외국인 커뮤니티 관계자의 수가 200여 명에 달한 것은 해당 전시가 재일 외국인의 생활실태를 적극적으로 반영하는 방식으로 진행되었음을 보여준다.

전시는 박물관의 특별전시장에서 개최되었으며 두 개의 층으로 나누어 구성되었다. 1층은 도입부로 다민족화의 역사, 다민족화 테마 코너, 외국인 집주(集住) 도시, 에스닉 상점가, 행정사업과 NGO 활동, 에스닉 축제 광장, 어린이 코너, 다국어방송, FM와이와이 특설 스튜디오, 에스닉 미디어, 판다(panda) 교실, 민족학교로 구성되었다. 2층은 에스닉 전시 코너로 재일 중국인, 재일 필리핀인, 재일 브라질인, 재일 베트남인, 재일 코리안 등 일본의 다민족 사회를 구성하는 각 이민집단의 역사와 생활실태를 다뤘다.

그밖에 전시 행사의 일환으로 전시 기획 구성원들의 갤러리 토크, 이민 당사자를 포함한 게스트들의 강연, 외국인 문화와 언어 교실, 외국인 커뮤니티 동호회와 민족학교 학생들의 민족무용 및 악기연주 행사 등도 정기적으로 개최되었다. 전시를 눈으로 보는 것뿐만이 아니라 오감을 사용한 실제 체험장도 전시 여러 곳에 고안되어 '밝은 분위기' 조성이 중시되었다. 이를 통해 일상적으로 접촉할 기회가 있었지만 간과하기 쉬웠던 외국인들의 또 다른 생활세계에 대한 전시가 시도된 것이다.

전시 관람객은 약 3만 7천 명으로 짧은 전시 기간과 '이념 선행형' 전시라는 점을 고려하면 예상을 뛰어넘는 성과였으며, 전시장 밖에서의 에스닉 행사와 강연회 등을 포함하면 특별전시를 체험한 인원은 더 많을 것으로 추정된다. 관람객 중에는 향후 일본 사회를 이끌어나갈 세대로서 초·중·고등학생이 절반 정도를 차지했고, 일본인뿐만 아니라 외국인 커뮤니티의 구성원들도 많이 방문하여 전시에 호의적인 태도를 보였다. 전시와 함께 진행한 앙케트에도 수백 명이 참여하면서 당초 전시가 기대했던 목적은 어

느 정도 달성할 수 있었다.[5]

2.「다민족 일본」 표상의 폴리틱스와 그 후

일본의 다민족화 현상을 알리고 개인 수준에서 다민족화의 연장선인 공생 사회 구축을 촉진한다는 특별전시의 목적은 일정 정도의 성과를 얻었지만, 이에 대한 비판적인 의견도 적지 않았다. 전시 종료 후 실행위원회는 전시 성과를 정리하고 전시에 관한 다양한 의견을 논의하여 총괄 논문집을 출판했다.[6]

특별전시를 둘러싼 비판 중 특히 두드러진 점은 외국인을 둘러싼 본질주의적 표상에 관한 문제였다. 연구자는 물론 일반 관람객으로부터 접수된 의견 중에는 아이누족이나 오키나와 지역과 같은 일본 내부의 민족적·문화적 다양성이 전시에 포함되지 않았다는 지적이 있었다. 또한 전시 내용이 아시아 및 중남미 출신 외국인에 한정되면서 유럽이나 북미계 '백인' 관련 내용이 전무한 상황 역시 비판의 대상이었다. 타이 에이카(タイ·エイカ)는 이와 같은 선별적인 표상, 그리고 본질주의적인 '아시아계' 주민과 '백인'의 관계에서 재생산되는 것은 '일본인'이라는 카테고리에 불과하며, 이것은 다민족 사회에 대한 이해를 심화시켰다기보다는 일본 사회에 뿌리 깊게 존재하는 '단일민족 신화'의 온존을 강조할 위험이 있다고 지적했다.[7]

실행위원회에 따르면 특별전시에서 아이누족이나 오키나와 지역을 다루지 않은 것은 '외국인'에 초점을 맞추었기 때문이었다고 한다. 특별전시가 가리키는 '외국인'은 단순히 외국 국적자나 외국인 등록부에 기재된 사

---

5) 庄司博史·金美善編, 『國立民族學博物館調査報告64多民族日本の見せ方――特別展「多みんぞくニホン」をめぐって』, 遊文舍, 2006, 14쪽.

6) 위의 책.

7) タイ·エイカ, 「『多みんぞくニホン－在日外國人のくらし』における多文化主義の課題」, 庄司博史·金美善編, 위의 책, 2006, 254-257쪽.

람이 아니라 본인 혹은 선조가 외국·외국 문화·외국어 등에 뿌리를 둔 이른바 '일본인'의 카테고리에서 배제되기 쉬운 사람들이었다. 유럽이나 북미계 백인을 다루지 않은 것은 아시아 및 중남미 출신 주민과 달리 일본 사회로의 동화 압력이 거의 없었다는 점에서 그들이 '외인(外人)'으로서 특권적 지위를 가지고 있기 때문이다. 특별전시에서 백인을 외국인으로 취급하게 되면 전시에서 이야기하고자 하는 문제점이 희석될 우려가 있었기 때문에 이를 피한 것이다.[8)]

사실 비판을 받은 본질주의적 표상과 '외국인'의 경계 설정은 전시 준비 과정에서부터 구성원들을 괴롭힌 문제였다. 관련 용어와 개념을 합의하지 못한 상태에서 준비한 코너가 있는가 하면 이를 모호하게 만드는 전략으로 준비한 코너도 있었다. 전시에서 표상된 외국인은 고정된 경계를 가진 존재가 아니라 오히려 유동적인 경계를 사는 사람들의 모습을 보여준 것이라 할 수 있다. 해당 전시가 제시한 경계의 유동성을 둘러싼 표상이야말로 단일민족국가의 신화를 넘어서는 가능성을 보여준 지점일 것이다. 하지만 이 점이 반드시 관람객의 주의를 끈 것은 아니다. 관람객들은 전시를 통해 '외국인'에 의한 '다문화의 즐거움'을 이해할 수 있었을지언정, '즐겁지 않은' 부분을 왜 외국인이 짊어져야 하는가에 대한 의문—사회구조와 관련된 근본적인 물음에 이르지는 못했다.[9)] 다시 말해, 특별전시 「다민족 일본」은 '공감'의 환기라기보다는 일본인과 외국인의 경계를 재확인하는 장으로서 기능할 우려가 있었다.

본질주의적 표상과 관련하여 대다수 '외국인'의 삶이나 문화, '일본'에 영역화되지 않는 생활공간이 전시에서 배제되었다는 의견도 있었다.[10)] 이

8) 庄司博史·金美善編, 위의 책, 2006, 13-27쪽.
9) 樋口直人, 「多民族社會の境界設定とエスニック·ビジネス」, 庄司博史·金美善編, 위의 책, 33쪽.
10) タイ·エイカ, 앞의 글, 2006, 258쪽; 樋口直人, 앞의 글, 2006, 33쪽.

러한 지적은 전시 준비 기간과 규모 등을 고려한다면 자연스러운 것일 수 있다. 그러나 히구치 나오토(樋口直人)가 지적한 바와 같이, 특별전시의 타이틀에서 드러나는 것처럼 '외국인'의 영위(營爲)를 무리하게 '일본'이라는 틀에 맞추려고 한 것 자체가 전시의 목적과 가능성을 제거할 우려가 있었다.[11] 물론 개별 코너 중에는 일본인과 외국인의 경계를 넘어 펼쳐지는 생활세계에 대한 전시도 있었다.

전시는 오늘날 '다민족 일본'의 역사적 기원을 과거 '다민족 제국'으로 거슬러 올라가는 형태로 확인하고 있지만, 전후 일본의 경제적 제국주의나 그 연속선상에 있는 지금의 일본 자본주의에 대해서는 탈식민주의적 시각에서 접근하고 있지 않다는 점, 전시에서 쓰인 '관용'과 '공생'이라는 용어 자체가 내포하고 있는 비대칭적 권력관계 등도 지적되었다.[12] 이러한 지적은 '다민족 일본'의 역사 및 구조와 관련된 본질적인 문제인 만큼 전시에서 해결할 수 있는 문제도 아니었다.

외부 평가원으로 참여한 타이 에이카는 해당 전시에 대하여 시공간의 제약으로 충분히 다루지 못한 내용들도 있었으나 박물관 전시의 이상적인 형태와 다문화 공생의 이상(理想)에 관한 다양한 과제를 제기했다고 정리했다.[13] 쉽게 결론을 내릴 수 없는 다양한 문제의 환기를 통해 사람들의 상상력을 자극하는 것이야말로 해당 전시의 의의였다고 할 수 있을 것이다.

특별전시가 끝난 후에도 「다민족 일본」은 규모를 축소하여 국립민속학박물관 상설전시 중 하나인 동아시아 전시 〈일본문화〉 코너에 전시되고 있었다.[14] 다음은 전시 취지에 관한 설명이다.

11) 樋口直人, 위의 글, 2006, 33쪽.
12) タイ・エイカ, 앞의 글, 2006, 257-259쪽.
13) タイ・エイカ, 위의 글, 2006.
14) 2017년 6월 2일 박물관 상설전시장을 방문했을 때 확인한 내용이다. 평일(금요일)이었음에도 불구하고 상당수의 초등학생들이 「다민족 일본」 코너를 관람하고 있었다. 상설전시를 잠당한 쇼지 히로시 교수는 특별전시 때보다 지금이 더 '다민족 일본'스러워졌다고 소회를 밝혔다.

(우리는) 길거리나 대중교통을 이용하며, 또는 학교나 직장의 동료와 친구로서 외국 출신의 사람들과 일상적으로 접촉하게 되었다. 2010년대 초반 (일본 내) 외국 국적 보유자는 약 200만 명에 달했고, 일본 국적 취득자를 합하면 훨씬 많은 외국 출신 사람들이 일본 사회에 살고 있다. 일본으로 이주한 이들 이민의 상당수는 세대를 거듭하며 일본에서의 생활과 언어, 문화에 적응하는 한편, 자신의 언어와 문화를 계승하고 있다. 일본 사회의 일원으로서 사회의 다양화와 활성화에 공헌하는 이민의 존재를 다시 한번 가까이서 느껴보고 싶다.

박물관의 상설전시에서 「다민족 일본」은 여전히 그 목적을 다하고 있고, 특별전시 당시 지적되었던 오키나와에 관한 내용은 동아시아 전시 〈일본문화〉 코너 중 「오키나와 생활」로 전시되고 있으며, 아이누족에 관한 내용은 〈아이누 문화〉 코너에서 다루어지고 있다. 덧붙여 필자도 중국 귀국자 2세로[15] 상설전시 코너에 소개되어 있다. 이처럼 다양성이 가득한 새로운 공간에서 「다민족 일본」은 다문화 공생의 상상력을 양성하는 장치로 계속 기능하고 있다.

Ⅲ. '다민족 일본'의 역사적 형성: 실태론적 고찰

1. '다민족 일본'의 내실과 특징

어떤 사회가 다민족 사회인지를 판단하는 기준은 여러 가지가 있는데, 그중 하나가 외국 국적 주민의 규모이다. 이번 장에서는 일본 내 외국인 주민의 양적 추이를 단서로 일본이 다민족 사회인지를 검토하고 그 '다민족'성의 특징에 대해 고찰한다.

특별전시 「다민족 일본」의 개최를 앞둔 2003년 말 당시 일본 내 외국

---

15) 필자는 스스로를 중국 귀국자 3세로 소개하지만, 상설전시 「다민족 일본」에서는 이민 2세라는 의미에서 중국 귀국자 2세라고 표기하고 있다.

국적 주민의 수는 약 191만 명으로 일본 총인구의 약 1.5퍼센트를 차지하고 있었다. 여기에 일본 국적 취득자나 그 자녀들을 포함하면 그 수는 일본 총인구의 2% 정도를 차지하는 200만여 명 이상에 달했다. 사실 이러한 수치는 총인구 중 외국 국적 주민의 비율이 10%를 넘는 서구 이민 선진국과 비교하면 지극히 낮은 수준이었다. 그럼에도 북유럽의 다민족화를 연구해 온 쇼지 히로시 교수는 일본 내 외국인 급증 현상을 통해 향후 일본의 다민족화 조짐을 예상하고 특별전시를 기획한 것이었다. 일본에서는 외국인 등록자 수가 훨씬 적었던 1990년대 초부터 도시 지역을 중심으로 일본인과 외국인의 접촉 기회가 늘어나고 외국인 주민과 관련된 다양한 사회문제가 주목받고 있었다.[16] 1990년대 일본의 지방자치단체들이 다문화 공생사회의 구축에 대응하기 시작한 것도 이러한 변화들과 궤를 같이하고 있던 것이었다.

특별전시에서 외국인에게 초점을 맞춰 일본의 다민족성을 풀이한 것은 단일민족성을 주장해 온 일본의 신앙적 허구성을 타개하기 위한 측면도 있었다. 특별전시 기획자들은 고대부터 현대에 이르는 긴 역사 동안 일본열도에 존재했거나 혹은 도래한 복수의 '민족'을 논하는 관점이 아니라, 재일

〈표 1〉 일본 국내 외국인 주민의 추이

연도	중국	한국·북한	브라질	필리핀	페루	미국	베트남	태국	인도네시아	영국	기타	무국적	총수	일본 총인구 중 차지하는 비율
1950	40,481	544,903	169	367	178	4,962	25	73	257	1,115	5,345	821	598,696	0.712%
1955	43,865	577,682	361	435	53	8,566	48	150	284	1,597	7,605	836	641,482	0.712%
1960	45,535	581,257	240	390	40	11,594	57	266	420	1,758	8,379	630	650,566	0.690%
1965	49,418	583,537	366	539	88	15,915	169	704	1,026	2,238	11,402	587	665,989	0.671%
1970	51,481	614,202	891	932	134	19,045	557	721	1,036	3,001	15,640	818	708,458	0.677%
1975	48,728	647,156	1,418	3,035	308	21,976	1,041	1,046	1,119	4,051	19,288	2,676	751,842	0.672%
1980	52,896	664,536	1,492	5,547	348	22,401	2,742	1,276	1,448	4,956	22,549	2,719	782,910	0.669%
1985	74,924	683,313	1,955	12,261	480	29,044	4,126	2,642	1,704	6,792	31,389	1,982	852,612	0.704%
1990	150,339	687,940	56,429	49,092	10,279	38,364	6,233	6,724	3,623	10,206	54,612	1,476	1,075,317	0.870%
1995	222,991	666,376	176,440	74,297	36,269	43,198	9,099	16,035	6,956	12,485	96,399	1,826	1,362,371	1.085%
2000	335,575	635,269	254,394	144,871	46,171	44,856	16,908	29,289	19,346	16,525	141,229	2,011	1,686,444	1.329%
2005	519,561	598,687	302,080	187,261	57,728	49,390	28,932	37,703	25,097	17,494	185,857	1,765	2,011,555	1.574%
2010	687,156	565,989	230,552	210,181	54,636	50,667	41,781	41,279	24,895	16,044	209,737	1,234	2,134,151	1.667%
2015	714,570	491,711	173,437	229,595	47,721	52,271	146,956	45,379	35,910	15,826	242,227	573	2,232,189	1.756%
추이														

16) 庄司博史·金美善編, 앞의 책, 2006, 21쪽.

코리안을 비롯한 구식민지 출신자 등에 의해 형성된 '다민족성'이야말로 일본 사회의 다민족성을 인식하는 계기라고 생각했다.[17]

〈표 1〉에서 확인할 수 있듯이 1980년대 중반까지 일본 국내 외국인 주민의 80% 이상을 재일코리안이라 불리는 한반도 출신자들이 차지하고 있었다. 이들은 1945년 이전에 일본으로 이주한 이른바 '올드커머(old comer)'들로서, 전후 오랜 기간 외국 국적 주민의 대부분을 차지했다. 이들 올드커머와 별개로 1965년 한일국교가 정상화된 이래 한반도로부터의 새로운 이주 유입—'뉴커머(new comer)'의 유입이 점차 늘어났고, 1995년 무렵에는 올드커머 인구를 역전하게 되었다. 한편 재일 코리안 다음으로 많았던 중국계 주민의 수는 1990년대에 들어서며 급증하여 2010년에는 재일 코리안의 수를 넘어섰다. 같은 시기 필리핀계, 페루계, 브라질계 외국인 주민의 수도 증가하여, 재일 코리안 및 중국계 주민과 함께 일본 국내 외국인 주민의 상위 그룹을 형성했다. 오늘날 일본 사회를 살아가는 대중들이 피부로 느끼는 다민족성의 근원은 바로 이들 외국인 주민들로부터 주어진 것이라 할 수 있다.

상술한 상위 그룹 외국인 주민 중, 재일 코리안을 제외한 중국계·브라질계·필리핀계·페루계 외국인 주민 속에는 일본계 외국인이 포함되어 있다.[18] 국가별 일본계 외국인의 비율은 명확하지 않지만, 일본계 외국인의 이주가 일본 국경의 다공화(多孔化)를 불러왔음은 분명하다. 예를 들어 중국 헤이룽장성(黑龍江省) 하얼빈시(哈爾濱市) 팡정현(方正縣)의 경우, 2016년 기준 전체 인구 약 26만 명 가운데 약 20%의 사람들이 일본에서 생활하고 있었다.[19] 이들 중 다수는 1945년 이전 일본의 국책이민에 따라

---

17) 庄司博史·金美善編, 앞의 책, 2006, 20쪽.
18) 이와 관련해서는 시오하라 요시카즈의 연구를 참고할 것. 鹽原良和, 『共に生きる：多民族·多文化社會における對話』, 弘文堂, 2012.
19) 해당 수치는 2016년 팡정현 조사 당시 필자가 팡정현의 교무(僑務) 관계자로부터 입수한 정보이다. 덧붙여 팡정현에서는 현지 여성 다수가 일본인 남성과 결혼하

이주했다가 종전 후에 현지에 남은 이른바 일본인 '잔류 고아'와 '잔류 부인'과 그 관계자들이었다. 팡정현은 중국 내에서도 이른바 중국 잔류 일본인이 많은 곳으로, 일본과의 관계를 중시한 '교향(僑鄕)' 건설을 지역 발전 방침의 하나로 내세우고 있기도 하다.

소위 서구 이민 선진국의 경우, 전후 이주민의 대부분이 경제발전 과정에서 노동자로서 이주한 사람들이었다. 이와 달리 일본은 전후 고도 경제성장기의 노동수요를 농촌 출신 청년 등 국내 노동력으로 충족했고, 노동자 이주 관련 제도와 노동자 송출국과의 네트워크 결여 등으로 인하여 외국인 노동자를 적극적으로 수용하지 않았다.[20] 그러나 '버블경제'가 무너진 1990년대 이후 외국인 주민이 계속 증가하게 된 것에는 근대 일본인의 해외 이주에서 파생된 일본계 외국인의 존재가 작용하고 있었다.

〈표 2〉는 19세기 후반 근대 일본의 개국부터 전후 고도 경제성장기까지 진행된 일본인의 해외 이주사를 간략하게 정리한 것이다. 제2차 세계대전의 종식 이전 해외 각지로 이주한 일본인 중에는 종전 직후 귀국한 사람들도 있으나 다양한 이유로 인해 이주지에 정착하는 사람들도 적지 않았다. 그 가운데 일부는 1980년대 이후 일련의 변화 속에서 일본계 외국인으로서 일본에 이주하게 되었고, 이주지와 일본을 이으며 그 배우자와 자녀의 이주, 가족·친지의 유학, 친척·지인의 결혼이주 등 일본으로의 연쇄 이주를 촉진했다.

이처럼 오늘날 '다민족 일본'의 형성은 근현대 일본의 해외 팽창 및 축소 과정과 그 속에서 진행된 다방향의 이주를 바탕으로 이해해야 한다. 일

여 일본으로 이주하면서 현지 남성의 결혼난이 가중되었고, 그 해결책으로 동남아시아 여성과 결혼하는 경우가 늘었다. 조사 당시 팡정현에는 2천 명 이상의 동남아시아 출신 결혼이주 여성이 거주하며 트랜스내셔널한 공간을 형성하고 있었다. 현재 중국 동북지방의 국제결혼과 결혼이주에 관해서는 이 책에 실린 후웬웬(胡源源)의 논문을 참고하길 바란다.

20) 樽本英樹,『よくわかる國際社會學』, ミネルヴァ書房, 2009.

본 사회의 올드커머로서 한반도계·중국계 주민의 존재, 근대 해외 이주 일본인의 귀환과 파생으로서 일본계 외국인의 존재가 '다민족 일본' 형성의 근원이라 할 수 있으며, 따라서 일본의 다민족화는 외국인의 단순 유입에 의한 것이 아니라 근현대사의 전개 과정에 나타난 일본 내부의 필연적 산물이라 할 수 있을 것이다.

〈표 2〉 근현대 일본인의 해외 이주사 요약

시기 구분			이주 인원	이주 유형 및 특징	이주 요인	이주 목적지	시대 배경
I	맹아기	1868년 ~ 1884년	5,171명	• 개인 알선	• 이주 목적지의 노동력 수요	미국, 하와이 러시아 · 소련 인도	• 에도 막부의 붕괴
II	성장기	1885년 ~ 1904년	314,038명	• 관약(官約) 이민 개시 • 조선 조계 설정과 이주 • 이주 목적지의 다양화	• 하와이 당업(糖業) 노동력 수요 • 일본과 하와이왕국 간 관약 체결 • 정치망명 증가(자유민권 운동가, 노동운동가, 사회주의자) • 유학	캐나다, 멕시코, 페루 태국, 말라야 · 싱가포르, 인도차이나 반도 조선, 대만, 관동주, 중국 본토, 홍콩	
III	사회화	1905년 ~ 1924년	1,243,118명	• 주요 이주 목적지로서 하와이, 미국	• 미국의 배일(排日) 이민법 제정 • 새로운 이주지 개척	하와이 미국 아시아 각지	• 러일전쟁 종식 • 조선 지배권 확립 • 일본의 제국주의화(관동주 조차지 및 남만주철도 부속지 조차, 사할린 할양 및 어업권 획득)
				• 아시아 역내 이민 본격화			

시기 구분			이주 인원	이주 유형 및 특징	이주 요인	이주 목적지	시대 배경
Ⅳ	국제화와 전시화(戰時化)	1925년 ~ 1945년	1,490,984명	• 브라질 이민 최전성기	• 브라질 해외 이민조합법 제정	브라질 '만주국'	• '만주국' 수립(1932년) • 브라질의 이민제한법 제정(1934년)
				• 국책'만주이민'	• 만주 내 일본인 인구 증대 • 치안유지 • 대소련 전략 • 일본 국내 농촌문제 해결 • 사회문제완화		
Ⅴ	회귀와 재개	1946년 ~ 1961년	약 610만 명	• 해외 거주 일본인의 본국 송환('引揚')		일본	• 일본 패전
			연간 최대 6천 ~8천 명	• 일본 국내 인구문제 해결을 위한 이주 재개(1952년 ~1993년)			
Ⅵ	쇠퇴기	1962년 ~	연간 수십 ~수백 명				

2. 일본인의 해외 이주와 국제관계

일본인의 해외 이주는 일본 다민족 사회의 형성과정뿐만 아니라 일본과 아시아 각국의 관계를 이해하는 데 있어서도 중요한 부분이다. 전후 아시아 출신의 국제이주자는 유럽보다는 약간 적지만 전 세계 국제이주의 3분의 1가량을 차지하고 있으며(〈표 3〉), 2013년 기준 전 세계 역내 이주에서 아시아 역내 이주의 규모가 가장 크다(〈표 4〉). 오늘날 아시아 역내 이주의 활성화는 이주 송출지와 유입지가 가진 풀·푸쉬 요인만으로 설명할 수 없다. 이를 해명하기 위해서는 근현대 아시아의 역사구조와 관련된 이론적 논의가 필요하다. 지금 일본에서 '외국인'이라 불리는 일본계 외국인은 바로 이러한 역사 과정에서 생성되었기 때문이다.

〈표 3〉 1960년~2013년 전 세계 지역별 국제이주의 추이 (단위 : 백만 명)

지역 \ 연도	1960	1970	1980	1990	2000	2010	2013
세계	76	81	99	155	177	220	232
아시아	29	28	32	50	50	68	71
아프리카	9	10	14	16	17	17	19
유럽	14	19	22	49	58	69	72
라틴 아메리카 및 카리브해역	6	6	6	7	6	8	9
북아프리카	13	13	18	28	40	51	53
오세아니아	2	3	4	5	5	7	8

〈표 4〉 2013년 국제이주의 송출지와 유입지 구성 (단위 : 백만 명)

이주 유입지	이주 송출지							
	아프리카	아시아	유럽	라틴 아메리카 및 카리브해역	북아메리카	오세아니아	기타	합계
아시아	4.4	54	7.6	0.7	0.6	0.1	3.6	70.8
아프리카	15.3	1.1	0.8	0	0.1	0	1.4	18.6
유럽	8.7	18.7	37.9	4.5	1	0.3	1.5	72.4
라틴 아메리카 및 카리브해역	0	0.3	1.2	5.4	1.3	0	0.2	8.5
북아메리카	2	15.7	7.9	25.9	1.2	0.3	0	53.1
오세아니아	0.5	2.9	3.1	0.1	0.2	1.1	0.1	7.9
합계	30.9	92.6	58.5	36.7	4.3	1.8	6.7	231.5

일본계 외국인의 존재는 다민족 일본을 이해하기 위한 중요한 실마리임에도 불구하고 과거 일본의 식민 지배와의 관계로 금기시되면서 거의 논의되지 못했다.[21] 제국주의 시대 일본의 세력권이었던 한반도, 대만, 사할린, 관동주(關東州), '만주', 남양군도(南陽群島), 중국, 홍콩 등으로 이주한 일본인의 수는 비세력권이었던 미국, 캐나다, 브라질, 페루, 아르헨티나 등으로 이주한 일본인의 세 배 이상이었을 것으로 추정된다.[22] 아시아

21) 移民硏究會編, 『日本の移民硏究動向と文獻目錄Ⅰ・Ⅱ』, 明石書店, 2007.
22) 제2차 세계대전 종식 전 일본인의 해외 이주에 관해서는 다음을 참고할 것. 岡部

역내에서 전개된 일본 식민 지배의 역사와 거대한 이주 규모는 아시아 역내 이주 연구를 더욱 어렵게 만들었다. 이러한 연유로 지체되고 있던 근대 일본인의 아시아 역내 이주와 전후 귀환에 관한 연구는 1990년대에 들어서야 본격화될 수 있었다. 이번 2절에서는 제2차 세계대전의 종식과 함께 일본으로 돌아온 인양자('引揚者'), 즉 귀환자에 착안하여 논의를 진행하고자 한다.

'인양'이란 일본의 패전 이후 과거 식민지였던 대만 및 한반도와 위임통치령 남양군도, 국가 정책으로 상당 규모의 이민을 보냈던 '만주' 지역, 일본의 식민지였으나 소련의 침공으로 실효지배권(實效支配權)을 상실한 남사할린 등에 거주하고 있던 일본인들을 일본 본토로 귀환시킨 것을 말한다. '인양자'는 이러한 전후 인양을 계기로 귀국한 해외 거주 일본인들을 가리키는 말로 비전투원을 지칭하는 용어로, 전후 귀환한 군인은 '인양자'가 아닌 '복원병(復員兵)' 혹은 '복원자(復員者)'로 불렸다. 1945년 일본 패전 당시, 재외 일본인의 수는 660만 명으로 당시 일본 총인구의 약 10%에 해당하는 수치였다. 최근의 이주 논의들이 밝혀낸 것처럼 이주가 이주민의 송출지(국)와 수용지(국)의 사회문화구조에 영향을 미친다면, 일본 내 '다민족 사회' 형성의 조짐은 재외 일본인의 대규모 귀환을 추동한 일본의 패전과 동시에 시작된 것이라 할 수 있다.

'만주 빅뱅'이라는 용어는 만주에서 귀환한 사람들이 전후 일본의 정치경제와 문화에 미친 영향력을 보여준다.[23] 중국을 발상지로 하는 '라면(ラ

牧夫, 『海を渡った日本人』, 山川出版社, 2002; 移民硏究會編, 앞의 책, 2007.

23) '만주 빅뱅'은 국제일본문화연구센터(國際日本文化硏究センター) 류젠후이(劉建輝) 교수의 논의에서 시사점을 얻었다. 만주 귀환자가 전후 일본이 정치경제를 이끈 것은 고바야시 히데오(小林英夫)의 연구를 통해 해명되었다(小林英, 『〈滿洲〉の歷史』, 講談社現代新書, 2008). 문명화의 장치로서 도시공원이 근대 일본에서 중국 동북지방('만주')의 다롄(大連)과 각지로 전파되어 간 과정도 이러한 '만주 빅뱅'의 한 사례라 할 수 있다(리웨이·미나미 마코토, 「식민지 도시 다롄의 도시공원」, 『다롄, 환황해권 해항도시 100여 년의 궤적』, 선인, 2016, 323-357쪽).

ーメン)'이 일본의 국민 음식이 되어가는 과정에서 중국 문화권 귀환자의 존재는 무시할 수 없다. 인스턴트 라면과 컵라면을 발명한 닛신식품(日清食品) 창업자 안도 모모후쿠(安藤百福, 본명 吳百福)도 대만에 뿌리를 두고 있다. 안도는 오사카 암시장에서 면을 먹던 귀환자들의 모습에서 상품 발명의 힌트를 얻었고, 이 대만 출신자에 의해 발명된 인스턴트 라면은 현재 일본문화의 하나로 전 세계에 널리 퍼져있다.[24] 일본의 또 다른 국민 음식인 교자(ギョウザ)도 우츠노미야시(宇都宮市)와 하마마츠시(浜松市)의 귀환자들에 의해 보급된 식문화이다. 지역 한정이지만 홋카이도 아시베츠시(芦別市)의 '가타탕(ガタタン)'은 만주 귀환자 무라이 분고노스케(村井豊後之亮)가 중국 동북지방의 요리에서 힌트를 얻어 재해석한 음식으로[25] 현재 현지 먹거리로 점차 인기를 얻고 있다고 한다.

이처럼 일본 사회의 '다문화(多文化)'화는 외국인의 존재에 앞서 근대화 과정 중 일본 사회 내부에서 이미 시작된 것이라 할 수 있다. 그러나 전후 국민국가의 재건과정에서 이러한 내적 다문화화는 국민문화로 가시화되지 않았다. 중국 잔류 일본인의 국가배상소송에 참여하여 중국 잔류자가 만들어 준 밀가루 '병(ビン, 餅)'을 먹고, 어린 시절 조부모가 만들어 준 병이 중국 동북지방 식문화에서 유래하였음을 알게 된 일본 젊은이도 있다. 최근의 일식 열풍에서 가장 인기 있는 음식은 첫 번째가 초밥과 튀김, 두 번째가 라면, 세 번째가 교자라고 하는데, 그중 두 가지 음식이 귀환자가 들여온 식문화가 일본의 국민 음식으로 변용된 것이다.

식문화의 전파와는 별개로 귀환자가 구축한 일본과 중국 간 교류 네트워크 역시 주목할 만하다. 〈표 5〉는 만주 지역 귀환자들이 전후 일본에서 설립한 귀환자 단체를 정리한 것이다. 만주 귀환자들은 만주 거주 시절의

24) 白幡洋三郎著·蔡敦達等譯,『日漢對照 日本文化99：知らなきゃ恥ずかしい日本文化』, 上海譯文出版社, 2007.
25) 홋카이도 팬 매거진(北海道ファンマガジン) 홈페이지 https://pucchi.net/hokkaido/foods/gatatan.php

지역(이민 개척단 정착지 포함), 직장과 학교, 전후 유용(留用) 기관 등을 연고로 많은 단체를 조직하였다. 귀환자 단체의 당초 설립목적은 귀환자들의 자립과 상호부조, 미(未)귀환자의 귀환 촉진, 국외재산에 대한 국가배상, 회원 간의 친목 교류였으나, 1972년 중일국교 정상화 이후 중국 방문이 가능해진 다음 설립된 단체들은 중일 우호를 위한 중국 방문 활동과 문화 교류에 더 큰 무게를 두었다.

〈표 5〉 만주 지역 일본인 귀환자 단체 일람

귀환 성격	단체명(설립연도)	설립목적
전기 집단 귀환 (1945년~1950년)	• 引揚者連合會(1946) • 開拓自興會(1946) • 滿鐵會(1946) • あけぼの會(1946) • 大連會(1947) …	• 일본 사회에서의 자립과 상호부조 • 미(未)귀환자의 귀환 촉진 운동 • 국외 재산의 국가 보상
후기 집단 귀환 (1953~1958년)	• ハルビン學園同窓會(1952) • 櫻田同友會(1953) • 建國大學同窓會(1954) • 大連朝日小學校同窓會(1955) • 大連靜浦小學校校友會(1955) • 奉天會(1953) • 中國歸還者連合會(1957) …	• 지역과 학교 관계자의 친목 교류 • 침략전쟁 반대, 평화와 중일 우호 공헌
개별 귀환 (1959년~1971년)	• 黑河會(1961) • 青龍會(1965) • 奉天城東會(1969) • 大連甘井子小學校同窓會(1965) • 回想四野會(1965) • 長白會, 大陸の友會, 洛陽戰友會, 鷄公會 …	• 지역과 학교 관계자의 친목 교류 • 유용자(留用者)의 친목 교류
중국 귀국자의 정주 및 영주 (1972년~현재)	• 本溪湖會(1972) • 滿鐵瓦房店驛驛友會(1973) • 大連春日小學校同窓會(1982) • 日中友好手をつなぐ會(1972) • 三互會(1972) • 望鄕會(1973 • 中國留婦人交流の會」(1988) • 中國歸國者の會(1982) • 養父母謝恩の會(2002) • 中國殘留孤兒國家賠償訴訟原告團(2002)	• 지역과 학교 관계자의 친목 교류 • 유용자(留用者)의 친목 교류 • 방중(訪中) 위령 활동 및 교류 활동 • 중국 잔류 일본인의 가족 찾기 및 귀국 촉진 운동 • 중국 잔류 일본인의 정착과 자립 도모 • 중국 잔류 일본인의 국가 배상 소송 운동

중일국교 정상화 이후 귀환자 단체를 통한 중일 양국 간 인적 이동이 양국 우호를 위한 연결고리를 만들어 내고 있다. 최근 중일 간의 상호인식이 나빠지는 가운데 지속되는 풀뿌리 교류는 국가 간 긴장 관계를 완화하고 국경을 초월한 횡적 공공권(公共圈)의 구축 가능성을 시사한다. 귀환자 단체를 통한 양국 교류는 귀환 당사자뿐만 아니라 귀환자의 후손과 뜻을 함께하는 일본인들에 의해 계승되고 있다. 그 대표적인 예가 중국 팡정현과의 우호 교류를 목적으로 설립된 '팡정우호교류회(方正友好交流の會)'이다. 1930년대 일본의 국책으로 다수의 주민이 만주 지방으로 이주했던 나가노현(長野縣) 시모이나군(下伊那郡) 야스오카촌(泰阜村)에서는 이 마을 출신 중국 잔류 부인 대부분이 팡정현에 살았던 인연으로 팡정현과 우호 제휴를 체결하고, 지역민의 상호 교류와 함께 지역 중학생들의 학교 방문을 통한 차세대 교류를 진행해 왔다. 2017년 야스오카촌에서는 두 지역 간 우호 제휴 20주년을 맞이하여 관계자들이 모여 기념식을 열기도 했다.

2014년 개관한 '만몽개척평화기념관(滿蒙開拓平和記念館)'의 활동도 눈여겨볼 필요가 있다. 나가노현 시모이나군 아치촌(阿智村)에 있는 이 기념관은 귀환자와 그 관계자를 포함한 민간의 뜻있는 사람들이 8년여의 노력을 거쳐 세운 것으로, 일본 유일의 '만몽개척단' 테마 박물관이다. 해당 기념관은 역사자료의 기록·보존·전시·연구를 통한 올바른 역사 전달, 만몽개척 이야기 계승 활동, 잔류 일본인 교류의 장이자 중일 우호 사업 활동의 거점, 전쟁과 만몽개척 이민이 초래한 '부(負)의 역사'에서 아시아와 세계를 향한 '평화·공생·우호의 미래' 창조 거점을 목적으로 하고 있으며, 만몽개척 이민을 둘러싼 일본인의 가해자적 측면도 함께 조명하고 있다.[26)]

26) 필자도 만몽개척평화기념관이 기획·주최하는 조사 활동에 참여하였다. 기념관의 설립목적과 활동 등은 기념관 홈페이지(https://www.manmoukinenkan.com)에서 확인할 수 있다.

기념관의 활동은 일본 국내뿐만 아니라 국외에서도 주목받고 있으며,[27] 이를 통해 국경을 넘은 다양한 네트워크가 구축되고 있다.

이처럼 과거의 어두운 역사에서 생겨난 사람들의 연결고리가 전쟁 기억의 역사화, 평화 유지와 우호 교류와 같이 바른 역사를 만들어 내고 있다. 다민족 일본에 대한 고찰과 더불어 아시아 공동체의 구축 가능성을 고민할 때, 이들 귀환자와 같이 시공간을 넘나드는 사람들이 실천하고 있는 역할에도 주목해야 할 것이다.

Ⅵ. '다민족 일본'과 경계문화: 이론적 고찰

1. 중국 귀국자의 경계문화

'경계문화'라는 개념은 필자가 그간 진행해 온 '중국 귀국자' 연구를 통해 제기한 개념이다. 경계문화는 근대 국민국가 시스템에 매몰된 사람들의 존재가 아니라 경계로 인해 만들어진 통합과 차이의 과정을 살아가는 사람들의 실천문화를 지칭한다. 근대사회의 중층적인 경계로 인한 사회적 구속성과 이와 같은 구속 속에서 생활세계를 구축해 가는 당사자의 주체성을 동시에 파악하기 위해 고안한 개념이다.

경계문화를 분석할 때는 고정된 경계가 아니라 '국민국가의 유동적 경계', '경계의 유동성'에 주목해야 한다. 국민, 에스니시티(ethnicity), 디아스포라(Diaspora) 같은 개념은 결코 본질적인 집단을 의미하지 않는다. 브루베이커(Rogers Brubaker)가 지적한 것처럼, 그것들은 오히려 국가

27) 예를 들어 중국사회과학원의 쑨거(孫歌) 교수는 『아사히신문(朝日新聞)』과의 인터뷰에서 만몽개척평화기념관을 방문했을 때 느낀 대중 시점의 중요성을 언급했다. 『朝日新聞』 2014년 9월 27일 조간 17면. 최근에는 폴란드 아우슈비츠 강제수용소에 세워진 국립박물관의 가이드 나카타니 츠요시(中谷剛)가 기념관을 찾아 양 박물관 사이의 교류를 시작했다. 『南信州新聞』 2017.12.06.

내부와 국가 간의 정치적·문화적 틀로서 제도화된 것이며, 이미 경계 지어진 집단이 아니라 실천을 통하여 구축되는 것이라 할 수 있다.[28] 이러한 경계 분석에 관한 바르트(Frederik Barth)의 에스니시티 경계론, 코헨(Anthony Cohen)의 경계의 상징적 구축론, 아이사지프(Wsevolod Isajiw)의 에스니시티 이중 경계론을 원용(援用)하여 생각하면 그 구축성을 보다 알기 쉽다.[29] 즉 경계는 결코 매크로(macro)적으로 부여되어 일관되게 변하지 않는 것이 아니라, 다른 집단과 사람의 상호작용으로 생성·유지되는 것이며, 장(場)에 따라 변화할 가능성을 내포하고 있다. 이러한 위상 변화를 분석하기 위해서는 홀(Stuart Hall)의 포지셔닝 이론과 버틀러(Judith Butler)의 수행성(performativity)이 효과적이다.[30] 필자는 이러한 분석틀을 이용하여 중국 귀국자 연구를 수행해 왔다.

이 글에서 말하는 '중국 귀국자'는 일본과 중국이 국교를 체결한 1972년 이후 일본에 영주 또는 정주하게 된 중국 잔류 일본인과 그 가족을 가리키는 용어이다. 중국 잔류 일본인이란 제2차 세계대전 종식 전 중국으로 건너간 일본인 중 전후에도 중국 내 잔류를 강요당한 사람들을 의미하며, 현

---

28) Rogers Brubaker, Citizenship and nationhood in France and Germany, Harvard university press, 1992; 佐藤成基·佐々木てる監譯,『フランスとドイツの國籍とネーション——國籍形成の比較歷史社會學』, 明石書店, 2005.

29) Frederik Barth, Introduction Ethnic Groups and Boundaries, Frederik Barth(ed.), Ethnic Groups and Boundaries: The Social Organization of Culture Differences, Littele Brown and Company, 1969; 青柳まちこ監譯,『「エスニック」とは何か——エスニシティ基本論文選』, 新泉社, 1996; Anthony P. Cohen, The symbolic construction of community, Ellis Horwood, 1985; 吉瀨雄一譯,『コミュニティは創られる』, 八千代出版, 2005; Wsevolod W. Isajiw, Definitions of Ethnicity, Frederik Barth(ed.), Ethnic Groups and Boundaries: The Social Organization of Culture Differences, Littele Brown and Company, 1974.

30) Judith Butler, Gender trouble: feminism and the subversion of identity, Routledge, 1990; 竹村和子譯,『ジェンダー·トラブル』, 青土社, 1999; Stuart Hall,「Cultural identity and diaspora」, Rutherford. J(ed.), Identity, Lawrence & Wishart, 1990; 小笠原博毅譯,「文化的アイデンティティとディアスポラ」,『現代思想』Vol.26-4, 1998.

재 중국 잔류 일본인과 그 가족을 포함한 약 10만 명이 중국 귀국자로서 일본에 거주하고 있는 것으로 추정된다.

중국 귀국자와 경계문화의 논의를 위해서는 중국 귀국자의 형성과 구조를 역사와 사회 두 가지 측면에서 확인할 필요가 있다. 중국 잔류 일본인(중국 귀국자 1세)이라는 호칭은 당사자 스스로가 만든 것이 아니라 1970년대 이후 일본 사회에 의해 주어진 것이다. 이 호칭에는 그들을 배제하고 망각해 온 전후의 역사를 은폐하는 폴리틱스도 작용하고 있다. 중국 잔류 일본인은 1970년대가 되어서야 일본 사회에서 명명되었고, 귀환자를 중심으로 조직된 민간단체의 운동과 대중매체의 여론의 영향을 통해 미귀환자로 자리매김하였고, 미귀환자에 대한 국가 정책에 의해 일본에서의 영주와 정주가 가능해진 것이다. 다만 이러한 영주와 정주 과정에서 중국 귀국자가 반드시 일본인으로 정착할 수 있었던 것은 아니며, 오히려 '일본인임'을 항상 증명해야 함으로써 타자화되어 갔다고 할 수 있다. 그렇다고 중국 귀국자가 화교나 화인(華人)으로 인식된 것도 아님은 이들의 복잡한 경계성을 보여준다. 이러한 역사적·사회적 맥락을 바탕으로 중국 귀국자를 둘러싼 하나의 경계선이 역사·제도·사회적으로 구축된 것이다.

중국 귀국자를 둘러싼 경계선은 그들의 집단적 수용으로 더욱 고착되어 갔다. 2001년부터 2008년까지 진행된 중국 잔류 일본인의 국가배상소송 운동은 경계를 둘러싼 그들의 집단적 표출이었다. 해당 국가배상소송 운동에서 에스니시티를 강조하는 두 가지 조건으로 첫째로 현저한 에스닉 집단 간 인식상 대립과 둘째, 집단 구성원 간 경험이나 사회문화적 특성의 공유의식 작용을 발견할 수 있다.[31] 국가배상소송 운동에는 중국 잔류 일본인 고아의 약 90%가 참여하였고, 잔류 일본인 2세와 3세까지 참여하며 전국적인 조직이 결성됐다. 이를 계기로 중국 귀국자 간은 물론 세대 간의

---

31) 竹澤康子, 『日系アメリカ人のエスニシティ』, 東京大學出版會, 1994, 25쪽.

대화가 시작되고 유대감이 강화되었다. 또한 중국 잔류 일본인의 역사성을 공유함으로써 중국 귀국자라는 에스니시티에 대한 소속감, 구성원 간의 동포심, 일체감이 싹텄다.

상기 국가배상소송 운동에서 확인할 수 있는 중국 귀국자의 정체성은, 사회로부터 차별화·주변화된 사람들이 이에 대항하기 위해 자신이 따라야 할 기반·장소·위치를 찾아 승인을 요구하는 정체성 폴리틱스의 제1형태에 해당한다.[32] 그러나 이는 단순한 전략적 본질주의만이 아니라 역사·사회적으로 구축되어 온 '중국 잔류 일본인'의 위상을 둘러싼 '진지전(陣地戰)'[33]이기도 했다. 이 진지전에는 두 가지 측면이 있다. 하나는 법정 안의 것으로 중국 잔류 일본인은 전쟁 피해자인가 아니면 국가로부터 '버림받은 국민(棄民)'인가라는 일본인을 둘러싼 정치적 카테고리로서의 싸움이며, 이러한 사법의 장에서는 정치적·사회적으로 부여된 스토리성이 요구된다. 다른 하나는 법정 밖의 사회운동에서 정치적 카테고리와 함께 중국적인 문화를 항쟁의 도구로 이용하여 중국 문화를 가진 일본계 외국인이라는 중국 귀국자 카테고리로 자신들의 위치를 설정하는 것이다.

이러한 위치 설정 과정에서 표면화되는 것은 국민화와 관련된 위치 설정의 투쟁과 함께, '에스닉 변칙자'[34]로서 중국 귀국자의 모습이다. 여기서 말하는 에스닉 변칙자란 일본인 혈통을 가지고 있으면서 중국적 문화 배경을 등에 업은 '모호함'의 위치성이며, '어느 쪽도 아니거나' 혹은 '어느 쪽이기도 한' 중국 귀국자의 존재이다. 이러한 모호함은 중국 귀국자, 특히 중국 잔류 일본인들이 자신들을 마이너리티화하는 중일 양국 사회에 대항하며 만들어 낸 것으로, 중국 귀국자는 이러한 모호함을 장착한 '에스닉 변칙

---

32) Stuart Hall, 앞의 글, 1990; 小笠原博毅譯, 앞의 글, 1998, 81-82쪽.
33) Stuart Hall, 위의 글, 1990; 小笠原博毅譯, 위의 글, 1998, 83쪽.
34) Thomas Hylland Eriksen, Ethnicity and nationlism, Pluto, 2002; 鈴木清史譯,『エスニシティとナショナリズム』, 明石書店, 2006, 126쪽.

자'로서 자신의 위치를 설정하고 이를 바탕으로 한 하이브리드적인 전략을 통해 문화의 정치를 펼친다. 중국 귀국자의 이러한 위치 설정 전략은 개인 수준에서 더욱 다층적인 양상을 보이고 있다.

2. 개인 차원 경계문화의 다양한 모습

중국 잔류 일본인 고아인 나카가와 스미코(中川澄子[가명], 여)의 사례를 통해 개인 차원에서의 경계문화의 다양한 모습을 확인할 수 있다. 나카가와는 1942년 3월에 태어난 것으로 추정되며 중국 현지의 양부모 집으로 입양된 경위는 명확하지 않다. 양아버지는 경극 배우였고 양어머니는 예전에 유녀(遊女)를 했었다고 한다. 나카가와는 1950년에 소학교(小學校)에 입학하여 중학교를 졸업한 뒤 소학교 교사가 되었고, 1960년 연애 결혼하여 세 자녀를 출산했다. 1979년 중국 잔류 일본인 고아로 인정받아 1984년 방일(訪日) 조사에 참여했다. 방일 중 친부모는 찾을 수 없었으나, 1986년 지원자의 도움을 받아 일본으로 영주 귀국하였으며, 중국 귀국자를 지원하는 도코로자와정착촉진센터(所澤定着促進センター)에서 4개월을 지낸 뒤 K시의 T단지에 정주하였다. 이후 일본 현지 직장에 취업하여 자립 생활을 하다가 2002년 60세에 정년퇴직하였다. 나카가와는 지역 내 국제교류 활동과 중국 잔류 일본인 고아 관련 사회운동은 물론, 2002년 이후 국가배상소송 운동에도 적극적으로 참여하여 K시 중국 잔류 일본인 고아의 핵심 인물로 역할을 해왔다. 나카가와는 중국 잔류 일본인들이 겪을 수 있는 사회적 상황을 대부분 경험한 대표적인 인물이라 할 수 있다.

나카가와는 방일 조사나 국가배상소송 운동 등의 공식 장소에서 중국 잔류 일본인에게 부여된 정형화된 스토리의 형태를 이야기했다. 희생자적 스토리로는 "적은 돈으로 팔린 자신, 동급생들로부터의 고립, 우파로서 비판받은 양아버지, 하방(下放) 당한 자신"을, 조국에 관한 스토리로는 "조국을 생각하는 마음, 조국으로 돌아가고 싶은 마음"을 이야기했다. 이러한 스토리 속에서 그녀는 일본인으로서의 국민성과 중국 잔류 일본인의 위치 설정을 표출하고 있다고 할 수 있다. 그러나 이는 결코 본질적인 것이 아니라 발견과 상상의 과정을 거쳐 실천된 것이다. 나카가와는 1979년 자신이 일본인 고아라는 것을 알았을 때의 기분을 다음과 같이 회상했다.

> (내가) 일본인 고아인 줄 몰랐을 때는 너무 행복했다. 알고 난 후에는 여러 가지 고민을 시작했다. 사회에서 차별받고 남편에게서도 업신여김을 받았다. 친구도 없고 사회적 지위도 상승하지 못한다. 이것들은 나의 역사 배경 때문에 빚어진 일이라고 (생각이 들었다). 그때부터 내 마음에 어두운 그림자가 생겼다.

중국 잔류 일본인이라는 자신의 위치를 의식하게 되면서 나카가와의 과거는 중국 잔류 일본인으로 규정되어 재정의되었고, 과거의 체험이 중국 잔류 일본인의 희생자적 이야기로 회수되어 갔다. 이러한 희생자적 감각이나 자신의 위치 설정에 대한 고민이 어두운 그림자가 되어 자신을 괴롭히게 된 것이다. 이 어둠에 빛을 가져온 것이 방일 조사였다.

> 방일 조사 15일 동안은 영화배우와 같은 생활이었다. 하루하루가 화려했다. 인생에서 가장 행복한 시간이었다. 그 15일 동안은 말이지, 영원히 잊지 못할 거야. 후생대신(厚生大臣)과 만나 함께 춤을 추기도 하고 연회에서 발언하기도 했다.

방일 조사 15일간은 나카가와에게 새로운 희망을 주었다. 이후 그녀는 일본으로 영주 귀국을 결심하였다. 그 이유는 중국 국내의 정치적 문제와 중일 관계 악화에 대한 우려, 고통스러웠던 결혼 생활로부터 탈피, 자신의 꿈과 자녀들을 위한 것이었다. 나카가와는 이러한 내적 변용을 거치며 중국 잔류 일본인이라는 자신의 위치를 설정하여 일본으로 영주 귀국한 것이다.

그녀는 사회운동을 하는 공식 석상에서 그 공간의 지배적 이야기 형태에 맞춰 자신의 이야기를 하였고 이를 통해 사회적 발언권을 획득해 갔다. 전쟁 피해자이자 중국 잔류 일본인이라는 그녀의 위치 설정은 방일 조사나 민간단체 지원 활동 등의 공간에서는 주변과 마찰을 일으키지 않았다. 그러나 이러한 공간을 떠나 개인으로서 자립하여 일본 사회와 대면하는 공간이 확대되면서 기존과는 다른 시선을 받기도 하였다.

> 일본에 돌아온 후 일본인들은 나를 중국인이라 부른다. 그래서 회사 사람과 싸우기도 했다. 정말 억울하다. 일본인 고아는 이렇게 힘들게 돌아왔음에도 왜 인정받지 못하는 걸까? 왜 나를 중국인이라고 부르는 걸까. 그것은 나에 대한 가장 큰 모욕이다.

나카가와는 자립 후 청소부로 일하였다. 작업 현장이 바뀔 때마다 새로운 만남이 있었고, 그녀를 '중국인'으로 여기는 시선에 직면하는 일이 적지 않았다. 왜냐하면 '일본인=일본어를 한다'라는 지배적인 규범에서 나카가와는 일탈하고 있다고 간주되었기 때문이다. 일본사회에서 겪는 이러한 체험은 사회운동이나 소송의 장에서 정책의 오류를 호소하는 수사로 이용되어 정체성 위기를 초래하는 요인으로서 문제시되고 있다. 그러나 이러한 국면들을 중국 귀국자들이 어떠한 실천으로 극복해 나갔는지는 거의 주목받지 못했다.

> 몇 년이 지나자 일본인들에게 "당신 차이나? 어떻게 일본에 왔나? 일본인과 결혼했느냐?"라는 질문을 받으면 "네, 나는 일본인과 결혼했다, 차이나입니다."라고 대답하게 됐다.
> 지금은 전부 인정한다. 왜냐하면, 이제는 아무래도 상관없거든. 중국인이어도 좋고, 일본인이어도 좋다. 그게 무슨 상관이야? 자기가 일본인이라고 해도 일본 정부가 인정하지 않고, 지금은 흘러가는 대로 맡겼다. 더 이상 생각하지 않는다. 이젠 아무래도 좋다. 중국 잔류 고아라고 해도 아무도 몰라주고.

이처럼 나카가와는 직장에서의 사람들의 시선으로 인해 점점 차이나(중국인)라는 위치를 취하게 된다. 이때 다른 사람들이 자신을 카테고리화하는 것처럼 그녀 자신도 다른 사람들을 '중국 잔류 일본인을 모르는 일본인'으로 카테고리화하고 있다. 이러한 자신과 타인에 대한 위치 설정은 수동적인 것이 아니라 능동적으로 이루어진 것이다. 그녀가 자신을 '청소 천사'라고 자조하며 동료에게 "나는 일본어를 모른다. 그렇다면 당신이 중국어를 말해보세요."라고 되물은 것처럼, 자신이 가진 중국 문화 자본=중국어를 강조하며 직장 차별 극복을 위해 능동적으로 자신의 위치를 설정하는 전략을 이용한 것이다.

나카가와는 일본으로 영주 귀국한 뒤 일본인에게 중국어를 가르치기도 했다. 필자가 인터뷰를 진행하던 중 그녀는 예전에 자신에게 학생을 소개해 준 일본인을 만나 인사를 나눴다. 인사를 나눈 후 그녀는 필자에게 "앞으로도 기회가 된다면 또 누군가에게 중국어를 가르치고 싶다."라며 의욕을 보였다. 이처럼 다문화 공생이나 중일 우호를 목표로 하는 일본 사회에서 중국인으로서의 위치 설정은 중국 잔류 일본인의 사회적응에도 도움이 되었다.

나카가와는 일본 사회의 각기 다른 실천의 장에서 중국 잔류 일본인 고아, 일본인, 중국인이라는 각기 다른 위치 설정을 통해 직면한 문제에 대처해 왔다. 이를 규정하는 것은 어떠한 국민성이 아니라, 장소와 국면의 자력(磁力)과 당사자의 지성과 상황 정의, 다양한 장소에서 길러 온 경험임이 틀림없다.

이처럼 중국 귀국자의 생활세계를 이해하기 위해서는 국가배상소송 운동 같은 집단적 표출뿐 아니라 개인 차원의 다양한 경계문화 역시 시야에 넣어야 한다. 또한 집단적 표출과 개인의 위치 설정 전략이 상호 영향 속에서 만들어진다는 점 역시 간과해서는 안 된다. 중국 귀국자는 확실히 사회적으로 주변화되어 있지만, 주변화에 맞서 성공한 사람도 많다. 예를 들면, 날개 달린 교자를 일본에 유행시킨 중국 잔류 고아 야기 츠토무(八木功), 세계에서 가장 깨끗한 공항 청소 전문가로 주목받고 있는 중국 귀국자 2세 니이츠 하루코(新津春子), 포켓몬 GO를 만들어 세계적으로 활약하고 있는 중국 귀국자 3세 노무라 타츠오(野村達雄) 등을 들 수 있다. 경계문화는 이러한 이해를 심화시킬 수 있는 접근방식이라고 할 수 있다.[35)]

V. 나오며: 이론적 고찰

오늘날 세계적으로 국제이주에 대한 부정적 시선이 강해지고 있다. 하지만 국제이주의 규모는 여전히 증가일로(增加一路)에 있는 것도 사실이다. 외국인 주민으로서 국가 건설에도 관여해 온 사람들을 쉽게 배제해도 좋은 것일까? 일본의 경제발전 과정에서 외국인 주민의 역할은 결코 무시할 수 없다. 이 글의 맺음말에서는 외국인 주민들과의 공생에 관한 이념적인 고찰을 해 보고자 한다.

필자는 대학 강의 시간에 '일본은 이민국가인가?'와 '일본은 이민을 필요로 하는가?'를 주제로 학생들이 토론을 진행한 적이 있다. 이민이 필요없다는 이유로 "일본인의 일자리를 빼앗긴다.", "치안이 나빠진다." 등이 열거되었다. 현재 세계에 널리 퍼져 있는 이민 배척의 이유와 맥이 닿아 있다. 그러나 직종에서부터 애초에 일본인과 외국인 사이에 경쟁 관계가 성립하는가, 치안이 나빠진 것은 정말 외국인에 기인한 것인가와 같은 문제의 본질에 관한 논의는 도마 위에 오르지 않았다.

이주를 둘러싼 이러한 논의들이 문제의 본질을 경시하게 된 것은 전 세

---

35) 경계문화의 이해를 위해서는 본론에서 언급한 대외적 경계뿐만 아니라 내부에 숨겨진 경계에도 눈을 돌려야 한다. 또한, 경계문화는 완성된 어떤 것이 아니라 끊임없이 생성되는 것이다. 이러한 생성적 경계문화에 관한 민족지학적(民族誌學的) 연구는 향후 과제로 하겠다.

계적으로 난무하는 포퓰리즘 정치의 영향이 크다. 이주 문제의 정치화는 선진국 고도성장 시대의 종식과 맞물리며 나타나기 시작했다. 실업자의 증가와 치안 악화와 같은 이 시기의 사회경제적 문제는 본질에 관한 논의를 생략하고 그 화살을 외국인에게 돌리면서 외국인 주민이 비판의 표적이 되었다.[36] 고도성장기 동안 국가 경제발전에 불가결한 존재였던 외국인 노동자는 불황과 함께 위험 관리의 대상이 되었고, 외국인의 배제를 통한 국민 단결과 내셔널리즘의 고무가 도모된 것이다.[37]

이러한 '이민 패닉'을 넘어 다문화 공생 사회를 구축하려면 배제에서 포섭으로의 정책과 인식의 전환이 필요하다. 이를 위해서는 현재 우리의 생활환경이 외국인과 함께 만든 것임을 깨닫고 이에 기초한 지평의 융화와 대화[38]가 필요하다. 이때, 명확한 틀을 가지고 중추에 의해 전체를 제어하는 구조를 가진 국민국가라는 척수형(脊髓型) 시스템보다 척수형 시스템이 전제로 하는 규범이나 틀을 벗어나 분산·연결·증식하는 세포형 시스템이 중요하다. 이러한 유토피아적인 세포형 시스템의 활성화를 위한 노력도 향후 과제로 들 수 있다.[39]

36) 伊豫谷登士翁, 「グローバリゼーションの時代における『國境の越え方』」, 佐藤卓己 編, 『岩波講座 現代第5巻 歴史のゆらぎと再編』, 岩波書店, 2015, 95-118쪽.

37) A. アパドゥライ·藤倉達郎譯, 『グローバリゼーションと暴力――マイノリティの恐怖』, 世界思想社, 2010; ジグムント·バウマン·伊藤茂譯, 『自分とは違った人たちとどう向き合うか：難民問題から考える』, 青土社, 2017.

38) ジグムント·バウマン·伊藤茂譯, 위의 책, 2017; 鹽原良和, 『分斷と對話の社會學――グローバル社會を生きるための想像力』, 慶應義塾大學出版會株式會社, 2017.

39) 척수형 시스템과 세포형 시스템에 관해서는 주 37의 아파두라이(2010)의 논의를 참조하였다.

【참고문헌】

〈저서 및 역서〉

岡部牧夫,『海を渡った日本人』, 山川出版社, 2002.

南誠,『中國歸國者をめぐる包攝と排除の歴史社會學：境界文化の生成とそのポリティクス』, 明石書店, 2016.

梁英聖,『日本型ヘイトスピーチとは何か：社會を破壞するレイシズムの登場』, 影書房, 2016.

白幡洋三郎著·蔡敦達等譯,『日漢對照 日本文化99：知らなきゃ恥ずかしい日本文化』, 上海譯文出版社, 2007.

師岡康子,『ヘイト·スピーチとは何か』, 岩波書店, 2013.

小林英夫,『〈滿洲〉の歴史』, 講談社現代新書, 2008.

小泉康一·川村千鶴子編,『多文化「共創」社會入門』, 慶應義塾出版會, 2016.

安田浩一,『ヘイトスピーチ：「愛國者」たちの憎惡と暴力』, 文藝春秋, 2015.

鹽原良和,『共に生きる：多民族·多文化社會における對話』, 弘文堂, 2012.

________,『分斷と對話の社會學――グローバル社會を生きるための想像力』, 慶應義塾大學出版會株式會社, 2017.

移民研究會編,『日本の移民研究 動向と文獻目錄 I · II』明石書店, 2007.

庄司博史·金美善編,『國立民族學博物館調査報告64多民族日本の見せ方――特別展「多みんぞくニホン」をめぐって』, 遊文舍, 2006.

庄司博史編著,『多みんぞくニホン――在日外國人のくらし』, 千裏文化財團, 2004.

竹沢康子,『日系アメリカ人のエスニシティ』, 東京大學出版會, 1994.

樽本英樹,『よくわかる國際社會學』, ミネルヴァ書房, 2009.

川村千鶴子編,『移民政策へのアプローチ ―ライフサイクルと多文化共生―』, 明石書店, 2010.

カースルズ, スティーブン、ミラー, マーク J,『國際移民の時代』, 名古屋大學出版會, 2011.

ジグムント バウマン· 伊藤茂譯,『自分とは違った人たちとどう向き合うか：難民問題から考える』, 青土社, 2017.

A,アパドゥライ·藤倉達郎譯,『グローバリゼーションと暴力――マイノリティの恐怖』, 世界思想社, 2010.

Myron Weiner·內藤嘉昭譯,『移民と難民の國際政治學』, 明石書店, 1999.
Anthony P. Cohen, The symbolic construction of community, Ellis Horwood(吉瀨雄一譯(2005),『コミュニティは創られる』, 八千代出版), 1985.
Jock Young, The exclusive society: social exclusion,crime and difference in late modernity, SAGA Publications(靑木秀男·伊藤泰郎·岸政彦·村澤眞保呂譯(2007),『排除型社會――後期近代における犯罪·雇用·差異』, 洛北出版), 1999.
Judith Butler, Gender trouble: feminism and the subversion of identity, Routledge(竹村和子譯(1999),『ジェンダー·トラブル』, 靑土社), 1990.
Rogers Brubaker, Citizenship and nationhood in France and Germany, Harvard university press(佐藤成基·佐々木てる監譯(2005),『フランスとドイツの國籍とネーション――國籍形成の比較歷史社會學』, 明石書店), 1992.
Thomas Hylland Eriksen, Ethnicity and nationalism, Pluto.(鈴木清史譯(2006),『エスニシティとナショナリズム』, 明石書店), 2002.

〈연구논문〉

리웨이·미나미 마코토, 권경선·구지영 편저,「식민지 도시 다롄의 도시공원」,『다롄, 환황해권 해항도시 100여 년의 궤적』, 선인, 2016.

南誠,「滿洲移民」體驗再考：戰後の「引揚者」と「中國歸國者」を中心に(『日系移民と國際交流：戰前の日本移民はグローバリゼーションを推進したか』, 日本大學國際硏究所), 2009.
___,「中國「方正日本人公墓」にみる對日意識の形成と表出」(駒井洋監修·小林眞生編『レイシズムと外國人嫌惡』, 明石書店), 2013.
____,「「中國歸國者」系日本人：生成的な境界文化の可能性」(駒井洋監修·佐々木てる編『マルチ·エスニック·ジャパニーズ：○○系日本人の變革力』, 明石書店), 2016.
____,「中國歸國者：『祖國歸還の物語』を超えて」(駒井洋·小林眞生編,『變容する移民コミュニティ』, 明石書店), 2020.
伊豫谷登士翁,「グローバリゼーションの時代における『國境の越え方』」(佐藤卓己編,『巖波講座 現代第5巻 歷史のゆらぎと再編』, 岩波書店), 2015.

樋口直人,「多民族社會の境界設定とエスニック·ビジネス」(庄司博史·金美善編,『國立民族學博物館調査報告64多民族日本の見せ方——特別展「多みんぞくニホン」をめぐって』, 遊文舎), 2006.

タイ·エイカ,「『多みんぞくニホン一在日外國人のくらし』における多文化主義の課題」(庄司博史·金美善編,『國立民族學博物館調査報告64多民族日本の見せ方——特別展「多みんぞくニホン」をめぐって』, 遊文舎), 2006.

Frederik Barth, introduction Ethnic Groups and Boundaries(Frederik Barth(ed.), Ethnic Groups and Boundaries: The Social Organization of Culture Differences, Littele Brown and Company(青柳まちこ監譯(1996),『「エスニック」とは何か』, 新泉社), 1969.

Stuart Hall, Cultural identity and diaspora」(Rutherford J(ed.), Identity, Lawrence & Wishart.(小笠原博毅譯(1998),「文化的アイデンティティとディアスポラ,『現代思想』Vol.26-4), 1990.

Wsevolod W. Isajiw, Definitions of Ethnicity(Frederik Barth(ed.), Ethnic Groups and Boundaries: The Social Organization of Culture Differences, Littele Brown and Company(青柳まちこ監譯(1996),『「エスニック」とは何か』, 新泉社), 1974.

10. 동아시아 무국적자와 복수국적자의 정체성

진텐지(陳天璽)

Ⅰ. 들어가며

2016년 9월, 렌호(蓮舫)[1] 씨의 복수국적 문제가 일본 미디어에서 화제가 되었을 때 필자는 몇몇 대형 신문사 기자들에게 연락을 받았다. 모두 렌호 씨 문제를 비롯한 복수국적 전반에 대한 필자의 의견을 듣고자 했다.

기자들이 소속 대학 등 다양한 경로를 통해 필자에게 연락을 해 온 것은 크게 세 가지 이유 때문일 것이다. 첫째, 지금까지 필자가 국적 연구를 추진해왔다는 것. 둘째, 필자가 렌호 씨와 유사한 입장, 즉 대만과 일본에 연고를 가지고 일본 사회에 진출해있는 동세대 여성이라는 점. 셋째, 필자가 대만과 일본의 틈새에서 무국적 문제에 직면한 경험을 가진 당사자라는 점이다.

필자의 지인을 포함해 중화민국(대만)과 일본, 양쪽의 국적을 가진 복수국적자는 적지 않게 존재해 왔다. 지금까지 일본 정부는 그 복수국적자의 존재를 묵인하고 특별히 문제시하지 않았다. 한편, 2016년에 렌호 씨가 민진당(民進黨) 대표에 입후보해 압도적인 다수로 당선되었다. 그녀가

1) 일본어로는 렌호, 중국어로는 리엔팡라고 읽힌다. 이 글에서는 렌호로 표기한다.

일본 수상이 될 수도 있다는 가능성을 엿본 것을 계기로 복수국적 문제는 언론과 미디어에서 큰 이슈가 되었고, 복수국적자는 범죄자나 악인으로 취급되는 상황에까지 이르렀다. 이러한 일본 여론의 변화 양상에 필자는 상당한 위화감을 느꼈다. 미디어의 의뢰는 모두 거절하고 상황을 지켜보기로 했다. 렌호 씨의 국적 문제가 크게 이슈화된 것은 법적인 문제라기보다 정치적인 자의성을 다분히 내포한 일이라고 판단했기 때문이다.

이 글은 일본, 한국, 대만 등 동아시아 국가의 틈새에서 복수국적, 무국적을 경험한 사람들에 주목한다. 필자는 그들의 국적이나 법적 지위, 정체성을 이해하기 위해 인류학적 관점에서 당사자들을 마주하고, 그들의 일상생활에서 국적의 의미를 이해하기 위해 노력해왔다. 지금까지 10년 이상 교류를 해온 사람들 중에서, 특히 복수국적이나 무국적 문제에 직면해온 사람들을 수차례 인터뷰했다.

이 인터뷰를 통해 알게 된 것은, 당사자의 국적이나 정체성은 그 가족을 둘러싼 국제관계, 이주의 변천, 그리고 당시의 사회나 법 제도와 큰 관련이 있다는 것이다. 그들의 정체성과 국적에 대한 생각을 이해하기 위해서는 각 가족사를 세세히 그려내어 정리하는 것이 불가피하다. 따라서 이 글에서는 인류학적 관점에서 당사자들에게 접근해 3대, 경우에 따라서는 4대에 걸친 가족사를 정리하면서, 그들의 무국적·복수국적에 대한 경험과 국적에 대한 생각을 구체적인 사례를 통해 소개하고자 한다.

Ⅱ. 동아시아의 틈새에 있는 화교·화인들

이 글은 동아시아 틈새에 있는 사람 중에서도, 특히 화교·화인과 그 가족에 대한 사례 연구이다. 차이니즈 디아스포라(Chinese Diaspora)라고도 불리는 화교·화인은 전세계 방방곡곡에 삶의 터전을 마련해 있다. 이민자인 그들은 현지사회에 융합해 토착화된 경우도 많지만, 민족적 동질성과 단일민족에 대한 환상, 그리고 혈통을 중시하는 동아시아에서는 차별받기 쉬운 위치에 있다. 동아시아 각국의 국적법은 혈통주의를 기본으로 한다. 외견은 같은 아시아인으로 유사하지만, 국적에 의한 구별과 차별의식은 여전히 짙게 남아있다.

아울러 동아시아를 둘러싼 국제관계나 각국의 법 제도는 복잡하게 얽혀있어 간단히 해결하거나 정리하기 어렵다. 중국과 대만을 예로 들자면, 중화인민공화국과 중화민국이라는 두 개의 정치적 실체가 존재하지만, 양자는 '중국'의 정통성을 두고 싸우고 있다. 그래서 어떤 나라가 이 두 개의 정부와 동시에 국교를 맺는 것은 불가능하다. '중국'은 하나라는 명분 때문에, 두 개의 정부를 각각 별개의 나라로 평등하게 대하고 싶어도 그럴 수 없는 것이 실정이다. 즉 외교 관계에서 중화인민공화국인지 중화민국인지를 취사선택해야만 한다. 예컨대 일본은 1972년, 한국은 1992년에 중화인민공화국과 국교를 정상화하면서 중화민국과는 단교했다.

이 글에서 소개하는 화교·화인의 가족사를 거슬러 올라가면, 그들은 중국과 대만이 분열되기 전에 이주했다. 당시 그들은 '중국=중화민국'의 신분증명서를 소지했다. 그들에게 원래 '중국'은 하나였는데, 1949년에 신중국이 성립해 조국인 '중국'이 중화인민공화국과 중화민국으로 분열되면서 취사선택에 내몰리게 된 것이다. 그들이 이주한 국가(본문에서는 한국과 일본에 주목)가 국제관계의 변화에 따라 어느 쪽 정부를 '중국'의 정통정부로 간주하고 국교를 맺는가에 따라 재류 화교·화인들의 법적 지위도 달라졌다.

화교·화인들이 거주하는 국가가 외교 관계에 따라 중화민국 국적을 인정하지 않기 때문에 귀화나 행정업무를 처리할 때 중화민국이 발행한 서류를 다루는 데 통일성이 없는 경우가 발생한다. 렌호 씨처럼 일본 국적을 취득하고 중화민국 국적도 유지해 복수국적자로 이슈화 되는 일도 있지만,

일본인이 중화민국 국적을 취득한 후 일본 국적을 포기하려 해도 일본 측에서 중화민국 국적을 인정하지 않기 때문에 일본 국적을 포기하지 못한 채 일본과 중화민국 양쪽의 국적을 가진 채로 살아가는 사람도 있다. 그리고 화교·화인 중에는 거주국 국적도 없고 중화인민공화국 혹은 중화민국에도 출생신고서를 내지 않아 사실상 무국적인 사람도 있다.

Ⅲ. 중화민국의 무호적(無戶籍) 국민

화교·화인의 개별 사례를 소개하기 전에, 우선 중화민국의 무호적 국민에 대해 개괄하고자 한다. 중화민국 무호적 국민은 중화민국에 호적이 없는 국민을 일컫는다. 중화민국의 국적법은 중국 대륙, 홍콩, 마카오를 비롯한 해외 화인을 중화민국 국민으로 간주한다. 따라서 이 사람들은 모두 중화민국의 외교적 보호를 받을 수 있다. 중화민국 국적은 대만에 거류하는데 필요하지만 충분한 조건은 아니다. 무호적 국민은 중화민국에 입국하기 위해 '출입국 및 이민법(出入國及移民法)'의 관리를 받고, 과거 2년 이내 대만에 1년 이상 거류하면 국민건강보험(全民健康保險)과 같은 제도의 혜택을 누릴 수 있게 된다. 또 무호적 국민은 병역 의무가 면제된다.

무호적 국민은 중화민국 정부가 중국 대륙에 대한 주권을 주장하면서 발생한 것이다. 이런 맥락에서 중화인민공화국의 인민과 많은 해외 화인은 모두 중화민국 국적법에서 중화민국 국민으로 간주된다. 무호적 국민과 상반되는 국민 범주로 호적을 가진다는 의미의 '유호적 국민(有戶籍國民)'이 있다. 대만에서는 각종 권리와 의무는 후자만이 누릴 수 있다. 전자인 무호적 국민은 중화민국 이민법규의 관리하에 놓인다. 요컨대 완벽한 국민이 아니고 '반은 외부자'로 취급된다.

중화민국의 '출입국 및 이민법'은 무호적 국민을 중화민국 영토 외에 거주하고 대만 호적을 가지지 않은 자로 정의한다. 홍콩, 마카오, 대륙에서 대만으로 입경한 사람들은 누구든 중화민국 국민으로 간주하고 있다. 만약 이들이 대만에 호적 등록을 하지 않은 경우는 비자가 아니라 '입출경 허가증(入出境許可證)'을 신청해야 한다. 그리고 대만에 거류하는 경우 '외교거류증(外僑居留證)=외국인거류증'과는 다른 '대만지구거류증(臺灣地區居留證)'과 같은, 그 사람의 신분에 맞는 거류증을 신청하지 않으면 안 된다.

필리핀에는 약 2,000명의 무호적 국민이 거주하고 있다. 많은 필리핀 화인의 부모는 중화민국 관할 하에 있던 중국 대륙 출신자들이고 그들은 중화민국 국적을 가지고 있었다. 그리고 동시에 필리핀 국적도 취득해 복수국적자였을 가능성도 있다. 이들 중에는 부모가 대만 정부에 출생신고 등의 행정 수속을 밟지 않아 무호적 국민이 된 사람들이 많다. 이 외에도 태국 북부에 남겨진 중화민국 육군 병사들은 국공내전이 끝날 때 윈난성(雲南省)에서 태국 북부나 버마 북부로 도망쳐 무호적 국민이 되었다. 일본이나 한국에도 중화민국의 무호적 국민이 존재한다는 것은 알려져 있다. 특히 일본과 한국은 혈통주의로 현지 국적을 취득하지 않고 중화민국의 무호적 국민으로 있을 경우 이들은 사실상 무국적자라고 해도 과언이 아니다.

중화민국에서 무호적 국민은 대만 정부의 여권을 취득할 수 있다. 하지만 그것은 호적을 가진 일반 국민의 여권과 달리, 중화민국 국민의 신분증에 있는 ID 번호가 기재되어 있지 않다. 아울러 예전에는 무호적 국민이 소지한 여권의 번호가 모두 'X'로 시작했기 때문에 통상적으로 'X여권'으로 불리기도 했다.

무호적 국민은 대만의 의료서비스를 받을 때 필요한 국민건강보험의 혜택을 누릴 수가 없나. 또 '취업복무법(就業服務法)' 제79조에 따르면, 내정부이민서(內政部移民署)의 규정에서 무호적 국민은 취업허가를 신청하지 않으면 대만에서 일 할 수 없다. 중화민국 국적만 가지고 다른 국적을 가지지 않은 무호적 국민만이 그 허가신청을 면제받을 수 있다. 그리고 '자국으로의 귀화 및 귀국 교민 복역판법(歸化我國國籍者及歸國僑民服役辦法)' 제3조에 따르면, 무호적 국민은 징병 대상이 아니며 호적을 등록한 후 1년이 지난 후에 비로소 복역의 의무가 발생한다.

위와 같이 중화민국 무호적 국민은 중화민국에 호적 등록을 하지 않는 한 국가와 개인이 통상적으로 가지는 법적 연대를 가진다고 하기 힘들고, '반은 외부자'로 취급된다고 해도 과언이 아닐 것이다.

Ⅳ. 사례연구

다음에서는 국가의 시점이 아니라 각 개인이 국가 간 틈새에서 무국적이나 복수국적과 같은 국적 문제를 겪으며 어떤 정체성을 가지는지에 대한 인터뷰 내용을 소개하고자 한다. 모두 가명을 사용했다.

1. 리아이리(李愛理)의 사례

아버지: 리종다오(李中道). 1952년 한국 출생 화교. 현재 일본·대만 복수국적
친어머니: 일본인
새어머니: 한국 출생 화교(새어머니의 아버지: 화교, 새어머니의 어머니: 한국인). 현재, 일본·대만 복수국적
리아이리: 1977년, 일본 오사카 출생. 생모는 일본인이지만 출생 당시 일본은 부계 혈통주의였기 때문에 중화민국 국적. 대만에는 호적이 없어 무호적 국민. 대만에 가기 위해서는 비자 취득이 필요. 현재는 미국 국적, 중화민국 무호적 국민(X여권 보유), 그리고 일본 영주권자.
여동생: 리아이유(李愛佑). 1978년 일본 출생. 중화민국 무호적 국민(X여권 보유), 일본 영주권자.

○ 리씨 일가의 가족사

아이리 씨의 할아버지는 중국 산둥성(山東省)에서 태어나 증조할아버지와 함께 한국으로 이주했다. 아버지는 한국 출생 화교로 중화민국이 발행하는 X여권을 가지고 있다. X여권으로 대만에 입국하기 위해서는 비자가 필요하며 일반 국민과 동등하게 취급되지 않기 때문에 여러 가지 불편함이 있다. 아버지는 18세에 '귀국생(僑生)' 자격으로 대만에서 유학을 했고, 당시 호적을 신청하는 절차를 밟았다. 이후 아버지는 1970년대 일본에서 대학원을 다닐 때 만난 일본인 여성과 결혼했다. 대학원에 다니면서 아르바이트를 해서 생계를 유지했다.

○ 출생에서 유년기

아이리 씨는 1977년 일본 오사카(大阪)에서 태어났다. 아버지는 한국 화교, 어머니는 일본인이다. 이듬해 1978년에 여동생 아이유 씨가 태어났고, 아이리 씨가 네 살 때 부모님은 이혼했다. 당시 일본은 부계 혈통주의였기 때문에 아이리 씨 자매는 아버지의 중화민국 국적을 부여받았다. 아이리 씨와 여동생은 중화민국 X여권을 소지하고, 일본에서는 영주권자이며, 대만과 일본, 어디에도 호적은 등록되어 있지 않다. 사실상 무국적 상태였다고 볼 수 있다.

부모 이혼 후 자매는 한국에 있는 조부모 집에 맡겨졌다. 한국에 있던 할머니는 여동생의 식당에서 식사 도중에 갑자기 쓰러져 사망했다. 상주를 하기 위해서는 희사(喜事)를 해야 한다는 친족들의 조언으로 아버지는 급히 맞선을 보고 결혼을 했다. 그 상대는 한국인과 화교를 부모로 둔 여성이었다. 새어머니는 중화민국 X여권을 가지고 있다.

아버지와 새어머니 사이에 딸 두 명이 태어나 아이리 씨 가족은 모두 여섯 명이 되었다. 아이리 씨와 아이유 씨를 제외한 네 명은 일본으로 귀화해 일본과 중화민국의 복수국적이다. 역설적으로 일본 혈통을 이어받은 아이리 씨와 아이유 씨만 일본 국적이 없다.

아이리 씨와 아이유 씨는 유년기를 한국에서 보낸 후 오사카중화학교(大阪中華學校)를 다녔다. 이후 일본의 중학교로 진학했다. 17~18세 때, 아이리 씨가 외국인등록증명서를 가지고 구청에 갱신하러 갔을 때, 구청 직원이 아이리 씨의 어머니가 일본 국적자인 것을 보고 '왜 일본 국적을 취득하지 않느냐'고 물어본 적이 있다고 한다. 아이리 씨는 일본 영주권자로 일본 국적에 관심이 없었기 때문에 취득 절차를 밟지 않았다. 당시 자신은 일본인이라기보다는 중국인이라는 의식이 강했다. 실제 이름을 통해서 타인에게도 중국인이라고 인식되었다.

○ 고교 유학, 미국 국적 취득

아이리 씨는 1994년 고등학교 1학년 때, 미국 영주권을 가진 고모의 도움으로 미국으로 유학을 갔다. 일본의 고등학교에 입학한 상태에서 뉴욕의 버팔로로 이주한 것이다. 사촌들도 중학생 때부터 미국으로 간 경우가 많았다. 당시 이 고모에게 의지해 많은 친척이 미국 영주권을 취득했는데, 친척들이 대부분 영주권을 가지고 있어 하와이 등지에서 모이기도 했다. 친척들은 한국 화교로 한국사회에서는 차별을 받았고, 중화민국에서는 무호적 국민으로 '국민의 권리'를 충분히 누릴 수 없었다. 그래서 시민권 취득에 아주 민감했다.

영주권을 가지고 있던 아이리 씨는 이주 후 5년 후에 미국 시민권을 신청했다. 고등학교 졸업 후 대학 진학까지 반년 정도 미국에서 할 일이 없어 친척들이 있는 한국에 가 있었다. 반년간 유효한 저렴한 항공권을 구매해서 179일간 한국에 체류한 후 미국으로 돌아갔다. 실제 미국 시민권 취득에는 5년간 연속으로 매년 180일 이상 미국에 체재하지 않으면 안 되는 규정이 있고, 아이리 씨는 겨우 그 조건을 맞출 수 있었다고 한다. 미국 시민권 취득 인터뷰에서, '왜 179일만에 돌아왔나? 계획적인 것이 아닌가'라는 질문을 받았다. 아이리 씨는 '단지 저렴한 항공권을 구입했기 때문이었다'고 대답했다. 그녀는 운 좋게 미국 시민권을 획득했다. 사촌 중에는 영주권을 보유한 시기에 일 년간 교환학생으로 외국에 체류해서 미국 시민권을 획득하는 데 시간이 더 걸리기도 했다. 또 다른 사촌도 일 년 중 한국 체류 기간이 길어서 13세에 영주권이 취소되고, 그 후 10년 동안 미국에 입국할 수 없었다고 한다.

아이리 씨는 20대 초에 미국 국적을 취득했다. 미국 여권의 이름은 X 여권의 이름에 따라 Aili Lee로 했다. 통상적으로 사용하는 영어 이름 'Aileen으로 하지 않아도 되는가'라는 질문을 받았지만, 대학 졸업 증명서 등과 달라지는 것을 걱정해 이름을 바꾸지 않았다. 대만의 X여권에는 본명 외에 영문명 Also known as Aileen Lee라고 기재되어 있다. 미국 여권에도 Also known as가 있었다면 넣으려고 했지만 그런 칸이 없어 본명만을 기재했다.

○ 중화민국 국적보다는 미국 국적이 중요

아이리 씨는 일본 영주권자로 재류카드 상의 국적은 대만으로 기재되어 있다. 미국 국적을 취득했지만, 일본 재류카드의 국적은 미국으로 변경하지 않았다. 왜냐하면, 만일 언젠가 일본 국적으로 귀화할 때 '대만 국적은 포기해도 되지만 미국 국적은 포기하고 싶지 않기 때문'이라고 했다. 아이리 씨는 미국 국적을 취득한 후 일본에 일시귀국했을 때, 구청에 가서 재류카드 상의 국적란의 기재를 변경해야 하는지 상담했고, 담당자는 본인의 판단이라고 했다. 아울러 그때 일본 국적으로 귀화할 경우 일본에 등록된 국적을 포기하지 않으면 안 된다는 것을 알게 되었다. 대만과 미국을 비교해서 어느 쪽이냐고 하면 미국 국적을 유지하고 싶어 일본 재류카드 상의 국적은 대만으로 유지하고 있다.

○ 일본인 남편과 아이리 씨 사이에서 태어난 아들은 "일본인이 아니라고?"

아이리 씨는 미국에서 일본인 남성과 결혼했다. 둘은 언젠가는 일본으로 귀국할 생각이었다. 아이리 씨는 2001년에, 남편은 2004년에 미국 국적을 취득했다. 2005년에 아이리 씨 부부는 일본에 일시 귀국했다. 남편은 미국 국적과 일본 국적을 모두 유지한 상태였다.

일본에 재류하던 2006년 10월 장남 다이이치가 태어났다. 미국에서 확인했을 때, 미국 국적과 일본 국적을 가진 사람이 일본에서 자녀를 출산한 경우, 일본 정부에 출생신고서를 제출해 호적 등록을 한 후 미국 대사관에도 출생신고를 하면 그 자녀는 미국 국적을 취득할 수 있다고 했다. 즉 복수국적이 될 수 있다는 것이다. 그 조언대로 아들 다이이치를 출산한 후 남편은 우선 일본 구청에 출생신고서를 내고 미국 대사관에도 출생신고서를 제출했다.

그때 미국 대사관의 일본인 직원은 남편이 미국과 일본 복수국적을 유지하고 있다는 것을 알고, '미국 국적을 취득했다면 일본 국적을 말소하지 않으면 안 된다. 그렇지 않으면 미국 측에 제출하는 자녀의 출생신고를 수리할 수 없다'고 했다. 도쿄가정재판소와 도쿄미국대사관 등을 거친 후, 결국 남편과 아들의 일본 국적은 말소되었고 최종적으로 미국 국적만 남게 되었다.

일본 국적을 상실했을 때 남편과 남편의 부모는 상당히 큰 충격을 받았다. 결과적으로 아이리 씨와 남편, 그리고 아들의 국적 및 법적 지위는 다음과 같다. 아이리 씨는 미국 국적자이자 중화민국 무호적 국민(X여권), 일본 영주권자로 재류카드 상의 국적은 대만이다. 남편은 원래 일본 국적이었지만 현재 미국 국적이다. 일본의 영주권자로 재류카드 국적은 미국. 이름은 원래 일본식 이름을 가타카나로 표기했다. 그리고 아들 다이이치는 미국 국적, 중화민국 무호적 국민(X여권), 그리고 일본의 영주권자이다.

중화민국의 X여권은 아이리 씨의 부친이 노력해서 취득했는데 아이리 씨는 별로 필요성을 느끼지 않아 아들의 X여권은 갱신하지 않고 있다고 했다. 다이이치는 일본의 영주권자로, 재류카드 상 국적은 미국, 이름은 가타카나로 표기한다. 남편과 아들의 신분증명서에 한자 표기는 없어지고 원래 본명이었던 한자 이름은 통명이 되었다.

○ "에? 내가 일본인이 아니라고?": 국적과 정체성

아이리 씨 가족이 생활하는 미국에는 일본 문부과학성(文部科學省)의 인정을 받은 보습학교(補習授業校)가 있다. 일본 국적의 아이들은 무상으로 교재를 받을 수 있는데, 다이이치는 미국 국적이라 구입을 해야 한다. 친구들과의 차이를 이상하게 생각한 다이이치는 "에? 내가 일본인이 아니라고?"하며 충격을 감추지 못했다. 아이리 씨 가족은 미국에서 살고 있지만, 가정에서는 일본어를 사용한다. 그래서 일본 국적이 없어서 일본인으로 인정되지 않는다는 사실을 다이이치는 이해할 수 없었다. 아이리 씨는 "복수국적이라면 알기 쉽고 아이도 이해하기 쉬울 거예요. 아이들에게는 양쪽 모두 당연한 건데, 자신이 일본인으로 인정되지 않는 것에 충격을 받았어요." "일본에서 태어나서 두 살 반에 미국에 왔어요. 아빠도 일본인이고 집에서는 일본어를 쓰는데 왜 일본인이 아니라고 하지?"라고 다이이치는 의문을 가졌다고 한다.

○ 이름으로 국적을 판단하는 일본의 사고방식은 없어지길

보습학교에서 아들이 열이 났을 때 아이리 씨는 몹시 불쾌한 경험을 했다. 학교에서는 아이가 열이 난다고 남편에게만 전화를 했다. 왜냐하면 다이이치의 서류에서 아버지 이름만 일본인으로 보였고 어머니 이름은 일본인이 아니어서 일본어를 못한다고 생각했기 때문이었다. 남편에게 수차례 전화해도 연결이 되지 않자 그제야 선생님은 다이이치에게 "엄마는 일본어 할 수 있어?"라고 물어봤다고 한다.

아이리 씨는 보습학교의 이러한 외국인에 대한 배타적이고 폐쇄적인 대응은 없어져야 한다고 생각했다. "일본에서는 이름으로 그 사람이 어느 나라 사람인지 판단해버린다. 미국에서는 그런 사고방식이 없어서 마음이 편하다. 미국에서는 이름은 신경 쓰지 않고 일단 영어로 말을 걸어온다. 반면 일본은 자주 이름으로 판단해버리는 게 아쉽다."

일본에 있을 때도 마찬가지로, 아이리 씨의 이름을 보고 일본어를 못할 거라 생각하고 병원에서 의사가 종이에 한자로 "감기(風邪)"라고 써서 설명한 적도 있었다. 감기는 중국어로 "感冒"라고 표기해 한자로 그렇게 써도 중국어로는 병이 아닌 다른 의미를 가진다. "일본에서는 지금까지도 이름으로 사람의 국적을 판단하는데 그런 사고와 잠재적 선입견은 없어져야 한다"고 아이리 씨는 말한다.

○ 호적·국적은 혈통? 아니면 권리획득?

아이리 씨의 아버지는 재혼 후 딸 둘을 낳아 아이리 씨 가족은 모두 여섯 명이다. 2004년에 할아버지가 74세로 타계한 후, 이듬해 아버지는 일본 국적으로 귀화하기로 했다. 아이러니하게도 현재 가족 중에서 일본 국적이 없는 사람은 실제 일본인의 혈통을 이어받은 아이리 씨와 여동생 아이유 씨뿐이며, 아버지와 새어머니, 그리고 두 여동생은 귀화해서 일본 국적을 취득했다. 네 명은 대만에도 호적 등록을 해서 사실상 복수국적 상태이다. 대만 호적을 신청한 것은 의료서비스를 누리기 위해서라고 한다.

아버지는 8형제이며, 한국 화교인 친척들은 중화민국에 대한 애국심이 강하다. 친척들은 중화민국 무호적 국민의 X여권을 소지하고 있다. 한국에 있는 숙부는 지금도 한국 국적 없이 X여권만 가지고 있어 사실상 무국적자이다. 해외로 도항할 때 불편한 경험이 많아 대만 정부의 X여권 보유자에 대한 대우에 불만을 가지고 데모나 언론을 통해 제도 개선을 주장하고 있다.

숙모나 다른 친척은 미국이나 말레이시아로 이주해 현지 국적을 취득했다. 부친의 다른 형제자매는 모두 대만에 1년 살고 대만 호적을 신청해 의료복지를 누릴 수 있게 되었다. 한국 화교로 차별을 견뎌왔기 때문에 국적이나 시민권에는 특히 민감하다. 획득할 수 있는 권리는 가능한 획득 하려고 필사적으로 노력하고 있다는 것을 알 수 있었다.

○ 여동생은 사실상 무국적

아버지가 귀화할 때 아이리 씨와 아이유 씨는 일본 국적을 취득하지 않았다. 아이리 씨는 이미 미국 국적을 취득했기 때문에 필요하다고 생각하지 않았다. 아이유 씨는 국적에 관심이 없고 귀찮다는 이유였다. 아이리 씨가 보기에 "동생은 보통의 일본인처럼 국적에 관심이 없었다"고 한다. 아이유 씨의 남편은 일본인이고 세 명의 자녀들도 모두 일본 국적을 가지고 있다. 아이유 씨는 일본 영주권자로 특별히 불편을 느끼지 않았기 때문에 대만의 X여권으로 생활해왔다. 7년 동안 X여권을 갱신하지 않은 상태로 방치했고 외국에도 가지 않았다.

현재 아이유 씨는 아버지의 사업을 이어받아 해외 출장이 늘었다. 특히 중국에 갈 일이 많은데, 그러기 위해서는 중국대사관에 "여행증"을 신청해서 그것을 도항서로 사용하고 있다. 친척들을 만나기 위해 미국에 가기 위해서는 몇 달 전부터 비자를 신청해야 하고 대만에 갈 때도 비자가 필요하다. X여권으로는 어디를 가려고 해도 불편해서 마흔 살이 넘은 지금에서야 일본으로 귀화하기 위한 준비를 시작했다. 일본인 생모를 만나 호적 등 필요한 서류를 받았다. '귀화할 때 지금까지 써온 이름은 바꾸고 싶지 않다'고 했다.

○ 코로나19와 국적

아이리 씨와 아이유 씨는 코로나19 상황에서 국적과 사람의 생명에 대해 다시 생각하게 되었다. 미국 국적인 아이리 씨는 '긴급 사태 때 바로 미국 정부가 메일로 안부를 확인하고 필요할 때 지원하겠다'는 연락을 했다고 한다. 반면 여동생인 아이유 씨는 어느 정부로부터도 연락이 없는 사실상 무국적 상태였다. 코로나19가 발생했을 때도 아이유 씨에게 '만약 네가 우한(武漢)에 있었다면 어느 국가로부터도 도움받지 못했을 것이'라고 했다. 일본은 우한에 전세기를 보내 일본 국적자만 귀국시켰다. 전세기로 구조한 사람의 순서는 우선 일본 국적자, 다음으로 일본인의 배우자, 그다음으로 일본 영주권자나 체류자격을 가진 외국인이었다. 이를 계기로 아이유 씨는 긴급 사태 때 국적이 중요하다는 것을 실감했다.

○ 복수국적의 경우, 출입국 시에 어떻게 하나.

복수국적인 아이리 씨에게 해외로 나갈 때 어떻게 하는지 물어보니, 항공사 카운터에서는 여권을 두 개 다 보여준다고 한다. 왜냐하면, 항공사는 입국 가능한 비자가 있는지 확인할 필요가 있기 때문이다. 한편 일본으로 입국할 때는 대만 여권만 보여주고, 미국에서는 미국 여권만 보여준다.

아이리 씨는 일본에 입국할 때, 미국 여권을 가지고 여행자로 출입국 할 수도 있다. 그러면 재류 기간이 90일이다. 아이리 씨는 일본의 영주권자이기 때문에 '간주재입국(みなし再入国)'으로 입국하는 것도 물론 가능하다. 그때는 일본 재류카드에 등록된 국적국의 여권(중화민국의 X여권)을 사용하고 있다. 영주권자의 경우 1년 이내에 일본에 재입국하면 간주재입국이 적용되어 통상적인 재입국 절차를 밟을 필요가 없다. 단, 1년 이상 일본을 떠나있을 경우 재입국을 절차를 밟아야 한다. 아이리 씨는 언제나 혹시나 해서 '간주재입국이 아닙니다'라고 하고 재입국을 갱신해서 출국한다.

○ 복수국적의 장단점

복수국적자이면서 일본의 영주권자이기도 한 아이리 씨에게 그것의 장단점을 물어보니 단점은 별로 생각나지 않는다고 했다. '굳이 말하자면, 별거 아니지만 JR의 레일 패스를 쓸 수 없다는 거? 일본 국적으로 미국 영주권을 가지고 있는 사람은 레일 패스를 쓸 수 있는데, 일본 영주권자는 레일 패스를 쓸 수 없다'고 한다.

아들은 미국 국적과 일본 영주권자(등록상 중화민국 국적)이다. 아들은 미국 여권으로 일본에 출입국하고 있어 서류상으로는 일본에 거주하는 것으로 되어있다. 그런데 등교하지 않아 일본에서는 행방불명 아동으로 취급된다. 종종 구청에서 친정으로 연락을 해서 아들을 만나러 오겠다고 한다. 부등교(不登校)나 학대를 의심받고 있을 가능성이 있을 것이다. 그래서 아이리 씨는 가족들에게 아이가 '유학 중'이라고 대답하라고 일러두었다.

세금은 일본과 미국, 양쪽에 내고 있다. 일본에서는 가족 경영으로 운영되는 아버지의 회사가 있어 수입이 있는 형태로 아이리 씨의 재류 자격을 유지하고 있다. 절차가 번거롭고 세금이나 보험료도 내야 해서 지출이 적지 않다.

복수국적의 이점은 '재해가 있을 때 미국 국적을 취득해두어서 다행이라고 생각한 적이 많다'고 한다. 동일본대지진 때도 미국에서 연락이 와서 도움이 필요하면 제공하겠다고 했다. 이번 팬데믹 때도 안부확인과 버스나 전세기 안내 메일이 왔다. 반면 대만 국적을 유지하고 있지만 어떤 편리함도 느끼지 않는다고 한다. 무호적 국민이기 때문에 미국과 같은 보호와 지원을 기대할 수 없다.

○ 아이리 씨의 정체성

지금까지 살았던 나라는 미국, 한국(1년, 유치원생 시기), 그리고 일본

(6세부터 17세까지)이다. 실제 중화권에서 생활한 적은 없다. 그렇지만, 아이리 씨는 일본인과 있을 때는 '중국인'의 입장에서 이야기하는 일이 많다. 한편, 대만인에게는 '일본인은 OOO기 때문에'라고 또 다른 입장에서 이야기한다. 상대에 따라 자신의 정체성이 바뀌는 것을 자각하고 있다.

친정에서 먹는 음식은 주로 한식이다. 그런데 일식을 좋아하고 미각은 일본인에 가깝다고 생각한다. '나는 어느 나라 사람인가' 자문하기도 하지만, 아버지의 영향도 있어, '중국인, 특히 산둥인'의 정체성이 있다는 것은 확실하다. 어릴 때부터 '당시300수(唐詩300首)'나 '이십사효(二十四孝)', '마지막 황제'와 같은 중국어로 된 책을 많이 읽어 '세뇌된 것 같다'고 하며 웃었다.

지금은 미국에 있는 '이금기(李錦記)'라는 홍콩계 회사에서 일하고 있는데, 거기서 아이리 씨는 동료에게 "너희 일본인(你們日本人)은"이라는 말을 듣기도 한다. 그러면 확실히 자신은 중화권에서 살아본 적이 없고 일본에서 오래 살았기 때문에 일본인 같은 면이 있긴 하지만 일본 국적자는 아니라서 '나는 일본인이 아닌데'라는 생각이 드는 것을 의식하게 된다.

○ 일본보다 미국이 편하다

자신의 복잡한 배경과 정체성을 미국에 있는 지인 중에서는 이해해주는 사람이 많다. 미국은 이민 국가라서 이것을 당연히 여기는 사람이 많기 때문일 것이다. 미국도 그렇지만 대만에서도 국적을 세 개나 네 개씩 가지고 있는 사람이 많다.

한편 렌호 씨를 계기로 복수국적이 문제시되고 있는 일본은 아직 폐쇄적이라고 생각할 때가 많다. 일본에 대해 '더 미국적인 사고를 했으면 좋겠다고 생각한다. 실제 일본과 미국의 복수국적을 가진 유명한 테니스 선수 오사카 나오미(大坂なおみ)처럼 일본에도 다양한 복수국적자의 사례가 있을 건데, 아직 보통사람들이 자신의 주변 일로 생각하지 않는 것 같다'고 했다.

2. 손진잉(孫金英)/토모야마 토모코(杜山友子)의 사례

> 손진잉: 1971년 한국 출생
> 아버지: 손춘팅(孫椿廷)은 한국 화교 2세, 1945년 서울 출생
> 어머니: 이춘영(李春英)은 한국인
> 현재, 진잉 씨는 귀화해서 일본 국적이고, 남편은 중화민국 국적, 두 딸은 일본과 중화민국 복수국적

○ 손진잉 씨의 가족사

손진잉 씨의 아버지는 1945년, 서울에서 태어났다. 할아버지는 중국 산둥성 출신, 할머니는 한국 국적(외증조할아버지는 한국인, 외증조할머니는 화교 혼혈), 새할머니는 한국인이었다. 아버지는 한국 혈통을 이어받았지만, 할아버지가 중화민국 국적이었기 때문에 중화민국 국적, 소위 무호적 국민이 되었다. 진잉 씨의 어머니는 1949년생 한국인이다. 진잉 씨는 1970년 한국에서 태어났고, 부계 혈통주의에 따라 중화민국 국적이 되었다. '그런데 실제 나는 중국보다 한국 혈통이 강할 것이다. 75% 한국인의 피를 이어받았으니까'라고 한다.

당시 한국사회에는 중국인에 대한 차별의식이 있어 화교 아버지와 한국인 어머니의 혼인을 가족들은 인정하지 않았다. 아버지 쪽도 어머니 쪽도 둘의 결혼을 반대했다. 혼인을 인정받지 못한 채 양친은 동거를 했고 진잉 씨를 낳았다. 진잉 씨는 두 살이 될 때까지 어디에도 출생신고를 하지 못하고 호적이 없는 채로 컸다. 어머니 쪽 숙부의 호적에 등록하는 것도 검토하다가, 결국 두 살 때 아버지 쪽 호적으로 출생신고를 했다. 당시 주한중화민국대사관에 할아버지의 지인이 있어서 부탁할 수 있었다고 한다.

할아버지는 장사로 성공해 2층 건물을 지었고, 당시 한국사회에서는

부유층에 속했다. 마흔 살에 재혼한 열 살 어린 한국인 부인에게 배신을 당한 경험이 있어서 한국인 여성에 대한 트라우마가 있었다. 그래서 아들이 한국인 여성과 결혼하는 것에 강한 반감을 가졌고, 진잉 씨가 네 살이 될 때까지 부모님의 결혼을 인정해주지 않았다. 진잉 씨의 어머니는 한국 국적이었지만 1970년대 초 아버지와 결혼하면서 중화민국 국적으로 귀화했다. 진잉 씨는 어머니와 여동생 세 명이 함께 찍은 사진이 붙은 중화민국 여권을 아직도 선명하게 기억하고 있다.

○ 아버지의 배경

1945년 서울에서 태어난 아버지는 한국 화교로 교육을 받았고 조국은 중화민국(대만)이라고 배우면서 컸다. 박정희 정권 시대의 한국사회에서는 화교에 대한 차별이 강해 고등교육을 받고 졸업을 해도 취직하기가 힘들었다. 할아버지는 중화민국 외교부와 가깝다는 이유로 한국의 국가안보국(國安局)에 스파이 용의로 두 차례 수감 되기도 했다. 화교가 경영하는 중화요리점 등은 종종 부당한 임대료(地場代)를 요구받기도 했다. 이러한 차별적 대우에서 벗어나기 위해 도미(渡美)하는 한국 화교가 많았다.

영어에 능숙했던 아버지는 한국의 미군기지에서 통역 일을 했다. 그때 미국인의 아시아인에 대한 차별을 경험했다. 중국인 차별이 점점 심해져서 한국을 떠나기로 했을 때, 미국과 일본으로 갈 선택지가 있었다. 미국인의 아시아인에 대한 차별이 심하다는 것은 알았지만, 일본에 대한 정보는 별로 없었고 외견이 같은 아시아인이라는 점도 있어, 일본으로 가기로 결심했다. 당시 일본은 아시아에서 가장 발전한 인기 있는 이주국이었다.

1974년 여동생이 태어난 직후 아버지가 혼자 일본으로 갔다. 처음에는 관광비자로 입국했다. 체류 기간이 거의 끝나갈 때쯤, 차이나타운에 있는 완푸린(萬福臨)의 사장이 같은 산둥인이라는 것도 있고 해서 비자 연장을 도와주었다. 완푸린에 취직해 취업비자를 취득한 후 매년 일본의 재류 자격을 연장할 수 있었다. 진잉 씨를 비롯한 남은 가족은 1978년 즈음 일본으로 건너갔다. 진잉 씨는 요코하마 차이나타운에 있는 중화학원의 초등학교에 진학했다.

○ 호적 취득(戸籍就籍)을 위해 '조국' 대만으로 갔지만…

진잉 씨 가족은 일본에서 생활한 지 2년 후에 대만으로 이주하기로 했다. 일본의 재류자격은 매년 갱신해야 하는 불안정한 것이었기 때문이다. 중화민국 국적이라고 해도 무호적 상태라 이동이 불편하고 아버지의 일에 지장을 주고 수입도 불안정하게 만들 가능성이 컸다. 아버지는 가족 모두 대만으로 재이주해 호적 등록을 하기로 결단했다. 하루라도 빨리 정착할 수 있는 장소가 필요하다고 생각했기 때문이다.

당시 대만에서 생활하는 한국 화교 중에 보석 매매를 하는 사람들이 적지 않았다. 버마에서 홍콩, 대만 그리고 한국과 일본 등의 경로로, 비취나 다이아몬드를 밀수하는 사람이 있었다. 한국 화교는 무호적이기 때문에 대만으로 이주해도 쉽게 취직하기 힘들었다는 것도 하나의 원인이었을 것이다.

보석 밀수입이나 매매는 대만의 용산사(龍山寺) 시장 안쪽의 지하조직과 같은 곳에서 이루어졌다. 밀매소는 안쪽의 후미진 곳에 있었고 만일 경찰이 오면 탁자를 뒤집어 숨길 수 있었다고 한다. 아버지는 종종 그곳에 진잉 씨를 데리고 갔다. 아이들을 데리고 있으면 의심받지 않았을 뿐만 아니라, 하교하는 학생 같은 진잉 씨의 가방에 보석을 넣어 단속을 피하기도 했다. '나를 데리고 간 것은 부모로서도 살기 위한 고육지책이었을 것이다'라고 진잉 씨는 당시를 회상했다.

한국 화교인 아버지는 대만이 조국이라는 교육을 받았고 그렇게 믿었다. 대만은 좋은 나라이고 대만에 대한 애국심도 가지고 있었지만, 실제로 대만에서 생활한 후에 '아버지는 대만을 조국으로 느끼지 못했다'고 한다. 오히려 대만보다 일본이 자신이 있을 곳이라고 느끼게 되어 일본으로 돌아갈 결심을 한다. 마침 그때 이전부터 교류가 있었던 지인이 '라면집을 해보자'는 제안을 해서 다시 일본으로 돌아가 요코하마에서 수타 라면집을 열게 되었다.

○ 손진잉에서 토모야마 토모코로

일본에 돌아온 후 진잉 씨와 여동생은 중화학원의 초등 과정을 졸업한 후, 일본 공립 중고등학교에서 공부했다. 진잉 씨가 고등학교에 재학할 때, 가족 모두 일본 국적으로 귀화했다. 당시 귀화하고 싶지 않았던 아버지는 차이나타운에 사는 화교 친구에게 국적과 재류 자격에 대해 상의했다. 가족회의도 했다. 자신들과 연고가 있는 나라는 대만, 중국, 한국, 일본으로 네 가지 선택지가 있지만, 아버지는 대만에서 살았던 수년의 경험으로 대만이 조국이 아니라고 느껴버렸다. 문화적으로는 '중국인'이라고 생각하지만, 중국에 사는 것은 상상할 수 없다는 것에 가족 모두 의견이 일치했다. 한국에 대해서는 그곳이 고향이라는 생각은 있었다. 하지만 당시 한국사회는 화교에 대한 차별이 심해 취직이 불가능했기 때문에 생활하기 힘들었다. 또 어머니의 친척들과 갈등이 있었기 때문에 한국으로는 돌아가고 싶지 않았다. 여동생이 "나는 일본어밖에 모르니까 일본 국적을 원해. 가족 모두 일본 국적을 취득 안 하면 나는 일본사람하고 결혼해서 일본 국적으로 귀화할거야"라고 했다. 어머니도 진잉 씨도 일본 국적으로 귀화하는 것에 찬성했다. 결국 모두 일본 국적으로 귀화하기로 결정했다. 이 결단을 내릴 때 눈물을 흘리던 아버지를 진잉 씨는 지금도 기억하고 있다.

귀화 후에 성을 어떻게 할지 상의했다. 일본인의 흔한 성이 아닌 이주민들 사이에 많은 성을 선택하기로 했다. 고등학교 재학 중에 귀화했기 때문에, 입학 시의 이름과 졸업 시의 이름이 달라지는 것을 어떻게 하면 좋을지 학교와 상의했다. 결국 고등학교 졸업 증서는 입학할 때의 중국 이름으로 발행되었다. 그리고 다음 달 대학 입학부터 일본 이름을 사용했다.

대학에 입학할 때는 호적을 제출해 귀화한 것을 증명하는 것으로 고등학교 졸업 증서도 인정받을 수 있었다.

○ 정체성

가족 모두 일본 국적으로 귀화하는 문제를 상의할 때 진잉 씨는 특별한 저항감이 없었다. 자신의 정체성은 특정 국가나 혈통과 이어진 것이 아니라 더 유연한 것이라고 생각했다. "나는 태어날 때부터 혼혈이었기 때문에 스스로 어떤 한 나라의 국민이 아니라고" 느끼고 있었다. "자신의 나라를 하나로 규정하는 것은 어렵고, 아시아인이라고 생각해왔다" 그리고 "국적은 단지 종잇조각에 불과하다고 여겼다"고 한다. "신분증으로 받은 일본 여권은 소위 아시아인으로서 한 지역의 신분증이고, 국적은 자신에게 유리한지 아닌지에 따라 취득하면 된다고 생각했다." 아울러 일본에 애착이 있고 말도 통하기 때문에 편리하다. 일본에 대한 지식이나 문화에 대한 이해가 있어서 일본 국적 취득에 특별히 저항감이 없었다고 한다.

이렇듯 일본 국적을 가진 진잉 씨는 대만인과 결혼했고, 딸은 일본과 중화민국 복수국적이다. 진잉 씨 자신도 중화민국 국적을 유지해 복수국적자가 될 수 있었지만 그렇게 하지 않았다. 결혼 전에 잠시 대만에 살았을 때, "일본에 돌아가고 싶다"는 망향의 감정을 느꼈다. 일본에 살 때는 일본에 대해 그렇게 강한 감정은 없었고, 오히려 어릴 때부터 "내 조국은 대만"이라는 의식이 있었다. 그런데 성인이 되어 대만에서 살면서 사실은 일본에 대한 애착이 강하다는 것을 느끼고 비로소 알게 된 것이 있었다. 그것은 대만에 대한 애착은 학교나 집에서 교육을 통해 세뇌되어 각인된 정체성이라는 것. 반면 일본에 대한 애착은 생활 속에서 스며든 것으로, 예건대 좋아하는 빵집이나 식당과 같은 아주 감각적인 것이다. 그리고 역사로 배우는 일본의 중국·대만에 대한 침략을 용서하는 것은 어렵고 분노를 느끼지만, 대만에서 지진이 일어나면 그렇게 슬프지 않고 오히려 동일본대

지진은 진심으로 슬프게 느끼는 등의 복잡한 정체성을 가지고 있다고 자기 분석을 했다.

만약 일본과 대만 사이에 전쟁이 일어난다면 아주 슬플 것이고 어느 한 쪽을 지지할 수 없을 것이라고 한다. 하지만 한국과 전쟁이 일어난다면 한국을 지지하지는 않을 거라고 했다. 그것은 한국에서 교육을 받은 적이 없기 때문이라고 분석했다. 그렇다면 일본, 대만, 중국 중에 어디에 가장 정체성을 느끼는지 물으니, 아버지로부터 받은 산둥인이라는 가르침인지 혈통 때문인지 모르겠지만, 대만보다는 '중국'에 정체성이 있다고 한다. 이때 그녀가 말하는 '중국'은 중국 정부보다는 넓은 의미에서 '중국'의 역사·문화에 대한 정체성일 것이다. 한편 남편은 중화민국 국적이고 완전히 대만인으로서의 정체성을 가지고 있다고 한다. 두 사람 사이에서 성장한 딸 딩딩은 일본과 중화민국 복수국적자이다.

○ 딩딩의 복수국적에 대해

딩딩은 1998년 일본에서 태어났다. 앞서 언급한 것처럼 할아버지는 원래 한국 화교(산둥인)이고, 할머니는 한국인, 그 사이에서 태어나 일본에서 성장한 어머니, 진잉 씨(일본 국적)와 대만인(중화민국 국적) 아버지를 두고 있다. 딩딩의 출생신고서는 생후 구청에 제출해 어머니 쪽 호적에 기재되어 딩딩은 일본 국적을 취득했다. 어머니는 퇴원 후, 딩딩의 아버지 국적국인 중화민국에도 딩딩의 출생신고서를 제출하려고 일본에 있는 중화민국 정부기관인 대만경제문화대표처에 갔다.

대만인 직원은 상황을 이해하고 받아주려고 했지만, 일본인 직원은 "딩딩은 이미 일본 국적이 있어서 복수국적이 되기 때문에 대만 측에 제출하는 출생신고서는 접수할 수 없다"고 했다. 일본과 대만 간의 복수국적에 대해 이미 조사를 해간 진잉 씨는 "그럴 리가 없다"고 출생신고서를 접수해달라고 했지만, 일본인 직원은 끝까지 받아주지 않았다.

딸의 아버지가 중화민국 국적이라는 것은 사실이고 대만 측에 출생신고서를 내지 않으면 부친과의 법적 연결성을 증명할 수 없어지기 때문에 안된다고 생각했다. 게다가 부친이 중화민국 국적을 가진 대만인인데, 왜 출생신고서를 받아주지 않는지 이해할 수가 없었다. "그럼 딸의 일본 국적을 포기하고 법률에 따라 딸의 중화민국 국적 취득을 우선적으로 하고 싶다"고 강하게 주장했다. 진잉 씨는 중화민국 국적을 취득한다고 일본 국적을 상실하지 않는다는 일본과 대만 간 국적법의 모순점을 알고 있었다. 결국 출생신고서를 접수해주었고, 딸은 복수국적자가 되었다.

진잉 씨는 자신의 경험도 있었기 때문에 국제결혼한 부모 사이에서 태어난 딸에게 문화와 언어뿐만 아니라 국적도 공평하게 계승해주고 싶었다. 그래서 부모의 국적 어느 한쪽만을 주는 것은 불공평하다고 생각했다. 오히려 아이가 성인이 된 후에 스스로 결정할 수 있도록 해주고 싶었다.

딩딩은 일본에서 태어나 2년간 보육원에 다니고, 초등학교는 대만에서, 중학교 2학년부터 고등학교를 졸업할 때까지 일본에서 공부한 후, 대학은 대만에서 다니고 있다. 진잉 씨가 보기에 딸은 대만을 자신이 있을 곳이라고 생각하고 애착도 강하다. 그렇지만 어머니가 있을 곳은 일본이고 자신이 중국인(외지인)이라는 것도 의식하고 있다. 그리고 아버지가 대만인으로서의 정체성을 가지고 있다는 것도 이해한다.

복수국적자인 딩딩은 단기간 체재할 경우 일본 여권만을 사용한다. 장기간 체재할 때는 양쪽 여권을 제출한다. 그녀는 일본의 국적 선택제도에 따라 22살이 되기 전에 어느 한쪽의 국적을 선택하지 않으면 안 된다. 그때 "일본 국적을 선택"하려고 하지만, 대만 측에서는 복수국적이 허용되기 때문에 중화민국 국적을 포기할 필요는 없다. 아울러 일본 정부는 중화민국을 국가로 승인하지 않기 때문에 원래부터 중화민국 국적을 포기하는 절차는 밟을 수가 없다. 그것은 렌호 씨의 문제로 논의가 엎치락뒤치락해서 더 잘 알려져 있다. 절차상의 선택은 하지만 사실상 복수국적인 채로 있을 수 있다고 생각하고 있다. 게다가 양국에 살았고 교육을 받아 두 나라 모두에 애착을 느끼는 딩딩에게 지금까지 가져온 두 개의 국적 중 하나를 선택하고 다른 쪽을 버린다는 것은 매우 부자연스럽고 비합리적인 일이라고 여겨질 것이다.

○ 복수국적의 장단점

진잉 씨는 복수국적이 이점도 있지만 단점도 있다고 했다. 두 나라에 거주권이 있어 비교적 자유롭지만 그만큼 출입국이나 보험, 세금 등, 양쪽 국가에 행정적인 절차를 밟지 않으면 안 되기 때문에 신경을 곤두세워야 한다.

또 양쪽의 언어를 자유자재로 구사하고 그 문화와 사회에 애착을 가지고 있어도 외교와 관련된 직업을 가질 수 없다. 복수국적을 유지하고자 하면 공무원이 아니라 민간인 신분으로 양 사회의 가교역할을 할 방법을 찾아야 한다.

Ⅴ. 나오며

이 글에서는 일본과 대만의 복수국적자 중에서도 원래 한국 화교였던 두 사례에 주목해 3, 4대에 걸친 가족사를 정리하는 것을 통해, 그들이 일본, 대만, 중국, 한국, 그리고 미국의 틈새에서 법적 지위와 권리, 그리고 안정된 생활을 확보하기 위해 이주를 반복하면서 어떻게 자신의 정체성을 확립해왔는지를 살펴보았다.

무호적·무국적뿐만 아니라 복수국적을 경험한 그들에게 국적은 어디까지나 자신을 지키고 행정서비스를 누리기 위한, 그리고 이동을 자유롭게 하기 위한 도구와 같은 것이었다. 국적은 반드시 정체성과 일치하지 않는다. 또 무호적·무국적을 경험했기 때문에 건강보험과 같은 서비스를 받기 위해서 일정 시간이나 세금을 들여서라도 법적 신분을 확보하려고 노력하는 사례도 볼 수 있었다.

정식으로 국교 관계가 없는 일본과 중화민국(대만), 그리고 한국과 중화민국의 관계성 때문에 무국적이나 복수국적인 채로 살아가는 사람들이 존재하는 것은 당연하다. 그것을 문제시하려면 우선 일본과 대만, 중국 등 동아시아 국가 간 관계로 발생한 정치적, 사회적 모순점을 반성할 필요가 있을 것이다.

국제결혼이 증가하고 사람의 이동도 빈번해진 지금, 국가의 틀에서 개인을 규정하는 것이 아니라 오히려 지역적 시점, 혹은 개인이 스스로 선택한 정치 실체로부터 서비스를 제공받는다는 시점에서 국적이나 법적 연대를 재고해볼 필요가 있는 것은 아닐까. 위의 사례들은 그 필요성과 가능성을 보여주고 있다.

【참고문헌】

〈저서 및 역서〉

國籍問題研究會編, 『二重國籍と日本』, ちくま新書, 2019.

小林知子·陳天璽, 『東アジアのディアスポラ』, 明石書店, 2011.

野嶋剛, 『タイワニーズ－故鄕喪失者の物語』, 小學館, 2018.

王恩美, 『東アジア現代史のなかの韓國華僑－冷戦體製と「祖國」意識』, 三元社, 2008.

遠藤正敬, 『戸籍と國籍の近現代史－民族·血統·日本人』, 明石書店, 2013.

陳天璽, 『華人ディアスポラ――華商のネットワークとアイデンティティ』, 明石書店, 2001.

______, 『無國籍』, 新潮文庫, 2012.

______, 『無國籍と複數國籍―あなたは「ナニジン」ですか？』, 光文社新書, 2022.

Tan, C.B. Routledge handbook of the Chinese diaspora. Routledge, 2013.

〈연구논문〉

武田裏子, 「特集：移民政策と國籍法 複數國籍の是非をめぐる國民的議論に向けた試論」, 『移民政策研究』 11, 2019.

佐々木てる, 「特集：複數國籍容認にむけて―現代日本における重國籍者へのバッシングの社會的背景」, 『移民政策研究』 11, 2019.

11. 동아시아의 난민 정책과 베트남난민 수용

노영순

Ⅰ. 들어가며

20세기 마지막 사반세기 동안 베트남난민으로 인해 동아시아는 아시아 최대의 난민문제이자 트랜스내셔널 이주 문제와 마주했다. 베트남난민을 임시 수용하고 정착시키는 과정에서 한국, 중국, 일본과 홍콩은 난민에 관한 제도와 기구는 물론 의식과 관계를 변화시켰다. 이러한 변화는 일차적으로 일국적인 차원에서 이루어졌으며 설사 양국적이거나 다국적인 측면이 있었다고 하더라도 이는 UN과 미국 중심의 국제질서 속에서였지 동아시아적 맥락을 가지지 못했다. 보다 최근에도 버마난민이나 북한난민처럼 국경을 넘는 난민 문제가 아시아라는 공간에서 발생하고 있지만 이를 개별 국가를 넘어 아시아의 문제로 설정하고 해법을 찾는 방향으로는 나아가고 있지 못한 실정이다. 이러한 상황에서 본 연구는 1970년대 중반에 발생하기 시작한 베트남난민 문제를 한국, 중국, 일본과 홍콩이 어떻게 풀어나갔는지를 살펴보고자 한다. 동아시아 각국이 베트남난민을 구조하고, 임시수용하고, 정착시키는 제반 과정에 대한 종합적이고 회고적인 글쓰기는 아시아 난민 문제를 아시아의 시각에서 볼 수 있는 단초를 마련하는 작업이자 베트남난민 역사를 통해 동아시아 역사를 새로 보기 위한 시도라고 할 수 있다.

동아시아의 베트남난민 구호, 임시수용, 정착 과정을 검토하게 될 본고의 의미는 무엇보다도 베트남난민 문제를 안고 있었던 동아시아 사회를 전체적으로 파악한다는 데에 있다. 이제까지 아시아에서 베트남난민이 학술적인 관심 대상이 되었다면 그 초점은 한국, 중국, 일본과 동남아시아 개별국가들이 베트남난민을 다루는 방식에 있었다. 이는 월경의 문제를 국경 안에 가두어 편협하게 이해함으로써 충분한 역사적 의미나 현재적 함의를 검토하기 어렵게 했다. 더욱이 난민문제에 관한 아시아적 특징의 파악이나 공조와 같은 일정한 전망을 가지고, 동아시아의 베트남난민 수용 역사를 파악하고자 할 경우 이러한 국가 단위만의 분석틀이 갖는 의미는 한정적일 수밖에 없다. 베트남난민 문제와 마주했던 지역으로서의 전체 동아시아를 하나의 시야에 넣어 파악해 보고자 한 의도가 여기에 있다.

본문은 두 개의 장으로 구성된다. 2장에서 여러 상황과 요인의 영향을 받으면서 전개되었던 동아시아 삼국과 홍콩으로의 베트남난민 흐름이 만들어낸 규모와 특징을 국가별 그리고 시기별로 살펴본다. 구조와 임시체류의 대상이 된 베트남난민들이 어떻게 제3국 정착지로 송출되는지, 동아시아 삼국과 홍콩에 정착한 베트남난민들이 구체적으로 어디에서 어떻게 정착하는지, 정착국과 베트남난민들의 문화적 동/이질성은 무엇이었는지를 다룬다. 3장에서는 한·중·일과 홍콩이 베트남난민을 수용하는 과정에서 겪게 되는 제도적, 정책적 변화를 추출해 내고 그 의미를 추적한다. 한편으로는 동아시아 각국의 베트남난민 정책 변화가 글로벌 해법의 공유로 나아가는 방식과, 다른 한편으로는 베트남난민 문제의 국내화라고도 할 수 있는 특수성이 표현되는 방식 모두에 주목하고자 했다. 그 무엇이 되었든 고찰의 대상으로 하고 있는 동아시아 각국의 베트남난민 정책은 역사적 경험으로써 그리고 아시아난민문제의 해결 주체로서의 아시아를 사유하는 데에 유무형의 자산이 될 것이다.

Ⅱ. 동아시아의 베트남난민 수용 규모와 특징

동아시아 삼국과 홍콩이 수용한 베트남난민의 규모는 상당했다. 여기에서 말하는 수용에는 구호, 임시수용(체류), 정착이 모두 포함된다. 사이공이 함락된 1975년 4월부터 1992까지 한국은 3,000여 명을 임시수용했으며 그중에서 600여 명을 정착시켰다. 일본은 18,000명이 넘는 베트남난민을 임시수용했으며 8,600여 명을 정착시켰다. 중국은 260,000여 명을 수용하여 대다수인 250,000명 정도를 정착시켰다. 그리고 홍콩은 200,000명이 넘는 난민을 임시수용했으며 그중 1,500여 명을 정착시켰다. 종합해보면, 동아시아 삼국과 홍콩은 18년간 베트남난민 481,000명을 구호하고 그중 54%인 260,700여 명을 자신의 사회에 정주시킨 것이 된다.[1] 이러한 동아시아에서의 베트남난민 수용 규모가 어느 정도였는지를 파악하기 위해서 전체 베트남난민 통계를 참고할 필요가 있다. UNHCR에 따르면 1975년~1995년 20년간 약 140만이 베트남을 떠나 난민이 되었다.[2] 그중 40%는 합법출국프로그램(Orderly Departure Program, ODP)을 통해 합법·공식적으로 베트남에서 직접 새로운 정착국 공항으로 향한 플래인피플(plane people)이었으며, 60%는 불법·비공식적으로 해로와 육로를 통해 난민제일수용국(first asylum countries)의 난민캠프에 수용되

---

1) 이에 더하여, 대만은 베트남난민 13,000여 명을, 마카오는 30,000여 명을 수용했다. Felix Brender, 「Like the Foam on the Stormy Sea-Vietnamese Boat People in Taiwan」, European Association of Taiwan Studies, http://www.eats-taiwan.eu/newsletters/issue-5/vietnamese-boat-refugees (검색일: 2016.1.10.); 「Priest Awarded for Refugee Service as Macau's Last Camp Closes」, UCANEWS.COM[Asia's most trusted independent catholic news source], August 31, 2015.

2) 이 수치에는 1975년 4월 사이공함락 직전 미국으로 간 133,000명과 프랑스로 간 9,500명, 그리고 1978년 중국으로 간 260,000명은 포함되어 있지 않는 반면, 베트남을 떠났으나 해상에서 목숨을 잃은 이들의 추정치(많게는 구조된 이들의 50%에 달하는)가 포함되어 있다.

었다.[3] 그렇다면 난민제일수용국을 거친 전체 베트남난민은 840,000명이다. 그중에 동아시아가 구호한 베트남난민은 481,000명으로 57%가 넘는다. 그리고 동아시아 국가들은 구호한 베트남난민의 54%가 넘는 260,700명을 정착시켰다. 이러한 동아시아의 베트남난민 수용 규모는 베트남난민의 임시수용 국가가 아세안(ASEAN) 창립을 주도한 동남아시아 5개국과 홍콩이었으며, 베트남난민의 정착 국가는 모두 미국을 비롯한 서방국가였다는 계속되는 오해를 불식시키기에 충분하다고 할 수 있다.

동아시아의 베트남난민 수용 양태를 보다 면밀히 보기 위해 먼저 국가별 그리고 시기별로 그 규모와 특징을 살펴볼 필요가 있다. 베트남난민의 흐름에는 탈출, 구조(구호), 임시수용, 송출, 정착, 정착 후 국내외 재이주 모두가 포함되지만 탈출과 정착 후 국내외 재이주는 본고의 논의에서 제외한다. 동아시아에서의 베트남난민 구조(구호), 임시수용, 송출, 정착이라는 일련의 흐름은 편의상 몇 국면으로 구분하여 논의되겠지만, 때로는 국면을 넘나들며 수용이라는 보다 포괄적인 의미에서 서술될 수도 있다. 다루는 시기는 동아시아 국가들이 베트남난민 문제에 직면한 1975년 4월부터 베트남난민은 더 이상 난민(refugee)이 아니라고 선언된 1994년까지이다.

한국을 비롯한 동아시아 국가들은 성격이 판이하게 다른 두 차례의 베트남난민 흐름과 조우했다. 첫 번째 흐름은 1975년 4월 말 사이공함락에 즈음하여 발생하기 시작했다. 패망의 위기 앞에서 남베트남정부는 우방국에 난민 구조를 요청했으며, 북베트남의 진군에 위기를 느낀 우방국들이

---

3) Giovanna Merli, Estimation of International Migration for Vietnam, 1979-1989 (Working Paper), Seattle Population Research Center, 1997, p.3. 1979년 10월 1일부터 1989년 4월 1일까지 난민제일수용국의 난민 캠프에 도착한 베트남인과 ODP를 통해 직접 정착국으로 출발한 이들에 관한 통계에 따르면, 전체 베트남난민 559,736 중에서, 전자에 속한 이들은 397,993명(71%)이었으며 후자에 속한 이들은 161,743명(29%)이었다. 전자, 즉 난민제일수용국에 임시수용되어 있었던 이들 중에서 해로를 이용한 보트피플은 376,440명이었으며, 육로로 이동한 난민은 21,553명이었다. 94%에 해당하는 난민들이 해로를 이용했음을 알 수 있다.

비행기, 수송함(Landing Ship Tank, LST)과 헬기 등을 보내 난민을 안전지대로 소개한 연후 자국이나 가까운 항구로 이송하는 작전을 펼쳤다. 잦은바람작전(Operation Frequent Wind)을 통해 구조한 7천명을 포함해 당시 베트남을 탈출해 미국에 안착한 베트남난민은 13만 명에 이른다. 베트남전쟁 시 남베트남의 우방국이었던 한국도 십자성작전을 통해 1,364명의 난민을 LST에 태우고 부산항으로 들어왔다.[4] 이들 작전으로 구조된 난민에는 작전국의 국민은 물론 베트남이나 제3국 국적을 가진 이들이 포함되었지만 후자인 경우에도 작전국과 밀접하고 특수한 관계를 가진 이들이었다. 그리하여 1975년에 구조된 베트남난민은 재베트남 교포의 해상철수와 유연고 베트남난민 구조라는 성격을 띠었다고 할 수 있다. 1975년 5월 부산항에 입항한 베트남난민을 예로 들어 본다면, 한국적을 가진 이들은 541명, 한국인의 베트남인 처와 자식이 460명이었다. 순수베트남인으로 분류된 363명도 대사관 직원 등으로 한국과 관계가 깊은 이들이었다.[5] 당연히 이들은 애초부터 한국에 정착시켜야 할 대상이었다. 이렇듯 1975년 LST을 파견해 베트남난민을 구조해 온 사례는 일본, 중국, 홍콩은 하지 못한 한국의 특수한 경험을 보여준다.

사이공함락 직후 바로 베트남난민을 맞이한 동아시아 국가는 한국만이 아니었다. 급박하게 이루어진 난민철수 작전으로 기회를 얻지 못한 이들이 자력으로 해상으로 나와 표류했으며, 남중국해를 지나던 선박들이 이들을 구조해 홍콩과 일본의 항구로 들어왔기 때문이다. 일본은 1975년 5월 126명의 난민을 실은 미국적 선박이 지바(千葉)항에 닻을 내리면서, 홍콩은 같은 달 3,743명의 난민을 태운 덴마크 컨테이너선이 항구로 들어오면서 처음으로 베트남난민을 수용했다.[6] 한국도 화물선인 쌍용호가 베트

4) 노영순, 「부산입항 1975년 베트남난민과 한국사회」, 『사총』 81, 2014, 346쪽.
5) 앞의 논문, 333쪽.
6) 「Hong Kong; Powerful magnet for Asian refugees」, The Christian Science

남 최남단 해상에서 216명을 구조해 5월 23일 부산항에 입항하면서 초대하지 않는 베트남난민과 처음으로 마주했다.[7] 이렇게 시작되어 1977년까지 동아시아 삼국과 홍콩이 수용한 난민은 6,882명이었다. 이들 국가들이 1978년 이후 수용한 454,756명에 비한다면 극소수라고 할 수 있다. 전세계적으로 보더라도 이 시기 베트남난민의 규모는 크지 않았다. 사이공이 함락되던 1975년 4월 남베트남을 떠난 이들은 135,000명이었다. 그리고 사이공함락의 여파가 베트남난민 발생에 직접 영향을 미쳤다고 볼 수 있는 1975년 5월과 1978년 5월 사이 베트남을 떠나 난민제일수용국에 도달한 난민은 약 30,000명이었다. 다시 말해 사이공함락 이래 3년간 발생한 베트남난민은 165,000명 정도였다.

1978년 후반부터 두 번째이자 본질적으로 성격이 다른 난민의 흐름이 이어졌다. 보트피플 문제가 전세계의 주요 뉴스를 장식했던 1979년 8월말 베트남난민의 누계는 675,000명으로 추정된다.[8] 1978년 6월부터 1979년 8월까지 발생한 보트피플의 규모가 510,000명에 달했다는 이야기가 된다. 이후 난민의 규모는 작아졌지만 흐름은 십수 년간 끊이지 않고 계속되었다. 이렇듯 남베트남 패망 혹은 베트남 통일이라는 베트남의 체제 전환기에 발생한 베트남난민은 1978년 후반 이후 성격이 다른 베트남난민의 규모와 비교해 그다지 크지 않았다. 이 점을 강조하는 이유는 첫째 베트남난민이라는 하나의 용어 아래 통일적으로 인식되면서 모든 베트남난민을 남베트남의 멸망과 베트남의 사회주의화와 연결 짓는 인식의 오류를 지적하기 위해서이다. 둘째 나중에 설명하게 될 1978년 이후 베트남난민은 냉전 시각과는 다른 관점에서 볼 필요가 있음을 제안하기 위해서이다.

Monitor, August 6, 1980.

7) 「쌍용호 22일경 귀항 월남난민들 태우고」, 『매일경제』 1975.5.15.; 「쌍용호를 타고 온 월남난민」, 『경향신문』 1975.5.24.

8) Milton Osborne, 「The Indochinese Refugees: Cause and Effects」, International Affairs, Vol. 56, No. 1, 1980, pp.38-39.

베트남난민 수용과 관련해 동아시아 국가들은 난민제일수용국이자 정착국의 역할을 했다. 1975년 사이공함락과 동시에 발생한 베트남난민과 관련해 한국은 주로 정착국, 홍콩과 일본은 난민제일수용국의 기능을 담당했다. 1978년 이후 베트남난민과 관련해서 본다면 중국과 일본이 정착국, 홍콩과 한국이 난민제일수용국의 기능을 했다. 동아시아 각국이 이렇듯 임시 수용국 혹은 정착국이 된 데에는 여러 가지 국내외적 상황과 이해관계가 작용했다. 개별 국가 차원에서 보면, 중국은 중월분쟁, 베트남화인의 난민화라는 요인으로 인해 독자적, 자발적으로 정착국이 되었다. 그리고 일본은 경제적인 지위에 부합하는 국제 사회에서의 인도주의 책임 분담이라는 압력 하에서 그 국제 지위를 향상시키기 위해 정착국이 되었다. 다른 한편 국제외교라는 차원에서 본다면 동아시아 각국의 역할은 미국 혹은 UNHCR과 개별적인 협의와 관행이 쌓이는 과정에서 형성되었다. 여기에다가 베트남과의 관계, 지리적 인접성 등과 같은 다른 요인들이 더해지면서 동아시아 각국의 역할과 지위는 난민제일수용국과 정착국이라는 스펙트럼 상에서 유동적이었고 이중적이기까지 했다.

기본적으로 베트남난민을 임시체류의 대상으로 수용했던 한국과(1975년 LST로 수송한 난민을 제외하고) 홍콩에서의 베트남난민의 시기별 규모와 흐름은 〈표 1〉과 〈표 2〉를 통해 볼 수 있다. 아세안 5개국과 같이 공식적으로 난민제일수용국을 표명한 홍콩은 1975년 5월 클라라 머스크(Clara Maersk)호가 구조해 온 3,743여 명의 베트남난민을 시작으로 2000년까지 총 23만 명의 베트남난민을 수용했다. 그중 14만(61%)을 제3국 정착을 위해 해외로 송출했으며, 67,000여 명(29%)명을 본국으로 송환시켰으며, 16,000여 명(7%)을 자국에 정착시켰다.[9] 이에 비해 난민제일수용국에 준

9) 陳云云, 「歸僑的歸屬感研究 -以廣西 來賓市 華僑農場 爲例」, 『八桂僑刊』 6月 第2期, 2012, 20쪽; 陳肖英, 「論香港越南難民和船民問題的緣起」, 『史學月刊』 第8期, 2006, 55쪽; 李蓓蓓, 陳肖英, 「香港的越南難民和船民問題」, 『浙江師範大學學報』, 04期, 2003 참고.

하는 역할을 했던 한국의 부산베트남난민보호소에서 1975년부터 1993년까지 수용한 이는 3,000여 명이었다. 그중 600여 명(20%)을 국내에 정착시키고 나머지 2,400여 명(80%)을 제3국 정착지로 송출했다. 홍콩과 한국의 베트남난민 수용 규모의 차이는 무엇보다도 전자가 베트남난민의 바다가 된 남중국해 해상에 위치하고 있었으며 공식적으로 아세안5개국과 함께 난민제일수용국의 지위를 가지고 있었다는 데에서 유래했다.[10)]

〈표 1〉과 〈표 2〉를 통해 홍콩과 한국에서의 베트남난민의 연도별 흐름을 살펴보면, 최초 베트남난민의 유출 계기가 된 1975년 4월 사이공함락 이후 1977년까지 한국에 들어온 베트남난민은 1,742명으로 전체 수용난민의 59%를 차지한 반면, 홍콩에 들어온 베트남난민은 4,935명으로 전체 수용난민의 3%에 불과하다. 두 번째이자 본격적인 보트피플 유출 계기가 된 중월분쟁 격화 시기인 1978년부터 1982년까지의 기간을 보면, 한국에서는 497명 즉 전체 수용난민의 17%가, 홍콩에서는 전체 수용난민의 56%인 98,487명의 난민이 임시수용되었다. 중월전쟁이 있었던 1979년 홍콩에 들어온 난민은 68,784명으로 이 한 해에 홍콩 전체 수용난민의 39%가 들어온 셈이다.[11)] 베트남난민의 세 번째 절정기는 신난민의 도래기라고도 표현되는 1988년과 1989년인데, 두 해 동안 홍콩은 전체 수용난민의 30%를 수용했다. 1988년 이후 한국에 들어온 베트남난민은 11% 정도였다.

---

10) 난민제일수용국의 개념과 의무 등에 관해서는 http://www.refworld.org/cgi-bin/texis/vtx/rwmain/opendocpdf.pdf?reldoc=y&docid=4bab55da2 사이트 참고.

11) 이 시기 홍콩뿐만 아니라 전 세계에 영향을 미친 사건은 소형목선이 아니라 수천 명을 태운 대형선박이 홍콩을 비롯한 동남아 난민제일수용국에 입항을 요구한 사건이었다. 3,318명을 태운 후이펑(Huey Phong, 匯豐)호가 1978년 12월 홍콩에 입항한 것을 비롯해 1,252명을 실은 남십자성(Southern Cross, 南十字星)호가 1978년 9월에 인도네시아의 빈탄 섬에, 2,504명을 태운 하이홍(Hai Hong, 海紅)호가 1978년 11월 말레이시아의 포트클랑에, 2,300명을 태운 뚱안(Tung An, 東安)호가 1979년 1월 필리핀 마닐라 만에, 그리고 2,651명을 태운 스카이럭(Skyluck)호가 1979년 2월에 홍콩에 나타났다. 「The Deserted Neighborhood's Related Information」, June 1, 2015, https://himevn.wordpress.com/2015/06/01/the-deserted-neighbourhood-related-information/ (검색일: 2015.10.25.)

〈표 1〉 홍콩의 베트남난민 임시수용과 제3국 송출 규모

연도	홍콩에 온 베트남난민	제3국으로의 송출
1975	3,743	–
1976	191	–
1977	1,001	–
1978	6,609	–
1979	68,784	24,377
1980	6,788	37,469
1981	8,470	17,818
1982	7,836	9,247
1983	3,631	4,200
1984	2,230	3,694
1985	1,112	3,953
1986	2,059	3,816
1987	3,395	2,212
1988	18,328	2,772
1989	34,114	4,754
1990	6,599	7,650
총계	174,890	121,962

※출처: 越南船民在香港大事年表 참조. 陳肖英,『香港的越南難民和船民問題研究』, 華東師範大學, 碩士學位論文, 2004, 10쪽, 16쪽.

이러한 수치를 베트남난민의 흐름, 그리고 한국과 홍콩의 공통점과 차이점을 본다는 의미로 해석해 본다면 첫째, 한국에는 1975년에 들어온 베트남난민이 많았던 반면 홍콩에는 중월전쟁 전후 베트남난민이 급증했다. 둘째, 1988-1989년 신난민의 유입은 베트남의 개혁개방으로 인한 베트남인과 베트남난민을 가장한 중국인 그리고 중국에 정착했던 베트남난민의 재이동과 관련이 깊으며 홍콩과 한국 모두에 영향을 미쳤다. 셋째, 베트남난민이 가장 많이 유출된 1975년, 1979년 1989년에 주목해 볼 필요가 있다. 1975년은 남베트남이 패망한 해였지만, 1979년과 1989년은 베트남난민문제를 국제문제로 인식하고 글로벌 해법을 모색하기 위해 국제

회의가 열린 해였다. 국제사회의 적극적인 관심과 난민 흐름의 대규모화는 직간접적인 관계가 있었다. 난민으로 구조되어 선진 국가에 정착할 수 있다는 기대감을 상승시켰기 때문이다. 이는 유출국에서의 상황 변화뿐만 아니라 국제사회를 비롯한 유입국의 베트남난민 수용에 대한 의지와 대책도 베트남난민 유출에 영향을 미치고 있음을 보여주는 예이다.

〈표 2〉 한국의 베트남난민 임시수용과 제3국 송출 규모

연도	한국에 온 베트남난민	제3국정착으로의 송출
1975	1,580	977
1976	-	-
1977	162	70
1978	99	115
1979	145	48
1980	20	151
1981	168	79
1982	65	131
1983	20	61
1984	47	12 (1명사망)
1985	187	35
1986	134	126
1987	23	176
1988	97	31
1989	215	94
1990	-	11
1991	-	80
1992	-	10 (1명사망)
1993	-	150
총계	2,980	2,357

※출처: 1975년 5월 8일 자 보건사회부장관 발신 대한적십자사총재 수신 문서로 제목은 「귀환교포구호계획 지침」, 『월남난민보호소』 (부산광역시 기록관 1-19-5-A-8), 168쪽; 1977년 이후 입소와 출소 현황은 『월남난민보호소운영 1992~1992』, 부산광역시 기록관 1-19-5-A-8 (6260272-99999999-000029)에 나타난 현황 보고 취합; 대한적십자사, 『한국적십자운동100년』, 대한적십자사, 2006, 367쪽.

임시구호 책임을 맡고 있던 한국과 홍콩 당국에게 베트남난민문제와 관련해 가장 중요한 업무는 난민의 정착국을 찾고 협의하여 이들을 송출하는 일이었다. 1979년부터 1990년까지 홍콩의 베트남난민을 가장 많이 정착시킨 국가는 미국(63,500명, 53%), 캐나다(23,065명, 19%), 영국(7,371명, 6%)이었다. 같은 기간 홍콩이 정착시킨 난민은 550명(0.5%)이었다.[12] 부산베트남난민보호소에 있던 이들을 가장 많이 정착시킨 나라도 미국으로 제3국 정착난민의 58%에 해당하는 1,358명을 데려갔다. 미국을 뒤이어 10%에 가까운 231명에게 뉴질랜드가, 229명에게 캐나다가 정착지를 제공했다.[13] 앞서 언급했다시피 한국은 임시수용 난민의 20%에 이르는 600여 명을 정착시켰다. 홍콩과 한국에서의 이러한 정착과 송출 경향을 종합해 보면 첫째, 베트남전쟁의 당사국이었던 미국이 베트남난민을 가장 많이 정착시켰다. 둘째, 캐나다와 뉴질랜드와 같이 노동력이 필요한 전통적인 이민국가들이 베트남난민을 정착시킨 비율이 높다. 셋째, 서구 정착국들은 국제회의 석상에서 또는 UNHCR과 약속한 난민정착 쿼터를 채우고, 가족재결합과 같은 인도주의적인 프로그램을 실행하고, 그리고 자국의 깃발을 단 선박이 난민제일수용항에 들여 놓은 난민을 수용하는 경향이 있었다.[14]

통계의 배후에서 작용하며 홍콩과 한국에서 베트남난민의 특징을 구체화시켜 나간 요인도 찾아볼 수 있다. 한국은 베트남전쟁에의 관여라는 역

12) 楊佩珊, 葉健民, 朱筎綾, 『越南船民在香港』, 香港民主同盟, 1991, 46쪽. 1975-1977년 도착 베트남난민 중에서 홍콩은 100여 명의 난민을 정착 수용하고 나머지는 미국, 덴마크, 호주, 영국, 이탈리아, 서독으로 송출했다. Keren Haynes, A Comparison of the Treatment of Refugees: Cambodians in Thailand and Vietnamese in Hong Kong, MA Thesis, The University of Hong Kong, 1993, p.27.

13) 노영순, 「바다의 다아스포라, 보트피플: 한국에 들어온 2차베트남난민(1977~1993) 연구」, 『디아스포라연구』 제7권 제2호, 2013, 77쪽; 노영순, 「부산 입항 1975년 베트남난민과 한국사회」, 339쪽.

14) Keren Haynes, ibid, 1993, p.40.

사적인 경험으로 인해 초기 적극적으로 베트남에서 난민을 구조한 경험이 있지만 홍콩은 그렇지 않았다. 예를 들어, 한국에서의 최초 베트남난민은 정부가 파견한 LST을 타고 1975년 5월에 들어온 1,364명인 반면, 홍콩은 3,743명을 구조한 덴마크 컨테이너선이 1975년 5월 항구에 들어오면서 첫 베트남난민을 맞이했다.[15] 지리적인 위치도 한국과 홍콩의 차이를 가져왔다. 북베트남에서 홍콩까지 연안을 따라 해적의 위험 없이 안전하고 어렵지 않게 항해할 수 있었으며 거리 또한 한국까지보다는 훨씬 가까웠다. 때문에 1986년 6월 베트남난민임을 주장하는 33명이 충남서산 근처의 영해로 진입하기 이전,[16] 한국에 들어온 모든 베트남난민은 남중국해를 지나던 선박들이 구조해 입항한 이들이었다. 이와는 달리 홍콩에는 자력으로 그 연안에 도착한 베트남난민들이 초기부터 있었다. 예를 들어, 1976년 남중국해 해상에서 지나던 선박에 의해 구조되어 홍콩에 들어온 이는 165명이었으며, 같은 해 자력으로 홍콩에 직접 온 난민은 26명이었다. 1977년에는 1,001명이 홍콩에 왔는데, 절반은 해상에서 구조되어 그리고 나머지 반은 소형목선에 의지해 바로 베트남에서 홍콩에 온 이들이었다. 이 시기 베트남난민의 구호는 한국과 홍콩 모두 정부, 종교기구, 시민단체가 합세해 이루어졌으며 UNHCR이 이들의 제3국정착을 중재했으며 난민구호 비용의 상당액을 부담하는 형태였다.[17]

한국, 홍콩과 마찬가지로 일본은 베트남난민을 임시수용하면서도 동시에 이들을 자신의 사회에 정착시키려고 했던 반면, 중국은 애초부터 베트

---

15) 1975년 5월 4일부터 2000년까지 홍콩에 들어온 보트피플에 관한 자세한 사항은 다음 학위논문의 말미에 놓인 越南船民在香港大事年表 참조. 陳肖英, 『香港的越南難民和船民問題硏究』, 華東師範大學, 碩士學位論文, 2004.

16) 이들은 대만으로 송출되었으나, 대만정부는 '망명동기 불순분자'로 단정하고 추방시켰다. 「작년 중공서 한국 거쳐 망명한 19명 「동기불순」, 공해 추방 자유중국」, 『동아일보』 1987.2.25.; 「대만, 망명중공인 공해 추방」, 『경향신문』 1987.2.25.

17) Keren Haynes, A Comparison of the Treatment of Refugees: Cambodians in Thailand and Vietnamese in Hong Kong, 1993, pp.25-27.

남난민 절대다수를 국내 안치의 대상으로 삼았다. 일본과 중국이 호주와 함께 아시아에서 베트남난민의 주요 정착국이 된 데에는 여러 가지 상황과 이해관계가 작용했다.

1975년 5월 처음으로 126명의 베트남난민이 입항하자 일본은 이들을 난민이 아니라 해난(海難)으로부터 구제된 이들로 상륙을 허가했다.[18] 그 숫자는 1976년에는 247명, 1977년에는 833명으로 늘어났으며, 1979년과 1982년 사이에는 매년 1,000명이 넘었다. 이렇게 해서 1995년까지 일본에 닻을 내린 보트피플은 모두 13,768명에 달했다.[19] 일본 내각관방의 2004년 자료에 의하면 이들 중 26%인 3,536명이 일본에 정착했다. 모두 베트남에서 온 이들이었다. 반면 일본 항구에 들어온 보트피플의 74%에 해당하는 10,232명이라는 다수가 일본이 아니라 미국, 캐나다, 노르웨이, 호주로의 정착을 선택했다. 제3국으로의 정착 현황을 보여주는 예는 또 있다. 1975년 5월부터 1987년 2월까지 일본에 있던 인도차이나난민 8,156명이 일본과 제3국에 정착했는데, 일본에 정착한 이들은 2,250명으로 약 28%를 점했으며, 72%에 이르는 5,906명은 제3국을 택했다. 후자 중 3,531명이 미국, 680명은 노르웨이, 622명은 호주, 484명은 캐나다로 향했다.[20]

18) Ikuo Kawakami, 「The Vietnamese Diaspora in Japan and Their Dilemmas in the context of transnational dynamism」, Yamashita et al., eds. Transnational Migration in East Asia, Senri Ethnological Reports 77, 2008, p.82.

19) Ikuo Kawakami et al., A Report on the Local Integration of Indo-Chinese Refugees and Displaced Persons in Japan, UN High Commissioner for Refugees (UNHCR), 11 December, 2014, p.13.

20) Supang Chantavanich, Japan and the Indochinese Refugees, The Institute of Asian Studies Chulalongkorn University, 1987, p.17. http://www.unhcr.or.jp/html/ protect/pdf/IndoChineseReport.pdf (검색일: 2016.9.28.)

〈표 3〉 입국경로별 베트남난민의 일본 정착 인수

보트피플 (국내난민수용소)	사이공함락이전 유학생신분	해외난민 캠프에서	가족재결합 (ODP)	전체
3,536 (41%)	625 (7%)	1,826 (21%)	2,669 (31%)	8,656

※출처: 난민사업본부HP(www.rhq.gr.jp).

일본은 중국과 마찬가지로 1978년부터 베트남난민을 정착 대상으로 삼았다. 그러나 정착 수와 범위는 아주 서서히 확대되었다. 1978년 일본 체류 난민 3명에게 처음 정착 기회를 주었다. 1975년 5월부터 1979년 6월까지 인도차이나난민 2,250명이 일본에 체류했지만 10명만이 정주허가를 받았을 뿐이었다.[21] 일본은 1979년 6월 인도차이나난민문제에 관한 국제회의를 계기로 동남아시아 난민제일수용국 난민캠프에 있는 이들도 일본 정착 대상에 포함시켰다. 그 결과 1979년 92명이 동남아시아의 난민캠프에서 일본행 비행기에 몸을 실었다. 1981년에는 1975년 사이공함락 당시 일본에서 유학하고 있던 베트남학생 625명도 난민의 지위를 얻어 일본에 정착할 수 있었다. 같은 시기 일본에서는 처음으로 가족재결합 성격을 가진 ODP를 통해 20여 명이 베트남에서 바로 일본으로 와서 정착했다.[22] 이후 2000년까지 매해 수백 명이 동남아시아 난민캠프에서 그리고 ODP로 일본에 정착했다. 이 두 경로 통해 일본에 정주한 베트남난민은 〈표 3〉에서 보는 바와 같이 각각 1,826명과 2,669명이었다. 이 두 수치에다가 앞서 언급했듯 해상에서 선박에 구조되어 일본의 난민수용소에 임시체류 중이던 이들 중에선 정착한 3,536명을 더하면 일본이 정착시킨 베트남난민의 총 수는 8,656명에 이른다.[23]

21) Michael Strausz(2012), 「International Pressure and Domestic Precedent: Japan's Resettlement of Indochinese Refugees」, Asian Journal of Political Science, Vol. 20, No. 3, p.250.

22) Akashi Junichi, 「Challenging Japan's Refugee Policies」, *Asian and Pacific Migration Journal*, Vol. 15, No. 2, 2006, p.220.

23) 히토미 야스히로(人見泰弘)는 일본에 정착한 인도차이나난민은 모두 합해 11,319

베트남난민이 일본에 정착하게 된 세 가지 경로와 그 추이를 살펴보면, 해상에서 지나던 선박에 구조되어 일본에 체류하게 된 인연으로 일본에 정착하게 된 경로(제1경로)는 1978년부터 1995년까지 변함없이 주요한 일본정착 통로였다. 1984년을 전후해 제1경로를 통해 최대 인원수가 정착했다. 제1경로를 이용한 이들은 모두 베트남난민이었다. 동남아시아 난민캠프에서 일본으로 정착하는 경로(제2경로)도 1979년부터 1995년까지 계속 활성화되었다. 사실 제2경로를 통해 일본은 4,372명이라는 가장 많은 인도차이나난민을 수용했다. 이중 베트남 출신은 1,826명에 지나지 않아 제2경로는 주로 캄보디아난민의 정착경로라고 할 수 있다. ODP를 통한 경로(제3경로)는 1981년 활성화된 이래 1988년부터는 제1, 제2 경로와 비등하다가 1994년도부터는 일본 정착의 주된 경로로 자리 잡았다. 제3경로를 통해 정착한 이들은 2,669명이었으며 모두 베트남인이었다.[24] 이렇게 해서 일본에 정주한 베트남난민은 가톨릭교도, 베트남화교, 남베트남정부 관계자와 사이공함락이전 유학생으로 분류할 수 있다.[25]

중국의 베트남난민 수용은 여러 가지 측면에서 일본을 비롯한 다른 동아시아 국가들과는 달랐다. 먼저 수용이 매우 단기간 내에 집중적으로 이루어졌다는 점을 들 수 있다. 1978년 5월부터『人民日報』는 국무원 화무판공실(華務辦公室) 자료를 이용해 베트남의 박해로 귀국한 화교의 수를 보도하고 있는데, 이를 표로 작성한 것이 〈표 4〉이다.

명이며, 그중 베트남에서 온 이는 8,587명이라고 한다. 人見泰弘,「難民化という戰略:ベトナム系難民とビルマ系難民の比較研究」,『年報社會學論集』21號, 2008, 110쪽.

24) Akashi Junichi, 「Challenging Japan's Refugee Policies」, 2006, p.220, Table 1 참조.

25) 人見泰弘(2008),「難民化という戰略:ベトナム系難民とビルマ系難民の比較研究」, 111-112쪽.

〈표 4〉 중국에 들어온 베트남난민 인수

보도일자	누계 베트남난민 명 수	비고
1978.5.25	72,000	
1978.5.28	89,000	3일 만에 17,000명 증가
1978.6.3	105,500	6일 만에 16,500명 증가
1978.6.16	133,000	
1978.7.18	159,000	7.12 중국 변경관리 엄격
1978.7.25	160,100	
1979.7.8	240,000	

1977년 말부터 베트남난민이 국경을 넘어 중국으로 갔지만 눈에 띄는 규모로 움직이기 시작한 시점은 1978년 4월부터였다. 3개월여 만인 7월 베트남난민은 160,100명으로 집계되었는데, 하루에 수천 명이 중월국경을 넘는 경우도 많았다. 〈표4〉에서 보이듯 1978월 7월 중국 측이 변경관리를 엄격히 시행하고 1979년 2월 중월전쟁이 진행되고 있는 동안 월경하는 난민의 숫자는 크게 줄었다가 전쟁 직후 다시 증가해 1979년 7월에는 누계 24만 명에 이르렀다.[26] 1979년 6월에 이르러 난민은 251,800명에 이르렀다는 통계도 있다.[27] 통상 중국이 수용한 베트남난민은 26만에서 28만 명으로 다양하게 발표된다. 그러나 1979년 이후 비교적 소수의 유입과 출생으로 인한 증가를 고려할 때, 기본적으로 베트남난민의 중국 유입은 시기적으로 중월전쟁을 전후한 1978년 봄에 시작해 1979년 여름까지 일단락된 문제라고 볼 수 있다.

베트남난민의 중국 정착 또한 단시일 내에 이루어졌다. 1979년 7월 8일자 『人民日報』 기사를 보면 베트남당국이 6월말까지 중국 경내로 몰아

26) Keren Haynes, A Comparison of the treatment of refugees: Cambodians in Thailand and Vietnamese in Hong Kong, p.14, p.21.

27) 邓皓, 『阳光家园』, 长江文艺出版社, 2000, 3쪽.

낸 난민은 24만에 이르며 그중 23만 명을 초보안치 했다고 전한다.[28] 또 다른 주장에 의하면 중국으로의 베트남난민 유입은 1979년 7월에 25만 명으로 일단락되었으며 같은 시점 20만 정도가 이미 정착한 것으로 파악되었다. 이들은 209개의 화교농장을 비롯한 국영농장과 어업, 광업공사에 단기간 내에 집중적으로 안치되었다.[29] 이들이 정착한 지역은 광시(廣西), 광둥(廣東), 윈난(雲南), 푸젠(福建) 등의 중국 남부 연해지역이었다. 광시자치구교무판공실(廣西僑辦) 관원에 따르면 광시는 12만 명을 자치구 내에 안치시켰는데, 다수를 농촌지구에 정착시켰다. 광시에서의 베트남난민 정착은 주로 세 종류의 집단 생산단위, 즉 자치구 직속 화교농장과 국영농장, 둘은 연해지방의 어업공사(漁業社队), 셋은 광업공사(鑛山企業)에 배치시키는 방식으로 이루어졌다. 유사한 상황이 광시 이외의 지역에서도 전개되었으며 각 지구는 모두 통일적인 난민안치정책을 집행했다.[30] 1980년까지 베트남난민 대부분은 정부의 직접 개입으로 화교농장을 비롯한 국영농장과 어촌 등에 집단적으로 정착하면서 직업과 함께 주거지를 동시에 제공받았다. 중국에서의 베트남난민 정착의 특징은 개별적이거나 분산적인 아닌 집단적이고 집중적인, 톰람(Tom Lam)의 용어를 빌면 클러스터(cluster) 정착에 있었다. 이는 베트남난민 정착을 위해 팡청(防城)에 치사(企沙), 베이하이(北海)에 치아오강(僑港)이라는 새로운 어촌이자 항구가 건설되는 데에서도 잘 드러난다. 치아오강은 1978년 베트남의 캇바(Cát Bà)와 꼬또(Cô Tô) 군도에서 온 8천여 어민들이 모여들어 생계의 터전을 삼자 당국이 이들을 정착시키기 위해 새로이 어업 생산기지를 건설하면서 성립되었다.[31]

---

28) 『人民日報』 1979.7.8.

29) 曾國華, 陳壽德, 張民保, 「印支難民 安置工作的 回顧與思考」, 1988, 63쪽.

30) 尹鴻傳, 越南難民的中國命運, 53쪽.

31) Tom Lam, 「The exodus of Hoa refugees from Vietnam and their settlement in Guangxi: China's Refugee Settlement Strategies」, Journal of Refuge Studies, Vol. 13, No. 4, 2000, pp.380-384.

짧은 기간 내 난민의 대량 입경에 더해[32] 중국에 들어온 북베트남 화교의 민족, 사회체제, 언어, 문화에 있어서 중국인들과 다를 바가 거의 없었기에 가능한 난민정착 모델이었다.

중국과 베트남의 접경 사실도 여타 동아시아로의 베트남난민 유입과 비교해 차이점을 만들어냈다. 월경은 육로와 해로를 통해 비교적 짧은 시일 내에 가능했다. 베트남에서는 빈박보(Vịnh Bắc Bộ), 중국에서는 북부만(北部灣)이라고 불리는 통킹만 일대에 살고 있던 어민들은 가족 단위로 때로는 생산합작사 단위로 어선을 타고 짧게는 3일 길게는 10일 정도 항해하여 광시의 팡청과 베이하이에 닿았다. 육로를 이용한 이들은 주로 베트남의 몽까이(Móng Cái)를 거쳐 광시의 둥싱(東興)으로 들어오는 경로와, 베트남의 라오까이(Lào Cai)를 거쳐 위난(雲南)의 허커우(河口)로 들어오는 경로를 이용했다.[33] 중국으로 향한 베트남난민에는 몽족(H'Mông, 瑶族) 등 중월국경 지대 소수민족(약5%)과 얼마간 남베트남에서 건너간 이들이 있었지만 절대다수는 북베트남에 거주했던 베트남화인이었다.[34]

베트남난민이 거의 민족적으로 보면 베트남화교에 속했고 중월분쟁이라는 정치적 맥락이 작용하면서 중공중앙은 애초부터 이 문제에 적극적으로 개입했다. 이는 중국적인 베트남난민 정착 모델의 형성에 결정적인 요인으로 작용했다. 중국 정부는 위대한 사회주의 조국은 화교의 후원자이

---

32) 이처럼 단기간 내에 정착이라는 예는 영국의 베트남난민 정착에서 찾아볼 수 있다. 1979년 6월 국제회의에서 영국은 10,000명의 정착쿼터를 수용했다. 이 쿼터의 대부분이 1981년 6월까지 채워졌으며 이후 가족재결합의 형태로 매년 수십 명 정도가 영국에 정착했다는 면에서 영국에서의 베트남난민 정착 문제는 기본적으로 1979년-1981년 사이의 문제였다. 영국에 정착한 베트남난민의 4분의 3 이상이 베트남화교였으며, 베트남인은 16%정도였다. Vaughan Robinson and Samantha Hale, The Geography of Vietnamese Secondary Migration in the UK, Coventry: Center for Research in Ethnic Relations, 1989, pp.1-2.

33) 牛軍凱, 袁丁, 『歸國與再造僑鄉, 越南歸難僑訪問錄』, 廣東人民出版社, 2014, 3쪽.

34) Milton Osborne, 「The Indochinese Refugees: Cause and Effect」 1980, pp.43-44.

며 8억 동포는 교포의 후견인이라며 베트남난민에 적극적인 관심을 표명했다.[35] 베트남난민이라기 보다는 귀교(歸僑), 난교(難僑), 귀난교(歸難僑)라고 부르며 중국 공산당과 인민이 대대적인 환영 행사를 개최하고 이들을 격려했다. 거기에다가 중국은 베트남화교의 정당한 권리와 이익을 보호하기 위해 베트남당국의 박해를 받고 있는 베트남화교들을 송환하겠다며 두 척의 선박을 베트남 근해에 파견하기까지 했다. 중국 측의 주장에 따르면 비난받아 마땅한 베트남당국의 화교에 대한 박해·탄압과 축출이야말로 베트남난민 발생의 제1요인이었다. 베트남 입장에서는 중국은 베트남화인들을 난민화하는 데 일등공신인 셈이지만 말이다.

Ⅲ. 한·중·일과 홍콩의 베트남난민 정책

동아시아 삼국과 홍콩이 48만이 넘는 베트남난민을 임시수용하고 26만여 명을 정착시킨 데에는 보다 자세히 후술할 각국의 이해관계와 함께 국제공조에의 참여라는 명분과 실리가 커다란 역할을 했다. 후자는 애초부터 한국, 일본, 홍콩의 베트남난민 수용 정책에 영향을 미쳤을 뿐만 아니라 중국도 도중에 그 안으로 포섭되었다. 한·중·일과 홍콩의 베트남난민 구조와 수용 정책이 동아시아적인 준거를 마련하고 이에 근거하여 수행되지는 않았지만, 일정정도 비교 가능한 유사한 양태로 진행되었던 점도 이로부터 기인한다. 한·중·일 삼국과 홍콩의 개별 정책을 보기에 앞서 국제적인 맥락을 먼저 짚어보는 이유가 여기에 있다. 베트남난민 구호에 대한 글로벌 해법을 추진한 힘은 국제공조를 헤게모니 관철의 주요 수단으로 삼은 미국, 국제난민법 준거틀로서의 난민의 지위에 관한 1951년 협약(난민협약)과 난민의 지위에 관한 1967년 의정서(난민의정서), 실행 국제기구로

35) 『人民日報』 1978.6.16.

서의 UNHCR로 부터 나왔다. 합체로서의 이들의 영향력은 유엔이 주재한 두 차례의 인도차이나난민문제에 관한 국제회의를 통해 명확하게 모습을 드러냈다. 때문에 1979년과 1989년 제네바에서 열린 인도차이나난민문제에 관한 국제회의에서 이룬 합의를 보면 동아시아의 베트남난민 수용과 정착 정책의 밑그림을 이해할 수 있다.

늦어도 1979년에 베트남난민문제는 글로벌 해법이 필요한 국제적인 문제로 인식되었다. 1978년 중반 이후 보트피플의 규모는 이들의 주요 기항지가 된 아세안 국가들이 감당할 수 있는 범위를 훨씬 넘어 섰다. 보트피플이 아세안의 안보, 경제, 사회 혼란까지 야기할 것이라는 위기의식이 팽배한 가운데 아세안 국가들은 1979년부터 이들을 영해 밖으로 추방하고 불법 상륙 시 사살하겠다고 위협했다. 이러한 상황을 타개하기 위해 1979년 7월 20-21일 유엔의 후원 하에서 한국과 베트남을 포함 65개국이 참여한 인도차이나난민문제에 관한 국제회의가 제네바에서 개최되었다. 이 회의가 풀어야 할 과제는 베트남난민을 구제하면서도 아세안 난민제일수용국가들의 불안과 불만을 덜어주는 것이었다. 그 해법은 첫째 아세안과 홍콩은 난민제일수용국으로서의 인도주의적 의무를 이행하며, 둘째 베트남은 불법 출국을 막고 출국을 희망하는 이들이 안전하게 해외로 이주할 수 있도록 ODP를 실행하며, 셋째 서구 정착국들은 난민제일수용국의 난민을 정착시키기 위해 베트남난민 정착 쿼터를 확대한다로 결정되었다.[36)]

10년만인 1989년 보트피플은 다시 제네바에서 열린 국제회의의 중요한 안건이 되었다. 그간 국제사회의 노력에도 불구하고 보트피플은 증가했다. 정착국의 정착 의지는 약화되었으며 아세안국가들의 부담은 10년 전과 같은 수준이 되었다. 1988년 말 15만 명을 임시 수용하고 있던 동남아시아는 경제적인 이유로 몰려온 불법이민자들을 난민으로 간주할 수 없다

36) Barry Stein, 「The Geneva Conferences and the Indochinese Refugee Crisis,」 International Migration Review, Vol. 13, No. 4, 1979, pp.716-723 참조.

며 강경하게 대응했고 직접 베트남과 송환문제를 교섭하기에 이르렀다.[37) 1989년 6월 13-14일 제네바에서 열린 인도차이나난민에 관한 국제회의는 이런 상황을 타개할 묘책으로 종합행동계획(Comprehensive Plan of Action, CPA)을 채택했다. CPA는 베트남, 난민제일수용국, 정착국 간의 합의에 바탕을 두었다. 즉 베트남은 심사에서 난민으로 인정되지 않은 이들의 자발적인 귀환을 수용하기로, 난민제일수용국은 개별적인 심사절차를 통해 진정한 난민을 결정하기로, 정착국은 난민제일수용국이 난민으로 인정한 이들을 모두 정착시키기로 결정했다.[38)]

1979년 국제회의는 1975년 4월 사이공함락 이후 베트남을 떠난 이들을 공산주의 체제로부터의 탈출이라는 행위 자체로 인해 당연히 국제법상의 난민으로 취급되던 관행을 -인도차이나에서 나온 모든 보트피플은 난민이며, 난민제일수용국에서 일시 구호를 받고 궁극적으로 서구가 이들을 모두 정착시킨다- 확인하고, ODP를 통해 베트남에서 합법적으로 출국해 서구에 정착할 수 있는 통로를 만들었다. 이와는 크게 다르게 1989년 국제회의는 인도차이나에 나온 난민은 반증이 없는 한 국제법상의 난민으로 간주하지 않으며 개별적으로 난민이 된 동기를 심사하여 그 지위를 결정하며 이에 해당하지 않는 경우 본국으로의 송환 원칙을 확인했다는 의미에서 보트피플 문제의 갈무리, 즉 1994년 2월 인도차이나난민 위기는 끝났으며[39)] 베트남난민은 더 이상 난민이 아니라는 결론으로 가는 길을 터주었다고

37) Alexander Betts, Comprehensive Plans of Action: Insights from CIREFCA and the Indochinese CPA, UNHCR New issues in Refugee Research Working Paper No. 120, 2006, p.32.

38) W. Courtland Robinson, 「The Comprehensive Plan of Action for Indochinese Refugees, 1989-1997: Sharing the Burdon and Passing the Buck」, Journal of Refugee Studies, Vol. 17, No. 3, 2004, pp.320-321; Alexander Betts, International Cooperation in the Refugee Regime, Refugees and International Relations, Clarendon Press, 1989, p.71.

39) Ikuo Kawakami et al., A Report on the Local Integration of Indo-Chinese Refugees and Displaced Persons in Japan, 2014, p.9.

할 수 있다. 다시 말해 두 차례의 국제회의는 베트남난민이 당연히 난민에서 당연히 난민이 아니게 된 시점 사이에 있었던 국제공조의 해법들이라고 말할 수 있다. 예견할 수 있는 바와 같이 이러한 변화는 동아시아 국가들의 베트남난민 정책에도 그대로 투영되었다. 이를 염두에 두면 동아시아 개별 국가의 베트남난민 정책이 가지고 있는 공통점과 특수성이 더 잘 보인다.

홍콩에서의 베트남난민 정책은 베트남난민에 대한 홍콩의 인식과 문제해결 방식을 보여줄 뿐만 아니라 동남아시아를 비롯한 난민제일수용국의 베트남난민에 대한 접근방법과 그 변화를 대변했다. 당시 한국의 미디어와 정부도 홍콩의 동향에 많은 관심을 기울였다. 홍콩의 베트남난민 정책의 특징과 변화를 보여줄 수 있는 키워드는 개방식 난민수용소, 난민심사제도, 동족문제이며, 이들 키워드의 변화에 따라 홍콩의 난민정책을 시기 구분할 수 있다. 개방식 난민수용소 운영은 홍콩만의 특징이다. 오는 이 막지 않는다(來者不拒)는 원칙은 1975년 5월부터 1982년 7월까지 견지되었다. 이 시기를 개방식 난민수용소 시기 혹은 무조건수용 시기라고 한다.[40] 카오룽(九龍)의 카이칵(啟德), 뉴테리토리즈(New Territories, 屯門)의 필러포인트(Pillar Point, 望后石)와 같은 난민수용소가 운영되었으며, 베트남난민은 제3국 정착을 기다리는 동안 수용소 밖을 자유로이 오가며 일을 할 수 있었다. 이로 인해 홍콩은 난민들에게 가장 매력적인 난민제일수용국이 었다. 난민들 대부분은 낮에 공장, 부두, 건설현장에서 임시직 일에 종사했다.[41] 이 정책으로 홍콩은 노동력을 확보하고 난민 수용에 드는 비용을 절감할 수 있었으며, 난민들은 정보를 얻고 특히 돈을 벌 수 있는 기회를 가졌다.

---

40) 李若建(1997), 「香港的越南難民與船民」, 『東南亞研究』 01期, 58쪽.
41) 「Hong Kong; Powerful magnet for Asian refugees」, The Christian Science Monitor, August 6, 1980.

이렇듯 홍콩이 난민수용소를 개방식으로 운영할 수 있었던 데에는 당시 식민정부 영국의 영향, 홍콩은 이민 국가라는 인식과 전통, 저임금 비숙련 노동 시장의 여유, 피는 물보다는 진하다(血濃于水)는 의식과 같이 홍콩 내적인 요인들이 작용했다. 이에 더하여 앞 장에서 보았듯이 이 시기 홍콩을 기항지로 했던 베트남난민의 다수는 베트남화교들로 홍콩에 친족 네트워크를 비롯한 커넥션을 가지고 있었던 점,[42] 그리고 중국 문화와 광둥어의 공유로 인해 사회갈등 가능성이 낮고 언어 소통이 가능했다는 점 또한 중요하게 작용했다. 베트남난민과의 동족의식이나 커넥션은 이들에 대한 홍콩 정부의 관용성뿐만 아니라 적극성에도 영향을 미쳤다. 1978년과 1979년 홍콩은 8,000명이 넘는 난민을 수송하기 위해 53여대의 전세기를 호찌민시로 보낼 계획을 세우기도 했다. 또한 홍콩은 여러 프로그램을 통해 베트남에서 오는 보트피플을 후원했다.[43] 1978년 말 보트피플의 60~70%, 1979년에는 80%가 베트남화교로 분류된다.[44]

1982년 7월 개방식 난민수용소 정책은 부산베트남난민수용소와 유사한 비개방식 난민수용소 정책으로 바뀌었다. 1982년 7월 2일 이후 홍콩에 도착한 베트남난민은 이제 도심에서 떨어진 난민수용소에 제3국 정착 시까지 격리·수용되었다. 이러한 정책 변화에는 베트남난민의 제3국 정착율 저하와 홍콩으로의 유입율 증가가 한 몫을 했다. 그러나 이보다 베트남난민 중 중국인 난민들은 중국대륙으로 추방당하고 있는 마당에 베트남인 난민은 오히려 홍콩의 인도주의적 특혜를 누리고 있다는 불만에 찬 여론[45]

---

42) Barry Stein(1979), 「The Geneva Conferences and the Indochinese Refugee Crisis」, p.717.

43) Ronald Skeldon, 「Hong Kong's Response to the Indochinese Influx, 1975-93」, The Annals of the American Academy of Political and Social Science, Vol. 534, Strategies for Immigration Control: An International Comparison, July, 1994, pp.93-94.

44) 陳肖英, 「論香港越南難民和船民問題的緣起」, 『史學月刊』 第8期, 2006, 56쪽.

45) Alex Cunliffe, 「Hong Kong and the Indochinese Refugees: Reflections on the International refugee Environment」, Refuge, Vol. 16, No. 5, 1997, p.39.

에 더 주목해 볼 필요가 있다. 중국에 들어갔던 베트남난민 중에는 홍콩을 비롯한 난민제일수용국으로 다시 이동하는 경우가 많았다. 그러나 일단 중국에 정착했던 베트남난민은 난민이 아니라고 간주되어 제3국 정착의 기회가 없었으며[46] 이 때문에 홍콩은 이들을 중국으로 송환시킬 수밖에 없었다. 이런 상황에서 난민으로 홍콩의 보호를 받고 있으면서 재정 부담과 치안불안을 가져온 베트남인 난민들을 향한 시선이 고을 리가 없었다. 후술할 중국과 마찬가지로 홍콩의 베트남난민 정책에 동족의식이 미치는 영향은 분명했다고 말할 수 있다.

홍콩은 1988년 6월 난민심사제도(Status Determination Procedure)를 도입하면서 또 한 번 베트남난민 정책을 변경했다. 1988년 6월 16일 이후 홍콩에 온 이들은 난민의 지위를 입증하지 못하는 한 불법이주자로 간주되어 추방되었다. 당시 홍콩은 이 정책의 도입 배경으로 보트피플의 성격 변화를 들었다. 1980년 이래 북베트남에서 오는 이들이 점증하여 1988년에는 72%를 점했으며, 이들이 홍콩에 온 이유도 정치 박해나 민족차별이 아니라 경제 이익 추구라고 보았다.[47] 이 면에서 1988년 광시 베이하이에 진입한 베트남난민을 분석한 글은 하나의 시사점을 준다. 이에 따르면 경제난민이 최대 약 70%를 점하는 반면 정치난민은 20%에 불과했으며, 홍콩에 온 절대다수의 난민은 홍콩을 정거장 삼아 제3국으로 가고자 했다.[48] 홍콩의 난민심사제도가 갖는 중요성은 1975년 이래 베트남을 떠나 홍콩에 닻을 내렸던 이들이 누렸던 위임난민(mandate refugees)의 지위를 부정했다는 데에 있다. 난민심사제도가 성과를 거두려면 불법이주

46) Henry Kamm, 「For Refugees from Vietnam, A Catch022 in Macao」, The New York Times, August 19, 1981.

47) Alex Cunliffe, ibid, 1997, p.39.

48) 符强白錦程, 「越南難民問題初探」, 『印度支那』 總第42期, 1989, pp.23-24. 당시 베이하이는 중국에 정착했던 베트남난민이 홍콩으로 가는 정거장 역할을 했다. 裴其, 「越南難民. 香港-北海惹紛爭」, 16쪽.

자로 판정된 이들이 베트남으로 송환될 수 있어야 했다. 영국과 홍콩 정부는 미국의 반대를 무릅쓰고 1988년부터 이 문제와 관련해 베트남 정부와 협의를 진행했으며 일정한 성과를 얻었다.[49] 이후 홍콩은 난민심사를 통해 11,348명을 난민으로, 48,927명을 불법이주자로 판단했다.[50] 이는 약 80%의 보트피플, 즉 홍콩이 선민(船民)이라고 부르는 이들이 비난민으로 분류되어 송환 대상이 되었음을 의미한다. 홍콩의 선례를 따라 동남아시아의 난민제일수용국들도 1989년 3월부터 난민심사제도를 실시했다. 홍콩과 난민제일수용국들의 난민심사제도 도입으로 난민의 의사에 반해 강제송환이 이루어질 수 있다는 미국과 UNHCR의 우려가 강했지만, 이 제도는 1989년 6월 앞에서 언급한 CPA의 주요 내용을 구성하게 되었다.

한국의 베트남난민 구호 정책은 기본적으로는 1975년 5월 LST로 구조한 이들을 대상으로 한「월남귀환교포 및 난민구호 계획」에 의거해 진행되었다. 이에 따라 일정 기간 구호한 이후에 연고지가 있는 이들은 여비를 주어 귀향시키며, 무연고 베트남난민에게는 주택과 일자리를 제공했다. 당시 구호의 대상자는 1,562명이었는데, 1975년말 기준으로 한국에 정착한 이들은 621명이었으며, 그중 무연고자로 정부의 지원을 받은 이들은 117명이었다. 구호대상의 60%에 해당하는 941명이 제3국에 정착했으며, 그중 697명은 미국에 167명은 캐나다에 정착했다.[51]

1977년 9월에 개소해 첫 베트남난민을 입소시킨 부산베트남난민보호소는 1989년 8월까지 13년 간 36차례에 걸쳐 1,382명(출생자 66명 포함)

---

49) 1989년 영국과 베트남이 송환문제를 협상하자 미국은 인권에 어긋나는 행동이라며 1989년 9월 캄보디아에서 베트남군 철수에 맞추어 주기로 한 원조가 위험에 빠질 수 있다고 경고했다. Keren Haynes, ibid, p.56, 1993; Lo Chi-kin, China's Policy Towards Territorial Disputes: The Case of the South China Sea Islands, Routledge, 2004, p.100.

50) W. Courtland Robinson, Terms of Refuge: The Indochinese Exodus and The International Response, Zed Books, 1998, p.52.

51) 노영순, 앞의 논문, 2014, 334-339쪽 참조.

을 구호했다. 후술할 일본과 같이 보트피플을 실은 선박의 제1기항지가 한국의 항구인 경우에, 그것도 선박 국적국과 UNHCR의 제3국 정착 약속을 받은 연후에 상륙을 허가했다. 보트피플이 머문 부산베트남난민보호소는 전형적인 비개방식난민 캠프에 속한다. 베트남난민들은 짧게는 수개월에서 길게는 5-6년 동안 부산베트남난민보호소에서 제3국에 정착지를 찾을 때까지 구호를 받으며 수용소 안에 머물러야 했다. 유연고난민을 제외하고 베트남난민을 대부분 송출대상으로 했던 한국으로서는 베트남난민의 정착 희망국이 어디인지, 그곳에 친인척이나 후원자를 포함한 연고가 있는지를 조사하고 UNHCR 그리고 정착국들과 협의해 이들의 정착지를 찾아 송출하는 것이 가장 중요한 업무였다.

1976년 이후 한국은 베트남난민 수용에 소극적이었다. 이들을 수용할 적절한 법규가 없다거나, 좋지 않은 선례를 남긴다거나, 인구고밀도 국가에다 단일민족인 한국으로서는 현실적으로 어려운 문제가 많다는 여러 가지 이유에서 였다. 이러한 태도가 더욱 경화된 것은 1986년부터이다. 즉 남중국해 해상에서 한국의 항구를 제1기항지로 하는 선박의 구조를 받아들어 왔던 보트피플과는 달리 서해 해상으로 소형목선을 직접 몰고 연안에 상륙해 구조를 요청하는 이들이 나타나면서부터였다. 1987년부터 이런 식으로 전남 신안과 여수, 그리고 북제주 연안에 불법 기착하여 구조를 요청하거나 연안 어선이나 경비정에 의해 발견되는 사례가 들어남에 따라 1989년 12월 신안과 여수 앞바다에서 구조된 120명을 끝으로 한국은 더 이상 베트남난민을 수용하지 않았다. 이후에는 한국 연안에 와서 베트남난민임을 주장하는 이들에게 식량과 의약품을 제공하고 공해로 내쫓았다.[52]

베트남난민과 관련해 피는 물보다 진하다는 의식(血濃于水)은 중국에서 명확하게 드러났으며, 1978년 후반에는 오는 이 막지 않는다(來者不

52) 노영순, 앞의 논문, 2013, 95-96쪽, 104-105쪽.

拒)는 수준을 넘어 중국으로의 월경을 고무시키고 환영하는 분위기였다. 베트남난민과 관련해 간접적으로 인도주의라는 수사를 더 즐겨 사용했던 한국, 일본과는 달리 중국은 베트남 당국이 베트남국적 가입을 빌미로 화교를 박해하고 내쫓아 내고 있음을 공공연하게 비난하며 조국의 따뜻한 동포애를 강조했다.[53] 중국의 이러한 태도는 1979년 전쟁으로까지 발전한 1970년대 후반 중국과 베트남 관계악화와 분쟁에 뿌리가 닿아있다. 당시 베트남과의 열전은 중국의 베트남난민 정책에 결정적인 요인으로 작용했다. 중국으로 방향을 잡은 베트남난민의 95%가 중국에서는 화교(華僑) 베트남에서는 화인(華人)이라고 부르는 이들이었다. 중국은 베트남난민을 귀국한 난민화교를 의미하는 귀난교라 부르고 경내에 들어온 모든 귀난교에게 정착지를 제공하고자 했다. 중국의 베트남난민 정착위주 정책은 홍콩의 임시구호 정책과 비교해 보면 확연히 다르며 1975년 베트남교포와 유연고 난민을 정착대상으로 삼았던 한국의 정책과 더 유사해 보인다.

베트남난민의 정착 정책은 마오쩌둥(毛澤東)의 화교이익 보호와 회국화인(回國華人) 부조를 계승한데에다가 1978년 개혁개방을 추진한 덩샤오핑(鄧小平)의 신화교정책과 밀접히 연관되어 있었다. 중앙정부의 관심은 1970년에 해체된 화교업무 전담부서인 국무원(國務院) 화무판공실이 1978년에 다시 조직(廖承志 責任)된 데에서도 확인된다. 이렇듯 중앙정부 차원에서의 적극적인 관여는 1978년 6월 베트남의 배화·반화(排華·反華)로 희생양이 된 베트남화교를 구조하겠다며 명화호(名華號)와 장력호(長力號)을 하이퐁과 붕따우 해안에 파견한 사건으로 절정에 달하기도 했다. 이러한 적극성은 베트남난민 정착을 위한 기구 마련에도 반영되었다. 예를 들어 광둥에서는 1978년 5월 베트남난민의 정착을 위해 국무원 산하에 접대안치 귀국난교 영도소조를 조직했다. 이는 1979년 10월 접대안치 인지

53) 『人民日報』 1979.5.26.~1979.7.8.까지 참조.

난민 영도소조 판공실로 개칭되었으며, 베트남난민사무 처리를 구체화하고 UNHCR 기금을 집행했다. 100여 명의 간부가 정착사업에 참여했다.[54)]

중국의 베트남난민 정책 기조는 一視同仁, 不予歧視, 根據特點, 適當照顧로 표현된다.[55)] 베트남난민은 중국인들과 마찬가지로 평등하고 차별 없이 처우하며, 잘 하는 일을 통해 기본 생활을 보장하고 취업기회를 제공하며, 난민을 위해 각종 편리를 제공한다는 의미로 풀이할 수 있다. 이러한 정책 기조 아래 중국은 앞에서 언급했듯이 베트남난민을 농촌에 집중정착(面向農村, 集中安置)시켰다. 12만 명이 정착한 광시를 예로 들어보면 44개의 국영농장에 77%, 15개 광업공사에 7%, 어업공사에 14%의 베트남난민을 정착시켰다.[56)] 이렇듯 농촌 국영농장에 수백 수천 명 단위로 집중 정착시키는 정책은 난민의 관리와 교육 그리고 권익을 보호하는 데에 이롭기 때문이라고 설명되었다.[57)] 이와 같은 중국의 베트남난민 정착 정책의 배후에는 1950-60년대 경험이 자리하고 있었다. 독립 이후 동남아시아 국가들의 민족국가건설 과정에서 화교들이 대거 축출당해 중국으로 돌아왔다. 예를 들어 1959년 말 인도네시아 정부가 인도네시아화교의 경제적인 영향력을 줄이고 동화를 시도하자 중국은 크게 반발했다. 이어 약 12만이 중국이 보낸 선박을 타고 귀환했다.[58)] 중국 정부는 이들 귀난교를 중국 남부와 하이난 섬의 화교농장에 집중 정착시켰다.[59)] 이렇게 설립된 화교농장

---

54) 鄧皓, 앞의 책, 3-26쪽.

55) 「中越邊境「難民村」調查 : 越南難民想當中國人」, 『新華網』 2004-08-27 来源: 國際先驅導報), http://news.xinhuanet.com/herald/2004-08/27/content_1897210.htm (검색일 2017.3.13.)

56) 曾國華, 「陳壽德, 張民保, 印支難民 安置工作的 回顧與思考」, 『八桂侨史』 04, 1988, 23쪽.

57) 曾國華, 앞의 논문, 1988, 24쪽.

58) Glen Peterson, 「The Uneven Development of the International Refuge Regime in Postwar Asia: Evidence from China, Hong Kong and Indonesia」, Journal of Refugee Studies, Vol. 25, No. 3, 2012, pp.337-339.

59) Supang Chantavanich, Japan and the Indochinese Refugees, The Institute of Asian Studies Chulalongkorn University, 1987, p.2.

은 1970년대까지 중국 푸젠, 광둥, 광시, 장시, 위난, 하이난, 지린 등 7개 성에 84개로 늘어났다. 그중 41개에는 1950~1960년대 말레이시아, 인도네시아, 버마, 인도 등지에서 온 이들을, 그리고 43개에는 1970년대 베트남에서 온 이들을 정착시켰다.[60] 이러한 정착 정책으로 인해, 한국, 일본, 홍콩은 난민에 관한 국제질서와 관행에서 정책을 채용한 반면, 중국은 1950~1960년대 귀환화교를 정착시켰던 자신만의 경험에 기반해 정책을 펼쳤다고[61] 이해된다.

그러나 1979년을 기점으로 중국의 베트남난민 정책은 탈바꿈했다고 볼 수 있다. 귀교, 귀난교, 난교 등의 중국식 표현은 1979년 중월전쟁 이후에는 거의 발견되지 않는다. 게다가 1979년 인도차이나난민문제에 관한 국제회의 이후에는 베트남난민 혹은 난민이라는 단어만이 사용되고 있다.[62] 불가피하게 난민의 중국 관련성을 언급해야 할 때에는 사실상 중월전쟁 이전 베트남이 명명했던 화예베트남인(華裔越南人)이라는 용어를 사용했다. 1979년 8월초 열린 국무원 인도차이나난민정착에 관한 회의(印度支那接待安置工作會議)에서 선전 강화와 함께, 난교는 난민의 일부분일 뿐이므로 앞으로는 일률적으로 명확하게 난민이라 통칭한다는 결정이 내려졌다.[63] 이는 UNHCR이 중국에서 활동하고 중국이 난민기금을 받게 된 시점과 일치한다. 1979년부터 1998년까지 8만 명을 정착시켰던 광둥은 UNHCR로부터 2,089만 달러의 원조를 받았다.[64] 이로 보건데 중국은 1979년부터는 국제난민제도의 틀 내로 편입되었다고 할 수 있다. 앞서 언

60) 姚俊英, 「越界: 光州H華僑農場越南 歸僑 跨國流動硏究」, 『廣西民族大學學報(哲學社會科學版)』 03期, 2009, 57쪽.

61) Han Xiaorong, 「Exiled to the Ancestral Land: the resettlement, stratification and assimilation of the refugees from Vietnam in China」, International Journal of Asian Studies, Vol. 10, No. 1, 2013, p.28.

62) 『人民日報』 1979.2. 이후 기사 참조.

63) 鄧皓, 앞의 책, 26쪽.

64) 鄧皓, 위의 책, 4쪽.

급했듯이 중국에서 홍콩이나 마카오 또는 동남아시아의 난민제일수용국으로 향했던 베트남난민은 중국에 이미 정착한 것으로 간주되었다는 사실도 중국이 이미 국제난민질서의 일부분이었음을 드러낸다. 중국의 국제 인도주의 체제로의 편입은 1982년 9월 24일 난민협약과 난민의정서에 서명하면서 최종 단계로 진입했다. 난민협약과 난민의정서는 아시아에서 발생한 난민 문제에 대한 해법이 되지 못할 뿐 아니라 냉전의 도구라는 비판은 과거사가 되었다. 이후 중국에서도 베트남난민 정착 문제는 귀국 화교가 아니라 인도주의 정신에 입각해 국제주의 의무를 부담하는 형식을 띠었다. 1990년대에 들어 중국이 인도차이나난민을 본국으로 송환하는 움직임도 같은 맥락에 위치한다. 1991년부터 1997년까지 중국정부는 라오스, 캄보디아 난민의 자원귀환을 실시하여 약 3,500명의 라오스인과 캄보디아인 난민을 돌려보냈다.[65] 베트남난민의 송환문제는 여전히 해결해야 할 과제로 남아있다.

베트남난민이 처음 일본에 입항했던 1975년 5월부터 1977년 중반까지 일본의 베트남난민 정책은 홍콩을 비롯한 난민제일수용국과 크게 다르지 않았다. 이 시기 일본은 자국적 선박이 구조한 보트피플의 경우에는 출입국관리법 12조의 특별상륙허가를, 외국적 선박에 의해 구조되어 입항한 경우 해난상륙허가를 내주었다. 후자의 경우 UNHCR이 상륙을 일본정부에 요청하고 구호비용을 부담하며 제3국에의 정착을 책임진다는 전제 조건이 붙었다.[66] 미국과 UNHCR이 인도차이나난민에 대한 글로벌 해법을 모색하기 시작하고 일본에 UNHCR 사무국이 문을 열었던 1977년 후반 일본 중앙정부는 비로서 인도차이나난민문제를 다룰 공동위원회를 조직했다. 한국에서UNHCR의 도움으로 부산베트남난민보호소가 건축되고 문을

65) 尹鴻傳, 「越南難民的中國命運」, 54쪽.
66) Osamu Arakaki, Refugee Law and Practice in Japan, Routledge, 2016, p.17.

연 시점과 같다.

일본은 베트남난민 위기를 통해 동아시아 국가들 중에서 가장 의미 있는 변화를 경험했다고 말할 수 있다.[67] 이에는 난민문제의 법적, 제도적, 기구적 측면뿐만 아니라 난민문제에 대한 정부의 태도, 난민문제에 대한 시민사회의 관여 등이 포함된다. 일본이 베트남난민의 정착국이 된 첫 계기는 1978년 일본이 베트남난민의 임시상륙 조건을 완화하고 최대 500명을 특별 정주시키기로 한 결정이었다. 일본에 머물고 있던 베트남인들 중에서 일본인의 배우자나 가족 혹은 보증인이 있는 이들이 특별 정주허가를 받을 수 있었다.[68] 같은 해 후쿠다(福田赳夫) 내각은 난민임시상륙조건을 완화하는 조치를 취했다. 인도차이나난민을 실은 배가 제3국 정착 보증이 없이도 임시 상륙할 수 있게 되었다.[69] 1979년에는 일본 정착 대상이 동남아시아 난민캠프에 있는 보트피플로 확대되었으며, 정착 신청자격도 완화되었다. 일본은 정착 정원을 1980년에는 1,000명, 1981년에는 3,000명, 1983년에는 5,000명 마침내 1985년에는 10,000명으로 늘렸다. 정착 쿼터의 확대와 더불어 정착 자격조건도 덜 까다로워졌다. 처음에는 일본이나 일본인과 관계가 있는 이들에게 정착 기회를 제공했으나 점차 일본이나 일본인과 관계가 없어도 일본사회에서 자립할 수 있는 능력을 갖춘 이들도 희망하는 한 일본 정착이 허용되었다.[70]

---

67) 미국도 이면에서는 크게 다르지 않았다. 1975년 포드행정부는 난민구호를 자원봉사단체들에 위임하고 전반적인 조정을 위해 대책반을 두는 정도였다. 카터 행정부에 와서야 베트남난민 문제 해결을 위한 법, 기구, 인력이 마련되었다. Edwin B. Silverman, 「Indochina Legacy: The Refugee Act of 1980」, Publius 10(1), 1980, pp.39-40.

68) Michael Strausz, International Pressure and Domestic Precedent: Japan's Resettlement of Indochinese Refugees, 2012, p.250; Osamu Arakaki, Refugee Law and Practice in Japan, 2016, p.17.

69) Masaya Shiraishi, Japanese Relations With Vietnam: 1951-1987, SEAP Publications, 1990, p.89.

70) Supang Chantavanich, Japan and the Indochinese Refugees, The Institute of Asian Studies Chulalongkorn University, 1987, pp.11-13.

1978년 베트남난민 정착 쿼터 설정에서 시작된 일본의 정착 정원확대 정책은 커다란 의미를 갖는다. 첫째 베트남난민의 난민제일수용국이자 정착국이라는 일본만의 특수성을 가져왔다. 1975년에 들어온 이들을 정착시킨 한국과 1978-79년에 들어온 이들을 정착시킨 중국을 특수한 예로 본다면, 일본은 호주와 함께 서구권 이외의 지역에서 보트피플의 정착국이 된 예외적인 국가였다. 동시에 일본은 난민제일수용국의 역할도 했는데, 서구권 그 어느 나라도 난민제일수용국의 역할을 하지는 않았다. 둘째, 일본이 경제적 지위에 걸맞게 소위 인도주의적 국제질서에서 책임을 이행한다는 의미에서 베트남난민 정착이 이루어졌다. 일본이 베트남난민의 정착에 호응해줄 것을 요구하는 압력은 적어도 1977년 하반기부터 UNHCR과 UN사무총장을 통해 계속되었으며, 미국을 비롯한 국제사회의 비난으로 가세되었다. 이 와중에 후쿠다 총리는 1978년 5월 카터(Jimmy Carter) 미국대통령과의 정상회담, 인도차이나난민에 관한 일련의 국제회의들 그리고 1979년 6월 일본에서의 첫 G7정상회담을 치루면서 UNHCR에 더 많은 기금을 내고 인도차이나난민을 더 많은 정착시키는 결정을 했다.[71] 셋째 마침내 일본은 1981년 10월 난민협약에, 1982년 1월 난민의정서에 서명했다. 1981년 7월 난민협약과 난민의정서에 서명한 필리핀에 이어 아시아에서는 두 번째로 국제난민법질서에 들어간 셈이다. 일본이 난민협약에 가입한 이후 많은 부분이 달라졌다. 일례로 난민협약의 주요 조항을 담은 출입국관리 및 난민인정법이 출입국관리법을 대체했다. 이와 동시에 숙식 제공 등 난민에 대한 구호 작업이 일본적십자와 여러 종교 조직, 자원봉사단체와 시민사회의 도움을 받아 필요에 따라 그때그때 이루어졌던 방식에서 탈피하여 중앙정부의 직접 개입을 비롯해 난민구호를 위한 기구가 정비되고 체계화되었다.

71) Masaya Shiraishi, ibid, 1990, p.89; Michael Strausz, ibid, p.251.

먼저 난민 정착사업 시행 위탁기관으로 1979년 11월 아시아복지교육재단 난민사업본부가 설립되었으며, 정착에 도움이 되는 일본어 교육과 건강 관리, 취업 지원을 위해 1979년 12월에는 효고현(兵庫縣) 히메지시(姬路市)에 히메지정주촉진센터, 1980년 2월에는 가나가와(神奈川)현 야마토(大和)시에 야마토정주촉진센터가 문을 열었다. 히메지정주촉진센터와 야마토정주촉진센터는 동남아시아 캠프에서 심사해서 사실상 비행기로 일본에 들어온 플레인난민의 정착을 지원했다. 보트피플의 임시구호를 위한 시설로는 1982년 2월에 오무라(大村)난민리셉션센터, 1983년 4월에는 동경도 시나가와(品川)구에 국제지원센터가 설치되었다.[72] 오무라난민리셉션센터는 해상으로 들어온 보트피플이 일본이나 제3국에서 정착지를 찾을 때까지 임시 수용했다. 일본 정주 허가를 받은 베트남난민은 정부가 마련해 준 시설에서 최장 6개월 체류하면서 일정액의 생활비와 교육지원금을 받았다. 여기에서 필요한 일본어와 일본에서의 생활관습을 배우고 기술훈련을 받아 이에 상응한 직업을 소개받은 이후 주거지를 정하고 일본에서의 자립적인 생활을 시작했다.[73] 1989년 인도차이나난민에 관한 국제회의에서 CPA가 채택되면서 일본도 새로 도착한 보트피플에 대해 난민심사제도를 도입했으며, 공식적으로 난민으로 인정받지 못한 이들을 본국에 송환시켰다. 1994년 2월 보트피플을 난민으로 인정하지 않는 결정이 내려지면서 3월을 기준으로 일본은 이들을 불법 이민자들로 취급해 다루었다.[74]

---

72) 신예진, 신지원, 「일본의 재정착난민 수용과 관련 제도에 대한 고찰」, 『동아연구』, 제32권 2호, 2013, 197쪽; 難民事業本部案內, 2016 アジア 福祉教育財團難民事業本部, http://www.rhq.gr.jp/

73) 衣遠, 「簡論日本越南人社群的形成與社會地位」, 『南洋問題研究』 03, 2011, 56쪽; 일본이 베트남난민의 일본 정착에 구체적으로 어떠한 도움을 주었는지에 대한 세계적인 정리는 荻野剛史, 『ベトナム難民の「定住化」プロセス, 「ベトナム難民」と「重要な他者」とのかかわりに焦点化して』, 明石書店, 2013, 2장 참조.

74) Foundation for the Welfare and Education of the Asian People, 「History of the Refugee Assistance Headquarters: Indo-Chinese Refugees and Japan」, http://www.fweap.or.jp/history%20of%20RHQ.htm (검색일

Ⅳ. 나오며

동아시아는 1975년부터 1994년 동안 본문에서 다룬 한국, 중국, 일본, 홍콩에다 대만과 마카오까지 더하면 50만이 넘는 베트남난민을 임시 구호했으며, 26만이 넘는 이들을 정착시켰다. 이렇듯 인상적인 성취에도 불구하고 동아시아의 베트남난민 구호와 정착은 학계의 주목을 받지 못했을 뿐만 아니라, 아시아 난민문제 해결에 관한 아시아적 전망에 별다른 유산을 남기지 못한 것으로 보인다. 전자의 문제의식 하에서 본문에서는 동아시아의 베트남난민 수용의 실상과 각국의 난민정책을 살펴보았다. 여기에서는 후자의 문제, 즉 동아시아의 베트남난민 수용 경험이 아시아 난민문제를 재인식하고 아시아적 해법을 강구하려는 유산으로 구축되지 못한 이유를 추론하고자 한다. 사실 그 이유는 베트남난민의 수용 규모와 특징을 국가별과 시기별로 살펴본 본문 내용 중에 상당 부분 모습을 드러내고 있다. 단적으로 동아시아의 베트남난민 문제는 시기적으로 1978-1979년의 문제라고 말할 수 있다. 이 시기에 동아시아는 가장 많은 베트남난민을 수용하고 정착시켰기 때문이다. 이런 결론은 동아시아에서 중국과 홍콩이 각각 가장 많은 베트남난민을 정착시키고 임시 수용했던 사실에서 연유한다.

그러나 보다 더 근원적으로 이는 아시아 국가 간의 대립과 반목이라는 역사적 사실과 깊은 관계를 가진다. 베트남난민은 이미 아시아가 냉전 구도 하에서 이분된 상태에서 1979년 전쟁으로 까지 비화된 중국과 베트남의 관계 악화가 더해지면서 발생했다. 세계 냉전과 중국과 베트남간의 열전이라는 이중적인 아시아 국가 간 대립각이 세워졌던 아시아라는 장 안에

2016.12.5.); 福留伸子, 增井 世紀子, 「インドシナ難民の日本人とのコミュニケーション： 國際救援センター退所後1年未滿のベトナム人の追跡調査」, 『筑波大學留學生センター日本語教育論集』 12号, 1997, p.172; 신예진, 신지원, 앞의 논문, 2013, 198-199쪽.

서 동아시아가 주체가 되어 베트남난민문제의 해법을 찾기는 불가능에 가까웠다. 중국과 베트남 모두 냉전의 저편에 속해 있는 상태에서 다른 동아시아 국가들과 단절되어 있었으며 중개국의 역할을 할 국가도 없었다. 베트남화교를 위시한 베트남난민의 대규모화와 장기화는 피할 수 없는 결과로 이어졌다.

베트남난민 수용으로 동아시아 삼국과 홍콩은 여러 가지 정책적 실험과 경험은 물론 난민/이민 관련법과 제도를 정비하는 기회를 가졌다. 난민문제를 전담하는 정부기구와 반정부기구의 제도화뿐만 아니라 본문에서는 다루지 못했지만 자원봉사단체와 시민사회의 성장 또한 간과할 수 없는 중요한 역사적 유산이다. 그러나 이 부분에서도 아시아적 연대는 형성되지 못했다. 동아시아 각국이 인도주의적 국제질서와 국제공조라는 틀에서 베트남난민 문제를 다루는 데로 직행했기 때문이다. 베트남난민을 수용하는 과정에서 필리핀, 일본, 중국, 한국이 난민협약과 난민의정서 조인국이 된 것 또한 그 일례에 속한다. 미국이 주도적 역할을 한 국제공조라는 틀 내에서 동아시아의 베트남난민 수용국들은 난민의 기원국인 베트남의 체제적·국제적 지위를 묵시적·명시적으로 약화시키고 국제사회에서의 자국의 위치를 강화시키고자 했다. 중국은 베트남을 징치하고 전 세계 화교들에게 사회주의 조국의 응원을 전하는 동시에 개혁개방이라는 역사적 전환기에 인도주의적 국제질서로 들어섰다. 베트남난민문제를 또 다른 의미의 흑선(黑船)의 도래이자 일본의 개항이라는 한 표현에서 드러나듯 일본 또한 베트남난민을 정착시킴으로서 세계 경제 대국으로서의 국제주의적인 책임과 연대를 다하는 모습을 보이고자 했다. 한국과 홍콩에게 베트남난민 정책은 애초부터 각각 미국, 영국과의 양자적 조율을 통해 국제적인 틀 내에 위치하고 있었다. 결국, 동아시아 각국의 베트남난민 정책은 개별 국가의 이해관계와 글로벌 해법을 조합하는 과정에서 형성·변화했다고 할 수 있다.

동아시아의 베트남난민 수용과 정착 과정에 또 다른 중요한 역할을 한 요소로서 민족담론을 들 수 있다. 베트남난민과 관련한 민족담론은 중국과 홍콩에서는 동혈(同血)의식으로 나타났다. 이는 또한 중국과 홍콩이 베트남난민 정책을 적극적이고 개방적으로 추진하는 배경으로 작용했다. 반면 한국과 일본에서는 베트남난민의 수용이 동질적 성격을 갖는 단일민족(單一民族) 사회에 균열을 가져온다거나 베트남난민 또한 사회에 통합되기 어려울 것이라는 우려가 수용과 정착을 최소화하려는 보다 소극적인 베트남난민 정책의 한 근간을 이루었다. 이렇듯 동아시아에서의 동혈의식이나 민족 담론은 베트남난민의 수용에 긍부정적 요인으로 동시에 작용했다. 그러나 베트남난민 정착이 바로 다문화사회로의 변화를 가져온 호주와는 달랐지만 일단 동아시아 사회 내로 베트남난민이 들어온 이후에는 동아시아 사회 모두에서 갈등과 포용 과정을 거쳐 이문화 내지는 다문화의 가치를 발양하는 데로 서서히 나아갔음 또한 사실이다.

어찌 보면 베트남난민의 수용과 정착과정에서는 비어있는 개념 공간으로 보이는 동아시아는 –이주와 난민 문제는 현대 아시아사에서 계속되는 중대한 변화에 중추적인 역할을 하고 있다는 면에서 더욱 아쉬운 부분인– 한국, 중국, 일본과 홍콩 간의 상호관계, 즉 보트피플 문제를 공유하고 나누는 실례나 자신의 사회에 이들을 정착시키기 위해 다른 나라의 난민캠프에서 난민을 데려오면서 발생하는 절차적, 외교적 사안에 대한 연구와 각국의 베트남과의 협상이나 관계에 관한 추후 연구가 계속된다면 조금은 차인 공간으로 인식될 여지가 있다. 일례로 홍콩에서 일찍 감치 미국정부의 바램을 거스르고 베트남난민의 송환을 위해 직접 베트남정부와 협상에 들어갔다. 동아시아 각국은 자국에 임시체제하고 있는 베트남난민의 연고지나 희망국을 찾아 다른 동아시아 국가들과 협의했다. 이 과정에서 한국은 부산베트남난민보호소의 난민을 일본, 중국, 홍콩의 정부와 접촉하여 그곳에 정착시킨 예도 있다.

【참고문헌】

〈자료〉

「귀환교포구호계획 지침」, 『월남난민보호소』 (부산광역시 기록관 1-19-5-A-8).

『월남난민보호소운영 1992~1992』, 부산광역시 기록관 1-19-5-A-8 (6260272- 99999999-000029).

『경향신문』, 『동아일보』, 『매일경제』

『新華網』, 『人民日報』

The New York Times

The Christian Science Monitor

The Deserted Neighbourhood's Related Information

UCANEWS.COM

難民事業本部案內, アジア福祉教育財團難民事業本部, 2016, http://www. rhq.gr.jp/

http://news.xinhuanet.com/herald/2004-08/27/content_1897210.htm

http://www.eats-taiwan.eu/newsletters/issue-5/vietnamese-boat-refugees

http://www.unhcr.or.jp/html/protect/pdf/IndoChineseReport.pdf

〈저서 및 역서〉

대한적십자사, 『한국적십자운동100년』, 대한적십자사, 2006.

鄧皓, 『陽光家園』, 長江文藝出版社, 2000.

楊佩珊, 葉健民, 朱笳綾, 『越南船民在香港』, 香港民主同盟, 1991.

牛軍凱·袁丁, 『歸國與再造僑鄉, 越南歸難僑訪問錄』, 廣東人民出版社, 2014.

荻野剛史, 『ベトナム難民の「定住化」プロセス, 「ベトナム難民」と「重要な他者」とのかかわりに焦點化して』, 明石書店, 2013.

〈연구논문〉

노영순, 「바다의 다아스포라, 보트피플: 한국에 들어온 2차베트남난민(1977~1993) 연구」, 『디아스포라연구』 7-2, 2013.

______, 「부산입항 1975년 베트남난민과 한국사회」, 『사총』 81, 2014.

신예진·신지원, 「일본의 재정착난민 수용과 관련 제도에 대한 고찰」, 『동아연구』, 32-2, 2013.

福留伸子, 增井世紀子, 「インドシナ難民の日本人とのコミュニケーション：國際救援センター退所後1年未滿のベトナム人の追跡調査」, 『筑波大學留學生センター日本語教育論集』 12, 1997.

姚俊英, 「越界: 光州H華僑農場越南 歸僑 跨國流動研究」, 『廣西民族大學學報(哲學社會科學版)』 3, 2009.

衣遠, 「簡論日本越南人社群的形成與社會地位」, 『南洋問題研究』 3, 2011.

李蓓蓓, 陳肖英, 「香港的越南難民和船民問題」, 『浙江師範大學學報』 4, 2003.

李若建, 「香港的越南難民與船民」, 『東南亞研究』 1, 1997.

人見泰弘, 「難民化という戰略:ベトナム系難民とビルマ系難民の比較研究」, 『年報社會學論集』 21, 2008.

曾國華, 陳壽德, 張民保, 「印支難民 安置工作的 回顧與思考」, 『八桂僑史』 4, 1988.

陳雲雲, 「歸僑的歸屬感研究 -以廣西 來賓市 華僑農場 爲例」, 『八桂僑刊』 2, 2012.

陳肖英, 「香港的越南難民和船民問題研究」, 華東師範大學, 碩士學位論文, 2004.

______, 「論香港越南難民和船民問題的緣起」, 『史學月刊』 8, 2006.

Akashi Junichi, 「Challenging Japan's Refugee Policies」, *Asian and Pacific Migration Journal*, Vol. 15, No. 2, 2006.

Alex Cunliffe, 「Hong Kong and the Indochinese Refugees: Reflections on the International refugee Environment」, *Refuge*, Vol. 16, No. 5, 1997.

Alexander Betts, *International Cooperation in the Refugee Regime, Refugees and International Relations*, Clarendon Press, 1989.

Alexander Betts, *Comprehensive Plans of Action: Insights from CIREFCA and the Indochinese CPA*, UNHCR New issues in Refugee Research Working Paper No. 120, 2006.

Astri Suhrke, 「Indochinese Refugees: The Law and Politics of First Asylum」, *The ANNALS of the American Academy of Political and Social Science*, Vol. 467, No. 1, 1983.

Barry Stein, 「The Geneva Conferences and the Indochinese Refugee Crisis,」 *International Migration Review*, Vol. 13, No. 4, 1979.

Edwin B. Silverman, 「Indochina Legacy: The Refugee Act of 1980」, *Publius*, 10(1), 1980.

Foundation for the Welfare and Education of the Asian People, History of the Refugee Assistance Headquarters: Indo-Chinese Refugees and Japan. http://www.fweap.or.jp/history%20of%20RHQ.htm.

Giovanna Merli, *Estimation of International Migration for Vietnam*, 1979-1989 (Working Paper), Seattle Population Research Center, 1997.

Han Xiaorong, 「Exiled to the Ancestral Land: the Resettlement, Stratification and Assimilation of the Refugees from Vietnam in China」, *International Journal of Asian Studies*, Vol. 10, No. 1, 2013.

Ikuo Kawakami et al., *A Report on the Local Integration of Indo-Chinese Refugees and Displaced Persons in Japan*, UN High Commissioner for Refugees (UNHCR), 2014.

Ikuo Kawakami, 「The Vietnamese Diaspora in Japan and Their Dilemmas in the context of transnational dynamism」, Yamashita et al., eds. *Transnational Migration in East Asia*, Senri Ethnological reports 77, 2008.

Kwok B. Chan, David Loveridge, 「Refugees 'in Transit': Vietnamese in a Refugee Camp in Hong Kong」, *The International Migration Review*, Vol. 21, No. 3, Special Issue: Migration and Health, 1987.

Keren Haynes, *A Comparison of the Treatment of Refugees: Cambodians in Thailand and Vietnamese in Hong Kong*, MA Thesis, The University of Hong Kong, 1993, 2004.

Lo Chi-kin, *China's Policy Towards Territorial Disputes: The Case of the South China Sea Islands*, Routledge, 1989.

Masaya Shiraishi, *Japanese Relations With Vietnam: 1951-1987*, SEAP Publications, 1990.

Michael Strausz, 「International Pressure and Domestic Precedent: Japan's Resettlement of Indochinese Refugees」, *Asian Journal of Political Science*, Vol. 20, No. 3, 2012.

Milton Osborne, 「The Indochinese Refugees: Cause and Effects」, *International Affairs*, Vol. 56, No. 1, 1980.

Osamu Arakaki, *Refugee Law and Practice in Japan*, Routledge, 2016.

Sunil S. Amrith, *Migration and Diaspora in Modern Asia*, Cambridge University Press, 2011.

Supang Chantavanich, *Japan and the Indochinese Refugees*, The Institute of Asian Studies Chulalongkorn University, 1987.

Tom Lam, 「The exodus of Hoa refugees from Vietnam and their settlement in Guangxi: China's Refugee Settlement Strategies」, *Journal of Refuge Studies*, Vol. 13, No. 4, 2000.

Vaughan Robinson and Samantha Hale, *The Geography of Vietnamese Secondary Migration in the UK*, Coventry: Center for Research in Ethnic Relations, 1989.

W. Courtland Robinson, 「The Comprehensive Plan of Action for Indochinese Refugees, 1989-1997: Sharing the Burdon and Passing the Buck」, *Journal of Refugee Studies*, Vol. 17, No. 3, 2004.

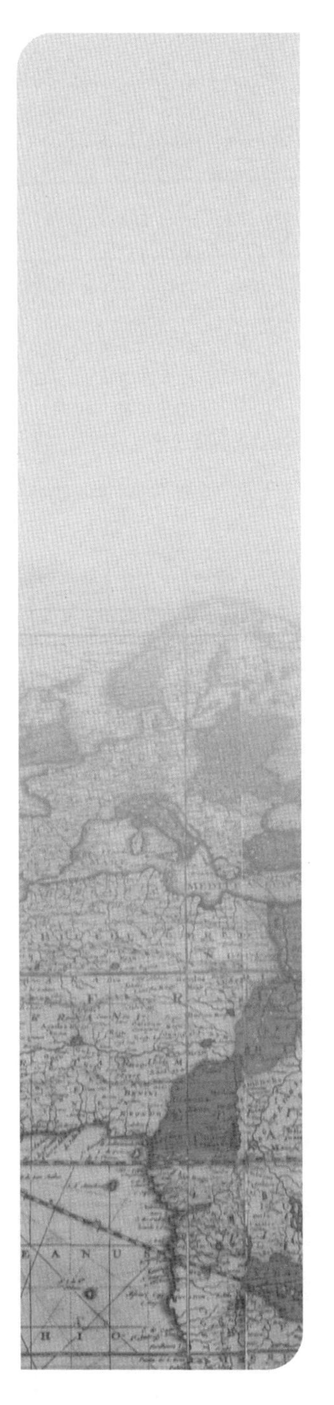

제3부

현대 동아시아의 이주와 사회
: '새로운' 이주, 변화하는 사회 · 공간 · 인식

12. 한국인의 중국 이주와 사회변동
: 1990년부터 2020년까지

구지영

Ⅰ. 들어가며

이 글을 쓰고 있는 2022년은 전후 70여 년간 지리적으로나 영역적으로 그 규모와 범위가 확대되어온 지구화(Globalization)에 종지부를 찍는 다양한 사건이 일어난 해이다. 2월 말 러시아의 우크라이나 침공으로, 팬데믹의 장기화로 기능 부진에 빠져있던 글로벌 생산 및 공급시스템이 돌이킬 수 없이 파괴되었다. 8월 초 낸시 펠로시(Nancy Pelosi) 미 하원의장의 대만 방문으로, 1979년부터 미국이 고수해온 양안 관계에 대한 '전략적 모호성(Strategic Ambiguity)'을 파기함으로써, 2018년부터 시작된 미·중 갈등은 무력시위를 동반한 극한의 대립(Extreme Competition)으로 치닫고 있다. 나아가 10월 제20차 전국대표대회에서 3연임을 확정한 시진핑(習近平) 국가주석이 '중국식 사회주의 현대화 강국 건설'을 선언하면서, 미국식 자본주의 경제체제로의 편입을 의미한 중국의 개혁개방은 사실상 문을 닫았다.

또 다른 측면에서 보면, 2022년은 한·중 수교 30주년이자 중·일 수교 50주년으로, 다층적으로 확대되어온 역내 관계를 통해 동아시아가 글로벌 생산시스템의 한 축으로 자리 잡아 온 세월을 상징하는 해이기도 하다.

1980년대 후반부터 한국과 일본은 비용 절감을 위해 생산 공정의 해외 이전을 시작했고, 국가 간 정치 관계는 이러한 시장의 요구를 지지하는 환경을 조성했다. 특히 경제특구(special economic zone)[1]로 정책적 자율성을 부여받은 중국 연해도시들은 값싸고 풍부한 원자재와 노동력뿐만 아니라 외자기업에 대한 각종 특혜로 이 이동의 중심으로 급부상했다. 1997년의 아시아 금융위기가 회복국면에 접어든 2000년대부터 역내이동은 급증했고, 동아시아는 중국의 해항도시와 한국, 대만, 일본이 결합된 연해부와 중국의 내륙부라는 두 개의 경제 공간으로 분리되었다. 2010년에 이미 한국과 일본의 최대 교역국은 미국이 아닌 중국이 되었고, 이는 곧 미국을 기반으로 한 안보 논리를 위해 경제 논리를 희생시키기 어려운 구조적 딜레마에 진입했음을 의미했다.

한편 2009년부터 시작된 중국의 공세적 외교가 2012년 시진핑 집권 이후 더욱 강화되면서 국가 간 정치 갈등이 촉발되었고, 권역 경제의 주체로 활약하던 지방 정부의 재량권은 급격히 축소되었다. 그럼에도 불구하고 이 시기 동아시아의 경제 관계는 국가간 정치 갈등을 봉합하는 기제로 작용했다. 하지만 탈지구화(de-globalization)로의 전환기에 접어든 2022년의 동아시아에서는 정치 관계가 지난 30년과는 정반대의 의미로 경제 관계에 절대적인 영향을 미치고 있다.

---

1) 특구는 국가가 특정 목적을 위하여 국토 공간의 일정 부분에 한하여 다른 곳과는 다른 예외적인 법과 제도를 허용하는 곳이다. 경제특구의 기원은 오래되었지만, 수출자유지역과 같은 특구가 글로벌한 수준에서 영향력을 발휘하기 시작한 것은 20세기 들어서였다. 특히 1970년대 이후 저개발국에서 경제발전 전략의 주요 수단으로 널리 도입되면서 특구 개발이 전 세계적으로 보편화되었다. 1965년 동아시아 최초의 수출자유지역이 대만의 가오슝(高雄)에, 1970년 한국의 마산에 설립되면서 동아시아 신흥공업국에서 특구 개발이 본격적으로 추진되었다. 가오슝과 마산의 경험은 이후 중국으로 전달되어 개혁개방을 본격화하는 전략적 수단으로 경제특구를 설치하는 데 커다란 영향을 주었다. 2006년 현재 전 세계 130개국에서 3,500여 개의 특구가 설치되었고, 이중 아시아 지역에 위치한 것이 900여 개로 가장 많다. 박배균·이승욱·조성찬 엮음, 『특구: 국가의 영토성과 동아시아의 예외공간』, 알트, 2017, 7-9쪽.

필자는 1990년대 말부터 현지조사와 인터뷰와 같은 질적 조사방법을 통해 동아시아를 무대로 한 사람의 이동을 연구해왔다. 구체적으로는 1999년부터 2001년까지 대구·경북지역의 조선족을 포함한 중국인, 2003년부터 2011년까지 중국 칭다오(青島)의 한국인과 조선족, 2010년부터 2012년까지 부산 화교, 2013년부터 현재까지 다롄(大連)의 한국인과 일본인을 조사했다. 지금까지의 연구성과는 크게 이민연구와 도시연구로 나누어 정리할 수 있을 것이다. 우선 이민연구에서는 한국인, 조선족, 화교, 일본인의 이동을 통해, 1990년부터 2020년까지 이른바 '대량 이주의 시대(age of mass migration)'에 장소이동과 계층변화, 타자 간 접촉과 갈등, 국적제도와 정체성의 문제를 다루었다. 도시연구에서는 칭다오, 부산, 다롄 등 환황해권 주요 도시의 산업구조, 도시공간, 사회공간의 변용을 개괄하고, 이주민이라는 이질적인 존재를 통해 경계공간이나 접촉공간의 구성 양상을 고찰했다. 요컨대 필자는 지난 20년간 동아시아 역내이동이 만들어내는 초국적 공간의 역동성을 참여관찰하면서, 그 변화의 내용과 속도를 학문 영역으로 끌어오기 위해 다양한 시도를 해왔다.

한편 2022년 현재, 극한의 대립과 전쟁과 같이 지구화를 파괴하는 형태로 찾아온 탈지구화로, 지난 연구의 성과와 한계를 점검하고 향후 연구의 방향성을 재고해야 하는 상황에 놓여있다. 따라서 이글에서는 글로벌 생산시스템이 본격적으로 형성된 1990년대부터 탈지구화로의 전환이 가시화된 2020년까지, 동아시아 역내이동의 한 부분을 차지한 한국인의 중국 이주를 개관하고자 한다. 이를 통해 낡은 것은 가고 새것은 아직 오지 않은[2] 전환기에 직면한 지금, 지난 30년간 중국의 한국인사회는 어떤 변동을 겪었는지, 학문적으로는 무엇을 보고 보지 못했는지를 살펴볼 수 있을 것이다.

2) 「The old is dying and the new cannot be born」 by Antonio Gramsci(1930) 낸시 프레이저 지음·김성준 옮김, 『낡은 것은 가고 새것은 아직 오지 않은』, 책세상, 2021.

Ⅱ. 선행연구

지난 30년간 한국인의 중국 이주와 사회변동에 대해 어떤 연구가 이루어졌는가? 여기서는 대한민국 국적을 소유한 이주자에 대한 인문사회학적 논문으로 한정해서 정리하고자 한다. 아울러 지면의 제한으로 한국어 논문만 다룰 것이다. 연구의 전반적인 추이와 경향성을 파악하기 위해, 우선 KCI(Korea Citation Index)에서 키워드로 검색해 제목과 요지를 검토한 후 관련도가 높은 논문을 선별했다. 다음으로 각 논문의 참고문헌에서 전 단계에서 누락 된 논문을 보충했고, 새롭게 선정된 논문들의 참고문헌을 검토했다. 마지막으로 이를 ①발표연도, ②연구주제, ③연구지역, ④연구방법, ⑤분석방법 혹은 이론적 틀로 나누어 엑셀 파일에 정리했다.[3] 그 결과 2022년 1월 현재까지 발표된 53편을 검토했다. 세부사항은 〈표 1〉과 같다.[4]

〈표 1〉 선행연구

① 발표연도	2000년대	20편
	2010년대	29편
	2020년대	4편
② 연구주제	기업활동	기업의 현지화(localization), 기업 내 접촉과 갈등 경영환경의 변화와 대응 주재원과 현지노동자의 생산성

3) 선행연구의 수집, 정리, 검토 방법은 다음 논문에서 차용했다. Rocio Aliage-Isla and Alex Rialp, 「Systematic review of immigrant entrepreneurship literature: previous findings and ways forward」, Entrepreneurship & Regional 25(9), 2013, pp.819-844.

4) 이 논문은 1990년대 이후 중국에 형성된 한국인사회에 대해 고찰하는 것이므로, 사회학, 인류학, 지리학뿐만 아니라 경제학, 경영학, 교육학 논문도 일부 포함하고 있지만, 분과학문으로는 따로 분류하지 않았다. 왜냐하면, 2010년대부터 통합·융합을 표방한 지역학의 이름으로 발표된 논문이 많아 그 경계가 명확하지 않았기 때문이다. 또 경향성을 분석하는 것이 목적이므로, 참고문헌에는 본문에서 언급한 논문만 표기했다.

② 연구주제	타자 관계	현지정부 및 사회와의 관계 한국인과 조선족의 종족 관계 한국인, 조선족, 한족의 타자 관계
	공간과 장소	초국적 공간의 형성과 변용 코리아타운의 형성과 변용
	교육 문제	재중한국학교 현황 한국인의 교육분화와 전략
	이주민 사회의 형성과 변용	이주 동기와 이주 양상 한국인사회의 사회문화적 분화
③ 연구지역	베이징, 텐진	11편
	칭다오와 산둥성	17편
	상하이	3편
	둥베이	2편
	다수의 도시/기타	10편/ 10편
④ 자료조사방법	질적연구(참여관찰, 인터뷰)	22편
	양적연구(설문조사)	12편
	혼합연구(질적+양적 조사)	9편
	기타(문헌 자료 등)	10편
⑤ 분석방법 · 이론적 틀	ethnicity, nationality ethnic enclave, identity	종족성 · 민족성, 종족 집거지, 종족 정체성
	social capital	꽌시(關係)라는 중국의 특수성 사회자본의 형성과 기능
	intercultural communication cultural adaption	문화적 교류와 갈등, 문화적응과 생산성
	transnationalism transnational social spaces	초국적 공간의 형성과 변용

① 발표연도: 1990년대까지는 재외한인으로서 조선족에 대한 사회문화적 이해를 돕는 논문이 몇 편 발표되었을 뿐,[5] 재중국 한국인에 대한 연구는 2000년부터 본격적으로 이루어졌다. 2000년대에 발표된 논문은 모

5) 金碩培, 「중국 조선족 고유문화의 성격과 현황」, 『한국동북아논총』 9, 한국동북아학회, 1998, 167-184쪽; 박상대, 「在外韓人의 分布와 現況」, 『東亞研究』 11, 서강대학교 동아연구소, 1987, 65-93쪽; 최협, 「해외거주 한인들의 적응형태에 관한 연구:중국, 미국, 일본, 독립국가연합의 한인사회에 대한 비교」, 『현대사회과학연구』 3, 전남대학교 사회과학연구소, 1992, 43-70쪽.

두 20편으로, 대체로 기업활동에 관한 것이다. 따라서 절반이 경영학 논문이며,[6] 인류학과 사회학 논문이라도 기업 경영의 현지화 내지는 적응을 목적으로 했다.[7] 이 시기의 논문들은 분야에 상관없이 기본적으로 중국의 특수성, 즉 자본주의 경제체제로 막 진입한 미지의 땅 중국과 그들의 경제행위를 사회문화적으로 분석한 것이었다. 2010년대는 29편으로, 연구 대상, 주제, 기간, 방법이 다양해진다. 대규모 장단기 체류자에 대한 현장 연구가 본격화되었으며, 베이징(北京)이나 칭다오와 같이 한국기업과 이주민이 집중된 도시에 대한 장기조사의 결과물들도 대부분 이 시기에 발표되었다.[8] 2020년대에는 베이징 한국인사회를 상징적으로 드러내는 코리아타운의 형성과 변용을 시계열적으로 분석하는 연구[9] 와 경영환경 변동에 따른 칭다오 한국기업의 대응에 대한 통시적 연구가 이루어졌다.[10]

---

6) KCI 피인용횟수가 많은 논문으로는, 안종석·백권호, 「중국 내 한국계 기업 현지채용 근로자들의 조직몰입에 관한 연구」, 『국제경영연구』 13-2, 한국국제경영학회, 2002, 213-240쪽; 백권호·안종석, 「중국의 지역간 문화차이에 관한 실증연구: 재중 한국 대기업 자회사의 중국 종업원을 중심으로」, 『중국학연구』 27, 중국학연구회, 2004, 325-354쪽; 백권호·장수현, 「중국 기업문화의 특성과 경영 현지화 - 정·리·법 패러다임과 '꽌시'의 비판적 재고찰」, 『중국학연구』 47, 중국학연구회, 2009, 249-280쪽.

7) 김윤태, 「중국진출 한국기업의 현지정부 및 사회와의 관계」, 『중소연구』 27, 한양대학교 아태지역연구센터, 2003, 91-121쪽; 장수현, 「중국 내 한국기업의 현지적응 과정과 문화적 갈등: 칭다오 소재 한 신발공장에 대한 인류학적 연구」, 『한국문화인류학』 36(1), 한국문화인류학회, 2003, 83-118쪽.

8) 구지영은 칭다오 한인사회 전반, 장세길은 칭다오 노동집약적 한국계 제조업, 이윤경은 베이징 왕징의 한인사회에 대해 1년 이상의 장기조사를 실시한 후 관련 논문들을 발표했다. 구지영, 「지구화 시대 한국인의 중국 이주와 초국적 사회공간의 형성: 칭다오의 사례를 통해」, 『한국민족문화』 40, 부산대학교 한국민족문화연구소, 2011, 421-458쪽; 장세길, 「노동집약적 한국기업의 초국경적 활동: 경제적 합리성, 정치경제적 조건, 문화적 논리의 상호작용」, 『한국문화인류학』 44(1), 한국문화인류학회, 2011, 119-166쪽; 이윤경·윤인진, 「중국 내 한인의 초국가적 이주와 종족공동체의 형성 및 변화: 베이징 왕징 코리아타운 사례 연구」, 『중국학논총』 47, 중국학연구소, 2015, 271-305쪽.

9) 설동훈·문형진, 「베이징 왕징 코리아타운의 발전: 생성·성장·재편의 역동성」, 『중국과 중국학』 39, 영남대학교 중국연구센터, 2020, 25-54쪽.

10) 윤태희, 「시진핑 시기 한국기업의 현지 경영환경 변화와 대응: 칭다오 진출 기업 사례를 중심으로」, 『중국학연구』 91, 중국학연구회, 2020, 243-279쪽.

② 연구주제: 기업연구는 중국의 특수성과 한국기업의 현지화(localization), 기업 내 접촉과 갈등에 대한 사회문화적 고찰, 주재원과 현지노동자의 문화적응과 생산성, 경영환경 변동과 기업의 대응, 그리고 기업의 사회적 책임(Corporate Social Responsibility)과 그 효과에 대한 논문이 발표되었다. 전술한 것처럼 초기에는 중국의 특수성을 이해하는 것과 동시에 글로벌 스탠다드, 즉 한국(문화)적 틀을 상대화하는 것이 목적이었다. 타자 관계는 종족과 민족을 주요 범주로,[11] 한국인과 조선족의 접촉과 갈등, 종족경제권의 형성과 변용, 한족으로 대표되는 현지인과의 관계성 등이다. 이는 다시 한국이라는 모국을 중심에 둔 종족·민족 관계와 이주 도시를 중심에 둔 외국인(한국인), 외지인(조선족), 현지인(한족)의 관계로 나눌 수 있다.[12]

다음으로 공간과 장소이다. 구체적으로는 이동하는 한국인이 구성하는 초국적 사회공간과 이들이 현지에서 구현하는 구체적인 장소인 코리아타운 연구가 있다. 초국적 공간에 대한 연구는 한국인의 이주 동기와 이주 양상, 출신지와의 관계, 거주지에서의 사회경제적 위치, 내적 분화와 관련지어 분석한다.[13] 코리아타운에 대해서는 베이징 왕징(望京)[14]과 칭다오의

11) 재중국 한국인 연구에서 주요 키워드가 종족과 민족이었다면, 재중국 일본인 연구의 주요 키워드는 젠더, 세대, 계층이었다. 구체적인 비교 분석은 다음 논문을 참조할 수 있다. 구지영, 「중국 다롄의 한국인과 일본인 사회에 대한 비교 연구」, 『동북아문화연구』 60, 동북아시아문화학회, 2019, 5-30쪽. 한편 한·중간 이동이 재개된 후 30년이 넘은 2020년 이후 한국기업 내의 접촉과 갈등을 세대를 통해 분석하는 연구가 발표되었다. 황홍휘·이선화, 「재중 한국기업 내 세대 동학: 옌타이 한국계 다국적기업의 사례」, 『중국학연구』 97, 중국학연구회, 2021, 233-275쪽.

12) 김재석, 「중국 내 다국적 기업에서의 '문화'와 민족성의 정치학: 칭다오 지역 한국 다국적 기업을 중심으로」, 『중국학연구』 59, 중국학연구회, 2012, 161-186쪽.

13) 구지영, 「지구화 시대 한국인의 중국 이주와 초국적 사회공간의 형성: 칭다오의 사례를 통해」, 『한국민족문화』 40, 부산대학교 한국민족문화연구소, 2011, 421-458쪽; 장수현, 「중국 청도 한국인 교민사회에 대한 연구: 지구화 시대 초국적 이주의 구조적 유동성」, 『중국학연구』 62, 중국학연구회, 2012, 337-360쪽.

14) 정종호, 「왕징모델(望京模式): 베이징 왕징 코리아타운의 형성과 분화」, 『중국학연구』 65, 중국학연구회, 2013, 433-460쪽; 설동훈·문형진, 「베이징 왕징 코리아타운의 발전: 생성·성장·재편의 역동성」, 『중국과 중국학』 39, 영남대학교 중국

한국인 집거지에 대한 사례연구가 대표적이다.[15] 마지막으로 이주민 2세의 교육 문제에 관한 실증적 연구로, 한국인학교의 설립과 활동, 교육분화와 전략이 논해졌다.[16]

③ 연구지역: 베이징과 톈진(天津)이 11편, 칭다오를 비롯한 산둥성(山東省)이 17편, 상하이(上海)가 3편, 둥베이(東北) 지역이 2편, 다수의 도시를 대상으로 하는 것이 10편, 기타 연구가 10편이다. 대규모 이주가 일어났고 그만큼 역동적인 변화를 겪은 베이징과 칭다오가 과반수를 넘는다. 베이징의 경우 이곳 한국인사회의 변동을 상징적으로 드러내는 왕징 코리아타운에 대한 사례연구가 7편으로 가장 큰 비중을 차지한다. 칭다오는 개방 초기부터 한국기업의 투자유치에 주력했기 때문에, 기업활동뿐만 아니라 이주민의 사회적 분화, 타자 관계, 2세들의 교육 문제 등 다양한 주제에 대한 연구가 이루어졌다. 전반적인 경향을 파악할 수 있는 다수의 도시를 대상으로 한 연구는 10편이지만, 대부분 2000년대에 발표된 것이다. 이러한 지역적 편중은 현지 상황을 총체적으로 파악하는 데에는 방법론적 한계로 작용할 것이다.

④ 자료조사방법: 참여관찰이나 인터뷰와 같은 질적 연구가 22편, 설문조사와 같은 양적 연구가 12편, 질적 연구와 양적 연구를 동시에 수행한 이른바 혼합연구가 9편, 문헌 자료를 중심으로 부족한 부분을 소규모 설문조사나 인터뷰로 보충한 것이 4편, 기타 6편이다. 재중국 한국인사회에 대한 국가와 지방 정부가 발표한 세부적인 통계자료가 부족하고, 기관

연구센터, 2020, 25-54쪽.

15) 구지영, 「동북아시아 이주와 장소구성에 관한 사례연구: 중국 청도(青島) 한인 집거지를 통해」, 『동북아문화연구』 37, 동북아시아문화학회, 2013, 269-289쪽.

16) 장수현, 「중국 청도 한국 조기유학생들의 초국적 교육환경: 교육의 시장화와 다양성의 딜레마」, 『열린교육연구』 21, 한국열린교육학회, 2013, 179-202쪽; 예성호·김윤태, 「'초국가주의 역동성'으로 본 재중 한국인 자녀교육 선택에 대한 연구: 상해지역을 중심으로」, 『중국학연구』 68, 중국학연구회, 2014, 337-363쪽; 신혜선, 「세계화와 중산층 열망의 교차점, 재중 한국국제학교: 대련한국국제학교를 중심으로」, 『중소연구』 146, 한양대학교 아태지역연구센터, 2015, 45-89쪽.

과 시기에 따라 조사방법이 달라서 그 편차가 크다. 또 공적 자료와 실제 사이의 괴리로 자료가 실제를 반영하지 못하는 경우가 많다. 따라서 기관 자료보다는 설문조사나 반 구조적 인터뷰, 참여관찰과 같은 자기 수집자료(self-collected data)를 활용하는 실증연구가 큰 비중을 차지한다. 기업 연구의 비중이 높았던 2000년대까지는 중국 주요 도시에 진출한 한국기업을 대상으로 비교적 규모가 큰 설문조사가 수행되었다.[17] 총 12편의 양적 연구 중 2000년대에 이루어진 것이 7편이고, 설문조사와 인터뷰를 병행한 혼합연구도 5편이 시기에 발표되었다.

2010년대에는 참여관찰과 인터뷰가 16편이고, 비교연구보다는 한 도시의 실태를 집중적으로 파악하는 논문이 23편으로 큰 비중을 차지했다. 자기 수집자료의 경우에도 2000년대까지는 경영학, 사회학, 인류학 등 전통적인 분과학문의 방법론에 기반했고, 필요에 따라서는 경영학자와 사회학자, 혹은 경영학자와 인류학자가 공동연구를 추진했다. 하지만 지역학으로 발표된 논문이 급증한 2010년대에는 특정 학문의 경계나 방법론에 매몰되지 않고 급변하는 흐름을 파악하여 그 이해를 돕는 연구들이 주를 이루었다. 즉, 조사와 분석에서 분과학문의 특성이 드러나지 않은 경우가 많아졌는데, 이러한 융합적·학제적 연구의 흐름이 가져온 일종의 '방법론적 해방'은 학문적 설득력이 부족한 경우에도 상호 비판의 기제를 가질 수 없게 만들었다.[18]

---

17) 안종석·백권호, 「중국 내 한국계 기업 현지 채용 근로자들의 조직몰입에 관한 연구」, 『국제경영연구』 13(2), 한국국제경영학회, 2002, 213-240쪽; 안종석·김윤태, 「情·理·法 패러다임을 활용한 중국 진출 한국기업의 경영현지화 실증분석」, 『국제경영연구』 19(2), 한국국제경영학회, 2008, 19-45쪽.

18) 여기서 말하는 방법(methods)이란 자료의 수집 및 분석과 논리의 실증에 활용되는 구체적이고도 미시적인 연구전략과 기법들(예컨대, 서베이, 인터뷰, 사례연구, 통계분석, 내용분석, 현지조사, 의사실험 등)을 가리키며, 방법론(methodology)이란 위의 다양한 방법들뿐만 아니라 질문의 설정, 가설의 구성, 비교와 추론까지를 포괄하는 연구설계 및 논증의 체계를 포괄적으로 지칭한다. 정재호 편, 『중국 연구방법론: 연구설계·자료수집·현지조사』, 서울대학교출판문화원, 2010, 3쪽.

⑤ 분석방법 및 이론적 틀: 조사방법뿐만 아니라 분석방법에서도 유사한 변화가 보인다. 분명한 목적과 방법을 통해 특정 이론이나 논점을 검증하거나 반증하기보다는, 가능한 범위에서 수집한 자료를 가지고 현상을 재현(representation)하거나, 선행연구의 사실관계를 보충, 비판하는 패턴이 반복되었다. 분석에 사용되는 변수 간의 인과성(causality)과 연관성(association)이 명확하지 않으며, 분석대상의 보편성과 특수성이 드러나지 않는다. 그것은 보편성과 특수성을 보여줄 수 있는 전통적인 방법인 비교연구의 수가 제한적이기 때문일 것이다.[19] 아울러 질적 방법을 통해 한 도시를 연구하면서 충분히 검토하지 않은 타 도시와의 비교로 그 특수성을 부각시키려고 할 때, 성급한 일반화의 오류를 범하기도 했다.

재중국 한국인사회는 단기간에 급성장했으며 거주국에서의 정착을 목표로 하는 종래의 이민과는 성격이 다르다. 이러한 대상의 규모와 이례성뿐만 아니라, 변동에 취약한 역동성으로 인해 그 실태를 파악하는 것만으로 연구 의의가 충분히 인정될 수 있었을 것이다. 전반적으로 이론적 틀을 명확하게 밝히고 있지 않은 논문이 많지만, 언급된 이론적 틀은 다음과 같이 정리할 수 있었다. 첫째, 종족성·민족성(ethnicity·nationality)이다. 조선족과 한국인이 구성하는 종족사회, 혹은 종족경제권은 종족성·민족성 연구의 대표적인 사례 중의 하나이다. 지금까지는 이 범주가 고정된 것이 아니라 환경에 따라 유동적인 것임을 보여주는 방향으로 연구가 진행되었다. 둘째, 사회자본(social capital)이다. 특히 초기의 기업연구에서 '꽌시(關係)'라는 중국 문화의 특수성과 연관해 다양한 층위에서 사회

19) 지역 간, 국가 간 비교연구는 다음과 같다. 백권호·안종석, 「중국의 지역간 문화차이에 관한 실증연구: 재중 한국 대기업 자회사의 중국 종업원을 중심으로」, 『중국학연구』 27, 중국학연구회, 2004, 325-354쪽; 김윤태, 「중국 비 공유제 기업과 현지정부의 관계특성: 재중 한국계 기업, 재중 대만계 기업, 중국 사영기업의 비교」, 『중국학연구』 37, 중국학연구회, 2006, 367-402쪽; 구지영, 「중국 다롄의 한국인과 일본인 사회에 대한 비교 연구」, 『동북아문화연구』 60, 동북아시아문화학회, 2019, 5-30쪽.

적 관계 맺음이 어떻게 이루어졌고 그 영향과 한계는 무엇인지를 분석했다. 셋째, 문화적응(cultural adaption)으로, 주재원과 현지인들의 상호작용과 갈등, 이문화 적응, 조직몰입과 생산성을 포함한다.[20] 넷째, 초국가주의(transnationalism), 혹은 초국적 공간(transnational space)이다. 출신국을 떠나 이주국 사회에 동화되거나 고립되는 전통적인 이민과 다른 재중국 한국인의 생활세계를 '한국과 중국을 잇는' 혹은 '한국도 중국도 아닌' 초국적 공간으로 규정하고 그 양상을 고찰했다.

이상의 연구는 2020년까지, 즉 정치·경제적 불확실성 속에서도 글로벌 생산시스템이 비교적 원활하게 작동하던 시기에 이루어졌다고 볼 수 있다. 한편, 팬데믹으로 시작된 탈지구화의 전환기의 한 가운데 있는 지금, 향후의 과제를 제시하기 위해서 이 연구들은 무엇을 보고 보지 못했는지에 대해 논의할 필요가 있을 것이다. 이를 위해 먼저 지난 30년간 재중국 한국인사회가 어떤 변동을 겪어왔는지를 개관하고자 한다.

Ⅲ. 정치·경제적 변동

한·중 관계는 1992년 수교 당시의 '선린우호 관계'에서 1998년에 '협력동반자 관계', 2003년에 '전면적 협력동반자 관계', 그리고 2008년에 중국의 대외관계에서 최고단계라고 할 수 있는 '전략적 협력동반자 관계'로 발전해왔다. 그 과정에서 일본을 포함한 동아시아 역내 관계도 다음과 같

---

20) 이경아, 「중국진출 한국기업의 노동자가치관과 문화적 적응」, 『중국학연구』 45, 중국학연구회, 2008, 569-603쪽; 이경아·인종식, 「중국 한국투자기업 주재원의 문화적응」, 『중국학연구』 49, 중국학연구회, 2009, 397-434쪽; 민귀식, 「재중 장기체류자의 문화갈등 유형과 대중국인식의 변화: 북경지역을 중심으로」, 『중국학연구』 51, 중국학연구회, 2010, 253-287쪽; 예성호, 「한중 문화 간 교류의 변증법적 상호작용 패턴: 재중 한국인들의 문화갈등 현상을 중심으로」, 『중소연구』 136, 한양대학교 아태지역연구센터, 2013, 187-218쪽.

이 그 폭을 넓혀 왔다. 즉, 2008년 12월 첫 삼국 정상회의에서 '삼국 동반자 관계를 위한 공동성명'을 발표했고, 2012년 제5차 삼국 정상회의에서 '한·중·일 투자협정'에 서명하고 2014년에 정식 발효함으로써 상호투자 환경을 조성했다. 2013년 이후 한·중·일 자유무역협정(FTA)과 관련해 여러 차례 협상을 진행했으며, 2019년 제8차 삼국 정상회의에서 '한·중·일 향후 10년 협력 비전'을 제시했다.

한편, 2009년부터 시작된 중국의 공세적 외교가 2012년 말 시진핑 집권 이후 더욱 강화되면서 동아시아에서도 국가 간 정치 갈등이 촉발되었다. 대표적으로 한국과는 2016년 고고도 미사일 방어 시스템(THAAD) 배치를 둘러싼 갈등을, 일본과는 2012년부터 불거진 센카쿠(尖閣列島)·다오위다오(釣魚島)를 둘러싼 영토분쟁을 들 수 있을 것이다.

경제적으로 중국은 국내총생산(GDP)에서 세계 2위, 해외직접투자(FDI) 유치에서 세계 1위, 외환보유 규모에서 세계 2위, 소재부품 수출에서 세계 1위, 자동차 생산 및 판매 규모에서도 세계 1위를 차지한다. 2013년 자본 규모 기준 세계 최대 은행으로 기존의 미국은행(BOA)을 제치고 중국공상은행(ICBC)이 선정되었으며, 2019년에는 세계 10대 은행 중 1위에서 4위까지를 모두 중국 은행이 차지했다.[21] 이 모든 변화가 지난 30년간 일어난 것이다.

이 과정에서 한국과의 경제 관계는 더욱 긴밀해졌다. 2020년 현재 한국에서 중국은 제1의 무역 상대국(2,415억 달러)으로, 2위 미국(1,316억 달러)과 3위 일본(711억 달러)을 합한 것보다 그 규모가 크다. 최근 10년간 한국 경제의 대외의존도는 약 70퍼센트까지 증가했는데, 그중에서도 중국에 대한 의존도가 25퍼센트로 가장 높다. 구조적으로도 한국은 원자재와 기계 등의 자본재와 중간재를 중국으로 수출하기 때문에 양국 경제는 상호보완적이며, 따라서 쉽게 분리(decoupling)되기 어렵다. 수출입 품목

21) 정재호, 『생존의 기로: 21세기 미·중 관계와 한국』, 서울대학교출판문화원, 2021, 48쪽.

에서는 반도체가 압도적 비중을 차지하고 산업 내 무역, 제품 내 무역이 주를 이룬다. 즉 같은 제품이라도 기술력이 필요한 것을 한국에서 수출하는데, 이는 양국 간 기술 격차가 좁혀지면 쉽게 경쟁 관계로 전환되어 수출입 품목에 변동이 생길 수 있음을 의미한다.[22)]

지난 30년간 한국에서 중국으로 자본 이동의 추이를 신규법인 설립 수로 정리하면 〈그림 1〉과 같다. 1991년에 70개에 불과했던 신규법인 수가 1992년에 174개로 약 2.5배, 1996년에는 751개로 10배 이상 증가했다. 1997년 아시아 금융위기의 영향으로 일시적으로 감소했지만, 2000년부터 글로벌 금융위기가 발생한 2008년까지 신규법인 수는 지속적으로 증가했고 2004년부터는 연간 2,000건을 넘어섰다. 하지만 〈그림 1〉에서 볼 수 있는 것처럼, 신규법인 수는 글로벌 금융위기 이후 감소 추세로 돌아선 후 회복되지 않았다. 2009년에는 전년 대비 절반까지 급감했고, 양국 간 정치 갈등이 표면화된 2016년 이후에는 감소세가 더욱 뚜렷해졌다.

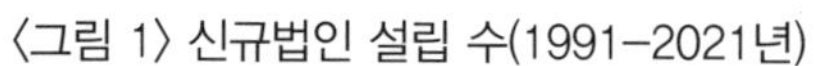
〈그림 1〉 신규법인 설립 수(1991–2021년)

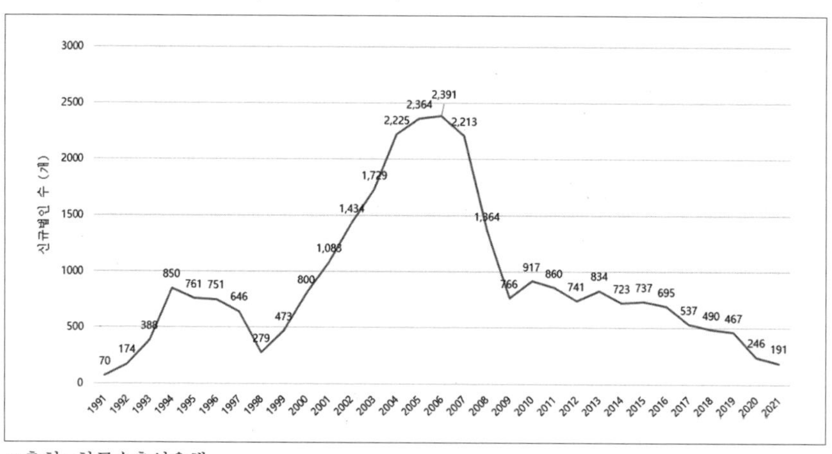

※출처: 한국수출입은행

22) 박재곤, 「중국의 대외교역과 한·중간 무역」, 『중국산업경제브리프』, 산업연구원(KIET), 통권 83호, 2021년 5월. https://www.kiet.re.kr/kiet_web/?sub_num=679

〈표 2〉는 신규법인 설립 수와 투자금액을 통해 자본 이동의 추이를 정리한 것이다. 이 표는 투자가 줄어든 것이 아니라 그 경향이 변했다는 것을 보여준다. 초기에는 노동집약적 중소제조업이 다수를 차지해 건당 투자 규모가 크지 않았다. 1996년에는 1,045백만 달러로 1991년 대비 24.5배까지 급증했지만, 이듬해부터 1990년대 말까지는 금융위기의 영향으로 신규법인 수와 투자금액 모두 감소했다. 한편, 투자가 확대되는 2000년대부터 2007년까지 가파른 증가세를 보이다가, 2008년 글로벌 금융위기의 영향으로 모두 급감했다. 하지만 아래의 표에서 볼 수 있듯이 투자금액은 신규법인 수와 달리 2010년부터 서서히 회복세로 돌아서 2019년에는 5,854백만 달러로 다시 최대치를 기록했다.

〈표 2〉 한국기업의 중국 투자 추이(1991–2021년)

연도	신규법인 수(개)	투자금액(백만 달러)	건당 투자규모
1991	70	42	0.6
1992	174	138	0.8
1993	388	291	0.8
1994	850	675	0.8
1995	761	926	1.2
1996	751	1,045	1.4
1997	646	819	1.3
1998	279	692	2.5
1999	473	357	0.8
2000	800	798	1.0
2001	1,083	686	0.6
2002	1,434	1,159	0.8
2003	1,729	1,941	1.1
2004	2,225	2,611	1.2

연도	신규법인 수(개)	투자금액(백만 달러)	건당 투자규모
2005	2,364	2,917	1.2
2006	2,391	3,545	1.5
2007	2,213	5,703	2.6
2008	1,364	3,946	2.9
2009	766	2,519	3.3
2010	917	3,720	4.0
2011	860	3,607	4.2
2012	741	4,263	5.8
2013	834	5,221	6.3
2014	723	3,227	4.5
2015	737	2,992	4.1
2016	695	3,442	5.0
2017	537	3,219	6.0
2018	490	4,804	9.8
2019	467	5,854	12.5
2020	246	4,512	18.3
2021	191	3,160	16.5

※출처: 한국수출입은행

이를 통해 중국으로 이동하는 자본은 규모가 축소된 것이 아니라 그 형태가 변했다는 것을 알 수 있다. 요컨대, 생산비용 상승, 선별적 투자유치, 외자기업에 대한 특혜철폐와 같은 내적 요인과 글로벌 금융위기, 국가 간 정치 갈등이라는 외적 요인으로 불확실성이 커지는 일련의 상황에 중소·영세 기업이 더 민감하게 반응했고, 대기업의 투자는 유지되거나 더 확대되었다.

〈그림 2〉 한국기업의 대중국 직접투자 목적(2000-2020년)

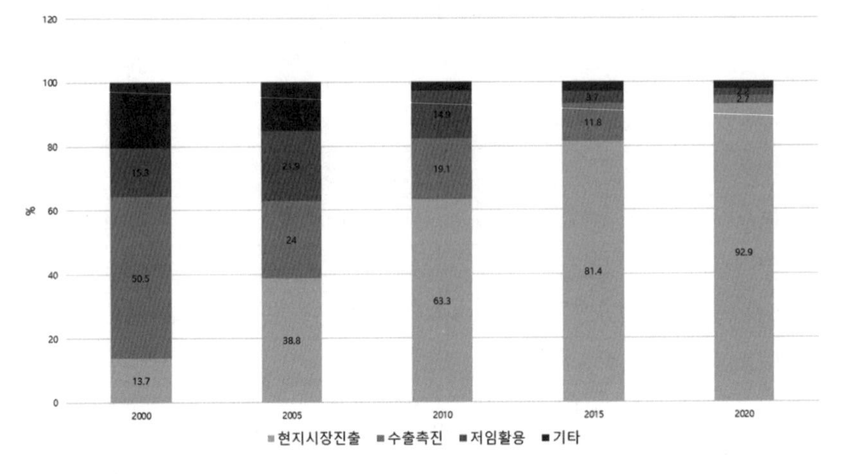

※출처: 수출입은행, 해외직접투자통계

한국기업의 투자 지역은 장쑤성(江蘇省), 산둥성, 베이징, 광둥성(廣東省)이 높은 순위이다. 1992년에서 2020년까지 누적 직접투자 규모를 성시별로 살펴보면, 장쑤성이 203억 달러, 산둥성이 119억 달러, 베이징과 광둥성이 각각 86억 달러, 60억 달러로 높은 순위를 차지한다. 최근 5년(2016~2020)간 누계 규모를 살펴보면, 장쑤성, 광둥성, 베이징, 산둥성, 산시성(陝西省)이 높은 순위를 차지했다. 산둥성이 뒤로 밀리고 산시성이 5위로 부상했는데, 이는 가공무역 중심의 중소제조업이 많던 산둥성에 대한 투자는 감소했고, 삼성 반도체 공장이 산시성 시안(西安)에 건립된 것에 기인하고 있다.

대중국 직접투자의 목적을 살펴보면, 2000년까지는 수출촉진(50.5%)이나 저임금 활용(15.3%)이 다수를 차지했으나, 점차 현지시장 진출이 목적인 경우가 많아졌고 2020년에는 그 비중이 92.9%에 이르렀다. 이는 생산비용 상승으로 가공무역을 통한 수출이나 저임금 활용 경향이 쇠퇴한 것뿐만 아니라, 미·중 무역분쟁과 팬데믹으로 인한 공급망 불안정이 겹쳐져

현지생산·현지판매(In China·For China) 전략이 더욱 뚜렷해졌기 때문이다.[23)]

Ⅳ. 사회적 변동

개혁개방 이후 중국의 장단기 체류 외국인 인구는 비약적으로 증가했고, 그중 지리적으로 인접한 한국에서 가장 많이 이동했다. 중국의 제6차 전국인구조사에 따르면, 2010년 11월 시점에 3개월 이상 거주하거나 거주할 예정인 장기거주 외국인 인구(外籍人員)는 모두 593,832명이었다. 국적별로는 한국이 약 12만 명으로 가장 많고, 다음으로 미국 약 7만 명, 일본 6만 6천 명이었다.[24)] 2020년 11월 제7차 전국인구조사에서는 장기거주 외국인 인구가 845,697명까지 증가했는데, 한국인이 약 26만 명으로 가장 많았다.[25)]

지난 30년간 중국의 한국인사회는 어떤 변동을 겪었을까? 〈그림 3〉은 한국 외교부에서 발표한『재외동포현황』을 기초로 작성한 한국인 장기체류자의 규모이다.[26)] 1993년부터 2007년까지 가파르게 증가하다가

23) 박재곤, 「중국의 해외직접투자와 한·중간 직접투자」, 『중국산업경제브리프』 통권 84호, 산업연구원(KIET), 2021.

24) 宋全成, 「外國人及港澳台居民在中國大陸的人口社會學分析」, 『山東大學學報』 第2期, 2013, 89-99쪽.

25) 中華人民共和國國家統計局, 「第七次全國人口普查公報(第八號)」, 2021.

26) 인구 규모는 각 지역의 각종 기관 및 단체를 통해 수집한 자료를 취합해서 제시하는 방식인데, 그 출처와 기준에 일관성이 없다. 예를 들어 2019년 자료를 보면, 광저우총영사관은 그 출처를 '지역별 정부 유관기관 통계, 중국 교육부 유학생 통계(2017), 재외국민등록부, 제6차 중국 인구센서스'로 제시하고, '지방 정부에서 단기 체류자에 대한 통계는 제공하지 않아 자료산출에 어려움이 있으며 난기방문 유동인구에 따라 증감률 변동에도 영향을 준다'고 덧붙였다. 주상하이총영사관에서는 '주재국 지방정부 공안국 출입경관리처 공식 통계(2018.12 기준) 및 주재국 교육부 통계자료(2017.12기준)'로 하고, '일반 체류자를 6개월 이상 장기체류 자격 소지자, 영주권자는 10년 장기거주허가 비자 취득자'로 비교적 구체적으로 제시하고 있다. 주선양총영사관은 '①중국 요녕, 길림, 흑룡강성 공안청 및 교육청

2008년부터 감소 추세로 전환했다. 이 자료에 따르면 정점을 찍은 2007년에 50만 명을 기록했는데, 당시 중국의 언론 매체에서는 재중국 한국인 인구가 100만 명을 돌파했다고 보도했다.[27] 즉 수교 당시 몇백 명에 불과했던 인구가 불과 15년 만에 100만 명까지 증가했다는 것이다.

〈그림 3〉 장기거주 한국인 인구 추이(1992–2021년)

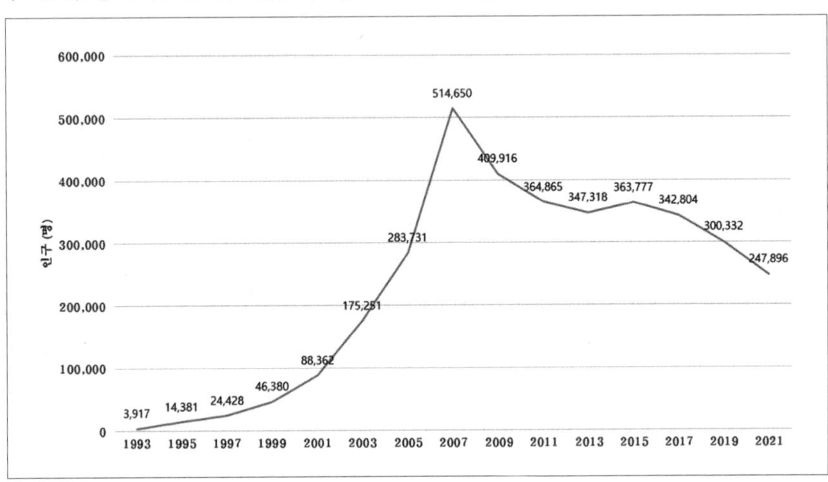

※출처: 재외동포현황(외교부, 각 년도)를 바탕으로 작성함.

〈그림 4〉는 중국 국가통계국에서 발표한 여행 목적의 단기입국자 추이이다. 단기입국자 규모도 한국, 미국, 일본의 비중이 가장 높다. 여기서는

통계자료, ②중국 2010년 인구 총조사 자료, ③선양한인교회 교인 증감률 자료, ④동북 3성내 11개 지역 한인회 인구통계'로 하며, '당지 공안청은 그간 재외동포 통계자료를 제공하지 않았으나, 금년도 담당자 별도 접촉을 통해 각 성 공안청으로부터 재외국민 통계자료를 입수하였는바, 이를 바탕으로 재외국민 통계치의 현실화 추진한다'고 덧붙이고 있다. 전체 재중 한국인 인구에서 큰 비중을 차지하는 주칭다오총영사관은 '관할지역 한인회 및 조선족단체 추산 자료 등 활용'이라고만 기재했다. 외교부, 『재외동포현황』, 2019.

27) '베이징 올림픽 이후 재중 한국인 인구 100만 명 시대에 진입했다. 장기거주 한국인 수가 1만 명이 넘는 도시가 14곳이며, 그중 칭다오가 10만 명, 상하이가 7만 명, 톈진이 5만 명이며 베이징에 거주하는 한국인은 20만 명으로 가장 많다.' 中華人民共和國駐大韓民國大使館: https://www.mfa.gov.cn/ce/cekor/kor/xwxx/t620030.htm

변동을 입체적으로 드러내기 위해 한국인과 일본인을 함께 살펴볼 것이다.

일본은 한국보다 20년 빠른 1972년에 중국과 수교해 사회문화 분야를 중심으로 교류를 이어오다가, 1980년대 중반부터 경제 분야로 교류를 확대했다. 따라서 1990년대까지는 일본인 입국자가 한국인의 두 배가 넘었다. 이후 2000년대 말까지 한·일 입국자 규모는 비슷한 추세로 증감했는데, 1997년 아시아 금융위기, 2002년 말에서 2003년까지 중국 내 사스(SARS) 유행, 2008년 글로벌 금융위기로 일시적인 감소는 있었지만, 전반적으로 증가하는 경향이었다. 전술한 것처럼 한국에서 중국으로의 투자와 이주가 폭발적으로 이루어진 2000년대에는 단기입국자 규모도 최대치를 기록해 2007년에는 478만 명으로 전체 입국 외국인 중 가장 규모가 컸다.

〈그림 4〉 중국 단기입국자 추이(한국인과 일본인)

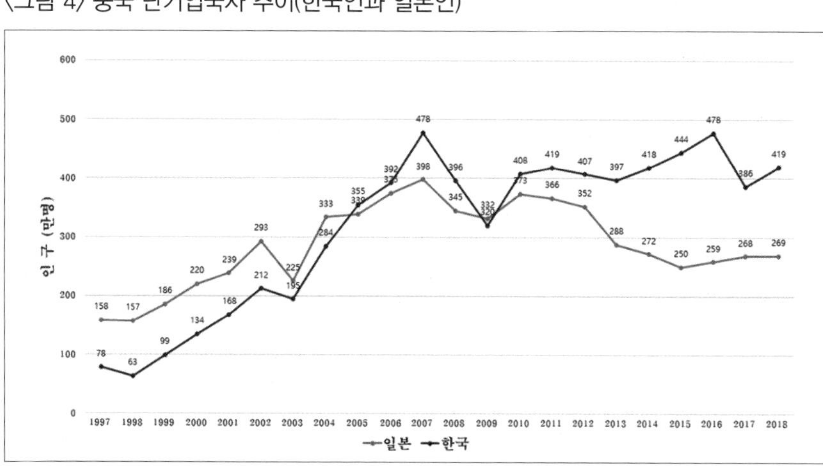

※출처: 中國國家統計局 中國按國別分外國人入境游客(年度)

한편 2010년대에 접어들어 산발적으로 불거진 국가 간 정치 갈등으로 한·일간 단기입국자의 증감에 차이가 나타나기 시작했다. 2010년 센카쿠열도·다오위다오 근처에서 중·일간의 충돌이 있었고, 2012년에 일본의 센카쿠열도 국유화로 중국 대도시에서 반일 데모가 일어났다. 이때부터 일본인 입국자의 수는 감소세로 돌아섰다. 한국인 입국자 수는 글로벌 금융 위기로 인한 감소 경향에서 서서히 회복해 2016년에는 이전의 규모에 이르렀다. 하지만 2016년 고고도 미사일 방어 시스템(TTAAD)의 한국 배치로 인한 정치적 마찰이 표면화되어 이듬해 그 수가 대폭 줄었다. 2017년 한·중 관계 정상화를 위한 합의문이 발표되는 등 직접적인 갈등이 완화 국면으로 접어들어 2018년에는 다시 400만 명대로 증가했다. 여전히 한국인은 전체 중국 단기입국자 중에서 가장 큰 비중을 차지하고 있다.

단기입국자의 규모가 중요한 것은 2000년대 말까지만 해도 관광 목적의 단기 비자로 입국해 현지에서 비공식적 경로로 체류 기간을 연장하면서 개인사업을 경영하는 사람들이 적지 않았기 때문이다.[28] 하지만 2008년 베이징 올림픽을 전후로 국경관리가 강화되고, 2013년부터 새로운 출입국관리법(出入境管理法)이 시행되면서 체류 자격과 기간이 세분화되고 신청 절차와 단속이 엄격해졌다.[29] 이 과정에서 중국에 진출해 경제활동을 이어온 한국인 중에서 '의도치 않게' 불법체류자나 불법 취업자가 되어 실질적인 제재를 받는 경우도 발생했다.[30] 이에 알선업자를 통해 비공식적 관행

---

28) 2005년 칭다오에서 비자발급 대행업에 종사하던 한국인 BI씨(1955년생, 남성, 봉제 기술자, 1995년에 대전에서 칭다오로 이주)에 대한 필자의 인터뷰 조사에 의하면, 그는 당시 매달 약 80~90명의 비자 연장을 대행했다. 수수료는 3개월 비자가 500위안, 1개월 비자가 300위안, 거류증에 대해서는 별도의 수수료를 받았다. 1990년대 말에 BI씨 자신이 현지에서 비자를 연장하기 위해 관련 중국인을 소개받았는데, 한국인 이주자가 증가한 2000년대부터 그 인맥을 활용해 본인이 사업을 시작했다고 한다.

29) 2013년부터 새롭게 시행된 출입국관리법에서 외국인은 180일을 기준으로 체류와 거류를 구분한다. 180일을 초과할 경우 사증을 거류증으로 전환하여 발급받아야 한다. 아울러 체류와 거류에 상관없이 외국인이 숙박업소 이외의 장소에서 지낼 경우, 24시간 이내에 공안기관에 주숙(住宿) 등기를 하도록 규정해왔는데, 2013년부터 주숙 등기 위반에 대한 감독이 강화되고 과태료도 상향 조정되었다. 거류증의 최장 유효기간을 5년으로 하고 거류증 심사기한을 14일로 규정하고 있어서 출입국이 잦은 외국인 거류자들의 활동에 지대한 영향을 미치고 있다. 아울러 개정 출입국관리법에는 중국판 그린 카드(영구거류제도)를 법제화했다. 그러나 취득조건이 까다로워 영구거류증을 취득한 외국인은 많지 않다. 김명아·구본준·윤상윤, 「한·중 출입국관리제도에 관한 비교법적 연구」, 한국법제연구원, 2014.

30) 2015년 10월에 진행한 다롄(大連)에 대한 현지조사에서, '의도치 않게' 불법 취업

으로 취업비자를 받고 개인사업을 하던 사람들이 정식으로 사업자 등록을 하고 체류 자격을 전환하기도 했다. 2013년 직후 장기체류자의 일시적인 증가는 등록 변경의 영향으로 해석할 수 있을 것이다. 하지만 거류증 발급과 신고 절차가 복잡해지고 단속이 엄격해지면서 귀국을 하거나 제3국으로 재이주를 결정하는 사람이 늘어나 전반적인 인구는 감소 경향으로 전환되었다. 아울러 2020년 팬데믹의 영향으로 2021년의 장기체류 인구는 2019년 대비 약 5만 2천 명까지 감소했다.

지역별 일반 체류자의 추이는 〈표 3〉과 같다. 진출 초기에 이주민이 급증한 베이징, 칭다오, 상하이, 선양(瀋陽)은 2009년부터 계속 감소했고, 2010년 이후 삼성을 비롯한 대기업 투자가 이루어진 광저우와 시안은 증가했다. 특히 칭다오의 급격한 변동이 두드러진다. 2000년대에 투자가 가파른 상승세를 이어갈 시기에 칭다오 한국인사회도 급성장한다. 신규법인 수의 증가에서 볼 수 있는 것처럼 관련 일에 종사하는 사람도 많이 이주했지만, 2003년부터 진행해온 필자의 현지조사에 따르면 그들을 대상으로 소규모 서비스업을 창업하는 사람들도 함께 증가했다.

자가 되어 처벌받은 사례와 그것이 현지 한국인사회에 끼친 영향을 볼 수 있었다. HE씨(1966년생, 남성, 경기도 안산시)는 2006년에 전자부품 가공회사의 주재원으로 잉커우(營口)로 이주했다. 진출 직후 가족을 불러 다롄에서 생활했는데 얼마 후에 원자재 가격이 급등해 현지공장은 문을 닫았다. HE씨는 당시 고등학교 1학년이던 아들이 대학 갈 때까지만 버틸 생각으로 귀국하지 않고 다롄에 남았다. 새로운 일을 찾던 2008년에 개발구에서 한국인이 경영하던 정육점을 인수했다. 당시의 관행대로, 가게는 중국인 명의를 빌려 등록하고, HE씨는 지인이 경영하는 회사의 직원 자격으로 취업비자를 받았다. 다롄 한국인사회의 경기변동에 따라 부침은 있었지만 5년간 비교적 안정적으로 사업을 운영해 자식들이 모두 한국으로 진학한 후에도 귀국하지 않았다. 2014년 7월 어느 날 '가게로 들이닥친 공안에게' 불법 취업으로 체포되어 15일간 구류조사(拘留審査)를 받고 벌금 5만 위안과 별도의 사례비를 내고 풀려났다. 이후 중국 회계사의 도움을 받아 약 10만 위안의 투자금을 내고 유통업 영업허가를 받고 부부의 비자를 변경했다. HE씨의 경험은 개발구에서 비공식적 관행으로 소규모 개인사업을 하는 한국인들의 활동을 크게 위축시켰다.

〈표 3〉 지역별 일반체류자 추이 (단위:명)

지역	2009	2013	2017	2019	2021
중국(대)	89,216	82,089	71,973	55,237	48,000
칭다오(총)	107,600	76,113	62,992	59,127	51,480
상하이(총)	68,499	35,445	40,329	37,258	35,057
선양(총)	41,041	39,092	36,264	17,697	15,813
광저우(총)	31,630	50,798	52,900	49,374	43,524
홍콩(총)	8,564	8,477	7,361	9,941	5,980
청두(총)	3,006	3,967	–	4,933	4,670
시안(총)	439	808	2,793	3,219	2,763
우한(총)	–	616	726	2,775	1,475

※출처: 재외동포현황(외교부, 각 연도)를 바탕으로 작성함.

그중에는 금융위기 당시 한국에서 해고나 도산한 후에 새로운 활로를 모색하기 위해 이주한 사람, 구미(歐美)에서 재이주한 사람,[31] 중국 자회사에서 해고된 후 귀국하지 않고 남은 사람을 다수 포함하고 있었다. 이 과정에서 거점이 되는 도시 곳곳에 한인타운이 형성되었다. 2000년대에는 양국 간 물가 차이로 한국보다 적은 돈으로 중국 생활이 가능했기 때문에, 조사 당시 필자는 장기간 일을 하지 않고 머무르는 사람들을 자주 만날 수 있었다. 초기에 이주해 장기체류하는 사람 중에서 사업 형태로 중국에 연고가 없는 한국인의 이주를 견인하기도 했다. 이 시기의 이주 연구에서는 이렇게 단기간에 대규모의 인구가 중국으로 이주한 배경에는 거주지의 흡인요인보다는 출신지의 배출요인(push factor)이 컸다고 분석하기도 했

31) 필자는 칭다오에 대한 현지조사 당시, 미국과 캐나다에서 재이주한 한국인 자영업자를 자주 만날 수 있었다. 실제로 2001년에서 2005년에 걸쳐 재외한인 지역별 인구증가율을 보면, 미국이 –3.24이고, 구미권 전체적으로도 –1.66로, 마이너스 성장률을 기록한 반면, 중국은 13.74, 베트남, 말레이시아 등의 기타지역은 27.15로 증가 추세에 있다는 것을 알 수 있다. 재외동포재단, 『재외동포현황』, 2006.

다.[32] 요컨대 이 시기 기업 공간 밖에서 중국으로 이동한 자영업자를 포함한 개개인들은 국가 내 격차는 확대되고 국가 간 격차는 감소하는 동아시아의 상황에서 초국적 이동을 통해 대안적 활로를 모색한 사람들이었다.

한편 앞서 언급한 2000년대 말 이후의 정치·경제적 변화는 이처럼 안정적인 생계수단이 없는 상태로 체류를 유지하던 한국인의 사회경제적 입지를 더욱 약화시켰다. 통계를 통해 그 변화를 보면, 칭다오의 한국인 규모가 정점을 찍은 2007년에는 공식통계만으로도 장기체류자가 10만 명이 넘고, 단기 비자로 왕래하는 사람이 연간 30만 명이었다. 장기체류 한국인의 80%가 자영업에 종사하고, 그중에서도 유통업과 음식점 등 서비스업이 50%를 넘었다.[33] 실제 장기체류자는 더 많아 현지 사회에서는 15만 명까지 추산했다. 도시개발이 본격화된 2000년대까지만 해도 법제도적으로 정비되지 않은 부문이 많아, 현지인의 명의로 가게를 임대한 후 한국인 상대의 서비스업을 창업하는 것이 하나의 관행이었다. 말하자면, 이들은 한국과 중국이라는 장소를 전략적으로 해석하면서, 비공식 부문(informal sector), 혹은 공식 부문(formal sector)과 비공식 부문에 걸친 활동을 통해 초국적 사회경제 공간을 구축한 것이다.[34]

---

32) 구지영, 「지구화 시대 한국인의 중국 이주와 초국적 사회공간의 형성: 칭다오의 사례를 통해」, 『한국민족문화』 40, 부산대학교 한국민족문화연구소, 2011, 421-458쪽.

33) 외교통상부, 『국가별재외동포현황』, 2007.

34) 비공식 경제(informal economy)는 공개적으로 실행할 수 없는 범죄행위에서 합법적 소득형태에 대한 과세회피까지 포함하는 광의의 지하경제, 혹은 관행이라고 할 수 있다. 공식경제(formal economy)와 비공식 경제는 각기 고유한 활동이 있는 것이 아니라, 국가규제라는 경계선으로 구분된다. 즉 비공식 경제는 공식경제에 의해 창출되는 기회와 제약조건에 따라 변하는 것으로, 이를 분석하는 열쇠는 특정 시기 이러한 비공식화를 가능하게 한 역학이다. Saskia Sassen, Globalization and Its Discontents, The New Press, 1998. 중국에서는 지방정부가 고용보험 기업부담금을 실제보다 적게 적용해주는 등, 2000년대 중반까지 공식경제와 비공식 경제의 요소가 공공연히 얽혀있었다. 여기서 사용하는 '비공식'이라는 단어는 이러한 규제 밖의 행위, 즉 규제를 피하기 위한 모든 경제활동을 지칭하는 것으로 사용한다.

하지만 앞서 언급한 2000년대 말 이후의 정치·경제적 변화로 이 초국적 사회공간을 지탱해오던 비공식 영역이 급격히 축소되었고, 그 영역에 의존해 생업을 유지하던 사람들은 양국의 제도적 사각지대에서 생계수단을 잃었다. 베이징 올림픽이 끝난 2009년, 칭다오의 한국인은 6만 6천 명으로 2007년 대비 24%까지 감소했다. 구성비도 자영업이 40%로 가장 큰 폭으로 줄었다. 이를 통해, 재중국 한국인들이 개척한 양국에 걸친 경제활동은 법제도적 정비 후 공적 공간으로 포섭되는 것이 아니라 통제되거나 축출(expulsion)[35]되었다는 것을 알 수 있다. 시장 상황을 보면, 영세 자영업자들이 떠난 서비스의 공백은 대기업 자본이, 혹은 대기업의 진출로 오랫동안 현지에서 상권을 형성해온 사람들이 외각지로 밀려나는 양상이었다.

2020년 이후 팬데믹의 장기화는 각국 소규모 자영업자의 생계에 타격을 주었고 재중국 한국인 역시 큰 영향을 받았다. 현지에서 버티거나 재이주할 수 있는 사회경제적 자본을 가진 사람과 그렇지 못한 사람 사이의 격차는 더욱 벌어질 것이다. 이 과정에서 생업기반을 잃고 공적 영역에서 축출되는 사람들을 사회적으로 포섭할 수 있을지에 대한 여부가 탈지구화로의 연착륙을 드러내는 지표의 하나가 될 것이다.

〈표 4〉는 한국 교육부가 허가한 재중 한국학교의 현황이다. 전 세계

---

35) 사스키아 사센(Saskia Sassen)은 1980년대 이후 자본의 본원적 축적구조가 변화하면서 세계 경제가 자본주의의 새로운 단계로 들어섰다고 주장한다. 여기서 축출이라는 개념을 통해 오늘날 사회경제적 불평등이 얼마나 극에 달했는지 보여준다. 축출은 단순히 빈곤이나 불평등을 경험하는 것이 아니라, 생계와 삶의 계획, 사회 구성원으로서의 자리, 민주주의의 핵심 개념인 사회계약으로부터 퇴출되는 현상을 말한다. 대개 좁고 눈에 잘 띄지 않는 제도권의 변두리에서 시작되어 점진적으로 심화된다. 부유한 나라, 가난한 나라에 국한되지 않고 전세계적으로 나타나는 현상이다. 그간 수많은 가계와 기업, 장소가 통계로 측정되는 경제 공간에서 퇴출되었다. 이렇게 퇴출된 대상은 공식적인 평가에서 제외되고, 따라서 이들이 경제성장률에 미치는 부정적인 영향도 소거된다. 이렇게 추방된 이들은 다시는 평범한 삶으로 돌아가지 못한다. 사스키아 사센 저, 박슬라 역, 『축출 자본주의: 복잡한 세계 경제가 낳은 잔혹한 현실』, 글항아리, 2016.

16개국의 34개교 중에 중국에만 13개의 학교가 운영 중이다. 학교 설립은 해당 지역에 한국인 인구가 증가하고 가족 단위의 거주자가 많아지는 시기에 이루어진다고 볼 수 있다. 즉 홍콩, 베이징, 상하이, 옌볜은 상대적으로 이른 1990년대에 설립되었지만, 대다수가 2000년대에 설립되었다. 쑤저우(蘇州), 광저우(廣州), 웨이하이(威海)와 같이 비교적 최근에 인구가 증가하기 시작한 도시에는 2010년 이후에도 학교가 설립되었다. 중국에 장기 거주하는 한국인 학생들은 이 한국학교 외에도 한국계 사립학교, 영미국제학교, 중국 공립학교, 중국 사립학교 등에 재학 중이다. 이 학교들은 한국인사회가 정치·경제적으로 어려운 시기에는 재정난을 겪기도 하지만, 각종 커뮤니티를 운영하며 한국인사회의 구심점으로 기능하고 있다. 지역 학교의 학생 수 추이는 이 사회의 다양성을 드러낸다.

〈표 4〉 재중국 한국인학교 현황 (2019)

학교명	정부 인가일	학생 수(학급 수)				
		유	초	중	고	합계
북경한국국제학교	1998.08.26	48(3)	335(12)	187(7)	254(10)	824(32)
천진한국국제학교	2001.03.05	118(6)	294(12)	165(6)	198(10)	775(34)
상해한국학교	1999.07.06		478(21)	258(10)	374(17)	1,110(48)
무석한국학교	2008.03.01	67(3)	173(7)	96(6)	164(6)	500(22)
소주한국학교	2013.02.22	23(2)	151(8)	78(6)	109(6)	361(22)
홍콩한국국제학교	1988.03.01	14(2)	58(6)	17(3)	31(3)	120(14)
연대한국학교	2002.07.12		159(7)	115(6)	148(7)	422(20)
칭다오청운한국학교	2006.05.30	62(4)	319(12)	174(7)	191(9)	746(32)
대련한국국제학교	2003.12.23	13(1)	77(6)	45(3)	80(4)	215(14)
선양한국국제학교	2006.07.26	15(1)	55(6)	40(3)	50(3)	160(13)
연변한국학교	1998.02.19		44(6)	31(3)	36(3)	111(12)
광서우한국학교	2014.02.07		137(6)	74(4)	98(6)	309(16)
웨이하이한국학교	2017.10.24		101(6)	63(3)	75(3)	239(12)
합 계(13개)		360(22)	2,381(115)	1,343(67)	1,808(87)	5,892(291)

※출처: 교육부

이처럼 지난 30년간의 정치·경제적 변동으로 재중국 한국인의 규모와 사회적 입지가 서서히 축소되어왔다. 하지만 다른 한편에서는 각종 사회활동을 통해 한국인이 지역사회의 성원으로 존재한다는 것을 알리며 사회적 외연을 넓히는 활동이 시도되고 있다.

Ⅴ. 나오며

지금까지 글로벌 생산시스템이 본격적으로 형성된 1990년대부터 탈지구화로의 전환이 가시화된 2020년까지, 동아시아 역내이동의 한 부분을 차지한 한국인의 중국 이주와 사회변동을 다음과 같이 개관했다.

첫째, 연구사를 정리했다. 2022년 1월까지 한국어로 발표된 인문사회학적 논문 53편을 발표연도, 연구주제, 연구지역, 자료조사방법, 분석방법 및 이론적 틀로 나누어 검토했다. 한국에서 중국으로의 이동은 그 규모와 역동성, 이민연구에서의 이례성, 무엇보다 부상하는 중국의 중요성으로, 그 실태를 파악하는 것만으로도 연구 의의가 인정될 수 있었다. 따라서 대체로 전통적인 학문적 방법론에서 벗어난 실증적인 연구가 많았다. 한편 시기에 따른 연구 경향의 변화도 보인다. 2000년대까지는 기업활동이 중심이므로, 경영 현지화를 목적으로 자본주의 경제체제로 막 진입한 미지의 땅 중국의 경제행위를 사회문화적으로 분석했다. 이때는 수적으로는 많지 않지만, 국가 간 지역 간 비교연구가 이루어지기도 했다. 2010년대에는 연구가 양적으로 증가해 주제와 방법이 다양해졌지만, 대개 이주민 사회의 역동성이나 내적 다양성 등 그 변화의 실태를 파악하는 데 주력했다. 이 연구들은 정부 차원에서 정확히 파악하지 못했던 이주민 사회의 변화를 실증적으로 파악하고 기록했다는 의의를 가진다.

둘째, 지난 30년간 정치·경제적 관계의 궤적을 그릴 수 있었다. 요컨대, 1990년대에서 2008년까지는 정치 관계가 시장의 요구를 지지하는 환경을 조성했다. 경제특구로 정책적 자율권을 부여받은 중국의 지방 정부는 적극적으로 자본유치 경쟁에 참여해 글로벌 경제 체제에서 비교적 주체적으로 활약했다. 한편 2009년부터 시작된 중국의 공세적 외교가 2012년 말 시진핑 집권 이후 더욱 강화되면서, 국가 간 정치 갈등이 촉발되고 지방 정부의 재량권은 축소되었다. 그럼에도 불구하고, 이 시기 동아시아의 경제 관계는 이러한 정치적 갈등을 봉합하는 기제로 작용했다. 하지만 2020년 이후 국내외적으로 어느 때보다 불확실성이 커졌고, 정치 관계가 30년 전과는 정반대의 의미로 경제 관계에 절대적인 영향을 미치고 있다.

셋째, 1990년부터 2020년까지 중국을 향한 자본과 물자의 이동은 기업 규모와 업종에 변화는 있었지만 지속적으로 증가했고, 중국을 중심에 둔 동아시아 경제의 상호 의존도는 높아졌다. 반면, 사람의 이동은 그 양상이 달랐다. 수교 당시 몇백 명에 불과했던 한국인 인구는 정점을 찍은 2007년에 공식통계만으로도 50만 명을 넘어섰다. 이후 다양한 층위의 변동에 민감하게 반응하며 증감을 반복하다가, 2013년 새로운 출입국관리법 시행 이후 감소 경향으로 전환되었다. 이를 통해 1990년대부터 급격히 형성된 현지의 비공식 관행이 지지해온 기업 공간 밖의 경제활동은 법제도적 정비로 공적 부문으로 포섭되기보다는 통제되거나 배제되어왔다는 것을 알 수 있었다. 하지만, 국가와 지방 정부의 자료만으로는 배제의 규모와 양상을 파악하기 힘들다. 지금까지의 연구처럼 앞으로도 공적 기관이 정확히 파악하지 못했던 이주민 사회의 실태와 변동을 다양한 방법으로 조사하고 기록할 필요가 있을 것이다.

끝으로 전환기의 진통을 겪고 있는 지금 시점에서 30년간 한국인사회의 변동을 돌아보면 지금까지의 연구는 다음과 같은 한계를 지닌다. 우선 다양한 주제와 내용을 관통하는 실용적 관점이다. 선행연구에서는 국제사회에서 중국의 부상과 경제에서 중국이 차지하는 비중과 같이, 한국과 관계된 정치·경제적 효용의 관점에서 논의를 전개했다. 이것은 비단 기업연구에만 한정된 것이 아니다. 이러한 연구 경향은 지구화라고 총칭되는 지난 30년간의 정치경제체제를 불변의 것, 즉 상수로 간주한 것에서 비롯되었다.

다음은 이른바 지역학의 한계이다. 2010년대에 발표된 논문 중 많은 수는 특정 분과학문의 경계나 방법론에 매몰되지 않고 급변하는 흐름에 대한 이해를 돕는 것을 목표로 했다. 전술한 것처럼 이 연구들은 국가나 지방 정부가 파악하지 못한, 혹은 파악할 필요가 없었던 실태를 자료화했다는 점에서 의의를 가질 것이다. 하지만 이러한 융합적·학제적 연구의 흐름이 가져온 일종의 '방법론적 해방'은 학문적 설득력이 부족한 경우에도 상호 비판의 기제를 가질 수 없게 했다. 결과적으로 이는 비판 가능한 방법론 안에서 논의를 축적해 미래를 전망하는 단계까지 나아가지 못하게 했다.

【참고문헌】

〈자료〉

동아시아경제교류추진기구: http://oeaed.org/ko/

외교부, 『재외동포현황』, 각 연도.

한국수출입은행 https://www.koreaexim.go.kr/index

中華人民共和國國家統計局, 「第七次全國人口普查公報(第八號)」, 2021.

中華人民共和國駐大韓民國大使館 https://www.mfa.gov.cn/ce/cekor/kor/xwxx/t620030.htm

〈저서 및 역서〉

김원배, 『동아시아 초국경적 지역 형성과 도시전략』, 국토연구원, 2009.

사스키아 사센 저, 박슬라 역, 『축출 자본주의: 복잡한 세계 경제가 낳은 잔혹한 현실』, 글항아리, 2016.

정재호, 『중국연구방법론: 연구설계·자료수집·현지조사』, 서울대학교출판문화원, 2010.

______, 생존의 기로: 21세기 미·중 관계와 한국』, 서울대학교출판문화원, 2021.

Saskia Sassen, Globalization and Its Discontents, The New Press, 1998.

〈연구논문〉

구지영, 「지구화 시대 한국인의 중국 이주와 초국적 사회공간의 형성: 칭다오의 사례를 통해」, 『한국민족문화』 40, 부산대학교 한국민족문화연구소, 2011.

______, 「동북아시아 이주와 장소구성에 관한 사례연구: 중국 청도(青島) 한인 집거지를 통해」, 『동북아문화연구』 37, 동북아시아문화학회, 2013.

______, 「중국 다롄의 한국인과 일본인 사회에 대한 비교 연구」, 『동북아문화연구』 60, 동북아시아문화학회, 2019.

김명아·구본준·윤상윤, 「한·중 출입국관리제도에 관한 비교법적 연구」, 한국법제연구원, 2014.

金碩培, 「중국 조선족 고유문화의 성격과 현황」, 『한국동북아논총』 9, 한국동북아학회, 1998.

김윤태, 「중국진출 한국기업의 현지정부 및 사회와의 관계」, 『중소연구』 27, 한양대학교 아태지역연구센터, 2003.

______, 「중국 비 공유제 기업과 현지정부의 관계특성: 재중 한국계 기업, 재중 대만계 기업, 중국 사영기업의 비교」, 『중국학연구』 37, 중국학연구회, 2006.

김재석, 「중국 내 다국적 기업에서의 '문화'와 민족성의 정치학: 칭다오 지역 한국 다국적 기업을 중심으로」, 『중국학연구』 59, 중국학연구회, 2012.

민귀식, 「재중 장기체류자의 문화갈등 유형과 대중국인식의 변화: 북경지역을 중심으로」, 『중국학연구』 51, 중국학연구회, 2010.

박배균·이승욱·조성찬 엮음, 『특구: 국가의 영토성과 동아시아의 예외공간』, 알트, 2017.

박상대, 「在外韓人의 分布와 現況」, 『東亞硏究』 11, 서강대학교 동아연구소, 1987.

박재곤, 「중국의 대외교역과 한·중간 무역」, 『중국산업경제브리프』 통권 83호, 산업연구원(KIET), 2021년 5월.

______, 「중국의 해외직접투자와 한·중간 직접투자」, 『중국산업경제브리프』 통권 84호, 산업연구원(KIET), 2021년 6월.

백권호·안종석, 「중국의 지역간 문화차이에 관한 실증연구: 재중 한국 대기업 자회사의 중국 종업원을 중심으로」, 『중국학연구』 27, 중국학연구회, 2004.

백권호·장수현, 「중국 기업문화의 특성과 경영 현지화: 정·리·법 패러다임과 '꽌시'의 비판적 재고찰」, 『중국학연구』 47, 중국학연구회, 2009.

설동훈·문형진, 「베이징 왕징 코리아타운의 발전: 생성·성장·재편의 역동성」, 『중국과 중국학』 39, 영남대학교 중국연구센터, 2020.

신혜선, 「세계화와 중산층 열망의 교차점, 재중 한국국제학교: 대련한국국제학교를 중심으로」, 『중소연구』 146, 한양대학교 아태지역연구센터, 2015.

안종석·백권호, 「중국 내 한국계 기업 현지 채용 근로자들의 조직몰입에 관한 연구」, 『국제경영연구』 13-2, 한국국제경영학회, 2002.

안종석·김윤태, 「情·理·法 패러다임을 활용한 중국 진출 한국기업의 경영현지화 실증분석」, 『국제경영연구』 19(2), 한국국제경영학회, 2008.

예성호, 「한중 문화 간 교류의 변증법적 상호작용 패턴: 재중 한국인들의 문화갈등 현상을 중심으로」, 『중소연구』 136, 한양대학교 아태지역연구센터, 2013.

예성호·김윤태, 「'초국가주의 역동성'으로 본 재중 한국인 자녀교육 선택에 대한 연구: 상해지역을 중심으로」, 『중국학연구』 68, 중국학연구회, 2014.

윤태희, 「시진핑 시기 한국기업의 현지 경영환경 변화와 대응: 칭다오 진출 기업 사례를 중심으로」, 『중국학연구』 91, 중국학연구회, 2020.

이경아, 「중국진출 한국기업의 노동자 가치관과 문화적 적응」, 『중국학연구』 45, 중국학연구회, 2008.

이경아·안종석, 「중국 한국투자기업 주재원의 문화적응」, 『중국학연구』 49, 중국학연구회, 2009.

이윤경·윤인진, 「중국 내 한인의 초국가적 이주와 종족공동체의 형성 및 변화: 베이징 왕징 코리아타운 사례 연구」, 『중국학논총』 47, 중국학연구소, 2015.

장세길, 「노동집약적 한국기업의 초국경적 활동: 경제적 합리성, 정치경제적 조건, 문화적 논리의 상호작용」, 『한국문화인류학』 44(1), 한국문화인류학회, 2011.

장수현, 「중국 내 한국기업의 현지적응 과정과 문화적 갈등: 칭다오 소재 한 신발공장에 대한 인류학적 연구」, 『한국문화인류학』 36(1), 한국문화인류학회, 2003.

______, 「중국 청도 한국인 교민사회에 대한 연구: 지구화 시대 초국적 이주의 구조적 유동성」, 『중국학연구』 62, 중국학연구회, 2012.

______, 「중국 청도 한국 조기유학생들의 초국적 교육환경: 교육의 시장화와 다양성의 딜레마」, 『열린교육연구』 21, 한국열린교육학회, 2013.

정종호, 「왕징모델(望京模式): 베이징 왕징 코리아타운의 형성과 분화」, 『중국학연구』 65, 중국학연구회, 2013.

최협, 「해외거주 한인들의 적응형태에 관한 연구: 중국, 미국, 일본, 독립국가연합의 한인사회에 대한 비교」, 『현대사회과학연구』 3, 전남대학교 사회과학연구소, 1992.

황홍휘·이선화, 「재중 한국기업 내 세대 동학: 옌타이 한국계 다국적기업의 사례」, 『중국학연구』 97, 중국학연구회, 2021.

宋全成, 「外國人及港澳台居民在中國大陸的人口社會學分析」, 『山東大學學報』 第2期, 2013.

Rocio Aliage-Isla and Alex Rialp, 「Systematic review of immigrant entrepreneurship literature: previous findings and ways forward」, Entrepreneurship & Regional 25(9), 2013.

13. 중국의 국제결혼과 결혼이주 메커니즘

: '동북형' 국제결혼과 동아시아적 의미

후웬웬(胡源源)

Ⅰ. 들어가며

이 글은 현대 중국의 동북지방, 즉 랴오닝성(遼寧省), 지린성(吉林省), 헤이룽장성(黑龍江省)을 중심으로 현지 남성과 외국인 여성의 국제결혼 메커니즘을 고찰함으로써 지역 특유의 국제결혼 유형을 발굴하고, 이 지역의 국제결혼이 동아시아 스케일에서 차지하는 위치와 역할을 논하고자 한 것이다.

1990년대 지역 경제의 침체와 주민의 역외 이주를 경험하며[1] 동북지방은 중국 국제 이주의 주된 송출지가 되었다.[2] 이후 이 지역에서 국제 이주는 특정 가계에서 발생하는 특수한 사건이 아니라 일반적인 생활방식의 하나로 자리매김했으며, 특히 동북지방 출신 여성의 결혼이주는 계층과 직업에 관계없이 '대중화'된 이주 유형이 되었다.[3][4]

---

1) 喬榛·路興隆,「新中國70年東北經濟發展:回顧與思考」,『當代經濟研究』第11期, 2019.
2) 王維·錢江,「移民網絡、社會資源配置與中國東北新移民－－美國舊金山灣區田野調査箚記」,『華僑華人歷史研究』第2期, 2006.
3) 南紅玉,「外國人花嫁の定住と社會參加」,『東北大學大學院教育研究科研究年報』59-1, 2010.
4) Chigusa Yamaura, From Manchukuo to Marriage: Localizing Contemporary Cross-Border Marriages between Japan and Northeast China, The Journal

필자는 2009년부터 일본인 남성과 결혼하여 일본으로 이주한 중국인 여성들을 조사연구하고 있다. 필자는 중국 동북지방 출신 결혼이주여성들의 본가를 조사하면서 베트남을 포함한 동남아시아 각국의 여성들이 중국인 남성과 결혼하여 동북지방으로 이주해왔음을 발견하였다. 이는 중국 동북지방이 결혼이주여성의 송출지에서 유입지로 전화했음을 의미한다. 그렇다면 결혼이주를 둘러싼 중국 동북지방의 이주 변천은 어떻게 발생했는가? 동남아시아 출신 결혼이주여성이 동북지방으로 유입되는 메커니즘은 무엇인가? 이 글은 이 두 가지 문제에 초점을 맞추고자 한다.

현재 중국 동북지방에 보이는 결혼이주 현상은 중국과 동아시아라는 상이한 스케일에서 논의될 수 있다. 가장 먼저 주목해야 할 것은 중국의 '지역'이라는 지점이다. 주지하는 바와 같이 중국의 지역 구성은 매우 복잡하다. 남방과 북방 간은 물론, 서부 내륙지역과 동부 연해지역 간에도 경제 수준, 사회문화와 관습, 가족 간 결속에 이르는 다양한 영역과 요소에서 상당한 격차와 다양성이 나타난다. 따라서 결혼이주 현상에 대한 고찰 역시 지역 간의 차이를 인식하고 지역별 특성을 충분히 파악한 후에 진행되어야만 국가 단위 분석의 오류에 빠지지 않고 지역에 따른 특징과 다양성을 도출할 수 있다.

다음으로 동아시아를 시야에 둔 논의이다. 현재 동북지방에서 보이는 외국인 여성의 결혼이주는 단순히 결혼 당사자인 여성과 남성(또는 그들 가족) 간의 관계, 혹은 결혼이주여성의 송출지(출신국과 출신지)와 유입지(중국 동북지방)의 관계에서 완료되는 것이 아니다. 대부분의 이주가 그러하듯 결혼이주 현상 역시 지역의 인구구조와 깊은 관계를 맺고 있다. 중국 동북지방의 경우, 현지 여성의 역외 이주, 특히 한국과 일본으로의 결혼이주가 지역의 인구구조와 인식 등에 적지 않은 영향을 미쳐왔다. 따라서 현

of Asian Studies, Vol.74 No.3, 2015, pp.565-588.

재 진행되고 있는 동남아시아 출신 여성의 결혼이주 현상은 이주 여성의 송출지와 유입지를 넘어 보다 확장된 동아시아 광역 단위의 이주 사슬과 네트워크 속에서 논의되어야 할 것이다.

본론에서는 우선 국제결혼과 결혼이주에 관한 중국 학계의 연구를 비판적으로 정리한 후, 중국 동북지방의 결혼이주 변천 과정과 결혼이주여성 유입의 메커니즘을 논의하여 지역 특유의 결혼이주 유형을 정립하고 동아시아 맥락에서의 국제결혼 체계를 확인할 것이다.

Ⅱ. 국제결혼과 결혼이주에 관한 중국 학계의 논의

국제결혼 및 결혼이주에 관한 중국 학계의 연구는 주로 중국인 남성과 결혼하여 중국으로 이주한 외국인 여성, 특히 동남아시아 출신의 결혼이주 여성을 대상으로 진행되었다. 관련 연구들은 현상(現狀)의 파악과 그것이 국가와 사회에 미친 영향에 대한 고찰에서부터 결혼이주여성의 이주 후의 생활[5]과 어려움[6], 그들의 정체성[7]에 관한 논의는 물론, 관련 정책의 개발[8]에 이르기까지 다양한 방면에서 상당한 축적을 이루었다.

다방면에 걸친 연구 성과의 축적에도 불구하고 기존 연구들은 국제결혼 및 결혼이주를 바라보는 관점과 연구 대상의 설정에서 일정한 경향성을 띠고 있다.

먼저 국제결혼과 결혼이주를 국제 이주의 관점이 아닌 '국가'적 관점에

5) 陳訊, 「資源互補､婚俗類同與結構性力量保護下的中越邊境跨國婚姻研究－－以廣西崇左市G村爲例」, 『雲南行政學院學報』 第4期, 2017.
6) 萬蕙, 「跨國無證婚姻移民的生存困境及形塑機製」, 『人口與社會』 第4期, 2016.
7) 楊麗雲, 「跨國婚姻中越南新娘的身分建構－－以廣西龍州縣金龍鎮民村個案爲例」, 『廣西社會主義學院學報』 第3期, 2017.
8) 劉中一, 「東南亞新娘現狀及其對中國國家安全的影響」, 『江南社會學院學報』 第1期, 2013.

서 분석한 경향이 강하다.[9] 즉 고정된 경계의 국가를 중시한 나머지 국가와 지역을 넘나드는 이동성에는 많은 관심을 기울이지 않았다. 예를 들어 국제결혼의 수용 구조에 대한 논의에서 국제결혼의 요인과 특징을 해당 국가나 지역의 '사회기초'에서 찾으려는 관점[10]은 국제결혼이라는 행위가 가진 이동성을 반영하지 못할 뿐만 아니라 혼인 과정에 작용하는 사회적 기초 외의 다양한 요소들을 간과하게 만든다.

다음으로 다수의 연구가 중국 서남부 국경지대와 동남아시아에 인접한 광시성(廣西省), 윈난성(雲南省) 등 특정 지역의 사례에 집중하고 있다는 점이다.[11] 중국 내 결혼이주여성의 규모와 구성 등에 관한 정확한 통계는 없으나, 베트남 출신 여성이 다수를 차지하고 베트남과 접경한 광시좡족자치구(廣西壯族自治區)에 상당수가 거주하는 것으로 알려져 있다.[12] 실제 다수의 사례가 서남지방에 집중해있고 관련하여 많은 연구 성과가 축적되면서 서남지방 국제결혼에 관한 연구는 중국 학계의 주류가 되었다.

1. 주류로서 서남지방 국제결혼의 메커니즘

그렇다면 서남지방에서 국제결혼 및 결혼이주가 활성화할 수 있었던 이유는 무엇일까? 필자는 기존의 관련 연구 성과들을 정리하여, 해당 지역의 국제결혼 및 결혼이주의 추동 요인으로서 지리환경적 인접성, 민족정체성, 인구학적 요소 등을 확인했다.

우선적으로 동남아시아 각국과의 지리적 인접성이 이 지역 국제결혼과 결혼이주의 기본적 요건이라 할 수 있다. 중국 서남지방은 베트남, 미얀

9) 覃延佳, 「生境､情感與邊民社會網絡: 中越跨國婚姻研究實踐與反思－－以雲南馬關縣金廠村爲例」, 『廣西民族硏究』 第2期, 2020.
10) 陶自祥, 「中越邊境跨國婚姻産生的社會基礎」, 『人口與社會』 第3期, 2017.
11) 상동.
12) 李娟, 「中越邊境跨國婚姻中女性的身分認同思考」, 『廣西民族硏究』, 第1期, 2007.

마, 라오스, 캄보디아 등 동남아시아 각국과 지리적으로 인접해있다. 예를 들어 중국 서남지방과 베트남 북부 지역은 천 킬로미터가 넘는 국경을 접하고 있으며, 그 가운데 780 킬로미터가 광시성과 맞닿아있다. 중국 서남지방과 접경한 동남아시아 각지의 사람들은 국경의 무수한 통로를 거쳐 상호 왕래하며 소통을 이어왔고,[13] 이러한 지리적, 환경적 인접성을 바탕으로 국제결혼과 결혼이주가 활성화될 수 있었다.

민족정체성 역시 국제결혼과 결혼이주를 활성화하는 주요인으로 작용한다. 중국 서남 국경의 광시성과 윈난성은 소수민족의 집거지로서 수많은 '과경민족(跨境民族)'이 거주하고 있다. 과경민족이란 공통의 언어, 종교, 음식과 복식 문화를 공유하지만, 국경선을 따라 각기 다른 두 개의 국가에 종속된 민족을 일컫는다. 중국 광시성의 좡족과 베트남의 다이족 및 농족이 대표적인 예이다. 과경민족은 국적이 다름에도 불구하고 공통의 민족적 기원과 문화를 바탕으로 공통의 민족정체성을 형성했다. 과경민족들은 공통의 민족정체성을 바탕으로 지속적인 왕래를 이어왔고 상대적으로 약한 국적 관념[14]을 바탕으로 혼인 관계를 맺어왔다.[15]

더불어 국가와 지역의 인구학적 요소도 간과할 수 없다. 중국의 계획경제 하에 호적에 따라 농촌과 농업에 묶여 있던 농촌인구들은 개혁개방을 계기로 도시로 나가 비농업 부문에 종사할 수 있게 되었다. 농촌의 젊은이들은 고향을 떠나 도시에서 생활하기 시작했고, 그 가운데 많은 여성이 귀향하거나 고향의 남성과 결혼하기를 원하지 않으면서 농촌 지역의 성비 불균형이 심화했다. 이러한 가운데 광시성, 윈난성 등 서남지방의 소수민족 집거지는 사회경제적 낙후로 인한 젊은 여성의 도시 유출과 함께 '중남경

---

13) 歐海艷, 「21世紀以來中越邊境跨國婚姻研究述評」, 『南方民族研究』 第5期, 2016.

14) 陸海發, 「邊境跨國婚姻移民治理: 挑戰與破解之道」, 『西南民族大學學報(人文社會科學版)』 第3期, 2016.

15) 羅文青, 「亞洲婚姻移民視角下的中越跨國婚姻問題研究」, 『長江師範學院學報』 第3期, 2013.

녀(重男輕女)의' 전통과 영아 살해 풍습('溺嬰')[16] 등 낡은 관습으로 인해 성비 불균형이 더욱 심각했다.[17] 심각한 성비 불균형 상태에서 서남지방 남성의 다수는 지리적, 민족적 인접성을 활용하여 접경 지역의 동남아시아 여성들과 결혼을 진행했다.[18][19]

상술한 요인 외에 서남지방과 인접 동남아시아 지역 간의 경제 수준의 차이[20], 친척·친구 등 결혼과 이주를 매개하는 사회적 네트워크의 존재[21] 또한 서남지방 국제결혼과 결혼이주의 성립 및 활성화의 중요한 요인이라 할 수 있다.

2. 비주류 지역 국제결혼에 관한 연구와 한계

중국인 남성과 외국인 여성의 국제결혼과 결혼이주는 이제 더 이상 특정 지역과 민족에 한정된 현상이 아니다. 베트남 등 동남아시아 여성과의 통혼권은 내륙의 한족(漢族) 남성들에까지 확대되어,[22] 지금은 후베이성(湖北省), 산둥성(山東省), 허난성(河南省), 후난성(湖南省) 등지의 농촌 지역에서도 베트남 출신 결혼이주여성을 쉽게 찾아볼 수 있다.[23]

국제결혼과 결혼이주 사례의 확대에 따라 학계의 연구범위도 다양해졌

16) 劉計峰, 「中越邊境跨國婚姻研究述評」, 『西北人口』 第6期, 2011.
17) 광시성의 남녀 성비는 2000년대 접어들며 112를 넘겨 중국에서 세 번째로 성비 불균형이 심각한 성이 되었다.
18) 陶自祥, 앞의 글, 2017.
19) 梁茂春·陳文, 「中越跨界通婚的類型與促成途徑」, 『南方人口』 第4期, 2011.
20) 陸海發, 「邊境治理中的跨國婚姻移民:特征、動力及其影響--基於對雲南兩個邊境縣的調查與思考」, 『雲南民族大學學報(哲學社會科學版)』 第5期, 2017.
21) 趙靜·楊夢平, 「中緬邊境地區邊民日常交往與跨國婚姻的形成」, 『東南亞縱橫』 第6期, 2016.
22) 王曉燕, 「從民族內婚到跨國婚姻:中緬邊境少數民族通婚圈的變遷」, 『思想戰線』 第6期, 2014.
23) 鄭進, 「脫嵌與懸浮: 越南媳婦的關系網絡的建構及其困境--以鄂東北四村爲例」, 『雲南社會科學』 第6期, 2015.

으나 서남지방 외의 사례에 관한 연구 기초는 여전히 빈약한 실정이다. 무엇보다 새로운 현상의 파악과 심도 있는 논의를 위해 여타 지역에서 이루어진 국제결혼 및 결혼이주 메커니즘의 해명이 요구되지만 이와 관련된 연구는 극히 적다. 대표적인 것으로 푸젠성과 후베이성의 사례를 다룬 연구들이 있는데, 이 연구들은 해당 지역으로 결혼이주한 베트남과 캄보디아 출신 여성들의 사례를 통해, 가족과 친지의 정신적 지지와 같은 사회적 관계와 함께 결혼이주 중개업자를 통한 중개와 알선이 결혼이주의 성립에 중요한 역할을 했음을 밝혀냈다.[24)] 상술한 연구들은 확대된 국제결혼과 결혼이주의 사례를 통해 중개업의 존재와 역할을 확인하는 성과를 도출했으나, 지역별 수용 메커니즘에 대한 종합적인 고찰에는 이르지 못했다.

연구 영역과 범위의 확장에도 불구하고 중국인 남성과 외국인 여성의 국제결혼 및 결혼이주에 관한 연구는 여전히 중국 남부 지역 사례에 집중되어 있다. 비록 남부 지역과 비교하여 규모가 크지는 않지만 북부 지역에서도 국제결혼과 결혼이주의 사례가 드물지 않다. 중국 동북지방에서는 2009년 무렵부터 국제결혼 및 결혼이주 사례가 나타난 것으로 보인다. 헤이룽장성 하얼빈시에 등록된 현지 남성과 베트남 여성의 국제결혼 및 결혼이주 사례를 보면, 2009년 9월까지의 3건에서 같은 해 연말 41건으로 증가했고, 2010년 말에는 577건, 2011년 6월에는 719건이 이루어지며 지속적인 증가세를 보였다.[25)] 관련 통계의 미비로 동북지방 전체의 정확한 규모는 알 수 없으나 현지 중국인 남성과 동남아시아 출신 여성의 결혼 및 이주는 계속 증가한 것으로 보인다.

24) 武艶華·陳海萍, 「無利不媒: 中越跨國婚姻婚介者的行動邏輯」, 『人口與社會』 第3期, 2017; 武艶華·王毅, 「關系網絡與越南女性的跨國遷移――基於福建永春的田野研究」, 『南京社會科學』 第11期, 2017; 張艶霞·吳宜超, 「中柬跨國婚姻中的夫妻權力關系及其影響因素――以福建省松溪縣爲例」, 『中國農業大學學報(社會科學版)』 第2期, 2018.

25) 徐文洲, 「越南「新娘」問題的調查與思考」, 『理論研究』 第4期, 2011.

동북지방에서 국제결혼 및 결혼이주가 증가한 이유는 무엇일까? 기존의 주류적 현상에 관한 논의들, 즉 지리환경적 인접성과 민족·문화적 동질성은 동북지방의 조건과 부합하지 않는다. 그렇다면 왜 동남아시아 출신 여성들이 멀고 낯선 동북지방으로의 결혼이주를 선택했을까? 어떤 메커니즘을 통해 동북지방이 결혼이주의 유입지가 되었을까? 필자는 이와 같은 의문을 바탕으로 헤이룽장성의 어느 현(縣)에 대한 조사연구를 진행하였다.

Ⅲ. 헤이룽장성 F현을 통해 본 결혼이주의 메커니즘

1. F현의 개요

헤이룽장성 F현은 하얼빈시에서 186 킬로미터 떨어져 있는 지역으로 4개 진(鎭)과 4개 향(鄕), 67개 행정촌과 258개 자연촌락(自然屯)[26]을 관할하고 있다. 인구는 약 23만 명으로 한족 약 97%, 조선족 약 1.9%, 기타 소수 민족으로 이루어져 있다.

F현은 1930년대 일본의 국가 정책하에 다수의 일본인이 이주해 온 지역으로, 1972년 중국과 일본 간 국교 회복 후 일본으로 이주한 이른바 '잔류고아'(1945년 일본의 패전 후 중국에 남겨진 일본인 고아)와 '잔류부인'(현지 중국인 남성 등과 결혼하여 현지에 잔류한 일본인 여성) 약 10만 명 중 약 3만 8천 명 정도가 이 지역 출신이었다.[27] 이와 같은 역사적 배경과 사회적 관계로 인해 현대에 들어 현지 주민의 다수가 일본으로 이주하게 되었고, 특히 현지 여성 인구의 이주—유출은 지역 인구구조에 영향

26) 方正縣統計年鑒編輯委員會, 『統計年鑒』, 2012.
27) 蘭信三, 「滿洲に生きた日本人を知るための三册」, 『アジア遊學』 Vol.150, 2012.

을 주며 외국인 여성의 결혼이주를 추동한 것으로 여겨진다. 2010년 무렵 일본인 남성과 결혼하여 일본으로 이주한 F현 출신 여성은 200명 이상으로 같은 해 이 지역 결혼 건수의 약 10%를 차지했다.[28] 비슷한 시기 이 지역 남성과 결혼하여 이주한 베트남인 여성의 사례도 증가했다. F현 및 주변 지역 출신 남성과 베트남인 여성의 결혼은 2010년 초부터 시작되어 같은 해 7월 말까지 약 300~400명의 베트남인 여성이 이주해왔다.[29]

필자는 일본 농촌으로 결혼이주해 온 중국인 여성의 소개를 받아 2015년부터 2018년까지 세 차례(매 3~4주)에 걸쳐 F현과 F현이 관할하는 두 개 진에서 주민 인터뷰를 진행했다. 인터뷰 대상자는 일본으로 결혼이주한 현지 출신 여성의 부모, 현지 남성과 베트남인 여성의 국제결혼 가정, 지역 주민, 결혼이주 중개업체 직원, 일본어 학교 직원 등이었다. 인터뷰의 내용은 크게 일본과 한국을 향한 현지 여성의 결혼이주 송출, 베트남인 여성의 결혼이주 유입 측면으로 나눌 수 있다. 현지 여성의 송출과 관련해서는 결혼이주와 연계된 인구 구조, 주민 의식, 결혼 시장의 변화 등을 조사했다. 베트남인 여성의 유입과 관련해서는 국제결혼으로 인한 결혼 시장의 변화, 결혼 비용, 결혼이주여성에 대한 주민의 태도 등을 조사했다.

필자는 상기 조사를 바탕으로 중국 동북지방 국제결혼과 결혼이주의 성립 메커니즘을 시론적으로 도출했다. 이는 지역의 이주 경험을 토대로 한 이주의 '반포(反哺)'와 '반서(反噬)'라 표현할 수 있을 것이다.

28) 林子敬, 「中國新娘在日本：有人日語很好 基本不和中國人來往」, 『鳳凰周刊』 第14期, 2015.
29) 單士兵, 「中國男人到底爲何偏愛「越南新娘」」, 海外網. (http://m.haiwainet.cn/middle/353596/2013/1227/content_20087998_1.html)

2. 이주 경험의 축적과 '반포'

1) 동북지방의 지역문화와 관용적인 결혼관

동북지방은 역사적으로 만주족의 거주지였으나, 청대 이래 다양한 이민이 동북지방으로 유입되면서 지역의 독특한 문화와 사회 규범을 만들어냈다. 청대부터 시작된 한족의 이주와 함께 근대 러시아, 한반도, 일본으로부터의 이주가 증가하면서 동북지방은 기존의 만주족, 몽골족과 함께 한족을 중심으로 다양한 민족이 거주하는 새로운 사회로 재편되었다.

동북지방 이민사회의 형성사는 크게 두 개 시기로 나누어 볼 수 있다. 첫 번째는 청대 초기부터 19세기 중반(1644~1861년)까지로 한족의 이주가 주를 이루었고, 두 번째는 19세기 중반부터 일본 제국주의의 패전(1861~1945년)까지로 한족의 대규모 이주와 함께 러시아, 한반도, 일본으로부터의 이주가 두드러졌다. 동북지방 인구 규모와 구조에 대대적인 변화를 가져온 것은 두 번째 시기의 이주였다. 특히 중화민국 시기 동안 대안의 산둥성으로부터 연간 수십만 명의 한족이 이주했고,[30] 여기에 허베이성과 허난성 등지로부터의 이주를 더하면 이 시기 천만 명 이상의 한족이 동북지방으로 유입된 것으로 보인다.[31] 19세기 말부터 시작된 러시아, 한반도로부터의 이주와 1930년대 들어 급증한 일본으로부터의 이주 역시 이 시기 인구 변동의 주요인이었다. 1908년부터 1930년 사이에 동북지방 인구는 대략 72% 증가했고 그 가운데 48%가 이주 인구로 추정된다.[32] 일본이 동북지방에 '만주국'을 수립한 이래 인구는 더욱 증가하여 1933년부터 1940년까지의 짧은 기간 동안 1,200만 명이 증가했는데 그 가운데 약

30) 馬平安·楚雙誌,「移民與新型關東文化－－關於近代東北移民社會的一點看法」,『遼寧大學學報』第5期, 1996.
31) 路遇,『淸代和民國山東移民東北史略』, 上海社會科學院出版社, 3쪽, 1987.
32) 滿史會編著,『滿洲開發四十年史 上卷』, (馬平安 · 楚雙誌(1996), 앞의 글에서 재인용)

86%가 이주 인구인 것으로 추정된다.

다양한 이민의 유입과 정착, 그 과정에서 발생한 사회문화적 접촉, 충돌, 융합은 개방성과 포용성, 다원성을 띤 동북지방 특유의 사회문화를 형성했다.[33] 전통적으로 동북지방의 혈연 및 가족 관계는 긴밀한 유대관계를 지속해 온 중원의 그것과 비교하여 약한 편이다. 이러한 동북지방의 사회문화적 특징은 전통에 대한 속박에서 벗어나 자유롭고 새로운 문물을 받아들이기 쉬운 토양을 만들었고, 지역 주민의 결혼관에도 영향을 미친 것으로 여겨진다. 동북지방에서 결혼은 당사자 개인의 감정과 관련된 영역으로 여겨져 외부로부터의 간섭이 상대적으로 적고, 결혼 상대의 선택에 있어서도 당사자의 의사가 중요하기에 다른 민족 또는 국적자와의 통혼에 대한 사회적 수용도가 높다. 동시에 이혼 역시 개인의 영역이므로 가정과 사회의 저항이나 압력이 적다.[34]

동북지방을 연구하는 연구자들은 결혼과 관련된 이 지역의 개방성을 이주 역사와 문화에서 찾고 있다.[35] 동북지방의 개방적인 결혼문화는 중국 내 여타 지역과 비교하여 개인에게 더욱 많은 재량을 부여했고, 이는 현지 주민과 사회가 외국인 신부를 받아들이는 것에 긍정적인 작용을 했다는 것이다. 실제 필자의 조사 결과, F현 현지 주민들은 국제결혼과 결혼이주여성의 정착에 대해 배척보다는 이해를 표했다.

2) 이주 송출 경험의 '반포': 결혼이주에 대한 지역 주민의 인식

1945년 이후 중국 동북지방에 남겨졌던 일본인 '잔류고아'와 '잔류부인'들은 1972년 중일 국교 회복을 계기로 일본의 가족과 친척을 찾기 시작했

33) 李雨潼·楊竹, 「東北地區離婚率特征分析及原因思考」, 『人口學刊』 第3期, 2011.
34) 範立君, 『近代東北移民與社會變遷』, 人民出版社, 2007.
35) 徐安琪·葉文振, 「中國離婚率的地區差異分析」, 『人口研究』 第4期, 2002; 李雨潼, 「北地區離婚率全國居首的原因分析」, 『人口學刊』 第5期, 2018.

고, 1989년 일본의 이민법 개정으로 일본인 '잔류고아'의 수용 범위는 한층 확대되었다.

아라라기 신조(蘭信三)와 다카노 가즈요시(高野和良)는 일본인 '잔류고아'의 일본 방문 및 귀국 동기를 가족과 고향에 대한 그리움과 함께 일본이 자신과 가족에게 제공할 수 있는 경제적 기회와 교육 기회에서 찾았다.[36] '잔류고아'의 귀국 등으로 인해 중국 동북지방과 일본 사이에는 복잡한 사회적 네트워크가 만들어졌다. 이는 중국 동북지방에 일본에 대한 정보를 전달하여 두 지역(국가) 간 경제적 격차를 알리고 일본(이주)에 대한 주민의 환상과 욕망을 만들어냈고, 이주를 희망하는 친척과 친구들에게 유무상의 이주 수단을 제공함으로써 이주를 촉진하였다.

더불어 1990년대 한중 수교가 체결된 후에는 한국 경제에 대한 기대를 바탕으로 동북지방에 거주하는 '조선족' 주민들이 취업과 교육을 목적으로 한국으로 이주하기 시작했다. 한국과 일본 이주에 관한 정보의 환류와 이주 네트워크의 발전에 따라, 이들 국가로 떠나는 동북지방 출신 이주민의 범위는 일본인 '잔류고아'와 '조선족'에서 여타 주민으로 점차 확대되었다.

동북지방 특유의 사회문화, 이주 관련 역사 경험, 이주 네트워크 등이 교차하면서 동북지방 주민들에게는 국경을 넘는 이주에 대한 인식과 깊은 이해가 형성되었다.

> 우리 마을에는 일찍이 일본이나 한국으로 간 사람도 있고, 지금은 베트남 며느리가 시집을 왔어요. 우리는 이것을 이상하다고 생각하지 않아요. 마을 여자들은 모두 외국으로 시집을 갔는데, 우리라고 왜 외국인 며느리를 못 얻겠어요. (마을 주민 C씨)

> (마을 여성 중에는) 일찍부터 일본과 한국으로 간 사람이 있고 지금도

36) 蘭信三·高野和良, 「地域社會のなかの中國歸國者」, 『中國殘留日本人という經驗 : 「滿州」と日本を問い續けて』 蘭信三編, 勉誠出版, 2009.

가는 사람이 있습니다. 나간 사람들은 모두 집으로 돈을 보내왔죠. 그녀들(베트남 출신 결혼이주여성)도 중국 여성들과 마찬가지예요. (그녀들의 결혼이주 역시) 모두 생활과 가족을 위한 것이지요. (마을 주민 A씨)

현지 주민과의 인터뷰 내용을 통해 알 수 있듯이, 이들은 국제 이주, 특히 여성의 결혼이주를 배척하거나 부정적으로 받아들이지 않으며, 현지 중국인 여성의 결혼이주와 외국인 여성의 결혼이주를 같은 성질의 행위로 받아들인다.

필자는 외국인 결혼이주여성에 대한 현지 주민의 개방적인 태도를 동북지방이 가진 이주 송출지로서의 '반포'적 표현이라 생각한다. 이주 송출지로서의 '반포'란 이 지역 이주 송출의 역사를 통해 축적된 일종의 공공(公共) '인식'으로서 국경을 넘는 이동 행위 자체에 대한 이해, 이주에 관한 정보, 이민 동기에 대한 이해를 포함한다. 현지 주민들은 이와 같은 '인식'을 바탕으로 결혼이주를 이해하고 국제결혼의 가능성을 인식했으며 나아가 외국인 신부에 대해 포용적인 태도를 가지게 되었다. 요컨대 지역의 이주 송출 경험으로부터 형성된 인식이 외국인 신부의 수용에 긍정적인 역할을 한 것이다.

3. 이주 경험의 축적과 '반서'

현대 중국 동북지방에서의 국제결혼과 결혼이주는 현지 여성의 송출과 외국인 여성의 유입을 주축으로 하는 여성 중심의 이주라 할 수 있다. 이처럼 성별화된 이주는 지역의 인구구조와 결혼 양식을 바꾸었을 뿐만 아니라, 현지 중국인 여성에 대한 주민의 재평가로 이어졌다. 이와 같은 일련의 변화는 이 지역 이주 송출 경험이 만들어 낸 '반서'적 작용이라 할 수 있으며, 동남아시아 출신 여성의 결혼이주를 받아들이는 주요 동력으로 작용했다.

1) 지역 성비 불균형의 심화

결혼이주는 결혼 당사자의 단독 이주, 영구적 이주라는 면에서 가족 단위의 이주나 한시적인 노동이주와 다르다. 특정 성별 중심의 결혼이주는 송출지의 인구구조와 결혼시장의 변동을 초래하고, 나아가 지역 사회 내 성별 권리의 조정 또는 재조직에 영향을 미친다.[37]

조사 당시 F현 D마을에서는 20세부터 35세 사이의 젊은 여성 대부분이 일본인 또는 한국인과 결혼하여 해당 국가로 이주한 상태였다.

> 마을 처녀들은 모두 외국으로 시집을 갔어요. 한 명이 가면 또 다른 한 명을 데리고 가고, 어떤 사람들은 서로 소개해서 가고, 어떤 사람은 스스로 찾아갔어요(대개 결혼중개업자를 거친다). 결혼하지 않은 처녀만이 아니라 이혼한 여자들도 나가요. 그래서 (마을에는) 젊은 남자들만 남았어요. 지금은 결혼 상대를 찾기가 어려워요. 가정형편이 좋으면 그나마 찾을 수 있지만, 가정형편이 어려우면 찾기 힘들어요. 이혼한 남자라면 더 말할 필요도 없고. 그래서 남자들이 외국인을 찾는 겁니다. 달리 방법이 없어요. (마을 주민 L씨)

F현에서 외국으로 결혼이주한 여성은 젊은 연령대의 미혼 여성에서부터 중년의 재혼 여성에 이르기까지 폭넓은 연령대에 걸쳐져 있었다. F현 내 몇몇 마을의 경우 성비 불균형이 심각한 상태에 달하면서 현지 남성의 결혼난이 심화되었고, 소위 노총각 마을('光棍村')이라 불리는 촌락까지 출현했다. 사회 통념상 동북지방에서도 결혼 경험이 있는 여성은 결혼 시장에서 우위를 점하지 못하는 것이 일반적이었으나, 성비 불균형이 심각한 F현에서는 초혼 남성과 재혼 여성의 결혼과 같은 전통적 사회 인식과 위배되는 결혼 양식이 등장했다. 현지 주민의 이야기에 따르면, F현 결혼시장

37) Belanger. D and Tran.GL, The impact of transnational migration on gender and marriage in sending communities of Vietnam, Current Sociology 59-1, 2011, pp.59-77.

에서 재혼 여성의 경쟁력은 여전하며, 결혼 경력은 그녀들의 교섭력에 어떠한 영향도 미치지 않는다. 그 증거로 F현의 남성은 결혼 경험이 있는 현지 여성과 결혼하기 위해서는 10만 위안(元) 정도의 예물을 준비해야 한다. 전통적 인식에 위배 되는 새로운 결혼 양식의 등장은 현지 여성의 결혼이주가 가져온 인구구조의 변화에 따른 것으로, 이는 현지 사회가 외국인 신부를 받아들이는 근간이 되었다.

2) 남성의 이중 압박 : 결혼 비용의 상승과 성별 속박의 전환

'가취혼'(嫁娶婚), 즉 여성이 결혼한 남성의 가정으로 들어가 생활하는 것은 중국의 주류적 결혼 형식이다. 오늘날 중국에서도 남성은 여전히 신부를 위한 예물을 준비하고 함께 생활할 신혼집을 구해야 한다. 여성 역시 혼수를 준비해 가지만 남성과 비교하여 지불하는 비용이 적은 편이다.[38] 리페이룽(李飛龍)에 따르면 중국 농촌 사회에서 자녀에 대한 부모의 의무는 자녀의 출산에서 시작하여 자녀의 결혼으로 완료된다.[39] 미혼 자녀의 경제적 실력은 부모와 가정의 경제 수준에 좌우되는 경우가 많고, 대다수 남성의 결혼 비용 역시 본인이 아닌 부모가 부담하는 경우가 많다. 다시 말해 한 가정의 아들이 결혼을 할 수 있는가, 혹은 그 아들이 어떤 여성을 신부로 맞이하는가는 부모의 경제력과 깊은 연관을 맺고 있다.

중국 동북지방의 기초산업은 농업으로, 한 가족이 점하고 있는 토지 규모는 그 가정을 판단하는 중요한 경제 지표이다. 토지 자원이 풍부한 가정은 현지 결혼 시장에서 절대적인 우위를 점하지만, 그렇지 못한 가정은 경쟁력이 떨어지거나 배제되기도 한다. F현에서 아파트·자동차·토지는 남

38) 桂華·余練, 「婚姻市場要價理解－－農村婚姻交換現象的一個框架」, 『青年研究』 第3期, 2010.

39) 李飛龍, 「變革抑或延續 : 改革開放前中國農村的家庭關系(1949－1978)」, 『農業考古』 第6期, 2012.

성의 결혼 필수품이며 신부를 위한 예물 비용은 20만~30만 위안에 달한다. 그러나 F현 일반 농민 가정의 연평균 수입이 3만~5만 위안 정도인 상황에서 고액의 결혼 비용은 가계에 상당한 부담이 되며, 필자가 조사한 26개 가정 중 23개 가정의 부모가 아들의 결혼 비용을 감당할 수 없다고 답변했다. 현실적 어려움에도 불구하고 남성이 부담해야 하는 고액의 결혼 비용이 보편화된 것은 결국 성비 불균형이라는 구조적 문제와 연결된다. 여성 인구의 부족은 여성이 결혼 시장에서 절대적인 우위를 점하는 근간이 되었고, 특히 예물과 관련된 협의에서 여성이 주도권을 가지면서 남성의 결혼 비용이 높아지게 된 것이다. 이러한 상황에서 현지 여성과 결혼할 정도의 경제적 여건을 갖추지 못한 남성은 외국인 여성과의 결혼을 선택하게 되는 것이다. F현 결혼중개업자에 따르면, F현 출신 남성이 외국인 여성과 결혼하기 위하여 지불하는 비용(신부를 만나러 가기 위한 해외 여행비 및 중개비 포함)은 대략 5만 위안 안팎으로, 중국인 신부 맞이 비용의 4분의 1에서 6분의 1에 지나지 않는다.

심각한 성비 불균형은 전통적인 결혼관에서 여성에게 부가되어 있던 엄격한 기준을 남성에게 전가했다. 필자는 조사 과정 중 경제적 수준이 양호한 남성들이 결혼적령기를 넘겼다는 이유로 현지 여성의 호감을 얻지 못하는 경우를 발견했다. F현에서 외국인 신부를 맞이하는 남성의 연령은 대개 27세에서 35세 사이로 중국 내 평균 결혼 연령과 비교하면 '고령' 집단에 해당한다.

연령 외에도 현지 남성의 결혼을 어렵게 하는 요인들은 많다. 배우자 찾기에 어려움을 겪고 있는 남자 조카를 둔 한 여성은 다음과 같이 하소연했다.

> 제 조카는 일본에서 3년 동안 일해서 돈을 좀 모았습니다. 외국에서 3년간 일했기 때문에 나이가 조금 많았지요. 이 때문에 배우자 찾는 것

이 어려웠습니다. 조카 얼굴에 여드름이 좀 있는데, 마을 여자아이들은 이것 때문에도 조카를 마음에 들어 하지 않았습니다. 지금은 여자아이들이 적어서 남자아이들이 결혼 상대를 찾기가 어려워요. 예전 같았다면 어디 남자의 용모로 트집을 잡았으며, 남자의 경제력이 좋으면 얼굴에 난 여드름에 신경이나 썼겠어요? (마을 주민 M씨)

F현에서는 경제적 요구 외에도, 연령, 결혼 경험, 용모와 같이 여성에게 부가되어 있던 기존 부권제(父權制)의 속박이 남성에게 전가되고 있었다. 성비 불균형이 심각한 상황에서 결혼을 희망하는 F현의 남성은 고액의 결혼 비용과 함께 전통적으로 여성에게 적용되던 엄격한 기준을 역으로 요구받고 있었다.

3) 현지 중국인 여성에 대한 재평가: 여성 신용의 위기

중국의 전통적 가치관은 여성의 이혼을 금기시했다. 그러나 필자는 F현에서 기존 관념과 상반되는 국면을 발견했다. 이 지역에서 이혼은 여성을 두렵게 하는 사건이 아니며, 나아가 여성이 자기 주도적으로 이혼을 요구하기도 한다.

지금 며느리는 집안에서 조금도 참지 않아요. 만약 조금의 불만이라도 있으면 이혼을 말할 겁니다. 집안에서 며느리(의 위세)는 대단해서, 며느리가 말하면 그만이에요. (중국인이었던) 전 며느리는 친정 집안 친척이 외국 갔다 돌아와서 외국에서 3개월 번 돈이 우리 집안 1년 수입보다 많다고 하니 점점 가난을 꺼리다가 결국 이혼했어요. 아이(손녀)는 줄곧 나와 집사람이 돌보고 있어요. 마을의 많은 여자가 남편과 이혼하고 (외국으로) 떠났어요. 지금의 중국 여자들은 믿을 수가 없어요. 이혼을 말하고 바로 이혼을 해버리니 외국인 며느리만 못해요. (마을 주민 Q씨)

중국 여성의 국제결혼이 증가하고 이혼 여성의 성공적인 결혼이주 소식 등이 F현에 알려지면서 현지 여성의 결혼관에 변화가 발생했다. 과거와 달리 지금의 여성들은 가정의 경제적 조건이 만족스럽지 않거나 고부 관계 등이 좋지 않다면 가정과 자녀를 위해 참지 않을 뿐 아니라 나아가 이혼을 주장하고 빠르게 실행에 옮긴다.

전통적으로 중국의 부부 관계에서 자녀의 존재는 결혼을 유지하고 이혼을 막을 수 있는 절대적인 조건이었다.[40] 그러나 조사 결과 F현 현지 여성에게 외국으로의 이주는 자녀와 대등한 위치의 선택이었다. 필자가 인터뷰한 다수 가정에서 자녀를 둔 모친이 이주를 위해 아이를 두고 이혼했다. 현지 주민의 대다수는 미혼 여성의 결혼이주를 사회이동을 위한 기회라 생각하여 찬성하거나 중립적인 입장을 밝혔지만, 이주를 위해 아이를 버리고 이혼하는 여성에 대해서는 반대하는 입장을 보였다.

결혼이주를 위해 이혼하는 여성들이 늘어나자 F현 주민들은 점차 현지 여성의 결혼에 대한 충성도와 가정에 대한 책임감에 의문을 제기하게 되었고, 이는 중국인 여성에 대한 불신으로 이어졌다. 필자는 중국인 여성에 대한 현지 사회의 불신이 외국인 여성의 결혼이주에 영향을 주었다고 생각한다. F현에서 발생한 외국인 결혼이주여성의 가출은 현지 주민들에게 외국인 신부 맞이의 위험성을 심어주었다. 그러나 현지의 중국인 여성이 자녀와 가정을 버리고 외국인과 결혼하여 이주하는 현실과 위험성에 직면하면서 외국인 여성과의 결혼을 시도해보는 움직임이 생겨난 것이다.

그밖에 동북지방의 경제 상황 역시 현지 남성들이 국제결혼으로 시선을 돌린 원인 중 하나이다. 2014년 이래 동북지방의 경제 성장율은 전국 하위 수준에 머무르고 있고, 2017년 중국 전체 경제에서 동북지방이 점하는 비율은 약 6.7%까지 떨어졌다. 현재 동북지방의 경제 상황을 감안한다면 현지 남성이 지역적 우세를 통해 중국 여타 지역의 여성과 결혼하는 것

40) 尙會鵬·何祥武, 「鄉村社會離婚現象分析－－以西村爲例」, 『青年研究』 第12期, 2000.

은 거의 불가능하다. 중국인 여성과의 결혼이 어려운 상황에서 다수의 현지 남성들은 동남아시아 출신 여성과의 결혼을 선택했고 그 결과 지역 내 외국인 결혼이주여성이 증가하게 된 것이다.

Ⅳ. 나오며: '동북형' 국제결혼과 동아시아 결혼의 '세계체제'

중국 동북지방의 관용적인 결혼관과 이민 송출의 역사에서 발로한 다양한 인식 변화는 이 지역 특유의 국제결혼과 결혼이주 유형을 형성했다. 중국 국제결혼의 주류로 여겨져 온 서남지방 결혼이주 유형과 동북지방 결혼이주 유형 사이에는 유사점과 차이점이 존재한다. 두 지역의 국제결혼은 성비 불균형이라는 인구구조 상의 요인과 지역 고유의 문화에 기초하고 있다. 그러나 서남지방의 성비 불균형이 현지의 남아선호 사상과 젊은 여성의 도시 이주에 따른 것이라면, 동북지방의 성비 불균형은 현지 여성의 국외 결혼이주로 인한 것이다. 결혼이주를 촉진한 지역문화 역시 상이한데, 서남지방의 국제결혼이 과경민족 간 공통의 민족문화와 정체성을 바탕으로 한 것임에 반해, 동북지방의 국제결혼은 다양한 이민족들의 혼거 속에서 파생된 포용성을 바탕으로 한 것이다. 그 밖에도 동북지방에서는 이주 송출의 경험에서 발로한 결혼이주에 대한 현지 주민의 인식과 이해, 현지 여성의 결혼이주 송출이 초래한 중국인 여성에 대한 불신감 등이 외국인 신부의 수용에 긍정적으로 작용했다. 이러한 메커니즘 하에서 중국 여타 지역의 국제결혼과 다른 독특한 형태와 성격을 가진 '동북형' 국제결혼 유형이 만들어졌다.

이제 동북지방은 중국 결혼이주의 송출지에서 유입지로 전환한 듯 보인다. 그러나 동아시아라는 보다 넓은 광역의 스케일에서 보면, 동북지방은 동아시아 결혼이주의 연결 고리라 할 수 있다. 동아시아 역내 결혼이주에서 각국은 바통을 넘겨주고 받는 릴레이 주자와도 같다. 릴레이의 첫 번째 주자 일본과 한국이 바통을 내민 나라는 중국이다. 두 번째 주자인 중국은 동남아시아 각국에 바통을 내밀었다. 동아시아 여성의 결혼이주는 '중심'–'반주변'–'주변'으로 이어지는 세계체제의 재현과 같다. 필자는 이러한 이동 질서를 '결혼의 세계체제'라 칭하고자 한다. 이제 세 번째 바통을 쥐고 있는 동남아시아 각국은 이후 어떻게 행동할 것인가? 계속해서 다른 나라로 바통을 넘길 것인가? 넘긴다면 어디로 넘길 것인가? 세계체제의 흐름에 따라 다른 주변부적 국가로 바통을 넘길 것인가 아니면 다른 방향으로 틀 것인가? 세계화의 심화와 각국(지역)의 인구 변화, 정치경제적 변화는 각국 여성의 결혼이주 릴레이와 결혼의 세계체제에 변화를 일으킬 것이다. 동아시아 국제결혼 현상의 동향을 계속 주시해야 할 이유이다.

끝으로 주목해야 할 것은 서열화된 국제결혼 체계에서 바통을 넘겨받은 국가(지역)의 남성, 특히 사회경제적으로 어려운 위치에 처해 있는 남성들의 상황이다. 그들은 자국의 결혼시장에서 경쟁력을 상실했을 뿐만 아니라 국제결혼 시장에서의 지위 역시 말단으로 밀려나 있다. 이러한 중층적 위기는 그들의 결혼 기회를 차단할 수 있고 이것은 해당 국가와 지역의 문제로 발현될 것이다. 이들 남성의 결혼문제에 대해서도 지속적인 관심이 요구된다.

【참고문헌】

〈저서 및 역서〉

路遇, 『清代和民國山東移民東北史略』, 上海社會科學院出版社, 1987.

範立君, 『近代東北移民與社會變遷』, 人民出版社, 2007.

〈연구논문〉

桂華·余練, 「婚姻市場要價理解－－農村婚姻交換現象的一個框架」, 『青年研究』 第3期, 2010.

喬棒·路興隆, 「新中國70年東北經濟發展:回顧與思考」, 『當代經濟研究』 第11期, 2019.

歐海艷, 「21世紀以來中越邊境跨國婚姻研究述評」, 『南方民族研究』 第5期, 2016.

南紅玉, 「外國人花嫁の定住と社會參加」, 『東北大學大學院教育研究科研究年報』 59-1, 2010.

單士兵, 「中國男人到底爲何偏愛「越南新娘」」, 海外網.

覃延佳, 「生境､情感與邊民社會網絡: 中越跨國婚姻研究實踐與反思－－以雲南馬關縣金廠村爲例」, 『廣西民族研究』 第2期, 2020.

陶自祥, 「中越邊境跨國婚姻產生的社會基礎」, 『人口與社會』 第3期, 2017.

羅文青, 「亞洲婚姻移民視角下的中越跨國婚姻問題研究」, 『長江師範學院學報』 第3期, 2013.

蘭信三, 「滿洲に生きた日本人を知るための三冊」, 『アジア遊學』 Vol.150, 2012.

蘭信三·高野和良, 「地域社會のなかの中國歸國者」(蘭信三編, 『中國殘留日本人という經驗 :「滿州」と日本を問い續けて』, 勉誠出版), 2009.

馬平安·楚雙誌, 「移民與新型關東文化－－關於近代東北移民社會的一點看法」, 『遼寧大學學報』 第5期, 1996.

萬蕙, 「跨國無證婚姻移民的生存困境及形塑機製」, 『人口與社會』 第4期, 2016.

方正縣統計年鑒編輯委員會, 『統計年鑒』, 2012.

尙會鵬·何祥武, 「鄕村社會離婚現象分析－－以西村爲例」, 『青年研究』 第12期, 2000.

徐文洲, 「越南「新娘」問題的調查與思考」, 『理論研究』 第4期, 2011.

徐安琪·葉文振,「中國離婚率的地區差異分析」,『人口硏究』第4期, 2002.
武艷華·王毅,「關系網絡與越南女性的跨國遷移－－基於福建永春的田野硏究」,『南京社會科學』第11期, 2017.
武艷華·陳海萍,「無利不媒:中越跨國婚姻婚介者的行動邏輯」,『人口與社會』第3期, 2017.
梁茂春·陳文,「中越跨界通婚的類型與促成途徑」,『南方人口』第4期, 2011.
楊麗雲,「跨國婚姻中越南新娘的身分建構－－以廣西龍州縣金龍鎭民村個案爲例」,『廣西社會主義學院學報』第3期, 2017.
王維·錢江,「移民網絡、社會資源配置與中國東北新移民－－美國舊金山灣區田野調查劄記」,『華僑華人歷史硏究』第2期, 2006.
王曉燕,「從民族內婚到跨國婚姻:中緬邊境少數民族通婚圈的變遷」,『思想戰線』第6期, 2014.
劉計峰,「中越邊境跨國婚姻硏究述評」,『西北人口』第6期, 2011.
劉中一,「東南亞新娘現狀及其對中國國家安全的影響」,『江南社會學院學報』第1期, 2013.
陸海發,「邊境跨國婚姻移民治理: 挑戰與破解之道」,『西南民族大學學報(人文社會科學版)』第3期, 2016.
陸海發,「邊境治理中的跨國婚姻移民:特征、動力及其影響－－基於對雲南兩個邊境縣的調查與思考」,『雲南民族大學學報(哲學社會科學版)』第5期, 2017.
李飛龍,「變革抑或延續：改革開放前中國農村的家庭關系(1949－1978)」,『農業考古』第6期, 2012.
李娟,「中越邊境跨國婚姻中女性的身分認同思考」,『廣西民族硏究』, 第1期, 2007.
李雨潼,「北地區離婚率全國居首的原因分析」,『人口學刊』第5期, 2018.
李雨潼·楊竹,「東北地區離婚率特征分析及原因思考」,『人口學刊』第3期, 2011.
林子敬,「中國新娘在日本：有人日語很好 基本不和中國人來往」,『鳳凰周刊』第14期, 2015.
張艷霞·吳宜超,「中柬跨國婚姻中的夫妻權力關系及其影響因素－－以福建省松溪縣爲例」,『中國農業大學學報(社會科學版)』第2期, 2018.
鄭進,「脫嵌與懸浮: 越南媳婦的關系網絡的建構及其困境－－以鄂東北四村爲例」,『雲南社會科學』第6期, 2015.
趙靜·楊夢平,「中緬邊境地區邊民日常交往與跨國婚姻的形成」,『東南亞縱橫』第6期, 2016.
陳訊,「資源互補、婚俗類同與結構性力量保護下的中越邊境跨國婚姻硏究－－以廣西崇左市G村爲例」,『雲南行政學院學報』第4期, 2017.

Bélanger. D and Tran.GL, The impact of transnational migration on gender and marriage in sending communities of Vietnam, Current Sociology 59-1, 2011.

Chigusa Yamaura, From Manchukuo to Marriage: Localizing Contemporary Cross-Border Marriages between Japan and Northeast China, The Journal of Asian Studies 74-3, 2015.

14. 현대 중국의 새로운 도시화와 국내이주

롄싱빈(連興檳)

Ⅰ. 들어가며

현재 중국에서 진행되고 있는 새로운 도시화('新型城鎮化')와 농촌진흥전략('鄉村振興戰略')은 중국 도농(都農) 사회가 새로운 발전 단계에 접어들었음을 보여준다. 도시를 중심으로 한 기존의 도농 관계와 비교하여 새로운 도농 관계는 도농 융합('城鄉融合')과 균형 발전을 목표로 하고 있다.

도농 융합은 도농경제사회발전일체화('城鄉經濟社會發展一體化')의 약칭으로, 2007년 열린 제17대 전국대표대회(全國代表大會)에서 제기된 도농 발전을 위한 새로운 탐색이자 방법이다. 2012년 제18대 전국대표대회에서 명시된 새로운 도시화 전략은, 2014년 반포된 〈국가신형도시화계획 2014-2020(國家新型城鎮化規劃 2014-2020)〉을 통해 주요 목표와 임무가 더욱 명확해졌다. 2017년 제19대 전국대표대회에서는 인구 발전 강화에 관한 전략적 연구를 강조했으며, 이는 도시화 모델의 중대 전환을 의미한다. 2018년의 〈농촌진흥전략계획 2018-2022(鄉村振興戰略規劃 2018-2022)〉에서는 소도시('小城鎮') 및 농촌 공동체의 도시화 추진에 다시 한번 힘을 실어주었다.

이 글은 현재 진행되고 있는 중국의 새로운 도시화와 농촌진흥전략을 정리하고, 이를 바탕으로 광둥성(廣東省) 차오산(潮汕) 지역 도농 결합부에서의 이주를 분석하여 새로운 도농 관계의 실제를 확인하고자 한다. 주지하는 바와 같이 사람의 이동은 문화의 이동을 수반하고, 이주하는 개인 또는 집단은 이주 송출지 사회와 유입지 사회를 연결하는 중요한 매개로 자리 잡는다. 중국의 국내 이주는 여전히 활발하게 진행되고 있으며 사회 구조 변화의 주요한 요인으로 작용하고 있다. 중국 개혁개방 이래 급격한 도시화와 국내 이주를 경험해 온 광둥성의 사례를 통해 현대 중국 사회의 일면을 확인할 수 있을 것이다.

Ⅱ. 현대 중국의 새로운 도시화와 국내 이주

1. 압축형 도시화

세계 각국의 발전과정에서 확인할 수 있듯이, 대규모 인구이동은 산업화를 위한 중요한 동력이 되어왔다. 개혁개방 이래 중국의 급속한 산업화와 도시화 역시 대규모 인구이동이 있었기에 가능했다. 대규모 농촌인구가 도시부로 유입되면서 산업화를 위한 노동력을 제공했고, 중국 전체 인구에서 도시 인구가 차지하는 비율은 가파르게 상승하여 1978년의 약 17.9%에서 2011년 약 51.3%, 2020년에는 약 63.9%에 다다르게 되었다.[1)]

이와 같은 급속한 도시화 과정은 개발도상국 특유의 '압축형 도시화'라고 칭할 수 있을 것이다. 선진국의 도시화 과정과 달리 개발도상국의 도시화는 대개 ① 대규모 농촌인구의 도시부 이동을 통해 빠른 도시화가 가능하고, ② 소수의 대도시에 인구가 집중되며, ③ 도시화 과정이 산업화 과정을 앞질러 나타난다. 개발도상국 간에도 도시화 과정의 차이는 존재하는

1) 中國國家統計局國家數据 (https://data.stats.gov.cn/easyquery.htm?cn=C01)

데, 예를 들어 동남아시아 각국 대도시의 발전은 주로 과거 식민지 종주국의 투자가 큰 영향력을 미쳤으나, 중국의 도시화는 도시와 농촌을 나누는 이원(二元) 구조의 기초 위에서 이루어졌다.

장징샹(張京祥)과 천하오(陳浩)에 따르면, 개혁개방 이래 발전을 거듭해 온 중국 도시화의 이면에는 선진국의 도시화 과정에서 발생한 것보다 훨씬 많은 문제와 위험이 누적되어 있고, 사회, 문화, 제도 부문의 느린 변화와 발전은 도시화의 질적 제고에 장애로 작용하고 있다. 그 밖에도 세계화와 정보화가 가져온 다양하고 새로운 도전들 역시 도시화 과정과 환경을 복잡하게 만들었다.[2)]

중국의 도시화를 바라볼 때 주의해야 할 점은 구미의 도시화가 시장 주도로 이루어진 것과 달리, 중국의 도시화는 주로 정부 주도로 이루어지고 있다는 점이다. 리치앙(李强) 등은 중국 도시화의 특징으로 "정부 주도의 광범위한 계획, 전면적 추진, 토지의 국가 또는 집단 소유, 공간적으로 뚜렷한 비약성"을 들며, "민간 주도의 도시화는 아직 준비되어있지 않"음을 지적했다.[3)] 단 중국의 경제체제가 개혁개방 이전의 계획경제에서 사회주의시장경제로 전환됨에 따라 정부 주도의 발전 노선 또한 시장과 민간의 영향력을 주시하고 있다. 린쥐런(林聚任)과 왕중우(王忠武)는 "정부 주도, 민중 주체, 시장 운영으로 협력하여 추진하는 길"을 택하고, "구조적 불균형과 불공평, 상호배척하는 전통적인 도농 관계를 평등하고 조화로우며 서로 돕고 함께 부유해지는 새로운 도농 관계로 변화시켜 조화로운 일체화를 실현"해야 한다고 주장한다.[4)]

2) 張京祥·陳浩, 「中國的「壓縮」城市化環境與規劃應對」, 『城市規劃學刊』 第六期, 2010.
3) 李强·陳宇琳·劉精明, 「中國城鎮化「推進模式」研究」, 『中國社會科學』 第七期, 2012.
4) 林聚任·王忠武, 「論新型城鄉關系的目標與新型城鎮化的道路選擇」, 『山東社會科學』 第九期, 2012.

2. 새로운 도시화와 새로운 도농 관계

새로운 도시화 개념은 2002년 제16대 전국대표회의에서 제기된 새로운 산업화('新型工業化') 전략을 바탕으로 출현한 후, 제18대 전국대표회의에서 널리 알려졌다.[5] 그후 2013년 연말에 열린 중앙도시화업무회의('中央城鎭化工作會議')와 2014년의 〈국가신형도시화계획〉에서 사람을 핵심으로 하는 도시화를 강력하게 추진하였으며 새로운 도시화 방침이 더욱 명확해졌다. 새로운 도시화는 중국 도시화 노선의 전환을 의미한다. 런위안(任遠) 등은 "사실상 노동력에 의지하여 도시화를 추진하는 기존의 발전 모델이 임계 상태에 처한 상황에서 사람을 핵심으로 하는 도시화 방법을 통해 유동 인구가 가진 인적 자원을 발굴, 향상할 수 있고, 이는 중국 도시화 제고를 위한 근본 동력이 될 것"이라 주장한다.[6] 새로운 도시화는 사람을 핵심으로 하는 방침 외에도 살기 좋은 환경, 산업과 도시의 상호작용, 절약 등을 기본 특징으로 강조한다.

새로운 도시화 과정에서는 기존의 지역 차별 등이 초래한 불균형성 또한 철저히 고려되어야 한다. 런위안 등에 따르면, "중국은 거대한 국가이기에 인구이동과 도시화 과정은 지역마다 다른 특징을 보이며 진행된다. 지역별 도시화 발전의 과정 또한 다르다. 도시화가 직면하고 있는 과제가 지역에 따라 다르고 지역별 인구이동과 도시화 관계 역시 다르다. 따라서 지역에 맞는 다양한 아이디어를 발굴하여 도시화에 적용해야 한다."[7]

새로운 도시화 전략은 새로운 도농 관계의 형성을 촉진하기도 한다. 2013년 제18회 삼중전회(三中全會)에서 제기된 새로운 공업과 농업, 새로

5) 單卓然·黃亞平, 「'新型城鎭化'概念內涵、目標內容、規劃策略及認知誤區解析」, 『城市規劃學刊』 第二期, 2013.

6) 任遠·譚靜·陳春林·余欣甜, 『人口遷移流動與城鎭化發展』, 上海人民出版社, 2013, 5쪽.

7) 任遠·譚靜·陳春林·余欣甜, 위의 책, 12쪽.

운 도농 관계는 '공업으로 농업을 추진하고 도시가 농촌을 이끌어 공업과 농업이 호혜하고 도시와 농촌이 일체화'함을 골자로 한다. 기존의 도농 관계는 도시를 중심으로 진행되었으나 새로운 도농 관계는 도농 간 융합과 도농의 평등한 발전을 목표로 한다. 펑번웨이(馮奔偉) 등에 따르면 새로운 도농 관계의 목표는 도농의 평등화와 일체화를 통한 지속가능한 발전의 실현에 있다.[8] 리우춘팡(劉春芳)과 장쯔잉(張志英) 또한 "도농 간 융합의 본질은 도농 간 요소의 자유로운 이동, 공평과 공유의 기초 위에서 도시와 농촌의 조화롭고 일체화된 발전"이라고 주장한다.[9]

도농 발전의 일체화와 관련하여 중국의 중앙 정부는 이미 여러 가지 정책을 제시했다. 예를 들어 2004년에는 농촌경제의 발전과 농민 수입 증대를 목적으로 하는 〈삼농정책(三農政策)〉을 실시했고, 2006년에는 〈농업세조례(農業稅條例)〉를 폐지했다. 새로운 시대 노동 발전 노선을 바탕으로 도시, 소도시, 농촌의 삼자 연계는 날로 긴밀해지고 있다.

3. 새로운 도시화와 소도시의 발전

1980년대 중국의 향진기업(鄕鎭企業: 중국 개혁개방 이래 각 지역 특색에 맞춰 육성된 소규모 농촌기업)은 대규모 농업노동력을 받아들였고, 이를 통해 농민은 비농업 인구로 전화('農轉非')했다. 1990년대 이래 중국 국내 이주의 방향은 동부 연해도시에 집중되었으나, 지금은 서부지역 발전 및 〈국가신형도시화계획 2014-2020〉에 따라 단순히 동부지역만을 향하지 않는다.

이에 대해 런위안 등은 다음과 같이 서술했다. "인구 구조 변동이 수반

---

8) 馮奔偉·王鏡均勇, 「新型城鄉關系導向下蘇南鄉村空間轉型與規劃對策」, 『城市發展研究』 第十期, 2015.

9) 劉春芳·張誌英, 「從城鄉一體化到城鄉融合 : 新型城鄉關系的思考」, 『地理科學』 第十期, 2018.

한 노동력 수급 관계의 변화에 따라 동부지역의 산업 구조가 고도화하는 한편, 중서부 지역이 산업화하면서 이 지역을 중심으로 한 인구이동과 도시화가 강화되었다. 중국의 인구이동과 도시화가 1980년대 이래의 단방향적 흐름에서 지역 전환과 지역 협력 형태의 다방향적 흐름으로 변화하기 시작한 것이다."[10)]

기술한 바와 같이 중국은 지역별 차이가 크기 때문에 각 지역의 구체적인 실정에 맞는 도시화 대책이 필요하다. 특히 소도시와 농촌 사회의 도시화가 중시되는 상황에서 국가의 도시화 전략 체계에 따라, "성(省)·시(市)·현(縣) 단위가 관련 도시 지역 구조와 일체화된 네트워크 체계를 수립해야 한다."[11)] 그중에서도 소도시 건설은 농촌-소도시-도시 간 관계의 균형을 잡아주는 핵심이라 할 수 있다.

후지이 마사루(藤井勝)가 제시한 '지방세계(Local World)' 개념 속에는 중국 향진(鄕鎮: 향촌, 즉 농촌과 진)에 대한 분석이 포함되어 있다. 농촌(자연촌, 행정촌)과 진의 관계는 기층 사회 속의 도농 관계로 치환할 수 있다. 진에는 각종 부문의 기관이 설치되어 농촌 사회와 긴밀한 연계를 유지하고 농촌 역시 진의 각종 상업 및 서비스 단위에 의지하는 가운데 상호 간의 사회경제적 관계가 형성된다. 도시화에 따라 인접한 향진과 현(縣), 시(市)의 연계는 더욱 긴밀해졌고 관계에 변화가 발생하기도 했다. 이처럼 중국의 '지방세계'는 향진과 현, 도시를 기초로 만들어졌다고 할 수 있다.[12)]

개혁개방 이후 소도시는 도시와 농촌을 잇는 매개체로서 급속한 발전을 이루었다. 1980년 중국국무원이 회람을 인가한 〈전국도시계획업무회의기요(全國城市規劃工作會議紀要)〉에서는 "대도시의 규모를 통제하고 중

10) 任遠·譚靜·陳春林·余欣甜, 앞의 책, 2013, 17쪽.
11) 張鴻雁, 「中國新型城鎮化理論與實踐創新」, 『社會學硏究』 第三期, 2013.
12) 藤井勝·高井康弘·小林和美編, 『東アジア「地方的世界」の社會學』, 晃洋書房, 2013.

간 규모의 도시를 합리적으로 발전시키며 소도시를 적극적으로 발전시킨다"는 방침을 세우고, 소도시 발전 정책을 적극적으로 제정하였다. 1984년 〈농민공의 집진(集鎭: 농촌, 도시 간 과도형 거주지) 정착에 관한 통지('關于農民工進集鎭落戶的通知')〉에 따라 소도시는 급속한 발전을 맞이했다. 1992년 〈농업화와 농촌 업무에 관한 몇 가지 중대 문제의 결정('關于農業化和農村工作若干重大問題的決定')〉에 제시된 '소도시, 대전략'은 소도시 발전의 중요성을 반영한 것이며, 2000년 『소도시 건강 발전 촉진에 관한 몇 가지 의견('關于促進小城鎭健康發展的若干意見')〉은 소도시 발전의 질적 측면을 강조했다.

소도시의 빠른 발전의 이면에는 학술계의 지지가 있었다. 리페이린(李培林)에 따르면, 특히 페이샤오퉁(費孝通)이 1983~1984년에 걸쳐 발표한 『소도시 대문제(小城鎭大問題)』, 『소도시 재탐색(小城鎭再探索)』, 『소도시 쑤베이의 초보적인 탐색(小城鎭蘇北初探)』 등이 매우 큰 반향을 일으키며 소도시와 향진기업의 발전에 힘을 실어주었다.[13]

이처럼 중국의 도시화는 소도시의 발전에서 시작하여 대도시 중점 건설을 거쳐 대·중소도시와 현 정부 소재지, 새로운 농촌 사회의 조화로운 발전 단계로 연결되었다.

4. 중국 국내 이주의 변화

1980년대 중반부터 1990년대 중반까지 중국의 소도시와 향진기업은 대규모의 농촌 잉여 노동력을 흡수했다. 1984년부터 해체된 인민공사(人民公司: 1958년 농업 집단화를 위해 만들어진 대규모 집단농장으로 1990년 중화인민공화국 헌법 개정에 따라 완전 폐지)는 대부분 향진기업으로 전

13) 李培林, 「小城鎭依然是大問題」, 『甘肅社會科學』 第三期, 2013.

환되었고, 〈농민공의 집진 정착에 관한 통지〉, 〈진 표준 제정 조정에 관한 보고 통지('關于調整建鎭標準的報告的通知')〉가 실시되면서 농민의 진 지역으로의 이동이 한결 자유로워졌다. 이 시기의 인구이동은 주로 동북지방의 옛 공업기지('老工業基地'), 중서부 지방의 자원 도시와 공업도시, 성도(省都)에 집중되었다. 1990년대부터는 주강(珠江) 삼각주와 장강(長江) 삼각주로의 이동이 주류가 되었고, 동부 연해도시에는 농민의 도시 유입과 비농업 부문 노동으로 인한 '민공조(民工潮)' 현상이 나타났다. 2003년 동부 연해지역에서 발생한 노동력 부족 문제는 2004년 푸젠성(福建省), 광둥성, 저장성(浙江省) 등지에서의 농민공 부족 문제('民工荒')를 초래했고, 2008년 금융위기의 충격으로 더욱 가시화되었다.

2000년 제5차 인구총조사와 2010년 제6차 인구총조사에 따르면, 실제 거주지와 호적상의 거주지가 일치하지 않고 호적상 거주지를 반년 이상 떠나있는 중국 내 이주인구는 2000년의 1억 4,439만 명에서 2010년에는 2억 6,094만 명으로 증가하였다. 2000년부터 2010년 사이 주강 삼각지 도시의 인구 흡인력이 상대적으로 저하한 것과 달리 장강 삼각주와 환발해(環渤海)지역 도시의 중요성은 커졌다. 중국 인구이동의 중심이 남쪽의 주강 삼각주에서 북쪽으로 이동한 것이다.[14]

돤청룽(段成榮) 등은 전국인구총조사('全國人口普查')와 전국1%인구표본조사('全國1%人口抽樣調查') 자료를 통해 중국 인구이동의 10대 추세를 정리하였다. 해당 정리에 따르면, 중국의 인구이동 방향은 동부에 집중된 후 점차 중서부로 분산되었고, 인구이동의 원인은 사회형('社會型'), 발전형('發展型'), 살기 좋은 곳으로의 이동('宜居型') 등으로 다원화하고 있음을 알 수 있다.[15]

14) 勞昕·沈體雁, 「中國地級以上城市人口流動空間模式變化——基於2000和2010年人口普查數據的分析」, 『中國人口科學』 第一期, 2015.
15) 段成榮·謝東虹·呂利丹, 「中國人口的遷移轉變」, 『人口研究』 第二期, 2019.

마샤오훙(馬小紅) 등은 중국의 인구이동 유형을 농촌에서 도시로의 이동, 도시 간 이동, 농촌 간 이동, 도시에서 농촌으로의 이동의 네 가지로 나누고, 인구학적·사회경제적 특징에 관한 분석을 진행했다. 그들은 2010년 제6차 인구총조사를 바탕으로 농촌에서 도시로의 이동(약 63.3%)이 중국 국내 이주의 주류를 이루고 있고, 다음으로 도시 간 이동(약 21.2%), 농촌 간 이동(약 12.7%), 도시에서 농촌으로의 이동(약 2.9%)이 이루어졌음을 밝혔다. 인구이동의 원인은 유형별로 큰 차이가 있지만, 전체적으로 경제형 이주(장사 등 상업 활동, 직장의 인사이동과 채용, 학업과 연수)의 비율이 2000년의 약 49.8%에서 2010년 약 60.4%로 높아졌으며, 그 가운데서도 '장사'가 2000년 약 30.7%에서 2010년 약 45.1%로 증가하며 가장 큰 비율을 차지했다.[16]

『중국이동인구발전보고2017(中國流動人口發展報告2017)』에 따르면 중국 국내 이주 인구는 2014년에 약 2억 5300만 명으로 정점에 달한 후 2016년 말에는 약 2억 4500만 명으로 감소했다. 이러한 감소세는 실질적 이동이 줄어든 결과일수도 있으나, 기존 이주 인구의 호적 전입이나 귀향의 영향도 있을 것이다. 중국의 국내 이주는 성(省) 간 이주가 주를 이루고 있으나, 그 비중은 2011년의 약 69.9%에서 2016년 약 63.5%로 낮아졌다. 성간 이동인구는 주로 중서부의 안후이(安徽), 장시(江西), 허난(河南), 후베이(湖北), 후난(湖南), 쓰촨(四川) 등 인구가 많은 지역으로부터 동부의 경제발달 지역으로 집중되는 양상을 보이고 있으나, 중서부로부터의 인구 유출 폭과 동부로의 인구 유입 폭은 점차 좁아지고 있다.[17]

16) 馬小紅·段成榮·郭靜, 「四類流動人口的比較研究」, 『中國人口科學』 第五期, 2014.
17) 國家衛生和計劃生育委員會流動人口司編, 『中國流動人口發展報告2017』, 中國人口出版社, 2017.

Ⅲ. 새로운 도시화와 국내 이주의 실제: 광둥성 산터우시(汕頭市) 청하이구(澄海區)의 사례

1. 차오산 지역의 이주

예로부터 광둥성 차오산 지역(汕頭, 潮州, 揭陽 및 그 주변 일대를 아우르는 지역)은 중국의 대표적인 이주 송출지로서 짙은 지방색을 지니고 있었다. 중국의 개혁개방 이후 차오산 지역 주민의 다수는 광저우(廣州), 선쩐(深圳) 등 광둥성 내 대도시로 이주하여 상업 활동에 종사하며 도시 발전에 큰 역할을 했다. 한편 차오산의 일부 지역은 반대로 이주 유입지가 되기도 했는데, 예를 들어 경공업이 일정 정도 발전한 도농 결합부는 타지, 특히 광둥성 외 출신 노동자의 유입지가 되었다.

차오산 지역은 중국 내에서도 유명한 화교 송출지('僑鄕')로서 출신 화교의 수가 천만 명을 넘는 것으로 알려져 있다. 차오산 지역은 송대에 이미 해상(海商)이 활약하는 등 유구한 대외무역의 역사를 지니고 있다.[18] 명청 시기 해금(海禁) 정책의 영향으로 민간 주도의 대외무역이 금지되었으나 백성들은 몰래 해상 무역에 종사하고 심지어 조정에 대항하기도 했으며 일부는 조정의 탄압을 피해 동남아시아로 이주하여 현지에 정착했다. 산터우의 개항 이전 동남아시아로 향하는 백성들은 주로 청하이의 장린항(樟林港)에서 홍터우선(紅頭船)을 타고 남쪽으로 떠났다. 명청 시기에는 일부 지역 상인('潮商')들이 지금의 광저우, 장강 삼각주 일대, 베이징(北京), 텐진(天津) 등의 도시로 이주한 후 상업에 종사하며 동향회관인 차오저우회관(潮州會館)을 건립하였다.[19] 아편전쟁 후 해외 이민의 합법화에 따라 화

18) 黃挺, 「廣東潮汕地區的海上貿易傳統､海外移民和僑鄕文化的形成」, 『國際移民與社會發展』, 中山大學出版社, 2012.
19) 周昭京, 『潮州會館史話』, 上海古籍出版社, 1995.

교의 자유로운 귀국과 창업 투자가 가능해졌다. 이러한 과정에서 화교와 고국, 고향의 관계는 긴밀해졌고 차오산 지역에는 귀국 화교 집거지가 형성되었다. 화교 자본을 바탕으로 20세기 초 산터우는 근대도시로 성장할 수 있었고, 차오산 지역 내의 다른 여러 지역 또한 상당한 발전을 이룰 수 있었다.[20)]

그러나 현재 차오산 지역과 화교의 관계는 점차 약화하고 있다. 특히 1997년 아시아 금융위기의 영향으로 화교로부터의 기부가 급감하였고, 화교의 투자 또한 위축되었다.[21)] 국내외 정치경제의 영향으로 차오산 지역의 이주는 '바깥으로의 이주(外移)'에서 '안으로의 이주(內遷)'로 전환되었다. 그 가운데 눈에 띄는 것이 광저우, 선쩐 등 주강 삼각주 지역의 도시를 비롯한 국내 대도시와 성도로의 이주이다.[22)] 광저우 도매시장 내 차오산 출신 상인 집단을 조사한 양샤오류(楊小榴)와 씨에리씽(謝立興)은, 차오산 출신 이주민의 현지 사회 적응에서 혈연과 지연을 바탕으로 한 이주 연합이 중요한 역할을 하고 있음을 발견했다.[23)]

2000년부터 2012년까지 산터우시의 전출 인구와 전입 인구는 매년 3천명 이내로 유지되었으나, 2013년 이후에는 전출입 인구의 격차가 커져, 2017년에는 전출 인구가 34,333명으로 전입 인구(14,727명)의 배 이상에 달했다. 전출입 인구의 구성을 보면, 성내(省內) 전출 인구가 29,641명으로 전체 전출 인구의 약 86.3%를 차지했고, 성내 전입 인구는 9,553명으로 전체 전입 인구의 약 64.9%를 차지했다.[24)] 요컨대 산터우시의 인구 전

---

20) 於亞娟, 『近代潮汕僑鄉城鎮體系與市場圈(1849-1949)』, 經濟管理出版社, 2017.
21) 1997년의 아시아 금융위기의 시작은 태국이었으며, 해당 금융위기는 태국을 비롯한 동남아시아 화교 경제에 심각한 타격을 주었다. 黃曉堅, 「廣東澄海僑情變化與思考」, 『華僑華人歷史研究』 2001年 第四期, 2001.
22) 黃曉堅, 「廣東潮汕地區海外移民形態的新變化」, 『華僑華人歷史研究』 第一期, 2013.
23) 楊小柳·謝立興, 「經營型移民的聚集與創業——以廣州批發零售市場的潮汕商人爲例」, 『廣西民族大學學報(哲學社會科學版)』 第一期, 2010.
24) 汕頭市統計局, 『2018年汕頭市統計年鑒』, 2018.

출입은 광둥성 내를 중심으로 이루어지고 있었다.

산터우시 소재 청하이구의 인구 전출은 기본적으로 산터우시 전역을 비롯한 중국 여타 도시의 상황과 유사하다. 1980년대에 접어들며 청하이의 농민들은 농한기를 이용해 현지 공장에서 겸업을 하거나 인근 도시에서 단기 노동을 했다. 도시에 나가 일하지 않더라도 현지 상인들은 종종 도시로 나가 상품을 사오기도 하고 일부 농민들은 농산물을 가져가 도시에서 판매하기도 했다. 이러한 직간접적인 도시 경험을 통해 청하이의 주민들은 도시 사회에 대한 초보적 인식을 마련했다. 1990년대 청하이에서는 완구 제조업을 대표로 하는 경공업이 빠른 속도로 발전했지만, 여전히 적지 않은 인구가 타도시로 이주하고 있었다.

2. 산터우시 청하이구와 완구 제조업

역사적으로 중국 무역과 이주의 주요 관문이었던 산터우시는 개혁개방의 흐름 속에서 1980년 경제특구로 지정되었다. 청하이 지역은 원래 현급시(縣級市)였으나 2003년 산터우시의 직할구가 되었다. 청하이구의 면적은 345.23제곱 킬로미터이며 2017년 기준 청하이구가 관할하는 세 개의 가도(街道: 중국의 행정구역 단위의 하나로 우리나라의 읍, 면, 동 정도에 해당함) 및 여덟 개 진의 상주인구는 829,851명, 호적인구는 785,332명이었다.

청하이구는 도농 결합부에 해당하지만 1차 산업의 비율(약 6.9%)이 낮고 2차 산업의 비율(약 55.9%)과 3차 산업(약 37.2%)의 비율이 높으며 특히 제조업을 비롯한 공업의 비율이 압도적이다.[25] 청하이구는 완구 제조업이 특히 발달한 지역으로 개혁개방 이래 '중국완구선물도시(中國玩具禮品

25) 汕頭市統計局, 위의 책, 2018.

之都)', '전국산업클러스터지역브랜드건설완구산업시범지역(全國産業集群地域品牌建設玩具産業試点地區)' 등으로 널리 알려졌다.[26)]

청하이구의 완구 제조업은 개혁개방 초기부터 시작되었다. 초기의 완구 제조는 주로 화교가 주문서를 발주하면 청하이의 제조업자가 위탁가공하는 방식으로 진행되었는데, 이를 계기로 화교와 관계가 있는 농민들은 농사를 그만두고 완구 제조업에 종사하기 시작했다. 1984년 청하이의 완구 공방은 220여 개에 달했고 1985년에는 406개 공방에서 만 명이 넘는 사람들이 완구 제조업에 종사했다. 1992년 사회주의 시장경제 방침이 확립되면서 적지 않은 공방들이 회사로 등록했다. 이후 청하이구 정부의 정책과 지원 아래 1995년 완구 제조업은 청하이구의 첫 번째 지주(支柱) 산업이 되었고,[27)] 완구를 비롯한 제조업의 흥기에 따라 청하이구로 유입되는 타지 출신 노동자도 계속 증가했다.

2008년 글로벌 금융위기 이후 청하이구의 완구 제조업은 자체 브랜드화를 통한 산업 구조의 전환을 도모하여 둥완(東莞), 선쩐 등지의 완구 제조업을 추월했고, 애니메이션 문화를 활용한 공정을 통해 산업의 격상과 혁신을 추동했다. 2003~2016년 청하이구의 완구 제조업은 연평균 14% 정도의 성장률을 보였으며, 생산된 상품의 약 70%가 세계 140여 개 국가와 지역으로 수출되었다.[28)] 완구 제조업의 혁신과 전환은 동시에 기존의 가정형 공방과 소형 완구공장에 충격을 주었다. 청하이구 노동자들에 따르면 최근 수년 동안 소규모 완구 제조업계의 상황이 어려워지면서 타지 출신 노동자의 귀향과 고향에서의 창업을 독려하는 움직임이 일어났고 상당 규모의 노동력이 유출되었다.

---

26) 玩具世界, 「從家庭作坊到「中國玩具禮品之都」——澄海玩具發展簡史」, 『玩具世界』 第五期, 2016.
27) 「澄海玩具 : 從「製造」到「質造」和「智造」」, 『南方日報』 2017.5.9.
28) 林楓·李實耀, 「澄海 : 全球玩具産業活力之源」, 『中外玩具製造』 第十二期, 2017.

3. 청하이구 도농 결합부의 전입 인구

필자는 2015년부터 2018년까지 청하이구 내 이주민에 대한 조사를 진행했다. 다음은 해당 조사 결과에 기반하여 청하이구의 전입 인구를 분석한 것으로, 이주민을 완구공장 노동자, 건설업 노동자, 중소형 슈퍼마켓 경영자 등 주요 종사업종에 따라 나눈 후 각각의 이주 과정과 현지에서의 생활 상태를 간략하게 정리했다.

1) 완구공장 노동자

1990년대에 들어서면서 청하이구에서는 목재업, 제지업, 플라스틱 제조업, 완구 제조업 등이 성장하기 시작했다. 노동집약적 공업의 성장은 많은 노동력을 필요로 했고, 청하이구 관할의 A진에서는 공장지대를 설정한 후 산터우시 정부에 노동력 수급을 요청하기도 했다. 1993년부터 완구 제조업에 종사하는 타지 출신 노동자가 증가했는데, 장시성(江西省), 푸젠성, 후난성(湖南省), 광시성(廣西省) 등 인접한 성은 물론, 허난성(河南省)과 허베이성(河北省) 등 비교적 먼 지역에서도 많은 노동자가 유입되었다. A진 B촌 마을위원회('村民委員會')의 계산에 따르면, 현지 마을 주민 약 1만 8천 8백 명 중 3천~4천 명이 타지 출신자라고 한다.

2018년 7월 기준, 청하이구 완구공장의 일반적인 노동환경과 처우는 다음과 같다. 노동시간은 하루 평균 12시간 정도로 주말에는 하루 혹은 반나절을 쉰다. 조립 작업은 대개 세 개 작업반(예를 들어 7시 30분~11시 30분, 13시 30분~17시 30분, 18시 30분~22시 30분 작업)으로 나누어 진행하고, 기계 조작은 두 명이 여섯 시간마다 교대하며 진행한다. 임금은 4시간 단위의 작업반을 기준으로 계산한다. 임금 수준은 담당 업무에 따라 다른데, 모 공장 생산 설비 직원의 임금은 작업반당 45~55위안(元)이었고, 기계 조작 부서의 직원은 작업반당 60~70위안이었으며, 공장의 모든 직원에게는 임금 외에 연말 상여금과 주택수당, 개근상 등이 주어졌다. 조립 작업의 경우, 숙련된 기술을 필요로 하지 않고 작업 내용이 간단하여 취업 문턱이 낮은 편이다.

2) 건설 노동자

청하이구 제조업의 발전은 공장 건설과 함께 공업 노동자 주택의 수요를 수반하며 건설업의 활황을 불러왔고 수많은 건설 노동자를 타지로부터 흡인했다.

청하이구에서 건설업에 종사하고 있는 모 작업반장의 진술에 따르면, 1980년대 청하이 지역 건설업 종사자는 기본적으로 현지인들이었다. 1980년대 말 모 공장에 장시성 출신 여성 노동자들이 취업한 후, 1990년대 청하이 건설업계의 노동력 수요가 증가하면서 이들 여성 노동자들이 동향의 남성 노동자를 건설 현장에 소개하면서 건설업계에서도 타지 출신 노동자들이 증가하기 시작했다. 이 시기 안후이성 출신 노동자들도 청하이로 되었는데, 안후이성에서 발생한 수해를 계기로 청하이 건설업에 유입된 사람들이 동향의 사람들을 불러들이면서 1997년에는 청하이 건설 노동자 중 안후이성 출신자가 가장 높은 비율을 차지하게 되었다. 1990년대 중후반에는 장시성 출신자가 대거 유입되면서 안후이성 출신자를 추월하기도 했으나 2014년부터 그 수가 점차 줄어들기 시작했다. 안후이성, 장시성 출신자 외에 허난성 출신자들도 2005년부터 대거 유입되어 2012년에는 장시성 출신자의 수를 넘어섰다. 2018년 7월 기준 청하이성 건설업 노동자의 출신지 구성을 보면, 허난성 출신자가 가장 많고 장시성 출신자와 안후이성 출신자가 그 뒤를 잇고 있으나, 이들 타지 출신 노동자의 수는 점차 감소하고 있다.

청하이구 건설업 노동자의 임금은 하루 평균 200위안 정도로 완구 제조업 노동자의 그것과 비교하여 높은 편이지만, 노동환경이 열악하고 노동 강도가 높아 젊은 층은 취업을 꺼리는 경향이 강하다. 지역 건설업계는 노동자의 고령화 문제와 수급난을 타개하기 위하여 임금을 올리고 있으나 노동력 부족 문제는 쉽게 해결될 것으로 보이지 않는다.

3) 중소형 슈퍼마켓 경영자

청하이구 공업지대에는 완구 제조업 노동자들을 대상으로 한 중소형 슈퍼마켓이 대거 들어서 있다. 필자의 조사 결과, 공업지대 슈퍼마켓 경영자는 주로 푸젠성과 장시성 출신자들로 대부분 2000년대에 경영을 시작했다. 이들 슈퍼마켓의 주 고객은 인근 완구공장의 노동자이므로 완구공장의 근무시간에 맞춰 영업시간을 조정하고 있으며, 가게의 수익은 완구공장의 경영 상태에 큰 영향을 받는다.

슈퍼마켓의 운영방식을 보면, 비교적 큰 가게의 경우에는 직원을 고용하기도 하지만 중소형의 가게는 대부분 가족이 경영한다. 필자가 인터뷰했던 슈퍼마켓 경영자들은 기존에 슈퍼마켓을 경영했던 경험이 없었던 사람들이 많았으며, 대부분 친척 또는 동향인의 소개로 가게를 열었다. 이들은 가게 주인이지만 자신들의 노동 강도가 일반 노동자와 비교하여 낮지 않고 제약도 많은 편이라 인식하고 있었다. 기술한 바와 같이 가게의 영업시간을 완구공장 노동자의 근무시간에 맞춰야 하므로 휴식 시간을 자유롭게 조정할 수 없고, 휴일 역시 구정('春節') 외에는 쉬지 않는 경우가 대부분이었다.

단 타지 출신자가 경영하는 슈퍼마켓은 공업지대의 소매업에 한정된 것이며, 청하이구의 물품 도매상과 비공업지대의 슈퍼마켓은 대부분 차오산 현지인들이 경영하고 있다. 공업지대의 중소형 슈퍼마켓은 높은 업무 강도에도 불구하고 이윤이 적어 차오산 현지인들이 경영하는 경우가 드물고, 그 틈을 타지 출신 이주민들이 메우고 있는 형국이다.

Ⅳ. 나오며

2000년대 제창된 중국의 새로운 도시화는 농민의 시민화와 도시화의 질적 제고를 목표로 한다. 현재 중국 각지에서 보이는 유동 인구의 감소는 일면 이주인구의 안정화로 연결 지어 해석할 수 있으나, 산터우시 청하이구의 사례를 통해 본 실상은 조금 다르다.

청하이구에 타지 출신 노동자들이 유입되기 시작한 것은 완구 제조업을 비롯한 노동집약형 공업이 성장한 1990년대부터였다. 청하이구의 일자리는 대도시와 비교하여 노동환경이나 처우 면에서 열악했지만, 주강 삼각주와 장강 삼각주의 대도시에서 일한 경험이 있는 타지 노동자들은 끊임없이 청하이구로 유입되었다. 청하이구로의 이주는 낮은 취업 문턱과 저렴한 생활비라는 지역 경제의 유인력과 함께, 일찍부터 현지에 자리 잡은 친척이나 동향인의 소개와 요청 등 사회적 네트워크가 작용한 것이라 할 수 있다.

타지 출신자의 청하이 이주는 삼십 년 가까이 되었지만, 현지 사회와 이주민 간의 거리는 여전히 존재한다. 청하이구 현지인들은 광둥성 밖에서 온 사람을 습관적으로 '성 밖 녀석들(外省仔)'이라고 부르고, 일부 이주민들은 현지의 장년층 주민이 다정하지 않다고 여긴다. 사실 이러한 거리감은 대부분 언어와 문화의 차이에서 발로하는 것이다. 필자가 조사과정에서 만난 대다수의 이주민들은 자신의 고향으로 돌아가 여생을 보내고 싶어 했고, 극소수만이 현지에 정착할 계획이 있었다. 현지인과 이주민 간의 접촉 기회가 거의 없는 상황에서 이주민들은 현지 사회에 귀속감을 느끼기 어렵고 이는 이주민의 높은 인구 유동성으로 이어진다.

청하이구 도농 결합부는 1990년대 이래 노동집약형 공업을 중심으로 급속한 산업화와 대규모 인구 유입을 거치며 성장의 발판을 마련했고, 지역의 주요 산업인 완구 제조업은 이를 기초로 고도의 구조 전환을 거쳐 국제 시장에서 확고한 입지를 굳히게 되었다. 그러나 완구 제조업의 성장과 고도화에도 불구하고, 주민과 지역 인프라의 도시화는 상대적으로 낙후된 수준에 머무르고 있다. 사람에 방점을 두는 새로운 도시화의 성공을 위해서는, 지역 경제와 사회를 떠받치는 주민의 이주 원인과 관련 문제들을 깊게 이해하고 산업을 견고하게 발전시키면서 더욱 다양한 취업 기회를 창출해야 할 것이다.

【참고문헌】

〈저서 및 역서〉

國家衛生和計劃生育委員會流動人口司編,『中國流動人口發展報告2017』, 中國人口出版社, 2017.

藤井勝·高井康弘·小林和美編,『東アジア「地方的世界」の社會學』, 晃洋書房, 2013.

汕頭市統計局,『2018年汕頭市統計年鑒』, 2018.

於亞娟,『近代潮汕僑鄉城鎮體系與市場圈(1849-1949)』, 經濟管理出版社, 2017.

任遠·譚靜·陳春林·余欣甜,『人口遷移流動與城鎮化發展』, 上海人民出版社, 2013.

周昭京,『潮州會館史話』, 上海古籍出版社, 1995.

黃挺,「廣東潮汕地區的海上貿易傳統、海外移民和僑鄉文化的形成」,『國際移民與社會發展』, 中山大學出版社, 2012.

〈연구논문〉

段成榮·謝東虹·呂利丹,「中國人口的遷移轉變」,『人口研究』第二期, 2019.

單卓然·黃亞平,「「新型城鎮化」概念內涵、目標內容、規劃策略及認知誤區解析」,『城市規劃學刊』第二期. 2013.

勞昕·沈體雁,「中國地級以上城市人口流動空間模式變化——基於2000和2010年人口普查數據的分析」,『中國人口科學』第一期, 2015.

劉春芳·張誌英,「從城鄉一體化到城鄉融合：新型城鄉關系的思考」,『地理科學』第十期, 2018.

李强·陳宇琳·劉精明,「中國城鎮化「推進模式」研究」,『中國社會科學』第七期, 2012.

李培林,「小城鎮依然是大問題」,『甘肅社會科學』第三期, 2013.

林聚任·王忠武,「論新型城鄉關系的目標與新型城鎮化的道路選擇」.『山東社會科學』第九期, 2012.

林楓·李實耀,「澄海：全球玩具産業活力之源」,『中外玩具製造』第十二期, 2017.

馬小紅·段成榮·郭靜,「四類流動人口的比較研究」,『中國人口科學』第五期, 2014.

楊小柳·謝立興,「經營型移民的聚集與創業——以廣州批發零售市場的潮汕商人爲例」,『廣西民族大學學報(哲學社會科學版)』第一期, 2010.

玩具世界,「從家庭作坊到「中國玩具禮品之都」——澄海玩具發展簡史」,『玩具世界』第五期, 2016.

張京祥·陳浩,「中國的「壓縮」城市化環境與規劃應對」,『城市規劃學刊』第六期, 2010.

張鴻雁,「中國新型城鎭化理論與實踐創新」,『社會學硏究』第三期, 2013.

馮奔偉·王鏡均勇,「新型城鄕關系導向下蘇南鄕村空間轉型與規劃對策」,『城市發展硏究』第十期, 2015.

黃曉堅,「廣東澄海僑情變化與思考」,『華僑華人歷史硏究』2001年 第四期, 2001.

______,「廣東潮汕地區海外移民形態的新變化」,『華僑華人歷史硏究』第一期, 2013.

15. 20세기 일본의 도시 이주와 대중식당업

오쿠이 아사코(奧井亜紗子)

Ⅰ. 들어가며

1. 이촌향도와 이에(家) 논리

20세기 일본을 드러내는 특징 중의 하나는 연간 약 1%에 이르는 급격한 인구증가일 것이다.[1] 1872년에 약 3,481만 명이었던 일본의 인구는 겨우 70년이 지난 1935년에 약 7,000만 명으로 두 배가 되었고, 그로부터 35년 후인 1970년에는 1억 명을 넘었다. 아라라기(蘭)는 이 기간의 인구이동을 ① 농촌에서 도시로의 이동, ② 내국 식민지 홋카이도(北海道)로의 개척 이민, ③ 식민지나 세력권, 일명 '가이치(外地)'로의 이동, ④ 북미나 남미 등지로의 국경을 넘는 이동이라는 네 가지 유형으로 정리했다.[2] 최근의 이동 연구는 일반적으로 국경을 넘는 것을 상정하지만, 농촌에서 도시로의 이동, 즉 이촌향도(離村向都)는 다양한 인구이동 중에서도 최대 규모였고, 근대 일본의 중요한 사회변동 중의 하나였다.

19세기 말에 전체의 10%를 넘넌 도시인구는 산업화가 본격화된 1920년

---

1) 黑田俊夫,『日本人口の轉換構造』, 古今書院, 1976.
2) 蘭信三,『日本帝國をめぐる人口移動の國際社會學』, 不二出版, 2008.

에도 20% 정도에 머물렀지만, 1935년에 30%, 1940년에는 40%를 넘는 등, 점진적으로 도시에 인구가 몰리기 시작했다. 패전 전후에는 소개(疏開)나 실업으로 인한 귀촌이나 '가이치'에서의 인양(引揚)으로 농촌으로의 일시적인 환류가 발생했지만, 1950년대에는 도시인구 비율이 37%까지 회복되었다. 고도성장기에는 농촌에서 도시로 산사태와 같은 양상의 대규모 이동이 발생해, 1970년대에는 도시인구가 50%를 넘어섰고, 일본경제가 원숙기에 접어든 1985년에는 60%에 이르렀다.[3)]

일본에서 이촌향도를 논할 때 중요한 관점 중 하나는 이동 주체의 친족관계(續柄)이다. 구 민법(舊民法) 아래 일본의 이에(家)는 장남의 단독상속을 원칙으로 했다. 따라서 상속자인 장남은 고향에 남아 이에를 계승하고, 상속 라인 밖의 차남 이하는 과잉인구로 간주되어 도시로 배출되었다. 나미키(並木)는 국세조사 자료를 통해 쇼와(昭和) 공황기를 포함한 전쟁기(1920-40)에도 농촌인구의 자연증가에 상응하는 인구가 도시로 유출되었다고 지적한다.[4)] 이 기간 인구이동의 요인을 어떻게 규정할지에 대해서는 다양한 논의가 있지만, 소위 도시의 노동력 수요(pull factor)만으로는 설명할 수 없는 일본의 이에 논리가 작용했다는 것을 알 수 있다.[5)]

여기서 한국의 집과 달리 일본의 이에는 지연(地緣)적 성격이 강하다는 것을 언급해두고자 한다. 일본의 이에는 촌락의 주요 구성단위로, 지역공동체인 촌락이 인정해야 비로소 이에로 존속할 수 있다. 이에는 집과 달리 기본적으로 하나의 촌락 내에서 완결되는 존재이기 때문에, 이에의 영속을 책임지는 장남은 반드시 촌락에 남아야 하며 도시로 나가 돌아오지 않는 것은 이에를 버린 것, 즉 '이에 죽이기(家殺し)'라고도 했다.[6)] 대를 이을 장

3) 松本通晴 · 丸木惠裕, 『都市移住の社會學』, 世界思想社, 1994, 53-54쪽.
4) 並木正吉, 「農家人口の戰後一〇年」, 『農業總合研究』 9卷4號, 農林省農業總合研究所, 1955.
5) 石田英夫 · 井關利明 · 佐野陽子編, 『勞動移動の研究: 就業選擇の行動科學』, 總合勞動研究所, 1978.
6) 柳田國男, 『時代と農政』, 聚精堂, 1910. (『柳田國男全集』 29卷, ちくま文庫, 1991)

남이 고향에 남아 이에를 지키고, 그 외의 자식들은 도시로 나가 근대가족을 형성한다는 것은 근대 이후 일본의 도시 이주와 가족 변동의 논리를 설명하는 일반적인 전제였다.

이주민의 속성은 이에의 계승 라인 밖에 있는 차남 이하가 다수를 차지하지만, 이촌하는 장남도 일정 정도 존재해왔다. 이촌하는 장남은 차남 이하에 비해 고학력의 화이트칼라가 많다거나,[7] 출신 계층이 상층이나 하층으로 양극화되어 있다는 등,[8] 이동 주체의 속성은 오랫동안 계층과 연결지어 실증적으로 분석되었다. SSM조사(사회계층과 사회이동에 대한 전국조사)에서는 서일본(西日本)은 동일본(東日本)에 비해 이촌하는 장남의 출신 계층이 높고 진학을 통해 도시 상층의 화이트칼라로 유입되는 경향이 강하다는 것을 논증했다.[9]

2. 이주 유형과 도시 자영업으로의 유입

이 글에서는 근대 이후 이촌향도를 크게 진학을 통해 화이트칼라가 되는 입신출세형(立身出世型)과 산업화·공업화에 따라 도시 노동자가 되는 노동력형으로 나누어보고자 한다. 근대 이후, 입신출세형 이주는 극히 일부의 경제적으로 윤택한 농가의 이촌 패턴이었다. 그들은 '각계의 지도자급 인사'로 활약했고, '향토 출신의 명사로 칭송되었으며, 평생 고향에 대한 좋은 인상을 유지했다.' '고향 측에서도 일이 있을 때마다 기부를 요청하고, 본인들은 그것에 흔쾌히 응답해 명사로서의 이름을 한층 높였다.'[10] 여기서 출신지와 의심할 여지 없는 좋은 관계를 구축해 금의환향한 존재로

---

7) 野尻重雄, 『農民離村の實證的研究』, 1942. (再錄: 近藤康男編, 『昭和前期農政經濟名著集』, 農山漁村文化協會, 1978)
8) ドーア · R · P著 · 青井和夫 · 塚本哲人譯, 『都市の日本人』, 岩波書店, 1962; 安田三郎, 『社會移動の研究』, 東京大學出版會, 1971.
9) 佐藤(粒來)香, 『社會移動の歷史社會學: 生業·職業·學校』, 東洋館出版社, 2004, 2쪽.
10) 岩本由輝, 「故鄉·離鄉·異鄉」, 『巖波講座: 日本通史』 第18卷, 1994, 108쪽.

인정된 입신출세형 이주자의 전형을 볼 수 있다.

이 입신출세형 이주자는 도시에서 20세기 초에 새롭게 출현한 신중간층의 구성 주체이기도 했다. 신중간층은 대개 전업주부와 소수의 자녀를 둔 화이트칼라 고용노동자로, 자녀들에게 양질의 교육을 제공하는 것으로 계층의 유지 및 상승을 지향하는 특징을 가진다. 고도 경제성장기에 신중간층의 양적 확대로 도시사회의 주역이 된 그들은 출신지의 이에나 촌락에서 떨어져나와 도시 기업의 사회보장 제도에 포섭되어, 지역사회에서 독립된 근대가족--샐러리맨, 전업주부, 자녀 둘을 전형으로 하는--을 형성하는 주체로 간주 되어왔다.

한편 규모에서는 다수를 차지한 노동력형 이주자는 앞서 언급한 농촌의 과잉인구와 관련지어 논해졌다. 그들은 농촌의 이에 논리에 따라 불필요한 인구로 배출되었고, 도시에서는 대기업 자본에 착취되는 임금 노동자로 간주되었다.[11] 이 노동력형 이주자의 근대가족화에 대해서는 기업과의 공범,[12] 혹은 정책적 계몽의 문맥[13]에서 논해졌다. 요컨대 도·농간 이주를 입신출세형과 노동력형으로 나누어보면, 다음 두 가지를 도출할 수 있다. 첫째, 입신출세형 이주자가 금의환향하는 존재로 인식되었다. 둘째, 기업의 사회보장제도에 포섭되든 기업에 착취당하든, 그 뉘앙스의 차이는 있지만, 도시 이주자는 모두 기업의 고용자이면서 근대가족의 형성 주체로 간주되었다.

그러나 실제로는 노동력형 도시 이주자 중 일정 수는 기업의 사회보장제도 밖에 있는 중소·영세 기업이나 자영업으로 유입되었다.[14] 일본에서

---

11) 隅谷三喜男, 「農民層分解と勞動市場」, 1964. (再錄 : 中安定子編 『昭和後期農業問題論集五農村人口論 · 勞動力論』, 農山漁村文化協會, 1983)
12) 木本喜美子, 『家族·ジェンダー·企業社會』, ミネルヴァ書房, 1995.
13) 鈴木智道, 「戰間期日本における家庭秩序の問題化と『家庭』の論理—下層社會に對する社會事業の認識と實踐に着目して」, 『教育社會學研究』 第60集, 1997, 5-22쪽.
14) 加瀨和俊, 『集團就職の時代: 高度成長のにない手たち』, 青木書店, 1997.

도시 자영업자의 비율은 고도성장기에 취업인구의 약 15% 정도를 유지했는데, 1982년에 인구 규모로 정점을 찍어 1,052만 명을 기록했다. 그들 대부분은 끊임없이 유입되는 농어촌 지방 출신자들이었다. 하지만 자영업 연구에서는 도시 자영업자를 오랜 기간 그 지역에서 살아온 토박이로 간주해,[15] 그들의 농어촌적 출신 배경은 거의 주목받지 못했다.

이주민들의 도시 자영업 유입 양상을 구체적으로 추적한 것은 동향단체 연구이다. 이시카와현 노토반도(石川縣能登半島) 출신자들의 오사카 목욕업,[16] 도야마현 도가무라(富山縣利賀村) 출신자들의 교토(京都) 니시진오리(西陣織) 연사업(撚糸業),[17] 가가와현 쇼도시마(香川縣小豆島) 출신자들의 오사카 우유 판매업[18] 등, 연쇄 이주와 취직 알선을 통한 동일 업종의 자영업을 경영하는 동향 집단의 사례는 많고, 그것이 일본의 도시사회 형성사의 일부를 구성하고 있다. 동향단체 연구는 취업기회에서 불리한 노동력형 도시 이주자가 동향 네트워크에 의지해 직장이나 주거지를 확보하고 도시 생활에 적응해가는 과정을 보여주었다.[19] 동향단체는 회원들의 고령화로 활동이 정체되었지만, 은행에서 자금을 빌리기 어려운 자영업자들에게 동향 네트워크가 최근까지 가졌던 실질적인 상호부조는 도시 생활의 기반을 구축하는 생명선이었다.

본 논문에서는 이러한 도시 자영업에 유입된 노동력형 이주자의 사례

15) 鄭賢淑, 『日本の自營業層: 階層的獨自性の形成と變容』, 東京大學出版會, 2002, 4쪽.

16) 宮崎良美, 「石川縣南加賀地方出身者の業種特價と同鄕團體の變容: 大阪府の公衆浴場業者を事例として」, 『人文地理』 50(4), 1998, 80-96쪽; 湯淺俊郎, 「都市同鄕團體の生成と變容: 石川縣小松市, 加賀市出身者を事例として」, 『同志社社會學研究』 第3號, 1999.

17) 松本通晴, 「離村者の口述資料: 富山縣東礪波郡利賀村出身者の事例」, 『評論·社會科學』 31, 同志社大學人文學會, 1986, 117-137쪽.

18) 岡崎秀典, 「瀨戸內海島嶼部における人口流出と都市の同鄕團體」, 『內海文化研究紀要』 15, 廣島大學內海文化研究所, 1987.

19) 鰺坂學, 『都市移住者の社會學的研究:都市同鄕團體の研究(增補改題)』, 法律文化社, 2009; 松本通晴·丸木惠裕, 『都市移住の社會學』, 世界思想社, 1994.

로, 메이지(明治) 이후 효고현(兵庫縣) 북부 다지마(但馬) 지방에서 게이한신(京阪神) 도시권의 식당업에 유입된 사람들을 소개하고자 한다. 이를 통해 살펴볼 연구 과제는 다음 두 가지로 정리할 수 있을 것이다.

첫째, 동향단체에 대한 선행연구는 자영업자의 도시 이주와 취업기회의 획득에서 동향 네트워크의 역할에 주목했다. 여기서는 게이한신 지역 대중 식당업에 유입된 노동력형 이주자가 동향 네트워크를 활용하여 어떻게 도시에서의 생활기반을 구축해갔는지를, 그 생활사의 배경에 있는 구조와 규범에 착목하여 살펴보고자 한다.

둘째, 근대 이후 도시로 나간 후에도 귀향할 것으로 여겨진 사람은 이에를 계승할 장남이었고, 금의환향하는 자는 과잉인구인 노동력형 이주자보다는 입신출세형 이주자라고 인식되었다. 여기서는 이동 주체의 계층과 혈연관계에 초점을 맞춰, 그들이 출신지 다지마에 대해 어떤 생각과 태도를 품고 도시에 뿌리를 내렸는지를 고찰할 것이다.

Ⅱ. 노동력형 도시 이주와 대중식당업

1. 게이한신 지역의 모치계통 식당

사례로 소개하는 게이한신 지역의 대중식당--우동, 덮밥, 정식을 주메뉴로 하고 입구에서 떡이나 팥밥을 판매하면서 상호에 '모치(餅)'가 들어가는 식당--을 여기서는 편의상 모치계통 식당이라고 총칭하고자 한다.

우선 사례의 중심인 치카라모치식당(力餅食堂, 이후 치카라모치로 표기)의 역사를 살펴보자〈그림 1〉.[20] 치카라모치는 1889년 효고현 북부 다

20) 고바야시 쇼지(小林莊司) 촬영. 입구 양쪽에 식사 메뉴와 팥떡 등의 디저트류가 전시되어 있다. 절구를 교차시킨 간판은 다이쇼기(大正期)에 창업주의 동생인 이케구치 키이치로(池口喜一郎)가 디자인한 등록상표이다.

지마 지방의 구 나사무라(奈佐村)·현 도요오카시(豊岡市) 농가의 장남인 이케구치 리키조(池口力造)가 '산간의 소농 경영에 머물러서는 희망적인 미래를 기대할 수 없다는 것을 깨닫고 농기구를 버리고' 도요오카초(豊岡町) 상점가에 만두가게를 연 것을 그 기원으로 한다.[21] 이 만두가게는 경영 부진으로 폐점했지만, 1895년에 재기를 꿈꾸며 교토 데라마치(寺町)에 승리만두점(勝利饅頭店)으로 다시 개업했다. 이 곳은 러일전쟁기를 거쳐 교토의 명물로 자리 잡게 된다. 개업 초기에는 디저트와 같은 단 것을 취급하는 가게였는데, 1920년대에 면류, 덮밥류를 추가해 일반적인 대중식당으로 확장했다. 이후 다지마 출신자의 연고 채용으로 입주한 종업원들이 분점을 내어 독립하면서 점포 수를 늘려갔다. 1941년에는 게이한신 지역을 중심으로 총 78개까지 확장했다. 전쟁 중의 통제 경제하에서 재료 수급난과 소개(疏開)로 폐업이 줄을 이어 패전 당시에는 23개까지 점포 수가 감소했지만, 전후의 부흥에 따라 다시 증가했다. 최전성기였던 1980년대에는 180개의 점포 수를 기록했다.

〈그림 1〉 1960년경 치카라모치 식당(오사카)

〈그림 2〉 치카라모치 계도(力餅系圖)는 치카라모치 연합회(力餅連合

21) 一〇〇周年記念事業委員會, 『一〇〇年のあゆみ』, 力餅連合會, 1988.

〈그림 2〉 치카라모치 계도(力餅系圖)

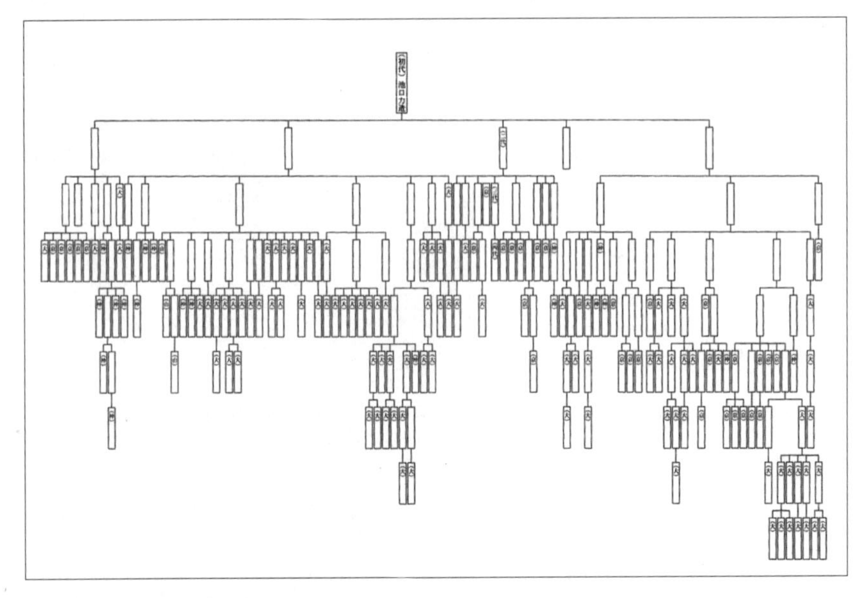

※출처: 力餅連合會,『100年のあゆみ』巻末系圖, 1988.
※(大)는 오사카지부(大阪支部), (京)은 교토지부(京都支部), (神)은 고베지부(神戸支部), (山)은 산요지부(山陽支部)에서 1988년 9월 당시 영업 중인 가게를 기록한 것임

會)의『100년의 궤적』(1988)에 게재된 것으로 창업자에서 분점까지의 양상이 드러나 있다. 다수의 점장(番頭)을 독립시킨 오야카타(親方)를 중심으로 같은 계통으로 보는데, 이들은 점포소재지와 오야카타의 이름을 따서 'ㅇㅇ계'나 'ㅇㅇ조'로 불렸다. 이는 '전화 한 통이면 일이 끝나자마자 달려갔다', '무슨 일이 있으면 바로 들렀다'고 말할 정도로 상호부조의 기본 단위였다. 교토, 오사카, 고베(神戸)에 경영주를 단위로 하는 각각의 조합이 있고, 세 개의 조합을 총괄하는 치카라모치 연합회가 있다.[22]

22) 각 지역조합의 설립은 1920년경으로 거슬러 올라가며, 치카라모치 연합회의 발족식은 1937년에 열렸다. 조합의 목적은 '조합원의 상호친목' 또는 '공존공영의 결실 추구'로, 각 조합에서 치카라모치 상표의 여탈권을 보유했다. 분점 후에는 개별 점포의 완전 독립경영 체제로, 재료 매입, 메뉴, 가격 모두 개별 경영주의 재량에 맡겨졌다. 치카라모치 연합회는 게이한신 치카라모치 조합의 상위 조직으로,

필자는 2015년부터 치카라모치 조합의 간부나 경영주에 대한 반구조적 인터뷰 조사를 시작했다. 2017년에 현존하는 점포의 경영주를 대상으로 '치카라모치 경영주의 생활사에 관한 설문조사'를 우편으로 실시했다.[23) 아울러 치카라모치 외의 모치계통 식당 경영주에 대해서도 반구조적 인터뷰를 실시했다.

2. 구 나사무라(奈佐村)와 금의환향한 사람들

치카라모치의 뿌리인 다지마 지방은 대부분 산지로 경작지가 적고 겨울에는 눈이 많이 내려, 예로부터 다지마 북서쪽(北但西部)에서 게이한신 지역으로 주조(酒造)나 가사 노동으로 이주 노동자를 배출해왔다〈그림 3〉. 농지 소유 면적은 평균 5단(反) 정도이며, 1887년의 소작지 비율은 59%로 전국 평균 39%와 비교하면 높은 편이었다. 전체 95%의 농가가 자기 소유만으로는 생계를 유지할 수 없어 오야카타·고카타(親方·子方) 시스템이 발달한 지역으로도 알려져 있다.[24)]

각 조합장이 2년 임기로 돌아가며 연합회 회장을 맡는다. 회비는 조합원 한 명당 1,000엔을 지부마다 징수한다. 연합회의 활동은 매년 한 번의 총회, 보험의 일괄가입, 10년에 한 번 등록상표 갱신 등이 있다. 奥井亜紗子,「大衆食堂經營主の『暖簾分け』と同業ネットワーク:「力餅食堂」を事例として」,『社會學雜誌』35·36號, 神戶大學社會學研究會, 2019, 128-149쪽.

23) 설문조사는 치카라모치 연합회가 작성한 회원명부(2015년 3월 현재)에 기재된 82명에서 명부작성 이후 폐업한 다섯 명을 제외한 77명을 대상으로 우편 발송 형식으로 실시했다. 조사표는 1대 경영주와 2대 경영주로 나누어 두 통을 동봉했고, 응답자가 그중의 하나를 선택하는 방식이었다. 응답자는 48명, 응답률은 62.3%이다. 본문에 나오는 수치는 부연설명이 없으면 이 조사의 결과에 따른 것이다.

24) 杉之原壽一,『但馬における親方·子方關係の實態』, 京都大學人文科學研究所調査報告第10號, 1953, 4쪽. 오야카타·고카타는 경제 기반이 약한 사람(고카타)이 촌락에서 명성·인망이 있는 사람이나 경제력이 있는 사람(오야카타)에게 부탁해 보살핌을 받는 관습으로, 도호쿠(東北), 야마나시(山梨), 긴키(近畿) 북부 등지에서 발견된다. 오야카타·고카타는 기본적으로는 개인 간 관계로 간주되며, 명절이나 길흉 시기의 돌봄이나 노동을 상호 부조한다. 細谷昂,『日本の農村—農村社會學に見る東西南北』, ちくま新書, 2021, 116쪽.

〈그림 3〉 효고현 다지마 지방

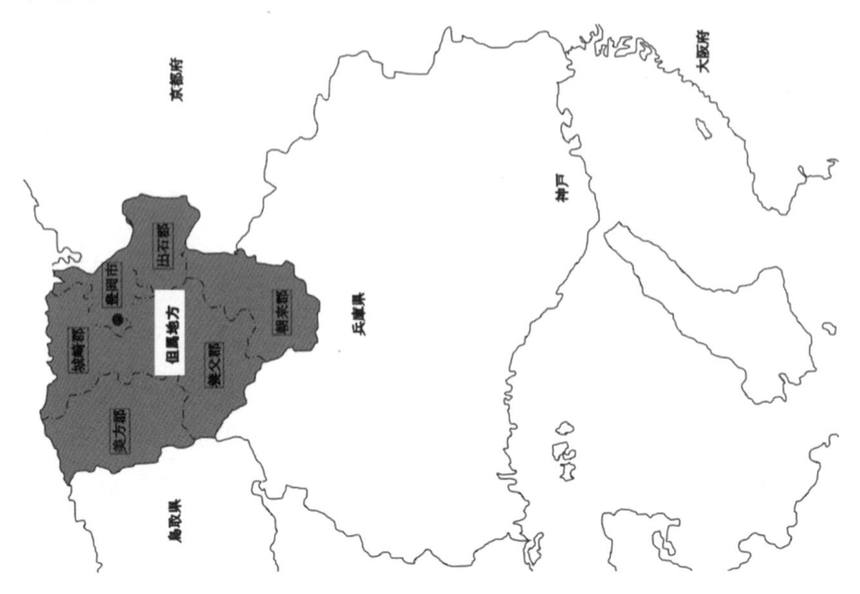

다지마 북동부(北但東部)에 위치하는 구 나사무라는 도요오카 시가지에서 약 6km 떨어진 나사다니 계곡(奈佐谷溪谷) 연선의 11개 촌락으로 구성된다. 치카라모치 창업자 이케구치 리키조의 출신지 메사카(目坂)는 촌락 서부의 오쿠삼부락(奧三部落)--후나다니(船谷), 츠지(辻), 메사카--중의 하나이다. 촌락 동부의 평야 지대에는 양잠이 발달했지만, 산이 깊은 오쿠삼부락은 제지, 제탄, 목우를 생업으로 하는 생계 조건이 열악한 지역이었다.

〈표 1〉은 1874년부터 80년간 나사무라 11개 촌락의 호수(戶數)와 인구 변화를 나타낸 것이다. 상점가 근처에 시가지화가 진행된 쇼(莊) 외에는 호수가 전체 평균에서 80% 정도까지 감소했고, 특히 오쿠삼부락의 감소 폭이 크다. 그중에서도 메사카는 호수 50.8%, 인구 63.2%까지 줄어, 근대 이후 급격한 인구 유출이 발생했다는 것을 알 수 있다.

〈표 1〉 나사무라의 호수(戶數) 및 인구(人口) 추이

		1874년		1954년		감소율	
		호수(호)	인구(명)	호수(호)	인구(명)	호수(%)	인구(%)
이와이(巖井)		58	261	51	286	87.9	109.6
미야이(宮井)		68	334	57	346	83.8	103.6
쇼(莊)		38	189	57	323	150.0	170.9
요시이(吉井)		26	129	21	101	80.8	78.3
노가키(野垣)		28	122	23	114	82.1	93.4
후쿠죠우지(福成寺)		50	229	41	257	82.0	112.2
오타니(大谷)		44	191	30	158	68.2	82.7
우치마치(内町)		49	199	39	224	79.6	112.6
후나다니(船谷)	오쿠삼부락(奧三部落)	15	67	10	63	66.7	94.0
츠지(辻)		48	225	32	192	66.7	85.3
메사카(目坂)		63	304	32	192	50.8	63.2
합계		487	2,250	393	2,256	80.7	100.3

※출처: 奈佐誌編集委員會, 『奈佐誌』, 1955, 77쪽 및 262쪽을 바탕으로 작성함.

이 메사카 촌락의 수호신인 시라이와 신사(白巖神社) 입구의 기둥문(鳥居)에는 '1932년, 시주 교토 이케구치 형제(施主京都池口兄弟)'라고 새겨져 있다. 교토에서 사업을 일으켜 성공한 치카라모치 창업자가 고향인 메사카에 장식한 이 '비단옷(錦衣)'은 성공을 꿈꾸는 노동력형 이주자를 배출하는 동인이 되었다. 메사카에서는 치카라모치의 입주 종업원뿐만 아니라 같은 모치계통 식당을 경영하기 위해 떠나는 사람들이 줄을 이었다. 교토에는 치카라모치 외에 다이리키모치(大力餅), 아이오이모치(相生餅), 센나리모치(千成餅), 벤케이모치(弁慶餅) 등, 가게 입구에 떡이나 팥밥을 두고 상호에 모치(餅)가 들어가는 비슷한 스타일의 모치계통 식당이 다수 있었다. 모두 치카라모치 창업자와 같은 촌락인 메사카 출신이거나 메사카와 인연이 있는 사람들이 창업했고, 치카라모치처럼 고향 사람을 입주 종업원으로 고용하고, 일정한 수련 기간이 지나면 분점을 내어주는 형식으로

점포를 늘려갔다. 근래에는 외식 산업의 다양화, 경영자의 고령화, 후계자 부족으로 치카라모치 식당도 점포 수가 급감했지만, 얼마 전까지만 해도 교토에는 모든 상점가에 다지마 출신자가 경영하는 모치계통 식당이 하나 정도는 있었다.

〈표 2〉 나사무라 출신자 방명록 게재자의 속성

<table>
<tr><th colspan="3">출신 촌락</th><th colspan="3">전출지</th><th colspan="2">형제 관계</th></tr>
<tr><td>1</td><td>메사카(目坂)</td><td>14(28)</td><td>1</td><td>오사카</td><td>16(32)</td><td>장남</td><td>16(32)</td></tr>
<tr><td>2</td><td>미야이(宮井)</td><td>8(16)</td><td>2</td><td>교토</td><td>10(20)</td><td rowspan="2">차남</td><td rowspan="2">27(54)</td></tr>
<tr><td>3</td><td>쇼(莊)</td><td>7(14)</td><td>3</td><td>고베</td><td>6(12)</td></tr>
<tr><td>4</td><td>후쿠죠우지(福成寺)</td><td>6(12)</td><td>4</td><td>도쿄</td><td>3(6)</td><td rowspan="2">기재 없음</td><td rowspan="2">7(14)</td></tr>
<tr><td>5</td><td>이와이(巖井)</td><td>5(10)</td><td>5</td><td>후쿠오카</td><td>2(4)</td></tr>
<tr><th colspan="6">직 업</th><th colspan="2">최종 학력</th></tr>
<tr><td>1</td><td colspan="5">요식업 14(28) :
치카라모치 5, 아이오이모치 3, 벤케이모치 2</td><td>구 소학교
(尋常小學校)</td><td>8(16)</td></tr>
<tr><td>2</td><td colspan="5">판매 10(20)</td><td>도요오카상업고교</td><td>3(6)</td></tr>
<tr><td>3</td><td colspan="5">제조 · 공장경영 7(14)</td><td>도요오카중학교</td><td>1(2)</td></tr>
<tr><td>4</td><td colspan="5">제과 · 모치 제조 4(8)</td><td>기타 전문</td><td>4(8)</td></tr>
<tr><td rowspan="2">5</td><td colspan="5" rowspan="2">두부 제조 2(4)</td><td>대학</td><td>4(8)</td></tr>
<tr><td>기재 없음</td><td>14(28)</td></tr>
</table>

※출처:『奈佐誌』, 1955. 권말 자료를 바탕으로 작성함.
※출신 촌락, 전출지, 직업은 상위 5위까지만을 정리한 것임.

〈표 2〉는『나사지(奈佐誌)』(1955)에 수록된 나사무라 출신자 방명록에 게재된 도시 이주자 52명 중, 결혼을 통해 이주한 여성 한 명과 사원의 도제 한 명을 제외한 50명의 속성을 정리한 것이다. 명확한 게재 기준은 적혀있지 않지만, 서두에 '모두 애향심이 깊고 언제나 향토 번영을 위해 많은 기여를 한'이라는 부분을 보면, 나사무라(1889-1955년)에서 도시로 나가 성공한 후 어떤 식으로든 고향에 기여한 사람이 게재되어 있다고 추측할 수 있다.

우선 출신지를 보면 메사카가 14명(28%)으로 제일 많고 전출지는 게이한신이 60%를 넘는다. 가족관계를 보면 장남이 16명(32%)으로 30%를 넘는다. 당시의 평균 형제 수를 고려하면 장남의 존재감은 적지 않다. 최종 학력은 기재되지 않은 사람이 14명(28%)으로 많지만, 적힌 부분만으로는 고등소학교 이하가 24명(48%)으로 절반에 가깝다. 직업은 음식업 14명(28%), 판매업 10명(20%), 제조·공장 경영이 7명(14%)이다. 위에서 살펴본 것처럼, 향토 명사라고 하면 정치가나 학자, 대기업 임원 등 소위 입신출세형 이주자가 떠오르지만, 나사무라 출신자 방명록에 적힌 금의환향한 사람들은 주로 노동력형 이주자였다는 것을 알 수 있다.

한편, 음식업 14명 중 10명이 치카라모치, 아이오이모치, 벤케이모치 등 모치계통 식당의 경영주로, 기록된 사람들의 다섯 명 중 한 명을 차지한다. 이들 10명 중 7명이 오쿠삼부락 출신이다. 여기서 치라카모치가 나사무라 중에서도 산이 깊은 오쿠삼부락을 중심으로, 학력주의 문맥과는 다른 대안적인 입신출세 루트를 형성해 온 것, 그리고 그들이야말로 방명록에 이름을 올릴 만큼의 금의환향을 했다는 것을 알 수 있다.

3. 노동력형 도시 이주와 오야카타·고카타

모치계통 식당 관계자의 출신지는 나사무라 산간부를 중심으로 다지마 북동쪽의 기노사키군(城崎郡) 일대이다. 상술한 것처럼 다지마 지방은 동향 네트워크, 오야카타·고카타 시스템이 발달한 지역으로 알려져 있다. 이 지방의 오야카타·고카타 관행을 체계적으로 정리한 스기노하라(杉之原)는 전후 농지개혁으로 이 관행이 성립 기반을 잃고 소멸했다고 지적했지만,[25] 마츠모토(松本)가 1968년에 실시한 실태조사에 따르면〈표 3〉, 다지마 북부

25) 杉之原壽一,『但馬における親方·子方關係の實態』, 京都大學人文科學研究所調査報告第10號, 1953, 42쪽.

의 세 개 군, 기노사키(城崎), 미카타(美方), 이즈시(出石)에는 지금도 남아있다는 응답이 30% 전후를 차지하고, 그중에서도 모치계통 식당 관계자를 다수 배출한 기노사키군의 응답률이 32%로 가장 높았다.[26)]

〈표 3〉 다지마 지방의 오아카타 · 고카타 실태(1968년)

	회수	지금도 남아있다		있었지만 지금은 없다		없다	
		N	%	N	%	N	%
아사고(朝來)	62	6	9.6	52	83.9	4	6.5
이즈시(出石)	47	14	29.8	31	66.0	1	2.1
야부(養父)	60	9	15.0	45	75.0	2	3.3
기노사키(城崎)	128	41	32.0	69	53.9	10	7.8
미카타(美方)	64	20	31.2	41	64.1	1	1.6
계	361	90	26.0	238	68.8	18	5.2

※출처: 松本通晴, 『農村變動の研究』, ミネルヴァ書房, 1990, 200쪽의 〈표 9〉를 바탕으로 작성함.

다지마 북동부의 지자체 역사에는 오야카타·고카타가 언급되어 있다. 『나사지』는 오야카타 관습(親方持ち)에 대해, '이 관계는 많은 부락에서 보편적으로 발견되며 유력자는 고카타를 열 채 이상 돌보는 경우도 있었다'고 기록한다.[27)] 『히다카초사(日高町史)』는 시사(市史)를 편찬할 때, 지역 내의 옛 지주(地主)에게 설문조사를 실시했다. 138명에게 배포해서 답신을 받은 86명의 실명과 고카타 수의 변천, 소유 면적을 기록한 일람표를 게재했다.[28)] 이즈시군에 위치한 『가미요시무라지(神美村誌)』에 의하면, 부락 하나당 평균 50호 중에서 이전에 고카타를 둔 오야카타는 다섯 호로 보고, 그 고카타 수를 대략 계산해서 '우리 마을의 농민은 전체적으로 오야카타·고카타 제도의 연결망 속에 있었다는 것이 명백하다'고 결론지었다.[29)]

26) 松本通晴, 『農村變動の研究』, ミネルヴァ書房, 1990.
27) 奈佐誌編集委員會, 『奈佐誌』, 1955, 90-91쪽.
28) 日高町史編集專門委員會議編, 『日高町史下卷』, 日高町敎育委員會, 1983.
29) 神美村誌編集委員會編, 『神美村誌』, 兵庫縣出石郡神美村役場, 1957, 414쪽.

모치계통 식당에 유입된 노동력형 이주자는 고도성장기까지 남아있던 다지마의 오야카타·고카타 제도의 고카타 계층에 속한 젊은 세대였다. 아이오이모치의 경영주에 따르면, 모치계통 식당의 입주 종업원으로 떠나는 사람은 대부분 '돈 없고 힘 없고, 자본도 없고, 아무것도 없는', '가진 것이라고는 농사일로 단련된 건강한 몸'뿐인 젊은이들이었다고 한다. 예외적인 사례도 있지만, 1대 경영주의 대부분은 의무 교육 수료 후, 친척이나 이웃의 소개로 모치계통 식당에 입주로 들어가 장시간 노동의 힘든 수련 기간을 거쳐 분점을 허가받은, 소위 맨주먹으로 자수성가의 꿈을 이룬 사람들이었다.

Ⅲ. 고향 자원의 활용과 도시로의 정착

1. 동향 네트워크를 통한 젊은 노동력의 확보

여기서는 설문조사와 인터뷰를 통해 모치계통 식당 경영주의 생활사를 돌아보고, 그들이 어떻게 고향의 사회적 자본을 활용해 이주지에서의 생활 기반을 구축했는지를 살펴볼 것이다.

초대 경영주의 친족관계를 보면, 18명(75.0%)이 차남 이하, 그중 막내가 13명(48.1%)으로 형제가 많았던 시대를 고려하면 높은 비율을 차지한다. 통근권 내의 취업기회가 적은 다지마의 북동부에는 '(태어난 순서가) 늦은 사람은 양자로 가거나, 게이한신으로 나가는 선택지밖에 없었다'고 할 정도로, 이에를 계승할 자격이 없는 차남 이하는 졸업 후 도시 이주가 정해진 길이었다. 고향을 떠난 나이는 15세가 12명(44.4%), 16, 17세가 4명(18.5%)으로, 18세 미만이 60%가 넘는다. 그들은 의무 교육 수료 후 바로, 혹은 1, 2년 안에 도시로 나갔다. 수련한 가게의 오야카타와의 관계를 보면, 형제나 사촌 등 자신의 친척인 경우가 10명(40.0%), 부모의 지인이나 고향 사람의 소개가 15명(56.0%)으로 거의 전원이 동향 네트워크를 통해 치카라모치에 취직했다.

외식 산업이 지금처럼 다양하지 않았던 쇼와 말기까지, 모치계통 식당은 서민의 배를 채울 수 있는 몇 안 되는 매력적인 선택지였다. 치카라모치의 주요 고객층은 상점가에서 장을 보는 사람이나 인근의 가족을 비롯해 회사원이나 공장노동자, 현장 작업자였고, 지역에 따라서는 육체 노동자에게 인기가 많았다. 고도성장기의 치카라모치 식당은 어디든 성업 중으로, '만들어도 만들어도 팔렸다', '눈이 돌아갈 정도로' 바빴다고 한다. 특히 정월에 떡이 많이 팔릴 때는 철야가 이어지는 대목으로, 농한기의 다지마에서 친척들이 떡 만드는 일을 도우러 왔다고 한다.

전자레인지나 편의점이 보급되기 전의 음식 배달 일은 오야카타가 입주 종업원을 여러 명 고용하는 이유이기도 했다. 설문조사 응답을 보면, 수련 기간에 같이 일한 형제나 제자 수는 평균 3.92명으로 거의 4명이 점포 2층이나 별채에서 함께 생활했다는 것을 알 수 있다. 당시 식당 일은 아침 일찍부터 밤늦게까지 장시간 노동에 휴일도 적었고, '근로기준법을 지키는 건 애초에 무리'라는 것이 상식이었다.

'아침 8시에 일어나 청소하는 사람, 팥떡 만드는 사람, 맛국물 내는 사람, 10시 30분부터 조식, 밤 11시에 가게 문을 닫고 그 후에 세탁, 끝나면 목욕. 자는 시간은 새벽 2시에서 3시. 물론 세탁기 같은 거 없이 전부 손으로 했지요.' (1960년 치카라모치 취업)

만성적인 일손부족이었던 모치계통 식당의 오야카타에게 연쇄 이주를 통한 '다지마의 소처럼 참을성이 있는' 젊은 노동력의 공급은 경영의 생명선이었다. 이 다지마 출신자의 참을성은 기계화 전 다지마의 농사일과 숯 굽는 일로 단련된 것이라고 해석되기도 했지만, 인간관계가 중층적으로 연결된 동향 네트워크를 통해 취직한 이상, 대강 일하는 척하는 것은 불가능

했던 일종의 감시 규제에 의한 것이기도 했다.[30)]

모치계통 식당으로의 연쇄 이주는, 이에 논리로 배출된 차남 이하의 남성과 값싸고 참을성 있는 젊은 노동력이 필요한 오야카타 경영주의 수요가 일치하여 성립된 것이었다. 아울러 이러한 전형적인 노동력형 도시 이주는 오야카타가 점장을 긴 시간을 들여 가르쳐 분점을 내주는 것으로 대안적인 입신출세 루트가 될 수 있었는데, 이것이 가능했던 배경에는 고카타가 사회통념으로 가져온 '바람직한 오야카타' 규범이 있었다.

2. 모치계통 식당의 오야카타·고카타

점장이 수련 기간을 끝내고 독립할 시기가 되면, 오야카타가 조합에 말해 분점을 승인받는다.[31)] 분점을 승인받은 점장은 아침 일이 끝나면 독립할 점포 후보지를 둘러본다. 적당한 곳을 찾으면 반드시 오야카타와 조합 간부가 같이 시찰을 해서 위치가 좋은지 확인했다고 한다. 단신으로 도시에 나온 점장의 대부분은 자력으로 개업 자금을 조달할 수 없었기 때문에, 오야카타에게 경제적 지원도 받아야 했다. 치카라모치 1대 경영주에게 개업 자금의 조달방법을 물었을 때, 오야카타가 은행 보증인이 되어주었다는 사람이 13명(44.8%)으로 가장 많았고, 오야카타에게 직접 자금을 빌린 사람이 7명(24.1%), 오야카타가 거래처에 보증을 서서 자금을 빌린 사람이 2명(6.9%)으로, 70% 이상이 오야카타의 경제적 원조를 받았다.[32)] 센나

30) 奧井亜紗子, 「京阪神地域における大衆食堂經營主の生活史と同鄉ネットワーク: 「力餅食堂」を事例に」, 『現代社會硏究科論集』 第12號, 京都女子大學大學院, 2018, 55쪽.

31) 치카라모치에서는 분점에 필요한 취업 기간을 8년으로 정해두고 있지만, 다른 모치계통 식당에는 특별히 정해진 기간이 없었다. 오야카타의 목돈이 준비되면 점장이 독립할 수 있었다는 답변도 있었다.

32) 奧井亜紗子, 「京阪神地域における大衆食堂經營主の生活史と同鄉ネットワーク: 「力餅食堂」を事例に」, 『現代社會硏究科論集』 第12號, 京都女子大學大學院, 2018, 45-64쪽.

리모치 경영주 S씨는 오야카타가 '여기 (가게를) 내라'고 한 곳에 개업해서 '이 사람과 결혼 해라'고 오야카타가 소개한 다지마 출신의 여성과 결혼했다고 한다. 인생의 전기(轉機)에는 언제나 '결국, 오야카타'라고 하는 S씨의 이야기는 오야카타가 말 그대로 점장 인생의 키를 잡고 있을 정도의 존재였다는 것을 보여준다.

치카라모치 경영주 C씨의 오야카타 N씨는, 점장이 독립할 때 직접 자금을 빌려줄 정도로 실력 있는 사람으로 많은 점장을 독립시켰다. C씨도 1966년에 개업할 때 1,200만 엔을 일괄 현금으로 빌렸다. 이런 역량 있는 오야카타는 조합과 연합회에서 높이 평가되어 C씨도 자신이 'N씨 파'라서 조합 내에서 한 수 위로 인정받아왔다고 했다.

오야카타의 이야기를 들어보자. 앞서 말한 아이오이모치 경영주 A씨는 기노사키군의 가난한 평민의 집에서 여덟 형제 중 차남으로 태어나 아이오이모치 경영주의 가게에 입주 종업원으로 취직했다. 창업주 부부에게 자식이 없어 양자로 들어가 가게를 물려받은 후, 세 명의 점장에게 분점을 내주었다. A씨는 '부모 자식은 한 생, 부부는 두 생, 주종은 삼 생'이라는 속담을 좋아한다.[33] '삼 생이라는 건 계속 이어진다는 의미'인데, 모치계통 식당에서도 오야카타의 점장 지원은 독립 후에도 이어졌다고 한다.

'어떻게 해야 좋을지 모르는 문제들도 생기고, 「이달에 10만 엔 모자라는데 대장 부탁합니다」 하면, 「그래그래」 하지, 이쪽이 아무리 쪼들려도. (중략) 그래도 어쩔 수 없어. 그런 거 내 알 바 아니라고 생각해도 말은 못해. 좋은 관계를 유지하지 않으면 안 되니까, 오야카타도 힘들어'(A씨)

그는 장사에 실패한 고령의 점장을 다시 고용하고 있었다. '끝까지 (점장을) 돌보는 것이 오야카타죠'라는 A씨에게 '주종은 삼 생'이라는 말은 오야카타의 책임을 아로새기는 말이기도 할 것이다.

---

33) 이 속담은 친자관계는 현세의 관계, 부부관계는 내세까지 이어지는 관계, 주종관계는 삼 생까지 이어지는 관계로 봉건사회에서 주종관계의 강함을 강조할 때 사용되었다.

물론 오야카타와 고카타인 이 관계가 모두 고정적이거나 온정적이지만은 않다. 그중에는 실력이 있고 적당한 나이가 된 후에도 독립을 시켜주지 않아 다른 오야카타에게 부탁하는 경우도 있었다. 이런 '오야카타 바꾸기'는 오야카타 사이에서 문제가 되지는 않았을까.

'오야카타 사이의 문제로까지는 가지 않지. 왜냐면 실력 차이라고 할까, 인간성 차이라고 할까, 갈등이 성립이 안 돼. 새 오야카타는 원래 오야카타를, 잘 난 척해도 긴 시간 혹사시켜놓고 독립도 못 시키는 놈이라고 속으로 무시하고 있을 거야. 저 자식은 안돼, 못써 라고. 원래 오야카타도 그렇게 볼 거라고 생각은 하면서도 현실적으로 독립시킬 만큼 역량이 없어서 어쩔 수 없어. 새 오야카타한테 무시당한다고 해도 「잘 부탁합니다」하고 고개 숙일 수밖에 없지. 만약 알아서 한다고 내버려 두라고 덤벼들면 결국 자기가 점장을 독립시켜 줘야 하니까' (A씨)

A씨의 이야기를 통해, 점장의 독립까지 돌봐줘야 오야카타지, 그렇지 못한 오야카타는 체면이 서지 않는다는 바람직한 오야카타 규범을 확인할 수 있다. 다지마의 고카타 계층이 내재한 이 바람직한 오야카타 규범은 그들이 도시에서의 생활기반을 구축하는 것을 지지하고, 모치계통 식당의 비약적인 점포 수 확대를 가져온 에토스였다고도 할 수 있을 것이다.

3. '부부장사'와 모치계통 식당의 육아

상술한 것처럼 고도성장기에 모치계통 식당은 대체로 번창했는데, 그 장사를 꾸려나가는 한편에 여주인이라는 존재가 있었다. 식당업은 부부장사이기 때문에 독립 후 개업과 결혼은 한 쌍이라고 여겨졌다. 아들의 분점 시기가 정해지면 고향의 부모는 '도시에서 아들이 장사를 시작한다'고 주위에 부탁해서 며느릿감을 찾았다고 한다. 1대 경영주가 배우자와 결혼한 계기는 '고향 친척의 소개'(48.3%), 혹은 '치카라모치 관계자의 소개'(31.0%)

가 거의 80%를 차지하기 때문에, 모치계통 식당 경영주의 배우자는 대다수가 다지마 출신이고, 혼인 관계는 점포 간에 복잡하게 얽혀있었다. 결혼 상대가 식당 일의 경험이 없는 경우에는 독립하기 전까지 최소 한 달 정도는 같은 계통 오야카타의 점포에서 전반적인 일의 흐름을 배우는 것이 통상적인 과정이었다.[34)]

부부장사인데 양쪽 모두 다지마 출신이라는 것은 근대가족처럼 육아에 전념하는 전업주부도, 일상적으로 육아를 돕는 조부모도 없는 상황이라는 것을 의미했다. 인터뷰에서는 '해산하는 달까지 가게에 나갔다', '아기 띠가 세 개나 떨어졌다'고 할 정도로 육아기의 고생담을 많이 들을 수 있었다.

'장사도 필사적으로, 육아도 필사적으로' 하는 여유 없는 상황에서 그들을 강력하게 지지한 것은 상점가라는 지역사회였다. 한 경영주는 아이들이 어릴 때 유아차를 가게 앞에 두면 담배 가게 할머니가 매일 데리고 가서 돌봐줬다고 했다. 초등학생 때는 거의 집에 있지 않고, '여기 갔다가 저기 갔다가 뒷집에 있다가' 했다고 말했다. 또 다른 경영주는 당시를 떠올리며, '어릴 때는 동네에서 키웠지, 아내가 말하는 것처럼'이라고 한다. 이런 상점가에서의 육아는 '우리 애들은 동네 가게 애들하고 2층에서 밥 먹어가며 놀았어요'라고 할 정도로, 장사하는 사람들 사이에서는 피차일반의 일상풍경이기도 했다.

모치계통 식당의 경영주들은 이렇게 전출지의 지역사회에서 착실하게 뿌리를 내려갔다. 2대 경영주 E씨는 지역에서 장사를 계속하려면 공헌해야 한다는 1대 경영주인 부친의 가르침에 따라 십 대 때부터 지구 소방단에서 활약했다. 인터뷰에 따르면, 경영주들은 자치회나 상점가의 진흥조합을 비롯해, PTA, 사회복지협의회, 소방단, 보호사, 납세협회 등 지역에서 다양한 역할을 맡고 있었다.

---

34) 奥井亜紗子, 「京阪神地域における大衆食堂經營主の生活史と同鄕ネットワーク:「力餅食堂」を事例に」, 『現代社會研究科論集』 第12號, 京都女子大學大學院, 2018, 56쪽.

아이들이 초등학생일 때는 방학이 되면 다지마의 본가에 맡기는 일이 많았다. 앞서 언급한 E씨는 초등학교 여름방학에는 '(일에) 방해가 되니까, 40일간 통으로 시골에' 맡겨져, '완전한 교토사람'이지만 지금도 귀성해서 이야기할 때는 다지마 사투리가 나온다고 한다. 또 다른 2대 경영주 F씨도 매년 여름방학에는 아버지의 본가에 맡겨져 큰어머니(아버지의 형수)의 보살핌을 받았는데, 물고기 잡기나 곤충채집을 만끽했고, 지금도 '(다지마에) 가면 바로 완전한 시골 사투리, 다지마 사투리'가 나온다고 했다. F씨 아버지의 본가는 장남에게 자식이 없어 집과 땅은 이미 처분했지만, 남은 논밭과 묘소 관리는 아직 당시의 친구가 해주고 있다고 한다.

모치계통 식당의 경영주는 이렇듯 도시사회에 정착하면서도 형제들이 사는 고향을 경영의 마지막 보루로 의지했다. 도시의 지역사회에서 아이들을 키우며 단단히 뿌리를 내려간 2대들의 다지마 사투리에서는 전후 일본의 도시사회가 농촌에 의해 형성·유지되었던 역사가 각인되어 있다.

한편, 고향의 형에게 의지할 수 있었던 것은 이에의 계승 라인 밖에 있는 차남 이하였다. 장남의 경우 본인 대신 동생이 대를 이은 예외적인 경우를 제외하면, 그렇게 고향의 자원에 기댈 수 없었다. 인터뷰 조사에 따르면, 모치계통 식당으로 취업한 장남은 차남 이하의 가정에 비해 대체로 경제 사정이 좋지 않아 고향의 생활기반을 정리한 경우가 많았다.[35)]

한편 앞에서 살펴본 것처럼 금의환향한 노동력형 이주자 중에는 장남이 적지 않다. 마지막으로 Ⅳ장에서는 나사무라 출신자 방명록에 이름이 올라간 오사카 치카라모치 조합장 O씨의 생애사를 통해, 노동력형 도시이주를 달성한 장남이 어떻게 금의환향 했는지를 살펴볼 것이다.

---

35) 奥井亜紗子, 「労動力型都市移動と同郷ネットワークの『論理』: 但馬出身者による京阪神都市圏下大衆食堂の展開を事例として」, 福田恵編, 『年報村落社會研究 56, 人の移動からみた農山漁村――村落研究の新たな地平』, 日本村落研究學會, 2020, 57-97쪽.

Ⅳ. 오사카 치카라모치 조합장 O씨의 사례

1. 오사카 치카라모치 조합(大阪力餅組合)의 근대화 노선

O씨는 1959년부터 1978년까지 약 20년간, 오사카 치카라모치 조합 2대 조합장으로 활약한 인물이다. 패전 당시 교토에 20개, 오사카에 3개까지 점포 수가 감소했는데, O씨는 자연 해산 상태였던 오사카 치카라모치 조합을 부흥시켜 고베, 교토 조합과 연계해 치카라모치 연합회의 재발족을 위해 전력을 다했다. 모치계통 식당의 조합은 어디든 매년 총회 한 번, 종업원 위로 여행, 부인 위로회, 망년회 등의 친목 활동을 진행해 왔다. 오사카 치카라모치 조합은 최전성기 100점포라는 규모를 살려, 실업보험에 일괄 가입하고, 입구의 천막(暖簾)이나 포장지를 통일시키고, TV 선전이나 뽑기 이벤트를 하는 등, 경영의 통일도 일정 정도 추진했다.

그중에서도 O씨가 힘쓴 것은 치카라모치 론(loan)이었다. 오사카 치카라모치 조합이 1960년대 중반부터 1970년대에 걸쳐 설립한 치카라모치 론은 오야카타 한 명당 50만 엔씩 출자해 점포 점장이 독립 개업을 할 때 은행 융자의 담보를 제공한 것이다. 원래 점장이 가게를 낼 때 오야카타 개인이 은행이나 거래처와 교섭해 자금의 보증을 섰는데, 그 시기 땅값이 오르고 개업 시 갖춰야 할 집기도 많아져 오야카타 개인의 힘으로 독립시키는 것이 점점 어려워지고 있었다.

이런 상황은 고향의 평판에도 영향을 주었다. 한 치카라모치 경영주는 당시 귀성했을 때, '치카라모치, 요즘 별로 좋은 이야기가 안 들리던데'라는 말까지 들었다고 한다. 치카라모치 론은 말하자면, 오야카타의 역량에 좌우되지 않는 길을 구축했다는 점에서 큰 의미를 가진다. 1970년 이후 개업한 치카라모치는 개별 점포의 규모 자체는 작아지는 추세였지만, 오사카의 경우 점포 수로 본다면 오일쇼크 이후에도 계속 증가했다. 간사이 지

구(關西地區)에서 최대 규모와 역사를 자랑하는 조직(のれん会)이라고 불리게 된 배경에는, 이 치카라모치 론의 공헌이 컸다고 한다.[36]

이런 조합의 근대화 노선에 병행해, O씨는 자신의 가게에서는 취업 규칙을 명문화하거나 국민연금에 가입하는 등의 활동에 일찍부터 착수했다. O씨의 방침은 오야카타가 점장을 돌보는 전통적인 수직 관계에서 명문화된 규칙과 사회보장을 정비한 근대적 고용 관계로의 전환이었다. 또 개인의 힘으로는 한계가 있는 각 점포가 수평적으로 이어져 공존공영을 추구하는 것이기도 했다.

필자가 치카라모치 관계자를 인터뷰할 때, O씨는 어디서든 화제가 되는 인물이었다. 그는 경찰이나 행정관계자와의 인맥이 넓고, 사람을 잘 돌봤으며, 복대에 돈다발을 넣고 술을 마시러 다니는 사람이었다고 묘사되었다. 이렇듯 그를 둘러싼 많은 에피소드가 말해주는 것은 O씨의 그 확실한 오야카타라는 분위기야말로 카리스마적 구심력의 원천이었다는 사실이었다. 오사카 치카라모치의 황금시대를 견인한 O씨의 그 양면성은 어떻게 형성된 것일까?

2. 금의환향한다는 것

O씨는 1906년에 나사무라 오쿠삼부락에서 분가(分家)의 장남으로 태어났다. 본가에서 토지를 조금 받았지만, 부친이 병약해 먹고 살기 힘들 정도로 형편이 어려웠다고 한다. 고등소학교 졸업 후 한동안 농사를 짓다가 같은 부락의 친구 B씨와 함께 오사카로 도망쳐 다양한 날품팔이를 하면서 지냈다. 수년 후에 B씨는 부모위독 전보에 속아서 귀향한 후 이에를 계승하고 농사를 지으며 평생을 보냈다. 한편 O씨는 오사카에 남아 석탄배

36) 「오사카치카라모치조합 새 회장에 아오야마요시히로(靑山惠弘)씨」, 『料飮觀光新聞』 2001.4.20.

달을 할 때 드나들던 오사카 다마즈꾸리(玉造)의 치카라모치 오야카타의 권유로 입주 종업원이 되었다. 수련 기간을 거쳐 1935년에 오사카 아사히쿠 센바야시(旭區千林)에서 독립 개업했다. 이 센바야시는 일본의 대표적인 대형 쇼핑몰인 다이에(ダイエー)가 폐전 후 1호점을 낸 것으로 유명한 동네인데, 이 센바야시 상점가는 이후 오사카를 대표하는 곳으로 성장하게 된다. O씨의 점포는 치카라모치 연합회에서도 전설적이라고 할 정도로 압도적인 매출을 올렸고, 센바야시의 발전에 따라 O씨도 지역의 유력자로 두각을 나타낸다. 면류 조합(麵類組合), 식품위생조합, 사회복지협의회와 같은 각종 사회단체의 간부를 역임했고, 만년에는 당시 식품업계 관계자로서는 이례적으로 군고토즈이호쇼(勳五等瑞寶章) 훈장을 수상하기도 했다.

유례없는 성공을 거두며 전출지인 오사카에서 확고한 뿌리를 내린 O씨였지만, 그의 장남에 따르면 마음은 항상 다지마를 향해 있었다고 한다. O씨는 사업이 궤도에 오른 후 고향에서 전답과 산을 구입하고, 많은 사람을 써서 나무를 심고 마을 중심부를 내려다볼 수 있는 전망 좋은 장소에 큰 묘지를 만들어 오사카에서의 성공을 적극적으로 보여주었다. 이 O씨의 전답과 산, 그리고 묘를 오랫동안 관리한 사람이 O씨와 함께 도주했다가 돌아온 B씨였다. 이후 O씨의 장남이 오사카로 무덤을 이전하기 전까지는 B씨의 장남 부부가 무덤 관리를 했다고 한다.

O씨는 나사소학교(奈佐小學校) 분교에 피아노를 기증하고 절에도 많은 금액을 기부했다. 특히 우지가미 신사(氏神神社)의 메이지 100년 기념사업 때, 참배의 길(參道)에 돌계단 130개와 입구의 기둥문(鳥居),[37] 손 씻는

37) 이 기둥문에는 기증자 O씨의 이름이 새겨있지 않다. B씨의 장남에 따르면, 이는 B씨가 '마을에 화근을 남긴다'고 강력히 반대했기 때문이라고 한다. O씨가 기증한 사실은 신사의 해태 모습을 한 작은 석비에 새겨져있다. B씨가 말한 그 화근의 진의는 명확하지 않지만, 130단의 돌계단이 노동력형 이주를 한 고카타 농가의 장남이 고향에 품은 욕망의 표상이라고 한다면 그 욕망을 저지하려고 한 것이 B씨였다. 여기서 O씨와 함께 고향을 떠났다가 돌아온 B씨의 복잡한 심경과 입장을 엿볼 수 있다.

곳을 봉납했다. B씨의 장남에 따르면 이 돌계단은 한 단에 13만 엔 정도로, 돌계단만으로도 1천만 엔 이상이 들었다는 것이다.

O씨의 장남은 O씨가 촌락의 오야카타를 존중해, 매년 추석에 귀성할 때마다 가족들을 데리고 촌락의 지배층을 배출해온 오야카타의 이에를 먼저 방문했다고 기억했다. 그러면서도 동시에 O씨는 도시에서 성공한 자신의 존재가 촌락의 위계질서를 흔든다는 것도 자각하고 있었다고 했다. O씨는 B씨의 아들 둘을 입주 종업원으로 고용해서 분점을 내는 것까지 지원했다. 이렇게 독립 개업을 한 사람들은 대체로 고향의 대소사에 현금을 기부했다. 이 행위는 고향 사람들에게 도시에서 번 '현금(돈)의 힘'을 분명하게 보여주었다.

'지금까지 잘난 척하던 (오야카타와 같은) 사람들이, 이것(돈)의 힘을 보면 역전되지. 현금의 힘으로 완전 달라져. 그래서 (촌락의 위계관계가) 무너지는 거야. 아버지도 (돈의 힘을) 과시하고 싶었던 거겠지. 말하자면 촌에서 초등학교만 나와서 여기서 장사해서, 이렇게 말하면 좀 그렇지만, 그렇게 배운 건 없지만 (장사) 해서, (성공해서)' (O씨의 장남)

이 사례는 노동력형 도시 이주를 통해 출세한 고카타 농가의 장남이 금의환향을 한 것은 단순히 고향에 대한 애정만이 아니라 출신지의 위계 구조를 전복하는, 혹은 그것을 재인식하게 만들고자 하는 욕망이 뒷받침하고 있었다는 것을 보여준다.

Ⅴ. 나오며

본 논문은 효고현 디지마 지방에서 게이한신의 대중식당업으로의 연쇄이민을 사례로, 식당의 분점 시스템과 도시 이주자가 출신지에 영향력을 끼치는 각종 행위에 대해 살펴본 것이다. 마지막으로 20세기 일본이 경험한 도·농간 이동이라는 맥락에서 이 사례 연구가 보여주는 견해를 다음 두 가지로 정리하고자 한다.

첫째, 모치계통 식당의 분점 시스템은 값싼 노동력이 필요한 오야카타와 이에 논리로 출신지를 떠날 수 밖에 없었던 농가의 차남 이하의 이해관계가 일치한 구조적 배경하에서 성립되었다. 이 관계성은 고용자와 피고용자라는 측면에서 보면, 분명히 압도적인 힘의 불균형을 전제로 한 노사관계에 기반한 것이다. 하지만 이것은 특정 시기에 시스템으로 순조롭게 기능해, 노동력형 이주자가 도시에서 생활기반을 구축할 수 있게 했으며 결과적으로 모치계통 식당의 번영을 가져왔다. 아울러 이는 고카타 계층인 노동력형 이주자가 내재한 오야카타·고카타 관습, 혹은 바람직한 오야카타 규범이 있었기 때문에 가능했던 것이라고도 볼 수 있다.

둘째, 종래 금의환향하는 것은 고학력의 입신출세형 도시 이주자라고 인식되었다. 하지만 나사무라에서 금의환향한 사람은 입신출세형 이주자가 아니라 고카타 계층 출신의 노동력형 이주자였다. 나사무라 안에서도 조건이 불리한 지역인 오쿠삼부락에서는 이에의 논리로 배출된 차남 이하 뿐만 아니라, 이에를 계승할 장남까지도 유출되었다. 이것은 오쿠삼부락의 인구와 세대수 감소를 가져왔다. O씨의 사례에서 볼 수 있는 것처럼, 이에 논리와 별개로 도시로 나간 하층 농가의 장남은 출신지의 생활기반을 단념한 경험이 있다. 하지만 역설적이게도 그런 단념이 있었기 때문에 오히려 도시에서 성공한 후에 더 적극적으로 고향에 '비단 옷을 장식했다'고 해석할 수 있을 것이다. 아울러 이 행위는 촌락에 남은 젊은 사람들의 열망을 자극해 연쇄 이주의 내적 동인으로 기능했다.

【참고문헌】

〈저서 및 역서〉

加瀨和俊,『集團就職の時代――高度成長のにない手たち』, 青木書店, 1997.

奈佐誌編集委員會,『奈佐誌』, 1955.

蘭信三,『日本帝國をめぐる人口移動の國際社會學』, 不二出版, 2008.

力餠連合會,『會員名簿 平成二七年三月現在』, 2015.

柳田國男,『時代と農政』, 聚精堂(『柳田國男全集』29卷, ちくま文庫, 1991年), 1910.

木本喜美子,『家族·ジェンダー·企業社會』, ミネルヴァ書房, 1995.

並木莊吉,『農村は變わる』, 巖波新書, 1960.

杉之原壽一,『但馬における親方·子方關係の實態』, 京都大學人文科學研究所調査報告第10號, 1953.

石田英夫·井關利明·佐野陽子編,『勞動移動の研究 就業選擇の行動科學』, 總合勞動研究所, 1978.

細谷昂,『日本の農村―農村社會學に見る東西南北』, ちくま新書, 2021.

鰺阪學,『都市移住者の社會學的研究――『都市同鄕團體の研究』增補改題――』, 法律文化社, 2009.

松本通晴,『農村變動の研究』, ミネルヴァ書房, 1990.

松本通晴·丸木惠裕,『都市移住の社會學』, 世界思想社, 1994.

神美村誌編集委員會編,『神美村誌』, 兵庫縣出石郡神美村役場, 1957.

野尻重雄,『農民離村の實證的研究』(再錄 : 近藤康男編,『昭和前期農政經濟名著集』, 1942

一〇〇周年記念事業委員會,『一〇〇年のあゆみ』, 力餠連合會, 1988.

日高町史編集專門委員會議編,『日高町史下卷』, 日高町教育委員會, 1983.

鄭賢淑,『日本の自營業層 階層的獨自性の形成と變容』, 東京大學出版會, 2002.

齊藤(粒來)香,『社會移動の歷史社會學――生業·職業·學校――』, 東洋館出版社, 2004.

黑田俊夫,『日本人口の轉換構造』, 古今書院, 1976.

〈연구논문〉

岡崎秀典,「瀬戸内海島嶼部における人口流出と都市の同郷團體」,『内海文化研究紀要』15, 廣島大學内海文化研究所, 1987.

宮崎良美,「石川縣南加賀地方出身者の業種特價と同郷團體の變容―大阪府の公衆浴場業者を事例として―」,『人文地理』50-4, 1998.

並木正吉,「農家人口の戰後一〇年」,『農業總合研究』9卷4號, 農林省農業總合研究所, 1955.

鈴木智道,「戰間期日本における家庭秩序の問題化と『家庭』の論理―下層社會に對する社會事業の認識と實踐に著目して―」,『教育社會學研究』第60集, 東洋館, 1997.

料飲觀光新聞社,「料飲觀光新聞」, 2001.

松本通晴,「離村者の口述資料一富山縣東礪波郡利賀村出身者の事例」,『評論·社會科學』31, 同誌社大學人文學會, 1986.

巖本由輝,「故郷·離郷·異郷」,『巖波講座 日本通史』第18卷, 巖波書店, 1994.

奥井亜紗子,「京阪神地域における大衆食堂經營主の生活史と同郷ネットワーク――「力餅食堂」を事例に――」,『現代社會研究科論集』第12號, 京都女子大學大學院, 2018.

__________,「大衆食堂經營主の『暖簾分け』と同業ネットワーク――「力餅食堂」を事例として――」,『社會學雜誌』第35·36號, 神戸大學社會學研究會, 2019.

__________,「勞動力型都市移動と同郷ネットワークの『論理』――但馬出身者による京阪神都市圈下大衆食堂の展開を事例として――」福田惠編『年報村落社會研究56 人の移動からみた農山漁村――村落研究の新たな地平』, 日本村落研究學會, 2020.

隅谷三喜男,「農民層分解と勞動市場」(再錄:一九八三, 中安定子編,『昭和後期農業問題論集五農村人口論·勞動力論』, 農山漁村文化協會), 1964.

湯淺俊郎,「都市同郷團體の生成と變容――石川縣小松市、加賀市出身者を事例として――」,『同誌社社會學研究』第3號, 同誌社大學社會學研究會, 1999.

16. 또 하나의 이주자-선원과 한국 사회

: '순직선원위령탑'을 둘러싼 지역사회 인식의 변화

한현석

Ⅰ. 들어가며

1957년 6월 26일 부산항을 떠난 지남호가 첫 원양어업을 시작하고,[1] 1964년 2월 10일 선원의 첫 해외 송출이 이루어진 이후 선원들이 바다에서 벌어들인 외화는 대한민국의 경제발전에 중요한 토대가 되었다. 선원들이 벌어들인 외화는 1960년대-1970년대 독일로 파견된 광부와 간호사가 벌어들인 외화보다 많았다. 1964년-1975년까지 파독 광부와 간호사가 획득한 외화는 1억 137만 2천 달러(국민총생산의 0.094%)였으며, 1967년-1975년 해외에 취업한 선원이 획득한 외화는 1억 6천 465만 4천 달러(국민총생산의 0.153%)였다.[2]

한국원양어업협회는 어업이 활발한 해외에 어업기지를 설립했다. 1967년 사모아에 어업기지가 처음 설립된 이후로 2021년까지 태평양 9개항, 인도양 2개항 등 21개의 어업기지가 세워졌다. 어장개척과 어업기지

---

1) 김윤미, 「원양어업 선원들의 경험을 통해 본 해역세계」, 『해항도시문화교섭학』 제25호, 국제해양문제연구소, 2021, 365쪽.

2) 「조명받지 못한 경제역군 '선원'」, 『연합뉴스』 2014.12.23.

의 증가와 함께 성장한 원양어업의 발전에는 많은 희생이 뒤따랐고, 그로 인해 어업기지에는 선원의 묘지와 위령시설이 만들어졌다. 현재 한국 내에는 별도의 선원 묘지는 없지만, 불의의 사고로 유명을 달리한 선원들을 기리는 공간들이 존재한다. 대표적인 공간으로는 1979년에 건립된 순직선원위령탑을 꼽을 수 있다.[3)]

〈그림1〉 부산광역시 영도구 순직선원위령탑에서 진행된 제42회 위패봉안 및 합동위령제

※출처: 『부산일보』 2021.10.11.

순직선원위령탑은 해상에서 불의의 사고로 유명을 달리한 전국 선원들의 넋을 기리기 위해 1979년 4월 12일 부산광역시 영도구 동삼동(현재 영도구 태종로793번길 32)에 건립된 한국 최초의 선원위령시설이자, 한국

3) 김윤미, 앞의 글, 2021, 370-372쪽.

경제발전의 토대를 마련하는 데 기여한 선원들의 노고와 희생을 기억하고 기념하기 위한 상징물이다. 순직선원위령탑의 휘호는 박정희 전 대통령이 하였으며, 이은상 시인은 가족과 국가를 위해 오대양으로 향하는 배에 몸을 싣고 떠난 선원들의 삶과 넋을 기리는 시를 남겼다. 매년 음력 9월 9일 중양절이면 순직선원위령탑에서는 순직선원의 유가족과 해양수산부 장관, 선원노조 위원장 등의 관계자가 참석하는 위령제가 열린다. 2022년 10월 4일 제44회 순직선원 위패봉안 및 합동위령제가 열렸으며, 이날 위패 31위가 더해져 총 위패는 9,314위가 되었다.[4]

기념물은 기억들을 가시적인 형태로 정형화하며 과거의 경험을 현재에 재현시키는 데 효과적인 기능을 한다.[5] 이푸 투안에 따르면 기념물은 보편적 의미와 특수한 의미를 담고 있다. 특수한 의미는 시간에 따라 변하지만, 보편적 의미는 남아 있게 된다.[6] 순직선원위령탑은 국가를 위해 헌신한 이들의 넋과 그 뜻을 기리고 있는 점에서 여타 국가적 기념물(일제강점기 독립운동 혹은 6.25참전 관련 기념물 등)과 같이 보편적 의미를 갖고 있다. 반면 한국의 경제발전이 시작되던 시기, 선원들이 획득한 외화가 중요한 밑거름이 되었던 사실을 기념하고 있다는 점에서는 특수한 의미를 갖는다고 볼 수 있다.

위령탑에 모셔진 선원들은 생전 선박이라는 한정된 공간과 제한된 자유 속에서 높은 강도의 노동을 수행하며 한국의 경제발전을 이끈 '산업 역군'이자, 동시에 가족과 고국을 떠나 유동하는 바다 위에서 장기간 생활하며 노동하는 '이주노동자'이기도 했다. 바다 위라는 혹독한 노동환경 속에

4) 2021년 10월 14일에는 더불어민주당 송영길 대표가, 2022년 1월 15일에는 당시 윤석열 국민의 힘 대선후보가 각각 순직선원위령탑을 참배한 바 있다. 위령제의 모습은 부산일보에서 공개하고 있는 〈그림 1〉의 제42회 위령제 사진을 참고 바란다. 「오는 14일 영도 태종대 위령탑에서 순직선원합동 위령제」, 『부산일보』 2021.10.11.

5) 박명규, 「역사적 경험의 재해석과 상징화」, 『사회와 역사』 51, 1997, 43쪽.

6) 이푸 투안 저, 구동회·심승희 옮김, 『공간과 장소』, 대윤, 2011, 265쪽.

서 생활해야 하는 선원에 대한 직업적 선호도는 1980년대 이후 급격히 낮아졌고, 이는 선원의 고령화 및 선원 부족으로 인한 외국인 선원의 증가, 즉 또 하나의 이주노동자의 증가라는 현상으로 이어지고 있다.

순직한 선원을 추모하는 위령탑은 선원에 대한 인식을 보여주는 척도의 하나로, 위령탑의 의미나 위상은 시간, 산업·경제구조 등과 같은 조건들의 변화에 따라 달라질 수 있다. 본문에서는 선원에 대한 오늘날 한국사회의 인식을 파악하는 방법으로 부산광역시 영도구 동삼동에 위치한 순직선원위령탑에 대한 지역여론에 주목해 살펴보았다.

Ⅱ. 지역사회와 순직선원위령탑

1. 순직선원위령탑의 건립 목적

순직선원위령탑의 건립과정을 간단히 살펴보면 다음과 같다.

1975년 9월 16일 전국해원노동조합 정기전국대의원대회에서 순직선원위령탑의 건립추진위원회가 구성되었다. 1977년 12월 전국해원노동조합의 「순직선원위령탑건립계획」 수립이 수립되었으며, 1978년 7월 26일 현 위치에서 기공식 행사가 진행되었다. 같은 해 11월 8일 탑신 공사에 착수하여 1979년 4월 11일 조경공사 및 진입로의 포장공사가 완료되고, 다음날(12일) 공사가 마무리 되었다.[7] 순직선원위령탑은 5개 날개를 기초로 하여, 그 위에 5각의 탑신(전장 46m, 해발 100m)이 합쳐진 철근콘크리트 구조물로 박정희 전 대통령의 휘호와 이은상 시인의 시와 비문이 새겨졌다.[8]

---

7) 전국해상산업노동조합연맹, 「순직선원위령탑 현황」, 2014; 전국해원노동조합, 「殉職船員慰靈塔建立計劃」; 부산광역시 도시계획국 녹지공원과, 『태종대순직선원 위령탑 기부채납 관계(1977-1978)』, 국가기록원 관리번호 BA0223398, 1977, 50-67쪽.

8) 1975년 당시 전국해원노동조합에서는 순직선원위령탑의 건립 장소를 처음부터 영

1977년 12월에 작성된 「순직선원위령탑건립계획」(총 17쪽 분량)에서는 위령탑의 건립목적을 다음과 같이 밝히고 있다.

목적[9)]

가) 도약해양의 선구 개척자인 순직선원의 합동 묘소(幽宅)구실
나) 유족과 후세 해원을 위로 고무하고 정신함양을 기하여 해난예방의식의 고취
다) 선원의 질적 향상을 통한 국가관 정립과 사기앙양으로 해양개척의 사명감 고취
라) 해양도시 부산의 면모와 국제항 관문의 의의 제고
마) 국내외 관광인과 참배자에게 해양사상 고취
바) 초현대식 건축물로 개항 백 년 기념사업 역할을 담당

위 내용을 근거로 볼 때 위령탑의 건립목적은 크게 '관련대상'과 '도시공간'이라는 관점으로 나누어 이해할 수 있다. 위령탑은 '관련대상'을 중심으로 보면, 가) 순직선원의 합동 묘소(幽宅), 나) 유가족과 후세 해원의 위로와 해난사고 예방의식 고취, 다) 선원의 질적향상을 통한 국가관 정립과 해양개척 사명감 고취, 마) 국내외 관광객과 참배자의 해양사상 고취를 위한 목적을 가지고 건립되었다. 또한 도시공간적 측면에서는 "라) 해양도시 부산의 면모와 국제항 관문의 의의를 제고"하고 부산항의 "바) 개항 백 년 기념"이라는 목적이 담겨 있음을 알 수 있다.

순직선원위령탑은 전국해원노동조합연맹에서 부산시로 기부채납하는 조건으로 건립되었다. 1983년 7월 22일에 작성된 기부채납신청서에 따르면 위령탑의 총공사비는 323,899,050원이 들었으며, 기부의 목적은

도구 태종대 유원지 일대로 성하고 있었으며, 1977년까지 부산시와 세 차례의 교섭을 통해 현재의 위치로 결정하였다. 순직선원위령탑을 건립할 장소로 부산시 영도구가 선택된 구체적 배경은 관련자료를 확보하지 못해 확실히 밝힐 수는 없으나, 근현대 한국의 해양산업의 태동과 발전이라는 측면에서 영도구가 가지는 의미가 크게 작용했을 것으로 보인다.

9) 부산광역시 도시계획국 녹지공원과, 앞의 자료, 55쪽.

"① 해양개척정신을 함양하고, ② 해양입국을 다지는 정신적 지표로 삼는 동시, ③ 부산시민의 정성과 보살핌으로 순직선원들의 성역으로 삼아, ④ 후세에 해양한국의 문화적 유산으로 남기고자 한다"라고 밝히고 있다.[10)]

이상에서 살펴본 순직선원위령탑의 건립 목적을 정리하면 다음과 같다.

첫째, 순직선원의 추모 및 위령
둘째, 유가족, 후세선원들에 대한 위로
셋째, 해난예방의식 고취
넷째, 국내외 참배객 및 관광객들의 해양사상 고취
다섯째, 부산항의 개항 100주년 기념 및 국제항으로서 의의 부각
여섯째, 해양한국의 문화적 유산으로 활용

한편 1980년대 말부터 세계해운업계의 경기둔화로 인해 국내 젊은이들은 선원을 직업으로 선택하지 않으려는 경향을 보이기 시작했고, 이로 인한 선원의 노령화와 외국인선원의 증가는 오늘날까지 이어지고 있다. 이러한 상황을 고려하며, 다음에서는 순직선원위령탑에 대한 지역사회의 인식에 대해 살펴보도록 하겠다.

2. 해양산업의 위상 변화

1978년 1월 27일 새벽 6시 어둠이 떠나지 않은 시간, 부산역 광장에는 충북 옥천에서 온 16세 안정호 군이 서성거리고 있었다. 안군은 같은 해 3월에 개교가 예정된 국립한국선원학교에 지원하기 위해 부산에 온 것이었다. 국립한국선원학교는 지금의 국립해사고등학교의 전신으로 부산시 영도구 청학동에 설립되었다.

10) 전국해원노동조합연맹, 「기부채납원」; 부산광역시 도시계획국 녹지공원과, 『태종대 순직선원 위령비(1983-1983)』, 국가기록원 관리번호 BA0223497, 1983, 27쪽.

안군의 부모님은 중학교를 졸업한 후 농사를 지으라고 했지만, 안군은 "화이트 캡을 쓰고 5대양을 누비며 달러를 많이 벌어 자립" 하기 위해 선원이 되길 결심하고 부산에 온 것이었다.[11] 같은 해 8월 공군에서 제대를 앞둔 이창섭 군 역시 외항선원이 되어 바다에서 꿈을 펼치기 위해 방법을 찾고 있던 중 국립한국선원학교를 소개받았다.[12] 이렇게 전국에서 외항선원이 되길 희망하는 이들이 부산으로 모여들었고, 국립한국선원학교의 첫 신입생 모집에는 정원 120명에 742명이 지원하여 6.2대 1의 경쟁률을 보였다.[13]

그러나 1980년대 말부터 세계해운업계의 불황이 시작되어 선원들의 급여가 오르지 않자 육상임금과 해상임금의 격차가 좁혀졌다. 또한 경제발전에 따라 육상직업이 다양해져 직업전환이 용이해지며 선원기피현상과 선원들의 육상직 이직이 함께 증가하였고, 이는 결과적으로 선원부족이라는 상황을 초래하게 되었다.[14]

젊은이들이 직업으로서 선원을 기피하는 현상은 선원의 고령화로도 이어졌다. 2018년 기준으로 총 3만 5천 96명의 한국인 취업선원 중 20·30대 선원은 7천 98명으로 20%에 불과하고, 60·70대를 포함하는 50세 이상의 선원이 66.2%를 차지하고 있다.[15]

선원의 부족과 고령화는 한국 어업 노동환경도 변화시켰다. 현재 한국 연근해의 어업은 외국인 선원의 노동력에 의해 이루어지고 있다고 해도 과언이 아니다. 2018년 말 기준 전체선원 6만 1천 72명 중 외국인 선원은 2만 6천 321명으로, 한국인 선원 대부분이 고령이라는 점을 고려하면 향후 외국인 선원은 계속 증가할 수밖에 없다.[16]

11) 「船員, 좁아지는 활동무대·실태와 문제점」, 『조선일보』 1978.06.23.
12) 「京鄕살롱, 제대하면 외항선원 되려는데…」, 『경향신문』 1978.08.28.
13) 「선원학교 학생모집」, 『경향신문』 1978.01.10.
14) 윤일수, 「"선원은 배를 타야 한다.":선원이직과 해난사고에 대하여」, 『해양한국』 8, 1990, 80-82쪽.
15) 강미주, 「30세 이하 11%…청년 선원이 사라진다」, 『해양한국』 10, 2018, 53쪽.
16) 「바다 위의 '김용균'(상) 전체 선원의 절반이 이주노동자인데…임금·재해보상 등

선원의 부족과 고령화, 외국인 선원의 증가라는 오늘날 한국 해양산업의 현실은 선원에 대한 한국 사회의 인식이 반영된 결과라고도 볼 수 있을 것이다. 순직선원위령탑에서 진행된 2001년도 제23회 위령제 당시 해양수산부장관의 추도사에서도 이를 엿볼 수 있다. 다음은 추도사의 일부를 옮긴 것이다.

제23회 순직선원 위패봉안 및 합동위령제 추도사[17)]

(전략) 여러분도 잘 아시다시피 우리나라는 30년이라는 짧은 해양개척의 역사에도 불구하고 세계 10위권의 해양수산강국으로 우뚝 발돋움하게 되었습니다.
이는 영령들의 값진 희생과 해양역군으로서 최선을 다해온 선원 여러분들의 피땀어린 노력의 결과라는 것을 우리는 잘 알고 있습니다.
하지만 안타깝게도 선원 여러분의 헌신적인 기여에도 불구하고 선원직에 대한 사회적인 인식은 기대에 미치지 못할 뿐만 아니라 정당한 평가도 받지 못하고 있는 것이 현실입니다. (밑줄은 필자)
따라서 우리 해양수산부에서는 이러한 점을 깊이 인식하여 비록 화려하거나 요란하지는 않더라도 선원 여러분들에게 실질적인 도움이 될 수 있는 내실 있는 정책들을 적극 추진하려고 합니다.
우선, 이곳 순직선원 위령탑을 대대적으로 보수하고 위패봉안소와 유가족 대기실을 별도로 건립하여 보다 평안하고 경건한 마음으로 순직선원들의 영령을 모실 수 있도록 할 것입니다. (후략)

2001.10.25.

해양수산부장관 유삼남

각종 차별, 위험 노출」, 『경향신문』 2020.4.28. 경남 통영시 수산과학관 내에 설치된 어업인 위령탑 옆에는 태성호 화재사고(2019.11.19.)와 707창진호 전복사고(2019.11.25.) 희생자 위령비가 세워져 있다. 위령제 11주기(2020년 10월)를 맞아 세워진 위령비에는 707 창진호에 승선해 목숨을 잃은 베트남 선원 희생자 4인의 이름이 새겨져 있다. 외국인 선원이 증가하는 상황 속에서 순직 선원의 다국적성 및 그에 합당한 위령방식 등을 학계에서도 고민할 때이다.

17) 海洋水産部長官,「第23回 殉職船員 位牌奉安 및 合同慰靈祭 追悼辭」(2001.10.25.), 『순직선원위령탑관계철(1996-2004)』, 국가기록원 관리번호 DA0763342, 68-71쪽.

1980년대부터 시작된 세계 해양산업의 불황과 맞물려 한국의 젊은이들은 선원이 되길 기피하기 시작했다. 이에 동반해 나타난 선원의 고령화와 외국인 선원의 증가라는 상황은 한국 사회의 선원에 대한 인식이 반영된 결과라고 볼 수 있다. 2001년 10월 25일 유삼남 전 해양수산부장관이 순직선원위령탑을 찾아 "선원직에 대한 사회적 인식은 기대에 미치지 못할 뿐만 아니라 정당한 평가도 받지 못하고 있다"고 말한 배경에는 앞에서 살펴본 한국 사회의 선원에 대한 인식이 반영되어 있는 것으로 볼 수 있다.

다음에서는 이상에서 살펴본 한국사회의 선원에 대한 인식변화의 양상을 고려하며, 지역사회에서 바라보는 순직선원위령탑에 대해 살펴보도록 하겠다.

3. 순직선원위령탑의 이전 요청

순직선원위령탑이 건립된 이후로 43년이 지난 현재 선원에 대한 사회적 인식과 기억은 지역·세대·성별 등의 요인에 따라 차이를 보일 가능성이 있다. 순직선원위령탑의 인근에 거주하는 주민들이 위령탑을 혐오시설로 간주해 이전을 요구한 사례는 선원에 대한 사회적 인식의 차이가 드러나는 지점이라고 할 수 있다. 다음은 2018년 11월 21일자『연합뉴스』기사내용이다.

'갈 곳 잃은 선원위령탑...관광개발사업에 밀려 이전 무산'[18]

바다에서 숨진 선원을 추모하는 부산 순직선원위령탑이 부산 태종대 공원 안쪽으로 이전될 계획이었지만 관광개발사업에 밀려 끝내 무산됐다. 부산시는 영도구 동삼2동 순직선원위령탑 이전사업이 최종 무산됐다고 21일 밝혔다. 주거지와 붙어 있는 위령탑 위치에 반감이 있던 인근 주민은 1천6백 명의 연대 서명을 통해 국민권익위원회에 이전을 요구

18) 「갈 곳 잃은 선원위령탑...관광개발사업에 밀려 이전 무산」,『연합뉴스』2018.11.21.

하는 민원을 접수하기도 했다. 여기에 순직선원위령탑 관리 주체인 전국해상선원노동조합연맹(선원노련)도 위령탑을 이전하면 공원화 형태로 새로 조성할 수 있다는 기대감에 이전사업에 동의하기도 했다.
2015년 이전은 결정됐다. 부산시는 국비와 시비 50억 원을 확보해 사업을 추진하기로 계획했다. 올해까지 국비와 시비 16억 원을 확보하기도 했다. 하지만 이전부지 선정은 쉽지 않았다.
그사이 태종대 공원 종합관광개발사업 계획이 올해 초 수립됐고, 이 계획과 배치되는 위령탑 이전은 무산됐다. 혐오시설 취급을 받아오며 주민 요구에 따라 사업부지도 선정하지 않은 채 선불리 이전이 추진되다 관광개발사업에 막혀 이전이 완전히 무산된 것이다.
부산시는 이미 확보한 사업비를 순직선원위령탑을 개보수하는 비용으로 사용하는 방향도 고려했지만, 이 또한 주민들의 반발에 부딪혔다. 결국 부산시는 확보한 국비와 시비 16억 원을 반납했다.
선원노련 관계자는 "이전 계획이 있어 수년째 개보수조차 하지 못했다"며 "우리나라 산업일꾼으로 활약했던 선원들을 추모하는 시설이 대우받지 못하는 것 같아 안타깝다"고 말했다.(후략)

"우리나라 산업일꾼으로 활약했던 선원들을 추모하는 시설"인 순직선원위령탑을 위령탑 인근 주민들은 "혐오시설"로 간주해 이전을 요구했고, 이에 관련 사업이 2014년부터 본격적으로 논의되었다.[19] 2015년에는 위령탑의 이전이 결정되어 관련 예산까지 확보하였으나, 이전부지가 결정되

19) 2014년 순직선원위령탑의 관리주체인 전국해상산업노동조합연맹(전국해상선원노동조합연맹의 전신)에서는 유가족들을 대상으로 위령탑을 "태종대공원 유원지 내로 이전하여 현대화된 시설과 쾌적한 주위환경을 조성하여 공원 형태"로 새롭게 건립하는 방안에 대한 설문조사를 실시하였고, 유가족들의 동의를 얻었다. 전국해상산업노동조합연맹(2014.12.), 「순직선원위령탑 이전에 대한 설문조사서」. 위령탑의 이전부지는 2014년부터 태종대 유원지 내 곤포유람선 인근과 부설주차장 인근으로 논의되었다. 이후 2017년 10월 19일 해양수산국회의실에서는 위령탑의 이전후보지 5곳(① 동삼동 산 29-1 군사시설인접지, ② 동삼동 1009 주차장일원, ③ 동삼동 1015-1 의료참전비주변, ④ 동삼동 산 29-1 곤포선착장 주변, ⑤ 동삼동 산 29-1 태종사 앞)을 선정하였고, 그중 ③번 후보지가 '물리적', '공간상징적', '사업추진적'이라는 항목을 기준으로 한 평가에서 가장 높은 점수를 획득하였지만, 이전공사로 이어지지 못했다. 부산광역시 수산자원과(2017.10.19.), 「순직선원위령탑 이전 추진사업 관계기관 회의개최 결과보고」, 해양수산국회의실.

지 못했고, 게다가 태종대 유원지의 종합관광개발사업계획과 위령탑의 이전계획이 배치되면서 최종적으로 위령탑의 이전사업은 무산되었다. 이에 부산시는 위령탑의 이전을 위해 확보한 예산을 위령탑의 개보수 비용으로 전환하려 했으나, 위령탑의 이전을 바라던 지역주민의 반대에 부딪혀 결국 관련 예산을 반납하게 되었다.

〈그림 2〉 신축 고층아파트(左)와 순직선원위령탑(右)

※출처: 필자 촬영, 촬영일자: 2022.04.05.

순직선원위령탑의 인근에 거주하는 주민들의 민원으로 시작된 위령탑의 이전논의는 현재 무산된 상태지만, 위령탑을 태종대 유원지 내로 옮기기 위해서는 지역주민과 함께 위령탑의 관리주체인 전국해상선원노동조합연맹·부산시·영도구·문화재청·국방부 등 다양한 관련주체들의 협의와 이해가 장기간에 걸쳐 필요한 사업이었음을 확인한 것은 하나의 '성과'라고 할 수 있겠다.[20]

---

20) 순직선원위령탑의 이전부지는 주로 태종대 유원지 내 공간들이 거론되었다. 태종

〈그림 2〉와 같이 최근 위령탑 바로 앞에 위치한 하리항 인근 부지에는 고층아파트 단지가 완성되어 22년 4월부터 입주가 시작되었다. 위령탑의 이전 요청은 새롭게 유입된 주민들에 의해 다시 제기될 가능성도 있다.[21] 따라서 지금까지 위령탑의 인근 주민들이 제기한 민원내용을 통해 지역주민들이 가진 위령탑에 대한 인식과 지금까지 제기된 주민 측의 이전방안에 대해 살펴보도록 하겠다.

4. 지역주민의 순직선원위령탑에 대한 인식

지역민의 순직선원위령탑 이전 요구가 본격화 된 것은 1998년부터로 보인다. 동삼2동 동정자문위원회에서는「지역발전을 위한 건의서」를 작성해 영도구청에 제출했고, 1998년 4월 20일 영도구청은 해당 문건을 위령탑의 관리주체인 전국선원노동조합연맹으로 보냈기 때문이다. 해당 건의서의 내용을 통해 당시 위령탑 인근 주민들의 의견과 인식을 살펴보도록 하자.

동삼 2동 동정자문위원회에서는 "동삼 2동은 영도의 최남단에 위치해 있고 천혜의 관광지인 태종대유원지를 끼고 있으면서 여러 가지 개발 제

대는 국가지정문화재 구역으로 시설물 등을 설치하기 위해서는 문화재청장의 문화재 현상변경허가가 필요하며, 또한 군작전지역이기도 함에 따라 위령탑을 해당 부지로 옮기기 위해서는 군(軍)을 비롯한 다양한 관련 주체 간의 협의와 이해가 필요한 사안임을 알 수 있다. 위령탑의 이전에 관한 각 관련주체들의 입장과 계획을 조사할 필요가 있으나, 지면관계상 본 연구에서는 지역주민의 민원내용을 우선적으로 살펴보았다.

21) 실제로 해당 아파트에 입주 예정인 주민들은 입주 전부터 영도구청에 아파트 단지 주변환경의 개선을 요구하는 민원을 제기하고 있다. 2022년 3월 18일 기준, 영도구청 홈페이지의 공개상담민원 중 45892번(22.01.25.)부터 46122번(22.02.04.)까지 총 20건의 민원 중 하리항 환경개선에 관한 민원이 15건에 달한다. 민원의 대부분은 하리항 인근에 새롭게 만들어진 고층아파트 단지에 입주 예정인 주민들의 민원이 다수를 차지하고 있어, 새로운 주민들이 주변환경에 가지는 관심도가 높다는 것을 알 수 있다. 이들이 본격적으로 새 아파트로 입주하여 생활을 시작하면 주변 환경에 보다 관심을 갖게 될 것은 자명하며, 이때 순직선원위령탑에 대해 기존 주민들과 유사한 인식을 갖게 될 가능성도 배제할 수 없다.

약요인으로 아주 낙후"되어 있음을 이유로, 몇 가지 현안사항을 해결해 줄 것을 영도구청에 건의하였다. 그중 하나가 순직선원위령탑의 이전에 관한 건으로, 다음과 같은 이유였다.

> **5. 순직선원위령탑을 태종대 유원지로 이전: (지역경제과, 문화공보실 소관)**
> 험난한 바다에서 생계를 꾸려오다가 목숨을 잃은 영령들을 위로하기 위하여 건립된 순직선원위령탑이 주민생활권 내에 위치하여 사망자 위패를 모시는 등 지역민들의 정서를 저해하고 있으며, 관리인이 없어 청소년 우범요인이 상존하고 있으므로, 태종대 유원지 내에 적당한 부지를 물색하여 이전건립 함으로서 보다 경건하고 엄숙한 분위기를 조성하는 것이 바람직하다는 주민여론이 거세게 일고 있습니다.[22]

1998년 4월 당시 동삼2동 지역주민들은 주거지가 개발이 제한되어 있던 태종대 유원지 부지와 인접해 있는 탓에 다른 동네와 다르게 발전하지 못하고 낙후되자 이를 개선하고자 했다. 그 방안으로 제시된 것 중 하나가 순직선원위령탑을 태종대 유원지 내로 이전하자는 의견이었다. 주민들은 순직선원위령탑의 의의는 알고 있으나, "사망자의 위패를 모시"는 행위가 지역민들의 정서를 저해하고 있으며, 관리자의 부재로 청소년의 범죄요인이 상존함을 이유로 이전을 요청한 것이다.

영도구청으로 제기한 민원이 해결되지 않자, 동삼 2동 동정자문위원회에서는 같은 해 9월 18일 영도구 주민 1,013명의 서명과 함께 앞서 작성한 민원과 같은 내용으로 행정자치부에 재차 민원을 제기하였다.[23]

위령탑의 이전을 요구하는 주민들의 민원은 1998년부터 제기되었지

22) 영도구청(발신)·전국선원노동조합연맹(수신), 「'동삼2동 지역발전을 위한 건의서' 관련사항 검토 의뢰」(1998.4.20.), 『순직선원위령탑관계철(1996-2004)』, 국가기록원 관리번호 DA0763342, 188-190쪽.

23) 동정자문위원회 000외 1013명, 「지역발전을 위한 주민숙원사업 반영 건의」(1998.9.18.), 『순직선원위령탑관계철(1996-2004)』, 국가기록원 관리번호 DA0763342, 147-183쪽.

만, 위령탑의 이전에 관한 논의는 2014년이 되어서야 본격적으로 시작되었다. 이 과정에서 위령탑의 이전 후보지로 태종대 유원지 내 몇 곳과 함께 국립해양박물관에 인접한 아미르 공원도 거론되었다.

2018년 6월 20일 오후 15시부터 동삼 1동 주민센터 회의실에서는 당시까지 논의된 위령탑의 이전부지와 이전방안에 대한 지역주민 및 관계부처(영도구·부산시)의 의견들이 오갔다. 아래는 각 주체들의 의견을 그대로 옮긴 것이다.

〈지역주민〉

· 아미르공원을 포함한 혁신지구 내 위령탑 이전은 반대. 아미르공원은 지역주민의 피와 땀으로 조성한 지역으로 상당한 애착을 가지고 있으며, 위령탑은 주민들이 원하지 않는 시설임
· 위령탑은 일종의 사당인데 주민정서상 맞지 않음
· 동삼1동 발전은 혁신지구에 기대고 있는데 동삼2동에서 혐오하여 이전을 원하는 시설을 동삼1동으로 옮기는 것은 맞지 않음
· 중리산으로 옮기지 하필 공원으로 혐오시설을 옮기는지 이해할 수 없음
· 중리로 옮기는 것도 안 됨. 가덕도나 외곽으로 옮기기 바람
· 동삼2동도 반대하는 시설을 왜 큰돈을 들여 동삼1동으로 옮기느냐 혐오시설 유치를 결사반대, 부산 밖으로 이전 요망
· 주민생각도 마찬가지 결사반대함

〈영도구〉

· 위령탑은 혁신지구 기능에 맞지 않는 시설임. 그 밖에 영도 내에서도 누구나 만족하는 적지를 찾기는 힘들 것. 영도 외 지역으로 이전 검토 요청
· 영도구에서도 부구청장 이하 관련부서에서 적지조회 등 사업이 원활히 추진될 수 있도록 노력을 많이 하였으나 진척이 되지 않아 안타까움. 남은 기간 동안 사업진행이 잘 되었으면 좋겠음

〈부산시〉

· 연말까지 사업 착수를 못하면 사업비 반납하여야함. 지역주민의 의

견 수렴·반영을 통하여 이전문제 마무리하겠음

· 혁신지구 내로 이전을 반대하는 지역주민 의견에 일리가 있음. 혁신 지구 내 위령탑 이전을 추진하지 않겠음.[24]

1998년도에 처음 제기된 위령탑의 이전에 관한 민원에서는 순직선원위령탑의 의의를 서두에 밝히며 지역주민의 입장을 제시한 반면, 2018년도 6월 당시 지역주민들은 순직선원위령탑을 "일종의 사당", 주민정서에 맞지 않는 "혐오시설"로 간주하며 동삼 1동과 2동 지역으로의 이전에 대해 반대를 표명했고, 마지막엔 가덕도나 부산 밖으로 이전할 것을 요구하였다.

이에 대해 영도구와 부산시에서는 지역주민들의 의견을 토대로 "영도 내에서도 누구나 만족하는 적지"를 찾기는 어려울 것이므로, 영도 외 지역으로 이전을 검토하고, 지역주민의 의견을 수렴·반영하여 위령탑의 이전 문제를 마무리 짓겠다는 원론적인 의견을 제시하고 있다.

앞서 살펴본 바와 같이 순직선원위령탑의 이전사업은 부산시의 예산 반납으로 무산된 상태이다. 그러나 위령탑이 현재위치에 계속 남아 있는 한 기존 지역주민과 인근 새 아파트 단지로 입주할 새로운 주민들로 인해 재차 위령탑에 대한 불만과 이전민원이 제기될 여지는 남아 있다. 위령탑의 존재가 지역주민의 정서상의 문제뿐만 아니라 주택의 재산 가치에도 부정적인 영향을 미칠 것이라고 판단할 경우 위령탑의 이전 요청민원은 보다 거세질 가능성이 높다.

한편, 위령탑의 관리주체인 전국해상선원노동조합연맹의 관계자에 따르면, 위령탑은 주민의 민원에 의해서만이 아니라 시설의 노후로 인해서도 이전이 필요한 상황이라고 한다. 원래 위패를 모시던 위령탑의 탑신을 재도색하고 보수하는 작업은 자업지가 줄을 타고 했던 것인데, 탑신이 노후

24) 부산광역시 해양수산과, 「순직선원위령탑 이전 관련 협의회 개최결과보고」, 2018.6.21.

하여 사람이 매달리기 위험한 상황에 이르렀으며, 사람을 대신해 크레인과 같은 작업 기계를 사용하려 해도 지금의 진입로 상황으로는 탑까지 기계나 차량이 이동하기 어려운 실정이라고 한다.[25] 매해 음력 9월 9일이면 위령제가 열리고 있는 만큼 위령탑의 이전문제는 안전이라는 측면에서도 신중히 검토될 필요가 있다.

Ⅲ. 나오며

1979년 순직선원위령탑이 건립된 이후로 43년이라는 세월이 지나는 동안 선원에 대한 한국사회의 인식과 기억도 변화했다. 선원은 1960-1970년대 한국 경제발전의 토대를 마련하며 산업역군으로서 주목받으며 선망의 대상이 되었다. 그러나 1980년대 말부터 세계해운업계의 불황이 시작되고, 또 한국의 경제발전으로 육상직업이 다양해지면서 한국사회에서는 선원직에 대한 기피현상이 나타나기 시작했다. 오늘날 선원은 2001년 순직선원위령탑에서 당시 해양수산부장관이 추도사를 통해 언급한 바와 같이 "헌신적인 기여에도 불구하고 기대에 미치지 못할 뿐만 아니라 정당한 평가도 받지 못하는" 대표적인 직업군으로 여겨지고 있다.

선원에 대한 인식이 변화되는 과정에서 순직선원위령탑 인근에 거주하는 주민들은 1998년부터 위령탑의 이전을 요청하는 민원을 제기하기 시작했다. 이후 2018년까지 위령탑의 이전에 대한 논의가 계속되었으나, 결론을 내리지 못하였다. 지역민의 위령탑에 대한 인식의 변화는 민원서와 관련 회의 내용에 기재된 내용을 통해 확인할 수 있었다. 최초의 민원서는 순직선원위령탑을 "험난한 바다에서 생계를 꾸려오다가 목숨을 잃은 영령

25) 전국해상선원노동조합연맹, 조직본부 수산조직국 안기범 국장과의 인터뷰 내용을 정리한 것이다. (인터뷰 일자: 2022.2.4.,장소:전국해상선원노동조합연맹 사무실)

들을 위로"하는 시설임을 인지하며, 가까운 태종대 유원지 안쪽으로 이전하는 방안이 기재되어 있었다. 그러나 위령탑 이전사업이 계속해서 논의로만 그치게 되는 과정에서 시간이 계속 지체되었고, 결국 지역민은 2018년 6월 20일에 열린 관련 회의에서 위령탑을 "일종의 사당" 혹은 "혐오시설"로 지칭하며, 주민이 원치 않는 시설이니 "가덕도"나 "부산 밖"으로 이전해 줄 것을 요구하기에 이르렀다.

선원의 노고를 기리는 기념물이면서, 동시에 그들의 희생을 추모하는 공간인 순직선원위령탑을 둘러싼 지역민의 인식과 그 변화는 한국의 산업화 시기부터 현재까지 '이주노동자'로서 선원에 부여된 희생과 헌신이라는 서사의 현 상황을 보여준다고 할 수 있을 것이다.

【참고문헌】

〈자료〉

海洋水産部長官, 「第23回 殉職船員 位牌奉安 및 合同慰靈祭 追悼辭」, 『순직선원위령탑관계철(1996-2004)』, 국가기록원 관리번호 DA0763342, 2001.

동정자문위원회 000외 1013명, 「지역발전을 위한 주민숙원사업 반영 건의」, 『순직선원위령탑관계철(1996-2004)』, 국가기록원 관리번호 DA0763342, 1998.

부산광역시 도시계획국 녹지공원과, 『태종대순직선원 위령탑 기부채납 관계(1977-1978)』, 국가기록원 관리번호 BA0223398.

부산광역시 수산자원과, 「순직선원위령탑 이전 추진사업 관계기관 회의개최 결과보고」, 해양수산국회의실, 2017.

부산광역시 해양수산과, 「순직선원위령탑 이전 관련 협의회 개최결과보고」, 2018.

영도구청(발신)·전국선원노동조합연명(수신), 「'동삼2동 지역발전을 위한 건의서' 관련사항 검토 의뢰」, 『순직선원위령탑관계철(1996-2004)』, 국가기록원 관리번호 DA0763342, 1998.

전국해상산업노동조합연맹 조직본부 수산조직국 안기범 국장 인터뷰 (일자:2022. 02.04., 장소:전국해상선원노동조합연맹 사무실)

전국해상산업노동조합연맹, 「순직선원위령탑 현황」, 2014.

전국해상산업노동조합연맹, 「순직선원위령탑 이전에 대한 설문조사서」, 2014.

전국해원노동조합연맹, 「기부채납원」(1983.07.22.), 부산광역시 도시계획국 녹지공원과, 『태종대 순직선원 위령비(1983-1983)』, 국가기록원 관리번호 BA0223497.

전국해원노동조합연맹,「殉職船員慰靈塔建立計劃」, 부산광역시 도시계획국 녹지공원과, 『태종대순직선원 위령탑 기부채납 관계(1977-1978)』, 국가기록원 관리번호 BA0223398.

「갈 곳 잃은 선원위령탑...관광개발사업에 밀려 이전 무산」, 『연합뉴스』, 2018.

「京鄕살롱, 제대하면 외항선원 되려는데...」, 『경향신문』, 1978.

「바다 위의 '김용균'(상) 전체 선원의 절반이 이주노동자인데…임금·재해보상 등 각종 차별, 위험 노출」, 『경향신문』, 2020.

「船員, 좁아지는 활동무대·실태와 문제점」, 『조선일보』, 1978.

「선원학교 학생모집」, 『경향신문』, 1978.
「오는 14일 영도 태종대 위령탑에서 순직선원합동 위령제」, 『부산일보』, 2021.
「조명받지 못한 경제역군 '선원'」, 『연합뉴스』, 2014.

〈저서 및 역서〉

이푸 투안 저, 구동회·심승희 역, 『공간과 장소』, 대윤, 2011.

〈연구논문〉

강미주, 「30세 이하 11%…청년 선원이 사라진다」, 『해양한국』 10, 2018.
김윤미, 「원양어업 선원들의 경험을 통해 본 해역세계」, 『해항도시문화교섭학』 25, 2021.
박명규, 「역사적 경험의 재해석과 상징화」, 『사회와 역사』 51, 1997.
윤일수, 「"선원은 배를 타야 한다.":선원이직과 해난사고에 대하여」, 『해양한국』 8, 1990.

출전(出典)

1장 근대 동북아시아의 역내 이주와 이주자의 구성 | 권경선

권경선(2021), 「근대 동북아시아 역내 인구 이동 고찰: 일본 제국주의 세력권 내 인구 이동의 규모, 분포, 구성을 중심으로」, 『해항도시문화교섭학』 25, 81-134쪽.

2장 근대 동아시아 해역사회의 일본인 이주와 일본불교: 근대 일본 제국의 식민지 형성과정과 일본불교의 사회적 역할 | 김윤환

신고(新稿)

3장 일제시기 조선인의 밀항 실태와 밀항선 도착지 | 김승

김승(2022), 「일제시기 조선인의 밀항 실태와 밀항선 도착지」, 『역사와 경계』 124, 1-67쪽.

4장 경계, 침입, 그리고 배제: 1946년 콜레라 유행과 조선인 밀항자 | 김정란

김정란(2021), 「경계, 침입, 그리고 배제: 1946년 콜레라 유행과 조선인 밀항자」, 『해항도시문화교섭학』 25, 1-38쪽.

5장 항해하는 질병: 지중해, 흑해, 동아시아에서 발생한 콜레라와 영국 해군의 작전, 1848-1877 | 마크 해리슨

마크 해리슨(2021), 「항해하는 질병: 지중해, 흑해 및 동아시아에서 발생한 콜레라와 영국 해군 작전, 1848-1877」, 『해항도시문화교섭학』 25, 39-79쪽.

6장 이민과 관광: 와카야마현 아메리카무라와 뿌리 찾기 관광 | 가와카미 사치코

신고(新稿)

7장 오사카 코리아타운과 서울 가리봉동: 두 에스닉타운 커뮤니티의 과거와 현재 | 손미경

孫ミギョン(2015), 「大阪生野コリアタウンとソウルガリボン洞—二つのエスニックコミュニティの過去といま—」, 『市政研究』, No.186, 大阪市政調査會, pp.66-81.

8장 부산 사할린 영주귀국자의 이주와 가족 | 안미정

안미정(2014), 「부산 사할린 영주귀국자의 이주와 가족」, 『지역과 역사』 34, 317-359쪽.

9장 '다민족 일본'의 고찰: 일본 외국인 주민의 역사와 경계문화의 가능성 | 미나미 마코토

南誠(2018), 「'多みんぞくニホン'の歴史と境界文化」, 『多文化社會研究』 4, pp.33-56.

10장 동아시아 무국적자와 복수국적자의 정체성 | 진텐지

陳天璽(2022), 『無国籍と複数国籍―あなたは「ナニジン」ですか？』, 光文社新書.
※ 상기 서적의 일부 내용을 발췌하여 수정, 가필함.

11장 동아시아의 난민 정책과 베트남난민 수용 | 노영순

노영순(2017), 「동아시아의 베트남난민 수용과 각국의 난민 정책」, 『해항도시문화교섭학』 16, 73-114쪽.

12장 한국인의 중국 이주와 사회변동: 1990년부터 2020년까지 | 구지영

구지영(2022), 「한국인의 중국 이주와 사회변동: 1990년부터 2020년까지」, 『해항도시문화교섭학』 26, 33-68쪽.

13장 중국의 국제결혼과 결혼이주 메커니즘: '동북형' 국제결혼과 동아시아적 의미 | 후웬웬

胡源源(2020), 「中國「東北型」跨國婚姻的成立機製」, 『社會科學戰線』, 2020-10, pp.236-243.

14장 현대 중국의 새로운 도시화와 국내이주 | 롄싱빈

신고(新稿)

15장 20세기 일본의 도시 이주와 대중식당업 | 오쿠이 아사코

오쿠이 아사코(2022), 「20세기 일본의 도시 이주와 대중식당업」, 『해항도시문화교섭학』 26, 1-32쪽.

16장 또 하나의 이주자-선원과 한국 사회: '순직선원위령탑'을 둘러싼 지역사회 인식의 변화 | 한현석

한현석(2022), 「부산광역시 영도구 소재 '순직선원위령탑'을 통해 본 한국 사회의 해양인식: 위령탑에 대한 지역사회의 인식을 중심으로」, 『인문사회과학연구』 23-2, 89-116쪽.

※ 본 저서는 상기의 논문을 수정 및 전재하였음을 밝힙니다.

찾아보기

ㄱ

ㄴ

ㄷ

ㄹ

ㅁ

ㅂ

ㅅ

ㅇ

ㅈ

ㅊ

ㅋ

ㅌ

ㅍ

ㅎ

저자 소개 (가나다 순)

가와카미 사치코(河上幸子)

· 소속: 교토외국어대학 국제공헌학부(京都外國語大學 國際貢獻學部)

· 연구 분야: 이민, 북미, 글로컬 지역연구

구지영

· 소속: 한국해양대학교 국제해양문제연구소

· 연구 분야: 도시, 이민, 동아시아

권경선

· 소속: 한국해양대학교 국제해양문제연구소

· 연구 분야: 근현대 동아시아 사회, 이주, 도시

김 승

· 소속: 한국해양대학교 국제해양문제연구소

· 연구 분야: 한국근현대사, 부산경남지역사

김윤환

· 소속: 한국해양대학교 국제해양문제연구소

· 연구 분야: 일본 근현대사, 일본불교, 도시, 지배구조

김정란

· 소속: 옥스퍼드대학 역사학부(The Faculty of History, University of Oxford)

· 연구 분야: 동아시아 근대 의학사(감염병, 공중위생), 군의학사(제2차 세계대전, 한국전쟁)

노영순

· 소속: 한국해양대학교 국제해양문제연구소

· 연구 분야: 동아시아·동남아시아 해역사, 해상 난민 구조와 NGO 활동

롄싱빈(連興檳)

· 소속: 선전대학 외국어학원(深圳大學 外國語學院)

· 연구 분야: 현대 중국의 도시화, 인구이동, 이민문화

마크 해리슨(Mark Harrison)

· 소속: 옥스퍼드대학 역사학부(The Faculty of History, University of Oxford)
· 연구 분야: 군의학사, 식민지 의학사, 감염병, 국제 보건

미나미 마코토(南誠)

· 소속: 나가사키대학 다문화사회학부(長崎大學 多文化社會學部)
· 연구 분야: 역사사회학, 트랜스내셔널리티, 경계문화

손미경

· 소속: 기후시립여자단기대학 국제커뮤니케이션학과(岐阜市立女子短期大學 國際コミュニケーション學科)
· 연구 분야: 한·일 사회 및 문화, 한·일지역연구, 재일코리안 연구

안미정

· 소속: 한국해양대학교 국제해양문제연구소
· 연구 분야: 사회인류학, 동아시아 이주자, 한-일 해녀문화, 한국 선원, 구술사

오쿠이 아사코(奥井亜紗子)

· 소속: 교토여자대학 현대사회학부(京都女子大學 現代社會學部)
· 연구 분야: 가족사회학, 근현대 일본, 국내 이동, 자영업

진텐지(陳天璽)

· 소속: 와세다대학 국제교양학부(早稲田大學 國際教養學部)
· 연구 분야: 이민, 화교화인, 무국적, 아이덴티티

후웬웬(胡源源)

· 소속: 산둥대학 철학사회발전학원(山東大學 哲學與社會發展學院)
· 연구 분야: 국제결혼, 여성이민, 동아시아 가족 및 농촌 지역 연구

한현석

· 소속: 한국해양대학교 동아시아학과
· 연구 분야: 동아시아 근현대사, 국민국가, 지역사회, 식민지 신사, 기념상징물